Andreas Kroll
Computational Intelligence
De Gruyter Studium

Weitere empfehlenswerte Titel

Künstliche Intelligenz für Ingenieure, 3. Auflage
Ian Lunze, 2016
ISBN 978-3-11-044896-2, e-ISBN (PDF) 978-3-11-044897-9,
e-ISBN (EPUB) 978-3-11-044920-4

Ereignisdiskrete Systeme, 3. Auflage
Fernando Puente León, Uwe Kiencke, 2013
ISBN 978-3-486-73574-1, e-ISBN 978-3-486-76971-5

Automatisierungstechnik, 3. Auflage
Jan Lunze, 2013
ISBN 978-3-486-71266-7, e-ISBN 978-3-486-71703-7

Verallgemeinerte Netzwerke in der Mechatronik
Jörg Grabow, 2013
ISBN 978-3-486-71261-2, e-ISBN 978-3-486-71982-6

Simulation technischer linearer und nichtlinearer Systeme
mit MATLAB/Simulink
Josef Hoffmann, Franz Quint, 2014
ISBN 978-3-11-034382-3, e-ISBN (PDF) 978-3-11-034383-0,
e-ISBN (EPUB) 978-3-11-037753-8

Andreas Kroll

Computational Intelligence

Probleme, Methoden und technische Anwendungen

2. Auflage

DE GRUYTER
OLDENBOURG

Autor
Univ.-Prof. Dr.-Ing. Andreas Kroll
Universität Kassel
Fachbereich Maschinenbau
Fachgebiet Mess- und Regelungstechnik
Mönchebergstr. 7
34125 Kassel
andreas.kroll@mrt.uni-kassel.de

ISBN 978-3-11-040066-3
e-ISBN (PDF) 978-3-11-040177-6
e-ISBN (EPUB) 978-3-11-040215-5

Library of Congress Cataloging-in-Publication Data
A CIP catalog record for this book has been applied for at the Library of Congress.

Bibliografische Information der Deutschen Nationalbibliothek
Die Deutsche Nationalbibliothek verzeichnet diese Publikation in der Deutschen
Nationalbibliografie; detaillierte bibliografische Daten sind im Internet über
http://dnb.dnb.de abrufbar.

© 2016 Walter de Gruyter GmbH, Berlin/Boston
Coverabbildung: Science Photo Library/gettyimages
Druck und Bindung: CPI books GmbH, Leck
♾ Gedruckt auf säurefreiem Papier
Printed in Germany

www.degruyter.com

Begleitwort zur 1. Auflage

Deutschsprachige Studierende der Ingenieurdisziplinen, die sich im Studium erstmals mit Computational Intelligence (CI) beschäftigen, waren bislang auf das Lesen mehrerer Bücher angewiesen. Sie standen zwar vor einer Auswahl guter Bücher zu einzelnen CI-Methoden wie Fuzzy-Logik, Künstlichen Neuronalen Netzen und Evolutionären Algorithmen, aber diese passten aufgrund einzelner (und oft kombinierter) Einschränkungen nicht ganz zu den Bedürfnissen dieser Leser: Autoren der Bücher der einzelnen CI-Disziplinen neigen zu einem Sendungsbewusstsein, wonach das eigene Gebiet das wichtigste der Welt ist. Folglich kommen Limitierungen, Alternativen und Vergleiche zu konkurrierenden Verfahren oft zu kurz. Aufgrund der Herkunft der CI-Verfahren richten sie diese Bücher eher an Studierende der Mathematik oder Informatik und viele Beispiele stammen aus der Betriebswirtschaft. Deshalb fehlen dort Bezüge zur Modellierung und Regelung dynamischer Systeme, die aber in den Ingenieurdisziplinen eine große Rolle spielen. Um CI-Verfahren einordnen zu können, ist zudem ein grundlegendes Verständnis von Optimierung, nichtlinearer Regelungstechnik, Identifikationsverfahren usw. erforderlich. Auch hier gibt es gute Bücher, die aber eher für das Niveau hochspezialisierter Mastervorlesungen geschrieben sind und so auch keinen optimalen Einstieg für die obengenannten Leser bieten.

Das vorliegende Buch führt Fuzzy-Logik, Künstliche Neuronale Netze und Evolutionäre Algorithmen aus Sicht der Regelungs- und Systemtheorie ein und vergleicht diese Methoden mit bekannten Methoden der Optimierung, nichtlinearen Regelungstechnik und Identifikation. Darüber hinaus werden Kombinationen der CI-Methoden und neuere vielversprechende Ansätze wie Schwarmintelligenz und Künstliche Immunsysteme vorgestellt. Ein wesentlicher Gewinn für die Leser ist die realistische Einschätzung, in welchen Anwendungsgebieten CI-Ansätze aussichtsreich sind und wo nicht. Dazu werden viele Problemstellungen aus den Kern- und den Randgebieten der Ingenieurwissenschaften verwendet, die den Studierenden einen Einblick in praktisch wichtige Herangehensweisen geben und sicher auch vielen Ingenieurinnen und Ingenieuren auf dem späteren Berufsweg als Inspirationsquelle dienen werden. Das Verständnis wird zudem durch realistische Übungsaufgaben und umfangreiche Begleitmaterialien abgefragt und unterstützt.

Damit liegt nun erstmals ein gutes Einführungsbuch für Computational Intelligence in den Ingenieurwissenschaften vor. Deswegen wünsche ich dem Buch viele Leser und allen Lesern dieses Buches viel Erfolg beim Einarbeiten in das faszinierende Gebiet der Computational Intelligence.

apl. Prof. Dr.-Ing. Ralf Mikut

Karlsruher Institut für Technologie (KIT), ehemaliger Leiter der Fachausschüsse „Fuzzy Control“ und „Computational Intelligence“ der VDI-VDE-Gesellschaft für Mess- und Automatisierungstechnik (GMA)

Vorwort zur 2. Auflage

In dieser zweiten korrigierten Auflage wurden im Produktionsprozess der ersten Auflage übersehene oder aufgetretene kleinere Fehler korrigiert. Der Index wurde im Umfang wie auch die Referenzen pro Schlagwort ergänzt. Verschiedene Grafiken wurden überarbeitet sowie Fallstudien und Beispiele etwas erweitert. Die verfügbaren CI-Berechnungsprogramme wurden neu recherchiert und deren Verzeichnis aktualisiert. Dem Begleitmaterial auf der Companion Webseite wurden vier Rechnerübungen hinzugefügt: Eine allgemeine Matlab-Einführung sowie je eine Übung zu den drei für das Buch relevanten Matlab^{TM}-Toolboxen: der Fuzzy-Logik-Toolbox^{TM}, der Neural Network Toolbox^{TM} sowie der Optimization Toolbox^{TM}. Die Rechnerübungen sind jeweils für eine Dauer von einer Doppelstunde konzipiert.

Mein besonderer Dank geht an Herrn Alexander Drebing für die engagierte und akkurate Textverarbeitung sowie die Arbeit an den Grafiken. Frau Christina Kuchta gebührt Dank für die sprachliche Kontrolle. Frau Dr. Liu steuerte eine neue Fallstudie zu Genetischen Algorithmen bei. Herrn Dr. Zhenxing Ren und Herrn Salman Zaidi sei für die Ausarbeitung der Rechnerübungen herzlich gedankt. Herrn Axel Dürrbaum sei gedankt für die Unterstützung in allen MatlabTM-Angelegenheiten. Letztlich möchte ich Herrn Dr. Pappert und Herrn Milla vom deGruyter/Oldenbourg-Verlag für die allzeit angenehme Zusammenarbeit auch bei dieser 2. Auflage danken.

Kassel, im November 2015   *Andreas Kroll*

Vorwort zur 1. Auflage

Beschreibung, Analyse und Entwurf technischer Systeme werden immer komplexer. Dies liegt an verschiedenen Faktoren: Einerseits werden Teilsysteme zunehmend miteinander vernetzt, seien es Teilsysteme im Auto, zwischen Autos, in einer Produktionsanlage, zwischen Produktionsanlagen wie auch im Gebäude oder zwischen den Teilnehmern an Energie-/Versorgungsnetzwerken. Auch verlangen Systementwürfe zunehmend ein sich dynamisch änderndes Umfeld einzubeziehen, womit entweder mit volatilen Randbedingungen zu arbeiten ist oder aber die Systemgrenzen entsprechend auszuweiten sind, um wiederum mit stationären Randbedingungen arbeiten zu können. Dieser Trend ist noch relativ jung; er wird aber unsere technische Welt in den kommenden Jahren nachhaltig prägen.

Die meisten klassischen Methoden für Beschreibung, Analyse und Entwurf von Systemen wurden für Systeme entwickelt, die ohne größere Verluste in Teile zerlegt, getrennt entworfen und anschließend zum Gesamtsystem zusammengesetzt werden können. Bei komplexen Systemen ist eine solche Vorgehensweise nicht möglich, da die Interaktion der Teilsysteme wesentlich für das Systemverhalten ist: Bei einem komplexen System stellt das Gesamtverhalten nicht einfach die Summe der Einzelverhaltensweisen dar (Bjelkemyr et al. 2007). Dies führt zur Frage, mit welchen Methoden komplexe Systeme behandelt werden sollen. Nun existiert in der Natur seit Jahrtausenden eine Vielzahl gut funktionierender komplexer Systeme. Dies motiviert, sich von der Natur für die Entwicklung geeigneter Vorgehensweisen und Methoden zur Lösung technischer Probleme inspirieren zu lassen. So entstanden verschiedene Wissenschaftsgebiete wie die *Bionik* oder die *Computational Intelligence* (*CI*). Während die Bionik besonderen Fokus auf Materialien, Konstruktion und verfahrenstechnische Prozesse legt, liegt der Schwerpunkt der CI auf Berechnungsverfahren und Informationsverarbeitung.

Dieses Lehrbuch soll in die CI mit ihren drei Kernbereichen Fuzzy-Systeme, Künstliche Neuronale Netze und Evolutionäre Algorithmen einführen, wie auch in deren Verbindung zwecks Erreichung verbesserter Eigenschaften. Im Vergleich zu den Kernbereichen befinden sich die Arbeiten zu den abschließend eingeführten Themen der Schwarmintelligenz und der Künstlichen Immunsysteme noch in einem sehr frühen Stadium. Dabei verfolgt das Lehrbuch das Ziel, eine *gut verständliche, vereinheitlichende* und *anwendungsorientierte Einführung* in die Kernbereiche der CI und einen Ausblick auf aktuelle Forschungsarbeiten zu geben. Das Buch ist insbesondere als Lehrbuch für einschlägige Ingenieurstudiengänge in den Bereichen Elektrotechnik, Kybernetik, Maschinenbau, Mechatronik und Verfahrenstechnik sowie in artverwandten Bereichen gedacht. Auch technikorientierte Informatikstudiengänge gehören zur Zielgruppe. Des Weiteren sind Ingenieure aus der industriellen Praxis angesprochen, die sich die fachlichen Grundlagen der CI-Methoden erarbeiten möchten, um die Einsatzmöglichkeiten auf technischem Niveau abschätzen zu können. Neben den methodischen Erläuterungen wurden deshalb einerseits einfach nachvollziehbare Beispiele integriert, die die Funktion der Methoden und die Konsequenzen von Entwurfsentscheidungen veranschaulichen. Andererseits wurden Praxisbeispiele zur Illustration der praktischen Relevanz aufgenommen. Dafür wurden insbesondere im GMA-Fachausschuss 5.14 *Computational Intelligence*[1] vorgestellte Arbeiten ausgewählt, in dem der Autor seit 1995 mitarbeitet. Zusatzmaterial findet sich auf der Companion-Website.

In den Kernbereichen der CI wird seit etwa 50–60 Jahren geforscht. So haben die entwickelten Methoden an Reife gewonnen und werden bereits erfolgreich in der industriellen Praxis eingesetzt: Fuzzy Control findet sich in Konsumgütern (z. B. Waschmaschinen) bis hin zu Großanlagen (z. B. zur Müllverbrennung). Künstliche Neuronale Netze finden sich in vielen industriellen modell-prädiktiven Reglern und in Systemen zur Mustererkennung. Evolutionäre Algorithmen werden erfolgreich für die Lösung schwieriger Berechnungsaufgaben eingesetzt (wie Formoptimierung oder kombinatorische Optimierungsprobleme). Dies motiviert, die CI auch stärker in die Lehre zu integrieren. Dazu will dieses Lehrbuch einen Beitrag leisten. Nach dem Kenntnisstand des Autors gibt es derzeit nur sehr wenige Lehrbücher zur CI für *technische Studiengänge*. Das Buch bietet eine methodische Basis zur Lösung einfacher Probleme mit CI-Methoden an. Dabei wird großer Wert auf begleitende „klinische", ohne großen Aufwand *nachrechenbare Beispiele* gelegt, die das Funktionsprinzip der Methoden illustrieren. *Praxisbeispiele* zeigen, welchen Nutzen die Anwendung der Methoden bei *industriellen* Problemen hat.

Die im Buch behandelten Methoden sollen traditionelle, bewährte Berechnungsmethoden nicht ersetzen. Vielmehr sollen sie Probleme lösen, die sich bisher nicht oder nicht in gewünschter Weise lösen ließen, wie z. B.:

- Modellierung, Entwurf, Untersuchung und Steuerung komplexer Systeme,
- Modellierung, Entwurf, Untersuchung und Steuerung komplizierter Systeme, wenn eine Anwendung traditioneller Methoden zu aufwändig ist,
- Auffinden näherungsweise optimaler Lösungen bei Suchaufgaben in komplexen Räumen, und
- Behandlung von Such-/Entwurfsaufgaben, die sich nicht so beschreiben lassen, dass traditionelle Methoden zum gewünschten Ergebnis führen.

Das erste Kapital des Buchs ordnet das Wissenschaftsgebiet der *Computational Intelligence* ein. Im zweiten Kapitel werden allgemeine technische Problemstellungen kategorisiert als Mustererkennung, Modellbildung, Regelung und Optimierung. Konventionelle und CI-Methoden werden eingeordnet. Die anschließenden Teile II–IV führen in die drei Kerngebiete der CI ein: Fuzzy-Systeme, Künstliche Neuronale Netze und Evolutionäre Algorithmen. Die einzelnen Methoden haben spezifische Vor- und Nachteile, deren Offenlegung eines der Ziele des Buchs ist. Geeignete Kombinationen erlauben es, komplementäre Eigenschaften zusammenzuführen, um Systeme mit den gewünschten Eigenschaften zu erhalten. Dazu werden im Kapitel 23 verschiedene Kombinationen der drei Kerngebiete der CI behandelt. Im Kapitel 24 wird als Ausblick die Entwicklung zweier jüngerer Methodengebiete der CI behandelt, und zwar die Schwarmintelligenz und die Künstlichen Immunsysteme. Häufig verwendete Formelzeichen und Abkürzungen sind im Anhang verzeichnet.

Zum Studium des Buches werden die bei technischen Studiengängen üblichen mathematischen Grundlagen vorausgesetzt. Insgesamt wurden die Einstiegsvoraussetzungen niedrig gehalten, um eine breite Leserschaft anzusprechen. Um den Umfang überschaubar zu halten,

---

[1]   bzw. den Vorgängerausschüssen *Fuzzy Control* sowie *Neuronale Netze und Evolutionäre Algorithmen*

wurde an vielen Stellen auf Details und Herleitungen verzichtet. Für den interessierten Leser steht aber eine große Anzahl vertiefender Fachliteratur zur Verfügung, auf die an entsprechenden Stellen verwiesen wird. Wegen der Konzeption als Lehrbuch werden insbesondere Fachbücher sowie Übersichtsartikel und weniger spezifische Fachartikel zu aktuellen Forschungsergebnissen referenziert. Das Buch entstand aus den Inhalten einer 4-stündigen Vorlesung in den Ingenieurstudiengängen Maschinenbau und Mechatronik, die seit 2007 jährlich gehalten wird. Verschiedene zentrale Fragen und Anregungen der Studierenden haben das Buchkonzept mit beeinflusst: Wann sollte man welche Lösungsmethode einsetzen? Wofür kann man die Methoden in der industriell-technischen Praxis einsetzen? Gibt es ein einfaches Beispiel, um die Wirkung einer Methode und die Konsequenzen von Entwurfsentscheidungen einfach zu verstehen? Diese Fragen aufgreifend entstand die teilweise unkonventionelle Struktur des Buches.

Das Buch ist sowohl für Bachelor- als auch für Masterkurse gedacht. Bei Masterkursen kann es punktuell wissenschaftlich vertieft werden. Für die Nutzung im (Selbst-)Studium finden sich am Ende der Fachkapitel klassische Übungsaufgaben, die weitgehend ohne PC auskommen sowie auf der Companion-Website Rechneraufgaben. Musterlösungen für Dozenten sind über die Companion-Website verfügbar. Dort finden sich auch Zusatzmaterialien, wie Abbildungen und Tabellen aus dem Buch für die Verwendung in Lehrveranstaltungen.

Viele Personen haben zum Entstehen des Buches beigetragen. Gedankt sei Dr. Werner Baetz, Axel Dürrbaum, Andreas Geiger, Dr. Zhenxing Ren, Alexander Schrodt und Dr. Hanns-Jakob Sommer für die kritische inhaltliche Durchsicht des Manuskripts. Den Herren Axel Dürrbaum, Dr. Zhenxing Ren, Alexander Schrodt, Samuel Soldan, Jiwen Song und Salman Zaidi sowie Frau Chun Liu sei für die Durchführung von Simulationen für die Fallstudien herzlich gedankt. Sehr großer Dank für die Formatierung des Manuskriptes und Überarbeitung der Grafiken gebührt Herrn Alexander Drebing. Herr Marko Bolte gab den Grafiken den Feinschliff. Für sprachliche Kontrolle sei Frau Christina Kuchta gedankt. Zu danken ist auch vielen Studierenden, die mit Rückfragen Verbesserungen bzgl. Inhalten und Darstellungsweisen angeregt haben. Meiner Familie möchte ich für das Verständnis für das Buchprojekt und die zugebilligte Zeit danken. Herrn Dr. Pappert vom Oldenbourg-Verlag sei für die angenehme Zusammenarbeit bei der Umsetzung des Buchs gedankt.

Kassel, im Februar 2013 *Andreas Kroll*

Inhaltsverzeichnis

Teil I: Einführung

1 Einleitung

1.1 Neue Herausforderungen an technische Systeme

In vielen Bereichen von Wissenschaft und Wirtschaft zeigt sich ein klarer Trend zu zunehmender Komplexität der untersuchten sowie der entwickelten Systeme. So führen die steigende Durchdringung technischer Einrichtungen mit verteilten informationstechnischen Komponenten sowie die zunehmende Vernetzung von Systemen untereinander (man spricht hier auch vom „System of Systems") zu wachsender Komplexität technischer Systeme: Rückkopplungen und stärkere Verkopplung von Teilsystemen ermöglichen komplexere Verhaltensmuster. Zunehmend werden die Systemgrenzen weiter gefasst, um zu einer umfassenderen Betrachtung zu gelangen. Dies führt häufig dazu, dass ein unsicheres, sich unvorhersehbar änderndes Umfeld zu berücksichtigen ist.

Früher wurden Wechselwirkungen zwischen Teilsystemen häufig konstruktiv reduziert, um die Teilsysteme getrennt entwerfen zu können. Ein Beispiel ist die Einführung von Pufferspeichern in Produktionsanlagen. Diese reduzieren allerdings auch die Flexibilität des Betriebs und verursachen unerwünscht große Inventare an Zwischenprodukten. Solche Effekte werden durch sich verschärfende Anforderungen an den wirtschaftlichen nachhaltigen Betrieb zunehmend problematisch. Andererseits können die zusätzlichen Freiheitsgrade durch Ausnutzung der Wechselwirkungen zwischen Teilsystemen zur Verbesserung der Systemeigenschaften genutzt werden. So wird beispielsweise die Integration fahrdynamischer Einzelsysteme zu einem Systemverbund hinter den Schlagworten Global Chassis Control, Vehicle Dynamics Management und fahrdynamischer Systemverbund untersucht (Trächtler 2005, Bertram 2006, Rieth 2009). Letztlich sind bei gewachsenen Anforderungen an die Systemperformance in der Vergangenheit gemachte Vernachlässigungen und vorgenommene Vereinfachungen häufig nicht mehr angemessen. So werden bei der Modellbildung von Systemen oft vereinfachende Annahmen über Einflussgrößen an der Systemgrenze gemacht wie die Annahme konstanter Größen oder die Vernachlässigung von Rückwirkungen. So wurden elektro-mechanische Waschmaschinen ursprünglich mit festen Programmen angeboten, die unabhängig von der tatsächlichen Beladung und Verschmutzung der Wäsche auf eine Nominalbeladung ausgerichtete Programme abführen. Moderne Waschmaschinen stellen dagegen Wassermenge und Waschzeit nach Verschmutzungsgrad und Beladung ein, um ressourceneffizient zu arbeiten. Bei Versorgungsnetzen für elektrische Energie bestand klassisch einspeiseseitig eine deterministische, steuerbare Situation durch den Einsatz von Großkraftwerken. Durch den wachsenden Anteil wetterabhängiger dezentraler Windkraft- und Photovoltaikanlagen hat die einspeiseseitige Systemgrenze teilweise stochastischen Charakter erhalten. Dies hat schwerwiegenden Einfluss auf den Betrieb und notwendige Anpassungen des Versorgungssystems.

1.2 Komplexe, komplizierte und chaotische Systeme

Viele Wissenschaftsgebiete befassen sich mit *komplexen Systemen* wie die Naturwissenschaften, Informatik, Ingenieur-, Sozial- und Wirtschaftswissenschaften. Für diese gibt es aber keine allgemein anerkannte Definition, selbst in den Einzeldisziplinen variieren die Auffassungen. Einen Überblick über verschiedene Definitionsvorschläge geben z. B. Magee und de Weck (2004) oder Ladyman et al. (2012). Das lateinische Wort *complexus* bedeutet *Umarmung*; und in der Tat spielt die enge Wechselwirkung zwischen Teilsystemen eine zentrale Rolle bei komplexen Systemen. Im Folgenden soll eine Einordnung und Abgrenzung erfolgen.

System: Ein *System* stellt eine Menge miteinander in Beziehung stehender Elemente dar, die in einem bestimmten Zusammenhang als Ganzes gesehen und von der Umgebung als abgegrenzt betrachtet werden (nach DIN IEC 60050-351).

Komplexes System: Ein *komplexes System* ist ein System mit einer Vielzahl an Komponenten und Verbindungen, Wechselwirkungen oder Abhängigkeiten, das schwierig zu beschreiben, verstehen, steuern, entwerfen, ändern und/oder vorherzusagen ist (Magee, de Weck 2004). Bei einem komplexen System stellt das Gesamtverhalten nicht einfach die Summe der Einzelverhaltensweisen dar; Emergenz[2] kann auftreten (Bjelkemyr et al. 2007). Ladyman et al. (2012) geben als Merkmale komplexer Systeme an: Nichtlinearität, Rückkopplung, Emergenz, lokale Organisation, Robustheit, hierarchische Organisation[3] und Vielzahl[4]. Dabei hängt der Komplexitätsgrad u. a. von Vielfältigkeit, Typ und Anzahl der Teilsysteme sowie von deren Organisation ab (Schmidt 1982, Scuricini 1987).

Kompliziertes System: Ein *kompliziertes System* ist ein System, welches sich dadurch auszeichnet, dass es eine vergleichsweise einfache Struktur hat und sein Verhalten prinzipiell gut berechenbar ist. Die Berechnung kann aber, z. B. bei großen Systemen, sehr aufwändig sein. Ein kompliziertes System kann in Teile zerlegt werden, die getrennt untersucht werden können, ohne dass wesentliche Eigenschaften verloren gehen (Schmidt 1982).

Chaotisches System: Bei einem *chaotischen System* können geringe Unterschiede in den Anfangsbedingungen zu völlig unterschiedlichen Trajektorien der Systemvariablen führen; diese sind über einen großen Zeithorizont nicht im Voraus berechenbar. Ein chaotisches System muss nicht notwendigerweise komplex oder kompliziert sein: So würde man ein einfaches chaotisches Pendel nicht als komplexes System einstufen (Ladyman et al. 2012).

1.3 Grenzen traditioneller Berechnungsmethoden

Zur Anwendung traditioneller Berechnungsmethoden wird üblicherweise das zu lösende Problem auf eine durch sie behandelbare Darstellung reduziert. Zum typischen ingenieurstechnischen Reduktions-Repertoire gehören

---

[2] Verhalten des Ganzen kann nicht aus vollständigem Wissen über Verhalten der Teile abgeleitet werden (Hoyningen-Huene 1994).

[3] Das System ist in mehreren Ebenen organisiert.

[4] Das System besteht aus einer großen Zahl von Teilen, die miteinander wechselwirken.

- die Linearisierung nichtlinearer Systeme in einem Betriebspunkt, um Methoden der linearen Systemtheorie anwenden zu können,
- die Vernachlässigung ausgewählter stofflicher, energetischer oder informationstechnischer Kopplungen auf Zeit- oder Ortsskalen, um das Gesamtsystem in kleinere Teilsysteme zu zerlegen, die getrennt behandelt werden können sowie
- die Vernachlässigung dynamischer Effekte und Wechselwirkungen an der Systemgrenze.

Die Verwendung traditioneller Methoden wird komplexen Systemen nicht gerecht (Bjelkemyr et al. 2007). Hier gelingt eine Separation der Komponenten i. d. R. nicht, ohne dass wesentliche Systemeigenschaften verloren gehen (Kinsner 2010). In der Natur gibt es viele Beispiele komplexer Systeme. Dies motiviert, in der Natur nach Anregungen für die Lösung komplexer technischer Aufgaben zu suchen. So haben sich verschiedene wissenschaftliche Gebiete entwickelt, von denen einige in den folgenden Abschnitten vorgestellt werden.

1.4   Naturinspirierte Berechnungsmethoden

In der Natur gibt es viele Systeme, die nachhaltiger, robuster und leistungsfähiger konzipiert sind als vergleichbare Systeme in der Technik. Somit liegt es nahe, sich von der Natur bzgl. der Lösung technischer Probleme inspirieren zu lassen und von ihr zu lernen. Dieser Aufgabe widmen sich verschiedene Wissenschaftsgebiete, die in diesem Abschnitt vorgestellt werden. Schnittmengen und Abgrenzungen werden abschließend in Abschnitt 1.5 zusammengefasst.

1.4.1   Bionik

Motivation und Begriffsbildung

Der Name des Wissenschaftsgebiets *Bionik* entstand als Kunstwort aus den Begriffen *Biologie* und *Technik*. Der englische Fachbegriff ist *Biomimetics*, was aus *mimic biology* (*ahme die Natur nach*) abgeleitet wurde. Formal definiert „verbindet Bionik in interdisziplinärer Zusammenarbeit Biologie und Technik mit dem Ziel, durch Abstraktion, Übertragung und Anwendung von Erkenntnissen, die an biologischen Vorbildern gewonnen werden, technische Fragestellungen zu lösen (VDI/VDE 2012)."

Bei biologischen Systemen stehen i. d. R. andere Ziele im Vordergrund als bei technischen. So weichen in der Natur entstandene Systeme konzeptionell meistens deutlich von klassischen technischen Systemen ab. Tab. 1.1 zeigt eine Gegenüberstellung exemplarischer Charakteristika biologischer und klassischer technischer Systeme. Nichtsdestotrotz lassen sich aus dem Studium des natürlichen Vorbildes neuartige Lösungsansätze finden, auf welche die Anwendung klassischer, technischer Vorgehensweisen kaum führen würde. Selten geht es dabei um eine exakte Übertragung, sondern meistens vielmehr um die Entwicklung grundlegender Ideen und Lösungsansätze, die dann den technischen Anforderungen angepasst und weiterentwickelt werden können. Dabei kann der Ausgangspunkt ein ungelöstes technisches Problem sein. Andererseits können für ein Lösungsschema aus der Natur auch Einsatzmöglichkeiten in der Technik gesucht werden.

Tab. 1.1:   Gegenüberstellung biologischer und klassischer technischer Systeme

Biologisches System	Klassisches technisches System
Ziel: Überleben von Individuum und Gattung in veränderlicher, nur teilweise bekannter Umgebung	Ziel: technisch-wirtschaftlich optimale Ausführung genau spezifizierten Funktionsumfangs unter bekannten Randbedingungen
Massiver Sensor-Aktor-Einsatz	Minimaler Sensor-Aktor-Einsatz
Hochgradig parallele Datenverarbeitung	Serielle, kausale Datenverarbeitung
Flut wenig präziser Daten in Echtzeit verarbeitet	Geringe Menge präziser Daten in Echtzeit verarbeitet
Geringe Präzision, geringe Wiederholgenauigkeit	Hohe Präzision, hohe Wiederholgenauigkeit
Massiv redundant	Eingeschränkt oder gar nicht redundant
Selbstorganisierend, selbstrekonfigurierend, selbstheilend	Externe Organisation, externe Rekonfiguration, Austausch von Teilen durch Dritte
Erinnern, Lernen, Strategieentwicklung	Initialprogramm-Umfang bleibt unverändert
„Weicher" Lebenszyklus[5]	„Harter" Lebenszyklus

Technische Anwendung bionischer Systeme

Es gibt verschiedene bionische Anwendungen, die technisch erfolgreich sind: vom Lotuseffekt abgeleitete selbstreinigende Oberflächen, von Meerestieren inspirierte Fahrzeugformen und Oberflächen mit geringem Strömungswiderstand, leichtbauende Flugzeugtragflächen mit Bienenwabenstruktur wie auch Spinnen nachempfundene Fortbewegungsmechanismen für schwieriges Terrain (Abb. 1.1). Der von einem Elefantenrüssel inspirierte bionische Greifer von FESTO wurde 2010 sogar mit dem Deutschen Zukunftspreis ausgezeichnet.

Nachtigall (2002) strukturiert die Arbeitsfelder der Bionik in neun Bereiche: Materialien/Strukturen, Formgestaltung/Design, Konstruktionen/Geräte, Bau/Klimatisierung, Robotik/Lokomotion, Sensoren/neuronale Steuerung, anthropo-/biomedizinische Technik, Verfahren/Abläufe sowie Evolution/Optimierung. Oertel und Grunwald (2006) differenzieren die Gruppen einer klassischen, i. d. R. makroskopisch orientierten Bionik[6] und einer neuen, i. d. R. mikroskopisch und informationstechnisch orientierten Bionik[7]. Alternativ kann in hardwarenahe Themenfelder wie Materialien, Konstruktion und Prozesse sowie softwarenahe wie Informationsverarbeitung, Organisation und Optimierung gruppiert werden, Abb. 1.2. In den meisten Büchern (Nachtigall, Blüchel 2000, Nachtigall 2002, Kesel 2005, Bar-Cohen 2006) liegt der Schwerpunkt auf dem hardwarenahen Bereich. Dies gilt auch für den alle zwei Jahre in Deutschland stattfindenden Bionik-Kongress (Kesel, Zehren 2006, 2008, 2010, 2012). Dagegen geht die neue VDI-Richtlinienfamilie 622x auch auf Informationsverarbeitungsprozesse bei bionischen Robotern sowie auf die Optimierung mittels Evolutionärer Algorithmen ein.

---

[5]   Ein System mit hartem Lebenszyklus besitzt von Anfang bis Ende die gleiche volle Leistungsfähigkeit. Bei einem System mit weichem Lebenszyklus ändert sich diese mit der Zeit.

[6]   Bau, Klimatisierung, Konstruktion & Geräte, Formgestaltung & Design, Verfahren & Abläufe, Materialien & Strukturen, Lokomotion

[7]   Nanobiotechnologie, Prothetik, neuronale Steuerung, evolutionär motivierte Informationstechnik, Organisation kollektiver Prozesse

Abb. 1.1: Beispiele bionisch-inspirierter technischer Lösungen: Farbe „Lotusan" mit Lotuseffekt der Sto SE & Co.KGaA (o. l., 2008), Flugzeugtragfläche mit Bienenwabenaufbau (o. r., Bar-Cohen 2006), Spinnen-inspirierter Schreit-Mobil-Bagger von Kaiser (m. l.), Kofferfisch-inspiriertes Bionic Car von Mercedes (m. r.) und bionischer Greifer von FESTO AG & Co. KG (u.)

Kurze Historie

Die Idee, sich aus der Natur zur Lösung technischer Probleme inspirieren zu lassen, wurde frühzeitig aufgegriffen: Leonardo da Vinci (1452–1519) konstruierte aus dem Studium des Vogelflugs bereits Fluggeräte, Hubschrauber und Fallschirme, weshalb er auch als erster Bioniker bezeichnet wird (Nachtigall 1997). Eines der ersten kommerziell sehr erfolgreichen bionischen Produkte ist der Klettverschluss: Der Schweizer Georges de Mestral erfand ihn in Folge seiner Untersuchung des Haltemechanismus der Klettfrucht und meldete ihn 1951 zum Patent an. Im Jahr 1958 verwendete J. E. Steele erstmals intern den Begriff *Bionics* und dann

1960 öffentlich im Rahmen eines Seminars „Living prototypes – the key to new technology"
(Oertel, Grunwald 2006). Die der Bionik beigemessene Bedeutung zeigt sich auch in der
2007 erfolgten Gründung eines Fachbeirats *Bionik* im VDI-Kompetenzfeld Biotechnologie.
2012 wurde die VDI-Richtlinienfamilie 622x *Bionik* veröffentlicht.

Abb. 1.2:   Zentrale Themen der Bionik gruppiert in Schwerpunktbereiche mit Hardwarebezug (oben) bzw. mit
              Ausrichtung auf die Informationsverarbeitung (unten)

Weiterführende Informationen

Weiterführende Informationen finden sich in mehreren Fachbüchern wie z. B. (Nachtigall,
Blüchel 2000, Nachtigall 2002, Kesel 2005, Bar-Cohen 2006, 2012). Aktuelle Ergebnisse
werden auf dem alle zwei Jahre stattfindenden Bionik-Kongress der Gesellschaft für Technische Biologie und Bionik (www.gtbb.net) präsentiert. Kompetenznetzwerke wie Biokon in
Deutschland (www.biokon.net) oder Biomimicry 3.8 in den USA (biomimicry.net) stellen
Informationen zu aktiven Organisationen sowie Hinweise zu Veranstaltungen und Ressourcen zur Verfügung. Hingewiesen sei zudem auf die neue VDI-Richtlinienfamilie VDI 622x,
insbesondere die 2012 erlassene Basisrichtlinie 6220.

1.4.2   Künstliche Intelligenz

Motivation und Begriffsbildung

Es gibt keine allgemein anerkannte Definition von Intelligenz, siehe z. B. (Woolfolk 2008).
Eine pragmatische Definition besteht (in Anlehnung an Negnevitsky 2011) darin, dass *Intel-
ligenz die Fähigkeit ist, Zusammenhänge zu finden, zu lernen, zu verstehen, Probleme zu
lösen sowie Entscheidungen zu fällen*. Das Gebiet der *Künstlichen Intelligenz, KI, (Artificial
Intelligence, AI)* erforscht den Nachbau menschlicher Intelligenz mit Maschinen, wobei
„Maschine" i. d. R. Computer meint. Erste Arbeiten begannen Anfang der 1950er Jahre; als
eigentliche Geburtsstunde gilt die Dartmouth-Sommerschule im Jahr 1954. Sie war die erste
Konferenz zu diesem Thema (Lunze 2010a). Schnell stellt sich die Frage, wann eine Ma-

schine als *intelligent* bezeichnet werden kann. Alan Turing schlug 1950 hierzu den nach ihm benannten *Turing-Test* vor. Dabei kommuniziert die beurteilende Person für einen endlichen Zeitraum über ein Terminal mit Menschen oder Maschinen, ohne zu wissen, wer der Kommunikationspartner ist: ist das Antwortverhalten nicht unterscheidbar, so wird die Maschine als intelligent bezeichnet. Bei KI lässt sich zwischen symbolischer, logikorientierter sowie subsymbolischer, datenverarbeitungsorientierter Richtung unterscheiden.

Symbolisch orientierte KI

Die symbolische KI beschäftigt sich insbesondere mit der Erstellung von Rechnerprogrammen zur Verarbeitung symbolischer mathematischer Sprachen (wie PROLOG). Symbolische Sprachen ermöglichen es, anspruchsvolle menschliche Handlungen, das Schachspielen oder das Beweisen mathematischer Theoreme imitieren zu können. Sie ist stark logikorientiert. In den 50er und 60er Jahren wurden überaus optimistische Prognosen über die in wenigen Jahren zu erwartende Leistungsfähigkeit der KI-Programme gemacht, die aber nicht eintraten: So erwartete man 1957, dass 10 Jahre später ein Digitalrechner Schachweltmeister würde. Zum ersten Mal wurde ein menschlicher Weltmeister 1994 von einem Computer geschlagen. Dabei ist allerdings die Frage zu stellen, ob dies auf die Intelligenz des Programms oder auf das, mittels hoher Rechenleistung mögliche, schnelle Durchrechnen verschiedener Spielverläufe zurückzuführen ist (Keller 2000).

In der Frühphase der KI-Forschung lag der Schwerpunkt auf universell einsetzbaren Problemlösungsstrategien (general problem solver, GPS). Später reduzierte man den Anspruch auf Teilgebiete wie z. B. *Expertensysteme* für bestimmte Fragestellungen (medizinische Diagnose, Fehlerdiagnose technischer Systeme, Entscheidungsunterstützung im Fall abnormaler Situationen). Hierzu gibt es mehrere erfolgreiche praktische Anwendungen, z. B. das für unbemannte Raumfahrtmissionen entwickelte System DENDRAL zur Analyse der Molekülstruktur organischer Substanzen aus Massenspektrogrammen, das medizinische System MYCIN zur Diagnose von Infektionskrankheiten oder das System Xcon zur Konfiguration von Computersystemen (Boersch et al. 2007, Negnevitsky 2011).

Subsymbolisch orientierte KI

In der subsymbolischen KI wird die Intelligenz nicht auf eine Verarbeitung symbolischer, sondern numerischer Daten zurückgeführt. Eine wichtige Entwicklungsrichtung stellen die Künstlichen Neuronalen Netze dar. Sie werden auch als konnektionistische Systeme bezeichnet. Die anfänglichen Prognosen zur erwarteten Leistungsfähigkeit Künstlicher Neuronaler Netze waren sehr optimistisch und traten nicht ein. Dies führte zu einer Stagnation der Arbeiten. So ließ sich mit den anfangs betrachteten einschichtigen Netzen nicht einmal eine logische exklusive Oder-(XOR-)Verknüpfung beschreiben. Erst als Lernverfahren für leistungsfähigere mehrschichtige Netze vorgestellt wurden, boomten die Forschungsaktivitäten. Kommerziell erfolgreiche Anwendungen wurden realisiert wie z. B. modellprädiktive Regler für prozesstechnische Anlagen, die Künstliche Neuronale Netze als Prognosemodelle nutzen (Piche et al. 2000).

Weiterführende Informationen

Im gereiften Wissenschaftsgebiet der KI gibt es eine Vielzahl von Fach- und Lehrbüchern, von denen hier nur einige wenige vorgestellt werden können. Das mit 1300 Seiten sehr umfangreiche Lehrbuch von Russel und Norvig ist 2010 in der 3. Auflage erschienen. Die 2. Auflage von 2004 ist auch in deutscher Übersetzung verfügbar. Das Lehrbuch von Luger ist 2005 in der 5. Auflage erschienen. Die 4. Auflage von 2002 ist auch auf Deutsch erhältlich. Kompakter ist das englischsprachige Buch von Negnevitsky, das 2011 in der 3. Auflage herausgegeben wurde. Während KI-Bücher häufig von Informatikern für Informatiker geschrieben werden, wurde das deutschsprachige Buch von Lunze (2. Auflage 2010a erschienen) speziell für Ingenieure geschrieben.

1.4.3   Natural Computing

Motivation und Begriffsbildung

Natural Computing (*NC*) kann in Anlehnung an (Nunes de Castro 2007, Kari, Rozenberg 2008) als das Wissenschaftsgebiet definiert werden, *das naturbasiert oder naturinspiriert neue Berechnungswerkzeuge* (*in Hard- oder Software*) *entwickelt, das gestattet, natürliche Muster, Verhaltensweisen oder Organismen zu verstehen sowie zu synthetisieren und das neue Rechensysteme erforscht, die natürliche Mittel zum Rechnen verwenden.* Die Zuordnung methodischer Teilgebiete zum Natural Computing erfolgt in der Literatur nicht einheitlich. Die folgende Auswahl entstand in dem Bemühen, repräsentativ zu sein. Umfassende Informationen finden sich im neuen Handbuch für NC von Rozenberg et al. (2012).

Berechnungsverfahren

Bei den Berechnungsverfahren können Künstliche Neuronale Netze, Evolutionäre Algorithmen, Schwarmintelligenz sowie Künstliche Immunsysteme zum methodischen Kern gezählt werden. Auf sie wird im Abschnitt 1.4.5 eingegangen. Diese Methoden werden auch dem Wissenschaftsgebiet der *Computational Intelligence* zugerechnet. Mit dem Gebiet der Künstlichen Intelligenz gibt es ebenfalls eine große Überschneidung sowie mit der Bionik bzgl. Evolutionärer Algorithmen.

Untersuchung natürlicher Phänomene

Bei der Analyse und Synthese natürlicher Phänomene stehen Konzepte der *Zellulären Automaten* (*Cellular Automata, CA*) und des *Künstlichen Lebens* (*Artificial Life, AL*) im Mittelpunkt. Fragestellungen befassen sich beispielsweise mit Selbst-Organisation, Selbst-Reparatur, Selbst-Reproduktion, Wachstum und Emergenz. Ein zellulärer Automat stellt ein dynamisches System dar, das räumlich in Form eines regelmäßigen Gitters diskretisiert ist und zeitdiskret betrachtet wird. Jede Zelle kann eine endliche Anzahl von Zuständen annehmen. Sie ändert ihren Zustand gemäß Übergangsregeln, die den Zustand der Zelle selber sowie ihrer Nachbarn bewertet (Kari, Rozenberg 2008). Eine bekannte Anwendung Zellulärer Automaten ist das 1970 vom Mathematiker J.H. Conway vorgestellte *Spiel des Lebens* (Gardner 1970). Es verwendet ein schachbrettartiges Spielfeld, wobei jedes Feld eine Zelle darstellt, die die Zustände lebend oder tot annehmen kann. Dies wird durch schwarze/weiße Einfärbung visualisiert. Bei Anwendung von vier einfachen Übergangsregeln und zufälligen Anfangszuständen der Zellen lässt sich nach einigen Zyklen die Bildung verschiedener, z. T. komplexer, sich wiederholender Muster beobachten. Zelluläre Automaten werden für die Untersuchung komplexer Effekte in Natur, Gesellschaft und Technik eingesetzt. Als technisches Anwendungsbeispiel sei die Strömungssimulation genannt, welche für aufwändige numerische Berechnungen bekannt ist. Hier hat sich eine Arbeitsrichtung etabliert, in der Zelluläre Automaten für eine vereinfachte, diskretisierte Modellbildung und Simulationen mit Erfolg eingesetzt werden, siehe z. B. (Margolus et al. 1986, Kari 2005, Sloot, Hoekstra 2007). Die Verwendung Zellulärer Automaten erlaubt eine wesentliche Reduktion des Berechnungsaufwands im Vergleich zur Lösung partieller Differentialgleichungssysteme.

Rechnen mit neuen Materialien

Beim Rechnen mit neuen Materialien stehen *(bio-)molekulares Rechnen ((bio-)molecular computing)* und *Quantencomputer (quantum computing)* im Vordergrund. Das DNA-Computing als Beispiel bio-molekularen Rechnens basiert auf der Überlegung, mögliche Problemlösungen als DNA-Molekül zu kodieren und mittels biomolekularer Operationen (z. B. analog dem durch Enzyme bewirkten Auftrennen und Zusammenfügen von DNA-Strängen) zu verändern, um die gesuchte Lösung zu ermitteln. Ein frühes anschauliches Anwendungsbeispiel von DNA-Computing ist die Lösung eines kleinen kombinatorischen Pfadplanungsproblems durch Adleman (1994). Dem Quantencomputer liegt die Idee zu Grunde, einen Computer zu entwerfen, der den Gesetzen der Quantenphysik gehorcht und es gestattet, verschiedene Berechnungsaufgaben wesentlich schneller zu lösen als es mit üblichen Digitalrechnern möglich ist. Zukünftige Anwendungen werden u. a. in der Kryptographie und der Suche in Datenbanken gesehen. Die praktische Umsetzung steckt derzeit noch in den Kinderschuhen. Weiterführende Information finden sich z. B. in (Hirvensalo 2004).

1.4.4   Soft Computing

Der Begriff des *Soft Computings (SC)* wurde 1991 mit Gründung der *Berkeley Initiative in Soft Computing, BISC,* von Zadeh eingeführt (BISC 2012). Zadeh führt zeitgleich das Konzept des maschinellen Intelligenzquotienten ein und brachte das Interesse an dessen Steigerung zum Ausdruck (Zadeh 1994). Unter *Soft Computing* wurden Fuzzy-Logik, Künstliche Neuronale Netze und logisches probabilistisches Schließen (probabilistic reasoning) zusammengefasst. Später kamen Genetische Algorithmen hinzu. Dabei sollten die unterschiedlichen Konzepte miteinander verbunden werden, um die Entwicklung intelligenterer Systeme zu unterstützen. Bereits frühzeitig kamen Bestrebungen auf, bei Fuzzy-Systemen Methoden der Künstlichen Neuronalen Netze einzusetzen, um Lern-/Adaptionsfähigkeit zu erreichen. Arbeiten hierzu fanden in Japan und den USA bereits statt, bevor der mit größerer Breite definierte Begriff des Soft Computings überhaupt geprägt wurde (Takagi 2000).

1.4.5   Computational Intelligence

Motivation und Begriffsbildung

Das Wissenschaftsgebiet der *Computational Intelligence (CI)* fasst verschiedene, an die Natur angelehnte Berechnungsmethoden zusammen. In die Bezeichnung *Computational Intelligence* fließt einerseits das Wort *Intelligenz* ein. Andererseits signalisiert das Wort *Computational* die Bedeutung datenbasierter, subsymbolischer, rechnergestützter Methoden. Die erste Definition der CI wird Bezdek (1992) zugeordnet und betont die Abhängigkeit von numerischen Daten statt von Wissen, wie es im Bereich der KI der Fall ist. Eine ausführliche Diskussion des Unterschieds zwischen CI, KI und biologischer Intelligenz liefert Bezdek (1994) zwei Jahre später. Eine pragmatische Definition der CI ist:

Definition *Computational Intelligence (CI): Die CI ist ein Wissenschaftsgebiet mit dem Ziel, von der Natur inspirierte, im wesentlichen datengetriebene Berechnungsverfahren zur Lösung komplizierter und komplexer Problemstellungen zu entwickeln.* ■

Diese Definition passt zu technischen Problemen, die meistens auf der Ebene numerischer Ein-/Ausgabegrößen zu lösen sind. Die KI kann im Gegensatz dazu pragmatisch definiert werden als:

Definition *Künstliche Intelligenz (KI): Die KI ist ein Wissenschaftsgebiet, das das Ziel verfolgt, intelligente Systeme unter Nutzung von Computern zu entwickeln.* ■

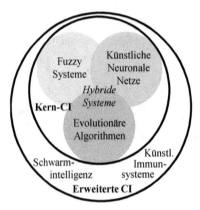

Abb. 1.3:   Kerngebiete und Erweiterungen der Computational Intelligence

Den Kern der CI bilden drei biologisch motivierte Gebiete der Informationsverarbeitung: Fuzzy-Systeme, Künstliche Neuronale Netze und Evolutionäre Algorithmen (Abb. 1.3) sowie deren Kombinationen. Dies ist auch das Verständnis der *IEEE Computational Intelligence Society* wie auch des *Fachausschusses 5.14 Computational Intelligence* der GMA (IEEE 2012, GMA 2012). Es gibt allerdings keine allgemein anerkannte Definition der CI in der Fachwelt, so finden sich auch Quellen, in denen die KI als CI bezeichnet wird (Poole et al. 1998). Die Kerngebiete der CI werden durch die neuen Gebiete der Schwarmintelligenz sowie der Künstlichen Immunsysteme erweitert.

Fuzzy-Systeme (FS)

Fuzzy-Systeme bestehen aus einem Satz natürlich-sprachlicher Regeln, der Definition der verwendeten linguistischen Werte sowie Anweisungen zur Auswertung der Regeln zwecks Ermittlung einer Ausgabegröße für gegebene Eingangsgrößen. Während klassische regelbasierte Systeme nur Ja-Nein-Aussagen über die Ein- und Ausgangsdaten (Bedingung ist erfüllt oder nicht erfüllt) verarbeiten, können Fuzzy-Systeme auch mit unscharfen Aussagen arbeiten (d. h. eine Bedingung kann nur teilweise erfüllt sein). Dies entspricht der menschlichen Wahrnehmung besser. Der Erfinder der Fuzzy-Logik, Lotfi Zadeh, spricht auch von *Computing with words* (Zadeh 1996). Fuzzy-Systeme können aus Expertenwissen erstellt oder aus Daten gelernt werden. Sie finden insbesondere Einsatz in den Bereichen Regelung, Modellbildung, Mustererkennung/Klassifikation sowie Bewertung/Entscheidungsunterstützung. *Fuzzy Control* gehört in vielen modernen Automatisierungssystemen zu den verfügbaren Standardfunktionen; in DIN EN 61131-7 wurde ein (Software-)Sprachstandard normiert.

Künstliche Neuronale Netze (NN[8])

Künstliche Neuronale Netze sind technische Realisierungen biologisch motivierter Modelle der Informationsverarbeitung in Gehirn und Nervensystem. Sie stellen lernfähige, dezentrale, parallele Strukturen dar, die aus einfachen, i. d. R. nichtlinearen Elementen aufgebaut sind. NN werden datenbasiert trainiert; es müssen also Beispiele verfügbar sein, von denen gelernt werden kann. Sie werden in der Technik insbesondere im Bereich der Modellbildung für Prognose und Simulation, der Mustererkennung/Klassifikation sowie der modellprädiktiven Regelung eingesetzt. Es gibt leistungsfähige akademische und kommerzielle Programmsysteme, die das Trainieren und Simulieren verschiedener NN-Typen gestatten, siehe z. B. Anhang 25.6.

Evolutionäre Algorithmen (EA)

Evolutionäre Algorithmen ahmen die Mechanismen der natürlichen Evolution auf dem Computer nach, um Such- und Optimierungsaufgaben zu lösen. EA gehören zu den allgemeinen Suchstrategien. Sie werden insbesondere dann eingesetzt, wenn Probleme nicht mit spezialisierten, effizienten, numerischen Verfahren gelöst werden können. So werden EA häufig bei Problemen mit multimodaler, nicht differenzierbarer oder verrauschter Zielfunktion eingesetzt. Ein anderes Anwendungsgebiet sind heterogene Probleme, bei denen z. B. einerseits strukturelle Entscheidungen zu treffen und andererseits kontinuierliche Parameter zu optimieren sind. Hierzu zählt z. B. die Aufgabe, gleichzeitig eine geeignete Struktur sowie optimale Verbindungsgewichte für ein Künstliches Neuronales Netz zu bestimmen.

Schwarmintelligenz (SI)

Im Gebiet der Schwarmintelligenz geht es darum, Mechanismen der sozialen Interaktion zur Lösung technischer Optimierungsprobleme einzusetzen. Diese Interaktionsmechanismen führen trotz einfachem Individualverhalten zu komplexem Gruppenverhalten, wie es z. B. bei Vogel- und Fischschwärmen sowie Ameisen- und Termitenvölkern zu beobachten ist. So entstanden Methoden der Partikelschwarmoptimierung für Entwurfs- und Planungsprobleme sowie Ameisenalgorithmen für die Routenplanung.

Künstliche Immunsysteme (AIS)

Das Immunsystem höherer Lebewesen hat die Aufgabe, Angriffe von Krankheitserregern abzuwehren und fehlerhafte eigene Zellen zu eliminieren. Es muss auf viele verschiedene Störungen in spezifischer Weise reagieren, sich neuen Bedrohungen anpassen und darf dabei den eigenen Organismus nicht beeinträchtigen. Dem biologischen Vorbild nachempfundene Künstliche Immunsysteme werden insbesondere für Aufgaben eingesetzt, bei denen eine Vielzahl an Verhaltensmustern auftritt, auf die sich ein technisches System einstellen muss. Beispiele sind die Überwachung von Computernetzwerken auf Schadsoftware, die Klassifi-

---

[8] In diesem Buch wird wie bei FS und EA das Zwei-Buchstaben-Kürzel NN statt ANN bzw. KNN verwendet.

kation von Kunden für individualisierte Kaufvorschläge beim Online-Kauf oder die Beurteilung der Kreditwürdigkeit von Antragstellern.

Hybride CI-Systeme

Wie beim natürlichen Vorbild können Methoden der einzelnen Fachgebiete auch miteinander kombiniert werden (sog. hybride oder fusionierte Ansätze). So können deren spezifische Vorteile genutzt und Nachteile kompensiert werden, wie es beim Soft Computing von Anfang an als Ziel definiert wurde. Beispiele stellen das Zusammenführen der guten Interpretierbarkeit regelbasierter Fuzzy-Systeme mit den Lernmethoden Künstlicher Neuronaler Netze oder die Erstellung und Optimierung von Fuzzy-Systemen oder Künstlicher Neuronaler Netze mittels Evolutionärer Algorithmen dar.

Kurze Historie

Erste CI-orientierte Forschungsarbeiten sind ab dem Jahr 1985 zu finden (Hammel et al. 2003). 1994 fand die erste World Conference on Computational Intelligence, IEEE WCCI, statt, die Vertreter aller drei Kerngebiete (Neuronale Netze, Fuzzy-Logik und Evolutionäre Algorithmen) zusammenfasste (Marks 1993; Zurada et al. 1994). Die nächsten WCCI fanden bis 2006 alle vier Jahre und anschließend alle zwei Jahre statt. Der Ort der ersten vier Konferenzen war Nordamerika. Im Jahr 2005 fusionierten die GMA-Fachausschüsse *Neuronale Netze und Evolutionäre Algorithmen* sowie *Fuzzy Control* zum neuen FA 5.14 *Computational Intelligence* (GMA 2012). Zeitgleich benannte sich die IEEE *Neural Network Society* in *Computational Intelligence Society* (IEEE 2012) um. Bei der CI handelt sich somit um ein vergleichsweise junges Gebiet.

Weiterführende Informationen

Eins der ersten Fachbücher, das die drei Kerngebiete gemeinsam behandelt, stammt von Pedrycz (1998). Kramar (2009) gibt eine kurze informatikorientierte Übersicht zur CI. Die englischsprachige einführende Literatur mit entsprechend breitem Anspruch (Engelbrecht 2007, Negnevitsky 2011) ist KI-lastig und deckt das Spektrum ingenieurtechnisch relevanter Problemstellungen nicht vollständig ab: dynamische Systeme und regelungstechnische Aspekte werden kaum adressiert. Das umfangreiche Lehrbuch von Konar (2005) ist primär für fortgeschrittene Studierende der Elektrotechnik und Informatik konzipiert. Konar verfolgt den Anspruch, alle Themengebiete der CI zu berücksichtigen. Die Monographie von Rutkowski (2008) hat den Charakter eines Fach- und nicht eines Lehrbuchs. Kordon (2010) spricht mit seinem Buch das breite Publikum inkl. Entscheidern aus dem Management an und vermeidet fachlichen Tiefgang. Dafür ergreift er die Sicht des industriellen Anwenders (er arbeitet in der Konzernforschung bei Dow Chemicals) und gibt Hinweise, wann CI wirtschaftlich gewinnbringend eingesetzt werden kann. Das Lehrbuch von Kruse et al. (2011) führt in das Thema CI aus Sicht der Informatik ein und ordnet die CI als Teilgebiet der KI ein. Weitere Literaturhinweise zu den Teilgebieten der CI finden sich in den entsprechenden Fachkapiteln.

1.5   Abschließende Bemerkungen

Das Ziel dieses einführenden Kapitels besteht insbesondere darin, das Wissenschaftsgebiet der *Computational Intelligence* zu motivieren und in das wissenschaftliche Umfeld einzuordnen. Abb. 1.4 schlägt dazu eine Einordnung der bisher vorgestellten Gebiete aus Ingenieursperspektive vor.

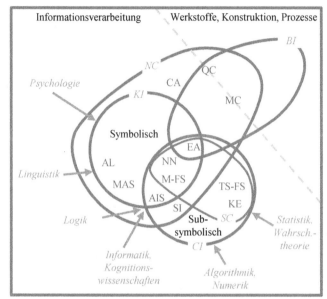

Wissenschaftsgebiete:
BI: Bionik
CI: Computational Intelligence
KI: Künstliche Intelligenz
NC: Natural Computing
SC: Soft Computing

Teilgebiete und Methoden:
AL: Artificial Life
EA: Evolutionäre Algorithmen
AIS: (Künstliche) Immunsysteme
KE: Kernel-Ansätze
MC: Molecular Computing
MAS: Multi-Agenten-Systeme
M-FS: Mamdani-Fuzzy-Systeme
NN: (Künstliche) Neuronale Netze
QC: Quantencomputing
SI: Schwarmintelligenz
TS-FS: Takagi-Sugeno-Fuzzy-Systeme
CA: Zelluläre Automaten

Abb. 1.4:   Vereinfachte Darstellung des Zusammenhangs der betrachteten Wissenschaftsgebiete und Methoden

Abb. 1.4 zeigt, dass sich die Wissenschaftsgebiete der Künstlichen Intelligenz (KI) und der Computational Intelligence (CI) bzw. des Soft Computings (SC) überlappen: Mamdani-Fuzzy-Systeme (M-FS), Künstliche Immunsysteme (AIS), Evolutionäre Algorithmen (EA) und Künstliche Neuronale Netze (NN) lassen sich beiden Wissenschaftsgebieten zuordnen. Sie liegen in der Schnittmenge der kreisförmigen Eingrenzungen von KI und CI. Die symbolisch arbeitenden Ansätze bei Künstlichem Leben (AL) und Multi-Agenten-Systemen (MAS) (Wooldridge 2002) werden nur der KI zugeordnet. Die subsymbolisch arbeitenden Gebiete der Takagi-Sugeno-Fuzzy-Systeme (TS-FS), die Schwarmintelligenz (SI) und Kernel-Ansätze (KE) werden nur der CI zugeordnet. Natural Computing (NC) umklammert die KI sowie Zelluläre Automaten (CA), Quantencomputing (QC) und Molecular Computing (MC). Während es bei KI, CI und NC im Wesentlichen um Informationsverarbeitung geht, liegt der Fokus bei Bionik (BI) auf Werkstoffen, Konstruktion und Prozessen. Da sie auch die EA einschließen, überlappen BI, KI und CI. QC und MC befinden sich an der Schnittstelle zwischen Informationsverarbeitung und Werkstoffen. Während die KI eng mit Logik und Informatik verbunden ist, hängt die CI eng mit Algorithmik/Numerik, Statistik/Wahrscheinlichkeitstheorie und Informatik zusammen. Es gibt weitere neue Ansätze, wie bspw. von der Nahrungssuche bei Bakterien inspirierte Methoden (bacteria inspired algorithms) (Tang, Wu 2009), die hier nicht berücksichtigt wurden.

2 Problemstellungen und Lösungsansätze

In diesem Kapitel werden mit Mustererkennung, Modellbildung, Regelung und Optimierung vier grundlegende technische Problemstellungen vorgestellt. Für jede Problemstellung werden verschiedene Lösungsansätze präsentiert und die Methoden der Computational Intelligence eingeordnet. Einführend wird für zwei technische Systeme exemplarisch beschrieben, wo und wie die vier Grundprobleme auftreten. Das erste Beispiel ist der automatisierte Betrieb einer Teileinheit einer verfahrenstechnischen Anlage, das zweite ein autonomes mobiles Service-Robotersystem für Inspektionsaufgaben. Bei einer Produktionseinrichtung ist man bestrebt, Einflüsse auf den Prozessablauf und damit Unsicherheiten möglichst konstruktiv weitgehend zu vermeiden und unter wohldefinierten Bedingungen zu arbeiten. Bei mobilen Inspektionsrobotern lassen sich dagegen nicht planbare Ereignisse nicht vermeiden. Beispiele sind das Auftreten ruhender oder bewegter Hindernisse (inkl. anderer Verkehrsteilnehmer), wetterbedingte Traktionsprobleme oder umweltbedingte Störungen der Inspektionstätigkeiten, z. B. durch Nebel oder Regen. Die beiden Beispiele unterscheiden sich deutlich im Charakter. Dennoch sind die Problemstellungen verwandt und können mit ähnlichen Methoden gelöst werden.

2.1 Einführende Beispiele

Beispiel *Prozessanlage*:

Für einen effektiven und effizienten automatisierten Betrieb einer Prozessanlage sind verschiedene technische Aufgaben zu lösen. Dies wird vereinfacht am Beispiel eines Rührkesselreaktors erläutert. Abb. 2.1 zeigt das Technologieschema[9]. Solche Reaktoren dienen der Stoffumwandlung und finden sich in der chemischen und pharmazeutischen Industrie, aber auch in Anlagen zur Herstellung von Lebensmitteln. Das Beispiel ist von einer Anwendung im Bereich der Kunststoffherstellung inspiriert (Nyström et al. 2005, 2006, Prata et al. 2008).

Problemkreis P1 Basisprozessregelung: Im Reaktor reagieren zwei Einsatzstoffe A und B kontinuierlich zum gewünschten Produkt C. Das Stoffmengenverhältnis A zu B entscheidet über die Produkteigenschaften. Deshalb werden die Zuflussraten von A und B mittels einer *Durchflussregelung* auf ihrem Zielwert gehalten, auch wenn z. B. der Druck in den Versorgungsleitungen schwanken sollte. Über den einstellbaren Produktabzug wird der Füllstand im Reaktor *geregelt*, der die Verweilzeit im Reaktor und somit die Produkteigenschaften beeinflusst. Über einen Kühlmantel lässt sich die Temperatur im Reaktor und somit der Ablauf der Reaktion beeinflussen. Die Temperaturregelung sorgt dafür, dass der Kühlwasserstrom an sich zusetzende Wärmetauscher und an die sich ändernde Wärmeabgabe der Reaktion angepasst wird. Die unterschiedlichen Regelkreise dienen also dazu, die technischen Größen auch

---

[9] Verfahrenstechnische Symbole sind in (DIN EN ISO 10628) genormt, leittechnische Einrichtungen in DIN 19227 und im Nachfolgedokument DIN EN 62424.

bei Einwirkung von Störungen oder Änderung des Systems auf den Sollwerten zu halten. Typische Abtastzeiten verfahrenstechnischer Regelkreise liegen bei ca. 1 s (Jaschek, Voos 2010, S. 278).

Problemkreis P2 übergeordnete Regelungsfunktionen: Die Arbeitspunkte für die verschiedenen Größen sollen so gewählt werden, dass das Produkt optimale Eigenschaften aufweist und gleichzeitig der Prozess möglichst energie- und ressourceneffizient ausgeführt wird. Die *Produkteigenschaften* können oft nicht während des kontinuierlichen Betriebs gemessen werden. Stattdessen werden sie im Labor z. B. ein- bis zweimal pro Schicht anhand von Proben ermittelt und ggf. die Arbeitspunkte angepasst. Um einen kontinuierlichen korrigierenden Eingriff zu ermöglichen, können die *Produkteigenschaften* mittels eines *Prozessmodells* aus den gemessenen Betriebsgrößen (Durchflüsse, Temperaturen, Drücke usw.) *prognostiziert* werden. Mittels solch einer *modellbasierten Messung* bzw. eines Soft-Sensors lassen sich die *optimalen* Arbeitspunkte der Betriebsgrößen unter Berücksichtigung der Verkopplungen der Regelkreise berechnen. Typische Abtastzeiten liegen im Sekunden- bis Minutenbereich.

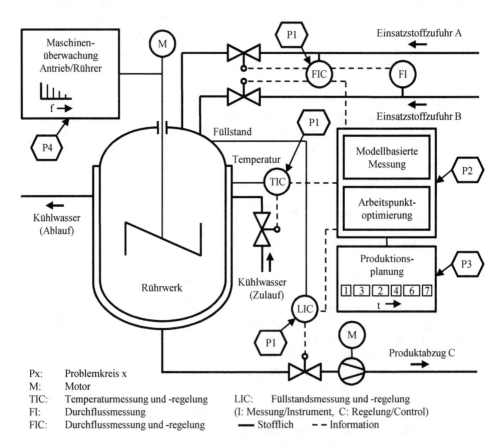

Abb. 2.1:   Technologieschema eines Rührkesselreaktors mit Automatisierungseinrichtungen

Problemkreis P3 Produktionsplanung: Im Reaktor wird nicht nur ein einzelnes Produkt hergestellt. Durch Variation des Mischungsverhältnisses der Einsatzstoffe entstehen verschiedene Produktvarianten. Bei der Produktionsplanung ist nun die *optimale Reihenfolge* der einzelnen Chargen zu ermitteln. Dabei fließen Liefertermine und Instandhaltungsmaßnahmen ein. Es sind Chargengrößen und Schichtmodelle zu berücksichtigen. Die Energie- und Einsatzstoffkosten können zeitlich variieren. Zudem gilt es, Produktwechsel zu vermeiden, die zu nicht spezifikationsgerechtem Produkt oder zu langen Rüst-,

Wechsel- und Reinigungszeiten führen. Bei der Erstellung eines optimalen Produktionsplans handelt es sich um ein kombinatorisches Problem.

Problemkreis P4 Anlagen-/Maschinenüberwachung: Das durch einen großen Elektromotor angetriebene Rührwerk wird überwacht, um seine Beschädigung und Schäden am Rührkesselreaktor zu verhindern. So kann je nach verarbeiteten Stoffen ein Ausfall des Rührwerks dazu führen, dass diese aushärten und nicht mehr aus dem Reaktor zu entfernen sind. Dies bedeutet einen Totalverlust des Reaktors; hinzu kommt der wirtschaftliche Schaden durch die resultierende Produktionsunterbrechung. Bei komplizierten Komponenten und Systemen, die erst auf Bestellung hergestellt werden, können Monate bis zum Ersatz vergehen. Deshalb ist ein System zur Maschinenüberwachung installiert: Es bewertet z. B. die elektrische Leistungsaufnahme und die Vibrationen des Rührsystems, erkennt abnormale Verhaltensmuster und alarmiert automatisch Bedien- und Instandhaltungspersonal. Bei schwerwiegenden Problemen werden automatisch sicherheitsgerichtete Funktionen wie die Abschaltung des Antriebs ausgelöst. Typische Reaktionszeiten liegen im Millisekundenbereich.

Beispiel *Mobiles autonomes Inspektionsrobotersystem*:

Als zweites Beispiel werden autonome mobile Inspektionsroboter betrachtet. Die folgenden Problembeschreibungen sind exemplarisch zu verstehen und nicht vollständig. Sie sind inspiriert von der robotischen Gaslecksuche in Außenbereichen großer Anlagen (Kroll 2008, Soldan et al. 2012). Abb. 2.2 skizziert die Problemstellungen. Abb. 2.3 zeigt eine räumlich ausgedehnte Mineralölraffinerie, um eine Vorstellung von einem möglichen Einsatzort zu vermitteln. Die Roboter fahren Bereiche der Raffinerie ab und überprüfen Anlagenteile auf das Auftreten von Gasleckagen. Dazu werden Fernmessgeräte eingesetzt, mit denen die Zielobjekte aus größerer Entfernung inspiziert werden können.

Problemkreis Pa Einsatzplanung: Bei der strategischen Einsatzplanung ist eine Routenplanung unter Berücksichtigung der Inspektionsaufgaben durchzuführen. Dazu werden z. B. Wegpunkte vorgegeben, die im Einsatz abzufahren sind. Es folgt das bekannte Problem des Handlungsreisenden, bei dem die optimale Reihenfolge des Abfahrens der Wegpunkte zu ermitteln ist. Allerdings sind auch die Wegverläufe zwischen den Wegpunkten zu ermitteln. Zu diesem kombinatorischen Optimierungsproblem kommen Nebenbedingungen hinzu, wenn der Roboter z. B. aus betrieblichen Gründen in bestimmten Zeitfenstern an bestimmten Orten sein muss (oder nicht sein darf). Beim Einsatz mehrerer Roboter ist zudem die Gesamtaufgabe auf die einzelnen Systeme zu verteilen und es sind ggf. gemeinsam ausgeführte Aufgaben zu planen. Bei ungeplanten Störungen, wie einem durch ein anderes Fahrzeug versperrten Weg oder Funktionsbeeinträchtigungen des Roboters selber erfolgt eine situationsangepasste Neuplanung der Route.

Problemkreis Pb Bahnführung (*Regelung*): Beim Abfahren der geplanten Route muss der Roboter dieser auch bei variierenden Bodenverhältnissen (z. B. Asphalt, Wiese, Erde, in trockenem, matschigem, schneebedecktem Zustand) ausreichend genau folgen. Die Inspektionstätigkeit kann eine genaue Positionierung und Orientierung oder genau eingehaltene Fahrgeschwindigkeit erfordern. Die Bahnführung lässt sich bei verfügbarer Information über die aktuelle Roboterposition und -orientierung (z. B. mittels GPS, Kompass, digitaler Karte oder Landmarken) durch *Regelung* der Antriebe erreichen. Weitere Regelungsaufgaben betreffen die Bahnführung relativ zur Roboterplattform bewegter Fernmessgeräte für Inspektionsaufgaben.

Problemkreis Pc, Pd Mustererkennung: Beim autonomen Fahren muss der Roboter nicht überwindbare Hindernisse (wie Gräben oder abgestellte Fahrzeuge) erkennen und klassifizieren, um geeignet zu reagieren, z. B. mittels Fahrweganpassung. Hierzu werden z. B. Messdaten laserbasierter Entfernungsmessgeräte bewertet. Bei der Inspektion muss der Roboter den nicht-bestimmungsgemäßen Zustand von Teilen der inspizierten Objekte erkennen und orten, also z. B. detektieren, dass ein Gasleck vorliegt und die leckende Komponente ermitteln. Dazu werden z. B. Methoden der *Mustererkennung* eingesetzt: in Messdaten wird nach charakteristischen Mustern maschinell gesucht. So wird der aktuelle Ort des Roboters in der digitalen Karte gesucht; oder es wird nach Absorptionseffekten einer Gaswolke in Bildern einer Gaskamera gesucht.

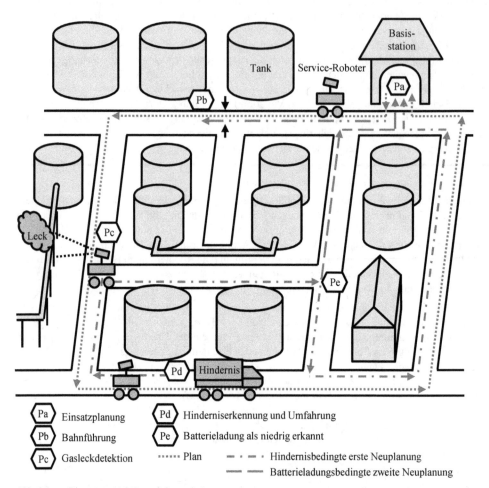

Pa	Einsatzplanung	Pd Hinderniserkennung und Umfahrung
Pb	Bahnführung	Pe Batterieladung als niedrig erkannt
Pc	Gasleckdetektion	······ Plan — · — · — Hindernisbedingte erste Neuplanung
		—— —— Batterieladungsbedingte zweite Neuplanung

Abb. 2.2:   Einsatzszenario Inspektionsroboter

Problemkreis Pe Maschinenüberwachung: Der autonome Roboter muss sich selber überwachen, um bei nicht-bestimmungsgemäßer Funktion geeignete Maßnahmen einzuleiten wie Notstop, Autohoming o. ä. Eine exemplarische Basisfunktion ist die Überwachung des Ladezustands des Akkus, um zu vermeiden, dass der Roboter während eines Einsatzes liegen bleibt. Hinzu kommt die Fahrantriebsüberwachung, um z. B. Überlastzustände zu erkennen. Ein weiteres Beispiel ist die Überwachung der Fernmessgeräte z. B. auf unzulässige Einsatzbedingungen. Insbesondere als autonom agierendes System müssen Komponenten und Funktionen auf Ausfälle, Störungen oder Fehlfunktion überwacht werden, um Gefährdungen der Umwelt, einen Verlust des Systems oder Aufzeichnung ungültiger Messergebnisse zu vermeiden.

Abb. 2.3:   Petrochemische Anlage (PCK) als möglicher Einsatzort für autonome Inspektionsroboter

2.2   Mustererkennung und Klassifikation

In diesem Abschnitt werden Problemstellungen behandelt, bei denen wertekontinuierliche Eingangsgrößen in erster Linie wertediskreten Ausgangsgrößen zugeordnet werden sollen.

2.2.1   Einführung in die Problemstellung

Im Zuge des technischen Fortschritts haben kostengünstige Sensoren zunehmend Einzug in Produkte und Anlagen gehalten. So können neue Produkte, Funktionalitäten und Dienste entwickelt werden. In der industriellen Produktion besteht ein großes Interesse an kontinuierlich hoher und gleichförmiger Produktqualität. Auch sollen Menschen von monotonen repetitiven Tätigkeiten entlastet werden, um sich mehr überwachenden und optimierenden Tätigkeiten widmen zu können. So wächst insgesamt der Bedarf an maschineller Mustererkennung. Dieser wird zudem durch den technischen Fortschritt in der Mikroelektronik befördert, der große Rechenleistungen kompakt und kostengünstig verfügbar macht.

Menschen erledigen viele Mustererkennungsaufgaben ohne größere Mühen nebenbei wie das Erkennen alphanumerischer Zeichen beim Lesen von Dokumenten, das Identifizieren von Personen oder Objekten in unserer Umwelt oder von Mustern in EKG-Ableitungen[10] in der medizinischen Diagnostik. Seit vielen Jahren gibt es erfolgreiche Umsetzungen maschineller Mustererkennung in verschiedenen Bereichen: Banking Terminals lesen die Daten von Überweisungsformularen automatisch ein. Zustandsüberwachungs-(Condition-Monitoring-)Einrichtungen bewerten Messwerte, alarmieren den Bediener und schalten die überwachten Maschinen/Prozesse bei verdächtigen Mustern automatisch ab. Kamerabasierte Systeme

---

[10]   EKG: Elektrokardiogramm

werden beim In-Line-Testen in der Fertigung eingesetzt, um an verschiedenen Punkten der Fertigungskette 100 % der Stückgüter mit großer Geschwindigkeit zu prüfen.

Neben solchen, in einem vergleichsweise wohldefinierten Umfeld arbeitenden Anwendungen gibt es einen wachsenden Bedarf für maschinelle Mustererkennung in unsicheren Umgebungen. Ein Beispiel sind Assistenzfunktionen zur Umfeldwahrnehmung bei Fahrzeugen wie die Erkennung von Straßenschildern oder anderen Verkehrsteilnehmern. Auch bei mobilen Service-Robotern sind ähnliche Aufgaben zu bewältigen. Eine automatische Erkennung von Personen in Bildern mit wechselnden Hintergründen interessiert in sozialen Netzwerken wie auch in sicherheitstechnischen Anwendungen. Als letztes Beispiel sei die maschinelle Analyse großer Datenbestände in Wissenschaft, Wirtschaft und Behörden genannt, die z. B. wegen Größe und Dimension durch den Menschen nicht in der erforderlichen Zeit erledigt werden kann. Die Erkennung von Mustern ist ein wichtiger, bereits etablierter Bereich, der zukünftig starkes Wachstum erwarten lässt.

Der Begriff der *Mustererkennung* bezeichnet die Suche nach Strukturen, Mustern bzw. Zusammenhängen in Daten, wie Zeitreihen oder Bildern, um z. B. Objekte zu erkennen oder zu gruppieren. Dazu ist die Bewertbarkeit der Ähnlichkeit von zentraler Bedeutung. Um dies zu ermöglichen, werden (problemspezifische) Merkmale definiert. Merkmale können Messgrößen (z. B. elektrischen Strom, Masse, Länge), abgeleitete Größen (z. B. el. Leistung, Signalmittelwert) oder auch subjektive Bewertungen (z. B. Klang-, Geruchs- oder Geschmackseindruck) sein. Es lässt sich definieren:

Definition *Merkmal* (Mikut 2008, S. 27): *Merkmale sind Eingangsgrößen, die für die Problemstellung (potenziell) relevant sind.* ∎

Definition *Muster* (Mikut 2008, S. 27): *Muster sind typische (bedeutungstragende) Ausprägungen von Merkmalen in Daten.* ∎

Die einzelnen Merkmale werden zum *Merkmalsvektor* zusammengefasst. So lässt sich ein Objekt als Punkt im *Merkmalsraum* repräsentieren. Der Vergleich zweier Objekte kann dann auf die Bewertung der Ähnlichkeit ihrer Merkmalsvektoren bzw. den Abstand der zugehörigen Punkte im Merkmalsraum zurückgeführt werden. Die Gesamtheit aller Objekte heißt *Objektmenge*. Im Folgenden soll die Klassifikation (die Zuweisung von Objekten zu Klassen) als ein Teilproblem im Bereich der Mustererkennung im Vordergrund stehen. Dabei geht es um die Zuweisung von Beobachtungen zu einer endlichen Anzahl diskreter Kategorien bzw. Klassen (Bishop 2006):

Definition *Klassifikator* (Pandit et al. 2004): *Ein Klassifikator ist eine Zuordnungsvorschrift* $\mathbf{x} \rightarrow f(\mathbf{x})$, *wobei* $\mathbf{x} \in \mathfrak{R}^n$ *der Merkmalsvektor und* $f(\mathbf{x}) \in Z$ *das Klassifikationsergebnis ist.* ∎

An Stelle einer ganzzahligen Ausgabe (Klassennummer) kann ein Klassifikator auch die Wahrscheinlichkeit der Zugehörigkeit des Merkmalsvektors oder (bei unscharfer Klassifikation) den Grad der Zugehörigkeit zu den Klassen, also eine reellwertige Ausgabe, liefern.

Die hier betrachtete Aufgabe besteht also im Entwurf von Klassifikatoren, die mit Hilfe sensorischer Daten Beobachtungen eines Objektes, eines Prozesses oder eines Zustands einer von mehreren möglichen Klassen zuweisen. Dabei kann die Aufgabe in der Aufteilung des gesamten Merkmalsraums in Teilgebiete für die definierten Klassen bestehen (Partitionierungsaufgabe, Abb. 2.4a. Auch kann sie eine Ermittlung von die Klassen eingrenzenden Gebieten unter Inkaufnahme zuordnungsfreier Gebiete (*Restklasse*) bedeuten (Abb. 2.4b). Das Ziel kann eine hierarchische oder eine flache Klassifikation sein. Einem hierarchischen Ansatz liegt die Annahme zu Grunde, dass ein Muster aus einfacheren Teilmustern zusammengesetzt ist, die wiederum auf noch einfachere Teile zurückgeführt werden können usw. Dabei ist zu beachten, dass ein Muster in Bildern unterschiedlich positioniert und orientiert auftreten kann (Abb. 2.4c). Typischerweise soll ein Muster erkannt werden, auch wenn es verdreht, verschoben oder in der Größe verändert (skaliert) wurde. Daraus kann die Forderung abgeleitet werden, dass ein Klassifikator rotations-, translations- und skalierungsinvariant sein sollte.

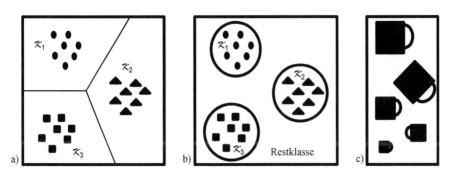

Abb. 2.4:   Aufteilung eines Merkmalsraums in drei Klassen mittels Teilung (a); Eingrenzung mit Restklassenzu-
weisung (b); Translation, Rotation und Skalierung eines Musters (c)

Die Schwierigkeit der Klassifikationsaufgabe hängt zudem wesentlich davon ab, wie einfach die zu den einzelnen Klassen gehörenden Gebiete im Merkmalsraum separierbar sind. Bei überlappenden Klassengrenzen (siehe Drei-Klassenbeispiel in Abb. 2.5a) können im Gegensatz zu disjunkten Klassen (Abb. 2.5b) Daten im Überlappungsbereich nicht eindeutig einer Klasse zugeordnet werden. Eine lineare Separierbarkeit der zu den Klassen gehörenden Gebiete vereinfacht die Klassifikation.

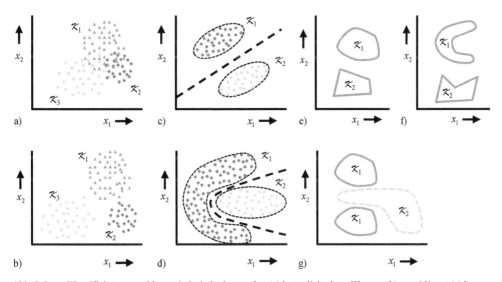

Abb. 2.5:   Klassifizierungsproblem mit drei überlappenden (a) bzw. disjunkten Klassen (b); zwei linear (c) bzw.
nicht linear (d) separierbare Klassen; Beispiele konvexer (e) bzw. nicht konvexer Gebiete (f); Beispiel
einer aus zwei nicht zusammenhängenden Gebieten gebildeten Klasse $\mathcal{K}_1$ (g)

Definition *lineare Separierbarkeit*: *Zwei Gebiete heißen linear separierbar, wenn sie durch eine Gerade, Ebene oder Hyperebene trennbar sind.* ∎

Abb. 2.5c zeigt ein Beispiel von zwei linear separierbaren, Abb. 2.5d ein Beispiel von zwei nicht linear separierbaren Klassen. Bei Letzterem ist somit z. B. eine nichtlineare Funktion zur Beschreibung der Klassengrenze notwendig. Diese kann bspw. ein Polynom höherer Ordnung oder die durch ein Künstliches Neuronales Netz erzeugte Funktion sein. Der Schwierigkeitsgrad des Klassifikatorentwurfs hängt zudem davon ab, ob die Gebiete konvex sind (Abb. 2.5e) oder nicht (Abb. 2.5f).

Definition *konvexes Gebiet*: *Ein Gebiet G heißt konvex, wenn die Verbindungslinie zwischen zwei beliebig wählbaren Punkten aus G an keiner Stelle außerhalb von G verläuft.* ∎

Klassifikatoren für Klassen, die aus mehreren, nicht zusammenhängenden Gebieten bestehen, sind schwieriger zu entwerfen (Abb. 2.5g). Für den Entwurf eines Klassifikationssystems werden Trainingsdaten verwendet. Dabei ist zu unterscheiden, ob zu Beginn des Entwurfs die Klassen und Klassenzugehörigkeiten der einzelnen Daten bekannt sind und für den Entwurf zur Verfügung stehen oder nicht. Ebenso ist zu differenzieren, ob die Klassen zu Beginn des Entwurfs bekannt sind oder nicht. In beiden Fällen ist die Zuordnungsvorschrift der Daten zu den Klassen zu ermitteln, aber im letzten Fall ist zudem zu ermitteln, wie viele und welche Klassen es zu unterscheiden gilt.

Es gibt Problemstellungen, bei denen eine eindeutige, *scharfe* Zuordnung eines Datums zu einer einzelnen Klasse unpassend ist, beispielsweise wenn eine Merkmalsausprägung nur qualitativ beschrieben wird (wie „niedrige Temperatur"). Auch können Merkmalsausprägungen eine nicht vernachlässigbare Unsicherheit aufweisen: Bei mittels Befragung erhobenen Daten können individuelle Wahrnehmungen voneinander abweichen. Bei gemessenen Daten führen zufällige Störungen (wie Messrauschen) zu einer Streuung der Messwerte um ihren Erwartungswert. In solchen Fällen kann es sinnvoll sein, mit Wahrscheinlichkeiten für die Klassenzugehörigkeiten zu arbeiten oder Teilzugehörigkeitsgrade zuzulassen. Letzteres führt zur unscharfen bzw. Fuzzy-Klassifikation:

Definition *Fuzzy-Klassifikator*: *Ein Fuzzy-Klassifikator ist eine Zuordnungsvorschrift* $\mathbf{x} \rightarrow f(\mathbf{x})$ *mit dem Merkmalsvektor* $\mathbf{x} \in \Re^n$ *und dem Klassifikationsergebnis* $f(\mathbf{x}) \in [0; 1]^m \in \Re^m$ *bei einem m-Klassenproblem.* ∎

Ein Klassifikationsergebnis von Eins bzgl. der *i*-ten Klasse bedeutet die vollständige Zugehörigkeit zur Klasse *i*. Mit abnehmendem Wert nimmt der Zugehörigkeitsgrad ab, bis der Wert Null erreicht wird. Dieser zeigt an, dass $\mathbf{x}$ nicht zur entsprechenden Klasse gehört. Bei scharfen Klassifikatoren gilt, dass ein Datum $\mathbf{x}$ zu exakt einer Klasse gehört. Die Zugehörigkeiten können gerade die Werte 0 oder 1 annehmen: $\mu_i(\mathbf{x}) \in \{0; 1\}$. Somit gilt bei c Klassen $\sum_{i=1}^{c} \mu_i(\mathbf{x}) = 1$. Dies gilt bei unscharfer Klassifikation nicht zwangsläufig; sondern hängt von der Wahl des Klassifikators ab.

2.2.2   Entwurfs- und Auslegungskonzepte

Beim Entwurf eines Klassifikationssystems müssen drei zentrale Bereiche adressiert werden (Jain et al. 2000): Die Datenerfassung und -vorverarbeitung, die Charakterisierung der Muster über Merkmale und die Entscheidung der Klassenzuweisung, d. h. die Klassifikation im engeren Sinn. Im Detail lässt sich der Entwurf eines Klassifikationssystems in die in Abb. 2.6 dargestellten Schritte gliedern (Duda et al. 2001).

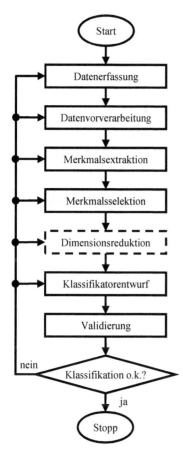

Abb. 2.6:   Schritte beim Entwurf eines Klassifikators

Datenerfassung

Der erste Schritt ist die *Datenerfassung*. Das Ziel besteht dabei in der Gewinnung einer ausreichenden Anzahl informationstragender Daten. Dabei ist zu berücksichtigen, wie stark die Daten gestört sind und wie viele Parameter beim Klassifikator voraussichtlich festzulegen sein werden. Bei der Behandlung dynamischer Prozesse ist eine geeignete (i. d. R. äquidistante) Abtastung der Messsignale zu wählen. Ein Abtastintervall sollte so klein sein, dass zwischen aufeinanderfolgenden Abtastungen nur geringe monotone Änderungen auftreten (Box et al. 2008). Dabei ist das Abtasttheorem zu beachten, siehe Abschnitt 6.2.3. Andererseits ist eine zu kleine Wahl des Abtastintervalls nicht sinnvoll, da dies zu numerischen Problemen bei anschließenden Parameterschätzaufgaben führen kann (Isermann 1992).

Datenvorverarbeitung

Unter die *Datenvorverarbeitung* fallen anwendungsspezifische Aufgaben wie die Segmentierung von Bildern in verschiedene Teile zwecks Isolation von Buchstaben bei der Texterkennung oder eine (Tiefpass-)Filterung von Zeitreihen zwecks Unterdrückung des Rauschens.

Vorgehensweisen zur Vorverarbeitung von Bildern wie Glättung, Kantenextraktion oder Segmentierung finden sich in der Literatur zur digitalen Bildverarbeitung, z. B. in (Haberäcker 1995, Jähne 2005, Nischwitz et al. 2011).

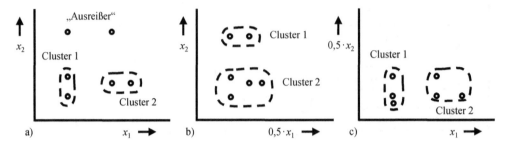

Abb. 2.7:   Illustration des Einflusses der Skalierung der Merkmale auf die Clusterbildung (nach Bocklisch 1987)

Werden verschiedenartige Messgrößen erfasst, so ist i. d. R. eine Normierung der einzelnen Größen sinnvoll. So lässt sich eine unerwünschte Über-/Unterbetonung einzelner Merkmale auf Grund unterschiedlicher Wertebereiche vermeiden. Abb. 2.7 illustriert, wie eine unterschiedliche Skalierung der Merkmale zu einer anderen Gruppierung der gleichen Objekte führen kann. Typische Vorgehensweisen sind Mittelwertbefreiung und Normierung auf einheitliche Varianz (letzteres wird auch „Standardisierung" genannt und ist in der Statistik verbreitet)

$$x_{j,n} = \frac{x_j - \overline{x}_j}{\sigma_{x,j}},$$ (2.1)

wobei $\overline{x}_j$ der Mittelwert und $\sigma_{x,j}$ die Streuung der Daten bzgl. der Variablen x_j ist. Auch kann eine Mittelwertbefreiung und anschließende Normierung auf das Betragsmaximum erfolgen:

$$x_{j,n}^* = \frac{x_j - \overline{x}_j}{\left| x_j - \overline{x}_j \right|_{max}}.$$ (2.2)

Eine weitere Aufgabe besteht in der Detektion und Entfernung von Ausreißern. Als *Ausreißer* (*outlier*) wird ein Datum bezeichnet, welches deutlich von Daten aus dem gleichen Kontext abweicht. Entstammen die Daten einem stationären Prozess, so kann eine zulässige Abweichung über einen Toleranzbereich der Breite $a \cdot \sigma_{x,j}$ um $\overline{x}_j$ definiert werden (*a*: Entwurfsparameter). Bei Daten von instationären Prozessen kann z. B. die Abweichung vom Trend bewertet werden.

Merkmalsextraktion

Im Schritt der *Merkmalsextraktion* wird ein Satz an Merkmalskandidaten zur aufgabenangepassten Charakterisierung der Objekte abgeleitet. Neben den Sensorsignalen selber werden durch Transformation, Filterung, Kombination usw. neue Merkmale erzeugt. Beispiele für segmentbezogene Merkmale in Bildern sind Grauwert und (RGB-)Farbinformation. Bei inhomogener Gestalt/Struktur eines Segments spricht man auch von einer Textur. Eine Textur lässt sich z. B. über statistische Maße charakterisieren. Hierzu zählen Kennwerte zur Grauwertverteilung im betrachteten Segment wie Mittelwert und Streuung. Eine detaillierte Behandlung findet sich in der Literatur zur Bildverarbeitung. Bei Zeitreihen können durch Filterung neue Signale oder Signalsequenzen erzeugt werden. So kann durch Hochpassfilterung ein Signal erzeugt werden, in dem schnelle Änderungen hervorgehoben werden. Des Weiteren können Kenngrößen für eine Signalsequenz als Merkmale verwendet werden. Hierzu zählen Extremwerte, statistische Kennwerte, Kenngrößen zum Signalspektrum oder Parameter von aus den Signalsequenzen geschätzten mathematischen Modellen.

Merkmalsselektion

Das Ergebnis der Merkmalsextraktion ist eine Menge von Merkmalskandidaten. Bei der *Merkmalsselektion* geht es darum, daraus eine geeignete Teilmenge auszuwählen. Die Charakterisierung der Muster über Merkmale dient der Kompression der Information, bevor eine Klassifikation stattfindet. Die Anzahl der Merkmale sollte möglichst klein sein, um den Rechenaufwand gering zu halten und auch bei begrenzter Anzahl an Testdaten eine hohe Klassifikationsgüte zu ermöglichen (Jain et al. 2000). Dabei sollten Merkmale im Sinne einer hohen diskriminierenden Wirkung zwischen den verschiedenen Klassen ausgewählt werden. So können sich bei den gewählten Merkmalen überlappende Klassen durch Hinzunahme eines weiteren geeigneten Merkmals gut separieren lassen. Die Merkmale von Objekten einer Klasse sollten nahe beieinander und die von Objekten verschiedener Klassen möglichst deutlich auseinander liegen. Vorhandenes Vorwissen ist wertvoll für die Zusammenstellung einer Menge an Merkmalskandidaten. Die Relevanz von Merkmalen kann mit statistischen Methoden untersucht werden (Hartung 1981, Hartung, Elpelt 2007). Dabei ist es nicht nur möglich, den Einfluss einzelner Merkmale zu untersuchen, sondern auch das Zusammenspiel mehrerer Merkmale. Letzteres kann z. B. mittels des MANOVA-Verfahrens aus dem Bereich der multivariaten Varianzanalyse erfolgen (Mikut et al. 2001).

Dimensionsreduktion

Merkmale sind häufig miteinander korreliert. Dies regt an, die *Dimension des Merkmalsraums zu reduzieren*, indem eine Teilmenge der Merkmale verwendet wird, die die wesentlichen Zusammenhänge beschreibt. Dazu können mittels Linearkombinationen der ursprünglichen Merkmale neue Merkmale berechnet werden, die zueinander orthogonal und somit unkorreliert sind. Von diesen werden dann nur die relevantesten berücksichtigt. Hierzu kann die Hauptkomponentenanalyse (Principal Component Analysis, PCA) eingesetzt werden. Diese und weitere Verfahren werden z. B. in (Hartung, Elpelt 2007) beschrieben. Diese Methoden können auch bereits auf den bei der Merkmalsextraktion ermittelten Merkmals-(kandidaten-)satz angewendet werden. Dabei ist zu beachten, dass die neuen Merkmale nicht mehr physikalisch interpretierbar sind. Deshalb wird oft auch darauf verzichtet und eine größere Anzahl an Merkmalen in Kauf genommen.

Klassifikatorentwurf

Anschließend gilt es, den eigentlichen *Klassifikator* (siehe Definition in Abschnitt 2.2.1) zu entwerfen.

Allgemeine Konzepte zur Klassenzuweisung

Vier verschiedene Vorgehensweisen lassen sich bei der Klassifikation unterscheiden (Jain et al. 2000):

a)   der direkte Vergleich mit einem Referenzmuster,
b)   die Ermittlung der Klassenzuordnungen aus Wahrscheinlichkeitsverteilungen,
c)   die deterministische/geometrische Ermittlung von Klassengrenzen und
d)   die regelbasierte/syntaktische (nicht metrische) Entscheidungsfindung.

Bei a) wird ein Referenzmuster vorgegeben oder aus den Trainingsdaten ermittelt. Dessen Festlegung besitzt eine große Bedeutung, da es repräsentativ für die Klasse sein soll. Die häufig geforderten Invarianzen können über die Merkmale, ein robustes Referenzmuster und den Vergleichsprozess zwischen Referenz und zu klassifizierendem Muster realisiert werden. Ein Referenzmuster kann von einem Experten ausgewählt werden oder Ergebnis einer Mittelung verschiedener Muster sein. Zudem spielt die Definition der Ähnlichkeitsbeziehung zwischen Referenz und dem zu klassifizierenden Muster eine wichtige Rolle. Häufig wird der Abstand im Merkmalsraum genutzt. Wenn die Invarianz-Forderungen über den Vergleichsprozess umgesetzt werden, bedeutet dies i. d. R. großen Rechenaufwand.

Bei statistischen Ansätzen (b) werden basierend auf den Wahrscheinlichkeitsverteilungen der Muster einer Klasse Entscheidungsgrenzen festgelegt. Eine typische Umsetzung ist der *Bayes-Klassifikator*, siehe z. B. (Mikut 2008, Runkler 2010). Dieser weist unter Annahme normalverteilter Merkmale und bei Verwendung der A-priori-Wahrscheinlichkeiten für alle Klassen ein Datum der Klasse mit der höchsten A-posteriori-Wahrscheinlichkeit zu. Bei der Verwendung mehrdimensionaler Normalverteilungen wird jede Klasse durch ihren Erwartungswert und die zugehörige Kovarianzmatrix beschrieben. Diese Kenngrößen können aus Trainingsdaten geschätzt werden, wozu die Soll-Klassenzuweisungen vorliegen müssen.

Eine deterministische Festlegung der Klassengrenzen gemäß c) kann auf verschiedene Weise erfolgen. Eine Klassengrenze wird von einer Trennfläche gebildet, die durch eine sog. Entscheidungsfunktion festgelegt wird. Eine einfache Wahl für letztere ist ein Polynom erster Ordnung, welches zu einer Trenngeraden bzw. Trenn(hyper)ebene führt. Durch Polynome höherer Ordnung sind kompliziertere Trennflächen möglich. Lokal sehr flexibel anpassbare Klassengrenzen können über Künstliche Neuronale Netze (insb. Multi-Layer-Perceptron- oder Radiale-Basisfunktionen-Netze) oder Fuzzy-Systeme (insb. Takagi-Sugeno-Systeme) realisiert werden. Sind Daten mit Klassenzuordnung für das Training verfügbar, so können die Parameter der Entscheidungsfunktion *überwacht gelernt* werden, so dass der Klassifikationsfehler minimiert wird. Sind keine Klassenzuordnungen verfügbar, so können *unüberwacht lernende* sog. selbstorganisierende Merkmalskarten (eine Art Künstlicher Neuronaler Netze) oder Clusterverfahren eingesetzt werden.

Bei den Methoden a) bis c) wird davon ausgegangen, dass Muster über reellwertige oder ganzzahlige Merkmale beschrieben werden, auf denen Ordnungsrelationen gelten. So lässt sich aus der Entfernung eines Musters im Merkmalsraum relativ zu den Referenzen eine Klassenzuordnung ableiten. Eine Referenz wird a) über den Prototyp bzw. b) den Erwartungswert einer Klasse bzw. c) die Trennfunktion(en) definiert: Die „Entfernung" wird gemäß der festgelegten Metrik (wie die Euklid'sche) oder mit Hilfe einer Wahrscheinlichkeitsdichtefunktion ermittelt. Andererseits gibt es Klassifikationsprobleme, bei denen das Konzept metrischer Merkmalsräume ungeeignet ist. Stattdessen werden Objekte über eine Liste von Attributen beschrieben. Beispiele sind die Klassifikation von Früchten nach Spezies an

Hand von Farbe, Geschmack und Geruch. Ein anderer Aufgabenbereich ist die Suche nach geordneten Zeichenketten in längeren Zeichenketten wie bei der Text-Analyse (z. B. die Suche nach einzelnen Wörtern in Texten) oder der DNA-Analyse (Suche nach bestimmten Molekülen in der DNS). Bei solchen Problemen können d) regelbasierte oder syntaktische Methoden Einsatz finden. Diese werden auch als nicht-metrische Methoden beschrieben; sie arbeiten symbolisch. Methoden nach d) verwenden eine Menge an Elementarsymbolen (Alphabet), bei hierarchischen Ansätzen ergänzt um Zwischensymbole, zusammen mit einem Startsymbol und Regeln zur Komposition der Muster aus (bzw. Zerlegung in) Elementar- oder Zwischenmuster. Eine naheliegende Umsetzungsmethode sind Entscheidungsbäume (siehe Beispiel in Abb. 2.10). Dabei wird zur Klassifikation eines Musters von einer „Wurzelfrage" startend eine Reihe von Abfragen durchlaufen, bis mit den „Blätterfragen" die Baumgrenze erreicht und das Muster zugeordnet ist. Entscheidungsbäume können aus Daten gelernt werden, z. B. mittels Algorithmen wie CART, ID3 oder C4.5. Reellwertige Merkmale können durch diese Methoden ebenfalls behandelt werden, indem die kontinuierlichen Wertebereiche in Intervalle diskretisiert werden.

Bei allen Methoden ist zudem zu klären, wie mit unvollständigen Mustern umzugehen ist. Solche Fälle sind im technischen Bereich seltener, im Bereich personenbezogener Daten aber häufig anzutreffen. Je nach Problemstellung kann man unvollständige Muster z. B. zurückweisen oder die fehlenden Merkmale aus der Bewertung herausnehmen (Joker).

Illustration der vier Varianten

In Abb. 2.8 werden die Vorgehensweisen a) und b) für ein Drei-Klassenproblem illustriert. Die Muster werden über zwei Merkmale x_1 und x_2 beschrieben. Im Fall a) werde die Ähnlichkeit eines Musters zu den drei Referenzmustern R_i mittels der Euklid'schen Norm ermittelt. Dabei wird ein Muster derjenigen Klasse zugeordnet, zu deren Referenz es am ähnlichsten ist, d. h. zu der es den kleinsten Abstand im Merkmalsraum hat. Im Fall b) werden die drei Klassen durch ihre Mittelwerte als Schätzwerte der Erwartungswerte repräsentiert. Es sei zudem angenommen, dass alle Kovarianzmatrizen Identitätsmatrizen sind. Dadurch nimmt die Wahrscheinlichkeitsdichte radial um den Erwartungswert gleichförmig ab. Es seien unterschiedliche A-priori-Wahrscheinlichkeiten $p_{ap,i}$ für die drei Klassen angenommen. Dabei führt eine hohe A-priori-Wahrscheinlichkeit einer Klasse zu einem großen Entscheidungsgebiet, weil sich ihre Klassengrenze in Richtung von Klassen mit geringerer A-priori-Wahrscheinlichkeit verschiebt (Mikut 2008, S. 126). Dies ist auch in der Grafik angedeutet.

Abb. 2.9 illustriert die Nutzung von Trennflächen zur Separation der Klassen. Ein c-Klassenproblem mit $c > 2$ kann gleichzeitig gelöst oder auf die Lösung mehrerer Zwei-Klassenprobleme zurückgeführt werden. So können Klassifikatoren für Zwei-Klassenprobleme auch für Probleme mit mehr als zwei Klassen eingesetzt werden. Dies kann zum einen mittels paarweiser Separierung der Klassen voneinander (*one-against-one*) und logischer UND-Verknüpfung der Teilvergleiche umgesetzt werden. Zum anderen kann eine Klasse mit der Zusammenfassung aller übrigen Klassen mittels ODER-Verknüpfung (*one-against-all*) verglichen werden.

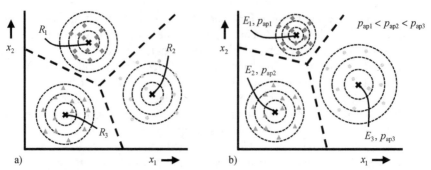

R_i: i-tes Referenzmuster; E_i: i-ter Erwartungswert; $p_{\text{ap}i}$: i-te A-priori-Wahrscheinlichkeit

Abb. 2.8:   Zuweisung zur Klasse des ähnlichsten Referenzmusters (a) oder zur Klasse mit größter Wahrschein-
              lichkeit (b)

Im Drei-Klassenbeispiel in Abb. 2.9a lassen sich alle Klassen paarweise (one-against-one)
linear voneinander separieren. Auch lässt sich jede Klasse von den anderen beiden (one-
against-all) linear separieren, was zu den gestrichelten Trenngeraden T_i für Klasse K_i führt.
Hierfür kann bspw. die Methode der Support Vector Machines (Cortes, Vapnik 1995) eingesetzt werden. In Abb. 2.9b liegen die Klassengrenzen so eng beieinander, dass eine lineare
Separation one-against-all nicht möglich ist. Dargestellt sind nichtlineare, polygonale Trennkurven aus einer gleichzeitigen (one-against-all) Lösung des Drei-Klassenproblems für alle
drei Klassen. Die Separation in Abb. 2.9b kann auch erreicht werden, wenn jede Klasse separat one-against-all mittels *nichtlinearer* Trennkurven von den anderen beiden getrennt wird.
Dies kann allerdings dazu führen, dass Gebiete im Merkmalsraum auftreten, die keiner Klasse zugeordnet sind. Diese Lücken bilden die Restklasse, vgl. Abb. 2.4b. Alternativ zeigt Abb.
2.9c Trenngeraden T_{i-j} bei paarweiser Separation one-against-one der Klassen K_i und
K_j voneinander. Durch logische Verknüpfung der paarweisen Trennbedingungen lässt sich
ebenfalls das Drei-Klassenproblem lösen: So gehört z. B. ein Datum zur Klasse K_1, wenn es
oberhalb der Trennkurve T_{1-3} (zwischen K_1 und K_3) sowie links der Trennkurve T_{1-2} (zwischen K_1 und K_2) liegt. Dies ist einfach umsetzbar, wenn die zu einer Trennkurve gehörende Entscheidungsfunktion auf beiden Seiten unterschiedliche Funktionswerte (z. B. 1 und 0
oder 1 und -1) annimmt. Diese können dann logisch oder algebraisch verknüpft werden.

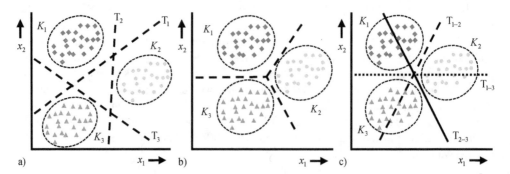

Abb. 2.9:   Drei-Klassenproblem: linear separierbar mit Trenngeraden (a), one-against-all nicht linear separierbar
              mit nichtlinearen, polygonalen Trennkurven (b), Paare von Klassen jeweils one-against-one linear se-
              parierbar mit Trenngeraden (c)

Als Beispiel für eine regelbasierte Entscheidungsfindung mittels Entscheidungsbaum zeigt Abb. 2.10 eine vereinfachte Klassifikation von Kraftfahrzeugen zur Klasse L und zu deren Unterklassen[11]. Der Entscheidungsbaum kann so bearbeitet werden, dass auf einer Baumebene von links nach rechts die Regeln abgearbeitet werden, bis eine Bedingung erfüllt ist. Gehört die Bedingung zu einem Baumblatt, d. h. einem Baumende, so ist die Klassifikation abgeschlossen. Anderenfalls wird der Entscheidungsprozess auf der nächst tieferen Baumebene fortgesetzt.

Scharfe und unscharfe Klassifikation

Scharfe (engl.: *crisp*) Klassifikatoren liefern eine Ja-/Nein-Aussage bzgl. der Zugehörigkeit eines Musters zu einer Klasse. Dies ist jedoch nicht immer sinnvoll. Klassengrenzen können überlappen (Abb. 2.5a), ohne dass die Möglichkeit besteht, durch zusätzliche Merkmale eine Trennung zu erreichen. Merkmale können unscharf definiert und somit unscharf voneinander abgegrenzt sein, wie beispielsweise die Klassen „mittlerer" und „hoher" Temperaturen bei einer Befragung von Personen. Auch sind Messwerte wegen begrenzter Genauigkeit der Messgeräte und einwirkender Störungen mit Unsicherheiten behaftet. Zudem tragen unbekannte deterministische Einflüsse (z. B. Ablagerungen auf einem Messfühler) zur Unsicherheit eines Messwertes bei. In solchen Fällen wird eine sichere (100%ige) Klassenzuweisung bzw. Rückweisung von Mustern in der Umgebung harter Klassengrenzen häufig nicht angemessen sein. Als Alternative bietet sich eine *unscharfe* (*fuzzy*) Klassifikation an. Dabei können einem Muster Teilzugehörigkeiten oder Wahrscheinlichkeiten zu verschiedenen Klassen zugewiesen werden. Hierzu können unscharfe Mamdani- und TS-Fuzzy-Klassifikatoren aus Daten überwacht angelernt werden. Mamdani-Fuzzy-Klassifikatoren lassen sich auch aus Expertenwissen ableiten, wenn keine Daten verfügbar sind. Mittels Fuzzy-Clusterverfahren können unscharfe Klassifikatoren ohne vorliegende Klassenzuweisungen unüberwacht gelernt werden.

Lernverfahren

Klassifikatoren können überwacht oder unüberwacht angelernt werden. Beim *überwachten Lernen* (*Supervised Learning*) werden dem Lernalgorithmus Eingabemuster mit der richtigen Klassenzuordnung vorgegeben. Aus einem Satz solcher Beobachtungen wird der Klassifikator angelernt. Dabei besteht das Ziel nicht nur in einer richtigen Klassifizierung der Trainingsmuster, sondern auch in der richtigen Einordnung neuer Muster. Dies wird als Generalisierungsfähigkeit bezeichnet und das Prüfen als Testen bzw. Validieren des Klassifikators. Das Bestreben, die Klassengrenzen im Merkmalsraum so zu formen, dass alle Daten richtig zugeordnet werden, kann allerdings zu sehr komplexen Verläufen der Klassengrenzen führen, deren Generalisierungsverhalten schlecht ist. Deshalb ist i. d. R. ein Kompromiss zu suchen. Beim *unüberwachten Lernen* (*Unsupervised Learning*) werden dem Lernalgorithmus nur Eingabemuster vorgegeben, nicht aber deren Klassenzuweisung. Der Algorithmus muss selber eine Klassenzuweisung vornehmen. So arbeiten z. B. Fuzzy-Clusteralgorithmen und Künstliche Neuronale Netze vom Typ der selbstorganisierenden Merkmalskarten. Ein Klassifikator wird typischerweise in einer „Lernphase" offline angelernt. Während der Anwendung („Betriebsphase") wertet er Daten gemäß der gelernten Klassifikationsvorschrift aus. *Adapti-*

---

[11]   Gemäß EG-Richtlinie 2002/24/EG vom 18.03.2002.

ve Klassifikatoren können sich während des Betriebs an eine sich ändernde Situation anpassen.

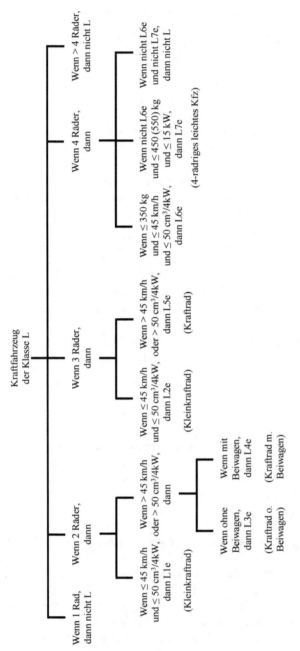

Abb. 2.10:   Entscheidungsbaum für die Klassifizierung von zwei- oder dreirädrigen sowie leichten vierrädrigen Kraftfahrzeugen (Klasse L, vereinfachte Darstellung)

Validierung

Mithilfe von Validierungsdaten wird überprüft, ob das Klassifikationssystem anforderungskonform arbeitet. Ein Test der Klassifikationsgüte mit den Trainingsdaten selber ist nur begrenzt aussagekräftig, da das Generalisierungsverhalten so nicht geprüft wird. Deshalb können die verfügbaren Daten in einen Trainings- und einen Validierungsdatensatz geteilt werden. Steht eine große Anzahl informativer Daten relativ zur Anzahl der Parameter des Klassifikationssystems zur Verfügung, so ist die Aufteilung unproblematisch. Bei knapp bemessenen Daten besteht das Problem, einerseits möglichst viele Daten für das Training verwenden zu können, um gute Schätzwerte zu erhalten. Andererseits sollen auch möglichst viele Daten für aussagekräftige Tests zur Verfügung stehen. Abhilfe bietet die k-fache Kreuzvalidierung. Bei ihr werden die verfügbaren Daten in k disjunkte Teilmengen eingeteilt. $k - 1$ Teilmengen werden zum Training und eine zur Validierung verwendet. Dies wird für alle k möglichen Konstellationen wiederholt. Entspricht das Bewertungsergebnis nicht den Anforderungen, so werden Entwurfsentscheidungen geändert und ein neuer Entwurf durchgeführt. Dies deuten die zurückführenden Pfeile in Abb. 2.6 an.

2.2.3   Kriterien zur Ergebnisbewertung

Die einfachsten Kennzahlen zur Bewertung der Klassifikationsgüte sind Falsch- und Richtig- (bzw. Korrekt-)klassifikationsrate:

$$R_F := \text{Falschklassifikationsrate} = \frac{\text{Anzahl falsch klassifizierter Muster}}{\text{Gesamtanzahl der klassifizierten Muster}} \qquad (2.3)$$

$$R_R := \text{Richtigklassifikationsrate} = \frac{\text{Anzahl richtig klassifizierter Muster}}{\text{Gesamtanzahl der klassifizierten Muster}} \qquad (2.4)$$

Dabei gilt $R_F + R_R = 1$. Beide Kennzahlen stellen den Durchschnitt über alle Klassen dar. Eine mittlere Klassifikationsrate kann durch eine sehr hohe Klassifikationsgüte bzgl. einer Klasse und eine sehr niedrige bzgl. der übrigen entstehen. Dies kann insbesondere auftreten, wenn Klassengrenzen (bei der gegebenen Merkmalsauswahl) überlappen. Eine differenziertere Bewertung durch klassenweise Betrachtung kann mittels der *Konfusionsmatrix* (Jain, Dubes 1988: S. 11, Kohavi, Provost 1998) erfolgen, siehe Tab. 2.1: Bei einem c-Klassenproblem ist sie eine $c \times c$-Matrix, deren Spalten die Soll- und deren Zeilen die Ist-Klassenzuordnung bezeichnen. Die Hauptdiagonalelemente geben die Anzahl der richtig klassifizierten Objekte der zugehörigen Klasse an. Die auf die Gesamtzahl der klassifizierten Muster bezogene Summe der Hauptdiagonalelemente ist die Korrektklassifikationsrate. Aus der bezogenen Summe der übrigen Matrixelemente folgt die Falschklassifikationsrate. In der Konfusionsmatrix können wie in Tab. 2.1 absolute oder auch relative Größen eingetragen werden.

Tab. 2.1:   Definition Konfusionsmatrix

		Soll-Klassen		
		K_1	K_2	…
Ist-Klassen	K_1	Anzahl von K_1-Mustern, die K_1 richtig zugeordnet wurden	Anzahl von K_2- Mustern, die fälschlicherweise K_1 zugeordnet wurden	…
	K_2	Anzahl von K_1- Mustern, die fälschlicherweise K_2 zugeordnet wurden	Anzahl von K_2- Mustern, die K_2 richtig zugeordnet wurden	…
	…	…	…	…

2.2.4   Praktische Beispiele

Die maschinelle Mustererkennung in Bildern kann vielerorts wertschöpfend eingesetzt werden: So sind bei Materialflusssystemen und Qualitätskontrollen in der Produktion Werkstücke oft zu identifizieren sowie nach Geometriemerkmalen, Oberflächeneigenschaften usw. zu sortieren. Exemplarisch zeigt Abb. 2.11 zu identifizierende Bar- und Data-Matrix-Codes sowie andererseits ein auf fehlende Verschlüsse zu kontrollierendes Gebinde von Einzelverpackungen (beim zweiten Behälter von rechts in der mittleren Reihe fehlt der Deckel).

Abb. 2.11:   Beispielaufgaben der Mustererkennung: Erkennung von Bar- und Data-Matrix-Codes (links), Kontrolle auf fehlende Verschlüsse (rechts)

Bei spektroskopischen Messungen (z. B. in der Gas- oder Feststoffanalytik) wird die Zusammensetzung einer Probe an Hand spektraler (Absorptions-)Muster der Stoffe ermittelt. Exemplarisch zeigt Abb. 2.12 das Absorptionsverhalten von sechs Gasen anhand ihrer Durchlässigkeit (Transmission) für elektromagnetische Wellen insbesondere im infraroten Bereich.

Die Medizintechnik stellt einen Bereich dar, in dem die Mustererkennung seit langer Zeit eine besondere Bedeutung besitzt. So gilt es in der Intensivmedizin, bei der Überwachung von Patienten Abnormalitäten in den Messdaten maschinell zu erkennen und das Personal zu alarmieren. Ähnlich gelagerte Aufgaben gibt es in der Maschinen- und Prozessüberwachung. Abb. 2.13 unten zeigt verschiedene Messsignale eines hydrostatischen Radladerantriebs, aus denen der Betriebszustand des Radladers (z. B. Hangfahrt, Haufwerkeinstich) einer von sechs Klassen zugewiesen werden soll. Wenn die Daten über zwei abgeleitete Merkmale repräsentiert werden, ergibt sich die in Abb. 2.13 oben gezeigte Darstellung. Dort sind die sechs Klassen besser zu erkennen. (Zudem sind als dicke graue Linien die mit einem Bayes-Klassifikator ermittelten Klassengrenzen eingezeichnet.) In der Sicherheitstechnik geht es um die Erkennung biometrischer Merkmale von Sprache, Fingerabdrücken oder Iris zwecks Authentifizierung. Auch bei der Bedienung oder Instandhaltung von Maschinen kann eine Sprach- oder Gestenerkennung hilfreich sein, beispielsweise um während manueller Tätigkeiten durch Sprachbefehle unterstützende Maßnahmen auszulösen.

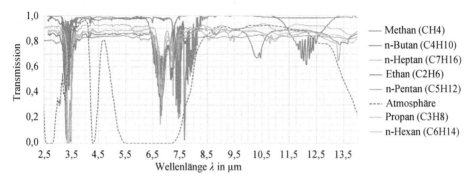

Abb. 2.12:   Transmissionsverhalten einiger Gase (nach Linstrom, Mallard 2013)

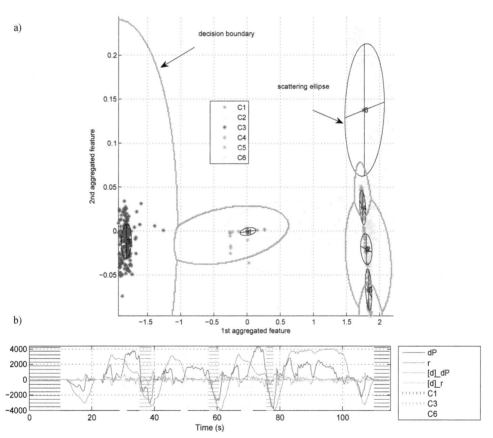

Abb. 2.13:   Gemessene Zeitsignale eines hydrostatischen Radladerantriebs (a) und Darstellung im Merkmalsraum
             (b) (Gerland et al. 2009)

2.2.5 Weiterführende Literatur

Zu den Standardwerken zur Mustererkennung gehören (Jain, Dubes 1988, Duda et al. 2001, Bishop 2006). Eine deutschsprachige Übersicht zu überwacht lernenden Klassifikationsverfahren geben Hengen et al. (2004). Als Teil des Data Minings werden Klassifikationsverfahren z. B. in (Mikut 2008, Runkler 2010) behandelt. Aus der Perspektive der digitalen Bildverarbeitung finden sich vertiefende Ausführungen beispielsweise in (Haberäcker 1995, Jähne 2010, Nischwitz et al. 2011). Unscharfe Clusterverfahren werden z. B. in (Bezdek 1981, Bocklisch 1987, Höppner et al. 1999), scharfe in (Duda et al. 2001) behandelt. Die regelbasierte/syntaktische Mustererkennung vertiefen z. B. (Fu 1974, Duda et al. 2001).

2.2.6 Zusammenfassende Bewertung

Für die Lösung linear separierbarer Klassen gibt es etablierte konventionelle Methoden (wie Support Vector Machines, SVM) und für solche Probleme ist es i. d. R. nicht sinnvoll, CI-Methoden einzusetzen. Interessanter sind Problemstellungen mit nicht linear separierbaren Klassen. Insgesamt kommt der Auswahl geeigneter Merkmale eine wichtige Rolle zu: Die Lösung der Klassifikationsaufgabe wird umso einfacher, je diskriminierender der Merkmalssatz wirkt. So können bei nicht linear separierbaren Klassen (falls verfügbar) zusätzliche Merkmale verwendet werden, um schlussendlich eine lineare Separierbarkeit zu erreichen.

Bei der geeigneten Auswahl eines Klassifikationsverfahrens für nicht linear separierbare Klassen gibt es drei Leitfragen: Lässt sich das Problem in einem metrischen Merkmalsraum beschreiben? Wie gut ist die Information über die Verteilung der Muster? Wie kompliziert ist die Form der Klassengrenzen? Eine mögliche Vorgehensweise bei der Auswahl eines Klassifikatoransatzes bei einer metrisch beschreibbaren Aufgabe zeigt Abb. 2.14. Eine ideale Situation liegt vor, wenn vollständige statistische Informationen (Klassenbezeichnungen, bedingte und A-priori-Wahrscheinlichkeiten) verfügbar sind und durch einen idealen Bayes-Klassifikator genutzt werden können. Dies ist bei realen Problemen nicht gegeben. Für verschiedene Abstufungen der verfügbaren Information über das Problem gibt es entsprechende Verfahren.

Abb. 2.14 ist so aufgebaut, dass die zur Problemlösung zur Verfügung stehenden Informationen von links nach rechts abnehmen. Im idealen Fall liegen vollständige statistische Informationen vor. Ist dies nicht der Fall, so können diese geschätzt werden. Ist ein experimenteller Entwurf nicht möglich, so kann ein wissensbasierter Entwurf erfolgen. Ist das dazu notwendige Wissen nicht vorhanden, so kann der Klassifikator während des Betriebs gelernt werden. Ein weiteres Differenzierungsmerkmal ist, ob Klassen und Klassenzuweisungen für das Training verfügbar sind. Insbesondere wenn Daten instationär aufgezeichnet werden, ist dies nicht selbstverständlich. Abb. 2.14 soll zudem helfen, nach Durcharbeiten der verschiedenen Methoden dieses Buchs diese retrospektiv nochmals einzuordnen.

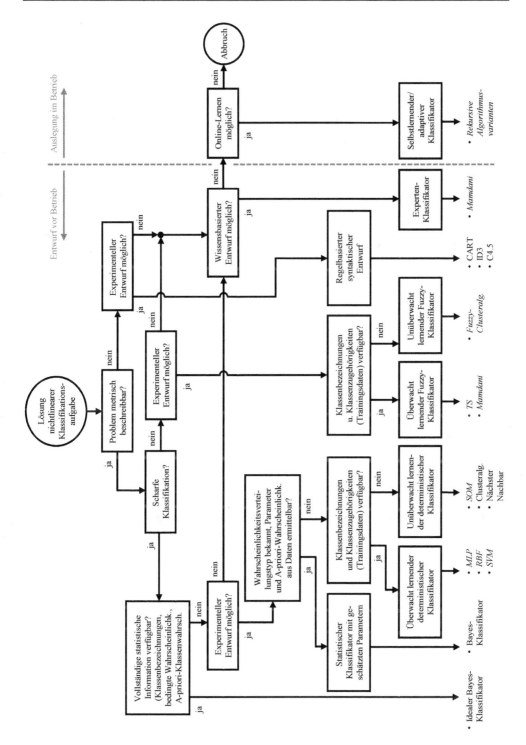

Abb. 2.14: Mögliche Vorgehensweise bei der Auswahl eines nichtlinearen Klassifikators mit Einordnung von CI-Verfahren (kursiv gesetzt)

2.3   Modellbildung

In diesem Abschnitt werden Aufgaben behandelt, bei denen wertekontinuierliche Eingangsgrößen in erster Linie wertekontinuierlichen Ausgangsgrößen zuzuordnen sind.

2.3.1   Einführung in die Problemstellung

Mathematische Modelle von Systemen werden für verschiedenste Aufgaben benötigt. In Abschnitt 1.2 wurde bereits die Definition des Begriffs *System* eingeführt. Ihr liegt eine am Aufbau bzw. an der Struktur orientierte Sicht zu Grunde. Dabei können Systemkomponenten Greifbares (Hardware) oder auch Immaterielles bezeichnen wie Funktionen der Informationsverarbeitung (Software). Eine an den Abläufen orientierte Sicht führt zum Begriff des *Prozesses*:

Definition *Prozess* (DIN IEC 60050-351): *Ein Prozess bezeichnet die Gesamtheit von aufeinander einwirkenden Vorgängen in einem System, durch die Materie, Energie oder Information umgeformt, transportiert oder gespeichert wird.* ∎

Ein System hat Eingangsgrößen $\mathbf{u}(t)$, Zustandsgrößen $\mathbf{x}(t)$ als innere Systemgrößen und Ausgangsgrößen $\mathbf{y}(t)$, wobei t die Zeitvariable und $\mathbf{x}(0)$ der Anfangszustand ist (Abb. 2.15). Das Spektrum der Eingangsgrößen wird später noch differenzierter betrachtet.

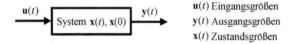

$\mathbf{u}(t)$ Eingangsgrößen
$\mathbf{y}(t)$ Ausgangsgrößen
$\mathbf{x}(t)$ Zustandsgrößen

Abb. 2.15:   Ein- und Ausgangsgrößen sowie Zustandsgrößen

Bei einem *statischen System* hängen die aktuellen Ausgangsgrößen nur von den aktuellen Werten der Eingangsgrößen ab. Ein *dynamisches System* weist mindestens einen Speicher für Masse, Energie, Information oder andere Variablen auf, der das Systemverhalten beeinflusst. Sowohl durch Ausgleichsvorgänge zwischen den Speichern als auch durch Einwirkung der Eingangsgrößen ändern sich die Speicher- und damit Systemzustände. Bei dynamischen Systemen hängen die Ausgangsgrößen nicht nur von den Eingangsgrößen ab, sondern auch vom Zustand der Speicher – dem Gedächtnis des Systems. Ein dynamisches System lässt sich beschreiben durch seine Zustandsgleichung

$$\dot{\mathbf{x}}(t) = f(\mathbf{x}(t), \mathbf{u}(t), t) \tag{2.5}$$

im Fall zeitkontinuierlicher sowie

$$\mathbf{x}(t + T_0) = f(\mathbf{x}(t), \mathbf{u}(t), t) \tag{2.6}$$

im Fall zeitdiskreter Systeme und seiner Ausgangsgleichung

$$\mathbf{y}(t) = g(\mathbf{x}(t), \mathbf{u}(t), t) . \tag{2.7}$$

Bei zeitdiskreten Systemen wird das Verhalten i. d. R. an äquidistanten Zeitpunkten mit Abstand T_0 betrachtet, so dass $t = k \cdot T_0$ gilt ($k = 0; 1; 2; \ldots$). Hängen f und g explizit von der

Zeit *t* ab, so spricht man von einem *zeitvarianten*, sonst von einem *zeitinvarianten System*. Bei einem zeitinvarianten System führt eine zeitliche Verschiebung der Eingangsgrößen zu der gleichen zeitlichen Verschiebung von Zustands- und Ausgangsgrößen. Ein System wird als *autonom* bezeichnet, wenn es keinen unabhängigen Steuereingang hat. Ist ein dynamisches System in einer *Ruhelage*, so verharrt es dort für alle Zeiten, wenn Eingangsgrößen oder Systemparameter nicht geändert werden. Systeme mit mehreren Ein- und Ausgangsgrößen heißen *Mehrgrößensysteme*.

Ein *System* heißt *linear*, wenn sich erstens seine Antwort auf eine Linearkombination zweier Eingangssignale aus der entsprechenden Linearkombination der zu den einzelnen Eingangssignalen gehörenden beiden Ausgangssignale ergibt. Zweitens muss die Multiplikation der Eingangssignale mit einem Faktor zur Änderung der Ausgangsgröße um den gleichen Faktor führen. Es müssen also Superpositions- und Verstärkungsprinzip gelten. Dies lässt sich ausdrücken als Bedingung (Lunze 2010b):

$$u(t) = K_1 \cdot u_1(t) + K_2 \cdot u_2(t) \implies y(t) = K_1 \cdot y_1(t) + K_2 \cdot y_2(t) \tag{2.8}$$

Lineare Systeme haben vorteilhafte Eigenschaften, die Analyse und Entwurf erleichtern. Für sie gibt es einen sehr leistungsfähigen, geschlossenen Theorie- und Methodenkörper, siehe z. B. (Kailah 1980, Lunze 2010b). Bei *nichtlinearen Systemen* kann das dynamische Verhalten vielfältiger sein als bei linearen: So können isolierte Ruhelagen mit unterschiedlichen Stabilitätseigenschaften, Grenzzyklen oder Bifurkationen auftreten, siehe (Khalil 2002). Sie sind wesentlich schwieriger zu behandeln und liegen deshalb im Fokus dieses Buchs.

Bei einem *zeit- und wertekontinuierlichen System* ändern sich Eingangs-, Zustands- und Ausgangsgrößen kontinuierlich mit der Zeit und können innerhalb ihrer Wertebereiche beliebige Werte annehmen (Kienke 2006, Lunze 2008). Die Systemgrößen und die Zeitvariable nehmen somit reelle Werte an. Dies ist der Regelfall bei physikalischen Prozessen. Bei zeitdiskreten Systemen werden die Größen nur in bestimmten (i. d. R. äquidistanten) Zeitpunkten betrachtet, man spricht dann von *Abtastsystemen*. Dies ist typisch bei der Systemidentifikation und der Regelung von Systemen unter Nutzung von Digitalrechnern. (Letzteres bedeutet zudem auch eine wertediskrete Behandlung.) Bei *ereignisdiskreten Systemen* können sich die Systemzustände dagegen nur in diskreten, zufälligen Zeitpunkten ändern. Zudem können Eingangs-, Zustands- und Ausgangsgrößen nur eine endliche Menge an diskreten Werten annehmen. Materialflusssysteme mit Stückgütern fallen in diese Klasse. Bei einem *deterministischen System* sind Parameter und Signale eindeutig bestimmt und das Verhalten ist vollständig reproduzierbar. Bei *stochastischen Systemen* treten Signale und/oder Parameter auf, die Zufallsgrößen sind, wodurch das Verhalten nicht reproduzierbar ist.

Im Folgenden liegt der Fokus auf mathematischen Modellen für das *Übertragungsverhalten* von Systemen. Damit geht es um die Beschreibung, welchen Effekt die Eingangsgrößen auf die gewählten Ausgangsgrößen haben, also die Ursache-Wirkungsbeziehungen. Dazu erfolgt eine Abstraktion der technologischen Ausführung auf den Zusammenhang zwischen dem zeitlichen Verlauf der Eingangsgrößen und dem dadurch verursachten zeitlichen Verlauf der Ausgangsgrößen (Profos 1982). Modelle für das Übertragungsverhalten werden zur Lösung vielfältiger technischer Probleme genutzt. Abb. 2.16 zeigt, dass in den verschiedenen Problemstellungen die Modelle sehr unterschiedlich eingesetzt werden: Manchmal wird die Prognosefähigkeit ausgenutzt; ein anderes Mal interessieren nur strukturelle Eigenschaften. Zum Teil werden sog. Vorwärts- dann wiederum Rückwärtsprobleme gelöst: Einmal sind die

Ausgangsgrößen für gegebene Eingangsgrößen gesucht, dann diejenigen Eingangsgrößen, die zu den vorgegebenen Ausgangsgrößen führen.

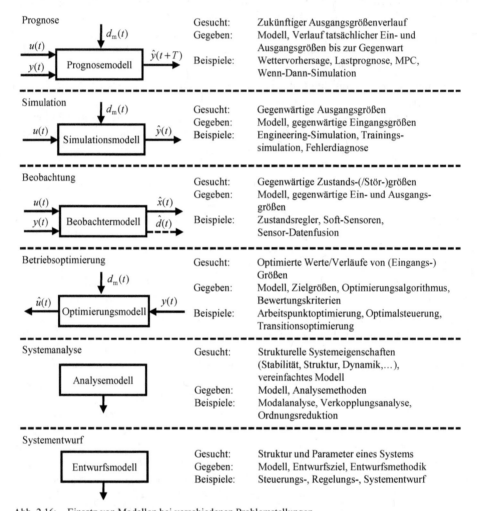

Abb. 2.16:　Einsatz von Modellen bei verschiedenen Problemstellungen

Bei den Eingangsgrößen lassen sich beeinflussbare/einstellbare Größen (Stellgrößen) $\mathbf{u}(t)$ sowie nicht beeinflussbare Größen (Störgrößen) $\mathbf{d}(t)$ differenzieren. Störgrößen können in messbare $\mathbf{d}_m(t)$ und nicht messbare $\mathbf{d}_{nm}(t)$ unterschieden werden (Abb. 2.17).

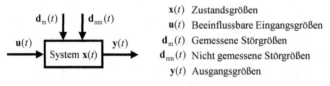

$\mathbf{x}(t)$　Zustandsgrößen
$\mathbf{u}(t)$　Beeinflussbare Eingangsgrößen
$\mathbf{d}_m(t)$　Gemessene Störgrößen
$\mathbf{d}_{nm}(t)$　Nicht gemessene Störgrößen
$\mathbf{y}(t)$　Ausgangsgrößen

Abb. 2.17:　Differenzierte Betrachtung der Eingangsgrößen eines Systems

Je nach Problemstellung werden statische oder dynamische Modelle benötigt. Statische Modelle werden z. B. für die Funktionsapproximation, Interpolation oder Regression/Ausgleichsrechnung benötigt. Bei der Approximation ist eine komplizierte Funktion $f(\mathbf{x})$ durch eine einfachere Funktion $g(\mathbf{x})$ in einem Gebiet G anzunähern. Ein einfaches Beispiel ist die Approximation einer nichtlinearen Funktion in einem Intervall $[a; b] \subset \Re$ durch einen Polygonzug (Abb. 2.18a). Bei der Interpolation sind bei einer gegebenen Menge von Stützstellen mittels einer (Interpolations-)Funktion Zwischenwerte zu schätzen. Dabei sind die Stützstellen exakte Lösungen der Interpolationsfunktion. Einfache Beispiele sind lineare oder polynomiale Interpolationsfunktionen, siehe das Beispiel in Abb. 2.18b. Bei der Ausgleichsrechnung geht es darum, eine Funktion $g(\mathbf{x})$ so zu parametrieren, dass eine gegebene Menge von Beobachtungen $\{(\mathbf{x}_k, y_k)\}$ bestmöglich erklärt wird, siehe Abb. 2.18c. Häufig werden Abweichungen quadratisch bewertet. Gewichtungsfunktionen $w(\mathbf{x})$ können eingesetzt werden, um Beobachtungen unterschiedlich stark zu gewichten. Dies ermöglicht es, z. B. unterschiedliches Vertrauen in Einzelwerte zu berücksichtigen.

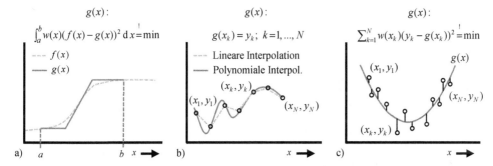

Abb. 2.18: Approximation einer Funktion $f(x)$ mittels Polygonzug $g(x)$ (a), lineare polynomiale Interpolation zwischen N Stützstellen (x_k, y_k) (b), Regression von N Messwerten (x_k, y_k) mit Polynom 2. Ordnung (c)

Ein Modell sollte so einfach wie möglich sein (Ockham's Prinzip), wozu sich eine Modellbildung auf die Beschreibung der für den Einsatzzweck wesentlichen Eigenschaften konzentrieren und unwesentliche vernachlässigen sollte. Dies vereinfacht die Erstellung, Überprüfung und Nutzung eines Modells. Auch sind zur Erreichung einer höheren Approximationsgüte i. d. R. mehr Modellparameter notwendig. Müssen diese aus Beobachtungen ermittelt werden, so vergrößert sich die Unsicherheit der Parameterschätzung, falls mit der Parameterzahl nicht auch die Größe der Datenbasis vergrößert wird.

2.3.2   Entwurfs- und Auslegungskonzepte

Mathematische Modelle können auf verschiedene Weise erstellt werden: basierend auf grundlegenden Gesetzen und Beziehungen der Naturwissenschaften und Technik (theoretische Modellbildung), auf Messungen von Ein- und Ausgangsgrößen (Identifikation) oder auf qualitativem Erfahrungswissen über Ursache-Wirkungszusammenhänge (erfahrungsbasierte Modellbildung), siehe Abb. 2.19.

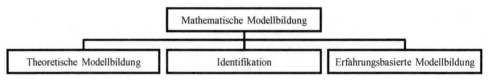

Abb. 2.19:   Möglichkeiten zur Gewinnung mathematischer Modelle

Theoretische Modellbildung

Bei der theoretischen Modellbildung[12] werden für das Übertragungsverhalten maßgebliche naturwissenschaftliche Grundgesetze, phänomenologische Gleichungen sowie Bilanzgleichungen mathematisch verknüpft. Typischerweise wird dazu das zu modellierende System in seine Teile zerlegt. Diese werden einzeln beschrieben und dann zu einer Gesamtbeschreibung zusammengesetzt. Dazu wird festgelegt, welche Phänomene modelliert und welche vernachlässigt werden sollen. Die resultierende Systembeschreibung hat typischerweise die Form eines Satzes von (zeitkontinuierlichen) Integral-, Differential- und algebraischen Gleichungen. Die Modellparameter haben eine physikalische Bedeutung[13] und sind dadurch einfach interpretierbar. Deren Werte können aus Auslegungsdaten, Tabellenwerken, Erfahrungswerten und Experimenten mit Systemkomponenten oder dem Gesamtsystem abgeleitet werden. So ist (zumindest) eine näherungsweise Modellbildung bereits in der Planungs- oder Entwurfsphase eines Systems möglich. Nachdem ein System realisiert wurde, können aus Beobachtungen die unbekannten physikalischen Parameter mit Hilfe von Parameterschätzverfahren ermittelt werden.

Prinzipbedingt sind theoretische Modelle einfach zu skalieren und somit gut für Studien zum Systementwurf geeignet (solange die getroffenen Entwurfsannahmen nicht verletzt werden). Die Durchführung einer theoretischen Modellbildung fördert zudem das Verständnis über die Ursache-Wirkungszusammenhänge des behandelten Systems. Andererseits ist zur Modellbildung anwendungsspezifisches Fachwissen über das System erforderlich und sie ist entsprechend aufwändig. Durch notwendige Vereinfachungen wird die erreichbare Genauigkeit begrenzt. Die resultierende mathematische Beschreibung kann auf Grund ihrer Struktur oder Größe für verschiedene Anwendungen ungeeignet sein und Umformungen – insb. Vereinfachungen – notwendig machen. So kann eine Linearisierung notwendig sein, um lineare Analyse- und Entwurfsmethoden anwenden zu können oder um mittels Ordnungsreduktion ein kompakteres Modell für einen Regelungsentwurf zu erhalten. Ein Einsatz im Bereich der Echtzeitsimulation kann Vereinfachungen zur Reduzierung des Rechenaufwandes erfordern. Einsatzbeispiele für die Echtzeitsimulation sind Prognosemodelle bei der modellprädiktiven Regelung, Simulationsmodelle bei der Hardware-in-the-loop- oder Trainingssimulation.

Die theoretische Modellbildung wird von allen klassischen Ingenieursdisziplinen betrieben. Das benötigte Wissen ist anwendungsabhängig; Erfahrungen lassen sich deshalb nur in geringem Umfang auf neuartige Modellierungsprobleme übertragen.

---

[12]   Auch bezeichnet als deduktive, fundamentale, rigorose oder White-box-Modellbildung.

[13]   Dies schließt chemische und/oder biologische Bedeutungen ein.

Identifikation

Bei der (System-)Identifikation[14] werden Beobachtungen des Systemverhaltens genutzt, um ein Modell zu erstellen. Zum einen kann es um die Ermittlung unbekannter Parameter eines theoretischen Modells gehen, was mit *Identifikation* oder *Parameterschätzung* bezeichnet wird. Zum anderen kann das Ziel darin bestehen, ohne die physikalischen Zusammenhänge beschreiben zu müssen, nur aus den Beobachtungen der Ein- und Ausgangsgrößen ein mathematisches Modell abzuleiten. Dies wird als *Systemidentifikation* bezeichnet und steht im Folgenden im Vordergrund. Die grundsätzliche Vorgehensweise ist unabhängig von der Anwendung, so dass eine einfache Übertragung auf verschiedene Anwendungen möglich ist. Mittels Vorwissen wird ein Modellansatz aus alternativen Modellfamilien ausgewählt und anschließend werden aus den Beobachtungen der Ein- und Ausgangsgrößen Struktur und Parameter ermittelt. Das Modell des Zielsystems wird als Ganzes oder in Teilen (z. B. ein Teilmodell für jede Ausgangsgröße) identifiziert. Da der Modellansatz nicht physikalisch motiviert ist, können die Modellparameter auch nicht physikalisch interpretiert werden. Auch kann nicht auf die im System ablaufenden Prozesse zurück geschlossen werden. Typischerweise werden zeitdiskrete (aber wertekontinuierliche) Modelle verwendet (aber auch zeitkontinuierliche Modelle können aus zeitdiskreten Daten identifiziert werden). Für die vielfältigen Anwendungsprobleme wurden verschiedene Modellansätze und zugehörige Identifikationsverfahren entwickelt. Hierzu zählen lineare Modelle, Polynom-Modelle, Künstliche Neuronale Netze und Fuzzy-Systeme.

Abb. 2.20 zeigt den typischen Ablauf bei der Identifikation: Er beginnt mit der Definition des Modellierungsziels und der Kriterien zur Überprüfung der Zielerreichung. Hierzu zählt auch die Festlegung der Grenze des zu modellierenden Systems und der Situation an der Systemgrenze. Dies kann ergänzt werden durch das Festlegen von am System beobachteten Phänomenen, die das Modell beschreiben können soll. In der Voridentifikationsphase werden für die Modellbildung geeignete Daten erzeugt, aufgezeichnet und vorverarbeitet. Dazu wird in Vortests eine geeignete Abtastzeit festgelegt. Eine Faustformel ist die Verwendung einer Abtastzeit von etwa einem Zehntel der dominanten Prozesszeitkonstanten. Zu beachten ist, dass eine zu lange Abtastzeit im Verhältnis zur Prozessdynamik zum Aliasing-Effekt führt, siehe Abschnitt 6.2.3. Eine zu kurze Abtastzeit führt hingegen zu numerischen Problemen bei der Parameterschätzung, da sich aufeinander folgende Datensätze dann kaum voneinander unterscheiden. Zu den möglichen Vorverarbeitungsmaßnahmen gehört bspw. die Entfernung von Ausreißern, das Herausfiltern hochfrequenten Messrauschens und die Normalisierung auf einen einheitlichen Wertebereich.

Während der Modellidentifikation werden strukturelle Festlegungen getroffen wie die Auswahl der Regressoren (inklusive der Zeitverzögerungen bei dynamischen Modellen), der Anzahl von Fuzzy-Mengen oder der Anzahl von Schichten eines Künstlichen Neuronalen Netzes. Zudem werden Werte der kontinuierlichen Modellparameter und ggf. einer vorliegenden Totzeit ermittelt. In der Regel wird die gesamte Modellierungsaufgabe in sukzessive bearbeitete Teile aufgespalten, für die es effiziente Lösungsmethoden gibt. Das Ergebnis ist dann allerdings oft suboptimal. Zur Verbesserung der Lösungsqualität kann es sinnvoll sein, die Parameter des so erhaltenen Modells als Startwerte für eine simultane (Nach-)Optimierung der Parameter zu verwenden. Abschließend wird anhand der zuvor spezifizierten Kriterien überprüft, ob das Modell die vorgegebenen Anforderungen erfüllt. Selten führt dabei der

---

[14] Auch bezeichnet als experimentelle, empirische, datengetriebene oder Black-box-Modellbildung.

erste Durchlauf zu einem Modell mit dem gewünschten Verhalten: Typischerweise startet man mit einem möglichst einfachen Modell. Dann wird sukzessive das Approximationsvermögen erhöht, bis die vorgegebenen Anforderungen erreicht und das Modell erfolgreich validiert wurde.

Zieldefinition:

 – Systemgrenzen

 – Anforderungen und Bewertungskriterien

Vor-Identifikation:

 – Experimententwurf (Signale, Abtastzeit)

 – Experimentdurchführung, Datenaufzeichnung

 – Datenvorverarbeitung (Ausreißerbehandlung, Filterung, Normalisierung, ...)

 – Auswahl initialer Modellklasse

Modellidentifikation:

 – Strukturidentifikation (Ordnung, Totzeit, ...)

 – Parameterschätzung

 – Optimierung [optional]

Modellvalidierung:

 – Anforderungen erfüllt? Wenn nicht, mit unterschiedlichen Entwurfsparametern wiederholen

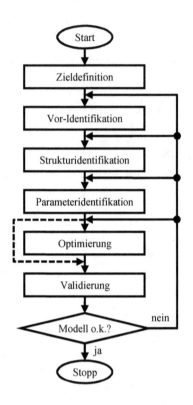

Abb. 2.20: Ablauf einer Identifikation

Mittels Identifikation lassen sich Modelle ermitteln, die das beobachtete Systemverhalten hochgenau abbilden können. Allerdings können identifizierte Modelle nur dann für Extrapolationsaufgaben eingesetzt werden, wenn sich das System im Extrapolationsbereich so verhält wie im Bereich, aus dem die zur Modellbildung verwendeten Beobachtungen stammen. Weil dies bei nichtlinearen Systemen i. d. R. unklar ist, besitzt die Auswahl von Beobachtungen, die den gesamten interessierenden Arbeitsbereich eines Systems abdecken, große Bedeutung. Da man auf Beobachtungen angewiesen ist, kann eine Identifikation erst am ausgeführten System erfolgen. Nichtausgeführte Systemvarianten lassen sich nicht durchspielen, da für sie keine Beobachtungen verfügbar sind. Dies schränkt die Einsetzbarkeit bei Entwurfsstudien ein. Auch für instabile Systeme können Modelle identifiziert werden. Dazu wird das System zuerst mittels einer Regelung stabilisiert und anschließend im geschlossenen Regelkreis identifiziert. Da für den Reglerentwurf zumindest ein einfaches Systemmodell erforderlich ist, erfolgt die Identifikation instabiler Systeme i. d. R. iterativ.

Die Identifikationsmethoden sind anwendungsunabhängig und Modelle können vergleichsweise schnell und einfach erstellt werden. Auch kann eine Modellklasse ausgewählt werden, die strukturell für den späteren Einsatzzweck (z. B. den modellbasierten Regelungsentwurf) geeignet ist und nachgelagerte Änderungen erübrigt. Wichtig und aufwändig ist die Gewinnung geeigneter Daten: Zum einen gibt es keine geschlossene Methodik für den Entwurf geeigneter Testsignale für die Identifikation nichtlinearer Modelle. Zum anderen ist es bei Systemen, die schon in Betrieb genommen wurden, oft nicht erwünscht, Testsignale aufzuschalten. Meist steht nur ein kleines Zeitfenster für Experimente zur Verfügung, oder man muss ohne gezielte Experimente auskommen und aus aufgezeichneten Betriebsdaten geeignete (informationstragende) Sequenzen ermitteln.

Erfahrungsbasierte Modellbildung

Der erfahrungsbasierten Modellbildung liegt die Annahme zu Grunde, dass das Wissen über das Ursache-Wirkungs- bzw. Kausal-Verhalten eines Systems bei einer oder mehreren Personen (den „Domänenexperten") vorhanden ist und als *Expertenmodell* verfügbar gemacht werden kann. Dies wird in der Literatur häufig auch als wissens- oder expertenbasierte Modellbildung bezeichnet. Hierzu greift man auf erfahrenes *Betriebs-* bzw. *Bedienpersonal* zurück wie Anlagenfahrer, Fahr- oder Flugzeuglenker usw. Im Gegensatz dazu sind bei der theoretischen Modellbildung und der Identifikation Experten für die zugrundeliegenden theoretischen Beziehungen und Methoden gefragt; also *wissenschaftlich-technisches Personal* aus dem Bereich der Forschung und Entwicklung. Typischerweise wird das Wissen in Form einer Regel- und Datenbasis beschrieben. Eine Auswertevorschrift legt fest, wie aus anliegenden Ein- die Ausgangsgrößen abgeleitet werden (*Inferenz*), Abb. 2.21. Dabei spielt die Logik eine zentrale Rolle. Solche Modelle werden auch als *regelbasierte Modelle* bezeichnet. So besteht eine Verwandtschaft zum weiter gefassten Gebiet der *Expertensysteme*.

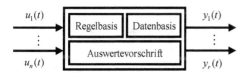

Abb. 2.21: Komponenten eines wissensbasierten Modells

Eine Regel besteht aus einer Bedingung (Prämisse, WENN-Teil) und einer Schlussfolgerung (Konklusion, DANN-Teil). Regeln können scharfe oder unscharfe Gültigkeitsgrenzen haben. Im ersten Fall kann eine Bedingung erfüllt oder nicht erfüllt sein. Entsprechend gilt die in der Schlussfolgerung beschriebene Handlungsanweisung ganz oder gar nicht. Auf solche Regeln können Methoden der Boole'schen Logik angewendet werden. Andererseits kann man zulassen, dass Prämissen nur teilweise erfüllt sind. Dies führt zu unscharfen Regeln bzw. *Fuzzy-Regeln*, die mittels *Fuzzy-Logik* ausgewertet werden können. Diese mehrwertige Logik stellt eine Verallgemeinerung der klassischen zweiwertigen Logik dar. Es ist zu beachten, dass das Erfahrungswissen subjektiv gefärbt, unvollständig und (insbesondere bei der Befragung mehrerer Personen) auch inkonsistent sein kann. Auch führen Menschen einen Teil ihrer Handlungen intuitiv und unbewusst durch und es fällt ihnen schwer, das zu Grunde liegende Wissen explizit zu formulieren. Dies führt dazu, dass die Erstellung einer Wissensbasis in der Regel ein iterativer Prozess ist (Abb. 2.22). Das Gebiet des *Knowledge Engineerings* ist u. a. mit der Akquisition und Formalisierung von Wissen befasst.

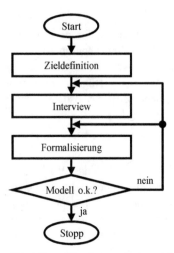

Abb. 2.22: Ablauf wissensbasierter Modellbildung/Erstellung wissensbasierter Modelle

Tab. 2.2: Gegenüberstellung verschiedener Konzepte zur Modellbildung

Modellierungskonzept	Theoretisch	Identifikation	Erfahrungs-wissensbasiert
Voraussetzungen	Notwendige Naturgesetze und phänomenologische Gleichungen verfügbar	Ein-/Ausgangs-messdaten verfügbar	Experten mit Erfahrungswissen verfügbar
Erreichbare Approximationsgüte	Hoch	Sehr hoch	Niedrig/mittel
Interpretierbarkeit	Hoch	Niedrig	Hoch
Erforderliche Parameteranzahl	Mittel	Hoch	Mittel
Methoden-Übertragbarkeit	Gering/mittel	Hoch	Hoch
Extrapolierbarkeit	In Grenzen der genutzten Gesetze	In Grenzen der genutzten Daten	In Grenzen des genutzten Expertenwissens
Modellbildungsaufwand	Hoch	Mittel	Niedrig
Erforderliches Anwendungswissen	Viel	Wenig	Umfassend und detailliert
Einbringbarkeit von Vorwissen	Mittel	Gering	Einfach
Prozess-Lebenszyklusphasen, in denen Modell erstellt wird	Planung, Entwurf, Inbetriebnahme, Betrieb, Außerbetriebnahme	Inbetriebnahme, Betrieb	Training, Betrieb

Tab. 2.2 gibt eine Übersicht über verschiedene Kennzeichen der drei vorgestellten grundsätzlichen Vorgehensweisen bei der Modellbildung. Praktisch wird selten eine Vorgehensweise in „Reinkultur" angewendet.

2.3.3   Kriterien zur Ergebnisbewertung

Ein Modell ist daraufhin zu bewerten, ob es die für den Einsatzzweck wesentlichen Eigenschaften des Systems ausreichend *approximiert*. Ein weiteres Kriterium für Modelle ist deren *Interpretierbarkeit*, welche insbesondere von Modelltyp, -struktur und -größe abhängt. Zum Vergleich alternativer Modelle ist die *Modellkomplexität* ein wichtiges Kriterium. Während Approximationsgüte und Interpretierbarkeit ergebnisorientierte Kriterien darstellen, ist die Modellkomplexität ein kostenorientiertes Kriterium. Sie wird bestimmt durch den gewählten Modelltyp (z. B. linearer oder polynomialer Regressionsansatz) sowie die Parameteranzahl. Diese Kriterien (Abb. 2.23 links) lassen sich häufig nicht gleichzeitig optimal erfüllen: Zum Erreichen einer hohen Approximationsgüte ist i. d. R. eine hohe Modellkomplexität notwendig und die Interpretierbarkeit leidet. Dann ist ein problemstellungsspezifischer Kompromiss zu suchen. Dies illustriert Abb. 2.23 rechts in Anlehnung an (Ishibuchi 2007, Alcalá et al. 2009) für regelbasierte Modelle: Mit komplexen Modellen, die viele Regeln enthalten und deren Bedingungsteil aus vielen Teilbedingungen besteht, lassen sich genaue Modelle realisieren. Diese sind aber schlecht interpretierbar. Sie liegen im Diagramm unten rechts. Der andere „Extremfall" sind Modelle mit einfach aufgebauten, kurzen Regeln. Sie sind i. d. R. ungenau, aber einfach zu interpretieren und liegen im Diagramm oben links. Die erreichbaren Modelleigenschaften liegen im schraffierten Bereich und die optimalen Kompromisse auf der gestrichelten Bereichsgrenze, der *Pareto-Front*[15].

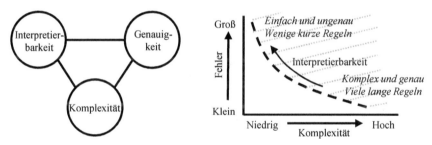

Abb. 2.23:   Bewertungskriterien für Modelle (links) und Notwendigkeit der Kompromisssuche bei mehreren konkurrierenden Kriterien im Fall regelbasierter Modelle (rechts)

Genauigkeits-/Approximationsfehler-orientierte Bewertungsmaße

Je nach Einsatzzweck werden unterschiedliche Bewertungskriterien definiert. Beispiele sind Anforderungen bzgl. der Genauigkeit der Approximation dominanter Zeitkonstanten und des stationären Verhaltens in ausgedehnten Betriebsbereichen. Dies ist beispielsweise bei Trainingssimulatoren üblich. Bei Modellen für den Reglerentwurf interessiert dagegen, ob das dominante Eigenverhalten des betrachteten Systems und die Wirkung des Steuereingriffs auf das System gut abgebildet wurden. Insbesondere bei datengetriebener Modellbildung sind prädiktionsfehlerorientierte Maße weit verbreitet und sollen deshalb im Folgenden genauer betrachtet werden. Diese Maße vergleichen die Prädiktionen $\hat{y}$ des Modells mit den zugehörigen Beobachtungen y_p am System (Abb. 2.24). Die Abweichung $e = y_p - \hat{y}$ wird als *Prädiktionsfehler* oder *Residuum* bezeichnet.

---

[15]   Zur Pareto-Optimalität siehe auch Abschnitt 2.5

Diese Maße können für beliebige Daten angewendet werden, wobei die Daten den interessierenden Betriebsbereich ausreichend gut abdecken sollten. Dabei ist es offensichtlich, dass ein Modell die Trainingsdaten gut wiedergeben sollte. Aussagekräftiger sind die Ergebnisse einer Modellauswertung mit Daten, die nicht für die Modellerstellung verwendet wurden (Validierungsdaten). Dies wird auch als *Kreuzvalidierung* oder als Testen des *Generalisierungsverhaltens* bezeichnet. Wichtig für das Generalisierungsverhalten ist, dass für die Schätzung der Modellparameter eine bezogen auf die Anzahl der Modellparameter ausreichend große Anzahl an Daten verwendet wird. Ist das nicht der Fall, so kann es zu einer unerwünschten *Überanpassung (Overfitting)* des Modells an die Daten kommen, wie das folgende Beispiel zeigt.

u Eingangsgrößen

y Ungestörte Systemausgangsgrößen

$\mathbf{y}_p$ Beobachtete Systemausgangsgrößen

d Störgrößen

$\hat{\mathbf{y}}$ Modellausgangsgrößen

e Residuum

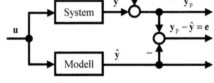

Abb. 2.24:   Übertragungsverhalten von System und Modell

Beispiel *Overfitting (nach Bishop 2006)*:

Ein Ausgleichspolynom m-ter Ordnung $\hat{y}(x) = \sum_{i=0}^{m} w_i \cdot x^i$ soll für N Beobachtungen berechnet werden. Dazu wurden $N = 10$ (gestörte) Trainingsdaten durch Auswertung einer Sinusfunktion $y_p(x) = \sin(2\pi \cdot x) + d$ an $N = 10$ äquidistanten Punkten im Einheitsintervall erzeugt. Zu jedem Funktionswert der Sinusfunktion wurde eine normalverteilte Zufallszahl d (mit Mittelwert Null und Varianz 0,5) addiert. Auf die gleiche Weise wurde ein Testdatensatz mit ebenfalls $N = 10$ Beobachtungen erstellt. Dann werden Ausgleichspolynome 0., 1., 2. bis 9. Ordnung mit der Methode der kleinsten Quadrate (siehe Abschnitt 6.2.1) berechnet.

Tab. 2.3:   Polynomkoeffizienten

N	m	w_0	w_1	w_2	w_3	w_4	w_5	w_6	w_7	w_8	w_9
10	3	0,18	6,02	-18,03	11,61	-	-	-	-	-	-
	9	0,38	-119,77	2908,1	$-2.8 \cdot 10^4$	$1,4 \cdot 10^5$	$-4,1 \cdot 10^5$	$7,0 \cdot 10^5$	$-7,1 \cdot 10^5$	$3,9 \cdot 10^5$	$-8,9 \cdot 10^4$
100	3	-0,16	11,26	-32,39	21,37	-	-	-	-	-	-
	9	-0,03	13,19	-180,88	1847,3	$-1,0 \cdot 10^4$	$3,2 \cdot 10^4$	$-5,8 \cdot 10^4$	$-6,2 \cdot 10^4$	$-3,5 \cdot 10^4$	$8,2 \cdot 10^3$

Abb. 2.25 unten zeigt, dass der mittlere quadratische Trainingsfehler J_{MSE} nach (2.10) mit zunehmender Polynomordnung abnimmt, bis er bei $m = 9$ exakt Null wird. Ab $m = 3$ nimmt allerdings der Testfehler zu, was eine Überanpassung anzeigt. Abb. 2.25 oben zeigt, dass ein Polynom 3. Ordnung zu einer geeigneten Ausgleichskurve führt, wogegen das Polynom 9. Ordnung überangepasst ist: Es hat 10 Parameter, die so berechnet werden, dass der Funktionsgraph exakt durch die 10 Beobachtungen des Trainingsdatensatzes verläuft. So ist der Schätzfehler an den Beobachtungspunkten exakt Null. In diesem überangepassten Fall treten sehr große positive und negative Werte der Koeffizienten auf (Tab. 2.3). Die Ausgleichskurve oszilliert deutlich zwischen den Stützstellen und approximiert die Sinusfunktion nur schlecht. Eine Verbesserung lässt sich z. B. durch eine Erhöhung der Anzahl der Beobachtun-

gen erreichen. Abb. 2.26 zeigt das Ergebnis bei Verwendung von jeweils $N = 100$ Daten für Training und Test.

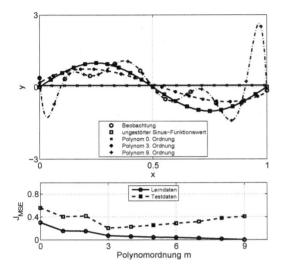

Abb. 2.25:   Graphen von Ausgleichspolynomen 0., 3. und 9. Ordnung bei $N = 10$ Beobachtungen (oben) und Abhängigkeit des mittleren quadratischen Fehlers J_{MSE} auf Trainings- und Testdaten von der Polynomordnung m (unten)

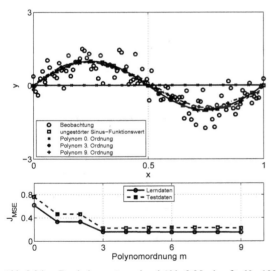

Abb. 2.26:   Ergebnisse entsprechend Abb. 2.25, aber für $N = 100$ Beobachtungen

Overfitting kann bei Modellansätzen mit sehr hoher Approximationsfähigkeit auftreten. Nun könnte letztere eingeschränkt werden, was allerdings dazu führen kann, dass auch gewünschte Effekte nicht mehr durch das Modell beschrieben werden. Das Overfittingproblem kann durch Verwendung von mehr Trainingsdaten reduziert werden, wie das vorhergehende Beispiel zeigt. Eine Faustformel ist, mindestens 5- bis 10-mal mehr Messdaten zu verwenden als Parameter zu schätzen sind. Des Weiteren kann (explizite) Regularisierung eingesetzt werden. Dabei wird ein von den geschätzten Parameterwerten abhängiger Strafterm zur Zielfunktion addiert. Dies hält die Werte unwichtiger Parameter nahe Null. Ein einfacher Ansatz besteht darin, das Quadrat der Norm des Parametervektors mit einem Gewichtungsfaktor zu verwenden. Dies wird als *Tikhonov-Regularisierung* nullter Ordnung und bei Künstlichen Neuronalen Netzen als *Weight Decay* bezeichnet (Zimmerschied, Isermann 2008). Es soll verhindern, dass die Modellparameter zu große Werte annehmen.

Beim Einsatz iterativer Parameterschätz- bzw. Lernverfahren erkennt man das Auftreten von Overfitting an der Entwicklung des Modellfehlers. In den ersten Iterationen lernt das Modell das *wahre* Systemverhalten, so nehmen Trainings- und Testfehler ab (Abb. 2.27a). Dann wird es zunehmend auf die i. Allg. vorhandenen Störungen in den Trainingsdaten angepasst. Dies zeigt sich im Anstieg des Testfehlers bei weiterhin fallendem Trainingsfehler (Abb. 2.27b). Der Effekt ließ sich auch im vorhergehenden Beispiel beobachten (Abb. 2.25 unten). Dies kann dadurch erklärt werden, dass bei den ersten Iterationen die Modellparameter mit dem größten Einfluss auf die Modellgüte angepasst werden. Die weniger wichtigen Parameter bleiben in der Nähe ihres Initialwertes, werden also praktisch nicht genutzt. Wenn bei ansteigendem Testfehler (vorzeitig) gestoppt wird (*premature stopping*), lässt sich eine Überanpassung verhindern. Da so indirekt die Anzahl der effektiven Parameter reduziert wird, spricht man auch von *impliziter Regularisierung*.

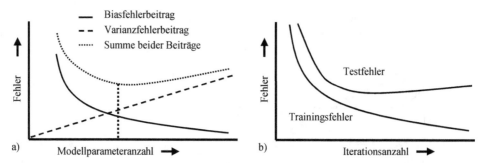

Abb. 2.27:   Bias- und Varianzkomponente des Modellfehlers (a), Lern- und Testfehlerverlauf bei einem Lernvorgang mit Überanpassung (b) (nach Nelles 2001, Jelali, Kroll 2003)

Eine statistische Untersuchung des Prädiktionsfehlers gibt ebenfalls Hinweise zur Wahl einer geeigneten Modellkomplexität. Betrachtet werde dazu der Erwartungswert des quadratischen Prädiktionsfehlers. Bei der Bezeichnungsweise nach Abb. 2.24 gilt (Friedmann 1997, Nelles 2001, Bishop 2006):

$$E\{e^2\} = \underbrace{E\{(y_p - \hat{y})^2\}}_{\text{Prädiktionsfehler}^2} = \underbrace{(y - E\{\hat{y}\})^2}_{\text{Bias}^2} + \underbrace{E\{(\hat{y} - E\{\hat{y}\})^2\}}_{\text{Varianz}} + \underbrace{E\{d^2\}}_{\text{Rauschen}} \tag{2.9}$$

Also setzt sich der Modellfehler aus einer Bias-, Varianz- und Rauschkomponente zusammen. Der Rauschanteil kommt unabhängig vom Modell zu Stande und ist somit der kleinste Wert, den $E\{e^2\}$ annehmen kann. Der Biasfehlerbeitrag resultiert aus der strukturellen Inflexibilität des Modellansatzes, die auch in Abwesenheit von Rauschen und bei Wahl optimaler Parameter zu einem Modellfehler führt. Er wird mit steigender Modellparameteranzahl i. d. R. kleiner (Abb. 2.27a). Der Varianzfehlerbeitrag folgt aus der endlichen Anzahl der zur Parameterschätzung genutzten (gestörten) Beobachtungen und wird mit steigender Parameteranzahl größer. Wegen dieser gegenläufigen Tendenzen spricht man vom *Bias-Varianz-Dilemma* und ein Kompromiss ist zu suchen.

Typisch ist eine visuelle Prüfung mittels qualitativen Vergleichs von Beobachtung und Prädiktion sowie über die quantitative Bewertung des Prädiktionsfehlers über mittelnde oder lokale Fehlermaße. Weitere Informationen liefert eine statistische Bewertung des Prädiktionsfehlers. Bei den *mittelnden Prädiktionsfehlermaßen* sind quadratische Kriterien verbreitet. Dies liegt erstens daran, dass große Fehler häufig weniger toleriert werden als kleine und deshalb überproportional in die Bewertung eingehen sollten. Zweitens können sich Fehler mit unterschiedlichen Vorzeichen bei der Mittelwertbildung nicht kompensieren. Drittens wurden sehr effiziente, numerische Schätzverfahren für Probleme mit quadratischer Zielfunktion entwickelt. Typische Kriterien sind der *mittlere quadratische Fehler* (*Mean Squared Error, MSE*)

$$J_{\mathrm{MSE}} = \frac{1}{N} \sum_{l=1}^{N} (y_{\mathrm{p}}(l) - \hat{y}(l))^2 \qquad (2.10)$$

oder seine Wurzel (*Root Mean Squared Error, RMSE*)

$$J_{\mathrm{RMSE}} = \sqrt{J_{\mathrm{MSE}}} \ . \qquad (2.11)$$

Dabei hat J_{RMSE} die gleiche Dimension wie die prädizierte Größe, so dass sein Zahlenwert einfacher zu interpretieren ist.

Normierte Fehlermaße haben den Vorteil, dimensionslos zu sein und sind wegen des normierten Wertebereichs einfacher interpretier- und vergleichbar. Ein Beispiel ist das *multiple Bestimmtheitsmaß B* aus der linearen Regression (Hartung, Elpelt, 2007):

$$B = \frac{\sum_{l=1}^{N} (\hat{y}(l) - \bar{y}_{\mathrm{p}})^2}{\sum_{l=1}^{N} (y_{\mathrm{p}}(l) - \bar{y}_{\mathrm{p}})^2} = 1 - \frac{\sum_{l=1}^{N} (y_{\mathrm{p}}(l) - \hat{y}(l))^2}{\sum_{l=1}^{N} (y_{\mathrm{p}}(l) - \bar{y}_{\mathrm{p}})^2} \ \mathrm{mit} \ \bar{y}_{\mathrm{p}} = \frac{1}{N} \sum_{l=1}^{N} y_{\mathrm{p}}(l) \qquad (2.12)$$

Es wird aus dem Verhältnis der Varianz der Prädiktionen $\hat{y}$ zu der Varianz der Messwerte y_{p} gebildet. Dabei wurde ausgenutzt, dass bei der Parameterschätzung von Modellen, die linear in ihren Parametern sind (*LiP-Modelle*), bei quadratischer Kostenfunktion $\bar{\hat{y}} = \bar{y}_{\mathrm{p}}$ gilt. B gibt an, welcher Teil der Streuung des beobachteten Wertes y_{p} durch das Modell $\hat{y}$ erklärt wird. Dabei gilt $0 \leq B \leq 1$, und $B = 1$ zeigt an, dass $\hat{y}$ die Beobachtungen y_{p} ideal beschreibt. $B = 0$ bedeutet, dass $\hat{y}$ die Streuung von y_{p} nicht beschreiben kann und gerade den Mittelwert der Beobachtungen liefert. Anders ausgedrückt bewertet B also, inwieweit ein Modell die Schwankungen der Beobachtungen um ihren Erwartungswert beschreibt.

Ein typisches *lokales* Prädiktionsfehlermaß ist der *maximale Betragsfehler* (*Maximum Absolute Error, MAE*):

$$J_{\mathrm{MAE}} = J_{\max} = \max_{1 \leq l \leq N} | y_{\mathrm{p}}(l) - \hat{y}(l) | . \qquad (2.13)$$

Es stellt ein „Worst-Case-Maß" dar. Aufschlussreich ist zudem eine Betrachtung der *Streuung der Residuen*, z. B. indem die Häufigkeitsverteilung der Residuen als Histogramm dargestellt wird[16]. Abb. 2.28 zeigt ein Ergebnis zur elektro-mechanischen Drosselklappe aus Abschnitt 2.3.4. Hierbei interessieren insb. Grundform wie Symmetrieeigenschaften der Verteilung. Diese Betrachtung leitet auf eine statistische Bewertung des Modells über, wobei eine qualitative Bewertung der Verteilung ohne statistische Annahmen auskommt.

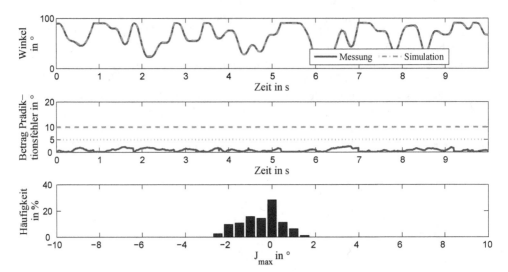

Abb. 2.28:   Gemessene und prädizierte Ausgangsgröße (oben), Betrag des Residuums (Mitte) und Histogramm der Residuen (unten) bei Modellbildung einer elektro-mechanischen Drosselklappe (Ren et al. 2012)

Komplexitätsorientierte Kriterien

Eine Erhöhung der Modellparameteranzahl führt i. d. R. zu einer Reduzierung des Approximationsfehlers, birgt aber die Gefahr einer Überanpassung. Beim Vergleich alternativer Modelle sollte bei ähnlicher Prädiktionsgüte das spärlicher parametrierte Modell vorgezogen werden (Ockham's Prinzip). Bei der Auswahl einer geeigneten Modellstruktur aus verschiedenen Varianten kann hierzu neben der Approximationsgüte die Modellkomplexität bewertet werden. Ein Beispiel für ein solches Kriterium ist Akaike's *Final Prediction Error* (*FPE*)

$$J_{\mathrm{FPE}} = \frac{1+\dim(\boldsymbol{\Theta})/N}{1-\dim(\boldsymbol{\Theta})/N} \cdot \frac{1}{N}\sum_{k=1}^{N}(\hat{y}(k,\boldsymbol{\Theta})-y_{\mathrm{p}}(k))^2 \ , \tag{2.14}$$

das mit Validierungsdaten ausgewertet wird (Ljung 1999, Keesman 2011). Dabei wird die Approximationsgüte über den mittleren quadratischen Fehler bewertet und die Modellkomplexität über die Anzahl der Modellparameter. Eine gemeinsame Betrachtung von Approximationsgüte und Modellkomplexität kann auch bei den weiter unten betrachteten statistischen Bewertungsmaßen erfolgen und führt dann zu entsprechenden Kriterien.

---

[16]   Zur Definition der Häufigkeitsverteilung siehe auch Abb. 2.55.

Plausibilitätsbasierte Bewertung

Es gibt Fälle, in denen Ein-/Ausgangsdaten nicht verfügbar sind. Dies ist z. B. dann der Fall, wenn ein theoretisches Modell in der Planungs- oder Entwurfsphase eines Systems erstellt wird. In solchen Fällen kann auf Basis der Systemkenntnis und Erfahrungen mit ähnlichen Systemen eine qualitative Bewertung der Modellgüte über Plausibilitätsprüfungen erfolgen. Einerseits kann mittels der Verstärkungen $K_{i,j}$ zwischen den stationären Werten Eingangsgrößen $u_{j,\infty}$ und Ausgangsgrößen $y_{i,\infty}$ grob geprüft werden, ob die wesentlichen Wirkungspfade im Modell vorhanden sind, die Eingangsgrößen vorzeichenrichtig wirken und die Verstärkungen der verschiedenen Wirkungspfade die richtige Größenordnung aufweisen (Abb. 2.29). Zu beachten ist, dass Verstärkung und Übergangsverhalten bei nichtlinearen Systemen i. d. R. arbeitspunktabhängig sind. Zur qualitativen Prüfung der Systemdynamik können sprungförmige Wechsel zwischen verschiedenen Arbeitspunkten auf die richtige Größenordnung der dominanten Zeitkonstanten geprüft werden. Dabei ist zu beachten, dass die Zeitkonstanten bei nichtlinearen Systemen auch von der Richtung des Übergangs abhängen können.

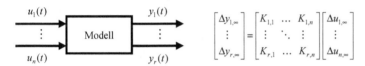

Abb. 2.29: Systemmodell (links) und Matrix der stationären Verstärkungen der verschiedenen Wirkungspfade für einen ausgewählten Arbeitspunkt (rechts)

Statistische Maße

Bisher wurden keine statistischen Betrachtungen bei der Bewertung vorgenommen (bis auf die qualitative Bewertung der Häufigkeitsverteilung der Residuen). Macht man Annahmen über die statistischen Eigenschaften der zur Modellbildung verwendeten Beobachtungen, so können statistisch motivierte Bewertungsmaße verwendet werden (Söderström, Stoica 1989, Ljung 1999, Box et al. 2008). Typischerweise werden normalverteilte Störgrößen d (Abb. 2.24) angenommen. Zur Modellbewertung können dann verschiedene Methoden der *Residualanalyse* eingesetzt werden, die statistische Eigenschaften der *Residuen* bewerten (Söderström, Stoica 1989, Billings, Zhu 1994). Auch können dann *Konfidenzgebiete* für die geschätzten Parameter angegeben werden: Dazu wird angenommen, dass ein lineares Modell vom gleichen Typ wie der Prozess ist, von dem die Beobachtungen stammen und dass es einen wahren Modellparametersatz gibt. Dann kann die Wahrscheinlichkeitsdichte für die geschätzten Modellparameter ermittelt werden. Damit lässt sich eine Wahrscheinlichkeit dafür angeben, dass der geschätzte in einer bestimmten Umgebung um den wahren Parameterwert liegt. Diese Umgebungen haben bei normalverteilten Störgrößen ellipsoide Form mit Zentrum im wahren Wert (Ljung 1999). Abb. 2.30 zeigt exemplarisch einen Vertrauensbereich für ein Beispiel mit zwei Parametern. Mit der vorgegebenen Wahrscheinlichkeit (z. B. 95 %) liegt der Schätzwert im schraffierten Bereich um den wahren Wert.

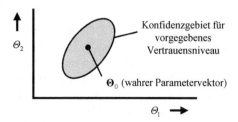

Θ_2

Konfidenzgebiet für
vorgegebenes
Vertrauensniveau

Θ_0 (wahrer Parametervektor)

Θ_1 ➡

Abb. 2.30:   Beispiel eines ellipsoiden Konfidenzgebietes

Beobachtungen können als Zufallsvariablen mit zugehörigen Wahrscheinlichkeitsdichtefunktionen behandelt werden, deren Parameter unbekannt sind. Die Likelihood-Funktion L drückt dann aus, wie wahrscheinlich die Beobachtungen D für ein unterschiedliche Wahl der Modellparameter Θ sind. Dabei ist L eine Funktion von D und Θ: $L(D, \Theta)$. Die Idee der *Maximum-Likelihood-Schätzung* der Modellparameter besteht nun darin, Θ so zu wählen, dass L maximal wird. Zur Vereinfachung der Schätzung kann ausgenutzt werden, dass die Logarithmusfunktion streng monoton steigt und deshalb der L maximierende Vektor auch log L maximiert. Da letzteres die Berechnungen vereinfacht, wird statt der Likelihood- oft die log-Likelihood-Funktion betrachtet[17]. Eine Bewertung der Modellkomplexität über die Anzahl der Parameter neben der Bewertung der Approximationsgüte über die log-Likelihood-Funktion führt auf *Akaike's Informationskriterium* (*AIC*) (Akaike 1974):

$$AIC = -2 \ln L + 2 \dim(\Theta) \tag{2.15}$$

2.3.4   Praktische Beispiele

Dieselmotordrosselklappe (theoretische/experimentelle Modellbildung):

Ein praktisches Beispiel für eine theoretische Modellbildungsaufgabe ist die Erstellung eines nichtlinearen, dynamischen Modells für das Übertragungsverhalten der elektrischen Ansteuerung auf die Winkelstellung einer Drosselklappe für Dieselmotoren (Abb. 2.31).

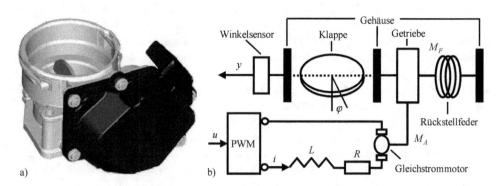

Abb. 2.31:   Ausführungsbeispiel (a) und Technologieschema (b) einer Dieselmotordrosselklappe (Ren et al. 2013)

---

[17]   Für die Eigenschaften spielt die Wahl der Basis keine Rolle. Zwar wird die Bezeichnung „log" verwendet, aber zur Herleitung im Zusammenhang mit normalverteilten Störungen ist die Basis 2 (ln) vorteilhaft.

Dieses Modell soll im Rahmen eines virtuellen Fahrzeug-Echtzeitmodells verwendet werden, das für Funktionstests von Motorsteuergeräten mittels Hardware-in-the-loop-Simulation genutzt wird. Dabei sind die Grundbeziehungen schnell hergeleitet, aber die Modellparameter häufig nicht bekannt. Zudem beeinflusst die Reibung maßgeblich das Verhalten. Lösungsansätze bestehen in der Identifikation der Parameter eines physikalischen Modells mit Reibungskennlinie oder der Identifikation eines Black-box-Modells (Ren et al. 2013). Abb. 2.28 zeigt exemplarische Ergebnisse der Modellvalidierung für ein identifiziertes, stückweise affin-lineares Modell mit acht Teilmodellen.

Kennfläche Verbrennungsmotor (Identifikation eines Black-box-Modells):

Ein weiteres Beispiel für eine Systemidentifikationsaufgabe stellt die Ermittlung eines parametrischen Modells für das nichtlineare, stationäre Übertragungsverhalten (Kennfläche) eines Verbrennungsmotors aus am Prüfstand gemessenen Daten dar[18]. Solche Modelle sind für den modellbasierten Entwurf von Motorsteuerungsfunktionen notwendig. In diesem Beispiel interessiert die Abhängigkeit des Luftmassenflusses (Modellausgangsgröße) von Saugrohrdruck, Drehzahl und Drosselklappenöffnung (Modelleingangsgrößen). In Abb. 2.32 sind aus Gründen der Übersichtlichkeit nur zwei der drei Eingangsgrößen dargestellt. Von diesen hängt die Ausgangsgröße (Luftmassenfluss) helixförmig ab. Wegen der komplizierten Form der Kennfläche besteht ein Lösungsansatz darin, einen universell approximierenden Modellansatz zu verwenden wie ein Fuzzy-Modell (Schrodt, Kroll 2011).

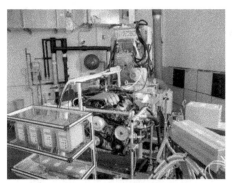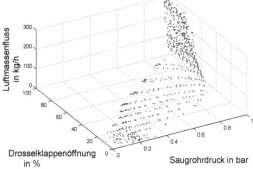

Abb. 2.32:   Motorprüfstand (links) und gemessene stationäre Betriebsdaten (rechts) (Kroll 2011)

Klärschlammverbrennungsanlage (Identifikation eines Black-box-Modells):

Ein weiteres praktisches Beispiel für eine Systemidentifikationsaufgabe ist die Ermittlung eines dynamischen Prognosemodells für die Prozessgrößen einer Klärschlammverbrennungsanlage in Abhängigkeit vom Verlauf der Stellgrößen. Dieses Modell soll für die Entwicklung verbesserter Prozessführungsstrategien eingesetzt werden, da Experimente in der Anlage aus betrieblichen und behördlichen Gründen unerwünscht sind. Abb. 2.33 zeigt ein Technologieschema einer Anlage mit den für die Modellbildung wichtigen Größen. Die Stellgrößen sind der in den Ofen eingetragene Klärschlammvolumenstrom q_{sl}, der Ölvolumenstrom $q_{\ddot{O}l}$ der Stützfeuerung und die Drallklappenstellung u_{dr} im Rauchgaspfad. Die zu

---

[18]   Der Autor bedankt sich bei Dr. M. Ayeb, Universität Kassel, für die zur Verfügung gestellten Messdaten eines 3l-FSI-Audi-Ottomotors und bei Alexander Schrodt für die Durchführung der Simulationsstudien.

prognostizierenden Größen sind die Temperatur im Feuerraum T_f und im Wirbelbett T_w, Ofendruck p, Restsauerstoff- C_{O2} und Stickstoffdioxydkonzentration C_{NO2} im Abgas. Bei dieser Problemstellung wäre eine theoretische Modellbildung sehr aufwändig und würde tiefgehende Prozesskenntnisse erfordern. Lösungsansätze bestehen beispielsweise in der Verwendung rekurrenter Neuronaler Netze oder dynamischer Fuzzy-Modelle, siehe Abschnitt 8.3.2.

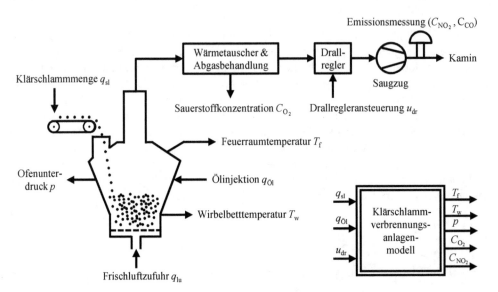

Abb. 2.33:   Technologieschema einer Klärschlammverbrennungsanlage (Kroll et al. 1997)

Überwachungssystem Luftqualität (Expertenmodell):

Ein letztes praktisches Beispiel behandelt die wissensbasierte Modellbildung zur Erstellung eines Bewertungssystems für die Luftqualität. Experten bewerten die Konzentration verschiedener Schadstoffe in der Luft und weisen einer Situation einen Luftqualitätswert (Fuzzy air quality index, FAQI) zu. In (Mandal et al. 2011) werden dazu die Konzentrationen von Schwefeldioxid (SO_2), Stickstoffoxiden (NO_X), Gesamtschwebstaub (SPM) und alveolengängigem Schwebstaub (RPM) bewertet. Andere Arbeiten wie z. B. (Sowlat et al. 2011) bewerten weitere Schadstoffe wie Benzol, Toluol u. a. m. Das Ziel besteht nun in der modellbasierten Definition eines Indexes für die Bewertung der Luftgüte. So kann z. B. ein kontinuierliches, automatisiertes Überwachungssystem realisiert werden, das bei kritischer Luftqualität alarmiert.

Der Lösungsansatz aus (Mandal et al. 2011) besteht in der Nutzung des vor Ort verfügbaren Expertenwissens und nationaler Regelungen/Standards zur Luftgüte zum Aufbau eines Fuzzy-Systems. Jede Wenn-Dann-Regel verknüpft linguistische Werte für drei Konzentrationen (niedrig, mittel, hoch) mit sieben linguistischen Werten für die Luftqualität (ausgezeichnet, sehr gut, gut, moderat, schlecht, sehr schlecht, gefährlich). Defuzzifiziert entspricht ein Güteindex von FAQI = 0 einer Einstufung als exzellent und ein Wert von FAQI = 2,5 als gefährlich. Abb. 2.34 zeigt exemplarisch den resultierenden Zusammenhang zwischen dem Güteindex und der Konzentration von zwei Schadstoffen.

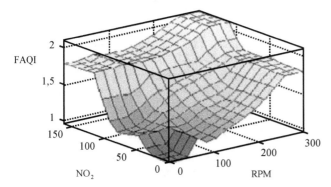

Abb. 2.34:   Luftqualität in Abhängigkeit der Konzentrationen von Stickstoffdioxid[19] und RPM, beides mal in μg/m³ (Mandal et al. 2011)

2.3.5   Weiterführende Literatur

Die Literatur zur theoretischen Modellbildung ist anwendungsspezifisch, im Folgenden werden nur einige Beispiele angegeben. Im Bereich der Prozesstechnik wird die dynamische Modellbildung i. d. R. im Zusammenhang mit der Prozessregelung behandelt. Weiterführende Informationen finden sich z. B. in (Luyben et al. 1998, Thomas 1999, Marlin 2000, Seborg et al. 2011). Die theoretische Modellbildung mechatronischer Systeme behandeln z. B. Bolton (2004), Janschek (2010) oder Heimann et al. (2007). Hydraulische Systeme behandeln Jelali, Kroll (2003). Die Methoden der Identifikation werden in verschiedenen Wissensgebieten weiterentwickelt. Im Gebiet der Systemidentifikation werden Methoden insbesondere für die Identifikation linearer Modelle für dynamische Systeme entwickelt z. B. (Goodwin, Payne 1977, Isermann 1992, Ljung 1999, Keesman 2011). Pintelon und Schoukens (2001) widmen sich frequenzbereichbasierten Methoden. Methoden für die Identifikation nichtlinearer Modelle werden insbesondere im Bereich der CI entwickelt z. B. (Nelles 2001, Jelali, Kroll 2003). Das Gebiet der Zeitreihenprognose wird in der statistischen Literatur bearbeitet (Box et al. 2008). Die symbolische Beschreibung und Verarbeitung von Wissen mit Hilfe von scharfen Regeln behandelt die Literatur zur Künstlichen Intelligenz wie z. B. (Boersch et al. 2007, Lunze 2010a, Negnevitsky 2011). Dem Thema Expertensysteme widmen sich verschiedene Fachbücher zur Künstlichen Intelligenz wie z. B. (Puppe 1991, Ginsberg 1993, Cawsey 1998). Weiterführende Informationen zur Beschreibung mit unscharfen Regeln und zur subsymbolischen Wissensverarbeitung finden sich in der Literatur zur Fuzzy-Logik wie (Dubois, Prade 1980, Zimmermann 1991, Bandemer, Gottwald 1993, Böhme 1993, Bothe 1995, Pedrycz, Gomide 1998). Als Bestandteil der CI wird die Fuzzy-Logik auch in den entsprechenden CI-Fachbüchern behandelt wie z. B. in (Konar 2005, Rutkowski 2008). Mit der Identifikation von Fuzzy-Modellen befassen sich u. a. (Babuska 1998, Nelles 2001, Jelali, Kroll 2003, Abonyi, Feil 2007).

---

[19]   In (Mandal et al. 2011) ist die Verwendung von NO_X vs. NO_2 nicht konsequent.

2.3.6   Zusammenfassende Bewertung

Für eine Modellbildung in der Planungsphase eignen sich besonders theoretische und wissensbasierte Modelle, wenn sie mit vertretbarem Aufwand in der notwendigen Genauigkeit erstellt werden können. Praktisch ist dies oft nur bei sehr einfachen Systemen, technologiegetriebenen Massengütern wie Automobilen oder auf höchste Effizienz zu trimmenden großvolumigen Einrichtungen wie prozess- und energietechnischen Anlagen wirtschaftlich darstellbar. Theoretische Modelle bieten die Vorteile der physikalischen Interpretierbarkeit sowie ihrer Skalier- und Parametrierbarkeit. Neben dem hohen Aufwand liegen Nachteile darin, dass die Modelle für den vorgesehenen Einsatz häufig angepasst werden müssen und dass von bereits gelösten Modellbildungsaufgaben wenig für neue wiederverwendet werden kann.

Wenn eine ausreichende Anzahl informativer Beobachtungen des Übertragungsverhaltens von Systemen verfügbar ist, bieten datengetriebene Modelle Vorteile. Eine für die Anwendung geeignete Modellstruktur kann zu Beginn der Modellbildung direkt vorgegeben werden. Für die Identifikation linearer Modelle gibt es eine ausgereifte theoretische Basis; zudem sind entsprechende Berechnungsprogramme verfügbar. CI-Methoden können bei nichtlinearen Modellbildungsaufgaben Einsatz finden. Künstliche Neuronale Netze lassen sich insbesondere für Problemstellungen einsetzen, bei denen eine hohe Prädiktionsgüte das primäre Ziel ist. Sie können auch gut für die Modellbildung von Systemen mit einer großen Anzahl von Ein- und Ausgangsgrößen eingesetzt werden. TS-Fuzzy-Modelle bieten den Vorteil, dass sie i. d. R. als bereichsweise Linearisierung interpretiert werden können. Zudem lassen sich Methoden der linearen Systemtheorie übertragen, was eine systematische Behandlung verschiedener Problemstellungen ermöglicht. TS-Modelle eignen sich besonders für Probleme mit einer kleinen oder moderaten Anzahl von Ein- und Ausgangsgrößen.

Wenn weder genug theoretisches Wissen über ein System noch eine ausreichend informative Auswahl an Beobachtungen des Übertragungsverhaltens zur Verfügung steht, können wissensbasierte Ansätze eingesetzt werden. Hierzu kommen insbesondere Mamdani-Fuzzy-Systeme in Betracht.

In Fällen, in denen die zuvor genannten Vorgehensweisen nicht anwendbar sind, aber während des Systembetriebs geeignete Daten verfügbar sind, kann ein Modell auch online gelernt werden. So können insbesondere Künstliche Neuronale Netze sowie Mamdani- und TS-Fuzzy-Modelle entstehen. Das Online-Lernen spielt auch dann eine Rolle, wenn ein Modell externen oder internen Änderungen nachgeführt werden muss. Abb. 2.35 fasst diese Betrachtungen zu einem Vorgehensschema bei der Auswahl eines nichtlinearen Modellierungsansatzes zusammen. Abb. 2.35 soll zudem helfen, nach Durcharbeiten der verschiedenen Methoden dieses Buchs, diese retrospektiv nochmal einzuordnen.

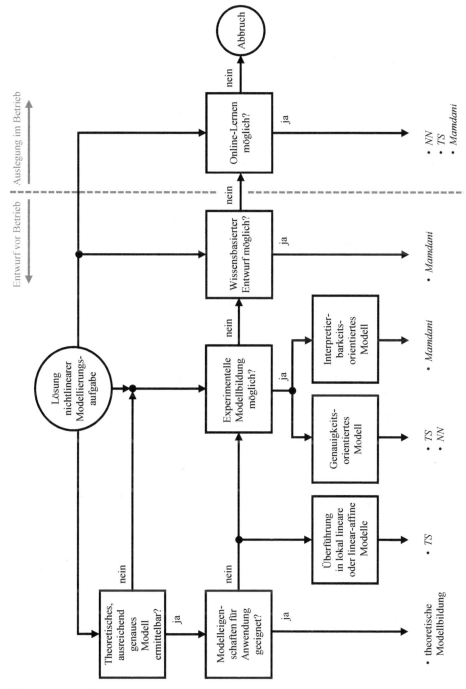

Abb. 2.35:   Mögliche Vorgehensweise bei der Auswahl eines nichtlinearen Modellierungsansatzes und Einordnung
             verschiedener CI-Verfahren (kursiv gesetzt)

2.4 Regelung

2.4.1 Einführung in die Problemstellung

Für einen effektiven und effizienten automatisierten Betrieb technischer Systeme sind verschiedene Regelungs-, Optimierungs- und Planungsaufgaben zu lösen, wie die einführenden Beispiele in Abschnitt 2.1 bereits gezeigt haben. Abb. 2.36 zeigt eine typische vertikale bzw. funktionsorientierte Zerlegung in Teilaufgaben in hierarchischer Darstellung am Beispiel von Prozessanlagen. In ähnlicher Form gilt dies auch für verschiedene andere technische Systeme.

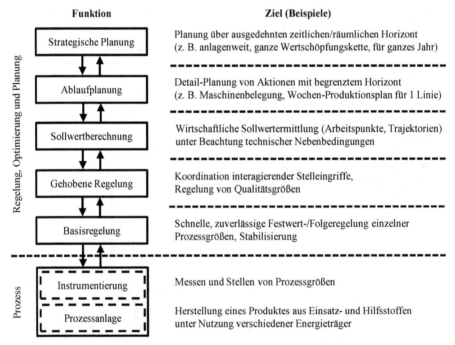

Abb. 2.36: Hierarchische Darstellung von Regelungs-, Optimierungs- und Planungsaufgaben am Beispiel von Prozessanlagen

Die Anforderungen auf den einzelnen Ebenen unterscheiden sich wesentlich in den notwendigen Reaktionszeiten, den zu verarbeitenden Größen, den Zeithorizonten und den Systemgrenzen (Kroll, Harjunkoski 2008). Auf der Ebene der Basisregelung steht eine lokale, isolierte Betrachtung elementarer Teilsysteme im Vordergrund. Dabei geht es um ein schnelles, genaues und zuverlässig korrigierendes Eingreifen auf Basis genauer Messwerte bei Betrachtung eines kurzen Zeithorizonts. Bei größeren Anlagen wie Mineralölraffinerien oder Großkraftwerken besteht die Basisregelungsschicht oft aus mehreren hunderten bis tausenden (separaten) einschleifigen Regelkreisen. Mit aufsteigender Hierarchieebene erweitert sich der Betrachtungshorizont zeitlich und räumlich; die Ziele betreffen das Verhalten einer größeren Gruppe von Teilsystemen oder des Gesamtsystems. Das Erreichen eines geeigneten Zusammenspiels der lokalen Teilsysteme zwecks Erreichung globaler Ziele für das Gesamtsystem ist wichtig. Dies betrifft z. B. die Koordination von Basisreglern, deren Stelleingriffe Rückwirkungen aufeinander haben. Auch spielen wirtschaftliche Ziele eine Rolle. Hierzu zählt die Ermittlung von Arbeitspunkten, die die Produktausbeute und -qualität maximieren und gleichzeitig den Stoff- und Energieeinsatz sowie das Anfallen von Abwasser und Abgas minimieren. Insbesondere bei vernetzten, verteilten Systemen gibt es nicht immer eine zentrale Instanz, bei der alle Informationen zusammenlaufen und die die übergeordneten Funktionen ausführt. Vielmehr gibt es dazu ebenso verteilte Instanzen, die sich je nach Konzept mehr oder weniger über ihre steuernden Eingriffe abstimmen. Abb. 2.37 illustriert dies für den Fall einer Kettenanordnung bei Beschränkung auf den Regelungsaspekt, wie er bei einer linearen Prozesskette auftreten kann. Bei anderen Prozessketten (z. B. Matrix- oder Parallelstrukturen) treten kompliziertere Material- und Informationsflüsse auf.

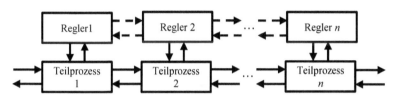

Abb. 2.37:   Horizontale Zerlegung/Dekomposition des Gesamtproblems bei einer linearen Prozesskette

Abschnitt 2.4 konzentriert sich auf regelungstechnische Problemstellungen. Diese lassen sich auf vier Grundprobleme zurückführen, die auch kombiniert auftreten können:

- *Festwertregelung*: Die Regelgröße ist auf einem bereits erreichten, konstanten Sollwert zu halten, auch wenn Störungen einwirken oder sich Systemeigenschaften z. B. wegen Alterung oder Verschleiß ändern. Beispiele: Raumklimaregelung, Medientemperierung, Netzfrequenzregelung, Tempomat, Lageregelung bei Fahr- und Flugzeugen, Drehzahlregelung bei Antrieben.

- *Folgeregelung*: Die Regelgröße soll einem sich zeitlich änderndem Zielwert eng und unmittelbar folgen. Beispiele: temperaturgeführte Material-Herstellungsprozesse, Bahnregelung bei Robotern, Bahnverfolgung mobiler Systeme (Fahr- und Flugzeuge, Schiffe, U-Boote), Verfolgung von Lastprofilen, Objekttracking.

- *Endpunktregelung*: Die Regelgröße soll in endlicher Zeit einen vorgegebenen Endwert annehmen, wobei der Weg dahin eine untergeordnete Bedeutung hat. Beispiele: Rendezvous-Manöver in der Raumfahrt, Auffahrregelung bei ACC[20]-Assistenzfunktion, Einstellen einer vorgegebenen Formation mobiler Agenten aus variabler Anfangslage, Erreichen eines vorgegebenen finalen Stoffverhältnisses beim Mischen von Farben, Wirkstoffen o. ä. aus variabler Anfangssituation.

- *Stabilisierung*: Ein in einem oder mehreren Arbeitspunkten instabiles System soll stabilisiert werden. Beispiel: Magnetschwebetechnik, Magnetlagertechnik, Segway, Jagdjets.

Beim Festwert-, Folge- und Endwertregelungsproblem (Abb. 2.38) geht es also darum, die Regelgröße auf einen bestimmten Wert zu bringen oder zu halten. Beim Stabilisierungsproblem geht es um die Änderung einer (binären) Systemeigenschaft. Zudem soll der Regelkreis

---

[20]   Adaptive-Cruise-Control-(ACC-)Systeme regeln die Geschwindigkeit eines Fahrzeugs unter Berücksichtigung des Abstands zu einem vorausfahrenden Fahrzeug.

auch bei Abweichungen vom nominalen Prozessverhalten stabil bleiben und eine Mindest-
performance zeigen. Abb. 2.39 zeigt praktische Beispiele zu den vier Problemtypen.

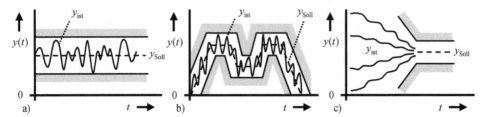

Abb. 2.38:   Festwert- (a), Folge- (b) und Endwertregelungsproblem (c); die grauen Balken fassen den Toleranzbereich ein

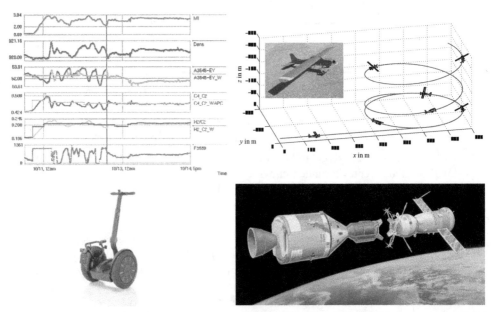

Abb. 2.39:   Festwertregelung zur Reduktion von Schwankungen bei der Polyethylenherstellung (Krämer et al. 2008)
(o. l.), Folgeregelung zur automatischen Bahnverfolgung bei Flugmanövern (nach Cabecinhas et al.
2007) (o. r.), Stabilisierung eines instabilen Systems beim Segway (u. l.) und Andocken von Raum-
fahrzeugen als Endwertregelungsproblem (NASA) (u. r.)

Beim Beispiel Abb. 2.39 o. l. aus (Krämer et al. 2008) geht es um die Festwertregelung bei
der Herstellung des Kunststoffes Polyethylen. Die beiden relevanten Produktkenngrößen sind
Schmelzindex (oberste Kurve) und Dichte (zweitoberste Kurve). Sie werden durch mehrere
Betriebsgrößen wie dem Zufluss der Einsatzstoffe beeinflusst, die in den unteren vier Trend-
kurven dargestellt sind. Bis zur Mitte des zeitlichen Verlaufs der Trendkurven werden die
Betriebsgrößen separat und die Produktkenngrößen gar nicht geregelt. Die Größen schwan-
ken deutlich. Dann (markiert durch den senkrechten Strich) wird ein (modellprädiktiver)
Regler zugeschaltet, der den Schmelzindex regelt, indem er den unterlagerten Reglern für die
Prozessgrößen Sollwerte vorgibt. Die Verbesserung in der Prozessführung ist offensichtlich:

Fast alle Größen „fahren nun nahezu Strich". Die Bedeutung von Folgeregelungsaufgaben nimmt mit der Entwicklung autonomer Systeme bzw. von entsprechenden Funktionen zu. Das Beispiel in Abb. 2.39 o. r. aus (Cabecinhas et al. 2007) zeigt exemplarisch eine räumliche Trajektorie, die von einem unbemannten Luftfahrzeug automatisch abgeflogen werden soll. Ein Andockmanöver in der Raumfahrt ist ein Beispiel für eine Endpunktregelung (Abb. 2.39 u. r.). Der Verlauf der Annäherung hat keine besondere Bedeutung (solange er überschwingfrei verläuft). Allerdings ist für das Andocken der Endpunkt exakt zu erreichen. Ein Segway Personal Transporter stellt im Prinzip ein inverses Pendel und damit ein instabiles System dar. Durch eine Regelung wird aus der instabilen mechanischen Konstruktion ein alltagstaugliches Fahrzeug (Abb. 2.39 u. l.).

Idealerweise folgt die einzustellende Ausgangsgröße (Regel-/Istgröße) y_{ist} dem gewünschten Verlauf (Führungs-/Sollgröße) y_{Soll} bzw. w genau, unverzerrt und verzögerungsfrei. Eine naheliegende Überlegung ist es, das Steuergesetz durch Invertierung des Übertragungsverhaltens der Strecke zu ermitteln (die der flachheitsbasierten Regelung zu Grunde liegende Idee). Dies ist praktisch selten möglich, z. B. wegen nicht realisierbarer Invertierung, begrenztem Stellbereich, der Streckendynamik oder den i. d. R. vorgenommenen Vereinfachungen (bzgl. der Modellierung der Streckendynamik oder der Störeinwirkungen). Beim Entwurf eines realisierbaren Reglers geht es deshalb darum, unter den technischen Rahmenbedingungen dem Idealverhalten möglichst nahe zu kommen. Um ein Auslegungsziel quantitativ zu spezifizieren und den Erreichungsgrad durch das realisierte System quantifizieren zu können, werden typischerweise verschiedene Kennwerte oder ein Toleranzkorridor bzgl. des Übergangsverhaltens und des stationären Verhaltens verwendet, siehe Abb. 2.38 sowie Abschnitt 2.4.3 für Details. Dabei können die Kennwerte in der Regel nicht unabhängig voneinander eingestellt werden und ein Kompromiss ist zu suchen. So kann eine schnelle Reaktion des Reglers an ein erhöhtes Überschwingen/eine reduzierte Dämpfung gekoppelt sein.

2.4.2 Entwurfs- und Auslegungskonzepte

Ein integrierter Entwurf von System und Regelung, wie es die Grundphilosophie der Mechatronik ist (Isermann 1999), ist in vielen Domänen noch unüblich: In der Praxis werden Systeme oft fertig konstruiert und erst im Anschluss die Regelung entworfen. Zudem beschränkt man sich in der industriellen Praxis überwiegend auf den Einsatz einschleifiger Regelkreise mit PID-artigen Reglern (Regler mit parallelem proportionalem, integralem und differenziellem Übertragungskanal). Statt Mehrgrößensysteme durch Mehrgrößenregler zu regeln, wird häufig der Weg der näherungsweisen konstruktiven dynamischen Entkopplung beschritten. Ein Beispiel ist das Einfügen von Pufferspeichern zur dynamischen Entkopplung sequenzieller Verarbeitungsschritte eines Produktionsprozesses. Dies führt allerdings zu größerem Prozessinventar und damit gebundenem Kapital und längeren Durchlaufzeiten. Die größere Trägheit des Systems beeinträchtigt zudem die Flexibilität des Anlagenbetriebs, bspw. schnelle Produkt- oder Lastwechsel. Bei einem Mehrgrößensystem besteht eine mögliche Vereinfachung darin, bei allen Wirkungsketten nur den Hauptwirkungspfad zu berücksichtigen, um *einschleifige Regelkreise* zu erhalten. Bei linearen Modellen können mittels der *Methode des Relative Gain Arrays, RGA*, geeignete Paarungen von Stell- und Regelgrößen ermittelt werden (siehe weiter unten folgenden Unterabschnitt „Mehrgrößenregler: Dezentrale Regelung mit/ohne Entkopplung"). Ein nichtlineares System kann in einem Arbeitspunkt zwecks linearem Regelungsentwurfs linearisiert werden. Bei einer robusten Auslegung ist eine Mindest-Performance auch in der Umgebung des Arbeitspunkts sowie bei beschränkten Abweichungen vom Nominalmodell gegeben.

Mit diesen einfachen Vorgehensweisen wird i. d. R. nur ein Teil der möglichen Verbesserung realisiert. So können Systemgrößen signifikant miteinander gekoppelt sein, wie z. B. Druck und Temperatur in einem Reaktor oder Lenkwinkel und Bremskraft bei der Fahrzeugstabilisierung. Nichtlineare Systeme werden oft nicht in einem, sondern in mehreren Arbeitspunkten betrieben oder müssen Sollwertprofile nachfahren. So entstanden Konzepte zur Erweiterung des Standard-Regelkreises und neue Regelungsstrategien wie die modellprädiktive Regelung. Im Folgenden werden exemplarisch einige Lösungsansätze vorgestellt und die Rolle der CI dabei aufgezeigt.

Basis-Steuerung und Basis-Regelung mit Ausgangsgrößenrückführung

Das Wunsch-Verhalten eines Systems wird üblicherweise über die Vorgabe von Werten oder Korridoren für die Verläufe der interessierenden Ausgangsgrößen spezifiziert. Um das Wunsch-Verhalten zu erreichen, werden eine oder mehrere Eingangsgrößen des Systems, die sog. Stellgrößen, in geeigneter Weise angepasst. Werden die Stellgrößen aus Kenntnis der Gesetzmäßigkeiten des Systems festgelegt ohne nachzuprüfen, ob das gewünschte Ergebnis erreicht wird, so handelt es sich um eine *Steuerung*. Die Anordnung hat dann die Form einer offenen Wirkungskette (Abb. 2.40a). Steuerungen werden eingesetzt, wenn das Übertragungsverhalten eines Prozesses bzgl. Stell- und Störgrößen bekannt ist und die relevanten Störgrößen gemessen und bei der Berechnung der Stellgröße berücksichtigt werden. Da durch Alterung oder Modellvereinfachungen (wie Vernachlässigung von Störeinwirkungen oder dynamischen Effekten) das tatsächliche vom bei der Auslegung angenommenen Übertragungsverhalten abweichen kann, werden Steuerungen bei moderaten Anforderungen an den Istgrößenverlauf eingesetzt. Andererseits reagieren Steuerungen unmittelbar, wenn Einflussgrößen auf ein System einwirken und nicht erst bei Änderung der Ausgangsgrößen.

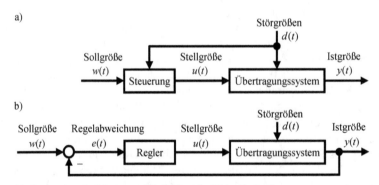

Abb. 2.40:   Standard-Steuerung (a) und Standard-Regelkreis (b)

Wird die Istgröße (Regelgröße) fortlaufend mit der Sollgröße (Führungsgröße) verglichen und werden die Stellgrößen im Sinne einer Angleichung beeinflusst, so spricht man von einer *Regelung*. Der Vergleich von Soll- und Istwert bedeutet die Einführung von Rückkopplung ins System; es entsteht ein geschlossener Wirkungskreis (Abb. 2.40b). Regelungen werden insbesondere dann eingesetzt, wenn ein instabiles Übertragungssystem (*Regelstrecke*) zu stabilisieren ist, wenn das Übertragungsverhalten nicht hinreichend gut bekannt ist, wenn

Störungen in unbekannter Weise einwirken oder nicht erfasst werden, aber dennoch eine gute Istgrößenführung erreicht werden soll. Eine Regelung über Ausgangsgrößenrückführung reagiert erst dann, wenn ein Einfluss auf die Regelstrecke zur Änderung der Ausgangsgröße geführt hat; sie reagiert nicht direkt auf die Ursache selber. Rückkopplung und Soll-Ist-Vergleich sorgen aber auch dann für einen korrigierenden Eingriff, wenn das tatsächliche Systemverhalten von der Annahme beim Entwurf z. B. wegen Vereinfachungen/Vernachlässigungen oder Alterung abweicht. Auch reagiert eine Regelung auf die Auswirkungen unberücksichtigter/unbekannter Störeinflüsse.

Der konventionelle modellbasierte Entwurf von Basis-Steuerungen und -Regelungen nutzt lineare Übertragungsmodelle, die theoretisch oder experimentell ermittelt werden. Der Regelungsentwurf bei Ausgangsgrößenrückführung nutzt eine Systembeschreibung in Ein-/Ausgangsdarstellung im Frequenzbereich in Form der Übertragungsfunktion. Einsatz findet z. B. das Frequenzkennlinien- oder Wurzelortskurvenverfahren. Für einen prozessmodellfreien Entwurf von PID-Reglern für Regelstrecken mit einfachem, rein verzögerndem Prozessverhalten gibt es eine Reihe sogenannter Faustformeln. Diese bewerten Kennwerte der Sprungantwort der Regelstrecke und schlagen eine Einstellung der Reglerparameter vor. Ähnlich ermitteln sog. Auto-Tuner einige Kennwerte aus der Regelstreckenantwort auf einfache Testsignale, um daraus eine PID-Reglereinstellung abzuleiten.

Wenn kein Modell der Regelstrecke verfügbar ist und Versuche für eine experimentelle Reglereinstellung nicht möglich sind, kann ein wissensbasierter Regelungs-Entwurf erfolgen. Dazu wird mittels strukturierter Befragung des/der Bediener als Experten für die Prozessführung die Handlungsstrategie ermittelt. Diese wird dann in Form von Wenn-Dann-Regeln formalisiert und als *wissensbasierter Regler* bzw. *Expertenregler* zur Regelung des Prozesses eingesetzt. Hierzu werden insbesondere (Mamdani-)Fuzzy-Regler eingesetzt. Andererseits können die Beobachtungen und Handlungen des Bedieners aufgezeichnet werden, um daraus ein (nichtlineares) Bedienermodell zu identifizieren, das dann als *Expertenregler* eingesetzt wird. Hierzu werden (Mamdani-)Fuzzy-Systeme eingesetzt, wenn die Interpretierbarkeit des Regelgesetzes wichtig ist. Wenn dagegen eine genaue Approximation des Bedienerverhaltens das wesentliche Ziel ist, werden insbesondere (Takagi-Sugeno-)Systeme oder Künstliche Neuronale Netze eingesetzt. Analoges gilt für einen wissensbasierten Steuerungsentwurf.

Zustandsraummethoden/Zustandsrückführung

Alternativ zur Beschreibung von linearen Systemen in Ein-/Ausgangsdarstellung mittels Übertragungsfunktion und Regelung mit Ausgangsgrößenrückführung ist das Instrumentarium der Zustandsraummethoden verfügbar. Dabei erfolgen Beschreibung, Analyse und Reglerentwurf im Zeitbereich und der Regler nutzt eine Zustandsvektorrückführung (Abb. 2.41a). Systeme höherer Ordnung wie auch Mehrgrößensysteme lassen sich kompakt und übersichtlich behandeln. Es gibt Methoden zur Untersuchung zusätzlicher Systemeigenschaften wie der Beobacht- und Steuerbarkeit. Beim Reglerentwurf gibt es größte dynamische Gestaltungsmöglichkeiten, weil (im Rahmen der technischen Grenzen) die Dynamik des Regelkreises beliebig eingestellt werden kann. Eine Regelung mit Zustandsrückführung setzt die Verfügbarkeit aller Zustandsvariablen voraus. Da dies praktisch aus messtechnischen und wirtschaftlichen Gründen selten der Fall ist, wurde das Konzept des Zustandsbeobachters entwickelt (Abb. 2.41b). Dieser schätzt den Systemzustand mittels eines Prozessmodells aus den Ein- und Ausgangsgrößen.

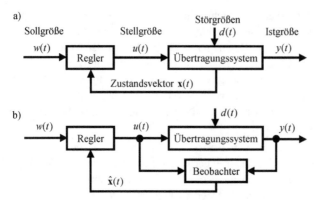

Abb. 2.41:   Regelung mit gemessenem (a) oder mittels Beobachter geschätztem (b) Zustandsvektor

Die Zustandsraumdarstellung ist Grundlage für verschiedene konventionelle nichtlineare Regelungsverfahren. *Flachheitsbasierte Steuerungs- und Regelungskonzepte* sind bei *differentiell flachen* Systemen einsetzbar. Ein differentiell flaches System liegt vor, wenn ein fiktiver flacher Systemausgang existiert, so dass alle Zustände und Eingangsgrößen des Systems als Funktion des flachen Ausgangs und einer endlichen Zahl von Zeitableitungen desselbigen dargestellt werden können. Es gibt allerdings keine allgemein anwendbare Entwurfsmethode für einen flachen Ausgang und die notwendigen symbolischen Rechnungen zur Analyse der Flachheit können sehr umfangreich sein (Rothfuß et al. 1997, Hagenmeyer, Zeitz 2004). Die konventionelle Methodik der *exakten Linearisierung* durch statische Zustandsrückführung lässt sich auf *eingangslineare* nichtlineare Systeme anwenden. Aus mehrfacher Anwendung der Lie-Ableitung auf die Ausgabefunktion lässt sich ein Zustandsregelgesetz herleiten, das im Fall der exakten Ein-/Ausgangslinearisierung zu einem System mit linearem Ein-/Ausgangsverhalten führt (Schwarz 1991, Isidori 1995). Bei der exakten (Eingangs-)Zustandslinearisierung entsteht ein lineares Zustandsmodell. Wie der Name andeutet, entsteht bei der exakten Linearisierung kein Approximationsfehler. Die notwendigen symbolischen Berechnungen zur Analyse können allerdings sehr aufwändig sein und sind nicht für jedes System möglich. Das entstehende Regelgesetz kann sehr umfangreich (mehrere Din-A4-Seiten) sein (Allgöwer, Gilles 1995, Röbenack, Reinschke 2000).

CI-Methoden insb. in Form von TS-Fuzzy-Systemen (siehe Abschnitt 4.4, 6.3, 7.5) stellen keine besonderen Anforderungen an die Systemstruktur und sind in größerer Breite als konventionelle systemtheoretische Methoden anwendbar. Während konventionelle Methoden für bestimmte Systemtypen konzipiert wurden und für diese *exakte* Problemlösungen erreichen, arbeiten TS-Methoden *approximativ*[21]. TS-Modelle und TS-Regler können so erstellt werden, dass sie lokal linear interpretierbar sind. Dies erleichtert die Interpretation im Vergleich zu konventionellen nichtlinearen Ansätzen; allerdings können Effekte höherer Ordnung nicht dargestellt werden (wie z. B. Bifurkationen).

Sollwertgenerator

Ein Sollwertgenerator (Abb. 2.42) berechnet aus den vorgegebenen Informationen (bspw. bezüglich der Last- oder Versorgungssituation) für das technische System optimierte Soll-

---

[21]   Mit Ausnahme des Verfahrens der Sektornichtlinearitäten (Kawamoto et al. 1992, Tanaka, Wang 2001).

größen. Dabei kann es um die Übersetzung der Pilotenanforderungen in Sollwerte für Antriebe und Leitwerke gehen. Ein zweites Beispiel ist die Ermittlung wirtschaftlich optimaler Sollwerte für die Herstellung eines Stoffes. Typischerweise werden aus Prozessgrößen, Beschränkungen (wie zulässigen Wertebereichen) sowie betriebswirtschaftlichen Kenngrößen (wie Energietarifen) für vorgegebene Ziele (z. B. minimale Kosten oder Produktionsdauer) geeignete Sollwerte berechnet. Dabei kann es sich um Sollwerte für den stationären Betrieb in einem Arbeitspunkt oder auch um Sollwertverläufe für Chargenprozesse handeln. Die Sollwertberechnung kann z. B. mittels numerischer Optimierung auf der Basis theoretischer Modelle erfolgen.

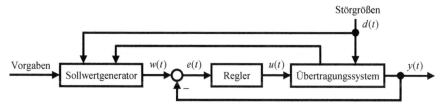

Abb. 2.42:   Standardregelkreis mit Sollwertgenerator

Praktische Anwendungen sind häufig komplizierter als das Basisschema in Abb. 2.42: Oft sind „Sollwerte" für mehrere Größen zu ermitteln. Diese können sowohl logische als auch kontinuierliche Variablen sein. Solche Situationen treten auf, wenn z. B. in einer Kompressorbank einige Kompressoren kontinuierlich verstellt, andere dagegen nur ein- und ausgeschaltet werden können. Zudem kann es zu beachtende logische „Betriebsregeln" neben kontinuierlichen Nebenbedingungen geben. Dann sind gemischt-ganzzahlige Entscheidungen zu treffen. Ein Sollwertgenerator kann auch die Aufgabe haben, den Sollwert für einen unterlagerten Regelkreis zu berechnen. Diese Anordnung wird als Kaskadenregelung bezeichnet und im folgenden Abschnitt behandelt. Bei Mehrgrößenregelungsaufgaben kann der Sollwertgenerator auch die Koordination mehrerer unterlagerter einschleifiger Regelkreise übernehmen. Dies ist eine verbreitete Einsatzform modellprädiktiver Regler, die später in diesem Kapitel behandelt werden.

Oft sind theoretische Modelle nicht verfügbar und ihre Erstellung ist sehr aufwändig. Dies betrifft gleichermaßen technische wie auch den Menschen einbeziehende Prozesse (z. B. bei Komfortregelungen). In solchen Fällen kann ein wissensbasierter Entwurf als (Mamdani-)Fuzzy-System erfolgen. Sowohl das Expertenwissen als auch Betriebsvorschriften lassen sich einfach regelbasiert formulieren und integrieren.

Kaskadenregelung

Eine Kaskadenregelung besteht aus zwei oder mehr ineinander verschachtelten Regelkreisen; üblicherweise einem langsameren äußeren und einem schnelleren inneren Regelkreis. Der innere Regler wird so ausgelegt, dass Störungen, die auf den inneren Regelkreis wirken, weitgehend kompensiert werden und sich kaum auf den äußeren Regelkreis auswirken (Abb. 2.43a). Die Drehzahlregelung eines Gleichstrommotors mit unterlagerter Ankerstromregelung sowie die Füllstandsregelung mit unterlagerter Durchflussregelung gehören zu den klassischen Anwendungsfällen. Neben dieser von der Prozessdynamik motivierten Sichtweise werden Kaskadenstrukturen auch funktionsorientiert eingesetzt: Um einen inneren Prozessregelkreis, der Prozess- bzw. Betriebsgrößen regelt, liegt ein äußerer Qualitätsregelkreis, der aus dem Vergleich von geforderten und erreichten Qualitätsgrößen die Sollwerte der unterlagerten Prozessregelung anpasst (Abb. 2.43b). Solche Strukturen finden sich z. B. in der Prozessindustrie, wo Prozessgrößen wie Temperaturen und Massenströme und resultierende Produkteigenschaften (z. B. Schmelzindex und Dichte eines Kunststoffes) einzustellen sind. Im Fahrzeugbereich finden sich Kaskadenstrukturen z. B. bei Fahrdynamikregelungen mit einem überlagerten ESP-Regler, der Sollschlüpfe berechnet, und den unterlagerten, einzelradbezogenen ABS-Reglern, die die Bremskräfte einstellen.

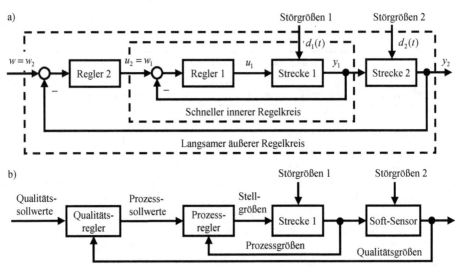

Abb. 2.43:   Kaskadenregelung in dynamik- (a) und funktionsorientierter Darstellung (b)

Bei linearen Aufgabenstellungen können innerer und äußerer Regler mit klassischen regelungstechnischen Methoden entworfen werden. Insbesondere wenn der äußere Regelkreis übergeordnete Größen (z. B. Produkteigenschaften oder Komfort) adressiert, ist nicht immer ein konventionelles Vorgehen möglich und CI-Methoden können Einsatz finden. Ein Beispiel sind Produkteigenschaften, die nicht in Echtzeit, sondern nur zeitverzögert im Qualitätslabor gemessen werden können. Aus Betriebs- und Labormessgrößen kann ein Modell für die Prädiktion der Produkteigenschaften aus den Betriebsmessgrößen gewonnen werden. Dieses Modell (*Soft-Sensor*) kann dann zum Schließen eines übergeordneten Regelkreises eingesetzt werden, der die Produkteigenschaften in Echtzeit regelt. Zur Identifikation eines Modells bieten sich TS-Fuzzy-Systeme und Künstliche Neuronale Netze an. Für einen wissensbasierten Entwurf können Mamdani-Fuzzy-Systeme verwendet werden.

Vorsteuerung

Beim linearen Regelkreis mit Vorsteuerung (Abb. 2.44) werden die Vorteile von Steuerung und Regelung miteinander verbunden: Bei der *Sollwertaufschaltung* wird aus der Führungsgröße direkt eine additive Stellgrößenkomponente erzeugt, die den im ungestörten Arbeitspunkt benötigten Wert aufweist. Bei einer *Störgrößenaufschaltung* wird aus der Störgröße eine additive Stellgrößenkomponente erzeugt, die die Wirkung der Störgröße kompensiert.

Dazu werden in Abb. 2.44 messbare (d_m) und nicht messbare Störgrößen (d_{nm}) unterschieden. Beide Ansätze können kombiniert werden. Bei nichtlinearen Systemen, die in ausgedehnten Betriebsbereichen betrieben werden, muss bei der Berechnung der Stellgrößenkomponente der Betriebspunkt berücksichtigt werden. Deshalb werden hier die beiden in
Abb. 2.44 getrennten Blöcke zu einem Block „Vorsteuerung" zusammengeführt und dieser
zusätzlich mit dem Stellsignal des Reglers versorgt (Abb. 2.45). Zudem kann nicht für jede
beliebige nichtlineare Strecke mittels additiver Stellgrößenkomponente die Störeinwirkung
vollständig kompensiert werden. Beispiele für den Einsatz von Vorsteuerungen sind die
Kompensation von Änderungen der Last oder der Versorgung (z. B. Brennwert des Heizga-
ses, Konzentration eines Einsatzstoffes, Druck der Pressluftversorgung).

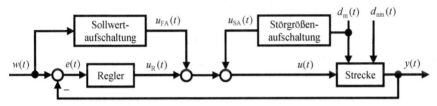

Abb. 2.44:   Linearer Regelkreis mit Sollwert- und Störgrößenaufschaltung

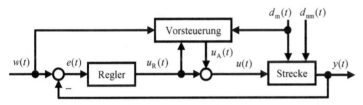

Abb. 2.45:   Nichtlinearer Regelkreis mit Vorsteuerung

Der Entwurf einer Vorsteuerung beinhaltet die Inversion der Ursache-Wirkungsbeziehung
zwischen Einflussgrößen und Stellgröße. Er kann basierend auf einem theoretischen Modell
erfolgen. Wenn kein theoretisches Modell verfügbar ist, kann ein Modell identifiziert werden. Wenn lineare Modelle ausreichen, können konventionelle Methoden Einsatz finden.
Wenn eine nichtlineare Beschreibung notwendig ist und eine Inversion nicht möglich ist,
kann mit CI-Methoden eine approximierte Inverse ermittelt werden. Hierfür kommen z. B.
Fuzzy-Systeme oder Künstliche Neuronale Netze in Frage. Eine Inversion von relationalen
Fuzzy-Modellen ist vergleichsweise einfach durchzuführen (Harris, Moore 1989, Moore,
Harris 1992). Dies gilt auch für TS-Modelle, die Singletons als Schlussfolgerungen verwen-
den (Babuska 1998). Zudem besteht auch die Möglichkeit, eine Vorsteuerung wissensbasiert
in Form eines Mamdani-Fuzzy-Systems zu entwerfen.

Adaption eines linearen Reglers und Gain-Scheduling

Lineare Regler werden für einen Arbeitspunkt ausgelegt. Soll eine nichtlineare Strecke in
verschiedenen Arbeitspunkten geregelt werden, so kann ein robuster Regler entworfen werden. Dieser garantiert in ausgedehnten Betriebsbereichen Stabilität und eine Mindestregel-
güte. Für eine höhere Regelgüte kann ein linearer Regler an einen neuen Arbeitspunkt ange-

passt (adaptiert) werden (Abb. 2.46a). Bei einer *gesteuerten Adaption* wird der aktuelle Arbeitspunkt an Hand einer oder mehrerer Hilfsgrößen ermittelt. Gemäß einer Zuordnungsvorschrift werden dem Regler Parameter zugewiesen, ohne den Erfolg der Adaption zu prüfen. Geeignete Hilfsgrößen rekrutieren sich aus Stell-, Stör-, Prozess- und Führungsgrößen. Eine in der Praxis verbreitete Umsetzung ist das sog. *Gain-Scheduling* (Verstärkungstabelle). Dabei wird für mehrere Referenzarbeitspunkte jeweils ein angepasster Reglerparametersatz ermittelt. Während des Betriebs wird anhand der Hilfsgrößen der zugehörige Referenzarbeitspunkt ermittelt und die tabellierten Reglerparameter werden übernommen (Abb. 2.46b). Dabei ist eine stoßfreie Umschaltung sicherzustellen, d. h. durch den Wechsel der Reglerparameter darf es nicht zu einer abrupten Stellgrößenänderung kommen. Alternativ können Reglerparameter für nicht tabellierte Arbeitspunkte aus denen benachbarte Referenzarbeitspunkte interpoliert werden. Bei einer *geregelten Adaption* wird nach einer Parameterveränderung die erzielte Regelgüte bewertet und daraus werden Korrekturen der Reglerparameterwerte abgeleitet. Theoretisch kann während des Betriebs fortlaufend adaptiert werden. Dies bedarf dann einer Überwachung, um Fehlanpassungen zu vermeiden. Praktisch werden geregelte Adaptionsverfahren z. B. als Inbetriebnahmehilfe für PID-Regler eingesetzt.

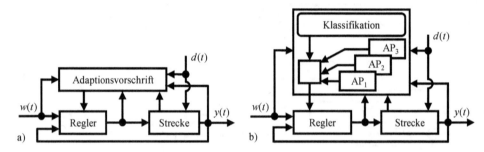

Abb. 2.46:   Allgemeine Struktur einer adaptiven Regelung (a) und spezielle Ausprägung als Gain-Scheduling (b)

Zum Entwurf eines Gain-Scheduling-Reglers kann ein theoretisches Modell in mehreren Arbeitspunkten linearisiert werden. Für die lokalen, linearen Teilmodelle kann dann z. B. ein PID- oder Zustandsreglerentwurf mit linearen Methoden erfolgen. Wenn zwischen den Reglerparametersätzen interpoliert werden soll, bietet sich direkt die Verwendung von TS-Fuzzy-Systemen an, da diese lokale Regler und Interpolationsmechanismus integrieren. Auch sind Analyse- und Entwurfsmethoden verfügbar, die die Stabilität des resultierenden nichtlinearen Regelungssystems gewährleisten. Mittels der *Methode der Sektornichtlinearitäten* (Kawamoto et al. 1992, Tanaka, Wang 2001) können theoretische Modelle auch *exakt* in TS-Modelle transformiert und damit Regler entworfen werden. Allerdings sind die resultierenden lokalen Modelle nicht interpretierbar und es gibt keine Vorschrift zum Entwurf der Transformation.

Wenn kein theoretisches Modell verfügbar ist, können Methoden der linearen Systemidentifikation verwendet werden, um für jeden Referenzarbeitspunkt jeweils ein lineares Modell zu ermitteln. Diese Vorgehensweise ist nicht angebracht, wenn nicht für alle Arbeitspunkte geeignete Identifikationsdaten verfügbar sind oder wenn Systeme häufig instationär betrieben werden. Mit CI-Methoden können in solchen Fällen TS-Modelle identifiziert werden. Sie liefern z. B. lokal linear-affine Modelle und deren (unscharfe) Gültigkeitsgrenzen, die für einen modellbasierten Entwurf von TS-/Gain-Scheduling-Reglern genutzt werden können.

Für das Einstellen von PID-Reglern wurden verschiedene konventionelle Verfahren entwickelt[22]. Diese setzen ein rein verzögerndes Systemverhalten voraus, welches als PT_1-System mit Totzeit oder als nicht-schwingungsfähiges PT_2-System approximiert wird (Lutz, Wendt 2007). Bei Vorgabe von Anforderungen wie einem aperiodischen Sprungantwortverlauf lassen sich Faustformeln für die Reglerparametrierung in Abhängigkeit von Kennwerten des Ersatzsystems ableiten. Mittels CI-Verfahren können allgemeiner anwendbare Einstellregeln erstellt werden. Hierzu kann die Einstellstrategie eines erfahrenen Inbetriebnehmers nachgebildet werden: Dieser bewertet auf Basis seiner Erfahrungen das Antwortverhalten eines Regelungssystems auf Testsignale. Daraus leitet er inkrementelle Änderungen der Reglerparameter ab und bewertet von Neuem die Regelgüte. Das Procedere wird wiederholt, bis die gewünschte Güte erreicht ist. Pfeiffer (1994) hat eine entsprechende Einstellstrategie zur PI-Reglereinstellung formuliert, die ein Fuzzy-System zur Bewertung der Regelgüte und Berechnung der Parameterkorrektur verwendet. Sie kann auch für schwingungsfähige Prozesse angewendet werden.

Mehrgrößenregler: Dezentrale Regelung mit/ohne Entkopplung

Bei Prozessen mit mehreren Stell- und Regelgrößen kann das Mehrgrößenentwurfsproblem bei vernachlässigbaren inneren Kopplungen in mehrere, getrennt behandelbare Entwurfsprobleme für einschleifige Regelkreise zerlegt werden. Es resultiert eine dezentrale Regelungsstruktur, deren Auslegung vergleichsweise einfach ist. Beim Auffinden geeigneter Paarungen von Ein- und Ausgangsgrößen linearer Systeme hilft das *Relative Gain Array, RGA* (Skogestadt, Postlethwaite 1998, Seborg et al. 2011). Das RGA ist die Matrix Λ der relativen Verstärkungen zwischen den Ein- und Ausgangsgrößen eines Mehrgrößensystems (mit gleicher Anzahl von Ein- und Ausgangsgrößen). Die Matrixelemente $\lambda_{i,j}$ sind definiert als Verhältnis der Verstärkung zwischen j-ter Ein- und i-ter Ausgangsgröße des offenen zum geschlossenen Regelkreis. Bei gegebener Matrix $\mathbf{K}$ der Streckenverstärkungen berechnet es sich zu

$$\Lambda = [\lambda_{i,j}] = \mathbf{K} \odot (\mathbf{K}^{-1})^T, \tag{2.16}$$

wobei $\odot$ die elementweise Multiplikation zweier Matrizen bedeutet. Alternativ kann Λ aus Sprunganregungen des offenen und geschlossenen Regelkreises ermittelt werden. Die Analyse der statischen Verstärkungen liefert allerdings nur Aussagen über *statische*, nicht aber über *dynamische* Wechselwirkungen. Als Erweiterung wurde deshalb das dynamische RGA eingeführt, bei dem statt einer statischen Beschreibung des Übertragungsverhaltens eine Übertragungsfunktion verwendet wird. Sie kann für beliebige Frequenzen ausgewertet werden und schließt somit für $s = 0$ als Sonderfall das RGA ein.

Sind die Verkopplungen in einem System nicht vernachlässigbar, so kann ein lineares Entkopplungsnetzwerk genutzt werden, um einen dezentralen Regelungsansatz zu ermöglichen, siehe Beispiel in Abb. 2.47. Eine exakte Entkopplung ist oft wegen mangelnder Realisierbarkeit von Übertragungsgliedern des Entkopplungsnetzwerks oder Modellfehlern (z. B. durch Linearisierung) nicht erreichbar. Auch wird ein Entkopplungsnetzwerk bei Strecken mit vielen Ein- und Ausgangsgrößen schnell unübersichtlich. Praktisch wird häufig nur das stationäre Verhalten entkoppelt. CI-Methoden können eingesetzt werden, um ein nichtlineares

---

[22] Z. B. von Ziegler und Nichols; Chien, Hrones und Reswick; Latzel sowie Kuhn die T-Summenregel.

Entkopplungsnetzwerk zu entwerfen. Hierzu können insbesondere Künstliche Neuronale Netze oder Fuzzy-Systeme eingesetzt werden.

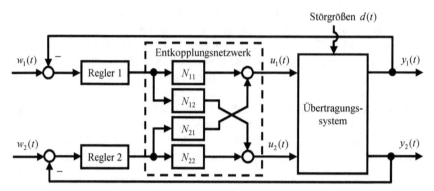

Abb. 2.47:   Entkopplungsnetzwerk und dezentrale Regelung mit zwei einschleifigen Reglern für eine 2×2-
             Regelstrecke

Mehrgrößenregler: Zustandsrückführung

Mittels Zustandsvektorrückführung (Abb. 2.48) kann relativ einfach ein Mehrgrößenregler entworfen werden, der die Verkopplungen direkt berücksichtigt. Die Regelungstheorie stellt dabei eine geschlossene Methodik für lineare Probleme zur Verfügung. Falls nicht alle Zustände messbar sind, kann ein Zustandsbeobachter eingesetzt werden (Abb. 2.41b). Für spezielle nichtlineare Systemklassen gibt es Entwurfsmethoden, die bereits im Abschnitt zu den Zustandsraummethoden angesprochen wurden. Mittels TS-Fuzzy-Systemen kann ein beliebiges System näherungsweise beschrieben und ein nichtlinearer Mehrgrößen-Zustandsregler nach dem Gain-Scheduling-Prinzip entworfen werden (siehe Abschnitt „Adaption eines linearen Reglers und Gain-Scheduling").

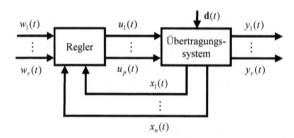

Abb. 2.48:   Mehrgrößenregler mit Zustandsvektorrückführung

Modellprädiktive Regelung

Modellprädiktive Regler (MPC) verwenden ein dynamisches (Prognose-)Modell des zu regelnden Prozesses und ein Optimierungsverfahren, um aus den verfügbaren Prozessgrößen und dem vorgegebenen Verlauf der Führungsgröße den optimalen zukünftigen Verlauf der Stellgröße zu berechnen (Abb. 2.49). Vom ermittelten Stellgrößenverlauf wird allerdings nur der erste Wert auf den Prozess geschaltet. Im nächsten Zeitschritt/Zyklus wird das Procedere wiederholt. Für die Berechnung der optimalen Stellgrößenfolge „schaut" der Regler einen definierten Horizont weit in die Zukunft (Abb. 2.50a). Bei der Wiederholung der Optimierung im nächsten Zeitschritt rückt der Horizont einen Schritt weiter in Richtung Zukunft vor (Abb. 2.50b).

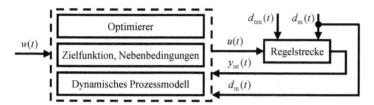

Abb. 2.49: Komponenten eines modellprädiktiven Reglers

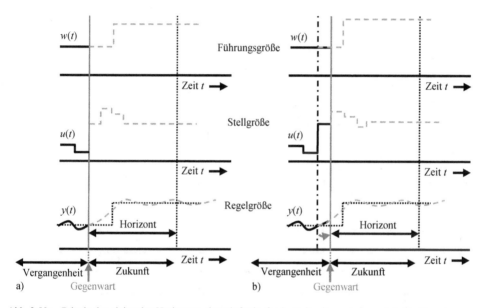

Abb. 2.50: Prinzip des gleitenden Horizontes, der mit fortlaufender Zeit mitverschoben wird: i-ter Berechnungsschritt (a) und $(i + 1)$-ter Berechnungsschritt (b)

Ein MPC stellt im Kern einen Steueralgorithmus dar. Durch die zyklische Neuberechnung auf Basis aktueller Werte der Prozessgrößen wird allerdings ein Rückkopplungsmechanismus eingeführt, so dass dem Einfluss von Modellfehlern und nicht berücksichtigten Störgrößen entgegengewirkt wird. Bei Verwendung eines nichtlinearen Prozessmodells spricht man von einem nichtlinearen MPC (NMPC). Gegeben ein dynamisches Prozessmodell z. B. der Form (2.5), (2.7), wird das Stellgrößenprofil diskretisiert und innerhalb des Horizontes optimiert. Über die Zielfunktion lassen sich verschiedene Auslegungsziele modellieren. Oft wird die Regelabweichung $e(t) = w(t) - y_{\mathrm{ist}}(t)$ als Maß für die erreichte Regelgüte, die Änderung der Stellgröße $\Delta u(t)$ als Maß u. a. für den Aktorverschleiß sowie die absolute Größe der Stellgröße $u(t)$ als Maß für den Ressourceneinsatz berücksichtigt:

$$J = \int_{Tu}^{To} a(t)(e(t))^2 + b(t)(\Delta u(t))^2 + c(t)(u(t) - u_0)^2 \, \mathrm{d}t \qquad (2.17)$$

Dabei ist u_0 die Stellgröße im Arbeitspunkt einer Festwertregelungsaufgabe. Bei anderen Aufgaben kann z. B. $u_0 = 0$ gewählt werden. Die Nebenbedingungen betreffen i. d. R. Regel- und Stellgrößenbeschränkungen sowie die Änderungsgeschwindigkeit der Stellgröße

$$y_{\min} \leq y \leq y_{\max}; \ u_{\min} \leq u \leq u_{\max}; \ \Delta u_{\min} \leq \Delta u \leq \Delta u_{\max}, \qquad (2.18)$$

sie können aber auch andere Prozessgrößen betreffen. Diese Beschreibung ist einfach auf Mehrgrößenprobleme erweiterbar als

$$J = \int_{Tu}^{To} \|\mathbf{e}(t)\|_{\mathbf{Q}(t)}^2 + \|\Delta \mathbf{u}(t)\|_{\mathbf{R}(t)}^2 + \|\mathbf{u}(t) - \mathbf{u}_0\|_{\mathbf{S}(t)}^2 \, \mathrm{d}t \ \text{ mit } \ \|\mathbf{x}\|_{\mathbf{D}(t)}^2 = \mathbf{x}^T \mathbf{D}(t) \mathbf{x} \qquad (2.19)$$

mit

$$\mathbf{y}_{\min} \leq \mathbf{y} \leq \mathbf{y}_{\max}; \ \mathbf{u}_{\min} \leq \mathbf{u} \leq \mathbf{u}_{\max}; \ \Delta \mathbf{u}_{\min} \leq \Delta \mathbf{u} \leq \Delta \mathbf{u}_{\max}. \qquad (2.20)$$

MPC weisen verschiedene Vorteile auf, die zu einer großen Akzeptanz und Verbreitung in der Praxis geführt haben: Die Bedeutung der Entwurfsparameter (Gewichtungen a, b, c bzw. $\mathbf{Q}$, $\mathbf{R}$, $\mathbf{S}$ sowie Horizontgrenzen $T_\mathrm{u}, T_\mathrm{o}$) ist vergleichsweise anschaulich. Der Einfluss von Stör- und Hilfsgrößen sowie des zukünftigen Führungsgrößenverlaufs lässt sich bei der Berechnung der Stellgröße direkt berücksichtigten; gleiches gilt für Beschränkungen bzgl. Stell- und Ausgangsgrößen des Systems. MPC sind für die Regelung von Strecken mit einer großen Anzahl an Ein- und Ausgangsgrößen wie auch für totzeitbehaftete, nichtminimalphasige und instabile Strecken geeignet. Nachteilig sind der hohe Rechenaufwand und die nichtdeterministische Antwortzeit. MPC finden seit vielen Jahren industriellen Einsatz in prozesstechnischen Anlagen mit vielen Ein- und Ausgangsgrößen aber langsamer Dynamik; sogar Anwendungen mit mehreren hundert Regel- und Stellgrößen sind dokumentiert (Quin, Badgewell 2003).

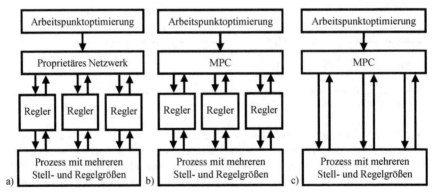

Abb. 2.51:   Mehrgrößenregelung mit proprietären Netzwerken (a), MPC-basierter Sollwertvorgabe für unterlagerte, einschleifige Regelkreise (b) und direkte MPC-Regelung (c)

MPC ersetzen in der Regel proprietäre Netzwerke, die Vorsteuerungen, Entkopplung usw. für unterlagerte einschleifige Basisregelkreise realisieren (Abb. 2.51a): Diese Netzwerke sind schwer zu analysieren sowie zu warten und schöpfen in der Regel nicht das volle Verbesserungspotential einer Mehrgrößenregelung aus. MPC können Sollwerte für unterlagerte ein-schleifige Regelkreise vorgeben (Abb. 2.51b) oder direkt die Prozessgrößen regeln (Abb. 2.51c). Ersteres ist die in der Praxis verbreitete Variante: Sie ist einfacher nachzurüsten und in Betrieb zu nehmen, stellt geringere Anforderungen an die MPC-Zykluszeit und weist eine Rückfallebene bei Ausfall des MPC auf. Allerdings ist für Prozesse, die das enge Zusam-menwirken mehrerer Stellgrößen erfordern, um einen Arbeitspunkt zu halten, eine direkte MPC-Regelung vorzusehen. Derartige Anforderungen treten z. B. im Bereich der Luft- und Raumfahrttechnik auf (Maciejowski 2002).

Bei MPC stellt die Modellbildung die aufwändigste Aufgabe dar. Nichtlineare Modelle wer-den theoretisch oder experimentell erstellt. Lineare Modelle lassen sich aus theoretischen Modellen durch Linearisierung im Arbeitspunkt ermitteln oder mit Methoden der System-identifikation bestimmen. CI-Methoden können insbesondere für die Identifikation nichtline-arer Modelle eingesetzt werden. Künstliche Neuronale Netze haben bereits eine signifikante praktische Verbreitung erlangt, aber auch TS-Fuzzy-Modelle sind geeignet.

2.4.3 Kriterien zur Ergebnisbewertung

Eine Regelung wird danach beurteilt, inwieweit die Entwurfsanforderungen erreicht werden. Bei Folgeregelungen wird die Güte des Nachfahrens der vorgegebenen Trajektorie und bei Festwertregelungen werden Varianz und stationäre Genauigkeit bewertet. Ein stabiler Regel-kreis – auch bei instabiler Strecke – ist eine harte Anforderung. Dazu kann die Robustheit der Stabilität gegenüber Parametervariationen der Strecke bewertet werden. Bei den verfügbaren Bewertungskriterien beurteilen einige das Übertragungsverhalten eines Regelkreises für deterministische, andere für statistische Testsignale an Hand verschiedener Kenngrößen. Als aperiodisches deterministisches Testsignal zur Bewertung des Übergangsverhaltens von linearen Regelungssystemen ist die Sprungfunktion verbreitet: Bewertet wird üblicherweise die Anregelzeit T_{an} (Zeitdauer, bis die Regelgröße zum ersten Mal in den Toleranzschlauch von $\pm\varepsilon$ um den stationären Endwert eintritt), die Ausregelzeit T_{aus} (Zeitdauer, bis die Regel-größe endgültig im Toleranzschlauch verbleibt), die maximale Überschwingweite e_{max} (ma-ximaler Betrag, um den der stationäre Endwert überschritten wird bezogen auf den Endwert) sowie die bleibende Regelabweichung (Regelabweichung im stationären Zustand). Abb. 2.52 illustriert die Definition der Kennwerte. Alternativ kann ein Toleranzband bzw. Zielkorridor für das Soll-Verhalten vorgegeben werden (Abb. 2.53).

Bei nichtlinearen Systemen gelten Verstärkungs- und Überlagerungsprinzip nicht, so dass eine einzelne Sprunganwort ein System nicht vollständig charakterisieren kann. Hier können Treppensignale mit unterschiedlichen Amplituden verwendet werden. Ein Kriterium ist, wie stark das Übertragungsverhalten eines nichtlinearen Regelsystems von dem eines linearen abweicht. Zudem kann bewertet werden, wie groß der Arbeitsbereich ist, in dem das gefor-derte Verhalten erreicht wird.

Auch ist die Verwendung integraler Kriterien bzgl. der Regelabweichung $e(t)$ üblich. Diese wurden primär eingeführt, um analytische Lösungen für verschiedene lineare Entwurfsauf-gaben herleiten zu können. Zudem finden sie bei der Reglerauslegung mittels numerischer Optimierung Verwendung. Das Standardkriterium ist der quadratische Regelfehler:

$$J_{SE} = \int_{Tu}^{To} (w(t) - y_{ist}(t))^2 \, dt = \int_{Tu}^{To} (e(t))^2 \, dt \qquad (2.21)$$

Weitere Kriterien finden sich z. B. in (Unbehauen 2008). Integralkriterien führen eine mittelnde Bewertung durch. So kann deutlich unterschiedliches Verhalten zum gleichen Gütewert führen (z. B. deutliches Überschwingen bei schnellem Ausregeln vs. marginales Überschwingen bei langsamem Ausregeln).

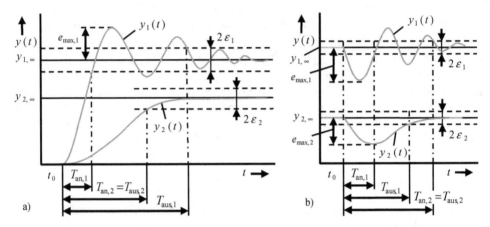

Abb. 2.52:   Definition von Kennwerten bei Führungs- (a) und Störsprungantwort (b) für schwingende (oben) und nicht schwingende Ausregelvorgänge (unten)

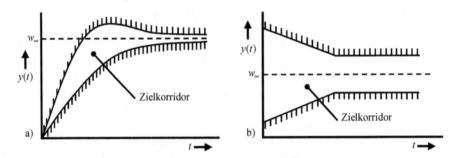

Abb. 2.53:   Beispiel einer schlauch- (a) und trichterförmigen (b) Zielvorgabe eines Toleranzbandes für eine Sprungantwort

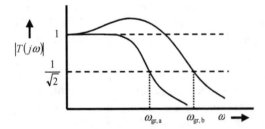

Abb. 2.54:   Ablesen der Bandbreite zweier Übertragungssysteme im Amplitudengang der Führungsübertragungsfunktion

Bei linearen Systemen kann auch der Frequenzgang $T(j\omega)$ eines Regelkreises bewertet werden. Er beschreibt, wie harmonische Eingangssignale unterschiedlicher Frequenzen übertragen werden: Der Amplitudengang $|T(j\omega)|$ beschreibt die Verstärkung und der Phasengang arg $T(j\omega)$ die Verzögerung der Signale durch den Regelkreis. Ein wichtiger Kennwert stellt dabei die *Bandbreite* der Führungsübertragungsfunktion dar. Sie ist definiert als diejenige Frequenz ω_{gr}, bei der der Amplitudengang gegenüber dem statischen Wert um $1/\sqrt{2}$ (bzw. -3 dB) gefallen ist (Abb. 2.54). Bei großer Bandbreite kann auch schnellen Änderungen der Führungsgröße gut gefolgt werden.

Die bisher eingeführten Kriterien bewerten das Verhalten für deterministische Signale. Im Folgenden werden zudem statistische Bewertungskriterien eingeführt. Unabhängig vom Typ der Strecke und dem Regelgesetz ist die Bewertung des Histogramms der Regelabweichungen. Ein Histogramm ist die graphische Darstellung einer Häufigkeitsverteilung. Abb. 2.55a zeigt ein Beispiel. Dazu wird der Wertebereich der betrachteten Größe in Intervalle gleicher Breite Δy unterteilt. Die N einzelnen Beobachtungen werden dem entsprechenden Intervall zugeteilt und die Anzahl an Werten pro Intervall ermittelt. Für unendlich viele Beobachtungen und infinitesimal kleine Intervalle geht eine Häufigkeitsverteilung durch Normierung auf N und Δy in eine Wahrscheinlichkeitsdichte über. Mittels eines Histogramms kann geschätzt werden, ob der Erwartungswert der Regelabweichung Null ist, wie stark die Streuung der Regelabweichungen ist und ob diese symmetrisch oder asymmetrisch zum Erwartungswert ist. Eine geringe Streuung der Regelabweichungen ist vorteilhaft: Zum einen führt sie i. d. R. zu geringerer Streuung übergeordneter z. B. betriebswirtschaftlich wichtiger Kenngrößen (z. B. bzgl. der Produktqualität). Andererseits erlaubt dies die Sicherheitsabstände zu Betriebsgrenzen zu reduzieren, also Arbeitspunkte in Richtung der Grenzen zu verschieben. Dies ist von Vorteil, da Optima oft auf (oder jenseits der) Betriebsgrenzen liegen. Ein Beispiel ist ein Prozess mit einer mit der Temperatur steigenden Ausbeute $a(y)$ und einer werkstoffbedingten maximalen Prozesstemperatur y_{grenz}. Im Beispiel Abb. 2.55b wurde nach Reduzierung der Varianz der Wahrscheinlichkeitsdichte p_{y1} die resultierende Dichte p_{y2} so weit in Richtung der Betriebsgrenze y_{grenz} verschoben, dass die Wahrscheinlichkeit einer Grenzüberschreitung in beiden Fällen gleich groß ist. Dies gestattet eine Verschiebung des Arbeitspunkts y_{AP1} um $\Delta y_{1,2}$ in Richtung der Betriebsgrenze nach y_{AP2} und somit den Betrieb in einem Arbeitspunkt mit um Δa höherer Ausbeute $a(y_{AP2})$.

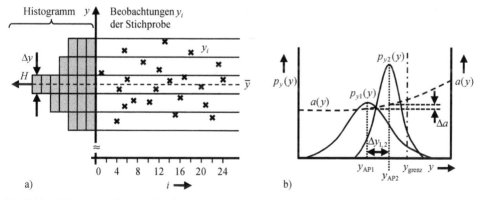

Abb. 2.55: Histogramm einer Regelgröße y (a) sowie Arbeitspunktwahl bei größerer (Fall 1) und kleinerer Streuung (Fall 2) der Regelgröße (b)

2.4.4   Praktische Beispiele

Zementdrehrohrofen (wissensbasierte Prozessführung):

Als erstes Beispiel wird die automatisierte Prozessführung von Zementdrehrohröfen vorgestellt. Deren erfolgreiche industrielle Umsetzung mittels Fuzzy Control Ende der 70er Jahre
sorgte für viel Aufmerksamkeit und führte zusammen mit anderen erfolgreichen kommerziel-
len Anwendungen zu einer Fuzzy-Euphorie. Die folgenden Informationen stammen aus (Larsen 1980, Holmblad, Østergaard 1981, 1982, 1995, ABB 2009). Ein Zementdrehrohrofen
stellt die wichtigste Maschine einer Zementfabrik dar. Er kann 100 m lang sein, 4 m Durch-
messer haben und wird ununterbrochen betrieben. Im Ofen werden die zuvor gemahlenen
und getrockneten Rohstoffe bei ca. 1450 °C zum sogenannten Klinker gebrannt (Abb. 2.56).
Dieser wird anschließend gekühlt. Nach einem Misch- und Mahlprozess entsteht Zement. Bis
etwa 1980 beschränkte sich die Automatisierung der Öfen darauf, eine konstante Zufuhr von
Einsatz- und Brennstoffen zu erreichen. Der Anlagenfahrer war mit der Prozessführung be-
traut. Da die Zementherstellung sehr energieintensiv ist, besteht ein großes Interesse, durch
verbesserte Prozessführung Einsparungen bei gleicher oder besserer Klinkerqualität zu erreichen. Da es Betriebsanweisungen für die Anlagenfahrer in Form von Regeln gibt (Abb.
2.57), war es naheliegend, eine regelbasierte Regelstrategie für die wichtigsten Regelgrößen
(Sauerstoffgehalt im Rauchgas und Luftstrom durch den Ofen) zu entwickeln. So sollte zuerst die Prozessführung automatisiert und anschließend verbessert werden. Bereits bei der
Pilotinstallation ließ sich eine Brennstoffersparnis von 4...5 % bei gleichzeitig deutlicher
Verbesserung der Klinkerqualität erreichen. Seit der Pilotanwendung wurden die Strategien
weiterentwickelt. Allein von den beiden Unternehmen F.L. Smidth und ABB wurden bis
heute mehrere Hundert Zementöfen damit ausgestattet.

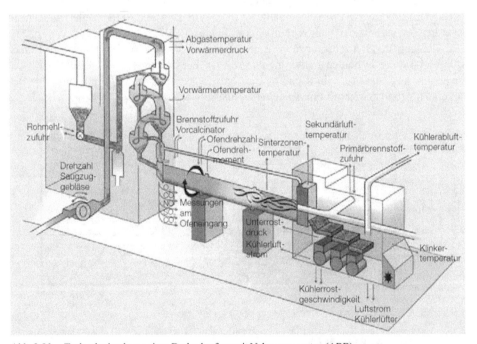

Abb. 2.56:   Technologieschema eines Drehrohrofens mit Nebenaggregaten (ABB)

Case	Condition	Action to be taken	Reason
10	BZ OK	a. Increase I.D. fan speed	To raise back-end temperature and increase oxygen percentage for
	OX low		action 'b'
	BE low	b. Increase fuel rate	To maintain burning zone temperature
11	BZ OK	a. Decrease fuel rate slightly	To raise percentage of oxygen
	OX low		
	BE OK		
12	BZ OK	a. Reduce fuel rate	To increase percentage of oxygen for action 'b'
	OX low	b. Reduce I.D. fan speed	To lower back-end temperature and maintain burning zone temperature
	BE high		
13	BZ OK	a. Increase I.D. fan speed	To raise back-end temperature
	OX OK	b. Increase fuel rate	To maintain burning zone temperature
	BE low		
14	BZ OK	NONE. However, do not get	
	OX OK	overconfident, and keep all	
	BE OK	conditions under close obser-	
	OX DK	vation.	
15	BZ OK	When oxygen is in upper part of range	
	OX OK	a. Reduce I.D. fan speed	To reduce back-end temperature
	BE high	When oxygen is in lower part of range	
		b. Reduce fuel rate	To raise oxygen percentage for action 'c'
		c. Reduce I.D. fan speed	To lower back-end temperature and maintain burning zone temperature
16	BZ OK	a. Increase I.D. fan speed	To raise back-end temperature
	OX high	b. Increase fuel rate	To maintain burning zone temperature and reduce percentage of oxygen
	BE low		
17	BZ OK	a. Reduce I.D. fan speed slightly	To lower percentage of oxygen
	OX high		
	BE OK		

Abb. 2.57: Auszug aus einem Lehrbuch für Anlagenfahrer von Zementdrehrohröfen (BZ: Temperatur in der Brennzone, OX: Sauerstoffgehalt des Rauchgases, BE: ofenausgangsseitige Temperatur) (nach Holmblad, Østergaard 1982)

Aluminiumherstellung (Mehrgrößenregelung mittels Neuro-NMPC):

Ein weiterer Anwendungsbereich ist die übergeordnete Regelung nichtlinearer Mehrgrößenprozesse, die in ausgedehnten Betriebsbereichen betrieben werden. Die erreichbare Verbesserung der Prozessführung hat zum industriellen Einsatz von nichtlinearen modellprädiktiven Reglern (NMPC) in den Branchen Luft & Gas, Chemie, Kunststoff und Raffination geführt (Quin, Badgewell 2000). Mit der Deregulierung des Energiemarktes sind vermehrt große Kraftwerke hinzugekommen. Eine theoretische Erstellung des benötigten Prädiktionsmodells ist i. d. R. aufwändig und schwierig: die Modellgleichungen sind herzuleiten und zumindest ein Teil der Parameter ist experimentell zu ermitteln. Dies ist bei komplexen Einzelanwendungen, wie sie in der Prozessindustrie typisch sind, häufig wirtschaftlich nicht darstellbar. Zudem werden während eines Anlagenlebenszyklus oft Änderungen durchgeführt, die im Modell aufwändig nachgezogen werden müssen. Eine Alternative besteht in der experimentellen Modellbildung. Dabei werden in industriellen Anwendungen häufig Künstliche Neuronale Netze eingesetzt. Ein Anwendungsbeispiel ist der fünfstufige Verdampfungsprozess in Abb. 2.58, der bei der Aluminiumherstellung nach dem Bayer-Verfahren eingesetzt wird.

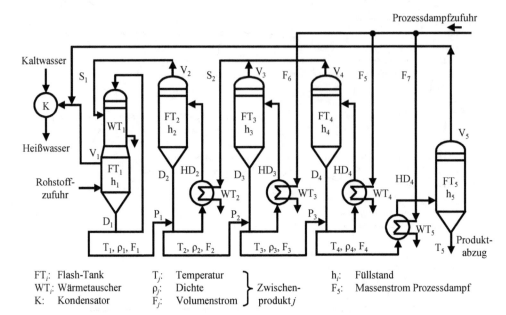

FT$_j$: Flash-Tank   T$_j$: Temperatur   ⎫   h$_j$: Füllstand
WT$_j$: Wärmetauscher   ρ$_j$: Dichte   ⎬ Zwischen-   F$_5$: Massenstrom Prozessdampf
K: Kondensator   F$_j$: Volumenstrom ⎭ produkt j

Abb. 2.58:   Fünfstufiger Verdampfungsprozess bei der Aluminiumherstellung (nach Kam et al. 2002)

Auf der linken Seite des Prozessschemas in Abb. 2.58 wird das Rohmaterial zugeführt. Es wird in fünf Stufen konzentriert, bis es rechts unten den Anlagenbereich verlässt. Die interessierenden Ausgangsgrößen sind die Füllstände der ersten vier Flash-Tanks sowie die Dichte des Zwischenprodukts nach der vierten Stufe. Diese sind zudem auch Zustandsvariablen. Weitere Zustandsvariablen sind die Temperaturen und Dichten der Zwischenprodukte nach jeder der ersten vier Stufen. In den Prozess wird über die Einstellung der Menge des aus jeder der ersten vier Stufen abgezogenen Zwischenprodukts sowie über die Prozessdampfzufuhr zur vierten Stufe[23] eingegriffen (Kam et al. 2002). Es treten verschiedene stoffliche Rückführungen und energetische Kopplungen (Dampf) auf, die eine Regelung erschweren (Atuonwu et al. 2010). Der Prozess hat insgesamt fünf Stell-, fünf Regel- und 12 Zustandsgrößen. Genau genommen hat das Modell 17 Zustandsgrößen: Der instabile Prozess ist zuerst mit PI-Reglern zu stabilisieren, um Messdaten für die Modellbildung aufzeichnen zu können. Geregelt werden die Füllstände der ersten vier Tanks sowie die Zwischenproduktdichte nach der vierten Stufe, die ein Maß für die Produktqualität darstellt. Diese Regelung stellt zudem die Referenz für Verbesserungen dar. Atuonwu et al. (2010) trainieren ein rekurrentes Künstliches Neuronales Netz als Prognosemodell für einen NMPC. Die Stellgrößen des NMPC werden zu denen des PI-Basisreglers addiert. Exemplarisch zeigt Abb. 2.59 den Verlauf der Regelgrößen bei sprunghafter Änderung der Störgröße Einsatzstofftemperatur von 60 °C auf 66 °C. Der Vergleich der Regelgüte bei PI-Basisregelung und bei überlagertem NMPC illustriert das Verbesserungspotential.

---

[23]   Die Prozessdampfzufuhr zur dritten und fünften Stufe wird abhängig von anderen Größen eingestellt und ist deshalb keine (unabhängige) Eingangsgröße des Prozesses.

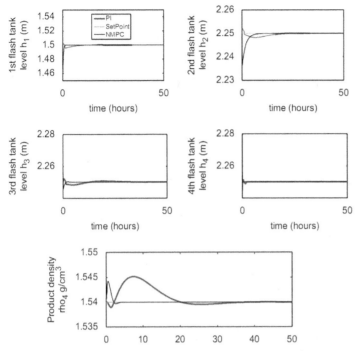

Abb. 2.59:   Ausregelverhalten der fünf Regelgrößen bei sprunghafter Änderung der Temperatur des Einsatzstoffes
             (Atuonwu et al. 2010)

Kunststoffherstellung (Soft-Sensoren mittels Neuronalem Netz):

Das dritte industrielle Anwendungsbeispiel behandelt die modellbasierte Prädiktion nicht gemessener Qualitätskenngrößen aus gemessenen Prozessgrößen zwecks Realisierung einer der Prozessregelung überlagerten Qualitätsgrößenregelung. Bei der Herstellung von Kunststoffen werden konventionell die Qualitätskenngrößen bzw. Produkteigenschaften off-line alle paar Stunden im Labor ermittelt. Die Laborergebnisse werden genutzt, um (mit entsprechender Verzögerung) die Sollwerte der Prozessregelkreise anzupassen. Stattdessen kann ein Künstliches Neuronales Netz mit Betriebsmessgrößen und Laborergebnissen trainiert werden, um die Produkteigenschaften in Echtzeit während des Anlagenbetriebs zu prädizieren. Dies wird auch als *Soft-Sensor* bezeichnet. Auf Basis dieser Schätzung kann z. B. mittels modellprädiktivem Regler (MPC) eine Qualitätsgrößenregelung erfolgen. Das Beispiel in Abb. 2.60 zeigt die Ergebnisse der entsprechenden Umsetzung in einer Polyethylenanlage (Krämer et al. 2008). Links von der vertikalen Trennlinie in der Mitte der Grafik sind die Trendkurven ohne und rechts davon mit Soft-Sensor und MPC dargestellt. Die oberste Linie zeigt die prädizierte Kenngröße Schmelzindex (Melt Index, MI), die nächste die Dichte (Density, Dens) des Polymers. Die anderen Trendkurven zeigen Prozessgrößen und deren Sollwerte (bis auf die unterste). Offensichtlich fährt die Anlage mit MPC viel ruhiger und die Qualitätsgrößen bewegen sich in engeren Korridoren: Tatsächlich verlaufen Soll- und Istgrößen nun fast deckungsgleich.

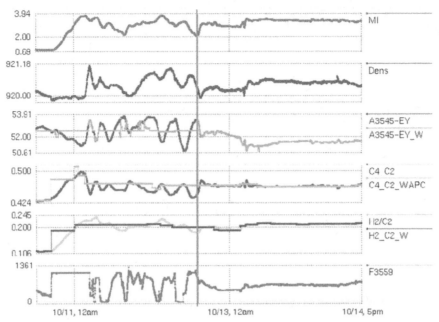

Abb. 2.60:   Verläufe wichtiger Prozess- und Produktkenngrößen bei der Polyethylenherstellung vor und nach dem
             Einsatz eines Soft-Sensors mit MPC (Krämer et al. 2008)

2.4.5   Weiterführende Literatur

Weiterführende Informationen zum Entwurf linearer Regelungssysteme finden sich z. B. in
(Skogestadt, Postlethwaite 1998, Unbehauen 2008, 2009, Lunze 2010b). Eine deutschsprachige Einführung in die modellprädiktive Regelung liefern Dittmar und Pfeiffer (2004),
englischsprachige Fachbücher sind in (Kroll, Abel 2006) zusammengestellt. Systemtheore-
tisch motivierte nichtlineare Regelungskonzepte behandeln z. B. (Schwarz 1991, Slotine, Li
1991, Isidori 1995, Adamy 2009). Weiterführende Informationen zum Entwurf von Fuzzy-
Reglern finden sich z. B. in (Driankov 1993, Kiendl 1997, Michels et al. 2006). Mit dem
Einsatz von Künstlichen Neuronalen Netzen bei Regelungsaufgaben befassen sich z. B. (Su,
Avoy 1997, Nørgaard et al. 2003).

2.4.6   Zusammenfassende Bewertung

Wenn ein Regelungsproblem linear auf Basis eines gegebenen mathematischen Modells
gelöst werden kann, stellen System- und Regelungstheorie ein geschlossenes Methodenport-
folio für Systemanalyse und Regelungsentwurf zur Verfügung. Bei nichtlinear zu behandeln-
den Problemen stellt die nichtlineare Regelungstheorie für ausgewählte Systemklassen auf
der Basis mathematischer Modelle spezialisierte, sehr effiziente, allerdings auch sehr anspruchsvolle Regelungskonzepte zur Verfügung. Hierzu zählen exakte Linearisierung, flachheitsbasierte Vorsteuerung und (die bisher in diesem Buch noch nicht behandelte) Sliding-
Mode-Regelung. Somit setzen konventionelle nichtlineare Methoden die Verfügbarkeit eines
mathematischen Modells geeigneter Struktur voraus.

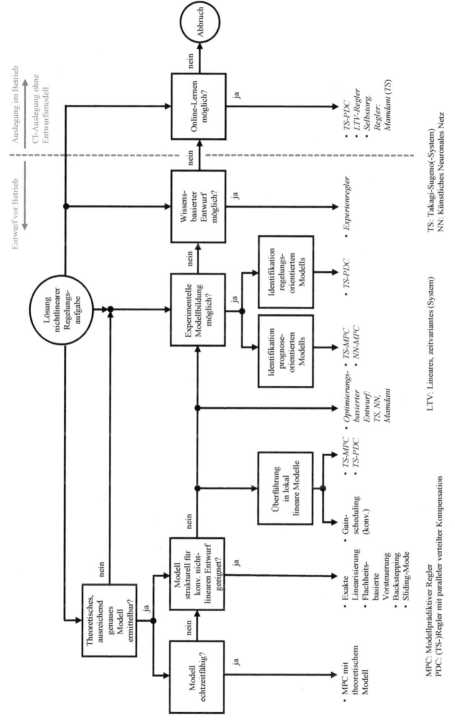

Abb. 2.61: Vorgehensweisen beim Entwurf nichtlinearer Regelungen mit Einordnung von CI-Methoden (kursiv gesetzt)

In der Computational Intelligence werden Methoden entwickelt, die universell anwendbar sind, aber dafür Abstriche bei der Effektivität in Kauf nehmen. Ein Ansatz ist die bereichsweise lineare Approximation nichtlinearer Systeme, um bereichsweise lineare systemtheoretische Methoden anwenden zu können. Dabei wurden die linearen Methoden erweitert, um den Aspekt des Zusammenspiels mehrerer lokaler Systeme zu berücksichtigen. Von der CI werden nahezu universell einsetzbare Methoden der nichtlinearen Systemidentifikation bereitgestellt, die nichtlineare Modelle einer vorgegeben Struktur aus Daten ermitteln können. Darüber hinaus ist der modellfreie, wissensbasierte Reglerentwurf ein zentraler methodischer Bestandteil des Methodenportfolios. In Abb. 2.61 wird eine mögliche Vorgehensweise bei der Auswahl eines Regelungskonzepts für eine nichtlineare Aufgabenstellung präsentiert. Die Übersicht soll zudem helfen, nach Durcharbeit der verschiedenen Methoden dieses Buchs diese retrospektiv nochmals einzuordnen.

2.5   Optimierung und Suche

2.5.1   Einführung in die Problemstellung

Die Aufgabe der Optimierung ist heutzutage allgegenwärtig bei Entwurf und Betrieb von technischen System und Einrichtungen; sei es bei der Minimierung des spezifischen Ressourcenbedarfs einer Produktionseinrichtung, der Einsatzplanung einer Fahrzeugflotte auf minimale Kosten, der Maximierung der Fahrstabilität oder der Minimierung des Luftwiderstands eines Fahrzeugs. Zudem sind häufig Optimierungsprobleme zu lösen, um überhaupt erst die Grundlage für die Bearbeitung der eigentlichen Aufgabenstellung zu legen. Dies ist z. B. bei der Erstellung von Modellen für Analyse- und Entwurfsaufgaben der Fall. Hier gilt es oft, aus Messdaten optimale Modellparameter zu berechnen; und bei der Systemidentifikation zudem die optimale Modellstruktur. Ein Minimierungsproblem lässt sich formulieren als:

$$\mathbf{\Theta}_{\text{opt}} : \arg\min_{\mathbf{\Theta} \in D} J(\mathbf{\Theta}) \qquad\qquad (2.22)$$

mit dem Operator arg min, der das Argument ermittelt, für das die bezogene Funktion ihr Minimum annimmt, dem Parametervektor $\mathbf{\Theta}$, der Ziel- oder Kostenfunktion $J(\mathbf{\Theta})$ und der Menge der zulässigen Lösungen D. Ein Maximierungsproblem folgt analog. Diese allgemeine Formulierung schließt sehr unterschiedliche Probleme ein wie kontinuierlich parametrische, ganzzahlige und kombinatorische. Zudem können mehrere Optimierungsziele gleichzeitig verfolgt werden. Die folgenden einfachen Beispiele sollen einen Eindruck von der Vielfalt der Problemstellungen geben.

Beispiel *Modellparameterschätzung*:

Es sollen aus N Beobachtungen eines Systems die Parameter $\mathbf{\Theta}$ eines Modells ermittelt werden, so dass der mittlere quadratische Prädiktionsfehler minimal wird:

$$\mathbf{\Theta}_{\text{opt}} : \arg\min_{\mathbf{\Theta} \in D} \frac{1}{N} \cdot \sum_{k=1}^{N} (y_{\text{ref}}(k) - \hat{y}(k, \mathbf{\Theta}))^2 \qquad\qquad (2.23)$$

Dabei bezeichnet y_{ref} die Referenzwerte, $\hat{y}$ die prädizierten Werte und k den Laufindex. Die lineare und die quadratische Regressionsaufgabe in Abb. 2.62 stellen jeweils einfache, statische Beispiele dar. Es handelt sich um ein kontinuierlich-parametrisches Optimierungsproblem. Häufig sind auch die zulässigen Wertebereiche der Modellparameter beschränkt, insbesondere bei physikalisch interpretierbaren Modellen. So kann bekannt sein, dass ein Parameter positiv sein oder in einem beschränkten Wertebereich liegen muss. Durch die Einführung von Nebenbedingungen kann dies bei der Optimierung berücksichtigt werden und führt dann auf ein beschränktes kontinuierlich-parametrisches Optimierungsproblem. In diesem Buch werden solche Probleme in den Abschnitten 6, 12 und 13 behandelt.

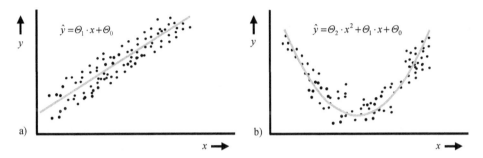

Abb. 2.62:   Lineare (a) und quadratische Regressionsaufgabe (b)

Beispiel *Modellprädiktive Regelung*:

Beim modellprädiktiven Regler (MPC) wird zyklisch eine optimale Steuerfolge berechnet (Abschnitt 2.4.2). Zur Vereinfachung wird das Steuersignal oft als Treppensignal diskretisiert. Die Qualität einer Steuerfolge **u** wird in der Regel an Hand von Regelabweichung, Stellaktivität und Stellaufwand bewertet. Praktisch wird selten mit zeitkontinuierlichen Modellen und integralen Zielfunktionen wie (2.17) gearbeitet, sondern mit zeitdiskreten Formulierungen wie:

$$\mathbf{u}_{opt} : \arg\min_{\mathbf{u}} \sum_{k} a(k)(w(k+1)-\hat{y}(k+1))^2 + b(k)(\Delta u(k))^2 + c(k)(u(k)-u_0)^2 \tag{2.24}$$

mit

$$\hat{y}(k+1) = f(y(k), ..., y(k-n), u(k), ..., u(k-m)) . \tag{2.25}$$

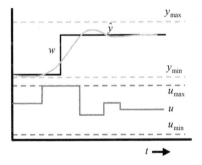

Abb. 2.63:   Illustration der Berechnungsaufgabe bei MPC bei sprungförmiger Sollwertänderung

Dabei ist w die Führungs- und $\hat{y}$ die prädizierte Regelgröße; u bezeichnet die Stellgröße, Δu ihre Änderung und u_0 ihren Wert im Arbeitspunkt. Häufig werden Beschränkungen berücksichtigt wie (2.18). Somit liegt ein beschränktes, kontinuierlich-parametrisches, in diesem Fall zudem dynamisches Optimierungsproblem vor. Abb. 2.63 illustriert die Berechnungsaufgabe. Da es sich um einen Regelalgorithmus handelt, der in Echtzeit ausgeführt werden muss, spielt die Berechnungsdauer zur Lösung des Problems eine wichtige Rolle. MPC mit Künstlichen Neuronalen Netzen als Prognosemodell werden in Abschnitt 12.8 behandelt.

Beispiel *Luftwiderstandsoptimierte Flugzeugnase (nach Gill et al. 1995)*:

Eine Flugzeugnase soll so entworfen werden, dass der Luftwiderstand bei vorgegebener Reisegeschwindigkeit minimiert wird. Um endlich viele Entscheidungsparameter zu erhalten, kann die Nase z. B. aus vier Kegelstümpfen und einem führenden Kugelabschnitt zusammengesetzt werden (Abb. 2.64).

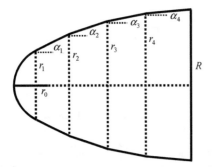

Abb. 2.64:   Parametrierung der Form einer Flugzeugnase

Ist der Radius R beim Übergang von Nase zu Rumpf vorgegeben und fordert man z. B. einen knickfreien Übergang zwischen Kugelabschnitt und erstem Kegelstumpf, so lässt sich die Nasenform durch

$$\Theta = [r_1, ..., r_4, \alpha_1, ..., \alpha_4]^T \in \mathfrak{R}^8 \tag{2.26}$$

vollständig beschreiben. Dabei sind die Parameter α_i und r_i in Abb. 2.64 definiert. Die Funktion $c_w(\alpha_1, ..., \alpha_4, r_1, ..., r_4, R)$ liefere einen Schätzwert für den Luftwiderstand der Flugzeugnase. Technische, wirtschaftliche oder gestalterische Anforderungen können Beschränkungen bedingen. Beispiele sind ein zu umschließendes Mindestvolumen V_{min} (um Objekte gegebener Größe unterzubringen), eine maximale Länge L_{max} oder auch eine konvexe Oberflächenform. Dies führt insgesamt zu einem beschränkten, kontinuierlich-parametrischen Optimierungsproblem der Form:

$$\Theta_{opt} : \arg\min_{\Theta} c_w(\Theta, R)$$
$$\text{N.B.} : 0 \le r_1 \le r_2 \le r_3 \le r_4 \le R$$
$$0 \le \alpha_4 \le \alpha_3 \le \alpha_2 \le \alpha_1 \le 90° \tag{2.27}$$
$$0 \le \text{Volumen}(\alpha_1, ..., \alpha_4, r_1, ..., r_4, R) - V_{min}$$
$$0 \le L_{max} - \text{Länge}(\alpha_1, ..., \alpha_4, r_1, ..., r_4, R)$$

Beispiel *Routenplanung/Problem des Handlungsreisenden (Traveling-Salesman-Problem, TSP)*:

Ein Vertreter soll n Städte besuchen und zum Ausgangsort zurückkehren, so dass der Gesamtaufwand (z. B. Weglänge, Reisezeit, Fahrtkosten) minimal wird. Der Startort sei eine der Städte und frei wählbar. Die Wegkosten zwischen zwei Städten seien richtungsunabhängig (symmetrisches TSP-Problem). Für dieses Problem gibt es $(n-1)! / 2$ unterschiedliche Lösungskandidaten (beim nicht-symmetrischen Problem gibt es doppelt so viele). Diese sind Permutationen der Elemente der Menge aller Städte, d. h. Varianten der Anordnung der Elemente. Die Elemente selber stehen in keiner Ordnungsrelation zueinander. Dies stellt ein kombinatorisches Optimierungsproblem dar, das sich beschreiben lässt als:

$$\{s_1, s_2, ..., s_n\}_{\text{opt}} : \underset{\{s_1, s_2, ..., s_n\}}{\arg\min} C_{s_n, s_1} + \sum_{k=1}^{n} C_{s_k, s_{k+1}} \tag{2.28}$$

Dabei kodiert s_k in der Sequenz $\{s_1, ..., s_k, ..., s_n\}$ die Nummer der als k-ten besuchten Stadt. Die Städte werden in der Reihenfolge von Stadt Nummer s_1 bis s_n besucht. $C_{s_k, s_{k+1}}$ sind die Kosten für den Weg zwischen den Städten mit Nummern s_k und s_{k+1}. Als Wegkosten werde hier die Reisezeit verwendet, die in Minuten angegeben ist. Beim Beispiel in Abb. 2.65 mit $n = 4$ Städten gibt es drei alternative Lösungskandidaten, da beim symmetrischen Problem die Umkehrung einer Sequenz zu den gleichen Kosten führt. Bei 15 Städten gibt es bereits $4,4 \cdot 10^{10}$ Alternativen. Das TSP ist ein bekanntes Benchmarkproblem der kombinatorischen Optimierung. Viele praktische Probleme wie die Routenplanung in der Logistik, bei Bohrautomaten oder beim Entwurf integrierter Schaltungen sind von diesem Typ, siehe z. B. (Lienig 1997). Deshalb wird es auch als Beispiel in Abschnitt 15.8 bei Künstlichen Neuronalen Netzen und im Abschnitt 18.10 bei Evolutionären Algorithmen aufgegriffen.

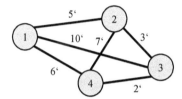

Reihenfolge	Dauer
1→2→3→4→1 oder 1→4→3→2→1	16'
1→2→4→3→1 oder 1→3→4→2→1	24'
1→3→2→4→1 oder 1→4→2→3→1	26'

Abb. 2.65: Beispiel eines symmetrischen Problems des Handlungsreisenden für vier Städte; die Zahlen an den Pfaden geben den Zeitbedarf für den zugehörigen Weg in Minuten an

Beispiel *Autokauf* (*Ehrgott 2005*):

Ein neues Auto der Kompaktklasse soll erworben werden. Die Ziele sind Preisgünstigkeit, geringer Verbrauch und hohe Motorleistung. Mittels Vorauswahl wurde die Kandidatenmenge eingeschränkt auf: {VW Golf, Opel Astra, Ford Focus, Toyota Corolla}. Die (frei erfundenen) Kenndaten der Fahrzeuge zeigt Tab. 2.4. Dabei widersprechen sich die Teilziele teilweise (siehe Abb. 2.66); bezüglich eines Einzelkriteriums kann dagegen eindeutig entschieden werden. Diese Aufgabenstellung ist ein Beispiel für eine Mehrzieloptimierungsaufgabe mit endlicher Kandidatenmenge.

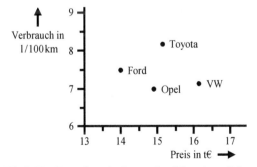

Abb. 2.66: Darstellung der Lösungskandidaten bezüglich zwei von drei Optimierungskriterien

Tab. 2.4:   Kenndaten der vier Fahrzeuge (frei erfunden)

Kriterium	VW Golf	Opel Astra	Ford Focus	Toyota Corolla
Preis in 1000 €	16,2	14,9	14,0	15,2
Verbrauch in l/100 km	7,2	7,0	7,5	8,2
Leistung in kW	66,0	62,0	55,0	71,0

Im streng mathematischen Sinn geht es bei der **Optimierung** um die Ermittlung derjenigen Lösung aus der Menge der zulässigen Lösungskandidaten, die eine vorgegebene Bewertungsfunktion maximiert bzw. minimiert. Ein **Optimierungsverfahren** liefert dann – je nach Verfahren – die lokal oder global optimale Lösung oder grenzt diese mit definierter Genauigkeit ein. Statt der eleganten und kompakten Formulierung eines Minimierungsproblems in (2.22) ist die folgende Beschreibung mit expliziter Notation von Ungleichungs- und Gleichungs-Nebenbedingungen für ein Minimierungsproblem üblich:

$$\Theta_{opt} : \arg \min_{\Theta} J(\Theta)$$

$$NB : g_i(\Theta) \geq 0; \quad i = 1, 2, \ldots, m \tag{2.29}$$

$$h_j(\Theta) = 0; \quad j = 1, 2, \ldots, p$$

Dabei sind Θ die Variablen und J ist die Zielfunktion. Die Variablen werden auch *Entscheidungsvariablen* genannt. Sie stellen die Freiheitsgrade dar. Gleichungs- und Ungleichungsbedingungen sind die Nebenbedingungen (NB), unter denen das Optimierungsproblem zu lösen ist. Optimierungsprobleme mit/unter NB heißen *beschränkt/restringiert*, solche ohne unbeschränkt/unrestringiert.

Ein Lösungskandidat Θ_0 heißt *optimale Lösung*, wenn er zulässig und sein Zielfunktionswert nicht schlechter als der der anderen zulässigen Lösungskandidaten ist. Gilt das für den gesamten zulässigen Bereich, so liegt ein *globales Optimum* vor. Gilt dies nur in einer (beschränkten) Umgebung um Θ_0, so liegt ein *lokales Optimum* vor. Ist der Zielfunktionswert zudem der beste in der Umgebung, so spricht man von einem *strikt lokalen Optimum*. Nichtkonvexe[24] Zielfunktionen können mehrere Optima aufweisen. Abb. 2.67 illustriert diese Eigenschaften an einem einfachen Beispiel für ein Minimierungsproblem. Eine Maximierungsaufgabe kann einfach durch Vorzeichenwechsel der Bewertungsfunktion in eine Minimierungsaufgabe überführt werden. Je nach dem Charakter der Variablen entstehen kontinuierlich-parametrische, ganzzahlige (inkl. symbolische) oder gemischt-ganzzahlige Probleme. Abb. 2.68 zeigt ein Beispiel mit zwei kontinuierlichen Entscheidungsvariablen Θ_1, Θ_2. Der Verlauf der Zielfunktion wird über die Höhenlinien ihres Graphen dargestellt. Die Nebenbedingungen werden als Kurven gezeigt. Dabei schränken die Ungleichungsbedingungen das Gebiet zulässiger Lösungen ein, das das Extremum von $J(\Theta)$ einschließt. Die Gleichungsbedingung führt allerdings dazu, dass das Extremum von $J(\Theta)$ keine zulässige Lösung ist.

---

[24]   Eine Funktion heißt konvex, wenn die Verbindungslinie zweier Funktionswerte vollständig oberhalb des oder auf dem Funktionsgraphen liegt.

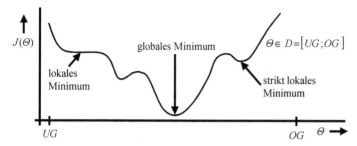

Abb. 2.67:   Beispiel eines Minimierungsproblems mit nicht-konvexer Zielfunktion mit mehreren Minima

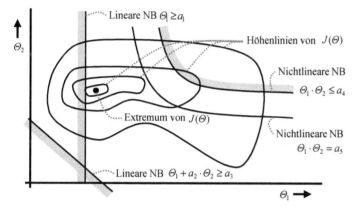

Abb. 2.68:   Illustration der Optimierung unter Beschränkungen

Bei Optimierungsproblemen mit mehreren, parallel verfolgten Zielen (multikriterielle Probleme) interessieren die *pareto-optimalen Lösungen*. Eine pareto-optimale Lösung Θ_0 ist dadurch gekennzeichnet, dass es keine andere zulässige Lösung gibt, die (i) hinsichtlich aller Einzelkriterien mindestens genauso gut ist wie Θ_0 und (ii) in wenigstens einem Kriterium strikt besser ist als alle anderen zulässigen Lösungen. Θ_0 heißt dann *nicht dominierter Punkt*. Abb. 2.69 zeigt ein Beispiel.

Beispiel *zur Pareto-Optimalität*:

Gegeben sei ein Optimierungsproblem mit zwei Optimierungskriterien J_1, J_2 hinsichtlich derer minimiert werden soll. Es gebe fünf Lösungskandidaten a bis e, die mit ihren Teilzielwerten in Abb. 2.69 eingetragen sind. Der Klammerausdruck in den Zellen der Tabelle in Abb. 2.69 gibt das Ergebnis des zugehörigen paarweisen Vergleichs der fünf Lösungskandidaten bzgl. J_1 und J_2 an. Betrachtet werde zuerst Punkt b. Es gibt zwar Punkte, die bzgl. einzelner Kriterien mindestens so gut sind wie b (a bzgl. J_1, c und e bzgl. J_2), aber kein Punkt ist hinsichtlich J_1 und J_2 mindestens so gut wie b. Außerdem gilt, dass b immer bzgl. eines einzelnen Kriteriums paarweise strikt besser ist als alle anderen Punkte, also z. B. $J_2(b) < J_2(a), J_1(b) < J_1(c)$ usw. Somit ist Lösungskandidat b pareto-optimal und ein nicht dominierter Punkt. Für Punkt e gilt, dass Punkt c bzgl. J_1 mindestens so gut wie e ist und bzgl. J_2 besser als e ist. Somit ist Lösungskandidat e nicht pareto-optimal. Die Betrachtungen für die anderen Punkte folgen entsprechend.

Position der Lösungskandidaten im Kriterienraum:

Paarweiser Vergleich der Lösungskandidaten:

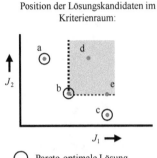

	a	b	c	d	e
a	✕	(<;>)	(<;>)	(<;=)	(<;>)
b	(>;<)	✕	(<;>)	(<;<)	(<;=)
c	(>;<)	(>;<)	✕	(>;<)	(=;<)
d	(>;=)	(>;>)	(<;>)	✕	(<;>)
e	(>;<)	(>;=)	(=;>)	(>;<)	✕

○ Pareto-optimale Lösung

• Lösungskandidat

▨ Bereich, den Punkt c dominiert

Interpretation der Tabelle am Beispiel der grau hinterlegten Zelle:

$$J_1(b) > J_1(a); \quad J_2(b) < J_2(a)$$

Abb. 2.69: Illustration des Konzepts der Pareto-Optimalität und dominierter/nicht dominierter Punkte

2.5.2 Entwurfs- und Auslegungskonzepte

In der Mathematik, insbesondere den Gebieten der Optimierungstheorie, Numerik und Operations Research, wurde eine Reihe spezialisierter Lösungsverfahren für Optimierungsprobleme entwickelt. Diese sind auf einen bestimmten Problemtyp angepasst. Deshalb soll im Folgenden eine Strukturierung versucht werden, siehe Abb. 2.70. So können diese eingeteilt werden nach:

a) der Anzahl getrennt verfolgter Optimierungskriterien in Einzel- oder Mehrziel-optimierungsaufgaben,

b) der Art der Entscheidungsvariablen in kontinuierlich-parametrische, diskrete und kombinatorische. Dabei gibt es Permutationsprobleme fester oder Reihenfolgenvarianten unterschiedlicher Länge. Beim gleichzeitigen Auftreten beider Variablentypen folgen gemischt-ganzzahlige Probleme.

c) der Art des (typischerweise funktionalen) Bewertungskriteriums, über linear, quadratisch oder allgemein nichtlinear eingehende Entscheidungsvariablen; nach seiner stetigen Differenzierbarkeit (keine, einfach, zweifach, mehrfach) nach der Konvexität/ Modalität des Graphen der Zielfunktion (konvex/unimodal, nicht konvex/multimodal),

d) auftretenden Beschränkungen (keine, lineare, quadratische, allgemein nichtlineare) sowie

e) der Dimension (Anzahl von Optimierungsparametern und Gleichheits- und Ungleichheitsnebenbedingungen) und der Verkopplungsstruktur des Problems (schwache oder starke Verkopplung der Entscheidungsvariablen).

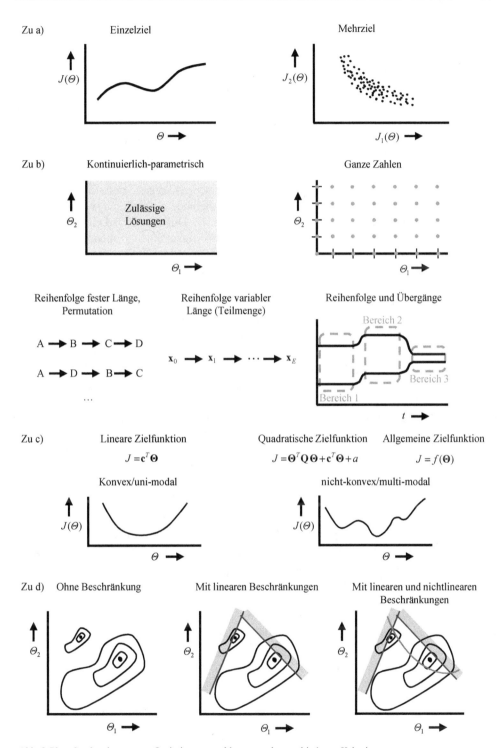

Abb. 2.70   Strukturierung von Optimierungsproblemen nach verschiedenen Kriterien

Mathematische Optimierungsalgorithmen nutzen die Problemstruktur aus, um besonders effizient zu arbeiten. Ein Beispiel sind unbeschränkte Probleme mit quadratischer Zielfunktion, wie sie bei linearen Regressionsaufgaben auftreten. Hierfür wurde von Gauß die Methode der kleinsten Quadrate entwickelt, welches (bei nicht-singulären Problemen) den gesuchten global optimalen Parametervektor *explizit* angibt. Ein weiteres Beispiel sind Probleme mit in den Entscheidungsvariablen linearen Funktionen J, g_i und h_i. Dies führt zum Problem der linearen Optimierung und tritt häufig bei der Produktions- und Transportplanung auf. Das Gebiet zulässiger Lösungen hat die Form eines Polyeders und die optimale Lösung fällt (bei nicht-entarteten) Problemen in eine Ecke. Zur Lösung wurde das Simplex-Verfahren entwickelt.

Um eine mathematische Optimierungsmethode anwenden zu können, muss das zu lösende Problem in der Beschreibungsform der Optimierungsmethode ausgedrückt werden. Zudem müssen die verfahrensspezifischen Anforderungen (z. B. Differenzierbarkeit) erfüllt sein. Nicht immer ist das gelöste „Stellvertreterproblem" dem eigentlichen Problem sehr ähnlich. Dies führt dazu, dass die optimale Lösung des Stellvertreterproblems nicht zwangsläufig eine optimale Lösung des eigentlichen Problems darstellt. Ein Beispiel illustriert dies: Die Anforderungen beim Entwurf eines Regelkreises beziehen sich typischerweise auf die maximale Überschwingweite e_{max}, die Anregel- und Ausregelzeit sowie die bleibende Regelabweichung (siehe Abb. 2.52). Bei nicht-trivialen Regelkreisen gibt es keine funktionale Beziehung zwischen Reglerparametern und Kennwerten des Regelkreises. Deshalb werden bei einer optimierungsbasierten Reglerauslegung gerne Integralkriterien wie die quadratische Regelfläche J_{SE} gemäß (2.21) verwendet. Nun gibt es keinen direkten Zusammenhang zwischen J_{SE} und e_{max}. Dadurch kann ein auf J_{SE} optimierter Entwurf zu schlechten, sogar unbrauchbaren Ergebnissen bzgl. e_{max} führen.

Ein großer Vorteil der mathematischen Optimierungsmethoden besteht darin, dass sie garantiert ein Optimum liefern oder dieses mit garantierter Genauigkeit eingrenzen. Dabei ist zwischen *unimodalen* Problemen, bei denen es nur ein Optimum gibt, und *multimodalen* Problemen mit mehreren Optima zu unterscheiden. Bei den meisten Optimierungsmethoden konvergiert die Lösung zu dem lokalen Optimum, in dessen Einzugsgebiet der Startwert liegt. Nur spezielle Verfahren der globalen Optimierung finden das globale Optimum.

Bei komplizierten z. B. multimodalen kontinuierlich-parametrischen oder großen kombinatorischen Problemen kann die Berechnungsdauer inakzeptabel lang werden. Dann würde man häufig ein gutes – wenn auch nicht optimales – Ergebnis nach überschaubarer Berechnungsdauer vorziehen. Das Problem des Handlungsreisenden (TSP) illustriert als anschauliches kombinatorisches Optimierungsproblem, wie aufwändig die Lösung eines auf den ersten Blick einfachen Problems sein kann.

Beispiel *Routenplanung/Traveling-Salesman-Problem*:

Betrachtet wird noch einmal das symmetrische Problem des Handlungsreisenden aus Abschnitt 2.5.1. Es sei der Besuch der deutschen Städte mit mehr als 300.000 Einwohnern zu planen; dies waren 2010 gerade 20. Für dieses Problem gibt es $(n-1)! / 2 = 6 \cdot 10^{16}$ Lösungsmöglichkeiten. Um die Größenordnung zu veranschaulichen, sei ein Vergleich angeführt: Die weltweite Reisernte bestand 2010 aus ca. $6 \cdot 10^{16}$ Reiskörnern. Sollen alle deutschen Städte mit mehr als 200.000 Einwohnern besucht werden, so sind (Stand 2010) $n = 38$ Besuche zu planen. Dafür gibt es dann ca. $5 \cdot 10^{44}$ verschiedene Möglichkeiten. Zum Vergleich: Es gibt insgesamt auf der Erde ca. 10^{21} Liter Wasser, was etwa $5 \cdot 10^{46}$ Wassermolekülen entspricht. Das TSP ist NP-hart, was bedeutet, dass es (gemäß des bisherigen Wissens) keinen deterministischen Algorithmus gibt, der in polynomialer Laufzeit[25] das Problem optimal lösen kann.

Bei solch komplizierten Problemen würde man die Aufgabe als *Suche* nach der besten oder einer möglichst guten Lösung aus der Menge der zulässigen Lösungskandidaten formulieren. Ein *Suchverfahren sucht* nach der optimalen Lösung, garantiert aber nicht deren Erreichen in endlicher Zeit. Man spricht dann auch von *approximativen Verfahren*, während die mathematischen Optimierungsverfahren auch als *exakte Verfahren* bezeichnet werden. Zu den approximativen Verfahren gehören *Heuristiken*, die auf ein bestimmtes Problem spezialisiert sind, sowie *Metaheuristiken*, die problemübergreifend anwendbar sind. Es gibt keine allgemein anerkannte Definition der Begriffe, weshalb folgende pragmatischen Definitionen eingeführt werden:

Definition *Heuristik*: *Eine Heuristik ist eine auf ein bestimmtes Problem angepasste Lösungsstrategie, die problemspezifische Erfahrung ausnutzt, um die Suche so zu lenken, dass diese mit hoher Wahrscheinlichkeit zu einer akzeptablen Näherungslösung führt.* ∎

Eine Heuristik zur Lösung des Problems des Handlungsreisenden ist bspw., mit einer Stadt zu beginnen und dann die dazu am nächsten liegende Stadt als Nachfolger zu wählen usw. Dies stellt ein *Greedy-Verfahren* dar, da bei jedem Einzelschritt nach momentanem Vorteil entschieden wird, ohne vorauszuschauen. Ein weiteres prominentes Beispiel ist die beim A*-Algorithmus zur Suche nach dem kürzesten Pfad zwischen zwei Knoten eines Graphen verwendete Abschätzung für die Pfadkosten zwischen Start- und Zielknoten. Auch bei kontinuierlichen Optimierungsproblemen können Greedy-Verfahren eingesetzt werden, wie bspw. (einfache) Gradientenverfahren. Für ausführlichere Betrachtungen über Heuristiken sei z. B. auf (Luger 2001, Lunze 2010a) verwiesen.

Definition *Metaheuristik*: *Eine Metaheuristik ist eine Lösungsstrategie, die eine anwendungsübergreifende Problemformulierung zulässt, und den Entwurf untergeordneter Heuristiken unterstützt, um die Suche so zu lenken, dass eine Näherungslösung ermittelt wird.* ∎

Bei Metaheuristiken lassen sich Verfahren mit Einzel- und Populationssuche unterscheiden. Zu ersteren gehören z. B. Simulated Annealing und Tabu-Suche, zu letzteren die Schwarmintelligenz (wie die Partikelschwarmoptimierung oder Ameisenalgorithmen) oder Evolutionäre Algorithmen (wie Genetische Algorithmen oder Evolutionsstrategien). Der Begriff der Metaheuristik wurde 1986 von Glover eingeführt. Weitere Definitionen finden sich z. B. in (Blum, Roli 2003, Marti et al. 2011).

2.5.3 Kriterien zur Ergebnisbewertung

Angenommen sei, dass das gegebene Optimierungsproblem lösbar ist. Dann ist das primäre Kriterium, ob das Optimum vom Optimierungsverfahren gefunden bzw. hinreichend eng eingegrenzt wird. Exakte deterministische Algorithmen gewährleisten dies für die zugehörigen Problemklassen. Der Berechnungsaufwand ist das sekundäre Kriterium. Allerdings kann der Berechnungsaufwand bei schwierigen Problemen inakzeptabel hoch sein. Im Bereich praktischer kombinatorischer oder multimodaler kontinuierlich-parametrischer Probleme

---

[25] Polynominale Laufzeit bedeutet, dass die Laufzeit als Polynom des die Problemkomplexität beschreibenden Parameters (hier Anzahl n der Städte) ausgedrückt werden kann.

höherer Ordnung ist dies oft der Fall. Dann finden Heuristiken und Metaheuristiken als approximierende Methoden Verwendung. Bei diesen ist allerdings nicht garantiert, dass das Optimum gefunden wird. Auch liefern sie keine Auskunft, wie nah ein Lösungskandidat bzgl. der Werte der Zielfunktion und der Entscheidungsvariablen zum Optimum liegt.

Da Heuristiken und Metaheuristiken in der Regel randomisierte Strategiekomponenten verwenden, ist eine statistische Sichtweise bei der Bewertung von Effektivität und Effizienz der Methoden sinnvoll. Dazu wird ein Algorithmus mehrfach auf das gegebene Problem angewendet. Da der optimale Zielfunktionswert i. d. R. unbekannt ist, wird das beste Ergebnis in den Algorithmusläufen als Schätzwert für das Optimum verwendet. Ein effektivitätsorientiertes Kriterium ist das Verhältnis der N_F erfolgreichen zu den N gesamten Algorithmusläufen. Ein Lauf gilt dabei als erfolgreich, wenn das Optimum gefunden wurde. Dieses Kriterium wird als Erfolgsrate oder *Global Search Capability* (*GSC*) bezeichnet (Craenen et al. 2003, Liu, Zheng 2009, Zhang et al. 2009, Liu, Kroll 2012):

$$GSC_N := N_F / N \qquad\qquad (2.30)$$

Auch kann bewertet werden, wie groß der Anteil der Läufe ist, die zu nahezu optimalen Zielfunktionswerten geführt haben, also z. B. weniger als 3 % vom Optimum abweichen (Onoyama et al. 2000). Ein Suchverfahren kann so parametriert sein, dass das Optimum selten erreicht wird. Dies kann z. B. der Fall sein, wenn das Suchverfahren nach einer vorgegebenen, knapp bemessenen Anzahl an Iterationen abgebrochen wird. Dann können Mittelwert

$$\bar{J} := \frac{1}{N} \sum_{i=1}^{N} J_i \qquad\qquad (2.31)$$

und Streuung

$$\sigma_N := \sqrt{\frac{1}{N-1} \sum_{i=1}^{N} (J_i - \bar{J})^2} \qquad\qquad (2.32)$$

der Zielfunktionswerte J_i der N Algorithmusläufe beim Abbruch bewertet werden (Carrano et al. 2008). (Bei der populationsbasierten Suche wird für J_i das beste in der Population erzielte Ergebnis verwertet.) Auch kann der Abstand des Mittelwerts zum optimalen Wert bewertet werden, insofern dieser bekannt ist (Liu, Zeng 2009). Eine bezogene Größe im Sinne einer relativen Abweichung ist

$$E := \frac{\bar{J} - J_{opt}}{J_{opt}}. \qquad\qquad (2.33)$$

Zur Beurteilung der Effizienz kann der Rechenaufwand bewertet werden. Dieser hängt allerdings nicht nur vom Algorithmus, sondern auch von der Hardware und der Implementierung ab. Um diese Abhängigkeiten zu vermeiden, kann die durchschnittliche Anzahl an Iterationen bis zum erstmaligen Erreichen des Optimums betrachtet werden (Homaifar et al. 1992, Craenen et al. 2003, Zhang et al. 2009). Dabei würden typischerweise für mehrfach durchgeführte Algorithmusläufe z. B. Mittelwert und Streuung betrachtet. Die genannten Kriterien eignen sich insbesondere für die (vergleichende) Bewertung von Algorithmen bei der Lösung von Problemen mit bekanntem oder hinreichend gut geschätztem Optimum. Zur Beobachtung des Fortschritts eines populationsbasierten Suchverfahrens wird insbesondere die Entwicklung der besten und der durchschnittlichen Lösungsgüte betrachtet. Zudem kann die Streuung der Lösungsgüte der Individuen in einer Population verfolgt werden.

2.5.4 Praktische Beispiele

Optimales Chemieanlagen-Design (mittels Evolutionsstrategie):

Das erste Beispiel betrifft den Entwurf von Produktionsanlagen. In (Groß 1999, Emmerich et al. 2000a, b, c) wird das Problem der optimalen Gestaltung einer verfahrenstechnischen Anlage zur Herstellung von Benzol aus Toluol mittels des HDA[26]-Prozesses behandelt. Dort können auch Details zum verfahrenstechnischen Prozess nachgelesen werden. Die technische Umsetzung kann mittels verschiedener struktureller Anlagenvarianten erfolgen. So können gelöste Gase mit unterschiedlichen verfahrenstechnischen Grundoperationen entfernt werden. Ein unerwünschtes Nebenprodukt (Diphenyl) kann abgetrennt und ausgeschleust oder im Gemisch rückgeführt werden. Diese Alternativen führen zu diskreten Entscheidungsvariablen. Weitere diskrete Entscheidungen betreffen die Auswahl von Prozessdampftemperaturstufe und Kühlmitteltyp. Es treten ganzzahlige Entscheidungsvariablen auf, da bei der Destillation die Anzahl der Böden sowie der Boden für die Stoffzufuhr festzulegen sind. Zudem gibt es kontinuierliche (reelle) Entscheidungsvariablen für die Arbeitspunkte von Drücken, Konversionsraten und für ein Stoffstromverhältnis. Somit folgt ein gemischt-ganzzahliges Optimierungsproblem. Die zulässigen Wertebereiche der Variablen sind beschränkt. Zur Optimierung wird eine Evolutionsstrategie verwendet. Die Strukturvarianten werden modelliert, indem in einer Superstruktur einzelne Teile deaktiviert werden können. Ein vom Optimierer berechneter Lösungskandidat wird mittels einer Prozesssimulationsumgebung bewertet. Diese berechnet die thermodynamischen Zustandsgrößen, leitet daraus die notwendige Dimensionierung der Komponenten ab und ermittelt die Kosten des Anlagendesigns. Bei den Kosten werden Investitions- und Betriebskosten berücksichtigt. Abb. 2.71 zeigt die Superstruktur und die profitoptimierte Substruktur (gestrichelte Teile fallen dabei weg) sowie die weiteren Entscheidungsvariablen, deren Wertebereiche und die optimierten Werte.

Modellparameteroptimierung (mittels Evolutionsstrategie):

Das zweite Beispiel behandelt die Parameteranpassung eines komplizierten, physikalisch-motivierten Prozessmodells für die Kühlstrecke einer Warmwalzanlage (Abb. 2.72) aus (Höhfeld, Gramckow 1998): Die bisher manuell vorgenommene Parameteranpassung ist zu automatisieren und die Modellgüte zu verbessern. Die Kühlstrecke dient dazu, die Bänder nach dem Walzen von z. B. 900 °C auf 600 °C abzukühlen, bevor sie aufgewickelt werden. Dabei werden mehrere Ventile zur Blas- und Wasserabkühlung eingesetzt. Ein physikalisches Prozessmodell wird genutzt, um die für das Erreichen der Solltemperatur an der Haspel notwendigen Ventilstellungen zu berechnen. Diese hängen neben der Solltemperatur auch von Stahlsorte, Bandgeschwindigkeit und -dicke ab.

---

[26] HDA: Hydrodesalkylierung

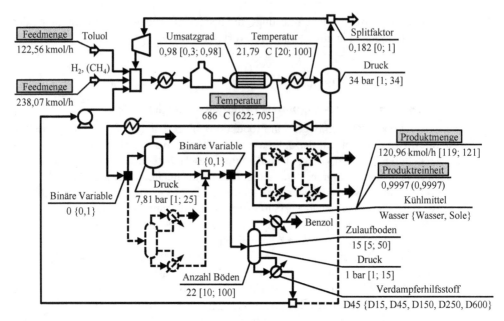

Abb. 2.71:   HDA-Prozesssuperstruktur und deaktivierte Teile (gestrichelt) (nach Groß 1999)

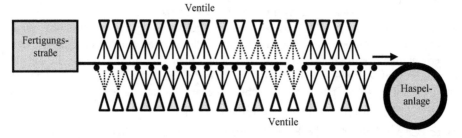

Abb. 2.72:   Schematische Darstellung einer Kühlstrecke beim Warmwalzen (nach Höhfeld, Gramckow 1998)

Insgesamt hat das Modell 28 Parameter, die bisher von einem Inbetriebnehmer manuell angepasst wurden. Der Modellfehler streute stark und die mittlere Abweichung lag statt beim angestrebten Wert von 0 °C bei ca. −50 °C (Abb. 2.73). Das Prozessmodell lag als „Black-Box-Modell" vor und war nicht durchgängig differenzierbar. Die Ableitungen waren nicht analytisch verfügbar und ihre numerische Schätzung problematisch. Da zudem auch noch das Parameterschätzproblem multimodal war, wurde eine Evolutionsstrategie eingesetzt. Die Optimierung aller 28 reellwertigen Modellparameter führte zu einem geringen Modellfehler, aber physikalisch nicht plausiblen Parameterwerten. Deshalb wurde ein Teil der Parameter auf den bisherigen, physikalisch plausiblen Werten festgehalten und nur 12 verbleibende Parameter mittels Evolutionsstrategie optimiert. Dies lieferte einen mittleren Modellfehler von −1,3 °C auf den Trainings- und von 3,2 °C auf den Testdaten. Die Streuung der Modellfehler wurde mehr als halbiert. Abb. 2.74 zeigt die resultierende Häufigkeitsverteilung des

Residuums. Der verbliebene unerwünschte „Höcker" um 50 °C in der Häufigkeitsverteilung lässt sich über ein Defizit im Modellansatz erklären.

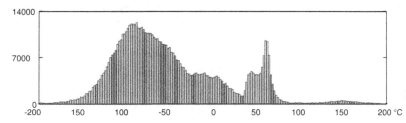

Abb. 2.73:   Häufigkeitsverteilung des Modellfehlers bei manueller Parametrierung (Höhfeld, Gramckow 1998)

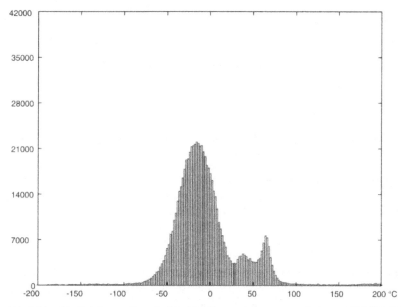

Abb. 2.74:   Häufigkeitsverteilung des Modellfehlers nach Parameteroptimierung (Höhfeld, Gramckow 1998)

Routenplanung/Pickup-and-Delivery-Problem (mittels Genetischem Algorithmus):

Das dritte Beispiel behandelt ein Pickup-and-Delivery-(PDP-)Problem aus dem Bereich der kombinatorischen Optimierung. PDP-Probleme gelten als NP-hart (Parragh et al. 2008). Das Problem entstammt (Walkenhorst[27], Bertram 2011) und behandelt die optimale Planung der Touren eines Automobiltransporteurs. Im konkreten Beispiel müssen mittels eines Transportfahrzeugs Kraftfahrzeuge zwischen sieben Automobilniederlassungen, die sich zusammengeschlossen und jeweils auf verschiedene Aufgaben spezialisiert haben, hin- und her transportiert werden. Dabei sind verschiedene Beschränkungen zu berücksichtigen wie Öffnungszeiten der Niederlassungen, Zeitfenster für die Durchführung einzelner Transportaufträge,

---

[27]   Gedankt sei Herrn Walkenhorst für die zusätzlich übermittelten Informationen.

Lenkzeitbeschränkungen des Fahrers und die maximale Zuladung. Der Tourvorschlag kann nach verschiedenen Gütekriterien bewertet werden, wie die gesamte Fahrstrecke als Maß für den Kraftstoffverbrauch oder die mittlere Bearbeitungsdauer der Transportaufträge als Maß für die Zügigkeit der Bearbeitung der Kundenaufträge. In (Walkenhorst, Bertram 2011) wurde das Problem mittels eines Genetischen Algorithmus multikriteriell gelöst. Abb. 2.75a zeigt die real gefahrene Tour mit einer Gesamtlänge von 1371 km und einer durchschnittlichen Bearbeitungsdauer von 2990 min. In Abb. 2.75b ist die pareto-optimale Lösung mit der kürzesten Fahrstrecke dargestellt. Sie hat eine Gesamtlänge von 1250 km und eine durchschnittliche Bearbeitungsdauer von 1385 min.

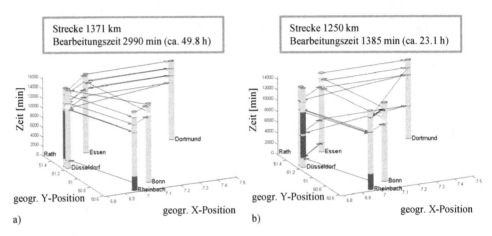

Abb. 2.75:   Real gefahrene (a) und auf Länge der Gesamtfahrstrecke optimierte Tour (b) (Walkenhorst, Bertram 2011)

2.5.5   Weiterführende Literatur

Eine mathematisch tiefergehende Behandlung der exakten Methoden bei kontinuierlichen Entscheidungsvariablen findet sich z. B. in (Spellucci 1993, Gill et al. 1995, Dennis, Schnabel 1996), zur kombinatorischen Optimierung in (Korte, Vygen 2008) und zur multikriteriellen Optimierung z. B. in (Ehrgott 2005). Einführenden Charakter bzgl. kontinuierlicher Probleme hat (Rao 2009) und bzgl. multikriterieller Probleme (Colette, Siarry 2004). Methoden zur exakten Lösung nicht-konvexer Probleme finden sich in der Literatur zur globalen Optimierung z. B. in (Horst, Pardalos 1995, Horst, Tuy 1996, Floudas 2000, Horst et al. 2000). Eine praxisnahe Behandlung der gemischt-ganzzahligen Optimierung findet sich z. B. in (Kallrath 2002). Das Wissenschaftsgebiet der Operations Research befasst sich anwendungsgetrieben mit dem optimalen Betrieb von großen Systemen wie Produktions- und Infrastruktureinrichtungen. Diese werden aus dem Blickwinkel der Wirtschaftswissenschaften auf übergeordneter Ebene betrachtet. Es gibt ein breites Literaturangebot mit Fokus auf beschränkte Optimierungsprobleme. Lehrbücher wie (Hillier, Liebermann 2005, Domschke, Drexl 2007) bieten einen einfachen Einstieg in die mathematischen Methoden. (Kombinatorische) Planungsaufgaben werden techniknäher in der Literatur zum Scheduling behandelt, z. B. in (Pinedo 2008). Eine breite Einführung in verschiedenste Metaheuristiken liefern z. B.

die Sammelbände (Rayward-Smith et al. 1996, Glover, Kochenberger 2003, Burke, Kendall 2005, Gendreau, Potvin 2010). Eine Übersicht (mit Fokus auf stochastischen Problemen) bietet (Bianchi et al. 2008). In den Fachabschnitten dieses Buchs wird auf vertiefende Literatur zu den biologisch motivierten Teilgebieten der Evolutionären Algorithmen, Ameisenalgorithmen und Partikelschwarmoptimierung eingegangen. Der Bereich der Metaheuristiken umfasst weitere Konzepte wie Tabu-Suche (Glover, Laguna 2002) und Simulated Annealing (Aarts, Korst 1989, van Laarhoven, Aarts 1992), die in diesem Buch nicht behandelt werden.

2.5.6 Zusammenfassende Bewertung

In Numerik und Operations Research wurden für spezielle Problemklassen effiziente Optimierungsverfahren entwickelt. Dabei gibt es Methoden, die das „nächste" lokale Optimum ermitteln. Zudem gibt es Methoden, die das globale Optimum ermitteln oder die Güte der gelieferten Lösung spezifizieren – sie werden als exakte Verfahren bezeichnet. Mit ihnen lassen sich viele niedrigdimensionale, kontinuierlich-parametrische Optimierungsprobleme mit hinreichend gutmütigen Zielfunktionen lösen. Viele praktische Probleme lassen sich allerdings nicht mit exakten Verfahren lösen. Des Weiteren hat oft das eigentliche Optimierungsproblem eine andere Beschreibungsform als für die Anwendung der numerischen Verfahren erforderlich. Dann kann ein Stellvertreterproblem gelöst werden, das das eigentliche Problem (mehr oder wenig gut) approximiert. Diese Einschränkungen verleihen Heuristiken und Metaheuristiken Bedeutung. Sie liefern keine exakte, sondern nur eine approximative Lösung eines Problems. In der Regel kann aber das eigentliche Problem kodiert und die Näherungslösung nach akzeptabler Rechenzeit geliefert werden. Metaheuristiken sind zudem problemübergreifend anwendbar. Bei ihnen lassen sich insbesondere Verfahren unterscheiden, die einen einzelnen Lösungskandidaten iterieren, und solche, die mit einer Population von Lösungskandidaten arbeiten. Abb. 2.76 zeigt eine mögliche Vorgehensweise bei der Auswahl einer Optimierungs- oder Suchmethode. Die Übersicht soll zudem helfen, nach Durcharbeiten der verschiedenen Methoden dieses Buchs diese retrospektiv nochmals einzuordnen.

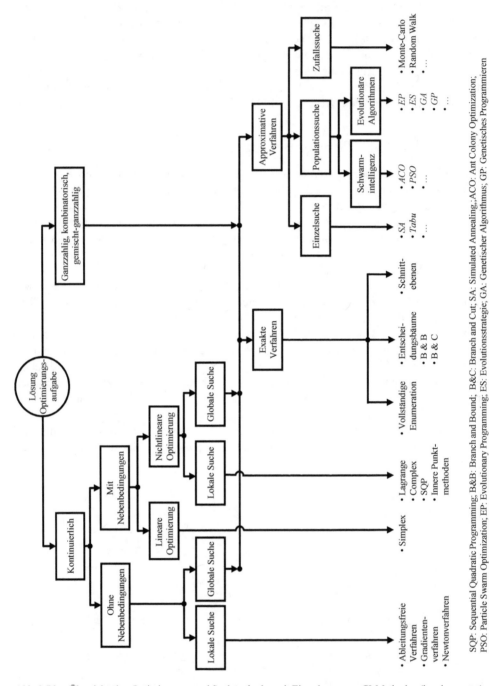

Abb. 2.76:   Übersicht über Optimierungs- und Suchmethoden mit Einordnung von CI-Methoden (kursiv gesetzt)

2.6 Beispiele und Benchmarks

In diesem Abschnitt wurden überwiegend Praxisbeispiele vorgestellt, um einen Eindruck von Anwendungsmöglichkeiten und -bedarf bzgl. der in den folgenden Abschnitten eingeführten Methoden zu geben. Je enger der Praxisbezug ist, desto proprietärer ist i. d. R. das Problem und desto spärlicher sind die verfügbaren Informationen, so dass die Beispiele oft nicht vollständig nachvollzogen werden können. Auch sind praktische Probleme häufig sehr komplex. Wenn die Effektivität und Effizienz von Methoden – gerade auch vergleichend – beurteilt werden soll, ist es wichtig, dass Problemstellungen in solchem Detail spezifiziert sind, dass sie auch von anwendungsfremden Personen mit ihren Methoden gelöst werden können. Dies führt direkt zu den sogenannten *Benchmark-Problemen*. Dies sind Problemstellungen, die Reproduzierbarkeit, Validierbarkeit und Vergleichbarkeit verschiedener Lösungsansätze gewährleisten sollen. Dazu werden die Aufgabenstellung, notwendige Daten, Bewertungskriterien und Begleitinformation öffentlich verfügbar gemacht. In (Hoffmann et al. 2012, Kroll, Schulte 2014) findet sich eine ausführliche Diskussion sowie eine umfangreiche Auflistung von Benchmark-Problemen. Hierzu zählt bspw. das UCI Machine Learning Repository der University of California (UCI 2013) für Klassifikationsaufgaben oder das DaISy Repository der Katholischen Universität Leuven (DAISY 2013) für die datengetriebene Modellbildung.

Benchmark-Probleme gibt es zu allen vier in diesem Abschnitt vorgestellten Aufgabenbereichen (Klassifikation, Modellbildung, Regelung, Optimierung). So werden verschiedene Benchmark-Probleme als Beispiele in den folgenden Methodenkapiteln aufgegriffen, wie die Iris-Daten bei der Klassifikation oder das Drei-Tanksystem bei der Regelung. Zudem werden einfache, ohne großen Aufwand nachrechenbare Problemstellungen eingeführt, die dem Gedanken der Benchmark-Probleme folgen: Die dazu notwendigen Informationen sind in diesem Buch und/oder der Companion-Webseite frei verfügbar. So können zum einen die im Buch präsentierten Ergebnisse im Detail nachvollzogen und nachimplementiert werden. Auch können andere Methoden angewendet und deren Resultate mit den vorgestellten verglichen werden. Ein Anliegen dieses Buches ist es zudem, vorzustellen wie mit unterschiedlichen Computational-Intelligence-Methoden die gleiche Problemstellung gelöst werden kann. Dabei wird nachvollziehbar gezeigt werden, dass sich Probleme mit verschiedenen, konkurrierenden Methoden oft mit ähnlicher Ergebnisgüte lösen lassen. Trotzdem können grundsätzliche Unterschiede bestehen, wie z. B. in der Interpretierbarkeit oder in einer vorteilhaft ausnutzbaren Struktur der Lösung.

Teil II: Fuzzy-Systeme

3   Einleitung

Das Bestreben zur objektiven, qualifizierten Betrachtung hat in Wissenschaft und Technik den Übergang von Wahrnehmungen zu Messungen und präziser Datenverarbeitung gefördert. So führte Lord Kelvin aus (frei übersetzt): „... Wenn man das, worüber man spricht, messen und in Zahlen fassen kann, weiß man etwas darüber. Ist das nicht der Fall, so ist das Wissen dünn und unbefriedigend..." So wurden herausragende wissenschaftlich-technische Leistungen möglich wie bemannte Mondflüge, Flugzeuge mit fast 10-facher Schallgeschwindigkeit, Hochleistungsrechner oder Teilchenbeschleuniger. Nichtsdestotrotz sind viele Fähigkeiten des Menschen maschinell immer noch unerreicht – wie das Zusammenfassen nicht trivialer Texte, das Steuern von Fahrzeugen im dichten Stadtverkehr –, obwohl der Mensch weder exakte Messungen noch exakte Datenverarbeitung nutzt (Zadeh 2001, 2002).

Menschen formulieren Wissen oft in Form von Wenn-Dann-Regeln, z. B. bei einer Raumtemperierung: „Wenn die Raumtemperatur hoch ist, dann reduziere die Ventilöffnung stark." Solche Regeln sind selten exakt gemeint: Wenn 30 °C eine hohe Temperatur ist und die Bedingung der Regel voll erfüllt wäre, so würde man bei 29,9 °C kaum sagen, dass die Temperatur nun „mittel" sei und die Handlungsanweisung gar nicht mehr zuträfe. Dieser Situation trägt die 1965 von Zadeh (1965) vorgestellte *Fuzzy-Logik* Rechnung. Die Fuzzy-Logik ist eine Methodik, um unscharfe Informationen mathematisch zu beschreiben und zu verarbeiten. Zadeh (1996) spricht hierbei vom „Rechnen mit Wörtern". Dubois et al. (1998) stellen fest, dass die Stärke der Fuzzy-Logik in ihrer Fähigkeit besteht, Modellbildung und Abstraktion zu verbinden.

Eine originäre Motivation für *Fuzzy Control* bestand im Reglerentwurf ohne Ausnutzung eines mathematischen Prozessmodells; stattdessen wurde Expertenwissen ausgenutzt. Ende der 70er Jahre gelang es, industrielle Zementdrehrohröfen mittels Fuzzy Control zu regeln, was sich bis dahin mit konventionellen Methoden nicht erreichen ließ (Holmblad, Østergaard 1982, 1995). Dies löste ein sehr großes Interesse an der Fuzzy-Logik insbesondere in Japan aus, in dessen Folge dort viele erfolgreiche Produkte und Systeme entstanden, die Fuzzy-Logik einsetzen (Waschmaschinen, Kameras, fahrerlose U-Bahn usw.) (Self 1990, Weihrich 1990, Driankov, Hellendoorn, Reinfrank 1993, Hirota 1993). Interessant macht Fuzzy-Modelle und -Regler zudem, dass sie über einen Regelsatz beschrieben werden und im Vergleich zu den Ergebnissen einer systemtheoretischen Vorgehensweise einfacher zu interpretieren sind. Eine andere Anwendung liegt im Bereich der Datenanalyse und Klassifizierung. Dabei tritt oft das Problem auf, dass Objekte nicht exakt einer Klasse zugeordnet werden können, wie dies bei konventionellen Verfahren erforderlich ist. Unscharfe Klassifikationsverfahren erlauben es, Objekte in unterschiedlichem Maße verschiedenen Klassen zuzuordnen. Zu den weiteren Anwendungsbereichen von Fuzzy-Systemen zählen Modellbildung, Überwachung und Diagnose.

Für Fuzzy-Systeme mit Regeln, bei denen sowohl Bedingungen als auch Schlussfolgerungen unscharf sind, hat sich die Bezeichnung *Mamdani-Fuzzy-Systeme* etabliert. Daneben entstand eine Beschreibungsvariante, bei der nur die Bedingung unscharf, die Schlussfolgerung dagegen eine Funktion ist – die sogenannten *Takagi-Sugeno-Systeme*. Mit deren Hilfe lassen sich nichtlineare Modelle, Klassifikatoren und Regler unscharf aus bereichsweise linearen Teilsystemen zusammensetzen. Insbesondere bei wissenschaftlichen Arbeiten verschob sich der anfängliche Fokus von expertenwissensbasierten Ansätzen in Richtung datengetriebener und nichtlinearer systemtheoretischer Methoden.

Dieses II. Hauptkapitel behandelt nach einer Einführung grundlegender Prinzipien die Mustererkennung mittels Fuzzy-Clusterverfahren, die Fuzzy-Modellbildung sowie die Fuzzy-Regelung. Weitere Anwendungsfelder für Fuzzy-Methoden sind Optimierung, Datenanalyse, Diagnose und Expertensysteme.

4 Allgemeine Prinzipien

In diesem Abschnitt werden grundlegende Prinzipien eingeführt. Vertiefende Informationen können z. B. den deutschsprachigen Monographien (Böhme 1993, Kahlert, Frank 1994, Kiendl 1997) entnommen werden. Zweisprachige Begriffsdefinitionen bietet zudem das 2. Blatt der VDI/VDE-Richtlinie 3550 (VDI/VDE 2002).

4.1 Fuzzy-Mengen, Grundoperationen und linguistische Variablen

Digitalrechner treffen i. Allg. scharfe Ja-/Nein-Entscheidungen: In der klassischen Logik ist eine Aussage entweder wahr oder falsch. So könnte eine scharfe Entscheidung im Rahmen einer Raumklimatisierung sein, z. B. eine Temperatur von 29,9 °C als nicht hoch, eine von 30,0 °C dagegen als hoch einzustufen. Das heißt, die Aussage „Temperatur ist hoch" hätte für 29,9 °C den Wahrheitsgrad 0 und für 30 °C den Wahrheitsgrad 1. Ein Mensch entscheidet dagegen i. Allg. unscharf. Eine Aussage „Temperatur ist hoch" kann dann nicht nur richtig oder falsch sein, sondern auch einen Wahrheitsgrad zwischen 0 und 1 aufweisen, siehe Abb. 4.1.

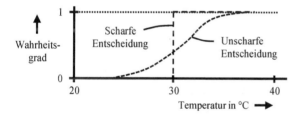

Abb. 4.1:   Wahrheitsgrad der Aussage „Temperatur ist hoch" bei scharfer oder unscharfer Entscheidung (nach Jantzen 2007)

In der klassischen (zweiwertigen bzw. Boole'schen) Mengenlehre gehört ein Element x ganz oder gar nicht zu einer Menge A. Die Aussage „x gehört zu A" kann also wahr oder falsch sein. Zu einer unscharfen Menge bzw. Fuzzy-Menge kann ein Objekt hingegen auch teilweise zugehörig sein. Der Grad der Zugehörigkeit zu einer Fuzzy-Menge A kann durch die ihr zugeordnete Zugehörigkeitsfunktion $\mu_A(x)$ ausgedrückt werden. Sie weist jedem Element x des Definitionsbereichs einen Zugehörigkeitsgrad zwischen 0 (nicht zugehörig) und 1 (voll zugehörig) zu:

$$A := \{(x, \mu_A(x)) \mid x \in D\} \tag{4.1}$$

Es lassen sich Fuzzy-Mengen mit kontinuierlicher, unendlicher (Abb. 4.2a) und diskreter, endlicher (Abb. 4.2b) Grundmenge unterscheiden. Dabei interessiert insbesondere der Fall

$x \in \Re$. Wenn für das Supremum $\sup_x(\mu_A(x)) = 1$ gilt (wie in Abb. 4.2a), heißt A *normal*. Da eine Normierung einfach mittels Division von $\mu_A(x)$ durch $\sup_x(\mu_A(x))$ erreicht werden kann, wird im Folgenden i. Allg. von normierten Fuzzy-Mengen ausgegangen. Abb. 4.3 zeigt einige Beispiele für Zugehörigkeitsfunktionen. Verbreitet ist die Nutzung dreieckiger, trapezoider und gaußglockenartiger Zugehörigkeitsfunktionen. Fuzzy-Einermengen (Singletons) werden oft bei der Fuzzifizierung und als ausgangsseitige Fuzzy-Referenzmengen eingesetzt.

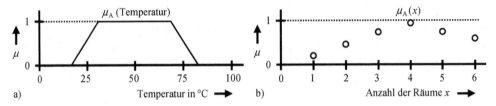

Abb. 4.2:   Beispiel Fuzzy-Menge „mittlere Temperatur" mit kontinuierlicher, unendlicher Grundmenge *Temperatur* $\in [0\,°C;\,100\,°C] \subset \Re$ (a) sowie Fuzzy-Menge „4-Personen-Familienhaus" mit diskreter, endlicher Grundmenge $A = \{(1;\,0{,}2);\,(2;\,0{,}5);\,(3;\,0{,}8);\,(4;\,1);\,(5;\,0{,}8);\,(6;\,0{,}7)\}$ (b) (nach Zimmermann 1991)

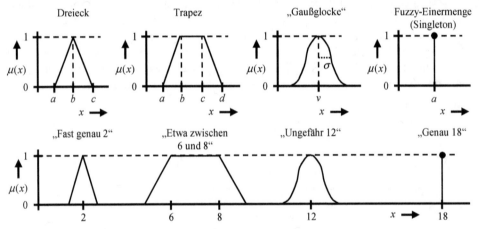

Abb. 4.3:   Beispiele für Zugehörigkeitsfunktionen

Gegeben die Parameterdefinitionen aus Abb. 4.3 oben lassen sich die genannten Zugehörigkeitsfunktionstypen beschreiben über (die dreieckförmige ist analog zur trapezförmigen):

$$\mu_{\text{Trapez}}(x) = \begin{cases} \dfrac{x-a}{b-a} & \text{für } a \le x < b \\ 1 & \text{für } b \le x < c \\ \dfrac{d-x}{d-c} & \text{für } c \le x < d \\ 0 & \text{sonst} \end{cases} \quad , \tag{4.2}$$

$$\mu_{\text{Gauss}}(x) = \exp\left(\frac{-(x-v)^2}{2\sigma^2}\right) \quad \text{und} \tag{4.3}$$

$$\mu_{\text{Singleton}}(x) = \begin{cases} 1 & \text{für } x = a \\ 0 & \text{sonst} \end{cases}. \tag{4.4}$$

Die Menge aller Elemente x der Grundmenge D, für die $\mu_A(x) > 0$ ist, heißt *Träger* oder *Support* der Fuzzy-Menge A (Abb. 4.4 l.):

$$Supp(A) = \{x \in D \mid \mu_A(x) > 0\} \tag{4.5}$$

Die Menge aller Elemente x der Grundmenge D, für die $\mu_A(x)$ den Wert 1 annimmt, heißt *Kern* oder *Toleranz* der Fuzzy-Menge A:

$$T(A) = \{x \in D \mid \mu_A(x) = 1\} \tag{4.6}$$

Der α-Schnitt von A ist definiert als abgeschlossene Menge aller Elemente x der Grundmenge D, für die $\mu_A(x)$ Werte größer/gleich α annimmt:

$$A_\alpha = \{x \in D \mid \mu_A(x) \geq \alpha\} \tag{4.7}$$

Form und Ausdehnung des Nicht-Kernbereichs legen somit den Grad der Unschärfe fest. Eine (Zugehörigkeits-)Funktion wird als *konvex* bezeichnet, wenn für jedes beliebig gewählte Intervall $[x_1; x_2]$ im Definitionsbereich die Funktionswerte mindestens so groß sind wie an den Intervallgrenzen, d. h. wenn gilt (Abb. 4.4):

$$\mu((1 - \lambda)x_1 + \lambda x_2) \geq \min(\mu(x_1), \mu(x_2)) \quad \forall \lambda \in [0; 1] \tag{4.8}$$

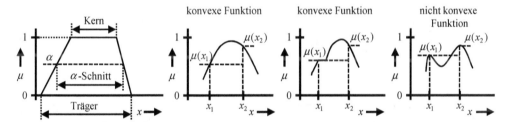

Abb. 4.4: Zur Definition von Kern, Träger und α-Schnitt und zur Eigenschaft der Konvexität

Zugehörigkeitsfunktionen werden als *orthogonal* bezeichnet, wenn sich die Summe der Zugehörigkeiten zu allen c Fuzzy-Mengen für jedes Element des Definitionsbereichs zu 1 aufaddiert (siehe Abb. 4.5):

$$\sum_{i=1}^{c} \mu_i(x) = 1 \; \forall \; x \in D \tag{4.9}$$

In technischen Systemen nehmen Größen i. d. R. reelle (scharfe) Werte aus ihrem Definitionsbereich an. Eine *linguistische Variable* ist eine Größe, die *linguistische Werte* annehmen kann. Die Verwendung linguistischer Variablen unterstützt eine natürlichsprachliche Beschreibung von Zusammenhängen. Typischerweise wird einer linguistischen Variablen eine endliche Menge linguistischer Werte, die sie annehmen kann, zugeordnet. Beispielsweise möge die reelle Variable *Temperatur* reelle Werte *Temperatur* $\in [0\,°C; 100\,°C] \subset \Re$ und die linguistische Variable *TEMPERATUR* linguistische Werte *TEMPERATUR* $\in$ {niedrig, mittel, hoch} annehmen können. Die Regelabweichung sei als weiteres Beispiel betrachtet: Sie soll z. B. als reelle Variable Werte $e \in [-1; 1] \subset \mathfrak{R}$ und als linguistische Variable Werte $E \in$ {negativ, null, positiv} annehmen können. Reelle Variablen werden im Folgenden mit klein, linguistische mit groß geschriebenen Formelzeichen bezeichnet.

Auf Fuzzy-Mengen können *Modifikatoren* (*hedges*) angewendet werden, um Begriffe wie *sehr* oder *etwas* nachzubilden. Tritt der verstärkende Zusatz *sehr* zu einer Fuzzy-Menge A, so kann dies mittels $\mu_{\text{sehr } A}(x) = \mu_A^2(x)$ umgesetzt werden. Dieser verstärkend wirkende Modifikator wird als Konzentrationsoperator $\mu_{\text{con } A}(x) = \mu_A^2(x)$ bezeichnet. Eine Abschwächung lässt sich mittels Dilationsoperator $\mu_{\text{dil } A}(x) = \mu_A^{0,5}(x)$ umsetzen.

Unter einer *Partitionierung* versteht man die Teilung eines Raums in scharfe Teilräume. Analog definiert eine *Fuzzy-Partitionierung* die Teilung eines Raums mittels Fuzzy-Mengen in unscharfe Teilräume. Die Anzahl der verwendeten Mengen wird entsprechend der gewünschten Granularität bzw. Auflösung gewählt. Abb. 4.5 zeigt ein eindimensionales Beispiel für eine Aufteilung in drei Teilräume; Abb. 4.6 ein zweidimensionales Beispiel.

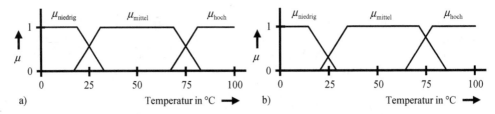

Abb. 4.5:   Beispiel einer Fuzzy-Partitionierung mittels orthogonaler (a) und nichtorthogonaler (b) Zugehörigkeitsfunktionen durch Definition von Fuzzy-Mengen für niedrige, mittlere und hohe Temperaturen auf dem Definitionsbereich von 0 °C bis 100 °C einer reellen Variablen (Temperatur)

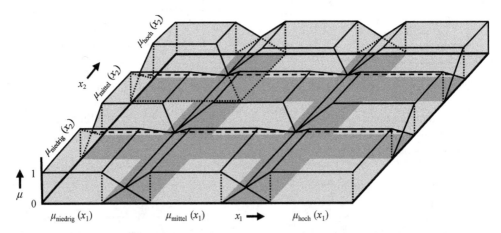

Abb. 4.6:   Beispiel einer Fuzzy-Partitionierung eines zweidimensionalen Vektorraums mittels jeweils drei auf den reellen Variablen x_1, x_2 definierten Fuzzy-Mengen (niedrig, mittel, hoch)

Aus der klassischen Logik ist die Verwendung der Operatoren NICHT, UND und ODER zur Ermittlung des Wahrheitswertes einer Aussage bekannt. Die Boole'schen Operatoren können zu Fuzzy-Operatoren erweitert werden, um unscharfe Aussagen auswerten zu können. So gilt für den Fuzzy-NICHT-Operator: $\mu_{\neg A}(x) = 1 - \mu_A(x)$. Einige einfache Umsetzungen der Fuzzy-UND/ODER-Operatoren zeigt Tab. 4.1. Dabei stehen korrespondierende UND- und ODER-Operatoren in der gleichen Zeile. Der Anwendung von UND- bzw. ODER-Operator entspricht sowohl in der klassischen als auch der unscharfen Mengenlehre die Bildung von Schnitt- bzw. Vereinigungsmenge. Abb. 4.7 zeigt ein Beispiel für die Umsetzung von UND bzw. ODER durch MIN- bzw. MAX-Operator.

Tab. 4.1: Einfache Fuzzy-UND- und Fuzzy-ODER-Operatoren; korrespondierende Operatoren stehen in der gleichen Zeile

Fuzzy-UND-Operator (t-Norm),	Fuzzy-ODER-Operator (t-Conorm)
Minimum: $\mu_{A \wedge B}(x) = \min(\mu_A(x), \mu_B(x))$	Maximum: $\mu_{A \vee B}(x) = \max(\mu_A(x), \mu_B(x))$
Algebraisches Produkt:	Algebraische Summe:
$\mu_{A \wedge B}(x) = \mu_A(x) \cdot \mu_B(x)$	$\mu_{A \vee B}(x) = \mu_A(x) + \mu_B(x) - \mu_A(x) \cdot \mu_B(x)$

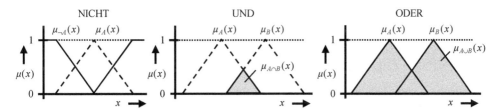

Abb. 4.7: Grundoperationen auf Fuzzy-Mengen für eine Realisierung des Fuzzy-NICHT-Operators über seine „komplementäre" Zugehörigkeitsfunktion (links) sowie des Fuzzy-UND-Operators als Minimum (Mitte) und des Fuzzy-ODER-Operators als Maximum (rechts)

4.2 Mamdani-Fuzzy-Systeme

Mamdani-Fuzzy-Systeme bestehen aus linguistischen Regeln der Form:

WENN Ventil ist auf DANN Temperatur ist hoch

Eine Regel besteht aus einem Bedingungsteil (Prämisse, „WENN…") und einem Schlussfolgerungsteil (Konklusion, „DANN…"). Häufig schreibt man die Bezeichnungen von Variablen sowie Werten nicht aus und oft liegen mehrere Ein- und Ausgangsgrößen vor. Das führt dann zu Regeln der Form:

R_i : WENN (X_1 ist $A_{1,i}$) UND … UND (X_M ist $A_{M,i}$)

DANN (Y_1 ist $B_{1,i}$) UND … UND (Y_R ist $B_{R,i}$) $, i = 1, …, c$

Eine solche Regel verknüpft unscharfe Eingangsgrößen $X_1, …, X_M$ mit unscharfen Ausgangsgrößen $Y_1, …, Y_R$. Die Prämisse legt fest, für welche Eingangsgrößenkombination die Regel R_i aktiv und wie stark die Aktivierung ist. Sie besteht aus M Teilprämissen (X_j ist $A_{j,i}$), die über UND- oder ODER-Operatoren verknüpft sind. Häufig werden nur UND-Operatoren eingesetzt, was als „Regel in konjunktiver Form" bezeichnet wird. $A_{j,i}$ bzw. $B_{l,i}$ sind die Fuzzy-Referenzmengen bzgl. der Ein- bzw. Ausgangsgrößen. Typischerweise haben die Regeln eine Ausgangsgröße, was deshalb auch hier betrachtet wird. Regeln mit mehreren Ausgangsgrößen können durch einen Satz von Regeln mit einer Ausgangsgröße ersetzt werden. Ein Mamdani-Fuzzy-System besteht dann aus c Regeln der Form:

$$R_1 : \text{WENN} (X_1 \text{ ist } A_{1,1}) \text{ UND} ... \text{UND} (X_M \text{ ist } A_{M,1}) \text{ DANN} (Y \text{ ist } B_1)$$

$$\vdots$$

$$R_i : \text{WENN} (X_1 \text{ ist } A_{1,i}) \text{ UND} ... \text{UND} (X_M \text{ ist } A_{M,i}) \text{ DANN} (Y \text{ ist } B_i)$$

$$\vdots$$

$$R_c : \text{WENN} (X_1 \text{ ist } A_{1,c}) \text{ UND} ... \text{UND} (X_M \text{ ist } A_{M,c}) \text{ DANN} (Y \text{ ist } B_c)$$

Ein Regelsatz wird *vollständig* genannt, wenn für jede zulässige Kombination der Eingangsgrößen mindestens eine Regel aktiviert ist. Im Folgenden wird die Situation besprochen, dass eine scharfe Eingangsgröße (z. B. ein Messwert) durch ein Mamdani-Fuzzy-System unscharf ausgewertet und abschließend als scharfe Ausgangsgröße zur Verfügung gestellt wird. Das ist für technische Anwendungen typisch. Dazu werden die einzelnen Schritte der Informationsverarbeitung erläutert (Abb. 4.8). Die scharfen Eingangsgrößen x_j^* werden häufig auf einen Wertebereich von 0 bis 1 (oder -1 bis 1) normiert. Die resultierenden Größen x_j werden *fuzzifiziert*, d. h. es wird jedem scharfen ein unscharfer Wert zugeordnet. Üblich ist die Zuordnung einer Fuzzy-Einermenge (Abb. 4.9a); selten werden Zugehörigkeitsfunktionen mit ausgedehntem Träger verwendet (Abb. 4.9b).

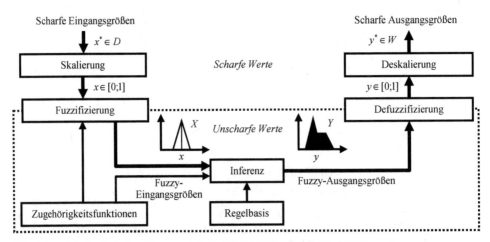

Abb. 4.8:   Schritte der Informationsverarbeitung bei einem Mamdani-Fuzzy-System

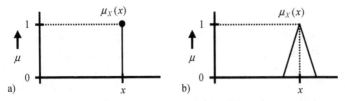

Abb. 4.9:   Fuzzifizierung durch Zuordnung eines Singletons (a) und einer dreieckigen Zugehörigkeitsfunktion (b) zur Fuzzy-Menge $\mu_X(x)$

Zur Auswertung einer Regel

$$R_i : \text{WENN}\,(X_1 \text{ ist } A_{1,i})\, \text{UND} \ldots \text{UND}\,(X_M \text{ ist } A_{M,i})\, \text{DANN}\,(Y \text{ ist } B_i) \qquad (4.10)$$

werden die fuzzifizierten Eingangsgrößen X_j mit den eingangsseitigen Fuzzy-Referenzmengen $A_{j,i}$ verglichen, was den Erfülltheitsgrad $\alpha_{j,i}$ der zugehörigen Teilprämisse $(X_j$ ist $A_{j,i})$ liefert:

$$\alpha_{j,i}(x_j) = \max(\mu_{Xj} \wedge \mu_{Aj,i}) \qquad (4.11)$$

Bei Fuzzifizierung über Singletons folgt somit einfach (siehe Beispiel in Abb. 4.10):

$$\alpha_{j,i}(x_j) = \mu_{Aj,i}(x_j) \qquad (4.12)$$

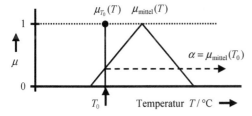

Abb. 4.10:   Auswertung der Teilprämisse (TEMPERATUR ist mittel) für gegebene Temperatur T_0

Die Berechnung des Wahrheits- bzw. Erfülltheitsgrads α_i (sog. *Aktivierung/Aktivierungsstärke*) der i-ten Regel aus den Erfülltheitsgraden ihrer Teilprämissen $\alpha_{1,i}, \ldots, \alpha_{M,i}$ wird als *Aggregation* bezeichnet und erfolgt gemäß:

$$\alpha_i(x_1; \ldots; x_M) = \alpha_i(\mathbf{x}) = \mu_{A1,i}(x_1) \wedge \ldots \wedge \mu_{AM,i}(x_M) \qquad (4.13)$$

Bei Realisierung des Fuzzy-UND-Operators mittels algebraischem Produkt folgt

$$\alpha_i(\mathbf{x}) = \prod_{j=1}^{M} \mu_{Aj,i}(x_j) \qquad (4.14)$$

und bei Umsetzung mittels Minimum

$$\alpha_i(\mathbf{x}) = \min_{j \in \{1; M\}} (\mu_{Aj,i}(x_j)). \qquad (4.15)$$

Entsprechend dem Erfülltheitsgrad wird der Handlungsvorschlag B_i in der Konklusion der Regel abgeschwächt zu:

$$\mu_i(\mathbf{x}, y) = \alpha_i(\mathbf{x}) \wedge \mu_{Bi}(y) \qquad (4.16)$$

Bei Realisierung des Fuzzy-UND-Operators durch das algebraische Produkt bewirkt dies eine Skalierung, bei Verwendung des MIN-Operators dagegen ein Abschneiden von $\mu_{Bi}(y)$ (Abb. 4.11). Die Glaubwürdigkeit einer Regel kann durch einen normierten Glaubensgrad $g_i \in [0; 1]$ bei der Bestimmung der ausgangsseitigen Zugehörigkeitsfunktion berücksichtigt werden:

$$\mu_i(\mathbf{x}, y) = \alpha_i(\mathbf{x}) \wedge \mu_{Bi}(y) \wedge g_i \qquad (4.17)$$

Die Empfehlungen aller c Regeln werden durch ODER-Verknüpfung zusammengefasst (sog. *Akkumulation*, Abb. 4.12):

$$\mu_{res}(\mathbf{x}, y) = \bigvee_{i=1}^{c} (\alpha_i(\mathbf{x}) \wedge \mu_{Bi}(y) \wedge g_i) = \bigvee_{i=1}^{c} \mu_i(\mathbf{x}, y) \tag{4.18}$$

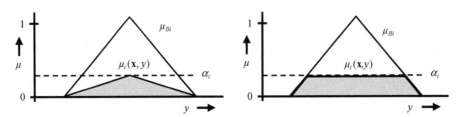

Abb. 4.11: Abschwächung des Handlungsvorschlages mittels Produkt- (links) und Minimum-Operator (rechts)

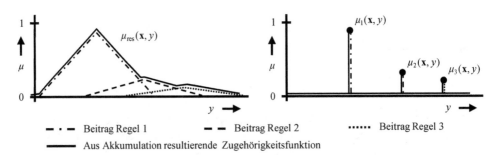

— · — Beitrag Regel 1   — — Beitrag Regel 2   ⋯⋯ Beitrag Regel 3

——— Aus Akkumulation resultierende Zugehörigkeitsfunktion

Abb. 4.12: Beispiel der Akkumulation der Beiträge von drei Regeln mittels Maximum-Operator für den Fall dreieckförmiger Zugehörigkeitsfunktionen der ausgangsseitigen Fuzzy-Referenzmengen (links) sowie für Singletons (rechts)

Die Akkumulation wird häufig nicht mit der für den Fuzzy-Operator erklärten algebraischen Summe nach Tab. 4.1, sondern durch die einfache Summenbildung durchgeführt, die kein Fuzzy-ODER-Operator ist. Die resultierende Zugehörigkeitsfunktion kann Werte größer Eins annehmen, die nicht als Fuzzy-Wahrheitswert interpretierbar sind. Dies stört nicht, wenn die nachgeschaltete Verarbeitung keine logischen Operatoren enthält (wie es bspw. bei anschließender Defuzzifizierung der Fall ist). Die Schritte der Aktivierung und der Akkumulation werden zusammen auch als *Inferenz* bezeichnet. Wird z. B. das Maximum für den ODER-Operator bei der Akkumulation und das Minimum für den UND-Operator bei der Aktivierung gewählt, so spricht man auch von MAX-MIN-Inferenz.

Die Abbildung der unscharfen Ausgangsgröße des Fuzzy-Systems auf eine scharfe Größe heißt *Defuzzifizierung*. Dazu können verschiedene Methoden angewendet werden, wie Maximum-, Maximum-Mittelwert- oder Schwerpunktmethode. Bei der *Maximum-Methode* wird das zum größten Zugehörigkeitswert gehörende Argument als scharfe Größe ausgegeben (siehe Beispiel in Abb. 4.13a):

$$y_{res}(\mathbf{x}) = \arg \max_{y} \mu_{res}(\mathbf{x}, y) \tag{4.19}$$

Dabei wird vorausgesetzt, dass nur ein einziges absolutes Maximum auftritt. Die *Maximum-Mittelwert-Methode* (Mean of Maxima, MOM) arbeitet wie die Maximum-Methode, nur dass sie bei mehreren gleichgroßen Maxima den Mittelwert der Argumente als scharfe Ausgangsgröße liefert (Abb. 4.13b):

$$y_{res}(\mathbf{x}) = \text{mean}\{y \mid \mu_{res}(\mathbf{x}, y) = \max \mu_{res}(\mathbf{x}, y)\} \qquad (4.20)$$

Dabei kann der Fall auftreten, dass μ_{res} bei y_{res} den Wert 0 annimmt. Beide Methoden können bei stetiger Änderung der Eingangsgrößen zu unstetiger Änderung der Ausgangsgröße führen.

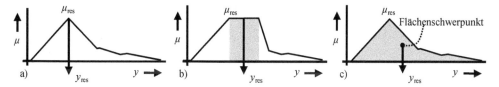

Abb. 4.13: Exemplarische Anwendung der Defuzzifizierung nach der Maximum- (a), der Maximum-Mittelwertmethode (b) und der Schwerpunktmethode (c)

Bei der *Schwerpunktmethode* (Center of Gravity, COG) wird das Argument des Flächenschwerpunktes der Zugehörigkeitsfunktion als scharfer Wert ausgegeben (Abb. 4.13c):

$$y_{res}(\mathbf{x}) = \frac{\int\limits_{-\infty}^{\infty} y \cdot \mu_{res}(\mathbf{x}, y)\,d y}{\int\limits_{-\infty}^{\infty} \mu_{res}(\mathbf{x}, y)\,d y} \qquad (4.21)$$

Die COG-Methode ist sehr rechenaufwändig. Eine Vereinfachung folgt bei Verwendung von Singletons Y_i (mit Kern in y_i) für die ausgangsseitigen Fuzzy-Referenzmengen. Dann ist die *Schwerpunktmethode für Singletons* (Center of Singletons, COS) anwendbar:

$$y_{res}(\mathbf{x}) = \frac{\sum\limits_{i=1}^{c} \alpha_i(\mathbf{x}) \cdot y_i}{\sum\limits_{i=1}^{c} \alpha_i(\mathbf{x})} \qquad (4.22)$$

Dabei ist c die Anzahl der Regeln. Beide Methoden führen bei stetiger Eingangsgrößenänderung und Verwendung stetiger Operatoren zu stetiger Änderung der Ausgangsgröße. Der defuzzifizierte Wert wird häufig noch deskaliert, um ihn bspw. an den Wertebereich des Ansteuersignals eines Stellglieds anzupassen, vgl. Abb. 4.8.

Beispiel *Auswertung Mamdani-System*:

Betrachtet werden soll die Auswertung eines einfachen Mamdani-Systems, das zwei Eingangsgrößen mit zwei Regeln zu einer Ausgangsgröße verarbeitet, für ein anliegendes Datum $(x_1 = 0,4; x_2 = 0,3)$. Die Fuzzifizierung erfolge mit Singletons. UND bzw. ODER werden mittels MIN- bzw. MAX-Operatoren umgesetzt. Die Defuzzifizierung erfolgt mit dem Schwerpunktverfahren. Abb. 4.14 zeigt die komplette Auswertung mit ihren Zwischenschritten.

R_1 : WENN (X_1 ist mittel) UND (X_2 ist klein) DANN (Y ist klein)

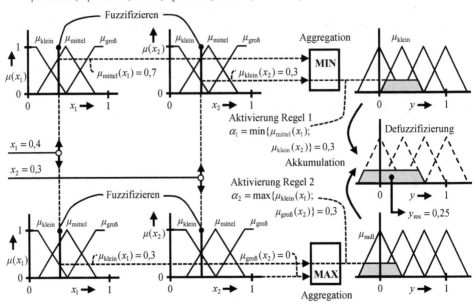

R_2 : WENN (X_1 ist klein) ODER (X_2 ist groß) DANN (Y ist null)

Abb. 4.14:   Beispielauswertung eines einfachen Mamdani-Fuzzy-Systems

4.3   Relationale Fuzzy-Systeme

Relationen beschreiben Beziehungen zwischen Objekten. Zweistellige Relationen können durch Paarmengen modelliert werden.

Definition *Relation*: *Eine (zweistellige) Relation R zwischen den Mengen A und B ist eine Teilmenge des kartesischen Produktes A × B*

$$R = \{(x, y) \mid x \in A, y \in B, R_{xy} \text{ ist gültig}\}, \tag{4.23}$$

die mittels der Vorschrift R_{xy} beschrieben wird. Die Zugehörigkeit zu R wird durch eine Zugehörigkeitsfunktion $\mu_R : A \times B \to \{0; 1\}$ beschrieben. ∎

Definition *Fuzzy-Relation*: *Eine (zweistellige) Fuzzy-Relation zwischen den Mengen A und B ist eine Fuzzy-Teilmenge des kartesischen Produktes A × B:*

$$R = \{((x, y), \mu_R(x, y)) \mid x \in A, y \in B\} \tag{4.24}$$

die mittels der Zugehörigkeitsfunktion $\mu_R : A \times B \to [0; 1]$ beschrieben wird. ∎

Beispiel *Fuzzy-Relation*:

Die Relation „=" auf $\Re^2$ filtert die Teilmenge $R = \{(x, y) \in \Re^2 \mid x = y\}$ aus $\Re^2$ heraus (Abb. 4.15a). Die Fuzzy-Relation „ungefähr gleich" auf $\Re^2$ filtert die unscharfe Teilmenge

$R = \{((x, y), \mu_R(x, y)) \mid (x, y) \in \Re^2\}$ mit z. B. $\mu_R(x, y) = \max(0; 1 - a \mid x - y \mid)$ aus $\Re^2$ heraus (Abb. 4.15b). Dabei ist a ein Entwurfsparameter, mit dem die Unschärfe eingestellt wird.

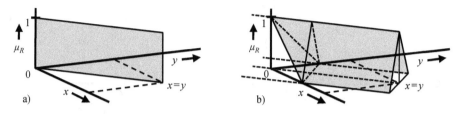

Abb. 4.15: Relation „=" (a) und Fuzzy-Relation „ungefähr gleich" (b)

Im Fall diskreter, endlicher Grundmengen $X = \{x_1, \ldots, x_i, \ldots, x_n\}$ und $Y = \{y_1, \ldots, y_i, \ldots, y_m\}$ kann eine (zweistellige) Fuzzy-Relation als (Relations-)Matrix

$$\mathbf{R} = [r_{i,j}] \quad \text{mit} \quad r_{i,j} = \mu_R(x_i, y_j) \in [0;1] \tag{4.25}$$

notiert werden. Relationale Fuzzy-Systeme nutzen Fuzzy-Relationen, um Zusammenhänge zwischen unscharfen Ein- und Ausgangsgrößen zu beschreiben. Gegeben sei eine zweistellige Fuzzy-Relation R, die den Zusammenhang zwischen Fuzzy-Mengen A und B beschreibt. Mittels der *(Fuzzy-)Relationsgleichung*

$$B = A \circ R \tag{4.26}$$

mit dem Kompositionsoperator $\circ$ wird dem unscharfen Wert A ein unscharfer Wert B zugeordnet. Bei Verwendung der Supremum-Minimum-(sup-min-)Komposition gilt:

$$\mu_B(y) = \sup_x \min\{\mu_A(x), \mu_R(x, y)\} \tag{4.27}$$

In technischen Anwendungen sind oft scharfe Werte mit kontinuierlichen Wertbereichen als zu verarbeitende Eingangsgrößen gegeben und als Ausgangsgrößen erwünscht. Zur Fuzzifizierung können n Fuzzy-Referenzmengen vorgegeben werden, deren Kerne jeweils genau in den x_i liegen: $\mu_{x_i}(x)$. Für einen scharfen Eingangsgrößenwert x^* folgt dann in Vektornotation $\mathbf{A} = [a_i]$ mit $a_i = \mu_{x_i}(x^*)$ für $i = 1, \ldots, n$. Zur Defuzzifizierung kann für $B = A \circ R$ bspw. die Maximum- oder Schwerpunktmethode auf $\mathbf{B} = [b_j]$ angewendet werden. Bei der Schwerpunktmethode gilt

$$y_{\text{res}} = \frac{\sum_{j=1}^{m} b_j \cdot y_j}{\sum_{j=1}^{m} b_j} \tag{4.28}$$

und bei der Maximum-Methode

$$y_{\text{res}} = \arg\max_{y_j} \mu_B(y_j). \tag{4.29}$$

Eine Erweiterung auf mehrstellige Relationen ist einfach möglich.

Sei nun A auf der diskreten Grundmenge X und B auf Y definiert und als Vektor $\mathbf{A} = [a_i]$ bzw. $\mathbf{B} = [b_j]$ notiert. Sei die Relation als Matrix $\mathbf{R} = [r_{i,j}]$ gegeben. Dann kann die rechte Seite von (4.26) analog der Berechnungsvorschrift der Matrixalgebra behandelt werden, nur dass die Produkt- durch Minimumbildung und die Summation durch das Supremum zu ersetzen ist. Es folgt:

$$b_j = \sup_{1 \le i \le n} \min\{a_i ; r_{i,j}\} \quad 1 \le j \le m \tag{4.30}$$

Beispiel *Auswertung einer Fuzzy-Relationsgleichung (basierend auf Kahlert, Frank 1994)*:

Betrachtet werde der Zusammenhang zwischen der Helligkeit des Rottons und dem Reifegrad von Tomaten, um von der Farbe auf die Reife schließen zu können. Der Rotton x werde in drei diskreten Werten $x_i \in \{1; 2; 3\}$ behandelt; ebenso der Reifegrad y in $y_j \in \{1; 2; 3\}$. Als Zusammenhang wurde Tab. 4.2 beobachtet.

Tab. 4.2:   Zusammenhang zwischen Rotton und Reifegrad bei Tomaten

Stärke des Zusammenhangs				Reifegrad		
		y_i	unreif	reif	überreif	
		x_i	1	2	3	
Rotton	hellrot	1	1	0,5	0	
	rot	2	0,3	1	0,3	
	dunkelrot	3	0	0,6	1	

Die Relationsmatrix folgt zu:

$$\mathbf{R} = \begin{bmatrix} 1 & 0,5 & 0 \\ 0,3 & 1 & 0,3 \\ 0 & 0,6 & 1 \end{bmatrix}$$

Für einen unscharfen Wert des Rottons von $\mathbf{A} = [0,7 \quad 0,3 \quad 0]$ folgt bei sup-min-Komposition der unscharfe Reifegrad zu

$$\mathbf{B} = \mathbf{A} \circ \mathbf{R} = [0,7 \quad 0,3 \quad 0] \begin{bmatrix} 1 & 0,5 & 0 \\ 0,3 & 1 & 0,3 \\ 0 & 0,6 & 1 \end{bmatrix} = [0,7 \quad 0,5 \quad 0,3].$$

Nun soll ein scharfer Rotton aus einem kontinuierlichen Wertebereich auf einen scharfen Ausgangswert umgesetzt werden. Zwecks Fuzzifizierung werden die drei Fuzzy-Referenzmengen aus Abb. 4.16a definiert. Der auszuwertende Farbton sei $x_0 = 1,9$. Die Fuzzifizierung liefert hierfür $\mathbf{A} = [0,1 \quad 0,9 \quad 0]$. Die sup-min-Komposition ergibt

$$\mathbf{B} = \mathbf{A} \circ \mathbf{R} = [0,1 \quad 0,9 \quad 0] \begin{bmatrix} 1 & 0,5 & 0 \\ 0,3 & 1 & 0,3 \\ 0 & 0,6 & 1 \end{bmatrix} = [0,3 \quad 0,9 \quad 0,3].$$

Mit den drei Fuzzy-Referenzmengen aus Abb. 4.16b bzgl. des Reifegrades liefert eine Defuzzifizierung nach dem Schwerpunkt-(oder Maximum-)Verfahren $y_{\text{res}} = 2$.

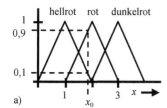 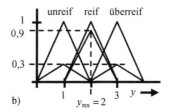

Abb. 4.16: Definition der Fuzzy-Referenzmengen für die Fuzzifizierung

4.4   Takagi-Sugeno-Systeme

Takagi und Sugeno (1983, 1985) führten Fuzzy-Systeme ein, deren Regeln linguistische Prämissen, deren Konklusionen aber Funktionen aufweisen:

$$R_i : \text{WENN}\,(X_1\ \text{ist}\ A_{1,i})\ \text{UND} \ldots \text{UND}\,(X_M\ \text{ist}\ A_{M,i})\ \text{DANN}\ y_i = f_i(\mathbf{x}) \tag{4.31}$$

Typische Schlussfolgerungen sind lineare/affine Modelle in Ein-/Ausgangs- oder Zustandsdarstellung oder lineare/affine Regelgesetze, da dann die Methoden der linearen Theorie übertragen werden können. Häufig verwenden die Schlussfolgerungen aller Regeln den gleichen Funktionstyp und unterscheiden sich nur in der Parametrierung. Die Zugehörigkeitsfunktionen der eingangsseitigen Fuzzy-Referenzmengen einer Regel sorgen für eine weiche Begrenzung der Gültigkeit ihrer Schlussfolgerung. Zudem bewirken sie einen weichen Übergang bzw. eine Interpolation zwischen den Schlussfolgerungen benachbarter Regeln. Als Argumente der Zugehörigkeitsfunktionen wählt man diejenigen Größen, von denen die Partitionierung abhängen sollte. Dies sind oft die Größen, die das nichtlineare Verhalten maßgeblich beeinflussen (insoweit bekannt). So können Prämissen und Konklusionen verschiedene Argumente verwenden. Die Auswertung der Prämissen erfolgt wie bei Mamdani-Regeln und liefert die Erfülltheitsgrade α_i der c Regeln. Die Akkumulation liefert im Gegensatz zu Mamdani-Systemen direkt eine scharfe Ausgangsgröße:

$$y(\mathbf{x}) = \frac{\displaystyle\sum_{i=1}^{c} \alpha_i(\mathbf{x})\cdot y_i(\mathbf{x})}{\displaystyle\sum_{i=1}^{c} \alpha_i(\mathbf{x})} =: \sum_{i=1}^{c} \phi_i(\mathbf{x})\cdot y_i(\mathbf{x}) \tag{4.32}$$

Darin bezeichnet

$$\phi_i = \alpha_i \,/\, \sum_{i=1}^{c} \alpha_i \tag{4.33}$$

eine *Fuzzy-Basisfunktion* (Wang, Mendel 1992). Für die c Fuzzy-Basisfunktionen gilt $\sum_{i=1}^{c}\phi_i = 1$. Formel (4.32) entspricht im Fall konstanter Schlussfolgerungen der Beschreibung von Mamdani-Fuzzy-Systemen mit Singletons als ausgangsseitige Fuzzy-Referenzmengen und COS-Defuzzifizierung. Deshalb können derartige Mamdani-Fuzzy-Systeme als einfacher Sonderfall von TS-Systemen interpretiert werden.

Beispiel *Übertragungsverhalten TS-System*:

Betrachtet wird das Übertragungsverhalten eines TS-Systems gemäß Abb. 4.17. Das TS-System besteht aus drei Regeln. Verwendung finden (orthogonale) trapezoide sowie alternativ (nicht-orthogonale) gaußglockenförmige Zugehörigkeitsfunktionen. Bei letzteren wurde σ gemäß (4.3) so gewählt, dass die resultierenden Fuzzy-Basisfunktionen (qualitativ) ähnlich stark überlappen wie die trapezoiden. Der Fuzzy-UND-Operator ist als PROD-Operator ausgeführt[28]. In Abb. 4.18 oben sind die Aktivierungs-grade $\alpha_i(x_1, x_2)$ der drei Regeln, die zugehörigen Fuzzy-Basisfunktionen $\phi_i(x_1, x_2)$ und das resultie-rende Übertragungsverhalten des TS-Systems $y(x_1, x_2)$ für den Fall trapezoider (linke Spalte) und gaußglockenförmiger Zugehörigkeitsfunktionen (rechte Spalte) dargestellt. Es lässt sich auf einfache und gezielte Weise ein nichtlineares Übertragungsverhalten einstellen. Man sieht, dass trotz deutlichem Unterschied zwischen dreieckigen und gaußglockenförmigen Zugehörigkeitsfunktionen aus den ϕ_i eine vergleichbare Fuzzy-Partitionierung und (wegen der festliegenden Konklusionen) ein sehr ähnli-ches Übertragungsverhalten $y(x_1, x_2)$ folgt. Das Beispiel zeigt ferner, dass bei den gaußglockenförmi-gen, nicht-orthogonalen Zugehörigkeitsfunktionen die zugehörige Fuzzy-Partitionierung (bzw. die Fuzzy-Basisfunktionen) nicht intuitiv sein kann (können): Der näherungsweise rechteckige und pla-teauförmige Verlauf der ϕ_i für die gegebenen zwei gaußglockenförmigen Zugehörigkeitsfunktionen und die eine gratförmige Zugehörigkeitsfunktion kann überraschend wirken.

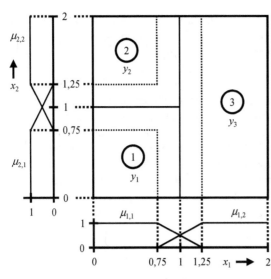

R$_1$: WENN X_1 ist $\mu_{1,1}$ UND X_2 ist $\mu_{2,1}$
   DANN $y_1 = -4x_1 + 4x_2 - 2$

R$_2$: WENN X_1 ist $\mu_{1,1}$ UND X_2 ist $\mu_{2,2}$
   DANN $y_2 = 4x_1 - 2x_2 - 4$

R$_3$: WENN X_1 ist $\mu_{1,2}$
   DANN $y_3 = 2x_1 + x_2 + 1$

Die trapezoiden Zugehörigkeitsfunktionen sind in nebenstehender Grafik definiert.

Für gaußglockenförmige Zugehörigkeitsfunktionen gelte:

$$\mu_{j,i}(x_j) = \exp\left(\frac{-(x_j - v_{j,i})^2}{2 \cdot \sigma^2}\right) \qquad \sigma = 0,25$$

$$v_{1,1} = 0,5; \; v_{1,2} = 1,5; \; v_{2,1} = 0,5; \; v_{2,2} = 1,5$$

Abb. 4.17:   TS-System mit drei Regeln/Partitionen

---

[28]   Die Verwendung des MIN-Operators führt zu ähnlichen Ergebnissen.

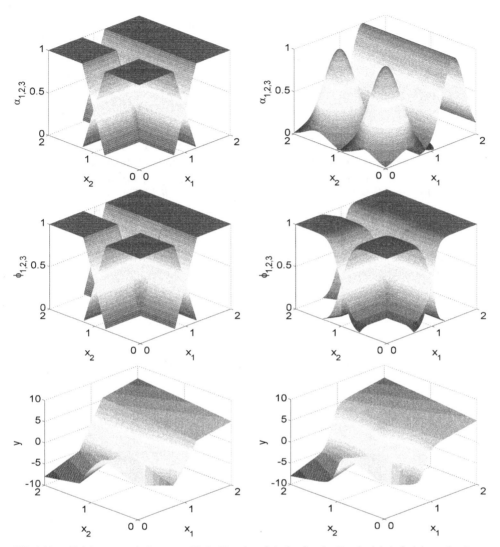

Abb. 4.18:   Aktivierungsgrade für trapezoide (o. l.) und gaußglockenförmige Zugehörigkeitsfunktionen (o. r.),
             zugehörige Fuzzy-Basisfunktionen (Mitte) und resultierendes Gesamtübertragungsverhalten (unten)

4.5   Multivariate Zugehörigkeitsfunktionen und allg. Fuzzy-Partitionierungen

Bisher wurden skalare/univariate Zugehörigkeitsfunktionen betrachtet. Tatsächlich definiert das Zusammenziehen der Teilerfülltheitsgrade eine mehrdimensionale Zugehörigkeitsfunktion. Dies erlaubt eine vereinfachte Notation der Prämissen in (4.10) und (4.31) als

$$R_i : \text{WENN} \, (\mathbf{X} \text{ ist } \mathbf{A}_i) \, \text{DANN} \dots \qquad\qquad (4.34)$$

mit der multivariaten/mehrdimensionalen Zugehörigkeitsfunktion $\mathbf{A}_i$ und dem Vektor $\mathbf{X}$ der unscharfen Eingangsgrößen. Die Form der Zugehörigkeitsfunktion hängt von der Operatorwahl für die Umsetzung der Verknüpfung der Teilprämissen ab. Bei konjunktiver Verknüpfung und Umsetzung mittels PROD-Operator folgt z. B. (Abb. 4.19b)

$$\mu_{Ai}(\mathbf{x}) := \prod_j (\mu_{j,i}(x_j)),$$ (4.35)

die Umsetzung mittels MIN-Operator illustriert Abb. 4.19a. Die resultierenden Zugehörigkeitsfunktionen bewirken eine achsparallele Partitionierung (Abb. 4.20 links) mit entsprechend hoher Regelanzahl insbesondere bei Problemen mit mehreren Eingangsgrößen. Die resultierende „Explosion" der Parameteranzahl wird auch als *Fluch der Dimensionalität* bezeichnet. Ein Einsatz *echt mehrdimensionaler* Partitionierungen (Abb. 4.20 rechts) ermöglicht eine bessere Anpassung der Partionierung an die Problemstellung. Bei Mehrgrößenproblemen ist die Wirkung der Einflussgrößen häufig gekoppelt. Die bessere, da dimensionsübergreifende Anpassbarkeit, reduziert i. Allg. deutlich die Anzahl der notwendigen Partitionen und verhindert so die Explosion der Parameteranzahl. Häufig werden abstandsbasierte Zugehörigkeitsfunktionstypen verwendet. Diese sind definiert über:

- ihr i. d. R. punktförmiges Zentrum $\mathbf{v}_i$,
- ein Maß $d_i = \|\mathbf{x} - \mathbf{v}_i\|$ für den Abstand zwischen Eingangsgrößenvektor $\mathbf{x}$ und Zentrum $\mathbf{v}_i$ sowie
- eine Funktion g, die d_i auf den Zugehörigkeitsgrad μ_i abbildet: $\mu_i = g(d_i)$.

Eine auf Eins normierte Gauß'sche Glockenkurve (σ_i^2: Varianz) stellt ein Beispiel dar:

$$\mu_i(\mathbf{x}) = \exp\left(\frac{-\|\mathbf{x} - \mathbf{v}_i\|^2}{2 \cdot \sigma_i^2}\right)$$ (4.36)

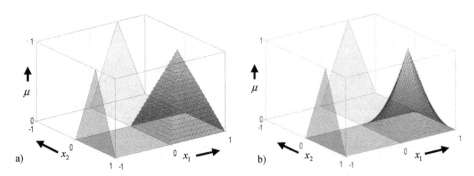

Abb. 4.19:   Beispiel einer mehrdimensionalen Zugehörigkeitsfunktion durch MIN- (a) oder PROD-Verknüpfung
             (b) zweier dreieckiger eindimensionaler Zugehörigkeitsfunktionen

Das Abstandsmaß für die einzelnen Partitionen kann gleich oder unterschiedlich gewählt werden. So lassen sich z. B. konzentrische gaußglockenförmige Zugehörigkeitsfunktionen zu beliebig orientierten (Hyper-)Ellipsoiden erweitern. Die unscharfen Partitionsgrenzen können auch über Vorgabe von Referenzkurven beschrieben werden, zu denen der Abstand bewertet wird (siehe Beispiele in Abb. 4.20 o. r.). Mehrdimensionale Zugehörigkeitsfunktionen und deren datenbasierte Konstruktion werden im Abschnitt 5.1.1 vertieft.

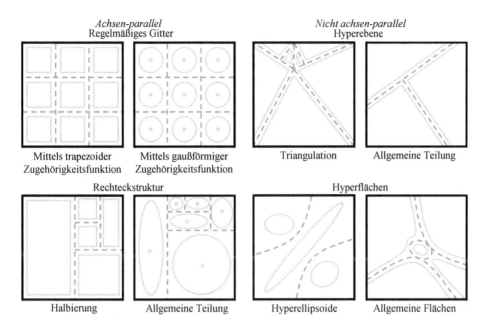

Abb. 4.20: Beispiele verschiedener unscharfer Partitionierungsarten: durchgezogene Linien deuten α-Schnitte der Zugehörigkeitsfunktionen und gestrichelte die resultierende Lage der Übergänge zwischen den Partitionen an (z. B. $\phi_i = 0{,}5$ – Linien)

Beispiel *Bewertung Raumklima***:**

Eine Bewertung der Behaglichkeit des Raumklimas in Abhängigkeit von relativer Luftfeuchtigkeit und Temperatur zeigt Abb. 4.21. Die Smileys symbolisieren behagliches, neutrales oder unbehagliches Klima. Die Bereiche behaglichen und neutralen Klimas sind diagonal orientiert und könnten durch multivariate Zugehörigkeitsfunktionen approximiert werden, die z. B. die gestrichelten Linien als Höhenlinien haben. So würden drei anstatt von 7×10 Regeln zur Beschreibung ausreichen.

Raumklima		Relative Luftfeuchte									
		20 %	30 %	35 %	40 %	45 %	50 %	55 %	60 %	65 %	70 %
Temperatur	<18 °C	☹	☹	☹	☹	☹	😐	😐	☹	☹	☹
	18–19,9 °C	☹	☹	☹	😐	🙂	🙂	🙂	🙂	🙂	☹
	20–21,9 °C	☹	☹	☹	😐	🙂	🙂	🙂	🙂	🙂	☹
	22–23,9 °C	☹	😐	😐	🙂	🙂	🙂	🙂	😐	☹	☹
	24–25,9 °C	☹	😐	🙂	🙂	🙂	😐	☹	☹	☹	☹
	26–27,9 °C	☹	😐	🙂	🙂	🙂	😐	😐	☹	☹	☹
	über 28 °C	☹	☹	☹	☹	☹	☹	☹	☹	☹	☹

Abb. 4.21: Raumklima in Abhängigkeit von Temperatur und Luftfeuchte (nach Conrad 2006)

4.6   Gegenüberstellung von Mamdani- und Takagi-Sugeno-Fuzzy-Systemen

Tab. 4.3 zeigt eine bewertete Gegenüberstellung einiger wichtiger Aspekte von Mamdani- und Takagi-Sugeno-Systemen für typische Anwendungen in den Bereichen Modellbildung, Simulation, Prognose, Regelung und Optimierung.

Tab. 4.3:   Vergleichende Gegenüberstellung von Mamdani- und TS-Fuzzy-Systemen

Aspekt	Mamdani-System	TS-System
Interpretierbarkeit	Gut	Mittel
Einbringbarkeit von Vorwissen zur Auslegung	Gut	Mittel
Nutzbarkeit von Daten zur Auslegung	Gut	Gut
Erforderliche Parameteranzahl	Mittel bis hoch	Mittel
Erreichbare Prädiktionsgüte	Mittel	Hoch
Übertragbarkeit linearer Methoden	Gering	Hoch
Typische Anwendungen	Experten-Regler, Experten-Modell, Experten-Bewertungssysteme	Lokal-linear entworfener Regler, Simulations-/Prognose-Modelle, nichtlineare Klassifikatoren

4.7   Kurze Historie

1965 stellte Lotfi Asker Zadeh (Berkeley University/Kalifornien) das neue Konzept der *Fuzzy-Logik* vor, welches in Folge von vielen Fachkollegen scharf angefeindet wurde. Seit den frühen 70er Jahren arbeitete die Gruppe um Mamdani im Bereich der Fuzzy-Regelung (Fuzzy Control). Ende der 70er Jahre gibt es erste erfolgreiche industrielle Anwendungen insbesondere im Bereich der Prozessautomatisierung, die viel Aufmerksamkeit erlangten. Hierzu zählt die Fuzzy-Regelung eines Zementdrehrohrofens durch den dänischen Zementanlagenbauer F.L. Smidth in Zusammenarbeit mit der Technischen Universität Dänemark (Larson 1980, Holmblad, Østergaard 1982). In den 80er Jahren gab es in Japan eine Fuzzy-Euphorie, in der viele kommerzielle Produkte wie Staubsauger, Kameras, Klimaanlagen und Automobile unter Nutzung von Fuzzy-Methoden entwickelt und erfolgreich auf den Markt gebracht wurden (Self 1990, Weihrich 1990). Im Jahr 1994 soll Japan Produkte, die Fuzzy- oder Neuro-Fuzzy-Methoden nutzen, im Werte von bereits 34 Milliarden US-Dollar exportiert haben (von Altrock 1995). Auch wegen der Befürchtung hier den Anschluss zu verpassen, beginnt Anfang der 90er Jahre ein Fuzzy-Boom in Europa – also mit etwa 10 Jahren Zeitversatz zu Japan. Tab. 4.4 gibt eine Übersicht über einige Meilensteine in der Entwicklung der Fuzzy-Logik.

Tab. 4.4:   Einige Meilensteine bei Erforschung, Entwicklung und Einsatz von Fuzzy-Methoden

Jahr	Meilenstein	Referenz
1965	Einführung des Konzepts der Fuzzy-Logik durch Zadeh	Zadeh 1965
1974	Fuzzy-Regelung einer Labor-Dampfmaschine	Mamdani 1974
1978	Erster industrieller Piloteinsatz eines Fuzzy-Reglers für Zementdreh-rohröfen (F.L. Smidth/Dänemark), seit 1980 als kommerzielles Produkt verfügbar	Larsen 1980, Holmblad, Østergaard 1982
1980er	Fuzzy-Boom in Japan: Fuzzy-Logik-Einsatz in kommerziellen Produkten insb. Haushaltsgeräte, Haustechnik, Unterhaltungselektronik und Automotive	Self 1990, Weihrich 1990, Driankov, Hellendoorn, Reinfrank 1993, Hirota 1993
1983	Takagi-Sugeno-System-Konzept eingeführt	Takagi, Sugeno 1983
1985	Erster Fuzzy-Logik-Chip in den AT&T Bell Laboratorien (USA) entwickelt	Togai, Watanabe 1986
1987	Regulärer Betrieb einer fahrerlosen U-Bahn mit Fuzzy-Regler-basierter Zugsteuerung in Sendai/Japan (Hitachi Ltd./Japan); Simulations- und Feldtestergebnisse wurden bereits 1985 vorgestellt.	Yasunobu, Miyamoto 1985, Hirota 1993
1990er	Fuzzy-Boom in Europa, in Deutschland insbesondere in Nordrhein-Westfalen • 1991: Gründung GMA-Fachausschuss 5.22 „Fuzzy Control" und der Fuzzy-Initiative NRW • 1993: Gründung der GI-Fachgruppe „Fuzzy-Systeme" • 1995: Gründung ERUDIT (Open Network of Excellence for uncertainty modelling and fuzzy technology in the European Union) • 1997-2008: SFB „Design und Management komplexer technischer Prozesse und Systeme mit Methoden der Computational Intelligence"	Preuß 1992, Kiendl 1993, Hellendoorn 1997
Anfang 90er	Zunehmendes Interesse an Neuro-Fuzzy-Methoden und -Systemen	Preuß, Tresp 1994, Nauck, Klawonn, Kruse 1994
Mitte 90er	Zunehmendes Interesse an evolutionären (Neuro-)Fuzzy-Systemen	Cordón et al. 2004
1994	Erster IEEE World Congress on Computational Intelligence (WCCI)	
1995	Matlab Fuzzy-Logic Toolbox von Mathworks eingeführt	Mathworks 2012a
2002	VDI/VDE-Richtlinie „Fuzzy-Logik und Fuzzy Control" erlassen.	VDI/VDE 2002
2005	GMA-Fachausschüsse „Neuronale Netze und Evolutionäre Algorithmen" und „Fuzzy Control" fusionieren zum FA 5.14 „Computational Intelligence"	

Die ersten Fuzzy-Systeme nutzten voll-linguistische Regeln und werden nach den grundlegenden Arbeiten von Mamdani (1974) im Bereich Fuzzy Control auch als Mamdani-Fuzzy-Systeme bezeichnet. Bereits Anfang der 70er Jahre werden Fuzzy-Clusterverfahren vorgestellt (Bezdek 1973). 1983 stellten Takagi, Sugeno und Kang eine nach ihnen benannte Variante vor, bei der die Regeln Funktionen als Schlussfolgerungen verwenden. In den frühen 90er Jahren entstand großes Interesse an Neuro-Fuzzy-Methoden und -Systemen, insbesondere um Lernfähigkeit und Trainingsalgorithmen der Künstlichen Neuronalen Netze für Fuzzy-Systeme nutzbar zu machen (Preuss, Tresp 1994, Nauck, Klawonn, Kruse 1994). Ab

Mitte der 90er Jahre erhielten evolutionäre (Neuro-)Fuzzy-Systeme verstärkte Aufmerksamkeit, um evolutionäre Optimierungsmethoden zur Fuzzy-Systemauslegung zu nutzen. 1994 wurde der erste *IEEE World Congress on Computational Intelligence* (*WCCI*) in Orlando/USA veranstaltet, der die Themen Fuzzy-Systeme, Künstliche Neuronale Netze und Evolutionäre Algorithmen unter einem Dach vereinte. In seinem Spätwerk betont Zadeh (1996), dass Fuzzy-Logik *Rechnen mit Wörtern* bedeute. Zudem misst Zadeh (2001, 2002) der Wahrnehmung gegenüber Messungen im Kontext der Fuzzy-Logik große Bedeutung bei und prägt den Ausdruck „Computational Theory of Perceptions".

In der Frühzeit der Fuzzy-Systeme in den 80ern wurde spezielle Hardware entwickelt, um für schnelle Echtzeitanwendungen insbesondere für Regelungsaufgaben geeignete Systeme realisieren zu können (Togai, Watanabe 1986, Yamakawa 1986, 1988). Heutzutage werden wegen des Fortschritts bei der Leistungsfähigkeit von Digitalrechnern Fuzzy-Echtzeitanwendungen üblicherweise auf Standardrechnern realisiert. Die Euphorie ist in Europa mittlerweile abgeklungen und Fuzzy-Methoden gehören zum Standardrepertoire für die Behandlung *schwieriger* Probleme in Wirtschaft und Wissenschaft. Während in der Boom-Zeit für Produkte und Applikationen der Einsatz von Fuzzy-Methoden aktiv für die Vermarktung genutzt wurde, ist dies heutzutage in Europa nur noch selten zu beobachten. In einigen Anwendungsfeldern hat sich Fuzzy Control über viele Jahre bewährt: Nach dem bereits erwähnten erfolgreichen Pilotversuch kommerzialisierte F.L. Smidth die fuzzybasierte Zementofenregelung und installiert sie alleine zwischen 1980 und 1994 an mehr als 100 Öfen (Holmblad, Østergaard 1995). Die kontinuierlich weiterentwickelte Lösung wird auch heute noch aktiv vermarktet. Das 1986 von der Firma ABB entwickelte Konkurrenzprodukt, das verschiedene gehobene Regelungsfunktionen inkl. Fuzzy Control verwendet, wurde bis 2009 insgesamt 200-mal installiert (ABB 2009). Auch bei Müllverbrennungsanlagen ist über mehrere Realisierungen berichtet worden. Umfangreiche Zusammenstellungen über Anwendungen der Fuzzy-Logik für verschiedenste Problemstellungen finden sich in (Sugeno 1985, Hirota 1993, Zimmermann 1994, Zimmermann, von Altrock 1994, VDI/VDE 2000, Pfeiffer et al. 2002).

5   Clusterverfahren

In diesem Abschnitt wird ein Teilproblem der Mustererkennung behandelt: Die Suche nach zusammenhängenden Gruppen in den Daten, die dann Klassen bilden sollen. Hierzu werden Fuzzy-Clusterverfahren eingeführt. Diese brauchen für den Lernvorgang keine Muster mit Klassenzuordnung; sie lernen unüberwacht. Fuzzy-Clusterverfahren haben auch den Vorteil, dass sie Klassifikatoren in expliziter funktionaler Form liefern. Eine unscharfe Klassifikation erzwingt zudem nicht in jeder Situation eine 100%ige Klassenzuordnung wie bei harten Klassifikatoren. Fuzzy-Clusterverfahren spielen auch bei der Fuzzy-Modellbildung eine wichtige Rolle. Im Hauptabschnitt III zu Künstlichen Neuronalen Netzen werden weitere Methoden zum Erlernen von Klassifikatoren aus Daten vorgestellt, die allerdings scharf klassifizieren. Auf der Companion-Webseite finden sich Parameterstudien zu den im Folgenden eingeführten Clusteralgorithmen. Vertiefende Informationen zur Clusterung finden sich z. B. in (Backer 1995, Duda, Hart, Stock 2001). Die Fuzzy-Clusterung wird z. B. vertieft in (Bezdek 1981, Bezdek, Pal 1992, Höppner et al. 1999). Speziell die Anwendung für die Fuzzy-Modellbildung vertiefen z. B. Babuska (1998) sowie Abonyi und Feil (2007).

5.1   Grundlegende Prinzipien

5.1.1   Abstand und Metrik

Die Bewertung der *Ähnlichkeit* zweier Objekte kann über den Abstand der von den zugehörigen Merkmalsvektoren definierten Punkte im Merkmalsraum erfolgen. Hier stellt sich die Frage, ob das Abstandsmaß in jede Raumrichtung gleich bewertet werden soll oder nicht. Daraus resultieren nämlich implizite Bewertungspräferenzen bzgl. Form, Orientierung und Größe einer Klasse im Merkmalsraum. Deshalb soll im Folgenden die Abstandsbewertung genauer betrachtet werden.

Ist je zwei Elementen $\mathbf{a}$ und $\mathbf{b}$ einer beliebigen, nichtleeren Menge $\mathcal{M}$ eine reelle Zahl $d(\mathbf{a}, \mathbf{b})$ so zugeordnet, dass die Axiome

A1: $d(\mathbf{a}, \mathbf{b}) \geq 0$ mit $d(\mathbf{a}, \mathbf{b}) = 0 \Leftrightarrow \mathbf{a} = \mathbf{b}$ (Definitheit)

A2: $d(\mathbf{a}, \mathbf{b}) = d(\mathbf{b}, \mathbf{a})$ (Symmetrie)

A3: $d(\mathbf{a}, \mathbf{b}) \leq d(\mathbf{a}, \mathbf{c}) + d(\mathbf{c}, \mathbf{b})$ (Dreiecksungleichung)

erfüllt sind, so heißt d Metrik auf $\mathcal{M}$ und $\mathcal{M}$ ist ein metrischer Raum (Heuser 2009). Die Elemente eines metrischen Raums heißen Punkte und die Zahl $d(\mathbf{a}, \mathbf{b})$ Abstand zwischen den Punkten $\mathbf{a}$ und $\mathbf{b}$. Ein Beispiel für eine Metrik ist die Euklid'sche mit $d := \sqrt{(\mathbf{a}-\mathbf{b})^T \cdot (\mathbf{a}-\mathbf{b})}$.

Weitere mögliche Eigenschaften einer Metrik sind:

- Translationsinvarianz, d. h. die absolute Lage im Raum ist unerheblich für den Abstand, also: $d(\mathbf{a} - \mathbf{c}, \mathbf{b} - \mathbf{c}) = d(\mathbf{a}, \mathbf{b})$ und
- Stauchungsinvarianz, d. h. eine Streckung oder Stauchung der Vektoren hat einen analogen Einfluss auf den Abstand: $d(\sigma \cdot \mathbf{a}, \sigma \cdot \mathbf{b}) = |\sigma| \cdot d(\mathbf{a}, \mathbf{b})$.

Jede Norm auf einem Vektorraum induziert durch $d(\mathbf{a}, \mathbf{b}) = \|\mathbf{a} - \mathbf{b}\|$ eine Metrik. So ist jeder normierte Vektorraum auch ein metrischer Raum. Die Wahl der Abstandsnorm impliziert eine bestimmte Form der Klasse und ist somit wichtig. Dabei ist z. B. zu beachten, ob die Muster ähnlich orientiert liegen oder nicht (Abb. 5.1) sowie ob sie eine ähnliche oder deutlich variierende Ausdehnung haben. Einige im Kontext der Abstandsberechnung wichtige Normen werden im Folgenden beschrieben und sind in Abb. 5.2 illustriert.

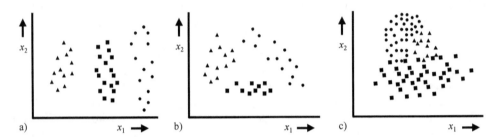

Abb. 5.1: Ähnlich (a) und unterschiedlich orientierte Muster (b) sowie nicht wohlseparierte und unterschiedlich große Cluster (c)

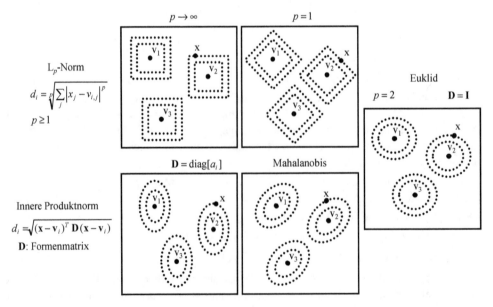

Abb. 5.2: Isonormale einiger L_p-Normen und innerer Produktnormen bei gleicher Normdefinition für alle Bezugspunkte $\mathbf{v}_i$

Für den Abstand zwischen zwei Punkten $\mathbf{x}$ und $\mathbf{v}_i$ (beide der Dimension M) gilt:

- *Euklid'sche Norm*:

$$d_i = \|\mathbf{x} - \mathbf{v}_i\|_2 = \sqrt{(\mathbf{x} - \mathbf{v}_i)^T \cdot (\mathbf{x} - \mathbf{v}_i)} \tag{5.1}$$

- *L_p-Norm*:

$$d_i = \|\mathbf{x} - \mathbf{v}_i\|_p = \sqrt[p]{\sum_{j=1}^{M} |x_j - v_{i,j}|^p} \; ; \; p \geq 1 \tag{5.2}$$

schließt als Sonderfälle für $p = 2$ die *Euklid'sche Norm*, für $p \to \infty$ die *Maximum-Norm* und für $p = 1$ die *1-* bzw. *Manhattan-Norm* ein.

- *Innere Produktnorm*:

$$d_i = \|\mathbf{x} - \mathbf{v}_i\|_\mathbf{D} = \sqrt{(\mathbf{x} - \mathbf{v}_i)^T \cdot \mathbf{D} \cdot (\mathbf{x} - \mathbf{v}_i)} \tag{5.3}$$

mit positiv definiter Formenmatrix $\mathbf{D}$. Wenn nur die Hauptdiagonale von $\mathbf{D}$ besetzt ist, ergeben sich zu $\mathbf{v}_i$ konzentrische, achsparallele Ellipsoide als *Isonormale* (Linien gleicher (Abstands-)Norm). Ein Anwendungsbeispiel ist das Herbeiführen der gleichen Varianz aller Größen x_i, $i = 1, ..., M$, mittels

$$\mathbf{D} = \begin{bmatrix} 1/\sigma_1^2 & 0 & \cdots & 0 \\ 0 & \ddots & \ddots & \vdots \\ \vdots & \ddots & \ddots & 0 \\ 0 & \cdots & 0 & 1/\sigma_M^2 \end{bmatrix} \text{ mit den Varianzen}^{29} \tag{5.4}$$

$$\sigma_j^2 = \frac{1}{N} \sum_{k=1}^{N} (x_j(k) - \overline{x}_j)^2 \tag{5.5}$$

bei N Datenpunkten. Im Fall $\mathbf{D} = \mathbf{I}$ folgt die Euklid'sche Norm mit konzentrischen Kreisen als Isonormale. Bei vollbesetzter Matrix $\mathbf{D}$ können die resultierenden konzentrischen Ellipsoide beliebig orientiert sein. Die *Mahalanobisnorm* gehört zum letzten Fall; sie verwendet die Inverse der Kovarianzmatrix als Formenmatrix $\mathbf{D}$:

$$\mathbf{D} = \begin{bmatrix} \sigma_1^2 & \sigma_{1,2} & \cdots & \sigma_{1,M} \\ \sigma_{2,1} & \ddots & \ddots & \vdots \\ \vdots & \ddots & \ddots & \sigma_{M-1,M} \\ \sigma_{M,1} & \cdots & \sigma_{M,M-1} & \sigma_M^2 \end{bmatrix}^{-1} \text{ mit den Kovarianzen} \tag{5.6}$$

$$\sigma_{j,l} = \frac{1}{N} \sum_{k=1}^{N} (x_j(k) - \overline{x}_j)(x_l(k) - \overline{x}_l) \; ; j \neq l \tag{5.7}$$

---

[29] Bzgl. Varianz und Kovarianz findet sich in der Literatur auch eine Definition, die den Faktor $N-1$ statt N verwendet. Die Verwendung von N entspricht einer Interpretation der Varianz als mittlere quadratische Abweichung vom Mittelwert.

Durch die zusätzliche Berücksichtigung der Kovarianzen werden (im Gegensatz zu (5.4)) die Kopplungen zwischen den Einzelgrößen berücksichtigt. Da $\sigma_{i,j} = \sigma_{j,i}$ gilt, ist **D** symmetrisch.

Beispiel *Mahalanobisnorm*:

Ein Experiment hat die in Tab. 5.1 angegebene und in Abb. 5.3 dargestellte Menge von $N = 10$ Datentupeln geliefert. Aus den Daten soll die Formenmatrix der Mahalanobisnorm ermittelt werden, um ein auf die Streuung der Daten angepasstes Abstandsmaß zu erhalten.

Tab. 5.1:   Daten

x_1	0	0	0	0	-1	1	0,5	$-0,5$	0,5	$-0,5$
x_2	2	1	-1	-2	0	0	0,5	0,5	$-0,5$	$-0,5$

Die Mittelwerte berechnen sich zu $\bar{x}_1 = 0;\ \bar{x}_2 = 0$. Die beiden Varianzen folgen zu $\sigma_1^2 = 0,3;\ \sigma_2^2 = 1,1$. Die Kovarianzen folgen zu $\sigma_{1,2} = \sigma_{2,1} = 0$. Damit gilt für die Formenmatrix:

$$\mathbf{D} = \begin{bmatrix} 0,3 & 0 \\ 0 & 1,1 \end{bmatrix}^{-1} = \frac{1}{0,3 \cdot 1,1} \begin{bmatrix} 1,1 & 0 \\ 0 & 0,3 \end{bmatrix} = \begin{bmatrix} 1/0,3 & 0 \\ 0 & 1/1,1 \end{bmatrix} \tag{5.8}$$

Beispielsweise lässt sich die Isonormale mit Abstand 1 zum Ursprung ermitteln als:

$$[x_1;\ x_2] \cdot \mathbf{D} \cdot [x_1;\ x_2]^T = 1^2 \quad \Rightarrow \quad \frac{x_1^2}{0,3} + \frac{x_2^2}{1,1} = 1 \tag{5.9}$$

Diese Gleichung beschreibt eine achsparallele Ellipse mit (kürzerer) Halbachslänge von $\sqrt{0,3} \approx 0,55$ in x_1- und (längerer) Halbachslänge von $\sqrt{1,1} \approx 1,05$ in x_2-Richtung (Abb. 5.3).

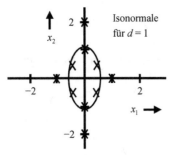

Abb. 5.3:   Beispieldaten und ellipsoide Isonormale der Mahalanobisnorm für Abstand 1 um den Ursprung

---

5.1.2   Einfaches Beispiel: Nächste-Nachbarn-Klassifikation

Ein einfaches abstandsbasiertes *scharf* klassifizierendes Verfahren ist die Klassenzuweisung nach dem *Prinzip des nächsten Nachbarn* (*nearest neighbour classification*): Ein Datum (Merkmalsvektor) **x** wird dabei der Klasse zugeordnet, zu der der nächste Nachbar des Merkmalsvektors gehört. In der verallgemeinerten Version der r nächsten Nachbarn wird ein

Datum **x** der Klasse zugeordnet, die unter den nächsten r Nachbarn am häufigsten auftritt. Das folgende Beispiel zeigt, dass ähnliche Klassifikationsprinzipien bei im Detail unterschiedlicher Gestaltung zu deutlich abweichenden Ergebnissen führen können.

Beispiel *Nächste-Nachbarn-Klassifikation*:

Gegeben seien die bereits zu zwei Gruppen ($\triangle$, $\bigcirc$) zusammengefassten Daten in Abb. 5.4. Ein neues Datum **x** (■, **x** = [2,2; 0]) soll klassifiziert werden. Der nächste Nachbar (nach Euklid'schem Abstand) ist das zum Cluster 1 gehörende Datum [2; 1]. **x** würde bei Anwendung der Nearest-Neighbour-Klassifikation dem Cluster 1 zugewiesen. Die nächsten drei Nachbarn sind die Punkte [2; 1]; [3; 1] und [3; −1], so würde **x** bei Anwendung einer Drei-Nächste-Nachbarn-Klassifikation dem Cluster 2 zugewiesen.

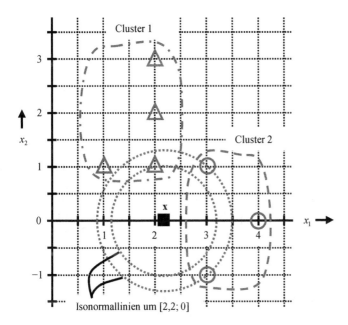

Abb. 5.4:   Zur Funktionsweise der Nächste-Nachbarn- und der Drei-Nächste-Nachbarn-Klassifikation

5.2   Umsetzung

Eine Methode zur Suche nach Mustern in Form von Häufungen in Datenmengen sind die sogenannten Clusterverfahren. Ein *Cluster* (engl. für Häufung, Ballung) ist ein Bereich hoher Datendichte bzw. eine Anhäufung von Daten. Dabei sollten Daten, die zu einem Cluster gehören, möglichst ähnlich und Daten, die zu verschiedenen Clustern gehören, möglichst unähnlich sein (Abb. 5.5). In anderen Worten sollen die Cluster intern homogen, aber voneinander (extern) wohl separiert sein (Xu, Wunsch 2005). Typischerweise entspricht jedes Cluster einer Klasse. Die geometrische Form der Datenanhäufungen kann unterschiedlich sein, z. B. linien-, ring- oder haufenförmig (Abb. 5.6).

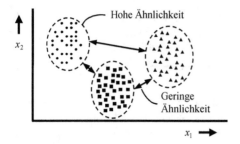

Abb. 5.5:   Gruppierungskonzept bei der Clusterung im Merkmalsraum

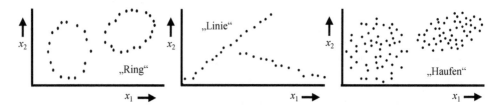

Abb. 5.6:   Beispiele einiger Clusterformen im Merkmalsraum

Eine Clusteranalyse bzw. Clusterung untersucht eine Datenmenge (Objektmenge) auf das Vorhandensein von Strukturen/Datenhäufungen. Es gibt verschiedene Clusterverfahren, die z. B. in hierarchische und direkt partitionierende (mit weiteren Untergruppen) unterteilt werden können (Jain, Dubes 1988). Zu den direkt partitionierenden gehören z. B. graphentheoretische und prototypenorientierte. Der Fokus der folgenden Ausführungen liegt auf Letzteren. Die Clusterverfahren liefern einen Vorschlag, welche Daten zu einem Cluster zusammengefasst werden sollten. Sie weisen jedem Datum einen Zugehörigkeitswert zu den Clustern zu und klassifizieren die Daten somit. Einige Verfahren klassifizieren *scharf* und weisen Daten ganz oder gar nicht zu. Andere arbeiten *unscharf* und lassen Teilzugehörigkeiten zu – die sog. *Fuzzy-Clusterverfahren*. Eine Übersicht über Cluster-Verfahren liefert (Xu, Wunsch 2005).

Clusterverfahren arbeiten i. Allg. mit dem Prinzip des unüberwachten Lernens und sind auf bestimmte Mustergeometrien spezialisiert. Viele Verfahren arbeiten am besten, wenn die Datenhäufungen kompakt, wohl separiert und gleich groß sind. Einige der Clusterverfahren liefern als Ergebnis des Lernvorganges nicht nur die klassifizierten Daten, sondern auch durch explizite Funktionen beschriebene Klassifikatoren. Mit diesen können dann neue Daten direkt klassifiziert werden. Die im Folgenden vorgestellten Fuzzy-Clusterverfahren sind von dieser Art. Die Zuweisung von N Daten zu c Clustern führt zu einer *Partitionierung* (Einteilung in Teilgebiete oder *Partitionen*) des Merkmalsraumes, die als c-Partitionierung bezeichnet wird. Sie lässt sich kompakt durch die Partitionsmatrix $\mathbf{U}$ beschreiben:

$$\mathbf{U}_{c,N} := \begin{bmatrix} \mu_{1,1} & \cdots & \mu_{1,N} \\ \vdots & \ddots & \vdots \\ \mu_{c,1} & \cdots & \mu_{c,N} \end{bmatrix} \tag{5.10}$$

Dabei bezeichnet $\mu_{i,k} := \mu_i(\mathbf{x}_k)$ die Zugehörigkeit des Datums $\mathbf{x}_k$ zum i-ten Cluster.

5.2.1 Ablauf eines Clusterverfahrens

Zielfunktionsbasierte Clusterverfahren arbeiten iterativ. Abb. 5.7 zeigt einen typischen Ablauf. Die beiden Schritte der *Merkmalsfestlegung* und *Datenvorverarbeitung* wurden bereits in Abschnitt 2.2 besprochen. Die weiteren Ablaufschritte der Clusterung sind verfahrensspezifisch und werden in den folgenden Abschnitten für drei ausgewählte Verfahren vorgestellt. Die Abbruchkriterien sind verfahrensübergreifend definiert. Typischerweise wird abgefragt, ob sich die Prototypen oder die Zugehörigkeiten weniger als ein vorgegebener Mindestwert geändert haben. Die Modellvalidierung wurde bereits in Abschnitt 2.3 behandelt.

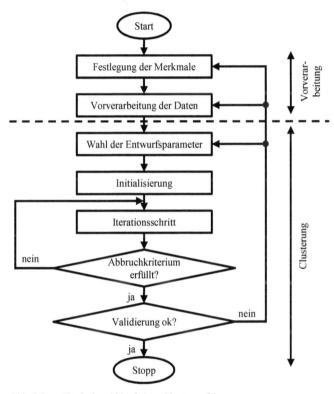

Abb. 5.7:   Typischer Ablauf eines Clusterverfahrens

5.2.2 c-Means-Algorithmus

In diesem Abschnitt wird der scharf klassifizierende c-Means-Algorithmus eingeführt. Er wird auch als k-Means oder ISODATA bezeichnet. In Analogie zum *unscharfen* Fuzzy-c-Means-Algorithmus, FCM, (siehe Abschnitt 5.2.3) wird er auch als *harter* c-Means-Algorithmus (HCM) bezeichnet. Der HCM eignet sich insbesondere für die Erkennung räumlich gleich orientierter, balliger Datenhäufungen ähnlicher Größe, da er mit punktförmigen Clusterzentren (*Prototypen*) v_i und global einheitlicher Abstandsnorm arbeitet. Je stärker die Form der Datenverteilung davon abweicht, desto mehr gerät der HCM an seine Grenzen. Die Anzahl der Cluster ist vorzugeben.

Gegeben seien N Datenpunkte $\mathbf{x}_k$, $k \in \{1; ...; N\}$, die zu c Clustern zusammengefasst werden sollen, sowie ein Abstandsmaß $\| \cdot \|$, mit dem der Abstand d zweier Punkte berechnet werden kann. (Der Originalalgorithmus verwendet die Euklid'sche Norm). Das Problem, Daten zu Clustern zusammenzufassen, die nah beieinander aber relativ weit entfernt von anderen Punkten liegen, kann als Optimierungsaufgabe formuliert werden. Dazu werden zuerst c $(1 < c \leq N)$ Clusterzentren $\mathbf{v}_i$, $i \in \{1; ...; c\}$, eingeführt. Gesucht sind dann die Zentren $\mathbf{v}_i$ und die Zugehörigkeiten aller Datenpunkte zu den Clustern, so dass die folgende Zielfunktion minimiert wird:

$$J(c) = \sum_{k=1}^{N} \sum_{i=1}^{c} \mu_i(\mathbf{x}_k) \cdot \| \mathbf{x}_k - \mathbf{v}_i \|^2 =: \sum_{k=1}^{N} \sum_{i=1}^{c} \mu_i(\mathbf{x}_k) \cdot d_{i,k}^2 \tag{5.11}$$

Dabei bezeichnet $\mu_i(\mathbf{x}_k) =: \mu_{i,k} \in \{0; 1\}$ die Zugehörigkeit des k-ten Datums zum i-ten Cluster. Jeder Datenpunkt wird genau einem Cluster zugeordnet. Diese Optimierungsaufgabe kann durch iterative Lösung zweier reduzierter Probleme gelöst werden: Für eine gegebene Lage der Clusterzentren wird ein Datum vollständig dem Cluster zugeordnet, zu dessen Clusterzentrum es den geringsten Abstand hat. Hält man anschließend alle Zugehörigkeiten $\mu_i(\mathbf{x}_k)$ fest, so stellt die Minimierung von J bzgl. der Lage der Clusterzentren ein unbeschränktes Optimierungsproblem dar. J weist ein Minimum für Argumente auf, für die die erste Ableitung Null wird und die zweite Ableitung nicht negativ ist. So folgen die Clusterzentren aus der Bedingung $\partial J(c, v)/\partial \mathbf{v}_i = 0$ (analog der Herleitung für den FCM im Anhang 25.5) zu:

$$\mathbf{v}_i = \frac{\sum_{k=1}^{N} \mu_i(\mathbf{x}_k) \cdot \mathbf{x}_k}{\sum_{k=1}^{N} \mu_i(\mathbf{x}_k)} \quad \forall\, i = 1, ..., c \tag{5.12}$$

Da $\sum_{k=1}^{N} \mu_i(\mathbf{x}_k) = N_i$ $\forall\, i$ gilt, wobei N_i die Anzahl der Daten im i-ten Cluster bezeichnet, stellt ein Clusterzentrum gerade den Mittelwert aller Daten dar, die zu diesem Cluster gehören. Dies begründet die Bezeichnung des Verfahrens als *Methode der c scharfen Mittelwerte*. Praktisch werden Clusterzentren und Zugehörigkeiten startend von einer Anfangsannahme iterativ ermittelt. Dabei werden abwechselnd alle $\mathbf{v}_i$ festgehalten und die $\mu_i(\mathbf{x}_k)$ bestimmt und dann alle $\mu_i(\mathbf{x}_k)$ festgehalten und die $\mathbf{v}_i$ berechnet, bis sich die $\mathbf{v}_i$ (oder die Partitionsmatrix $\mathbf{U}$) nur noch vernachlässigbar ändern. Der HCM konvergiert wie die meisten zielfunktionsbasierten Clusterverfahren zu einem lokalen Minimum seiner Zielfunktion (Bishop 2006).

5.2.3   Fuzzy-c-Means-Algorithmus

Der Fuzzy-c-Means-Algorithmus (FCM) (Bezdek 1973) stellt eine unscharfe Variante des HCM dar. Er entspricht dem HCM mit folgenden Unterschieden: Erstens werden unscharfe Zugehörigkeiten $\mu_i(\mathbf{x}_k) =: \mu_{i,k} \in [0; 1]$ verwendet. Zweitens wird in der Zielfunktion ein sog. *Gewichtungsexponent/Unschärfeparameter* $v \in\,]1; \infty[$ ergänzt, mit dem die Unschärfe der Zuordnung zu den Clustern eingestellt wird:

$$J(c,v) = \sum_{k=1}^{N}\sum_{i=1}^{c} \mu_i^{\nu}(\mathbf{x}_k) \cdot \left\| \mathbf{x}_k - \mathbf{v}_i \right\|^2 =: \sum_{k=1}^{N}\sum_{i=1}^{c} \mu_i^{\nu}(\mathbf{x}_k) \cdot d_{i,k}^2 \tag{5.13}$$

Dabei ist c die Anzahl der Cluster, $\mathbf{x}_k$, $k = 1, ..., N$ das k-te Datum, $\mathbf{v}_i$, $i = 1, ..., c$ das i-te Clusterzentrum und $\|\cdot\|$ eine Vektor-(Abstands-)norm. $J(c, v)$ wird minimal, wenn die Abstände $d_{i,k}$ zwischen Daten und Prototypen möglichst klein sind. Zugleich sollte die Zugehörigkeit eines Datums zu einem Cluster umso größer sein, je kleiner der Abstand vom Prototypen ist. Diese Optimierungsaufgabe hat eine triviale aber unerwünschte Lösung, nämlich dass die Datenpunkte keinem Cluster zugeordnet werden. Deshalb wird als Nebenbedingung eingeführt, dass sich die Zugehörigkeiten jeden Datums zu allen Klassen zu „1" aufaddieren:

$$\sum_{i=1}^{c} \mu(\mathbf{x}_k) = 1 \ \ \forall \ k = 1, ..., N \tag{5.14}$$

Wegen dieser Forderung wird das Clusterverfahren als *probabilistisch* bezeichnet. Hält man die Clusterzentren fest, so kann das reduzierte Optimierungsproblem unter Nebenbedingungen mit Hilfe der Lagrange'schen Multiplikatorenmethode gelöst werden. Dies liefert die folgenden Zugehörigkeiten:

$$\mu_i(\mathbf{x}_k) = \mu_{i,k} = \left[\sum_{j=1}^{c} \left(\frac{\left\| \mathbf{x}_k - \mathbf{v}_i \right\|}{\left\| \mathbf{x}_k - \mathbf{v}_j \right\|} \right)^{\frac{2}{\nu-1}} \right]^{-1} =: \left[\sum_{j=1}^{c} \left(\frac{d_{i,k}}{d_{j,k}} \right)^{\frac{2}{\nu-1}} \right]^{-1} \ \ \forall \ k = 1, ..., N \tag{5.15}$$

Hält man dagegen die Zugehörigkeiten $\mu_i(\mathbf{x}_k)$ fest, so stellt die Minimierung von J bzgl. der Position der Clusterzentren ein unbeschränktes Optimierungsproblem dar. Aus der Forderung $\partial J(c, v) / \partial \mathbf{v}_i = 0$ folgen die Clusterzentren analog zu (5.12), allerdings tritt der zusätzliche Unschärfeparameter ν auf:

$$\mathbf{v}_i = \frac{\sum_{k=1}^{N} \mu_i^{\nu}(\mathbf{x}_k) \cdot \mathbf{x}_k}{\sum_{k=1}^{N} \mu_i^{\nu}(\mathbf{x}_k)} \ \ \forall \ i = 1, ..., c \tag{5.16}$$

In Abschnitt 25.3 finden sich die Zwischenschritte der Herleitung. Mittels (5.16) werden die Clusterzentren also als gewichteter Mittelwert der N Daten berechnet. Hieraus stammt die Bezeichnung *Algorithmus der c unscharfen Mittelwerte*. Praktisch werden Clusterzentren und Zugehörigkeiten startend von einer Anfangsannahme iterativ ermittelt. Dabei werden abwechselnd alle $\mathbf{v}_i$ festgehalten und die $\mu_i(\mathbf{x}_k)$ bestimmt und dann alle $\mu_i(\mathbf{x}_k)$ festgehalten und die $\mathbf{v}_i$ berechnet, bis sich die $\mathbf{v}_i$ (oder $\mu_i(\mathbf{x}_k)$) nur noch vernachlässigbar ändern. Der FCM läuft in den in Abb. 5.8 gezeigten Schritten ab. Im Ablaufdiagramm sind noch zwei Sonderfälle behandelt: Zum einen wird bei deckungsgleicher Lage eines Datums und eines Clusterzentrums eine Division durch Null verhindert. Zweitens wird im (unwahrscheinlichen) Fall, dass mehrere Clusterzentren im gleichen Punkt liegen, ein Datum, das ebenfalls in diesen Punkt fällt, beiden Clustern anteilig zugerechnet. Bezüglich der Initialisierung ist zu bemerken, dass entweder die Partitionsmatrix $\mathbf{U}$ oder die Prototypen $\mathbf{v}_i$ initialisiert werden können. Letzteres ist häufig transparenter und erlaubt es, einfacher Vorwissen einzubringen. Dabei sollte man die Lage auf den Wertebereich der Daten beschränken. Der

FCM konvergiert, wie die meisten zielfunktionsbasierten Clusterverfahren, zu einem lokalen Minimum oder einem Sattelpunkt seiner Zielfunktion (Bezdek 1981).

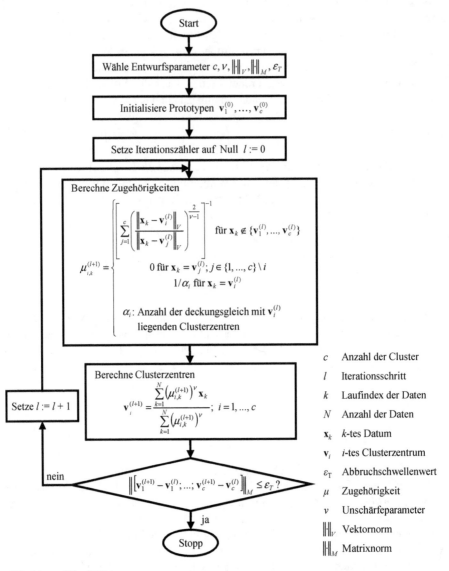

Abb. 5.8:   Ablauf FCM

Beispiel *Clusterung Datensatz „Schmetterling" (nach Bezdek 1981)*:

Eine Menge von $N = 15$ Datenpunkten mit zwei in „Schmetterlingsform" symmetrisch angeordneten Mustern wird mittels FCM, $c = 2$ und Euklid'scher oder Maximum-Norm und verschiedenen Werten des Unschärfeparameters geclustert. Als Abbruchgrenze wurde eine Mindeständerung der FCM-Zielfunktion um $\varepsilon_T = 10^{-5}$ verwendet. Abb. 5.9 zeigt exemplarische Ergebnisse. Da bei den Zugehörigkeitsfunktionen $\mu_2 = 1 - \mu_1$ gilt, reicht es aus, nur eine Zugehörigkeitsfunktion zu betrachten. Die Dreiecke im Höhenlinienbild des resultierenden Klassifikators zeigen die Positionen der Prototypen während der Iterationsschritte an. Die beiden „Flügel" werden als einzelne Klassen gut separiert. Der „Brückenpunkt" zwischen beiden Flügeln hat eine etwa gleich große Zugehörigkeit zu beiden Clustern. Die Klassengrenzen sind fast symmetrisch zueinander (und die Symmetrie verbessert sich, wenn länger iteriert wird). Die gewählten unterschiedlichen Werte des Unschärfeparameters ändern die Zuweisung der Daten zu den Klassen nur geringfügig. Bei den Graphen der Klassifikatorfunktion zeigt sich der Einfluss des Unschärfeparameters allerdings deutlich: Die Wahl $v = 1{,}1$ führt zu annähernd scharfer Klassifikation (Abb. 5.9 u. l.). Abb. 5.10 zeigt den Verlauf der Zielfunktion während der FCM-Iterationen (*l*: Iterationszähler) für verschiedene Wahl der Strategieparameter: In der Regel verändert sich das Ergebnis nach nur etwa zwei Iterationsschritten kaum noch. Einen Überblick über die Ergebnisse nach Abbruch gibt Tab. 5.2. Die Wahl der Norm und des Unschärfeparameters hat in diesem Beispiel nur geringen Einfluss auf das Ergebnis: Auf die dreieckige Form der Klassengrenzen passen Normen mit kreis- oder rechteckförmigen Isonormallinien ähnlich gut. Die Muster sind (bis auf den Brückenpunkt) wohl separiert, so dass die Wahl des Unschärfeparameters v keine qualitative Verbesserung der Klassifikation bringt. Es lässt aber zeigen, das

$$\frac{\partial J_{\text{FCM}}}{\partial v} = \sum_{k=1}^{N} \sum_{i=1}^{c} \mu_i^{v}(\mathbf{x}_k) \cdot \log(\mu_i(\mathbf{x}_k)) \cdot \left\| \mathbf{x}_k - \mathbf{v}_i \right\|^2 < 0 \quad \text{für } v > 1 \tag{5.17}$$

gilt (Kroll 2011), was den fallenden Trend von J_{FCM} bzgl. v erklärt.

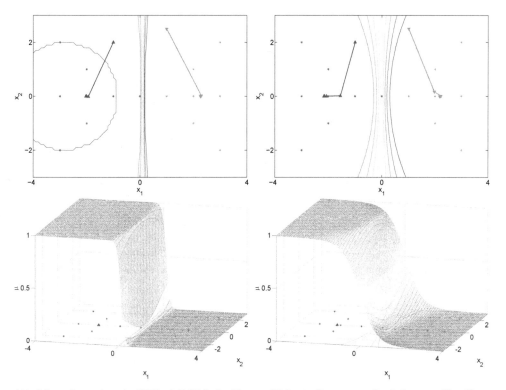

Abb. 5.9:   Anwendung des FCM mit Euklid'scher Norm auf Schmetterlingsmuster: Graph der ersten Klassifikatorfunktion $\mu_1(x_1, x_2)$ (u. l.); Lage der Muster, Höhenlinien von μ_1 und Position der Clusterzentren während der Iterationen (o. l.) für $v = 1{,}1$ sowie analoge Darstellung für $v = 1{,}5$ (r.)

Tab. 5.2:   Ergebnisse nach Abbruch der FCM-Clusterung im Beispiel des Schmetterlingsmusters

Aspekt	$v = 1{,}1$	$v = 1{,}3$	$v = 1{,}5$	$v = 2$
J_{FCM} für $\|\cdot\|_2$	31,40	30,86	30,13	26,33
Anzahl der Iterationen für $\|\cdot\|_2$	11	13	9	8
J_{FCM} für $\|\cdot\|_\infty$	28,22	27,82	27,11	23,32
Anzahl der Iterationen für $\|\cdot\|_\infty$	8	6	10	8

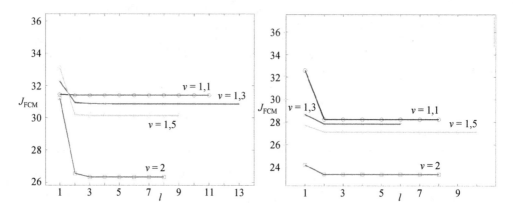

Abb. 5.10:   Verlauf der Zielfunktion während der Iterationen des FCM bei der Clusterung des Schmetterlingsmusters mit Euklid'scher Norm (l.) oder Maximum-Norm (r.) für verschiedene Wahlen des Unschärfeparameters

Beispiel *Clusterung Datensatz „großes und kleines Quadrat" (nach Bezdek 1981)*:

In einer Datenmenge mit $N = 20$ Datenpunkten sollen mittels FCM zwei Muster, ein kleines 2×2- und ein großes 4×4-Punkte-Quadrat gruppiert werden ($c = 2$). Für die Algorithmuseinstellungen gilt das zum vorausgehenden Beispiel „Schmetterling" gesagte. In den Beispielen für Clusterung mit Euklid'scher Norm in Abb. 5.11 und Abb. 5.12 l. sowie mit Maximumnorm in Abb. 5.13 und Abb. 5.12 r. werden die beiden Quadrate nicht gut erkannt. Beispielsweise verläuft der α-Schnitt bzw. die Höhenlinie für $\mu = 0{,}5$ ungefähr durch die linke Spalte der Datenpunkte des großen Quadrates. Dies liegt insbesondere an der impliziten Annahme des FCM, dass alle Cluster ähnlich groß sind. Hier wird deutlich, dass es bei Verletzung der Annahme zu Problemen kommen kann. Das zum kleinen Quadrat gehörende Clusterzentrum liegt zudem nicht *im* kleinen Quadrat, sondern rechts daneben. Dies liegt daran, dass die linke Spalte des großen Quadrates dem Cluster des kleinen Quadrates zugeschlagen wird.

Ein Vergleich der Klassifikationsergebnisse in Abb. 5.11 und Abb. 5.13 zeigt, dass der Verlauf der Klassifikatorfunktionen bei Nutzung der Maximumnorm besser zur rechteckigen Form der Muster passt. Deutlicher zeigen dies die Werte der Zielfunktion nach Abbruch in Tab. 5.3: Sie sind bei der Maximumnorm etwa ein Viertel kleiner als bei der Euklid'schen. Da die Muster nicht gut zur impliziten Annahme des Clusteralgorithmus passen, ist es zudem besser, unschärfer zu clustern, d. h. den Unschärfeparameter nicht zu nah am Wert 1 zu wählen: In Abb. 5.11 ist zu erkennen, dass sich die Clusterzentren für $v = 1{,}5$ im Vergleich zu $v = 1{,}1$ etwas in negative x_1-Richtung verschieben und entsprechend auch der Übergang zwischen beiden Clustern. Auch in Tab. 5.3 treten kleinere Zielfunktionswerte für größeres v auf; dies ist aber auch dadurch bedingt, dass J mit v monoton fällt. Abb. 5.12 zeigt den Verlauf der Zielfunktion während der FCM-Iterationen: Das Ergebnis ändert sich nach ca. fünf Iterationen nur noch geringfügig.

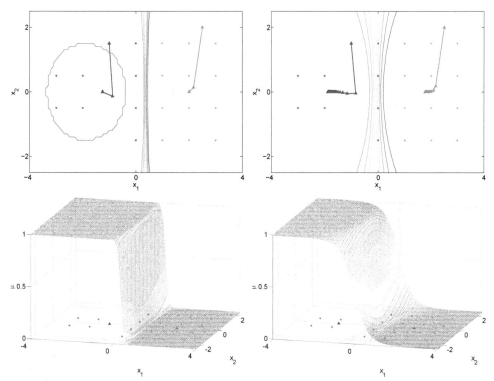

Abb. 5.11:   Anwendung des FCM mit Euklid'scher Norm im Beispiel „großes und kleines Quadrat": Graph der
ersten Klassifikatorfunktion $\mu_1(x_1, x_2)$ (u. l.), Lage der Muster, Höhenlinien von μ_1 und Position der
Clusterzentren während der Iterationen (o. l.) für $v = 1{,}1$ sowie analoge Darstellung für $v = 1{,}5$ (r.)

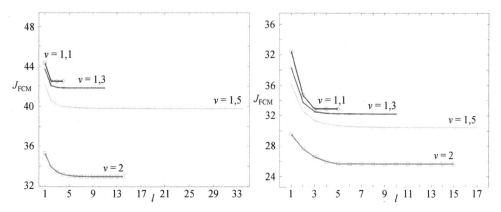

Abb. 5.12:   Verlauf der Zielfunktion während der Iterationen des FCM bei der Clusterung im Beispiel „großes und
kleines Quadrat" mit Euklid'scher Norm (l.) oder Maximum-Norm (r.)

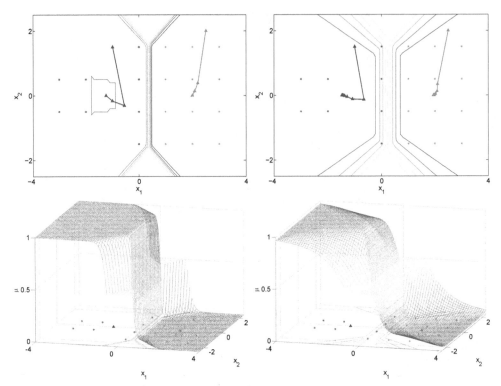

Abb. 5.13:   Anwendung des FCM mit Maximum-Norm im Beispiel „großes und kleines Quadrat“: Graph der
             ersten Klassifikatorfunktion $\mu_1(x_1, x_2)$ (u. l.); Lage der Muster, Höhenlinien von μ_1 und Position der
             Clusterzentren während der Iterationen (o. l.) für $v = 1,1$ sowie analoge Darstellung für $v = 1,5$ (r.)

Tab. 5.3:   Ergebnisse nach Abbruch der FCM-Clusterung im Beispiel „großes und kleines Quadrat“

Aspekt	$v = 1,1$	$v = 1,3$	$v = 1,5$	$v = 2$
J_{FCM} für $\|\cdot\|_2$	42,49	41,82	39,76	32,95
Anzahl der Iterationen für $\|\cdot\|_2$	4	11	34	14
J_{FCM} für $\|\cdot\|_\infty$	32,87	32,21	30,43	25,66
Anzahl der Iterationen für $\|\cdot\|_\infty$	5	10	17	15

5.2.4   Gustafson-Kessel-Algorithmus

Beim Vorliegen nicht gleichförmig gerichteter und/oder unterschiedlich großer ellipsoider
Cluster kann der *Gustafson-Kessel*-(GK-) bzw. der *Fuzzy-Kovarianz-Algorithmus* angewendet werden. Er verwendet statt einer global einheitlichen Abstandsnorm für jedes Cluster eine
innere Produktnorm, die separat aus der Streuung der Daten ermittelt und während der Iterationen adaptiert wird. Dies macht ihn skalierungsunabhängig. Der GK-Algorithmus minimiert die Zielfunktion

$$J(c,V) = \sum_{k=1}^{N}\sum_{i=1}^{c} \mu_i^{\gamma}(\mathbf{x}_k)\cdot \left\| \mathbf{x}_k - \mathbf{v}_i \right\|_{\mathbf{D}i}^{2}. \tag{5.18}$$

Während der ursprüngliche GK-Algorithmus für jedes Cluster die zugehörige Fuzzy-Kovarianzmatrix nach (5.26) zur Adaption der Abstandsnorm verwendet, nutzt der folgende Algorithmus stattdessen Fuzzy-Streumatrizen

$$\mathbf{S}_i = \sum_{k=1}^{N} \mu_i^{\gamma}(\mathbf{x}_k)\cdot (\mathbf{x}_k - \mathbf{v}_i)(\mathbf{x}_k - \mathbf{v}_i)^{T}. \tag{5.19}$$

Aus ihnen folgen die Formenmatrizen einer inneren Produktnorm (5.3) zur Berechnung der Abstände zu:

$$\mathbf{D}_i = (\rho_i \cdot \det \mathbf{S}_i)^{1/M} \cdot \mathbf{S}_i^{-1} \tag{5.20}$$

mit der Dimension M des Merkmalsraums, also $\mathbf{S}_i \in \Re^{M \times M}$. Mit den Parametern ρ_i wird das Volumen des i-ten Clusters festgelegt. Die Eigenvektoren und Eigenwerte der Formen-matrizen[30] legen die Orientierung und Form der Isonormalkurven fest (Abb. 5.14). Die Formenmatrizen $\mathbf{D}_i$ sind zu beschränken, damit bei der Optimierung die Abstände nicht beliebig klein werden können. Dies erfolgt mittels der Determinante durch die Forderung $\det \mathbf{D}_i = \rho_i$, was einer Adaption der (ellipsoiden) Clusterform bei fixem Clustervolumen entspricht. Ohne Vorwissen wählt man z. B. $\rho_i = 1 \ \forall i$.

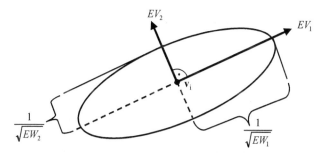

Abb. 5.14: Zusammenhang zwischen Eigenvektoren (EV) und -werten (EW) der Formenmatrix mit Form und Orientierung der Isonormalkurven bei inneren Produktnormen in einem zweidimensionalen Beispiel

Der GK-Algorithmus läuft ähnlich dem FCM ab, siehe Abb. 5.15. Seine Initialisierungs-abhängigkeit ist stärker ausgeprägt als beim FCM. Da er deutlich rechenaufwändiger ist, kann es deshalb sinnvoll sein, ihn mit den Prototypen einer vorausgehenden FCM-Clusterung zu initialisieren. Der GK konvergiert zu einem lokalen Minimum oder einem Sattelpunkt seiner Zielfunktion (Höppner, Klawonn 2003). In Abb. 5.15 wurde ein auf die Zugehörigkeiten und nicht die Clusterzentren orientiertes Abbruchkriterium verwendet, um eine Alternative zu Abb. 5.8 zu beschreiben.

---

[30] Oft bezieht man sich hier auf die Eigenvektoren und -werte der Streu- oder Kovarianzmatrizen (Babuska 1998, Abonyi, Feil 2007). Ein Bezug auf die Formenmatrizen ist dagegen am Abstandsmaß orientiert, das im Mittelpunkt des Interesses steht.

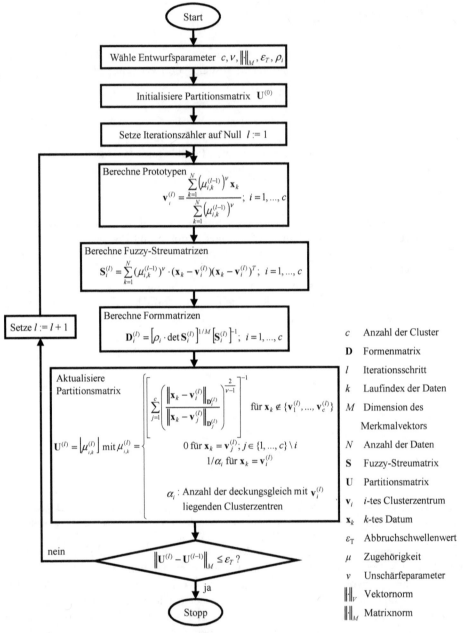

Abb. 5.15:   Ablauf Gustafson-Kessel-Algorithmus

Beispiel *Clusterung Datensatz „zwei Rechtecke":*

Eine Menge von $N = 12$ Datenpunkten in Form von zwei Rechtecken, von denen eins achsparallel, das andere verdreht liegt, wird mittels FCM, $c = 2$ und Euklid'scher oder Maximum-Norm oder mittels GK und verschiedenen Werten des Unschärfeparameters geclustert. Als Abbruchgrenze wird eine Mindeständerung der Zielfunktion um $\varepsilon_T = 10^{-5}$ verwendet. Alle drei Ansätze liefern nach Konvergenz relativ genau die gleichen Prototypenlagen. Abb. 5.16 zeigt exemplarische Ergebnisse für $v = 1,3$. Da bei den Zugehörigkeitsfunktionen $\mu_2 = 1 - \mu_1$ gilt, reicht es aus, nur eine Zugehörigkeitsfunktion darzustellen. Alle drei Varianten trennen die beiden Muster gut. Die Betrachtung der Zielfunktionswerte nach Konvergenz in Tab. 5.4 zeigt, dass der Gustafson-Kessel-Algorithmus gut für diese nicht achsparallel liegenden Muster einsetzbar ist.

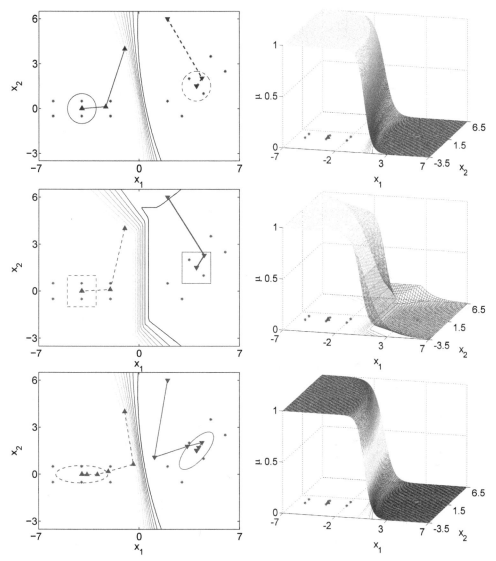

Abb. 5.16: Clusterung Beispiel „zwei Rechtecke": Ergebnisse für FCM und Euklid'sche Norm (o.) oder Maximumnorm (m.) sowie für GK-Algorithmus (u.); Graph der ersten Klassifikatorfunktion $\mu_1(x_1, x_2)$ (r.), Lage der Muster, Höhenlinien von μ_1 und Positionen der Clusterzentren während der Iterationen für $v = 1,3$ und Isonormale für Abstand von Eins von beiden Clusterzentren (l.)

Dies zeigt auch der Verlauf der Isonormalen für einen Abstand von Eins von den Clusterzentren in Abb. 5.16: Beim FCM mit Euklid'scher Norm treten konzentrische Kreise und mit Maximumnorm konzentrische Quadrate auf. Beim GK-Algorithmus resultieren konzentrische Ellipsen. Diese sind in Muster-richtung orientiert; im Detail gilt für Clusterzentren, Formenmatrizen $\mathbf{D}$ und Eigenvektoren und Eigen-werte zu $\mathbf{D}$:

$$\text{Cluster 1:} \quad \mathbf{v}_1 \approx \begin{bmatrix} -4 \\ 0 \end{bmatrix}; \qquad \mathbf{D}_1 \approx \begin{bmatrix} 0{,}30 & 0 \\ 0 & 3{,}28 \end{bmatrix};$$

$$EV_{1a} \approx \begin{bmatrix} -1 \\ 0 \end{bmatrix}; \qquad EV_{1b} \approx \begin{bmatrix} 0 \\ -1 \end{bmatrix}; \qquad \lambda_{1a} \approx 0{,}30; \quad \lambda_{1b} \approx 3{,}28$$

$$\text{Cluster 2:} \quad \mathbf{v}_2 \approx \begin{bmatrix} 4 \\ 1{,}51 \end{bmatrix}; \qquad \mathbf{D}_2 \approx \begin{bmatrix} 1{,}43 & -1{,}02 \\ -1{,}02 & 1{,}43 \end{bmatrix};$$

$$EV_{2a} \approx \begin{bmatrix} -0{,}71 \\ -0{,}71 \end{bmatrix}; \quad EV_{2b} \approx \begin{bmatrix} -0{,}71 \\ 0{,}71 \end{bmatrix}; \qquad \lambda_{2a} \approx 0{,}41; \quad \lambda_{2b} \approx 2{,}45$$

$$(5.21)$$

Somit hat z. B. die Ellipse für einen Abstand von Eins zum ersten Prototypen mit $1/\sqrt{\lambda_{1a}} \approx 1{,}81$ eine größere Ausdehnung in x_1-Richtung als in x_2-Richtung $(1/\sqrt{\lambda_{1b}} \approx 0{,}55)$.

Tab. 5.4:   Ergebnisse nach Konvergenz der FCM-/GK-Clusterung im Beispiel „zwei Rechtecke"

Aspekt	$v = 1{,}1$	$v = 1{,}3$	$v = 1{,}5$	$v = 2$
J_{FCM} für $\|\cdot\|_2$	38,50	38,50	39,36	35,72
Anzahl der Iterationen für $\|\cdot\|_2$	3	3	4	5
J_{FCM} für $\|\cdot\|_\infty$	32,99	32,99	32,91	30,87
Anzahl der Iterationen für $\|\cdot\|_\infty$	3	3	4	7
J_{GK}	24,48	24,48	24,31	22,40
Anzahl der Iterationen bei GK	10	7	9	13

5.2.5   Bestimmung der Clusteranzahl bei Fuzzy-Clusterverfahren

Clusteralgorithmen wie der FCM ermitteln nicht selber eine geeignete Clusteranzahl; sie ist ein Entwurfsparameter. Vorwissen über die erwartete Anzahl an Klassen kann hierzu genutzt werden. Ohne verfügbares Vorwissen kann die Anzahl der Cluster sukzessive erhöht und mittels sog. Clustervaliditätsmaße (siehe z. B. Babuska 1998) die Güte der Partitionierung bewertet sowie eine geeignete Clusteranzahl gewählt werden. Bei Verwendung der Partitio-nierung im Rahmen der nichtlinearen Modellbildung sollte zudem die Entwicklung der Mo-dellgüte betrachtet werden, da diese bei den Clustervaliditätsmaßen nicht berücksichtigt wird. Andererseits gibt es Algorithmen, die im Ergebnis einer Clusterung mit hoher vorgege-bener Clusteranzahl sukzessive Cluster verschmelzen (*cluster merging*) und so die Anzahl der Cluster reduzieren (*agglomerative* Methoden) (Krishnapuram, Freg 1992, Babuska 1998). Dazu werden in jedem Schritt aus allen Clusterpaaren die beiden Cluster mit dem kleinsten Abstand voneinander bestimmt und dann zu einem einzelnen Cluster verschmolzen.

Clusterverfahren zielen i. d. R. darauf ab, kompakte und wohlseparierte Cluster zu finden. Clustervaliditätsmaße bewerten, zu welchem Grad das gelieferte Ergebnis diesem Gedanken entspricht. Eine Bewertung kann auf verschiedene Art erfolgen, wie die folgenden Kriterien zeigen. Die Erfahrung zeigt, dass es zum Festlegen der Clusteranzahl i. d. R. nicht ausreicht, nur ein einziges Kriterium zu verwenden: es sollten mehrere verschiedene Kriterien parallel betrachtet werden (Abonyi, Feil 2007). Ein nahe liegendes Vorgehen ist die Wahl des Wertes für c, für den die Zielfunktion

$$J_1(c,v) = \sum_{k=1}^{N} \sum_{i=1}^{c} \mu_{i,k}^{v} \left\| \mathbf{x}_k - \mathbf{v}_i \right\|^2 \tag{5.22}$$

des Clusteralgorithmus minimiert wird. J_1 stellt den *gesamten quadratischen Abstand aller Datenpunkte zu den Clusterzentren*[31] dar (Babuska 1998). Typischerweise fällt J_1 monoton mit c (bis jedem Datum ein Cluster zugewiesen ist) und zeigt selbst bei wohl separierten Clustern kein klares Minimum. Allerdings fällt J_1 bei wohl separierten Clustern schnell mit steigendem c, bis die richtige Clusteranzahl erreicht wird und anschließend langsamer. Eine Variante ist der *mittlere quadratische Abstand aller Datenpunkte zu den Clusterzentren* (Krishnapuram, Freg 1992):

$$J_2(c,v) = \frac{1}{c} \sum_{i=1}^{c} \frac{\sum_{k=1}^{N} \mu_{i,k}^{v} \left\| \mathbf{x}_k - \mathbf{v}_i \right\|^2}{\sum_{k=1}^{N} \mu_{i,k}^{v}}, \tag{5.23}$$

wobei für die Abhängigkeit von c die Bemerkung zu J_1 auch hier gilt. Zusätzlich kann die Streuung der Clusterzentren bewertet werden, die möglichst groß sein sollte, weshalb die entsprechende Kostenkomponente negativ in die Gesamtkosten eingeht (Sugeno, Yasukawa 1993):

$$J_3(c,v) = \sum_{k=1}^{N} \sum_{i=1}^{c} \mu_{i,k}^{v} \left(\left\| \mathbf{x}_k - \mathbf{v}_i \right\|^2 - \left\| \mathbf{v}_i - \overline{\mathbf{x}} \right\|^2 \right) \tag{5.24}$$

Eine ähnliche Motivation verfolgt der *Xie-Beni-Index* (Xie, Beni 1991). Dieser bewertet das Verhältnis von Kompaktheit der Cluster zum minimal auftretenden quadratischen Abstand zwischen den Prototypen:

$$J_4(c,v) = \frac{\sum_{i=1}^{c} \sum_{k=1}^{N} \mu_{i,k}^{v} \left\| \mathbf{x}_k - \mathbf{v}_i \right\|^2}{N \min_{i,j,i \neq j} \left\| \mathbf{v}_i - \mathbf{v}_j \right\|^2} \tag{5.25}$$

Als Maß für die Kompaktheit der Cluster wird J_1 verwendet.

Die optimale Clusteranzahl folgt aus dem Minimum von J_4. Hat die Clusterung zu kompakten Clustern geführt, so sollten diese ein minimales *Fuzzy-Hypervolumen* aufweisen: Bewertet man die Streuung der Daten in den Clustern über deren Fuzzy-Kovarianzmatrizen

$$\mathbf{F}_i = \frac{\sum_{k=1}^{N} \mu_i^{v}(\mathbf{x}_k) \cdot (\mathbf{x}_k - \mathbf{v}_i)(\mathbf{x}_k - \mathbf{v}_i)^T}{\sum_{k=1}^{N} \mu_i^{v}(\mathbf{x}_k)}, \tag{5.26}$$

so folgt das Fuzzy-Hypervolumen einer Clusterung zu (Gath, Geva 1989):

---

[31] Nach (Bezdek 1981): Overall within-group sum-of-squared error

$$V_\mathrm{h} = \sum_{i=1}^{c} \sqrt{\det(\mathbf{F}_i)} \tag{5.27}$$

Zu den weiteren Bewertungskriterien zählen z. B. die *Separationsindices* (Dunn 1974), die Partitionsentropie (Bezdek 1981), die (mittlere) Partitionsdichte und die *durchschnittliche Clusterflachheit* (Babuska 1998, Höppner et al. 2000). Insbesondere im Fall der Analyse von Zeitreihen dynamischer Systeme sind die Datenhäufungen selten kompakt und wohl separiert und die genannten Kriterien liefern selten eine klare Empfehlung für die Wahl von *c*. So ist die Bewertung mehrerer Kriterien sinnvoll. Wird eine Clusterung für die Partitionierung im Rahmen einer Modellbildung verwendet, so können auch Bewertungskriterien für Modelle zur Bewertung der Clusterung mitverwendet werden.

5.2.6   Wahl des Unschärfeparameters

Mit dem Unschärfeparameter *v* wird die gewünschte Unschärfe der Klassenzuweisung eingestellt. Insbesondere sind die folgenden drei Fälle interessant:

- Für $v \to 1_+$ geht eine unscharfe in eine scharfe Partitionierung/Clusterung über. Das Verhalten des FCM nähert sich dem des HCM an.
- Im Bereich $1 < v < 3$ sind die resultierenden Zugehörigkeitsfunktionen stetig differenzierbar. Bei Werten von *v* nahe 1 bilden sich flache Kernbereiche der Klassifikatorfunktion um die Clusterzentren aus.
- Für $v \to \infty$ wird die Partitionierung maximal unscharf: Alle nichtsingulären Datenpunkte haben die gleiche Zugehörigkeit von $1/c$ zu jedem Cluster.

Diese Wirkung illustriert das in Abb. 5.17 dargestellte Beispiel. In der Literatur wird häufig $v = 2$ verwendet. Dies führt zu signifikanter Überlappung der Klassen und bei Verwendung der Zugehörigkeiten für die Modellbildung oft zu schlechteren Modellen. Für letzteres ist oft eine kleine Wahl von *v* (z. B. $v = 1,05 \dots 1,3$) günstiger. Dabei kann es effizienter sein, die Clusterung mit größerem *v* (z. B. $v = 2$) durchzuführen und für das Modell *v* dann wieder zu verkleinern. Für $v \geq 3$ ist die Zugehörigkeitsfunktion nicht mehr stetig differenzierbar. Ein günstiger Standardwert für Partitionierungsaufgaben ist z. B. $v \geq 1,2$ (Kroll 2011).

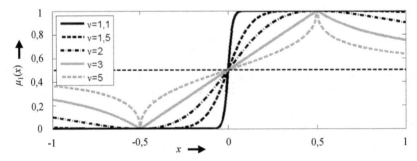

Abb. 5.17:   Illustration der Wirkung des Unschärfeparameters *v*: Zugehörigkeitsverlauf $\mu_1(x)$ für verschiedene Werte von *v* in einem Beispiel mit $c = 2$ und Clusterzentren in $v_1 = 0,5$, $v_2 = -0,5$

5.2.7 Verfahrenserweiterungen

Ein Vergleich von FCM- und GK-Algorithmus (Tab. 5.5) deutet Einschränkungen und mögliche Erweiterungen an. Der Gath-Geva-(GG-)Algorithmus (Gath, Geva 1989) kann beispielsweise auch Cluster unterschiedlicher Größe bilden. Auch gibt es Fuzzy-Cluster-Algorithmen für andere Clustergeometrien wie die Fuzzy-c-Varieties- und Fuzzy-c-Shells-Algorithmen für linien- bzw. schalenförmige Cluster (Bezdek 1981). Die sog. *possibilistischen Cluster-Algorithmen* (Krishnapuram, Keller 1993) fordern keine Orthogonalität der Zugehörigkeitsfunktionen gemäß (4.9). Die resultierenden Zugehörigkeitsfunktionen fallen monoton mit zunehmendem Abstand vom Clusterzentrum. Die Anwendung possibilistischer Algorithmen ist bei nicht wohl separierten Clustern problematischer als die von probabilistischen Algorithmen. Der FCM ist vergleichsweise einfach, kommt mit wenigen Strategieparametern aus und konvergiert i. Allg. nach wenigen Iterationen. Die erweiterten Algorithmen sind komplizierter, haben mehr Strategieparameter und tendieren stärker zur Konvergenz zu lokalen Minima der Zielfunktion. Deshalb ist es häufig vorteilhaft, eine GK- mit einer FCM-Clusterung zu initialisieren sowie eine GG- mit einer GK-Clusterung. Zur Verringerung von Verfälschungen durch Ausreißer kann ein *Rauschcluster* eingeführt werden (Dave 1991). Dabei werden Daten mit großem Abstand zu allen anderen Clusterzentren vollständig oder anteilig dem Rauschcluster (im Sinn einer Restklasse) zugeordnet. Der Abstand dieser Daten vom Rauschclusterzentrum wird auf einen vorzugebenden konstanten Wert gesetzt. Dies beseitigt oder reduziert den Einfluss von Ausreißern auf die anderen Cluster.

Tab. 5.5: Vergleichende Gegenüberstellung von Fuzzy-Clusteralgorithmen: Fuzzy-c-Means-, Gustafson-Kessel- und Gath-Geva-Algorithmus

Aspekt	Fuzzy-c-Means-Algorithmus	Gustafson-Kessel-Algorithmus	Gath-Geva-Algorithmus
Clusterzentren	Punktförmig	Punktförmig	Punktförmig
Angenommene Clusterform	Einheitlich je nach Abstandsnorm	Lokal variable Ellipsoide	Lokal variable Ellipsoide
Angenommene Clusterorientierung	Einheitlich	Lokal variabel	Lokal variabel
Angenommene Clustergröße	Einheitlich	Lokal unterschiedlich vorgebbar	Lokal unterschiedlich
Skalierungsempfindlich	Ja	Nein	Nein
Optimierungsvariablen	Prototypenlage	Prototypenlage, Normparameter	Prototypenlage, Normparameter
Rechenaufwand	Gering	Hoch	Hoch
Algorithmuskomplexität	Gering	Mittel	Hoch
Initialisierungsabhängigkeit	Mittel	Hoch	Sehr hoch
Resultierende Zugehörigkeitsfunktion	Orthogonal	Orthogonal	Orthogonal
Weiteres	Robuster Basisalgorithmus	Lokale Streu-/Kovarianzmatrizen liefern Zusatzinformationen zum Preis höherer Komplexität	Nutzt lokale Kovarianzmatrizen; verwendet exponentielles Abstandsmaß

6   Datengetriebene Modellbildung

6.1   Einführung

In diesem Abschnitt werden datengetriebene Modelle für das Übertragungs- bzw. Ein-/Ausgangsverhalten von Systemen behandelt. Am Anfang werden als Basis lineare Identifikationsverfahren eingeführt. Zuerst werden statische Modelle behandelt, die *linear in den Parametern* sind. Dabei können die Modelle linear oder nichtlinear von den Eingangsgrößen abhängen – also nichtlineares Übertragungsverhalten aufweisen. Anschließend wird die Identifikation dynamischer Modelle mit linearem Übertragungsverhalten behandelt. Auf diese Methoden baut danach die Identifikation von Fuzzy-Modellen auf. Dabei werden Takagi-Sugeno-Modelle im Vordergrund stehen, da Mamdani-Modelle mit wenigen einschränkenden Annahmen als Sonderfall von TS-Modellen interpretiert werden können.

6.2   Lineare Systemidentifikation

Dieser Abschnitt gibt eine kurze Einführung in die lineare Systemidentifikation. Für eine ausführliche Behandlung sei z. B. verwiesen auf (Goodwin, Payne 1977, Isermann 1992, Ljung 1999, Keesman 2011). Gegeben sei das in Abb. 6.1 dargestellte Multi-Input-Single-Output-(MISO-)System mit Eingangsgrößen $\mathbf{u}$ und skalarer Ausgangsgröße y.

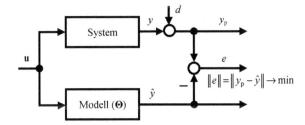

$\mathbf{u}$	Eingangsgrößenvektor
y	Ungestörte Systemausgangsgröße
y_p	Beobachtete Systemausgangsgröße
d	Störgröße („disturbance")
$\hat{y}$	Modellausgangsgröße
e	Prädiktionsfehler/Residuum
Θ	Modellparametervektor

Abb. 6.1:   Ziel der Systemidentifikation: Ermitteln eines (MISO-)Modells, das das Systemverhalten im Sinne des vorgegebenen Bewertungsmaßes für den Prädiktionsfehler optimal wiedergibt

Systeme mit mehreren Ausgangsgrößen werden i. d. R. in mehrere Systeme mit jeweils einer Ausgangsgröße zerlegt, um die Identifikation zu vereinfachen. Es gilt ein hinreichend genaues Modell aus N Beobachtungen der Ein- und Ausgangsgröße zu schätzen. Die Ausgangsgröße werde mit überlagertem Störsignal (Zufallszahl) d als $y_p = y + d$ beobachtet. Die Behandlung als additive Störung am Ausgang dient der vereinfachten Beschreibung. Wird ein näherungsweise linearer oder affiner Zusammenhang zwischen den Einflussgrößen (*Regres-*

soren) φ_i und der zu erklärenden Größe (*Regressand*) y vermutet, so kann folgender Modellansatz gewählt werden:

$$\hat{y} = \mathbf{\Theta}^T \cdot \boldsymbol{\varphi} \tag{6.1}$$

Dabei fasst der Vektor $\mathbf{\Theta}$ die Modellparameter und der *Regressionsvektor* $\boldsymbol{\varphi}$ die Regressoren (plus eine Einheitskomponente im affinen Fall) als Vektor zusammen. In diese Modellklasse fallen lineare (z. B. $\hat{y} = a_1 \cdot u_1 + a_2 \cdot u_2$), affine (z. B. $\hat{y} = a_0 + a_1 \cdot u_1 + a_2 \cdot u_2$) und nichtlineare Ansätze (z. B. $\hat{y} = a_0 + a_1 \cdot u_1 + a_2 \cdot u_1^2 + a_3 \cdot \sqrt{u_2}$). Solche Modelle werden als *linear in den Parametern (LiP)* bezeichnet. Bei dynamischen Modellen treten zudem auch zeitlich zurückliegende Werte der Ein- und Ausgangsgröße(n) als Regressoren auf (z. B. $\hat{y}(k) = a_0 + a_1 \cdot y(k-1) + a_2 \cdot y(k-2) + b_1 \cdot u(k-1) + b_2 \cdot u(k-2)$). Dabei ist k die diskrete Zeit (siehe Abschnitt 6.2.2). Physikalisches Vorwissen kann in die nichtlineare Terme des Ansatzes von Signalen einfließen und so die verbleibende Schätzaufgabe vereinfachen. Wenn z. B. die Raumtemperatur in Abhängigkeit des Laststroms einer elektrischen Heizung modelliert werden soll, so ist es sinnvoller, das Quadrat des Stroms als den Strom selbst als Regressor zu verwenden: Die thermische Leistung der Heizung hängt direkt mit ihrer elektrischen Leistungsaufnahme zusammen ($P_{\mathrm{el}} = R \cdot I^2$).

6.2.1 Identifikation statischer LiP-Modelle mittels LS-Verfahren

Zuerst werde der Fall statischer Prozesse betrachtet. Gauß schlug bereits 1795 die *Methode der kleinsten Quadrate* zur Parameterschätzung von LiP-Modellen vor. Gegeben N Beobachtungen der Ein- und Ausgangsgrößen des Systems bestimmt diese $\mathbf{\Theta}$ so, dass die quadratische Abweichung von Modellausgabe $\hat{y}$ und Messwerten y_{p} in der Summe minimal wird:

$$\hat{\mathbf{\Theta}} = \arg \min_{\mathbf{\Theta}} J(\mathbf{\Theta}) = \sum_{l=1}^{N} (y_{\mathrm{p}}(l) - \hat{y}(l))^2 \ . \tag{6.2}$$

Diese Methode wird auch als Least-Squares-(LS-)Methode[32], Ausgleichsrechnung oder Regression bezeichnet. Die Beispiele in Abb. 6.2 illustrieren ihre Anwendung.

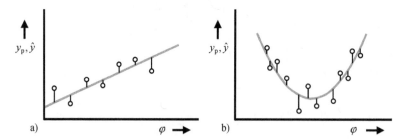

Abb. 6.2:   Beispiele für Ausgleichsrechnung: lineare Regression (a) und Ausgleichspolynom 2. Ordnung (b); beobachtete Werte ($\circ$, y_{p}), Ausgleichskurve (—, $\hat{y}$)

---

[32]   Auch als Least Squares Estimation (LSE) oder Ordinary Least Squares (OLS) und bei Normierung von (6.2) auf N auch als Least Mean Squares (LMS) bezeichnet.

Sie arbeitet wie folgt: Gegeben sei ein Modellansatz der Form

$$\hat{y}(l) = a_0 + a_1 \cdot \varphi_1(l) + \ldots + a_n \cdot \varphi_n(l)$$
$$= [1; \varphi_1(l); \ldots; \varphi_n(l)] \cdot [a_0; a_1; \ldots; a_n]^T = \boldsymbol{\varphi}^T(l) \cdot \boldsymbol{\Theta} \tag{6.3}$$

mit $n + 1$ Parametern $a_0, \ldots, a_n$, n Regressoren $\varphi_1, \ldots, \varphi_n$ und dem Index l der Beobachtung. Dabei weichen Prädiktion und Beobachtung um e voneinander ab (Abb. 6.1):

$$y_p(l) - \hat{y}(l) = e(l) \quad \text{bzw.} \quad y_p(l) = \hat{y}(l) + e(l) \tag{6.4}$$

Es seien N Messungen verfügbar. Die zugehörigen N *Mess- bzw. Beobachtungsgleichungen* lassen sich notieren als

$$y_p(1) = a_0 + a_1 \cdot \varphi_1(1) + \ldots + a_n \cdot \varphi_n(1) + e(1) = \boldsymbol{\varphi}^T(1) \cdot \boldsymbol{\Theta} + e(1)$$
$$\vdots \tag{6.5}$$
$$y_p(N) = a_0 + a_1 \cdot \varphi_1(N) + \ldots + a_n \cdot \varphi_n(N) + e(N) = \boldsymbol{\varphi}^T(N) \cdot \boldsymbol{\Theta} + e(N)$$

oder in Vektor-Matrix-Schreibweise als

$$\mathbf{Y}_p = \boldsymbol{\Phi} \cdot \boldsymbol{\Theta} + \mathbf{E} \quad \text{bzw.} \quad \mathbf{E} = \mathbf{Y}_p - \boldsymbol{\Phi} \cdot \boldsymbol{\Theta} \tag{6.6}$$

$$\text{mit } \mathbf{Y}_p = \begin{bmatrix} y_p(1) \\ \vdots \\ y_p(N) \end{bmatrix}; \quad \boldsymbol{\Phi} = \begin{bmatrix} \boldsymbol{\varphi}^T(1) \\ \vdots \\ \boldsymbol{\varphi}^T(N) \end{bmatrix}; \quad \boldsymbol{\Theta} = \begin{bmatrix} a_0 \\ \vdots \\ a_n \end{bmatrix} \text{ und } \mathbf{E} = \begin{bmatrix} e(1) \\ \vdots \\ e(N) \end{bmatrix}. \tag{6.7}$$

Dabei ist $\boldsymbol{\Phi}$ die *Regressionsmatrix* und $\mathbf{Y}_p$ der *Regressandenvektor*. Dieses lineare Gleichungssystem ist für $N > n + 1$ überbestimmt. Die quadratische Summe der Fehler bzgl. aller N Beobachtungen ist:

$$J(\boldsymbol{\Theta}) = \sum_{l=1}^{N} (y_p(l) - \hat{y}(l))^2 = \sum_{l=1}^{N} e^2(l) = \mathbf{E}^T \mathbf{E} = (\mathbf{Y}_p - \boldsymbol{\Phi}\boldsymbol{\Theta})^T \cdot (\mathbf{Y}_p - \boldsymbol{\Phi}\boldsymbol{\Theta}) \tag{6.8}$$

Für ein Minimum der Kostenfunktion müssen alle ersten partiellen Ableitungen nach den Parametern Null werden. Für die Ableitung nach $\boldsymbol{\Theta}$ gilt unter Ausnutzung von Regeln der Matrizenrechnung (siehe Abschnitt 25.2):

$$\frac{d J(\boldsymbol{\Theta})}{d \boldsymbol{\Theta}} = \left(\frac{d}{d \boldsymbol{\Theta}} (\mathbf{Y}_p - \boldsymbol{\Phi}\boldsymbol{\Theta})^T \right) \cdot 2 \cdot (\mathbf{Y}_p - \boldsymbol{\Phi}\boldsymbol{\Theta}) = (-\boldsymbol{\Phi}^T) \cdot 2 \cdot (\mathbf{Y}_p - \boldsymbol{\Phi}\boldsymbol{\Theta})$$
$$= -2\boldsymbol{\Phi}^T \mathbf{Y}_p + 2\boldsymbol{\Phi}^T \boldsymbol{\Phi}\boldsymbol{\Theta} \overset{!}{=} 0 \tag{6.9}$$

Daraus folgt der gesuchte Parametervektor $\hat{\boldsymbol{\Theta}}$ zu

$$\hat{\boldsymbol{\Theta}} = (\boldsymbol{\Phi}^T \boldsymbol{\Phi})^{-1} \boldsymbol{\Phi}^T \mathbf{Y}_p \quad \text{bzw.} \quad \hat{\boldsymbol{\Theta}} = \left(\sum_{l=1}^{N} \boldsymbol{\varphi}(l) \cdot \boldsymbol{\varphi}^T(l) \right)^{-1} \sum_{l=1}^{N} \boldsymbol{\varphi}(l) \cdot y_p(l), \tag{6.10}$$

falls die Matrixinversion möglich ist. Dazu muß $\boldsymbol{\Phi}^T \boldsymbol{\Phi}$ regulär sein, was gleichbedeutend damit ist, dass $\boldsymbol{\Phi}$ regulär sein muss. Dabei zeigt $(\hat{\ })$ an, dass es sich um einen Schätzwert handelt. Für ein Minimum muss zudem die zweite Ableitung größer Null sein:

$$\frac{\mathrm{d}^2 \, J(\boldsymbol{\Theta})}{\mathrm{d}\boldsymbol{\Theta}^2} = 2\boldsymbol{\Phi}^T \boldsymbol{\Phi} \overset{!}{>} 0 \tag{6.11}$$

Diese Bedingung ist erfüllt, wenn $\boldsymbol{\Phi}$ regulär ist.

Beispiel *Schätzung einer quadratischen Kennlinie*:

Ein nichtlinearer statischer Prozess soll durch eine quadratische Kennlinie

$$\hat{y}(l) = a_0 + a_1 \cdot u(l) + a_2 \cdot u^2(l) \tag{6.12}$$

approximiert werden. Es sei bekannt, dass $a_0 = 0$ ist. Die fünf Messgleichungen haben somit die Form:

$$y_p(l) = a_1 \cdot u(l) + a_2 \cdot u^2(l) + e(l) = [u(l); u^2(l)] \cdot [a_1; a_2]^T + e(l) = \boldsymbol{\varphi}^T(l) \cdot \boldsymbol{\Theta} + e(l) \tag{6.13}$$

Die in Tab. 6.1 angegebenen Messwerte der Ein-/Ausgangsgrößen seien verfügbar. Aus diesen fünf Beobachtungen ($l = 1, \ldots, 5$) lassen sich fünf Messgleichungen aufstellen.

Tab. 6.1:   Messwerte der Ein-/Ausgangsgrößen im Beispiel der Schätzung einer quadratischen Kennlinie

Eingangsgröße $u(l)$	−1,5	−0,5	4,5	7	8
Ausgangsgröße $y(l)$	5,5	1,5	−3,5	4,5	8,5
Index der Messung l	1	2	3	4	5

Die Regressionsmatrix $\boldsymbol{\Phi}$ und der Regressandenvektor $\mathbf{Y}_p$ folgen zu:

$$\mathbf{Y}_p = \begin{bmatrix} y_p(1) \\ y_p(2) \\ y_p(3) \\ y_p(4) \\ y_p(5) \end{bmatrix} = \begin{bmatrix} 5,5 \\ 1,5 \\ -3,5 \\ 4,5 \\ 8,5 \end{bmatrix} \; ; \; \boldsymbol{\Phi} = \begin{bmatrix} \boldsymbol{\varphi}^T(1) \\ \boldsymbol{\varphi}^T(2) \\ \boldsymbol{\varphi}^T(3) \\ \boldsymbol{\varphi}^T(4) \\ \boldsymbol{\varphi}^T(5) \end{bmatrix} \begin{bmatrix} u(1) & u^2(1) \\ u(2) & u^2(2) \\ u(3) & u^2(3) \\ u(4) & u^2(4) \\ u(5) & u^2(5) \end{bmatrix} = \begin{bmatrix} -1,5 & 2,25 \\ -0,5 & 0,25 \\ 4,5 & 20,25 \\ 7 & 49 \\ 8 & 64 \end{bmatrix} \tag{6.14}$$

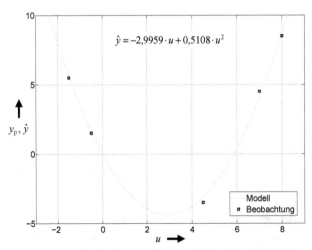

Abb. 6.3:   Beobachtete Werte und Modellausgabe für das Beispiel der quadratischen Kennlinie

Die Modellparameter berechnen sich zu:

$$\hat{\Theta} = (\Phi^T \Phi)^{-1} \Phi^T Y_p = \begin{bmatrix} \hat{a}_1 \\ \hat{a}_2 \end{bmatrix} = \begin{bmatrix} -2{,}9959 \\ 0{,}5108 \end{bmatrix} \tag{6.15}$$

Daraus folgt das Modell (die quadratische Kennlinie) zu:

$$\hat{y} = -2{,}9959 \cdot u + 0{,}5108 \cdot u^2 \tag{6.16}$$

Abb. 6.3 zeigt die fünf Beobachtungen und den Graphen des Ausgleichspolynoms.

Zu den Vorteilen des LS-Verfahrens gehört, dass das globale Minimum der Zielfunktion (min. quadratischer Prädiktionsfehler) gefunden und dass der Parameterschätzwert explizit (und somit nicht iterativ) aus den Messwerten berechnet wird. Große Parameterschätzprobleme können zu schlecht konditionierten Matrizen ($\Phi^T \Phi$) und damit zu Problemen bei der Invertierung führen. In solchen Fällen sind spezielle robuste Verfahren zu verwenden, siehe z. B. (Goodwin, Payne 1977).

Nimmt man an, dass die beobachteten Daten durch einen Prozess

$$y_p(l) = \varphi^T(l) \cdot \Theta_0 + d(l) \tag{6.17}$$

erzeugt wurden, so dass Θ_0 der *wahre* Parameterwert sei, dann ist die LS-Schätzung *erwartungstreu* (d. h. $\hat{\Theta}$ konvergiert für $N \to \infty$ gegen Θ_0), wenn $d(1)$, ..., $d(N)$ voneinander (statistisch) unabhängige Zufallszahlen mit Erwartungswert 0 sind sowie wenn ($\Phi^T \Phi$) nicht singulär ist. Zudem darf das Eingangssignal nicht mit dem Störsignal korreliert sein. Sind diese Voraussetzungen nicht erfüllt (was praktisch häufig der Fall ist), so weicht $\hat{\Theta}$ vom wahren Wert Θ_0 ab, man sagt auch $\hat{\Theta}$ habe einen *Bias*.

Bisher geht jede Beobachtung ($y_p(l)$; $\varphi(l)$) mit gleichem Gewicht in die Zielfunktion J in (6.8) ein. Es ist auch möglich, die Beobachtungen individuell mit $w(l)$ zu gewichten, z. B. wenn sie sich in ihrer Zuverlässigkeit oder Relevanz unterscheiden. Dies kann der Fall sein, wenn bei einzelnen Messungen vergleichsweise große Störeinwirkungen vorlagen. Dafür folgt die Zielfunktion zu:

$$J(\Theta) = \sum_{l=1}^{N} w(l)(y_p(l) - \hat{y}(l))^2 = \sum_{l=1}^{N} w(l)(y_p(l) - \varphi^T(l) \cdot \Theta)^2 \tag{6.18}$$

Fasst man die Einzelgewichtungen zu einer diagonalen Gewichtsmatrix

$$\mathbf{W} = \begin{bmatrix} w(1) & & 0 \\ & \ddots & \\ 0 & & w(N) \end{bmatrix} \tag{6.19}$$

zusammen, so lässt sich die Zielfunktion (6.18) schreiben als:

$$J(\Theta) = (Y_p - \Phi\Theta)^T \cdot \mathbf{W} \cdot (Y_p - \Phi\Theta) \tag{6.20}$$

Der $J(\Theta)$ minimierende Parametervektor folgt analog zum ungewichteten Verfahren zu:

$$\hat{\Theta} = (\mathbf{\Phi}^T \cdot \mathbf{W} \cdot \mathbf{\Phi})^{-1} \mathbf{\Phi}^T \cdot \mathbf{W} \cdot \mathbf{Y}_p \quad \text{bzw.}$$

$$\hat{\Theta} = \left(\sum_{l=1}^{N} w(l) \cdot \mathbf{\varphi}(l) \cdot \mathbf{\varphi}^T(l) \right)^{-1} \sum_{l=1}^{N} w(l) \cdot \mathbf{\varphi}(l) \cdot y_p(l) \tag{6.21}$$

Dies wird als *Methode der gewichteten kleinsten Quadrate* (*Weighted Least Squares Estimation, WLS*) bezeichnet.

Bei den bisher vorgestellten Methoden werden zur Parameterschätzung alle Daten gleichzeitig ausgewertet. Es gibt allerdings auch Probleme, bei denen Daten sukzessive anfallen und für die Aktualisierung der Parameterschätzung eingesetzt werden sollen. So können sich während des Betriebs eines Systems seine Eigenschaften ändern, z. B. durch variierende Zuladung bei einem Kraftfahrzeug. In solchen Fällen kann die *rekursive Methode der kleinsten Quadrate* (*Recursive Least Squares Estimation, RLS*) eingesetzt werden. Sie besteht aus der Anwendung der folgenden drei Gleichungen, sobald ein neues Datum zur Verfügung steht (Ljung 1999, Jelali, Kroll 2003):

$$\hat{\Theta}(k) = \hat{\Theta}(k-1) + \mathbf{L}(k)e(k); \quad e(k) = y_p(k) - \mathbf{\varphi}^T(k-1)\hat{\Theta}(k-1) \tag{6.22}$$

$$\mathbf{L}(k) = \frac{\mathbf{P}(k-1)\mathbf{\varphi}(k-1)}{\lambda(k) + \mathbf{\varphi}^T(k-1)\mathbf{P}(k-1)\mathbf{\varphi}(k-1)} \tag{6.23}$$

$$\begin{aligned}
\mathbf{P}(k) &= \frac{1}{\lambda(k)} \left(\mathbf{P}(k-1) - \frac{\mathbf{P}(k-1)\mathbf{\varphi}(k-1)\mathbf{\varphi}^T(k-1)\mathbf{P}(k-1)}{\lambda(k) + \mathbf{\varphi}^T(k-1)\mathbf{P}(k-1)\mathbf{\varphi}(k-1)} \right) \\
&= \frac{1}{\lambda(k)} \left(\mathbf{I} - \mathbf{L}(k-1)\mathbf{\varphi}^T(k-1) \right)\mathbf{P}(k-1)
\end{aligned} \tag{6.24}$$

Zur Initialisierung kann z. B. $\mathbf{P}(0) = k_{LS}\mathbf{I}$ mit $k_{LS} \in [10^2; 10^4]$ und der Identitätsmatrix $\mathbf{I}$ verwendet werden (Jelali, Kroll 2003). Diese Formulierung des RLS enthält einen Vergessensfaktor $\lambda(k)$, mit dem bei einer Wahl von $\lambda < 1$ der Einfluss älterer Beobachtungen auf die Parameterschätzung reduziert wird. Dies ist nützlich, wenn die Parameter eines zeitvarianten Systems fortlaufend geschätzt werden sollen. Der Vergessensfaktor λ wird z. B. aus dem Intervall $\lambda(k) \in [0{,}9; 1[$ gewählt (Nelles 2001). Eine Wahl $\lambda \equiv 1$ führt auf das einfache RLS-Verfahren, bei dem jedes Datum gleich gewichtet wird unabhängig davon, wie weit zurück in der Vergangenheit es liegt.

6.2.2   Identifikation linearer dynamischer Eingrößenmodelle

Es gibt verschiedene lineare zeitdiskrete dynamische Modellansätze, von denen einige häufig eingesetzte exemplarisch eingeführt werden. Es sei vorausgesetzt, dass die Messungen zu äquidistanten Zeitpunkten $t = k \cdot T_0$ mit der Abtastzeit T_0 aufgenommen wurden (Abb. 6.4). Dabei bezeichnet k die diskrete Zeit.

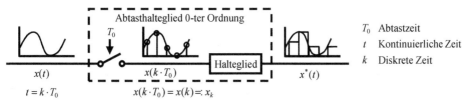

T_0 Abtastzeit
t Kontinuierliche Zeit
k Diskrete Zeit

Abb. 6.4:   Prinzip der äquidistanten Signalabtastung

Aus der Systemtheorie ist bekannt, dass ein lineares zeitinvariantes dynamisches System durch seine Impulsantwort vollständig beschrieben werden kann. Dies motiviert den sog. FIR-(Finite-Impulse-Response-)Modellansatz:

$$y(k) = \sum_{j=0}^{m} b_j \cdot u(k - j - T_\tau) + e(k) \tag{6.25}$$
$$= b_0 \cdot u(k - T_\tau) + b_1 \cdot u(k - 1 - T_\tau) + \ldots + b_m \cdot u(k - m - T_\tau) + e(k)$$

Dabei wird die Ausgangsgröße $y(k)$ aus vergangenen Werten und dem aktuellen Wert der Eingangsgröße u ermittelt. T_τ bezeichnet eine ggf. auftretende Totzeit (ganzzahliges Vielfaches von T_0). Durch Messrauschen, nicht modellierte Störeinwirkungen und wegen infolge endlicher Modellordnung (m) vernachlässigter Terme o. ä. kommt es i. d. R. dazu, dass Modellausgangsgröße und beobachtetes Systemverhalten voneinander abweichen. Diese Abweichungen sind hier zum Term $e(k)$ zusammengefasst.

Aus der Zeitreihenanalyse sind lineare autoregressive (AR-)Modelle bekannt, bei denen die Ausgangsgröße aus ihren n zurückliegenden Werten zzgl. eines Störterms $e(k)$ bestimmt werden (deshalb die Bezeichnung „auto"-regressiv):

$$y(k) = -\sum_{i=1}^{n} a_i \cdot y(k - i) + d_0 \cdot e(k) = -a_1 \cdot y(k - 1) - \ldots - a_n \cdot y(k - n) + d_0 \cdot e(k) \tag{6.26}$$

Ein einfacher Sonderfall ist die sog. Zufallsbewegung (random walk)

$$y(k) = y(k - 1) + d_0 \cdot e(k), \tag{6.27}$$

wobei $e(k)$ eine Zufallszahl ist. Die Kombination von FIR- und AR-Modellansatz liefert ein *ARX-Modell (AutoRegressiv mit eXterner Eingangsgröße)*:

$$y(k) = -\sum_{i=1}^{n} a_i \cdot y(k - i) + \sum_{j=0}^{m} b_j \cdot u(k - j - T_\tau) + d_0 \cdot e(k) \tag{6.28}$$

Es sei nun angenommen, dass das betrachtete System stabil[33], im betrachteten Bereich linear beschreibbar und zeitinvariant sei. (Dabei bezeichnen $y(k)$ und $u(k)$ die Abweichungen vom betrachteten Arbeitspunkt.) Es interessiere der Fall der *Einschrittprädiktion*, d. h. $\hat{y}(k)$ wird

---

[33]   Instabile Systeme können im stabilisierend wirkenden Regelkreis identifiziert werden. Wegen der Einführung von Rückkopplung ist bei der Identifikation im Regelkreis ein besonderes Vorgehen erforderlich.

bis zum Zeitpunkt $k-1$ aus bekannten Größen berechnet. Damit gilt $b_0 = 0$ [34]. Wenn der Störterm nicht signifikant oder schwierig zu beschreiben ist, stellt

$$
\begin{aligned}
\hat{y}(k) &= -\sum_{i=1}^{n} a_i \cdot y_p(k-i) + \sum_{j=1}^{m} b_j \cdot u(k-j-T_\tau) = \boldsymbol{\varphi}^T(k-1) \cdot \boldsymbol{\Theta} \\
&= [-y_p(k-1); \cdots; -y_p(k-n); u(k-1-T_\tau); \cdots; u(k-m-T_\tau)] \cdot \\
&\quad \cdot [a_1; \cdots; a_n; b_1; \cdots; b_m]^T
\end{aligned} \tag{6.29}
$$

einen naheliegenden Prädiktor für das Systemverhalten dar. Die Schätzung der Parameter soll so erfolgen, dass der *Prädiktionsfehler*, also die Abweichung zwischen Prädiktion $\hat{y}$ und Beobachtung y_p,

$$
y_p(k) - \hat{y}(k) = e(k) \quad \text{bzw.} \quad y_p(k) = \hat{y}(k) + e(k) \tag{6.30}
$$

minimal ist. Bewertet man die Abweichung quadratisch, so kann die Methode der kleinsten Quadrate genutzt werden. Dazu wird angenommen, dass so viele Beobachtungen verfügbar sind, dass $N+1$ Messgleichungen aufgestellt werden können:

$$
\begin{aligned}
y_p(1) &= [-y_p(0); \cdots; -y_p(1-n); u(-T_\tau); \cdots; u(1-m-T_\tau)] \cdot \\
&\quad \cdot [a_1; \cdots; a_n; b_1; \cdots; b_m]^T + e(1) \\
&\vdots \\
y_p(N+1) &= [-y_p(N); \cdots; -y_p(N-n+1); u(N-T_\tau); \cdots; u(N-m-T_\tau+1)] \cdot \\
&\quad \cdot [a_1; \cdots; a_n; b_1; \cdots; b_m]^T + e(N+1)
\end{aligned} \tag{6.31}
$$

Meistens ist es sinnvoll, die Gleichungen so zu notieren, dass keine negativen Zeitargumente auftreten, also das älteste Zeitargument gerade 0 ist. Für den Fall $m \geq n$ gilt dann:

$$
\begin{aligned}
y_p(m+T_\tau) &= [-y_p(m+T_\tau-1); \cdots; -y_p(m+T_\tau-n); u(m-1); \cdots; u(0)] \cdot \\
&\quad \cdot [a_1; \cdots; a_n; b_1; \cdots; b_m]^T + e(m+T_\tau) \\
&\vdots \\
y_p(m+T_\tau+N) &= [-y_p(m+T_\tau+N-1); \cdots; -y_p(m+T_\tau+N-n); \\
&\quad u(m+N-1); \cdots; u(N)] \cdot [a_1; \cdots; a_n; b_1; \cdots; b_m]^T + \\
&\quad + e(m+T_\tau+N)
\end{aligned} \tag{6.32}
$$

Der Fall $m < n$ folgt analog. Eine Zusammenfassung der Regressoren und Parameter jeweils als Vektor liefert:

$$
\begin{aligned}
y_p(m+T_\tau) &= \boldsymbol{\varphi}^T(m+T_\tau-1) \cdot \boldsymbol{\Theta} + e(m+T_\tau) \\
&\vdots \\
y_p(m+T_\tau+N) &= \boldsymbol{\varphi}^T(m+T_\tau+N-1) \cdot \boldsymbol{\Theta} + e(m+T_\tau+N)
\end{aligned} \tag{6.33}
$$

---

[34]   Andere Motivationen, den 0-ten Term zu vernachlässigen, sind die Annahme nicht sprungfähiger Systeme oder die Forderung nach strikter Kausalität. Letzteres bedeutet, dass die Ursache einer Wirkung zeitlich vorausgehen muss.

Mit Einführung von *Regressandenvektor* $\mathbf{Y}_\mathrm{p}$, *Regressionsmatrix* $\mathbf{\Phi}$ und Vektor der Abweichung $\mathbf{E}$ folgt kompakt:

$$\mathbf{Y}_\mathrm{p} = \mathbf{\Phi} \cdot \mathbf{\Theta} + \mathbf{E} \tag{6.34}$$

Die Summe der quadratischen Prädiktionsfehler ist:

$$J(\mathbf{\Theta}) = \sum_{k=m+T_\tau}^{m+T_\tau+N} (y_\mathrm{p}(k) - \hat{y}(k))^2 = \sum_{k=m+T_\tau}^{m+T_\tau+N} e^2(k) = \mathbf{E}^T \mathbf{E} = (\mathbf{Y}_\mathrm{p} - \mathbf{\Phi}\mathbf{\Theta})^T (\mathbf{Y}_\mathrm{p} - \mathbf{\Phi}\mathbf{\Theta}) \tag{6.35}$$

Wie im vorausgehenden Abschnitt folgt der Parametervektor $\hat{\mathbf{\Theta}}$ aus der Forderung $\mathrm{d}J(\mathbf{\Theta}) / \mathrm{d}\mathbf{\Theta} = \mathbf{0}$ zu:

$$\hat{\mathbf{\Theta}} = (\mathbf{\Phi}^T \mathbf{\Phi})^{-1} \mathbf{\Phi}^T \mathbf{Y}_\mathrm{p} \tag{6.36}$$

Damit die Matrix $(\mathbf{\Phi}^T \mathbf{\Phi})$ invertierbar ist, muss sie nicht-singulär sein. Sie sollte zudem u. a. durch ausreichende Anregung und geeignete Wahl der Abtastzeit hinreichend gut konditioniert sein. Statt alle Beobachtungen gleichzeitig auszuwerten, können die Parameter analog zu Abschnitt 6.2.1 mittels der rekursiven Methode der kleinsten Quadrate fortlaufend geschätzt/aktualisiert werden.

Bisher wurde *Einschrittprädiktion* angenommen, d. h. $\hat{y}(k)$ wird aus bekannten/gemessenen Größen bis zum Zeitpunkt $k - 1$ berechnet (Prozess ohne Totzeit angenommen):

$$\hat{y}_\mathrm{sp}(k) = f(y_\mathrm{p}(k-1), y_\mathrm{p}(k-2), ..., y_\mathrm{p}(k-n), u(k-1), u(k-2), ..., u(k-m)) \tag{6.37}$$

Dies wird auch als *seriell-parallele Anordnung* bezeichnet. Beim Einsatz des Modells in der Simulation muss die zukünftige Ausgangsgröße in der Regel aus zuvor prädizierten Ausgangsgrößen berechnet werden, also gilt:

$$\hat{y}_\mathrm{pa}(k) = f(\hat{y}_\mathrm{pa}(k-1), \hat{y}_\mathrm{pa}(k-2), ..., \hat{y}_\mathrm{pa}(k-n), u(k-1), u(k-2), ..., u(k-m)) \tag{6.38}$$

Dies wird auch als *parallele Anordnung* oder *rekursive Modellauswertung* bezeichnet. Eine Parameterschätzung, so dass $\| y_\mathrm{p} - \hat{y}_\mathrm{pa} \|$ minimal wird, ist allerdings nichtlinear. Der Unterschied zwischen Einschrittprädiktion und rekursiver Modellauswertung wird bei der Fuzzy-Identifikation in Abschnitt 6.3.3 vertieft.

Beispiel *Schätzung eines Ein-/Ausgangsmodells 1. Ordnung*:
Gegeben seien die gemessenen Ein-/Ausgangsgrößen eines Systems in Tab. 6.2.

Tab. 6.2:   Gemessene Ein-/Ausgangsgrößen des Systems

Eingangsgröße $u(k)$	1	1	1	1	1
Ausgangsgröße $y_\mathrm{p}(k)$	0	1	1,5	1,7	1,8
Zeitpunkt k	0	1	2	3	4

Als Modellansatz werde ein ARX-Modell gewählt:

$$\hat{y}(k) = -a \cdot y_\mathrm{p}(k-1) + b \cdot u(k-1) = [-y_\mathrm{p}(k-1); u(k-1)][a; b]^T = \boldsymbol{\varphi}^T(k-1) \cdot \mathbf{\Theta} \tag{6.39}$$

Mit den gegebenen fünf Beobachtungen ($k = 0, ..., 4$) lassen sich vier Messgleichungen aufstellen, die die Regressionsmatrix $\mathbf{\Phi}$ und den Regressandenvektor $\mathbf{Y}_p$ liefern als:

$$\mathbf{Y}_p = \begin{bmatrix} y_p(1) \\ y_p(2) \\ y_p(3) \\ y_p(4) \end{bmatrix} = \begin{bmatrix} 1 \\ 1,5 \\ 1,7 \\ 1,8 \end{bmatrix} \; ; \; \mathbf{\Phi} = \begin{bmatrix} \boldsymbol{\varphi}^T(0) \\ \boldsymbol{\varphi}^T(1) \\ \boldsymbol{\varphi}^T(2) \\ \boldsymbol{\varphi}^T(3) \end{bmatrix} = \begin{bmatrix} -y_p(0) & u(0) \\ -y_p(1) & u(1) \\ -y_p(2) & u(2) \\ -y_p(3) & u(3) \end{bmatrix} = \begin{bmatrix} 0 & 1 \\ -1 & 1 \\ -1,5 & 1 \\ -1,7 & 1 \end{bmatrix}. \tag{6.40}$$

Die Modellparameter folgen zu:

$$\hat{\mathbf{\Theta}} = (\mathbf{\Phi}^T \mathbf{\Phi})^{-1} \mathbf{\Phi}^T \mathbf{Y}_p = \begin{bmatrix} \hat{a} \\ \hat{b} \end{bmatrix} = \begin{bmatrix} -0,4682 \\ 1,0084 \end{bmatrix} \tag{6.41}$$

und das Modell zu:

$$\hat{y}(k) = -\hat{a} \cdot y_p(k-1) + \hat{b} \cdot u(k-1) = 0,4682 \cdot y_p(k-1) + 1,0084 \cdot u(k-1). \tag{6.42}$$

Abb. 6.5 zeigt die Beobachtungen sowie die Modellauswertung einerseits durch Einsetzen von Messwerten für $y_p(k-1)$ (Einschrittprädiktion) und andererseits durch Einsetzen der vorausgehenden Prädiktionen $\hat{y}(k-j)$ zur rekursiven Berechnung von $\hat{y}(k)$, bis $y_p(0)$ erreicht wird (rekursive Auswertung gemäß (6.38)).

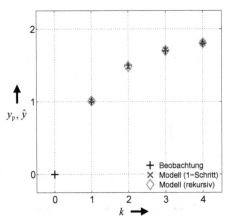

Abb. 6.5:   Beobachtete Werte (+) und Einschrittprädiktion (×) sowie rekursive Modellauswertung (◊) für das
             Ein-/Ausgangsmodell 1. Ordnung

Beispiel *Schätzung eines autoregressiven Modells 2. Ordnung*:

Gegeben sei die in Tab. 6.3 angegebene Zeitreihe aus sieben Werten. Sie wurden aus der Systembeschreibung

$$y_p(k) = -a_1 \cdot y(k-1) - a_2 \cdot y(k-2) + d(k) \text{ mit } a_1 = 1; \; a_2 = 0,5 \tag{6.43}$$

erzeugt mit einer Zufallsvariablen $d(k)$ als Störterm. Somit ist $\mathbf{\Theta}_0^T = [a_1; a_2] = [1; 0,5]$ der *wahre* Parameterwert. Die Ausgangsgröße im ungestörten Fall ($d \equiv 0$) wird als *wahrer Wert* bezeichnet. Als Modellansatz diene:

$$\hat{y}(k) = -a_1 \cdot y_p(k-1) - a_2 \cdot y_p(k-2) = [-y_p(k-1); -y_p(k-2)][a_1; a_2]^T = \boldsymbol{\varphi}^T(k-1) \cdot \mathbf{\Theta} \tag{6.44}$$

Tab. 6.3:   Werte der Zeitreihe

Wahrer Wert $y(k)\vert_{d=0}$	1	1,5	−2,0	1,25	−0,25	−0,375	0,5
Messwert $y_p(k)$	1	1,5	−2,02	1,35	−0,15	−0,4	0,6
Zeitpunkt k	0	1	2	3	4	5	6

Für die gegebenen sieben Beobachtungen ($k = 0, \ldots, 6$) lassen sich für diesen Modellansatz 2. Ordnung ohne Totzeit fünf Messgleichungen aufstellen: Regressionsmatrix $\boldsymbol{\Phi}$ und Regressandenvektor $\mathbf{Y}_p$ folgen zu:

$$\mathbf{Y}_p = \begin{bmatrix} y_p(2) \\ y_p(3) \\ y_p(4) \\ y_p(5) \\ y_p(6) \end{bmatrix} = \begin{bmatrix} -2,02 \\ 1,35 \\ -0,15 \\ -0,4 \\ 0,6 \end{bmatrix} \; ; \; \boldsymbol{\Phi} = \begin{bmatrix} \boldsymbol{\varphi}^T(1) \\ \boldsymbol{\varphi}^T(2) \\ \boldsymbol{\varphi}^T(3) \\ \boldsymbol{\varphi}^T(4) \\ \boldsymbol{\varphi}^T(5) \end{bmatrix} = \begin{bmatrix} -y_p(1) & -y_p(0) \\ -y_p(2) & -y_p(1) \\ -y_p(3) & -y_p(2) \\ -y_p(4) & -y_p(3) \\ -y_p(5) & -y_p(4) \end{bmatrix} = \begin{bmatrix} -1,5 & -1 \\ 2,02 & -1,5 \\ -1,35 & 2,02 \\ 0,15 & -1,35 \\ 0,4 & 0,15 \end{bmatrix} \qquad (6.45)$$

Die Modellparameter berechnen sich zu

$$\hat{\boldsymbol{\Theta}} = (\boldsymbol{\Phi}^T \boldsymbol{\Phi})^{-1} \boldsymbol{\Phi}^T \mathbf{Y}_p = \begin{bmatrix} \hat{a}_1 \\ \hat{a}_2 \end{bmatrix} = \begin{bmatrix} 1,0109 \\ 0,5198 \end{bmatrix} . \qquad (6.46)$$

Das Modell ist somit

$$\hat{y}(k) = -\hat{a}_1 \cdot y_p(k-1) - \hat{a}_2 \cdot y_p(k-2) = -1,0109 \cdot y_p(k-1) - 0,5198 \cdot y_p(k-2) . \qquad (6.47)$$

Der Schätzwert $\hat{\boldsymbol{\Theta}}^T = [1,0109; 0,5198]$ kommt dem wahren Wert $\boldsymbol{\Theta}_0^T = [1,0; 0,5]$ sehr nahe. Abb. 6.6 zeigt die Beobachtungen sowie die Modellauswertung einerseits durch Einsetzen von Messwerten für $y_p(k-1)$ und $y_p(k-2)$ (Einschrittprädiktion) und andererseits durch rekursives Einsetzen der vorausgehenden Prädiktionen $\hat{y}(k-j)$ zur rekursiven Berechnung von $\hat{y}(k)$, bis $y_p(0)$ und $y_p(1)$ zur Modellauswertung benötigt werden (rekursive Auswertung gemäß (6.38)).

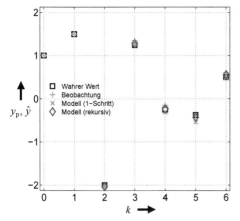

Abb. 6.6:   Beobachtete (+) und wahre (□) Werte sowie Einschrittprädiktion (×) und rekursive Modellauswertung (◊) für das autoregressive Modell 2. Ordnung

6.2.3   Ablauf einer Identifikation

Der Ablauf einer Identifikation wurde bereits in Abschnitt 2.3 vorgestellt und in Abb. 2.20 zusammengefasst. Im Folgenden sollen einige Teilaufgaben in größerem Detail behandelt werden.

Falls ein spezielles *Testsignal* auf das System geschaltet werden kann, ist dieses im Rahmen des gesamten Experimententwurfs zu wählen. Das Testsignal sollte die Situationen reflektieren, in denen das Modell eingesetzt werden soll. Zudem sollte es das System so persistent anregen, dass dessen charakteristisches Verhalten sichtbar wird. Wenn kein Wissen über geeignete Testsignale vorliegt, können Standardtestsignale verwendet werden: Zu Testsignalen für Experimente in der offenen Wirkungskette gehören gefiltertes weißes Rauschen[35], (Pseudo-)Zufallssignale, Multi-Sinussignale und Chirp-Signale. Abb. 6.7 zeigt vier Beispiele:

a) Ein Signal mit Eigenschaften, die einem weißen Rauschsignal mit Erwartungswert 0 und Varianz 1 entsprechen, das mit $T_0 = 0{,}1\,\text{s}$ abgetastet und bandpassgefiltert wurde ($\omega_1 = 1\,\text{rad}$; $\omega_2 = 2\,\text{rad/s}$).

b) Ein mittels Schieberegister realisiertes binäres Pseudo-Zufallssignal (engl.: pseudo random binary signal, PRBS). Dabei wird eine zufällige Signalsequenz in einem Schieberegister abgelegt und dann wiederholt ausgelesen.

c) Ein Multi-Sinussignal aus $d = 20$ Einzelsignalen $u(t) = \sum_{i=1}^{d} a_i \cdot \cos(\omega_i \cdot t + \delta_i)$ mit Frequenz $\omega_i = 1, 3, 5, ..., 39$, Schroederphase (d. h. δ_1 beliebig, hier $\delta_1 = 0$ gewählt, $\delta_i = \delta_1 - i \cdot (i-1) \cdot \pi / d$; $2 \le i \le d$) sowie einheitlichen Amplituden $a_i = 1/6$.

d) Ein Chirpsignal, also ein harmonisches Signal mit kontinuierlich veränderter Frequenz $\omega \in [\omega_1; \omega_2]$ mit $\omega_1 = 1\,\text{rad/s}$ und $\omega_2 = 2\,\text{rad/s}$, der Dauer $T = 5$ s: $u(t) = \cos(\omega_1 \cdot t + (\omega_2 - \omega_1) \cdot t^2 / 2T)$.

Auch ist eine *geeignete Abtastzeit* festzulegen. Bei digitaler Aufzeichnung folgt aus dem Shannon'schen Abtasttheorem, dass die maximale Frequenz der Messsignale durch analoge Tiefpass-Filterung auf die halbe Abtastfrequenz zu begrenzen ist, um Aliasing[36] zu vermeiden. Dies stellt eine theoretische Grenze dar; praktisch liegt die Grenze niedriger. Eine einfache Faustformel ist, die Abtastzeit in der Größenordnung von etwa 1/10 der dominanten Zeitkonstante des Systems zu wählen.

Die *Strukturidentifikation* beinhaltet die folgenden Aufgaben:

• Die zu berücksichtigenden Ein- und Ausgangsgrößen des Modells sind festzulegen. Bei Systemen mit mehreren Einfluss- und Ausgangsgrößen ist die Auswahl häufig nicht offensichtlich. Vorwissen ist nützlich; auch eine Korrelationsanalyse kann helfen. Physikalisches Vorwissen kann zudem für eine nichtlineare Transformation von Signalen genutzt werden, um die verbleibende Schätzaufgabe zu vereinfachen.

---

[35] Weißes Rauschen in kontinuierlicher Zeit ist nicht realisierbar, da es eine unendlich große mittlere Leistung hätte. Durch geeignete Filter (z. B. Tiefpass) kann rein rechnerisch aus weißem Rauschen ein breitbandiges „rosa" Rauschen mit begrenzter Leistung erzeugt werden.

[36] Durch Abtastung entstehen Wiederholspektren zum ursprünglichen Spektrum bei ganzzahligem Vielfachen der Abtastfrequenz. Ist das abgetastete Signal nicht bandbegrenzt oder die Abtastfrequenz kleiner als das Doppelte der maximalen Signalfrequenz, so tritt spektrale Überlappung auf. Dies wird als *Aliasing* bezeichnet. Das abgetastete Signal lässt sich dann nicht mehr fehlerfrei rekonstruieren.

- Die Totzeit ist festzulegen. Falls die wahre von der angenommenen Totzeit abweicht, wird dies bei einer Residualanalyse durch eine deutliche Korrelation von Eingangssignal und Residuum bei der wahren Totzeit sichtbar.
- Die Modellordnung ist zu wählen. Bei Ein/Ausgangs-(E/A-)-Modellen bedeutet dies die Festlegung, in welchen zeitlichen Horizonten die vergangenen Ein- und Ausgangssignale eingehen sollen (also der Parameter n und m bspw. beim ARX-Modell nach (6.29)).

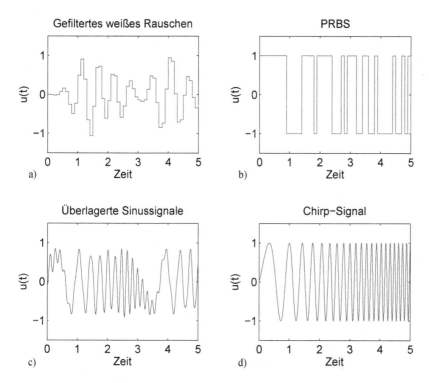

Abb. 6.7:   Beispielhafte Testsignale: gefiltertes weißes Rauschen (a), binäres Pseudo-Zufallssignal (b), Multi-Sinussignal mit Schroederphasen (c) und Chirp-Signal (d)

Die *Parameteridentifikation* wurde bereits in den vorhergehenden Unterabschnitten in 6.2 besprochen.

Teile der Identifikationsaufgabe werden u. U. aus Effizienz- oder Komplexitätsgründen nicht optimal gelöst. Im optionalen *Optimierungsschritt* in Abb. 2.20 kann eine Verbesserung des vorliegenden Modells mittels numerischer Verfahren erreicht werden. Zum Beispiel kann es sein, dass ein Modell optimal im Sinne kleiner Fehler bei rekursiver Auswertung sein soll (z. B. bei Prognose- oder Simulationsaufgaben), aber in seriell-paralleler Anordnung identifiziert wird, um eine lineare Schätzaufgabe zu erhalten. Ein solches Modell stellt einen guten Startpunkt dar, um mittels nichtlinearer Optimierungsverfahren die Modellparameter auf rekursive Auswertung zu optimieren (siehe auch Abschnitt 6.3.3).

6.3   Fuzzy-Modelle

Im Allgemeinen werden Mamdani-Modelle zur qualitativen linguistischen Beschreibung der betrachteten Systeme eingesetzt, z. B. wenn nur qualitatives Prozesswissen vorliegt, wenn die einfache Interpretierbarkeit (auch vom Nichtexperten) wichtig ist oder auch wenn ein Regler, eine Vorsteuerung oder ein Führungsgrößengenerator basierend auf einem Mamdani-Modell entworfen werden soll. TS-Modelle werden eingesetzt, wenn eine genauere Beschreibung der betrachteten Systeme notwendig ist und/oder wenn die Strukturierung in gebietsweise lineare/affine Beschreibung zum Systementwurf ausgenutzt werden soll. Fuzzy-Modelle lassen sich aus (i) gesammeltem phänomenologischem Verhaltenswissen (Mamdani), (ii) durch Linearisierung eines vorhandenen physikalischen Modells in mehreren Arbeitspunkten (oder durch Transformation mittels der Methode der Sektornichtlinearitäten) (TS) oder (iii) aus Messdaten (Mamdani, TS, relational) erstellen. Im Folgenden werden die Fälle (ii) und (iii) behandelt.

6.3.1   Statische Fuzzy-Modelle

Statische Fuzzy-Modelle besitzen kein Gedächtnis. Sie realisieren eine nichtlineare Abbildung und werden z. B. zur Approximation nichtlinearer Funktionen oder zur nichtlinearen Regression eingesetzt. Zur Erstellung eines Fuzzy-Modells ist der Eingangsgrößenraum durch Festlegung der eingangsseitigen Zugehörigkeitsfunktionen zu partitionieren. Zudem sind die Konklusionen festzulegen. Verschiedene Partitionierungstypen wurden bereits in Abb. 4.20 gezeigt. Zu den üblichen Vorgehensweisen zur Festlegung der Partitionierung zählen:

a)   *Reguläres Gitter* (*Schachbrettmuster*): Die Anzahl an Zugehörigkeitsfunktionen pro Dimension wird durch Vorwissen festgelegt oder startend von einer groben Partitionierung (z. B. zwei oder drei linguistische Werte bzw. Zugehörigkeitsfunktionen pro Dimension) sukzessive erhöht, bis die Modellgüte ausreicht. Die Zugehörigkeitsfunktionen werden gleichförmig über den Wertebereich verteilt.

b)   *Irreguläres Gitter*: Eine grobe *Gitterpartitionierung*, z. B. startend von einer einzigen Partition, wird sukzessive dort durch achsparallele Teilung verfeinert, wo sich die größte Steigerung der Modellgüte ergibt (Wachstumsstrategie).

c)   Mittels *Clusterverfahren* kann der Eingangsgrößenraum, der von Ein- und Ausgangsgrößen aufgespannte Raum (*Produktraum*) oder der Raum der Modellparameter entsprechend der auftretenden Datenanhäufungen dimensionsübergreifend partitioniert werden.

d)   Mittels *numerischer Optimierungsverfahren* kann eine optimale Partitionierung berechnet oder eine verfügbare Partitionierung optimiert werden.

Als ein Beispiel für einen Algorithmus, der eine irreguläre Gitterpartitionierung liefert, illustriert Abb. 6.8 die Arbeitsweise des LOLIMOT-Algorithmus (Nelles 2001). Dabei wird die Partition mit dem größten Prädiktionsfehler (grau hinterlegt) nacheinander in alle Achsrichtungen halbiert. Es wird diejenige Teilung übernommen, die zur größten Reduktion des Prädiktionsfehlers führt. Diese Vorgehensweise wird wiederholt, bis das Abbruchkriterium erfüllt ist. Üblicherweise werden Gauß'sche Zugehörigkeitsfunktionen (4.3) verwendet.

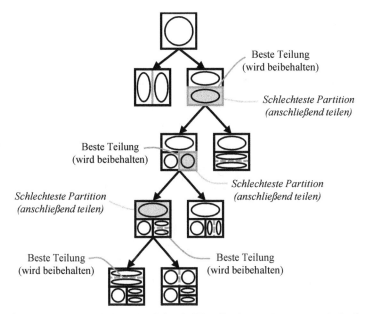

Abb. 6.8:   Exemplarischer Ablauf einer hälftig teilenden Wachstumsstrategie (Nelles 2001)

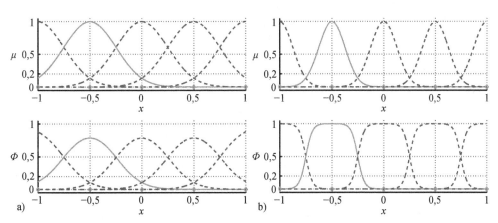

Abb. 6.9:   Verlauf von Gauß'schen Zugehörigkeitsfunktionen μ_i und Basisfunktionen ϕ_i für 5 Zentren in -1;
$-0,5$; 0; 0,5 und 1 sowie Wahl des Streuparameters als $\sigma = 0,25$ (a) oder $\sigma = 0,125$ (b)

Abb. 6.9 zeigt einen beispielhaften Verlauf für eine einfache eindimensionale Partitionierung mit Gauß'schen Zugehörigkeitsfunktionen in fünf Bereiche. Zu beachten ist, dass die effektive Gewichtung der lokalen Modelle mit den Basisfunktionen erfolgt. Deren Verlauf kann deutlich von korrespondierenden Zugehörigkeitsfunktionen abweichen, wie im Beispiel in Abb. 6.9b.

Die durch Fuzzy-Clusterung ermittelten unscharfen Klassifikatoren können direkt als mehrdimensionale Zugehörigkeitsfunktionen in den Prämissen verwendet werden (Kroll 1996) also z. B. (5.15) für den FCM. FCM und GK liefern orthogonale Zugehörigkeitsfunktionen, die dadurch mit den Basisfunktionen identisch sind. Abb. 6.10b zeigt eine zu Abb. 6.9b bzgl.

der ϕ_i ähnliche Partitionierung vom FCM-Typ. Abb. 6.10a zeigt eine relativ harte Partitionierung, die aus einem Unschärfeparameterwert nahe Eins folgt.

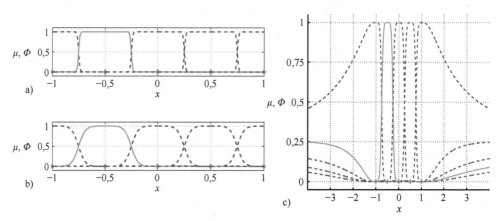

Abb. 6.10:   Verlauf von FCM-Zugehörigkeitsfunktionen und Basisfunktionen bei Partitionierung mit 5 Zentren in −1; −0,5; 0; 0,5 und 1 sowie Wahl des Unschärfeparameters als $v = 1,1$ (a) oder $v = 1,5$ (b); Illustration des Reaktivierungseffektes für $v = 1,5$ (c)

Die FCM-Zugehörigkeitsfunktionen sind nicht konvex. Ihr Graph fällt beim Entfernen vom Clusterzentrum nicht streng monoton. Für $\mathbf{x} \to \infty$ gilt $\mu_i \to 1/c$ $\forall i$, was auch anschaulich klar ist, da mit zunehmender Entfernung von den Clusterzentren sich die absoluten Abstände zu den c Zentren zunehmend annähern. Diesen als *Reaktivierung* bezeichneten Effekt illustriert Abb. 6.10c. In den Bereichen $x > 1$ und $x < -1$ nähern sich die Zugehörigkeitswerte bei größeren Werten von v schneller dem Endwert von $1/c$. Das Bild zeigt, dass der Effekt bei kleiner Wahl von v (z. B. $v \in [1,05; 1,5]$) moderat bleibt, wenn die Zugehörigkeitsfunktionen im durch die Zentren abgedeckten Gebiet ausgewertet werden. Dies ist eine sinnvolle Annahme, da dort der wesentliche Teil der zur Clusterung und in Folge zur Modellbildung genutzten Daten liegt. Reaktivierung kann aber auch zwischen zwei Zentren auftreten. Eine kleine Wahl von v ist im Kontext der Modellbildung zudem vorteilhaft (siehe auch Abschnitt 5.2.6): Die Basisfunktionen weisen dann einen ausgedehnten Bereich mit $\phi_i \approx 1$ auf. Dies bedeutet, dass die lokalen Modelle einen entsprechend weit ausgedehnten Gültigkeitsbereich haben und gut als lokale Linearisierung des Systemverhaltens interpretiert werden können. Eine Partitionierung mit Zugehörigkeitsfunktionen vom FCM-Typ kann auch ohne Clusterung erfolgen. So können sie z. B. auch bei den o. a. achsparallelen Teilungsstrategien verwendet werden, indem ihre Zentren $\mathbf{v}_i$ jeweils in die Mitte der entsprechenden Partitionierung gelegt werden.

Monotone Zugehörigkeitsfunktionen können z. B. mittels Approximation der Zugehörigkeitsfunktionen aus der Clusterung durch gleichdimensionale Gaußfunktionen erreicht werden. Da diese nicht orthogonal sind, ist auf Bereiche sehr starker oder schwacher Überlappung zu achten. Der Effekt der Reaktivierung kann auch bei gaußglockenförmigen Zugehörigkeitsfunktionen auftreten. Zudem kann eine M-dimensionale Zugehörigkeitsfunktion z. B. mittels Projektion durch M skalare Zugehörigkeitsfunktionen approximiert werden. Dem Vorteil einfacher zu interpretierender skalarer Teilprämissen steht ein größerer Approximationsfehler gegenüber. (Die mittels Clusterung bestimmte Partition wird durch die Projektion i. d. R. vergrößert.)

Wenn die Zugehörigkeitsfunktionen festgelegt wurden, so sind bei *Mamdani-Modellen* (siehe Abschnitt 4.2) mit ausgangsseitigen Singleton-Fuzzy-Referenzmengen nur noch die Kerne y_i der Singletons zu bestimmen vgl. (4.22). Das verbleibende Schätzproblem ist LiP und kann durch Anwendung des LS-Verfahrens gelöst werden:

$$y = \frac{\sum_{i=1}^{c} \alpha_i \cdot y_i}{\sum_{i=1}^{c} \alpha_i} =: \sum_{i=1}^{c} \phi_i \cdot y_i = [\phi_1; ...; \phi_c][y_1; ...; y_c]^T =: \boldsymbol{\varphi}^T \cdot \boldsymbol{\Theta} \qquad (6.48)$$

Die ϕ_i sind Fuzzy-Basisfunktionen gemäß (4.32). Das Übertragungsverhalten eines solchen Modells entspricht lokal konstanten Modellen, zwischen denen durch die Zugehörigkeitsfunktionen interpoliert wird (Abb. 6.11a). Scharfe Zugehörigkeitsfunktionen führen somit zu abrupten Übergängen ohne Interpolation zwischen den lokalen Modellen und damit einem stufenförmigen Verlauf des Übertragungsverhaltens (Abb. 6.11b).

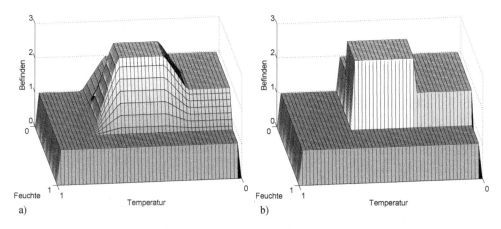

Abb. 6.11: Beispiel eines vereinfachten Kennfelds (Wohlbefinden in Abhängigkeit von Raumtemperatur und Luftfeuchte, vgl. Abb. 4.21) für ein Mamdani-Fuzzy-Modell mit 3×3-Partitionierung bei trapezoiden (a) und scharfen treppenförmigen (b) Zugehörigkeitsfunktionen

Wenn die Zugehörigkeitsfunktionen festgelegt wurden, gilt im Fall von TS-Modellen:

$$y = \frac{\sum_{i=1}^{c} \alpha_i \cdot y_i}{\sum_{i=1}^{c} \alpha_i} = \frac{\sum_{i=1}^{c} \alpha_i \cdot (a_{0,i} + a_{1,i} \cdot \varphi_1 + ... + a_{n,i} \cdot \varphi_n)}{\sum_{i=1}^{c} \alpha_i} \qquad (6.49)$$

$$= \sum_{i=1}^{c} \phi_i \cdot (a_{0,i} + a_{1,i} \cdot \varphi_1 + ... + a_{n,i} \cdot \varphi_n) \text{ mit } \phi_i = \alpha_i / \sum_{i=1}^{c} \alpha_i$$

Das verbleibende Problem der Schätzung der Schlussfolgerungsparameter ist LiP und kann mittels des LS-Verfahrens gelöst werden. Die Parameter aller Teilmodelle können gleichzeitig geschätzt werden (*globale Parameterschätzung*). Durch Umschreiben von (6.49) folgt:

$$
\begin{aligned}
\hat{y} &= \sum_{i=1}^{c} \phi_i \cdot (a_{0,i} + a_{1,i} \cdot \varphi_1 + \ldots + a_{n,i} \cdot \varphi_n) \\
&= \underbrace{[\phi_1; \ldots; \phi_c \mid \phi_1\varphi_1; \ldots; \phi_c\varphi_1 \mid \cdots \mid \phi_1\varphi_n; \ldots; \phi_c\varphi_n]}_{\boldsymbol{\varphi}^{\mathrm{T}}} \cdot \\
&\quad \cdot \underbrace{[a_{0,1}; \ldots; a_{0,c} \mid a_{1,1}; \ldots; a_{1,c} \mid \cdots \mid a_{n,1}; \ldots; a_{n,c}]^{T}}_{\boldsymbol{\Theta}} \\
&=: \boldsymbol{\varphi}^{\mathrm{T}} \cdot \boldsymbol{\Theta}
\end{aligned}
\tag{6.50}
$$

Die Lösung des Optimierungsproblems

$$
\hat{\boldsymbol{\Theta}} = \arg\min_{\boldsymbol{\Theta}} \sum_{l=1}^{N} (y_p(l) - \hat{y}(l, \boldsymbol{\Theta}))^2
\tag{6.51}
$$

ist

$$
\hat{\boldsymbol{\Theta}} = (\boldsymbol{\Phi}^T \boldsymbol{\Phi})^{-1} \boldsymbol{\Phi}^T \mathbf{Y}.
\tag{6.52}
$$

Alternativ können die Teilmodellparameter unabhängig voneinander geschätzt werden (*lokale Parameterschätzung*): Die Lösung des Optimierungsproblems

$$
\hat{\boldsymbol{\Theta}}_i = \arg\min_{\boldsymbol{\Theta}_i} \sum_{l=1}^{N} \phi_i(l) \cdot (y_p(l) - \hat{y}_i(l, \boldsymbol{\Theta}_i))^2
\tag{6.53}
$$

liefert die Methode der gewichteten kleinsten Quadrate zu:

$$
\hat{\boldsymbol{\Theta}}_i = (\boldsymbol{\Phi}^T \mathbf{W}_i \boldsymbol{\Phi})^{-1} \boldsymbol{\Phi}^T \mathbf{W}_i \mathbf{Y}
\tag{6.54}
$$

Hier ist $\mathbf{W}_i = \mathrm{diag}[\phi_i(l)]$ eine Diagonalmatrix, deren Elemente die Gewichtung des korrespondierenden Datums bei der Schätzung angeben. Eine globale Schätzung führt i. d. R. zu geringeren Prädiktionsfehlern und formt aktiv den Verlauf der Übergänge bzw. des Interpolationsbereichs zwischen den Teilmodellen. Eine lokale Schätzung führt dagegen i. d. R. zu besserer Interpretierbarkeit der lokalen Modelle. Der Unterschied zwischen lokaler und globaler Schätzung tritt umso deutlicher auf, je stärker sich die Gültigkeitsbereiche der Teilmodelle überlappen und je stärker das zu modellierende System lokal vom Modellansatz abweicht.

Das Übertragungsverhalten eines solchen Modells (6.49) entspricht lokalen (Hyper-)Ebenen, zwischen denen durch die Zugehörigkeitsfunktionen im Übergangsbereich interpoliert wird. Dabei ist zu beachten, dass die Interpolation zu nicht intuitiven Ergebnissen führen kann, wie das Beispiel in Abb. 6.12 zeigt: Intuitiv könnte man im Interpolationsbereich im Diagramm einen Verlauf unterhalb der beiden Geraden erwarten statt oberhalb.

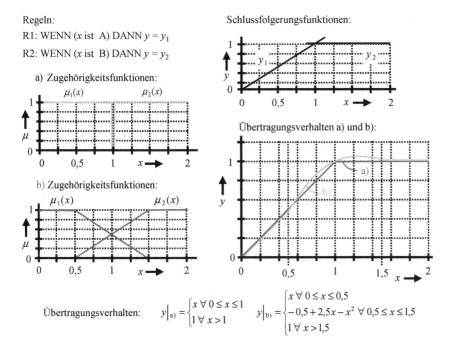

Regeln:

R1: WENN (x ist A) DANN $y = y_1$

R2: WENN (x ist B) DANN $y = y_2$

a) Zugehörigkeitsfunktionen:

b) Zugehörigkeitsfunktionen:

Schlussfolgerungsfunktionen:

Übertragungsverhalten a) und b):

Übertragungsverhalten: $y\big|_{a)} = \begin{cases} x \ \forall \ 0 \le x \le 1 \\ 1 \ \forall \ x > 1 \end{cases}$ $\quad y\big|_{b)} = \begin{cases} x \ \forall \ 0 \le x \le 0,5 \\ -0,5 + 2,5x - x^2 \ \forall \ 0,5 \le x \le 1,5 \\ 1 \ \forall \ x > 1,5 \end{cases}$

Abb. 6.12: Interpolationsverhalten eines exemplarischen TS-Systems für verschiedene Festlegung der Zugehörigkeitsfunktionen

---

Beispiel *Funktionsapproximation Sprungfunktion und sigmoide Funktion*:

Betrachtet wird die Approximation einer Sprungfunktion durch ein TS-Modell im Intervall $[-1; 1]$. Dazu werden $N = 100$ Funktionswerte für in $[-1; 1]$ äquidistant verteilte Argumente berechnet. Die Daten werden mittels FCM und Euklid'scher Abstandsnorm im Produktdatenraum mit $c = 2$ und $\nu = 1,5$ geclustert. Die berechneten Clusterzentren liegen relativ genau in $x = -0,5$ und $x = 0,5$. Die Parameter der lokalen Modelle werden zum einen mit lokaler Parameterschätzung ermittelt, wobei die im Produktdatenraum ermittelten Zugehörigkeiten als Gewichte verwendet werden. Alternativ werden die Parameter durch globale Parameterschätzung berechnet, wobei die in den Eingangsgrößenraum projizierten Zugehörigkeiten als Gewichte Verwendung finden. Bei der anschließenden Auswertung werden in beiden Fällen in den Eingangsgrößenraum projizierte Zugehörigkeitsfunktionen verwendet. Abb. 6.13 zeigt die Ergebnisse. Die lokale Schätzung führt zu besseren lokalen Modellen und qualitativ besserem Gesamtübertragungsverhalten. Allerdings ist der RMSE nach (2.11) mit $J_{\mathrm{RMSE}} = 0,208$ bei globaler Schätzung deutlich kleiner als bei lokaler mit $J_{\mathrm{RMSE}} = 0,220$. Dies wird auf bessere Approximation des Verhaltens in Sprungnähe zurückgeführt, welches einen großen Einfluss auf die Kostenfunktion hat. Durch eine kleinere Wahl von ν ließe sich der scharfe Übergang noch genauer approximieren.

Analog werden Beobachtungen einer sigmoiden Funktion $y = 2 \cdot ((1 + \exp(-15x))^{-1} - 0,5)$ approximiert, was zu den Ergebnissen in Abb. 6.14 führt. Diese Funktion weist keine lokal exakt affinen Bereiche auf. Auch wenn eine Approximation mit drei lokalen Modellen intuitiv erscheint, führt $c = 2$ zu besseren Ergebnissen. Dafür führt in dieser speziellen Situation die globale Schätzung zu einer exzellenten Approximation. Für $c = 2$ ($c = 3$) folgt $J_{\mathrm{RMSE}} = 0,005$ $(0,073)$ für globale Schätzung gegenüber $J_{\mathrm{RMSE}} = 0,121$ $(0,163)$ für lokale Schätzung.

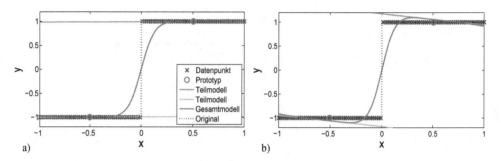

a)   b)

Abb. 6.13:   Approximation einer Sprungfunktion durch ein TS-Modell mit $c = 2$ bei Partitionierung mittels FCM und lokaler (a) bzw. globaler Parameterschätzung (b)

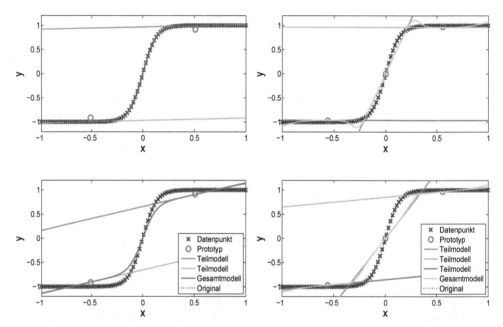

Abb. 6.14:   Approximation einer sigmoiden Funktion durch ein TS-Modell bei Partitionierung mittels FCM und lokaler (unten) bzw. globaler Parameterschätzung (oben) für $c = 2$ (links) bzw. $c = 3$ Partitionen/lokalen Modellen (rechts)

Beispiel *nichtlineare Regression „Polynom 4. Ordnung"*:

Ziel sei die Identifikation eines TS-Modells eines statischen Systems aus gestörten Beobachtungen. Dabei soll ein Gesamtmodell resultieren, welches im Sinne einer gewichteten Überlagerung von Teilmodellen, die das Originalsystem lokal linearisieren, interpretierbar ist. Alternativ besteht das Ziel in einem Modell mit möglichst kleinem Approximationsfehler (J_{RMSE}, $J_{\max}$). Zwecks einfacher Reproduzierbarkeit werden Trainings- und Validierungs-/ Testdaten durch Auswertung des Polynoms

$$y(x) = -\frac{(x+2)(x+1)(x-1)(x-3)}{20} \tag{6.55}$$

im Intervall $x \in [-4; 4]$ erzeugt. Für den Trainingsdatensatz werden an äquidistanten Stellen (die äu-ßersten liegen auf den Intervallgrenzen) $N = 41$ Daten durch Auswertung von (6.55) generiert. Zum Funktionswert wird eine normalverteilte Zufallszahl addiert, die Störeinflüsse wie Messrauschen nach-bildet: $y_{k,d} = y_k + 0{,}3 \cdot N(0{,}1)$. Ein (gestörter) Testdatensatz entsteht, indem für 21 in $[-4; 4]$ gleichver-teilte Zufallszahlen (6.55) ausgewertet und wie beim Trainingsdatensatz zum Funktionswert eine Zu-fallszahl addiert wird. Als *idealer* Testdatensatz werden die Daten des gestörten Testdatensatzes ver-wendet, aber ohne Addition einer Zufallszahl. In diesem konstruierten Beispiel erlaubt er einen Ver-gleich mit den wahren Werten der Ausgangsgröße y.

Willkürlich sei festgelegt, dass das TS-Modell $c = 5$ Regeln habe. Für eine gute Interpretierbarkeit eignen sich besonders gleichförmig verteilte trapezoide Zugehörigkeitsfunktionen mit geringer Über-lappung; beispielsweise werde das Verhältnis der Ausdehnung von Kern zu Träger als 3/5 gewählt. Abb. 6.15a zeigt das resultierende TS-Modell nach lokaler und Abb. 6.15b nach globaler Parameter-schätzung. Deutlich erkennt man die einfach interpretierbaren lokal linear-affinen Teilmodelle. Der Unterschied zwischen lokaler und globaler Schätzung ist gering, da der Träger der Zugehörigkeitsfunk-tionen (siehe Abb. 4.4) eng lokal begrenzt ist.

Zur Erzielung guter Approximationseigenschaften eignen sich z. B. gaußfunktionsförmige Zugehörig-keitsfunktionen mit großer Überlappung und eine globale Schätzung der Teilmodelle. Abb. 6.15d zeigt das resultierende TS-Modell für eine Wahl von $\sigma = 2$, welches den geschwungenen Graphen des idealen Polynomverlaufs trotz der gestörten Beobachtungen sehr gut trifft. Bezüglich der in den Bildern ange-gebenen Approximationsfehler ist das auf gute Approximation ausgelegte Modell etwa doppelt so genau. Allerdings ist das Gesamtmodell nicht im Sinne einer gewichteten Überlagerung von Teilmodel-len interpretierbar, die das Originalsystem lokal linearisieren. Die globale Schätzung in Verbindung mit Zugehörigkeitsfunktionen, die sich stark überlappen und unendlich ausgedehnte Träger haben, behan-delt alle Modellparameter als Freiheitsgrade ohne spezifische Bedeutung. Sie werden so gewählt, dass der Gesamtmodellfehler minimal ist. Zum Vergleich zeigt Abb. 6.15c das für eine Wahl von $\sigma = 1$ resultierende TS-Modell. Die geringere Überlappung und damit stärkere Beschränkung des Einflussbe-reichs der lokalen Modelle führt zu etwas größerem Approximationsfehler bei etwas besserer lokaler Interpretierbarkeit.

Wenn statt gaußfunktionsförmiger Zugehörigkeitsfunktionen Funktionen vom FCM-Typ verwendet und die Zentren gleich platziert werden, resultiert das in Abb. 6.15e dargestellte TS-Modell. Dabei wurde die Euklid'sche Abstandsnorm sowie ein Unschärfeparameter von $\nu = 1{,}5$ gewählt und lokale Parame-terschätzung eingesetzt. Die resultierenden Zugehörigkeitsfunktionen ähneln den trapezoiden in Abb. 6.15a wie auch Approximationsgüte und Interpretierbarkeit des resultierenden TS-Modells. Bei Platzie-rung der Zentren mittels FCM-Clusterung im Produktdatenraum folgt das in Abb. 6.15f dargestellte TS-Modell. Die Clusterung führt dazu, dass die äußeren beiden Zentren etwas nach innen verschoben werden, was zu einer Verschlechterung der äußeren Teilmodelle und größerem Approximationsfehler des gesamten TS-Modells führt.

Die Approximation kann noch verbessert werden, wenn Lage und Form der Zugehörigkeitsfunktionen zusammen mit den Teilmodellparametern optimiert werden. Dabei ist darauf zu achten, dass keine Überanpassungseffekte auftreten. Dieses Beispiel wird auch bei den Künstlichen Neuronalen Netzen in Abschnitt 12.7 aufgegriffen. Umfangreiche Parameterstudien finden sich auf der Companion-Web-Seite.

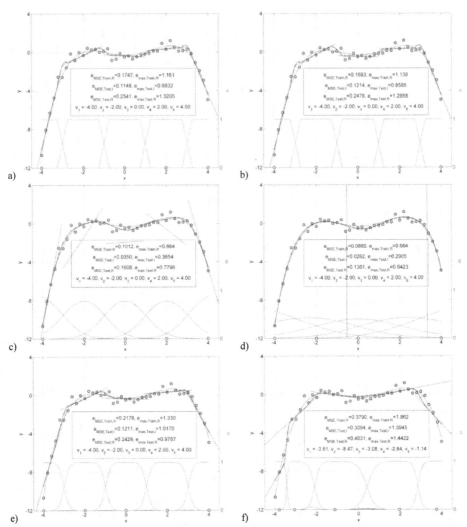

Abb. 6.15:   Zugehörigkeitsfunktion und Übertragungsverhalten des TS-Modells für verschiedene Auslegungen mit
             Trainingsdaten (o), gestörten Testdaten (×), Graph der ungestörten Funktion (—) und des TS-Modells
             (—): : trapezoide Zugehörigkeitsfunktionen und lokale Schätzung (a) oder globale Schätzung (b),
             gaußfunktionsförmige Zugehörigkeitsfunktionen mit $\sigma = 2$ (c) oder $\sigma = 1$ (d) und globaler Schätzung,
             FCM-Zugehörigkeitsfunktionen mit platzierten (e) oder durch FCM ermittelten Zentren (f) bei lokaler
             Schätzung

Mamdani-Modelle entsprechen TS-Modellen mit konstanter Schlussfolgerung, weshalb viele
Regeln für eine hohe Modellgüte erforderlich sind. TS-Modelle mit lokalen Modellen erster
Ordnung haben bessere Approximationseigenschaften und erfordern deshalb weniger Re-
geln/lokale Modelle zur Erreichung einer vergleichbaren Güte. Wegen der besseren Approximationseigenschaften der lokalen Modelle werden die Übergangsbereiche bei TS-Modellen
i. Allg. schmaler gewählt als bei Mamdani-Modellen. Häufig kann durch mehrdimensionale
Zugehörigkeitsfunktionen die Anzahl lokaler Modelle zur Erreichung einer bestimmten Modellgüte reduziert werden.

TS-Systeme der Form (6.49)

$$y = \frac{\sum\limits_{i=1}^{c} \alpha_i(\boldsymbol{\varphi}) \cdot y_i}{\sum\limits_{i=1}^{c} \alpha_i(\boldsymbol{\varphi})} = \sum\limits_{i=1}^{c} \phi_i(\boldsymbol{\varphi}) \cdot (a_{0,i} + a_{1,i} \cdot \varphi_1 + ... + a_{n,i} \cdot \varphi_n) \tag{6.56}$$

lassen sich auch als lineares (affines) parametervariables (LPV-)Modell notieren:

$$\begin{aligned} y &= \sum\limits_{i=1}^{c} \phi_i(\boldsymbol{\varphi}) \cdot a_{0,i} + \sum\limits_{i=1}^{c} \phi_i(\boldsymbol{\varphi}) \cdot a_{1,i} \cdot \varphi_1 + ... + \sum\limits_{i=1}^{c} \phi_i(\boldsymbol{\varphi}) \cdot a_{n,i} \cdot \varphi_n \\ &=: a_0(\boldsymbol{\varphi}) + a_1(\boldsymbol{\varphi}) \cdot \varphi_1 + ... + a_n(\boldsymbol{\varphi}) \cdot \varphi_n \end{aligned} \tag{6.57}$$

6.3.2 Gewinnung zeitkontinuierlicher dynamischer Fuzzy-Modelle

Zeitkontinuierliche dynamische TS-Modelle lassen sich durch Linearisierung eines verfügbaren nichtlinearen physikalischen Modells in c Punkten (oder die Methode der Sektornichtlinearitäten) gewinnen. Bei einem System von n Differentialgleichungen erster Ordnung eines Mehrgrößensystems

$$\begin{aligned} \dot{\mathbf{x}}(t) &= \mathrm{f}(\mathbf{x}(t), \mathbf{u}(t)) \\ \mathbf{y}(t) &= \mathrm{g}(\mathbf{x}(t), \mathbf{u}(t)) \end{aligned} \tag{6.58}$$

liefert dies lokale Modelle für die Schlussfolgerungen der Form:

$$\begin{aligned} \dot{\mathbf{x}}_i(t) &= \mathbf{A}_i \cdot \mathbf{x}(t) + \mathbf{B}_i \cdot \mathbf{u}(t) + \xi_i \\ \mathbf{y}_i(t) &= \mathbf{C}_i \cdot \mathbf{x}(t) + \mathbf{D}_i \cdot \mathbf{u}(t) + \varsigma_i \end{aligned} \quad i = 1, ..., c \tag{6.59}$$

Diese Teilmodelle lassen sich mittels Taylorreihenentwicklung in den Punkten $(\mathbf{x}_{0,i}, \mathbf{u}_{0,i})$, $i = 1, ..., c$, ermitteln:

$$\frac{\mathrm{d}}{\mathrm{d}t}(\mathbf{x}_{0,i} + \Delta\mathbf{x}) = \mathrm{f}(\mathbf{x}_{0,i} + \Delta\mathbf{x}, \mathbf{u}_{0,i} + \Delta\mathbf{u}) = \mathrm{f}(\mathbf{x}_{0,i}, \mathbf{u}_{0,i}) + \mathbf{A}_i \cdot \Delta\mathbf{x} + \mathbf{B}_i \cdot \Delta\mathbf{u} + \text{T.H.O.}$$

$$\mathbf{y}_{0,i} + \Delta\mathbf{y} = \mathrm{g}(\mathbf{x}_{0,i} + \Delta\mathbf{x}, \mathbf{u}_{0,i} + \Delta\mathbf{u}) = \mathrm{g}(\mathbf{x}_{0,i}, \mathbf{u}_{0,i}) + \mathbf{C}_i \cdot \Delta\mathbf{x} + \mathbf{D}_i \cdot \Delta\mathbf{u} + \text{T.H.O.} \tag{6.60}$$

mit

$$\mathbf{A}_i = \begin{bmatrix} \dfrac{\partial \mathrm{f}_1}{\partial x_1} & \cdots & \dfrac{\partial \mathrm{f}_1}{\partial x_n} \\ \vdots & \ddots & \vdots \\ \dfrac{\partial \mathrm{f}_n}{\partial x_1} & \cdots & \dfrac{\partial \mathrm{f}_n}{\partial x_n} \end{bmatrix}_{\mathbf{x}_{0,i}, \mathbf{u}_{0,i}} ; \quad \mathbf{B}_i = \begin{bmatrix} \dfrac{\partial \mathrm{f}_1}{\partial u_1} & \cdots & \dfrac{\partial \mathrm{f}_1}{\partial u_m} \\ \vdots & \ddots & \vdots \\ \dfrac{\partial \mathrm{f}_n}{\partial u_1} & \cdots & \dfrac{\partial \mathrm{f}_n}{\partial u_m} \end{bmatrix}_{\mathbf{x}_{0,i}, \mathbf{u}_{0,i}} ; \quad \xi_i = \mathrm{f}(\mathbf{x}_{0,i}, \mathbf{u}_{0,i});$$

$$\mathbf{C}_i = \begin{bmatrix} \dfrac{\partial \mathrm{g}_1}{\partial x_1} & \cdots & \dfrac{\partial \mathrm{g}_1}{\partial x_n} \\ \vdots & \ddots & \vdots \\ \dfrac{\partial \mathrm{g}_p}{\partial x_1} & \cdots & \dfrac{\partial \mathrm{g}_p}{\partial x_n} \end{bmatrix}_{\mathbf{x}_{0,i}, \mathbf{u}_{0,i}} ; \quad \mathbf{D}_i = \begin{bmatrix} \dfrac{\partial \mathrm{g}_1}{\partial u_1} & \cdots & \dfrac{\partial \mathrm{g}_1}{\partial u_m} \\ \vdots & \ddots & \vdots \\ \dfrac{\partial \mathrm{g}_p}{\partial u_1} & \cdots & \dfrac{\partial \mathrm{g}_p}{\partial u_m} \end{bmatrix}_{\mathbf{x}_{0,i}, \mathbf{u}_{0,i}} ; \quad \varsigma_i = \mathrm{g}(\mathbf{x}_{0,i}, \mathbf{u}_{0,i}) \tag{6.61}$$

Der konstante Term ξ_i in der Zustands-Differentialgleichung entsteht, wenn nicht in einer Gleichgewichtslage linearisiert wird. Beim Auftreten solcher konstanter Terme spricht man von *affinen* Modellen. Eine geeignete Wahl der Entwicklungspunkte ist wichtig, da ein Modell, dessen Parameter für einen einzigen (Entwicklungs-)Punkt ermittelt werden, beim TS-Modell in der ganzen zugehörigen Partition gelten soll. Die globalen Größen des TS-Modells folgen analog zu (6.56):

$$\dot{\mathbf{x}}(t) = \sum_{i=1}^{c} \phi_i(\mathbf{\kappa}(t)) \cdot \dot{\mathbf{x}}_i(t)$$

$$\mathbf{y}(t) = \sum_{i=1}^{c} \phi_i(\mathbf{\kappa}(t)) \cdot \mathbf{y}_i(t)$$

(6.62)

Dabei ist $\mathbf{\kappa}$ der Vektor der Größen, auf denen die Zugehörigkeitsfunktionen der eingangsseitigen Fuzzy-Referenzmengen definiert sind. Dies sollten die Größen sein, die für das nichtlineare Verhalten maßgeblich sind. Im Allgemeinen ist $\mathbf{\kappa}$ eine Teilmenge der Eingangs-, Ausgangs- und Zustandsgrößen des Systems. Dabei kann $\mathbf{\kappa}$ aus Vorwissen bekannt sein. Ist dies nicht der Fall, so ist eine einfache Möglichkeit $\mathbf{\kappa} = \mathbf{x}$ zu wählen. Dies bedingt allerdings eine höhere Modellparameteranzahl. Im Beispiel des inversen Pendels in Abschnitt 7.5.2 lässt sich bspw. unmittelbar an der Differentialgleichung des physikalischen Modells ablesen, dass das Systemverhalten nur in einer der beiden Zustandsgrößen nichtlinear ist. Deshalb wird das TS-Modell nur bzgl. dieser Zustandsgröße partitioniert.

6.3.3   Identifikation zeitdiskreter dynamischer Takagi-Sugeno-Modelle

Fuzzy-Systeme realisieren eine nichtlineare statische Funktion, da sie kein Gedächtnis haben. Dynamik lässt sich durch Erweiterung um externe Filter erreichen. Zeitdiskrete dynamische TS- oder Mamdani-Modelle lassen sich realisieren, indem die Ausgangsgröße aus vergangenen Werten von Ein- und Ausgangsgrößen berechnet wird. Dies lässt sich durch Hinzufügen eines *externen Gedächtnisses* in Form jeweils einer Kette von Verzögerungen um jeweils eine Abtastzeit T_0 realisieren. (Abb. 6.16) illustriert dies unter Berücksichtigung einer möglichen Totzeit T_τ.

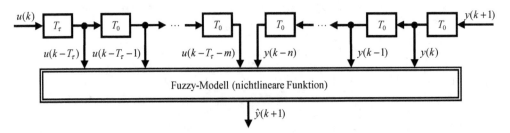

Abb. 6.16:   Externe dynamische Filterung der vom Fuzzy-Modell verarbeiteten Signale über Verzögerungsketten

Es werde der Fall lokaler zeitdiskreter Eingrößen-(SISO-)Modelle betrachtet. Für die Identifikation ist eine Darstellung als E/A-Modell günstig; dabei sollen lokal ARX-Modelle (s. Abschnitt 6.2.2) verwendet werden. Nehmen wir zuerst an, es sei bekannt für welche c Arbeitspunkte lokale Modelle erstellt werden sollen. Dann ist eine Vorgehensweise, für jeden Arbeitspunkt $(y_{0,i}, u_{0,i})$, $1 \leq i \leq c$, ein lineares lokales Modell zu identifizieren:

$$\tilde{y}_i(k) = -\sum_{l=1}^{n} a_{l,i} \cdot \tilde{y}_i(k-l) + \sum_{j=1}^{m} b_{j,i} \cdot \tilde{u}(k-j-T_\tau) \tag{6.63}$$

Bei der Überlagerung der lokalen Modelle zum Gesamtmodell sind absolute Größen y_i, u zu verwenden:

$$\tilde{y}_i(k) = y_i(k) - y_{0,i} = -\sum_{l=1}^{n} a_{l,i} \cdot (y(k-l) - y_{0,i}) + \sum_{j=1}^{m} b_{j,i} \cdot (u(k-j-T_\tau) - u_{0,i}) \tag{6.64}$$

Fasst man alle Konstanten zu einem Term ξ_i zusammen, so folgt

$$
\begin{aligned}
y_i(k) &= \left(-\sum_{l=1}^{n} a_{l,i} \cdot y(k-l) \right) + \left(\sum_{j=1}^{m} b_{j,i} \cdot u(k-j-T_\tau) \right) + \xi_i \\
&= [-y(k-1); \cdots; -y(k-n); u(k-1-T_\tau); \cdots; u(k-m-T_\tau); 1] \cdot \\
&\quad \cdot [a_{1,i}; \cdots; a_{n,i}; b_{1,i}; \cdots; b_{m,i}; \xi_i]^T =: \boldsymbol{\varphi}^T(k-1) \cdot \boldsymbol{\Theta}_i
\end{aligned} \tag{6.65}
$$

also ein affin-lineares lokales Modell. In den absoluten Größen können die Teilmodelle unter Berücksichtigung ihrer Aktivierung α_i zum Gesamtmodell zusammengefügt werden:

$$y(k) = \frac{\sum_{i=1}^{c} \alpha_i(\boldsymbol{\kappa}(k-1)) \cdot y_i(k)}{\sum_{i=1}^{c} \alpha_i(\boldsymbol{\kappa}(k-1))} = \sum_{i=1}^{c} \phi_i(\boldsymbol{\kappa}(k-1)) \cdot y_i(k) \tag{6.66}$$

Dabei bezeichnet ϕ_i die i-te Fuzzy-Basisfunktion, vgl. (4.32), und $\boldsymbol{\kappa}$ ist der Vektor der Größen, auf denen die Zugehörigkeitsfunktionen der eingangsseitigen Fuzzy-Referenzmengen definiert sind. Die resultierende Beschreibung wird auch als NARX-(Nichtlineares ARX-)Modell bezeichnet. Gleichungen (6.65) und (6.66) zeigen, dass es nicht notwendig ist, Arbeitspunkte für die lokalen Modelle vorzugeben. Stattdessen können die kumulierten Terme ξ_i zusammen mit den anderen Modellparametern geschätzt werden. Dies ist vorteilhaft, wenn die Arbeitspunkte nicht feststehen oder ein System vorwiegend instationär betrieben wird. Die Modellbeschreibung (6.66) ist analog der für statische Modelle (6.49). Somit kann die dort beschriebene globale oder lokale Parameterschätzmethode direkt auch hier angewendet werden. Wie zuvor müssen dafür die Zugehörigkeitsfunktionen und damit die ϕ_i bereits vorliegen.

Die Identifikation dynamischer TS-Modelle läuft ähnlich dem linearen Fall ab mit insbesondere den folgenden Unterschieden: Mit den *Testsignalen* sollte das System in allen relevanten Modi persistent angeregt werden. Deshalb sind binäre Testsignale für die Identifikation nichtlinearer Modelle nicht geeignet. Zu den Standardtestsignalen für nichtlineare Systeme zählen amplitudenmodulierte Pseudo-Zufallstreppensignale (PRMS: pseudo random multilevel signals) (Verlauf ähnlich Abb. 6.7a) und Multi-Sinussignale (Abb. 6.7c).

Zur *Strukturidentifikation* gehört die Ermittlung eines geeigneten lokalen Modellansatzes für jedes Teilmodell. Prinzipiell kann jedes lokale Modell eine andere Struktur haben; i. d. R. wird jedoch für jedes lokale Modell die gleiche verwendet. Eine vereinfachende Vorgehensweise besteht darin, zuerst ein lineares Modell zu identifizieren und dessen Struktur als ersten Ansatz für die lokalen Modelle zu verwenden. Hierzu können z. B. statistische Methoden, Struktursuchverfahren oder Evolutionäre Algorithmen eingesetzt werden. Ferner zählt zur Strukturidentifikation die *Festlegung der Fuzzy-Partitionierung* (Form, Anzahl und Verteilung der Zugehörigkeitsfunktionen für die eingangsseitigen Fuzzy-Referenzmengen). Die Partitionierung beeinflusst die Approximationsgüte eines Modells wesentlich, da sie für das nichtlineare Verhalten verantwortlich ist. Die Vorgehensweise kann analog zu der bei statischen Modellen gewählt werden. Dabei ist zu beachten, dass Messdaten von dynamischen Systemen i. d. R. deutlich anders als Daten von statischen Systemen verteilt sind: Bei statisch betrachteten Systemen stehen die einzelnen Beobachtungen i. d. R. in keinem direkten Zusammenhang zueinander. Bei dynamischen Systemen dokumentieren sie die durchlaufene Systemtrajektorie.

Anschließend werden die Parameter der Teilmodelle ermittelt. Wenn die Zugehörigkeitsfunktionen festliegen und die zukünftige Ausgangsgröße aus Messwerten vergangener Ein- und Ausgangsgrößen berechnet wird (sog. *seriell-parallele Anordnung* Abb. 6.17a), so ist die verbleibende Schätzaufgabe linear in den Parametern (LiP). Sie kann mit dem LS-Verfahren gelöst werden. Diese Situation ist typisch bei Prognoseaufgaben. Bei ihnen sind gemessene Werte der Ein- und Ausgangsgrößen bis zur Gegenwart verfügbar und die zukünftige Ausgangsgröße soll berechnet werden. Dabei ist zu beachten, dass die Voraussetzungen für eine erwartungstreue Schätzung mittels LS-Verfahren in der Praxis selten erfüllt sind. Ein Bias kann durch Verwendung aufwändigerer Schätzverfahren vermieden werden.

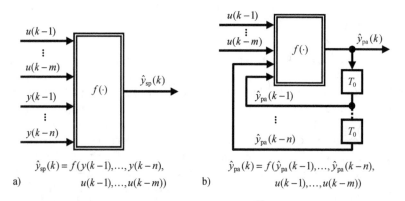

Abb. 6.17:   Seriell-parallele (a) und parallele Anordnung (b)[37]

Wenn die Ausgangsgröße $\hat{y}(k, \hat{\Theta})$ aus vergangenen Ein- sowie prädizierten Ausgangsgrößen $\hat{y}(k-i, \hat{\Theta})$ prädiziert wird, spricht man von einem NOE-(nonlinear-output-error-)Modell bzw. von *paralleler Anordnung* (Abb. 6.17b). Dies entspricht der simulativen Nutzung eines Modells ohne verfügbare Ausgangsgröße. Durch die Rückführung der Ausgangsgröße kommt es zur Fortpflanzung des Prädiktionsfehlers (Abb. 6.18). Das resultierende Schätz-

---

[37]   Die Bezeichnung *seriell-parallele* Anordnung beschreibt, dass das Modell *parallel* zum Prozess mit der Eingangsgröße beaufschlagt wird. Die gemessene Ausgangsgröße des Prozesses wird als Eingangsgröße bei der Modellauswertung verwendet, so dass das Modell *in Serie* zum Prozess liegt. Bei der parallelen Anordnung wird die *Modell*ausgangsgröße verzögert als Modelleingangsgröße verwendet, so dass das Modell dabei parallel zum Prozess ausgewertet wird.

problem ist nicht LiP, was nichtlineare, iterative Lösungsverfahren erfordert, dafür aber i. d. R. zu höherer Prädiktionsgüte bei rekursiver Modellauswertung führt.

Eine reduzierte Modellgüte kann in Folge sequenzieller Identifikation von Partitionierung und Schlussfolgerungen oder in Folge eines Parameter-Bias wegen Nutzung eines nicht erwartungstreuen Schätzverfahrens auftreten. Sie kann durch eine nachgelagerte simultane Optimierung aller Parameter von Partitionierung und lokalen Modellen mit einem nichtlinearen Parameterschätzverfahren verbessert werden.

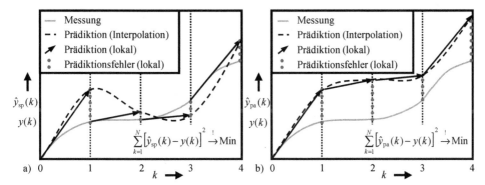

Abb. 6.18:   Illustration der minimierten Fehlerbeiträge (•••• Balken) im Fall seriell-paralleler (a) und paralleler Anordnung (b)

Für den Reglerentwurf ist eine Zustandsdarstellung vorteilhaft. Eine Ein-/Ausgangs-darstellung kann in eine Zustandsdarstellung transformiert werden. Dabei sind unterschiedliche Darstellungen möglich. So kann z. B. erreicht werden, dass die Ausgabegleichung für alle Regeln den gleichen identischen **c**-Vektor und keinen konstanten Term aufweist (Kroll et al. 2000):

$$\mathbf{x}_i(k+1) = \mathbf{A}_i \cdot \mathbf{x}(k) + \mathbf{b}_i \cdot u(k) + \xi_i$$
$$y_i(k+1) = \mathbf{c}^T \cdot \mathbf{x}_i(k+1)$$
(6.67)

Beispiel *Modellbildung servo-hydraulischer Antrieb (Kroll et al. 2000)*:

Für den modellbasierten Entwurf eines TS-Reglers für die Verfahrgeschwindigkeit eines servohydraulischen Linearantriebs (Abb. 6.19) soll ein TS-Modell identifiziert werden. Der Antrieb weist nichtlineares Übertragungsverhalten auf, was sich in unterschiedlicher Dämpfung bei den Sprungantworten auf Testsignale mit verschiedenen Amplituden zeigt (Abb. 6.20b).

Die Eingangsgröße $u(k)$ ist die (normierte) elektrische Ventilansteuerung; die Ausgangsgröße $y(k)$ die Verfahrgeschwindigkeit der Lastmasse. Als Testsignal für die Parameterschätzung wird ein amplitudenmoduliertes Pseudo-Zufallstreppensignal verwendet (Abb. 6.20a). Über Sprungsignale verschiedener Amplituden erzeugte Daten dienen der Validierung (Abb. 6.20b). Die Messdaten werden mit $T_0 = 2$ ms aufgezeichnet. Die Größen $u(k)$ und $y(k)$ werden auf einen Wertebereich von -1 bis 1 bzw. 0 und 1 normiert. Zur Prädiktion von $y(k)$ wird der Regressionsvektor $\mathbf{x}(k–1) = [y(k–1), y(k–2), y(k–3), y(k–4), u(k–4)]^T$ verwendet. Dieser wurde durch einen Struktursuchalgorithmus (Kroll, Agte 1997) ermittelt. Der fünfdimensionale Raum der Regressoren wird auch für die Partitionierung verwendet. Es wird ein Modell mit vier Regeln der Form

$$R_i : \text{WENN}\,(\mathbf{X}(k-1)\,\text{ist}\,\mathbf{A}_i)\;\;\text{DANN}\,y_i(k) = a_{0,i} - \left(\sum_{l=1}^{4} a_{l,i} \cdot y(k-l)\right) + b_i \cdot u(k-4) \qquad (6.68)$$

angesetzt. Zur Partitionierung wird der FCM mit $v = 1{,}5$ und Euklid'scher Abstandsnorm eingesetzt. Die resultierenden Zugehörigkeitsfunktionen werden als Fuzzy-Referenzmengen $\mathbf{A}_i$ der Prämissen direkt übernommen. Anschließend werden die Parameter der Schlussfolgerungsfunktionen mittels LS-Verfahren ermittelt. Es schließt sich eine Optimierung der Parameter von Zugehörigkeits- und Schluss-folgerungsfunktionen mittels des Levenberg-Marquardt-Verfahrens auf rekursive Modellauswertung an. Die Sprungantworten in Abb. 6.20b zeigen, dass das nichtlineare Übertragungsverhalten vom Modell gut abgebildet wird. Die rekursive Modellauswertung für das zur Parameterschätzung verwendete Pseudo-Zufallstreppensignal führt zu visuell mit der Messung fast deckungsgleichem Signalverlauf und ist deshalb in Abb. 6.20a nicht dargestellt. Dieses Beispiel wird im Abschnitt 15.2 zu Künstlichen Neuronalen Netzen erneut aufgegriffen.

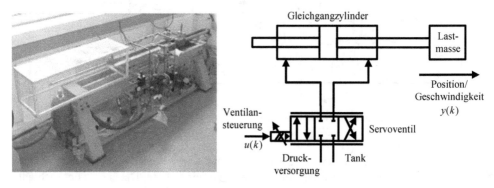

Abb. 6.19:   Servohydraulikprüfstand: Ausführung (links) und Technologieschema (rechts)

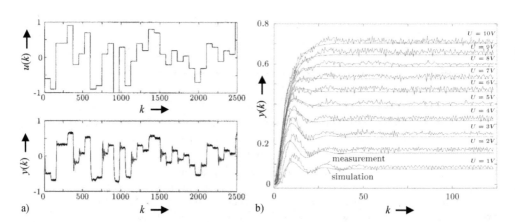

Abb. 6.20:   Verwendete Identifikationsdaten (a) sowie zur Modellvalidierung verglichene gemessene und (rekursiv) prädizierte Sprungantworten des NOE-Modells (b) (Kroll et al. 2000)

7 Regelung

7.1 Einführung

Heutzutage sind etwa 90 % aller Regler in der Prozessautomation vom PID-Typ. Fuzzy-Regler werden für Spezialaufgaben eingesetzt und sind als Standardfunktionsbaustein in vielen speicherprogrammierbaren Steuerungen (SPS) und Prozessleitsystemen (PLS) verfügbar. Exemplarisch zeigt Abb. 7.1 (links) die 1993 von Moeller eingeführte SPS mit Fuzzy-Control-Funktionalität. Für die Implementierung von Fuzzy-Reglern auf speicherprogrammierbaren Steuerungen definiert IEC 61131-7 (2001) einen Sprachstandard. Abb. 7.1 rechts zeigt die graphische Oberfläche eines Fuzzy-Control-Bausteins eines Prozessleitsystems von ABB als weiteres Beispiel.

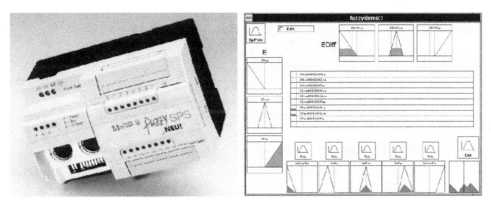

Abb. 7.1:   Fuzzy-SPS[38] von Moeller, mittlerweile Eaton Electric, (links) und graphische Oberfläche zum Fuzzy-Funktionsbaustein für den AC450 Controller von ABB (rechts)

Fuzzy-Regler können vom Mamdani-, Relational- oder Takagi-Sugeno-Typ sein: Deren grundsätzlicher Aufbau und das Übertragungsverhalten wurden bereits in Abschnitt 4 eingeführt. Grundlegende Einsatzmöglichkeiten von Fuzzy-Logik in Regelungssystemen wurden im Abschnitt 2.4 beschrieben. Abb. 7.2 gibt eine zusammenfassende Übersicht zur Einführung in diesen Abschnitt.

---

[38] Produkt mittlerweile nicht mehr verfügbar.

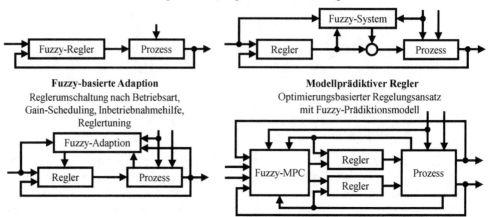

Abb. 7.2:   Einige Einsatzmöglichkeiten von Fuzzy-Logik in Regelungssystemen

7.2   Mamdani-Fuzzy-Regler

Es gibt verschiedene Strategien, einen Fuzzy-Regler vom Mamdani-Typ zu erstellen:

a) Umsetzung einer Experten-Regelungsstrategie durch Wissensakquisition,

b) Identifikation eines Bedienermodells,

c) Manuelles oder automatisiertes Reglertuning am Prozess z. B. beginnend mit einem vorhandenen konventionellen Regelgesetz,

d) Simulationsgestützte Reglerauslegung mittels numerischer Optimierung oder

e) Modellbasierter Reglerentwurf.

Dabei erfolgt der Entwurf meistens in den in Abb. 7.3 dargestellten Schritten.

7.2.1   Fuzzy-P-Regler

Ein linearer P-(Proportional)-Regler (Abb. 7.4a) liefert eine zur Regelabweichung proportionale Stellgröße:

$$u(t) = K_\mathrm{P} \cdot e(t) \ \text{ bzw. } \ u(k) = K_\mathrm{P} \cdot e(k) \tag{7.1}$$

Dabei stellt die linke Gleichung in (7.1) und den folgenden Formeln die Umsetzung für kontinuierliche und die rechte Gleichung die für diskrete Zeit dar. Sein einziger (global wirksamer) Entwurfsparameter ist die Reglerverstärkung K_P. Bei einem Fuzzy-P-Regler wird die Regelabweichung e gemäß gewählter Operatoren, Regelbasis, Fuzzy-Referenzmengen und Skalierungsfaktoren K_e, K_u auf die Stellgröße u abgebildet (Abb. 7.4b). Er stellt einen Kennlinien- bzw. Kennflächenregler dar, wobei u i. Allg. nichtlinear gemäß dem Übertragungsverhaltens f_P des Fuzzy-Systems von e abhängt:

$$u(t) = K_u \cdot f_\mathrm{P}(e(t) \cdot K_e) \ \text{ bzw. } \ u(k) = K_u \cdot f_\mathrm{P}(e(k) \cdot K_e) \tag{7.2}$$

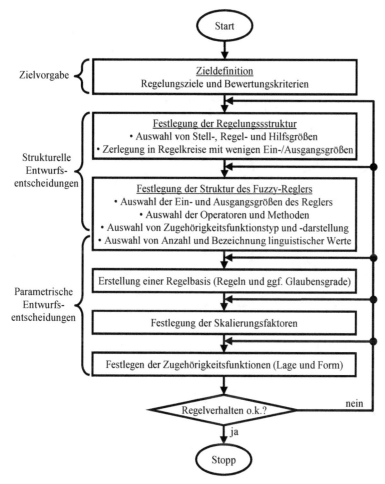

Abb. 7.3: Typischer Ablauf eines Mamdani-Fuzzy-Reglerentwurfs

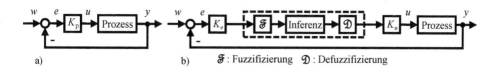

Abb. 7.4: Regelkreis mit P-Regler (a) und Fuzzy-P-Regler (b)

Beispiel *Fuzzy-P-Regler*:

Die Regelbasis und die Fuzzy-Referenzmengen eines einfachen Fuzzy-P-Reglers zeigt Abb. 7.5. Die Regeln haben die Form wie z. B.:

$$R_7 : \text{WENN}(E \text{ ist PB}) \text{DANN}(U \text{ ist PB})$$

Für Fuzzifizierung mit Singletons, PROD-SUM-Inferenz und COG-Defuzzifizierung ergibt sich die in Abb. 7.6 dargestellte, der Sättigungsfunktion entsprechende Übertragungskennlinie. Der einfache

Fuzzy-P-Regler weist also das Verhalten eines linearen P-Reglers auf, dessen Stellgröße begrenzt ist. Durch Ändern von Regeln und/oder Zugehörigkeitsfunktionen kann die Reglerkennlinie flexibel lokal und global modifiziert werden.

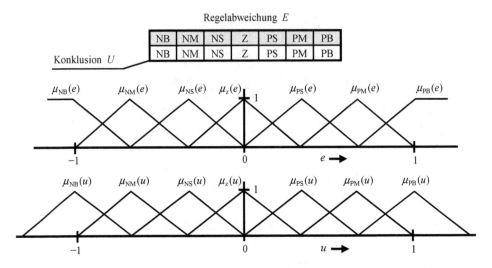

Abb. 7.5:   Regelbasis und Zugehörigkeitsfunktionen eines einfachen Fuzzy-P-Reglers

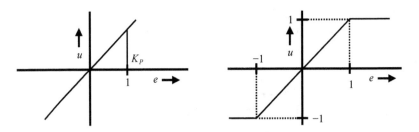

Abb. 7.6:   Kennlinie eines P-Reglers (links) und eines einfachen Fuzzy-P-Reglers $K_e = K_u = 1$ (rechts)

Durch Änderung von Regeln oder Fuzzy-Referenzmengen kann das Übertragungsverhalten lokal angepasst werden. Eine Änderung der Skalierungsfaktoren wirkt dagegen auf die gesamte Übertragungskennlinie. Es ist zu beachten, dass ein Fuzzy-P-Regler eine monoton steigende Übertragungskennlinie aufweisen sollte (als Verallgemeinerung der Proportionalitätsforderung beim linearen P-Regler).

Bezüglich der Wahl der Zugehörigkeitsfunktionen ist Folgendes anzumerken (dies gilt für alle Mamdani-Regler). Bei den ausgangsseitigen Fuzzy-Referenzmengen sollten die äußeren beiden symmetrisch um die Stellbereichsendwerte gewählt werden, da sonst je nach Reglerkonfiguration nicht der volle Stellbereich ausgenutzt wird (Abb. 7.7). Wenn verschiedene Wertebereiche feiner aufzulösen sind, kann dies durch nicht-gleichförmige Verteilung der Zugehörigkeitsfunktionen berücksichtigt werden. Beispielsweise kann es sinnvoll sein, die Stellgröße in Arbeitspunktnähe feingranularer einstellen zu können (Abb. 7.8).

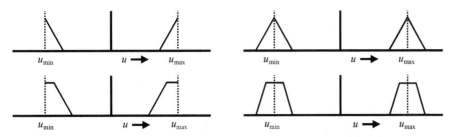

Abb. 7.7: Nicht-symmetrisch (links) und symmetrisch (rechts) um die Stellbereichsendwerte gewählte Fuzzy-Referenzmengen

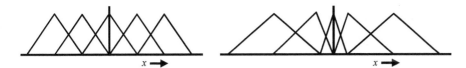

Abb. 7.8: Gleichförmige Zugehörigkeitsfunktionsverteilung (links) und ungleichförmige Zugehörigkeitsfunktionsverteilung (rechts) zur Erhöhung der Auflösung für kleine Werte

Wenn ein vorhandener P-Regler durch einen Fuzzy-P-Regler ersetzt werden soll, so kann zuerst mit dem Fuzzy-P-Regler das Übertragungsverhalten des P-Reglers imitiert und anschließend der Fuzzy-Regler getunt werden.

7.2.2 Fuzzy-PI/PD-Regler

Ein linearer PD-Regler berechnet die Stellgröße gemäß:

$$u(t) = K_P \cdot e(t) + K_D \cdot \dot{e}(t) \text{ bzw. } u(k) = K_P \cdot e(k) + K_D \cdot \Delta e(k) \tag{7.3}$$

mit $\Delta e(k) = e(k) - e(k-1)$. Seine Entwurfsparameter sind die (global wirksamen) Reglerverstärkungen K_P, K_D. Ein Fuzzy-PD-Regler berechnet seine Stellgröße ebenfalls aus der Regelabweichung und deren zeitlicher Änderung. Im Allgemeinen hängt u aber nichtlinear von e und $\dot{e}$ bzw. Δe gemäß dem Übertragungsverhalten f_{PD} des Fuzzy-Systems ab. Dabei soll u monoton mit e und $\dot{e}$ bzw. Δe steigen.

Ein linearer PI-Regler berechnet die Stellgröße gemäß:

$$u(t) = K_P \cdot e(t) + K_I \cdot \int e(t) \mathrm{d}t \text{ bzw. } u(k) = K_P \cdot e(k) + K_I \cdot \sum e(k) \tag{7.4}$$

Seine Entwurfsparameter sind die Reglerverstärkungen K_P, K_I. Leitet man (7.4) nach der Zeit ab

$$\dot{u}(t) = K_I \cdot e(t) + K_P \cdot \dot{e}(t) \text{ bzw. } \Delta u(k) = K_I \cdot e(k) + K_P \cdot \Delta e(k), \tag{7.5}$$

so wird deutlich, dass ein PI-Regler als PD-Regler mit nachgeschalteter Integration bzw. Summation dargestellt werden kann. Ein derartiger Fuzzy-PI-Regler berechnet die Änderung der Stellgröße aus der Regelabweichung und deren zeitlicher Änderung. Abb. 7.9 zeigt Regelkreise mit Fuzzy-PI- und Fuzzy-PD-Regler. Das folgende Beispiel gibt eine Standardkonfiguration für einen zeitdiskreten Fuzzy-PI-Regler an.

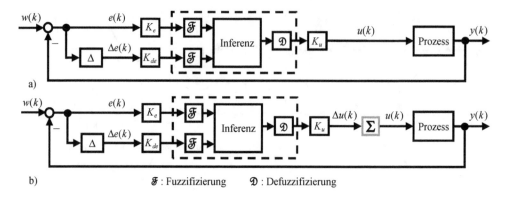

a)

b) $\mathfrak{F}$: Fuzzifizierung $\mathfrak{D}$: Defuzzifizierung

Abb. 7.9:   Regelkreis mit zeitdiskretem Fuzzy-PD- (a) und Fuzzy-PI-Regler (b)

Beispiel *Fuzzy-PI/PD-Regler*:

Abb. 7.10 zeigt ein Beispiel für einen zeitdiskreten Fuzzy-PI-Regler. Bei Systemen mit zwei Eingangsgrößen und einer Ausgangsgröße kann die Regelbasis als Matrix notiert und das Übertragungsverhalten
als Kennfläche dargestellt werden. Die Regeln haben die Form wie z. B.:

$R_{1,5}$: WENN (E ist PS) UND (ΔE ist NB) DANN (ΔU ist NM)

Beim Index bezeichnet die erste Zahl die Zeilen- und die zweite die Spaltennummer der Regelmatrix.

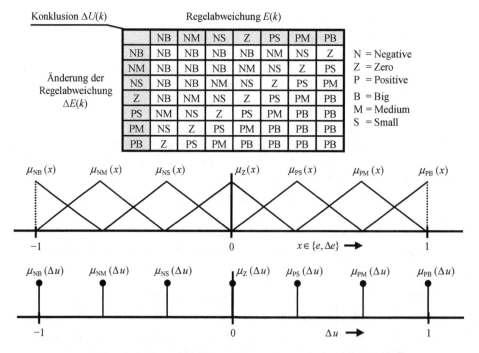

Abb. 7.10:   Beispiel eines zeitdiskreten Fuzzy-PI-Reglers bei 7×7-Fuzzy-Partitionierung: Regelbasis in Matrixdar-
              stellung (oben) und Zugehörigkeitsfunktionen der Fuzzy-Referenzmengen (unten)

Da die Skalierungsfaktoren global wirkende Reglerparameter sind, ändern sie das gesamte Übertragungsverhalten bzw. die gesamte Kennfläche: Abb. 7.11 zeigt die Änderung der nominalen Kennfläche (a) bei Halbierung von K_u (d) oder Halbierung von K_e (c). Mittels Änderung einzelner Regeln kann das Übertragungsverhalten eines Fuzzy-Reglers im Gegensatz zum linearen Regler gezielt lokal modifiziert werden. Ändert man z. B. die Schlussfolgerung der Regel $R_{1,5}$

$R_{1,5}$: WENN (E ist PS) UND (ΔE ist NB) DANN (ΔU ist NM)

von (ΔU ist NM) zu (ΔU ist NS), so ändert sich die nominale Kennfläche nur lokal dort, wo die Regel $R_{1,5}$ aktiv ist (Abb. 7.11b).

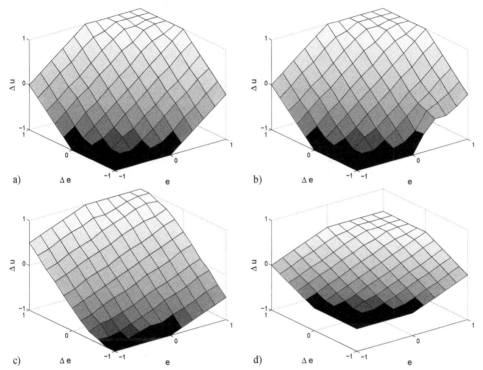

Abb. 7.11:   Kennfläche des Fuzzy-PI-Reglers: Bei PROD-SUM-Inferenz und COS-Defuzzifizierung für Einheits-skalierung (a), bei Änderung der Schlussfolgerung von Regel $R_{1,5}$ (b) sowie für Halbierung des Skalie-rungsfaktors K_e (c) oder Halbierung von K_u (d)

7.2.3   Anmerkungen

Bezüglich der Regelbasis ist Folgendes anzumerken:

Vollständigkeit: Eine vollständige Regelbasis liefert für jede zulässige Eingangsgrößenkombination eine Ausgangsgröße. Praktisch werden selten alle Bereiche im Eingangsgrößenraum durchlaufen. Falls die Größe der Regelbasis eine Rolle spielt, können Regeln eliminiert werden, deren Aktivierung nicht zu erwarten ist. Bei unvollständiger Regelbasis kann eine (Backup-)Anweisung wie „letzte Stellgröße halten" für den Fall vorgesehen werden, dass ein Fall eintritt, in dem keine Regel aktiviert ist.

Konsistenz: Regeln mit unterschiedlichen Konklusionen können gleichzeitig aktiv sein. Da ein Fuzzy-Regler Handlungsempfehlungen entsprechend der Akkumulations- und Defuzzifizierungsstrategie verrechnet, kann der resultierende Gesamtvorschlag dennoch sinnvoll sein. Andererseits kann die resultierende Handlungsanweisung auch nicht sinnvoll sein, z. B. ist eine Mittelung konträrer Anweisungen nicht immer zielführend. (Beispiel: Regeln zur alternativen Umfahrung eines Hindernisses.) Insbesondere größere Inkonsistenzen sollten geprüft werden, um zu gewährleisten, dass kein Fehler vorliegt und dass eine passende Auswertungsvorschrift gewählt wird.

7.3 Fuzzy-basierte Selbsteinstellung für PI-Regler

Als Beispiel für einen fuzzy-basierten Selbsteinstellungsmechanismus wird im Folgenden eine Methode vorgestellt, bei der die Einstellstrategie eines Experten als Fuzzy-System umgesetzt wurde. Das iterativ arbeitende Verfahren wurde von Pfeiffer (1992, 1994) entwickelt und dient der Einstellung von zeitdiskreten PI-Reglern mit dem Regelgesetz:

$$u(k) = u(k-1) + K_R (e(k) + (C-1)e(k-1)); \quad C = T_0 / T_I \tag{7.6}$$

Dabei ist K_R der Verstärkungsfaktor, T_I die Nachstellzeit und T_0 die Abtastzeit. Das Verfahren bewertet die Regelgüte anhand der maximalen Überschwingweite e_{max} und des Einregelverhältnisses $\gamma := T_{an} / T_{aus}$ der Regelgröße bei sprungförmiger Änderung der Führungsgröße, siehe Abb. 7.12 sowie Definition in Abb. 2.52.

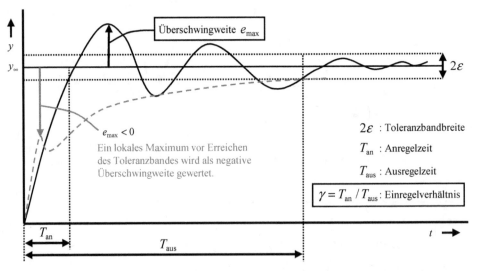

Abb. 7.12: Kenngrößen zur Bewertung einer Sprungantwort für zwei verschiedene Sprungantwortverläufe

Die Kenngröße γ ist ein Maß für das Abklingverhalten eines Einschwingvorganges. Zur Bewertung der Regelgüte wird ein Mamdani-Fuzzy-System gemäß Abb. 7.13 verwendet. Es verwendet Regeln der Form:

$$\text{WENN } (E_{\max} \text{ ist } A_{1,i}) \text{ UND } (\Gamma \text{ ist } A_{2,j}) \text{ DANN } (K_{\text{tuning}} \text{ ist } K_{i,j}^*)$$
$$\text{WENN } (E_{\max} \text{ ist } A_{1,i}) \text{ UND } (\Gamma \text{ ist } A_{2,j}) \text{ DANN } (C_{\text{tuning}} \text{ ist } C_{i,j}^*)$$

(7.7)

Dabei ist $E_{\max} = \mathfrak{F}(e_{\max})$ und $\Gamma = \mathfrak{F}(\gamma)$. Die Fuzzifizierung erfolgt mittels Singletons, die PROD-SUM-Komposition wird angewendet und mittels der COS-Methode defuzzifiziert. Die Auswertung des Fuzzy-Systems liefert die Korrekturfaktoren $k_{\text{tuning}} = \mathfrak{D}(K_{\text{tuning}})$ und $c_{\text{tuning}} = \mathfrak{D}(C_{\text{tuning}})$, mit denen neue Werte für die Reglerparameter in (7.6) berechnet werden:

$$K_{R,\text{neu}} = K_{R,\text{alt}} \cdot k_{\text{tuning}} \; ; \; C_{\text{neu}} = C_{\text{alt}} \cdot c_{\text{tuning}}$$

(7.8)

Mit den geänderten Parametern wird eine neue Sprungantwort des Regelkreises aufgenommen, bewertet und die Parameter werden nachgestellt. Wenn die Sprungantwort als *in Ordnung* befunden wird, schlägt das Fuzzy-System keine Parameteränderung vor (die „Tuningfaktoren" sind dann Eins) und der Einstellvorgang endet.

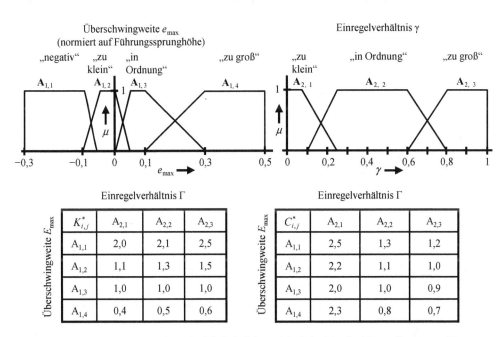

Abb. 7.13: Regelbasen (unten) und Zugehörigkeitsfunktionen (oben) des Mamdani-Fuzzy-Systems zur PI-Reglereinstellung

7.4 Relationaler Fuzzy-Reglerentwurf

7.4.1 Reglerentwurf durch Modellinversion

Gegeben sei eine zweistellige Relation $R_i(x, y)$, die definiert ist über die Verknüpfung zweier diskreter Fuzzy-Mengen A_i, B_i gemäß

$$\mu_{R_i} = \min(\mu_{A_i}, \mu_{B_i}) .\tag{7.9}$$

Einer Fuzzy-Menge A_i kann umgekehrt mittels R_i eine Fuzzy-Menge B_i zugeordnet werden:

$$B_i = A_i \circ R_i \tag{7.10}$$

In Vektor-Matrix-Notation mit $\mathbf{A}_i = [a_1, \ldots, a_i, \ldots, a_n]$, $\mathbf{B}_i = [b_1, \ldots, b_i, \ldots, b_m]$ und $\mathbf{R}_i = [r_{i,j}]$ kann (bei sup-min-Komposition) (7.9) analog der Matrix-Algebra ausgewertet werden, nur dass Multiplikation durch Minimum- und Addition durch Supremumbildung ersetzt wird.

Für den zu (7.9) inversen Zusammenhang gilt bei normalen Fuzzy-Mengen A_i, B_i (d. h. $\sup_x \mu(x) = 1$) einfach:

$$\mathbf{A}_i = \mathbf{B}_i \circ \mathbf{R}_i^{-1} \text{ mit } \mathbf{R}_i^{-1} = \mathbf{R}_i^T \tag{7.11}$$

Beispiel:

Gegeben seien $\mathbf{A}_i = \begin{bmatrix} 0,3 & 0,7 & 1 \end{bmatrix}$ und $\mathbf{B}_i = \begin{bmatrix} 0,5 & 1 & 0,8 \end{bmatrix}$. Mit (7.9) folgt

$$\mathbf{R}_i = \min(\mu_{A_i}, \mu_{B_i}) = \begin{pmatrix} 0,3 & 0,3 & 0,3 \\ 0,5 & 0,7 & 0,7 \\ 0,5 & 1 & 0,8 \end{pmatrix}$$

Mit sup-min-Komposition gilt:

$$\mathbf{B}_i = \mathbf{A}_i \circ \mathbf{R}_i = (0,3 \quad 0,7 \quad 1) \begin{pmatrix} 0,3 & 0,3 & 0,3 \\ 0,5 & 0,7 & 0,7 \\ 0,5 & 1 & 0,8 \end{pmatrix} = (0,5 \quad 1 \quad 0,8)$$

und der inverse Zusammenhang folgt zu:

$$\mathbf{A}_i = \mathbf{B}_i \circ \mathbf{R}_i^{-1} = \mathbf{B}_i \circ \mathbf{R}_i^T = (0,5 \quad 1 \quad 0,8) \begin{pmatrix} 0,3 & 0,5 & 0,5 \\ 0,3 & 0,7 & 1 \\ 0,3 & 0,7 & 0,8 \end{pmatrix} = (0,3 \quad 0,7 \quad 1)$$

Analog zum Beispiel kann (7.11) auch in allgemeiner Form bewiesen werden. Diese Vorgehensweise ist einfach auf mehrstellige Relationen erweiterbar.

Die einfache Invertierbarkeit einer Relationsgleichung kann ausgenutzt werden, um durch Modellinversion die notwendige Stellgröße zur Erreichung eines vorgegebenen Wertes der Regelgröße zu ermitteln. Dazu werden die Beobachtungen (x, y, z) von zwei Eingangsgrößen und einer Ausgangsgröße fuzzifiziert. Jede Beobachtung werde durch ein Tripel $\mu_{A_i}(x)$, $\mu_{B_i}(y)$ und $\mu_{C_i}(z)$ dargestellt und aus ihr lässt sich eine Teilrelation

$$R_i(x, y, z) = \min(\mu_{A_i}(x), \mu_{B_i}(y), \mu_{C_i}(z)) \tag{7.12}$$

erstellen. Die Teilrelationen lassen sich mittels

$$R(x, y, z) = \sup(\mu_{R_i}(x, y, z)) \tag{7.13}$$

zu einer Relation zusammenfassen. $R(x, y, z)$ approximiert den Zusammenhang zwischen den Beobachtungen A_i, B_i und C_i (insofern die Beobachtungen die Wertbereiche gut abdeckten). Dann gilt approximativ

$$\mathbf{C} = \mathbf{A} \circ \mathbf{B} \circ \mathbf{R} \text{ sowie } \mathbf{A} = \mathbf{C} \circ \mathbf{B} \circ \mathbf{R}^{-1}, \tag{7.14}$$

wobei $\mathbf{R}^{-1}$ einfach wie o. a. ermittelbar ist. In (Harris, Moore 1989, Moore, Harris 1992) wird für das Beispiel eines Prozesses 1. Ordnung vorgeschlagen, aus der Relationsgleichung

$$Y_{k+1} = U_k \circ Y_k \circ R \tag{7.15}$$

die inverse Relation

$$U_k = Y_{k+1} \circ Y_k \circ R^{-1} \tag{7.16}$$

zu bilden. Durch Vorgabe von $Y_{k+1} = W_{k+1}$ kann dann aus dem gewünschten Wert w_{k+1} der Regelgröße der notwendige Wert u_k der Stellgröße ermittelt werden. Diese Methode wird auch als *Verfahren der kausalen Inversion* bezeichnet.

7.4.2 Fuzzy-Vorsteuerung

Eine Störgrößenaufschaltung kompensiert eine Störung im Idealfall vollständig. Dazu muss die Störung gemessen und ein Modell für ihre Wirkung auf die Strecke verfügbar sein. Betrachtet wird zuerst der lineare Regelkreis in Abb. 7.14a. Die Störgröße greife innerhalb der Regelstrecke ein, weshalb diese in eine Serienschaltung von zwei Teilen zerlegt wird: $S = S_1 \cdot S_2$. Die Störgrößenaufschaltung berechnet eine additive Stellgrößenkomponente u_d.

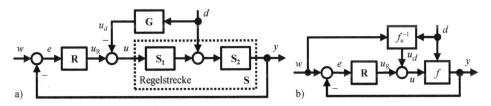

Abb. 7.14: Linearer Regelkreis mit Störgrößenaufschaltung (a) und Regelkreis mit nichtlinearer Strecke und nichtlinearer statischer Störgrößenaufschaltung (b)

Der Regelkreis hat die Störübertragungsfunktion

$$T_d(s) = \frac{Y(s)}{D(s)} = S_2(s) \cdot \frac{1 - G(s) \cdot S_1(s)}{1 + R(s) \cdot S_1(s) \cdot S_2(s)}. \tag{7.17}$$

Für $G(s) \equiv S_1^{-1}(s)$ wird die Störeinwirkung ideal kompensiert. Praktisch ist S_1 häufig nicht invertierbar (z. B. weil dadurch ein instabiles oder nicht kausales Übertragungsglied entstünde) und wird dann approximiert.

Liegt eine nichtlineare Strecke mit (gegenüber der Regelkreisdynamik) vernachlässigbar langsamer Störeinwirkung vor, so kann der stationäre Störeinfluss durch einen zusätzlichen Stellgrößenanteil kompensiert werden, wenn die Strecke verschiedene Anforderungen erfüllt. Dies ist bspw. möglich, wenn die Streckendynamik linear in der Steuergröße ist, die Störung nichtlinear und additiv auf den Streckeneingang wirkt sowie Steuer- und Störeingriff unkorreliert sind. Das stationäre Streckenverhalten sei $y = f(u, d)$ und in Form eines relationalen Fuzzy-Systems verfügbar. f sei nach u auflösbar: $u = f_u^{-1}(y, d)$. Dann kann die Inversion mittels des Verfahrens der kausalen Inversion aus Abschnitt 7.4.1. erfolgen. Für die Vorsteuerung interessiert die Stellgröße, für die die Regelgröße gleich der Führungsgröße wird: $u_d = f_u^{-1}(w, d)$. Dieser Ansatz kombiniert dann Sollwert- und Störgrößenaufschaltung. Dann wird u_d zur Stellgröße des Reglers addiert (Abb. 7.14b). Der Regelkreis wiederum wirkt Abweichungen in Folge von Modellvereinfachungen, Modellparameterabweichungen oder nicht berücksichtigten Störeinflüssen entgegen. Wenn ein Mamdani- oder ein TS-Modell vorliegt, so kann dessen Inverse ebenfalls approximativ berechnet werden. Auch kann ein theoretisches Modell, das sich nicht explizit invertieren lässt, durch ein Fuzzy-Modell approximiert werden.

Beispiel *Fuzzy-Vorsteuerung bei pneumatischer Feststoffförderung* (*Kroll 1995*):

Für die pneumatische Förderung eines feingranularen Feststoffs aus einem Silo zu einem Prozessbehälter (Abb. 7.16) soll eine Massenstromregelung implementiert werden. Das Fördersystem ist Teil einer Roheisenentschwefelungsanlage. Ein aus der Serienschaltung eines statischen Mamdani- und einem (linearen) ARX-Modells bestehendes Prozessmodell wurde identifiziert. Dabei wurde beim ARX-Modell eine Verstärkung von Eins vorgegeben. Das Fuzzy-Modell bildet die Störgröße Silodruck (in 10^5 Pa) und die Stellgröße Ventilöffnung (in %) auf eine Zwischengröße für den Massenstrom (in kg/min) ab, siehe die Kennfläche in Abb. 7.15a. Eine mögliche Regelungsstrategie zeigt Abb. 7.15c: Eine Vorsteuerung wird durch kausale Inversion des statischen Fuzzy-Modells realisiert und liefert eine additive Stellgrößenkomponente u_d (Abb. 7.15b). Ein linearer PI-Regler beseitigt Regelabweichungen in Folge von bei der Vorsteuerung vernachlässigter Dynamik, vernachlässigten Störeinflüssen und anderen Modellfehlern.

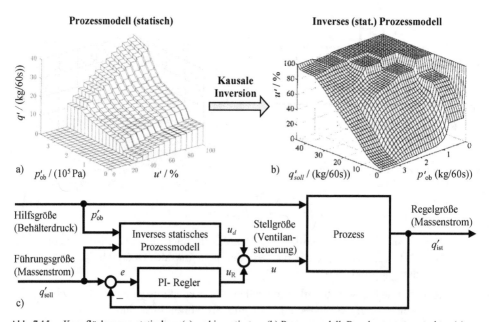

Abb. 7.15:   Kennflächen von statischem (a) und invertiertem (b) Prozessmodell, Regelungssystemstruktur (c)

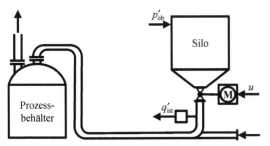

Abb. 7.16: Gerätebild für einen Feststofffförderprozess (nach Kroll 1999)

7.5 Fuzzy-Gain-Scheduling und Takagi-Sugeno-Regler

Bei nichtlinearen Prozessen sind für verschiedene Arbeitspunkte unterschiedliche Parametrierungen linearer Regler notwendig. Praktisch werden dazu geeignete Reglereinstellungen für verschiedene Arbeitspunkte aufgenommen und im Betrieb entsprechend umgeschaltet (sog. Gain-Scheduling). Mittels Fuzzy-Logik (Fuzzy-Gain-Scheduling) kann erstens ein weiches Umschalten realisiert werden. Zweitens kann für nicht tabellierte Arbeitspunkte eine Reglereinstellung interpoliert werden. Diese Methode führt direkt auf Takagi-Sugeno-(TS-) Regler.

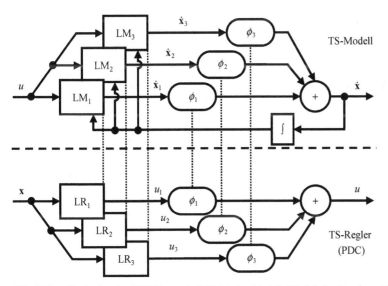

Abb. 7.17: Illustration des PDC-Konzepts (LM: lokales Modell, LR: lokales Regelgesetz)

Ein TS-Regler kann als eine Form des Gain-Schedulings verstanden werden. Als Schlussfolgerung finden insbesondere PID- und Zustandsregler Einsatz, wovon nur letztere im Folgenden betrachtet werden. Die Grundidee besteht darin, durch die Zerlegung in (unscharfe) Teilbereiche für jeden Bereich lokal einen Entwurf quasi mit Methoden der linearen Theorie durchführen zu können. Die Regelgesetze für die Teilbereiche werden gewichtet zum nicht-linearen Gesamtübertragungsverhalten überlagert. Hier hat das Konzept des *Parallel Distributed Compensator*, *PDC*, besonderes Interesse erlangt (Abb. 7.17). Es wird in den folgenden Unterabschnitten eingeführt. Aus der Stabilität aller Teilsysteme folgt nicht die Stabilität des Gesamtsystems, weshalb zusätzliche Anforderungen zu berücksichtigen sind.

7.5.1   Lineare Zustandsmodelle

Der Zustandsraum wird durch die Regelprämissen in c (unscharfe) Teilräume partitioniert, was durch die jeweilige Fuzzy-Basisfunktion ϕ_i beschrieben wird. Dies gilt gleichermaßen für die im Folgenden alternativ angegebene zeitkontinuierliche und zeitdiskrete Beschreibung. Für jeden Teilraum wird ein lokales lineares Zustandsmodell ermittelt:

$$\begin{aligned} \dot{\mathbf{x}}_i(t) &= \mathbf{A}_i \cdot \mathbf{x}(t) + \mathbf{B}_i \cdot \mathbf{u}(t) \\ \mathbf{y}_i(t) &= \mathbf{C}_i \cdot \mathbf{x}(t) + \mathbf{D}_i \cdot \mathbf{u}(t) \end{aligned} \quad \text{bzw.} \quad \begin{aligned} \mathbf{x}_i(k+1) &= \mathbf{A}_i \cdot \mathbf{x}(k) + \mathbf{B}_i \cdot \mathbf{u}(k) \\ \mathbf{y}_i(k) &= \mathbf{C}_i \cdot \mathbf{x}(k) + \mathbf{D}_i \cdot \mathbf{u}(k) \end{aligned} \qquad (7.18)$$

Dabei stellen die linken Gleichungen die Umsetzung für kontinuierliche und die rechten Gleichungen die für diskrete Zeit dar. In (7.18) ist $\mathbf{x}$ der Zustands-, $\mathbf{u}$ der Stell- und $\mathbf{y}$ der Ausgangsgrößenvektor. $\mathbf{A}_i$, $\mathbf{B}_i$, $\mathbf{C}_i$ und $\mathbf{D}_i$ bezeichnen die das System charakterisierenden Matrizen. Die gewichtete Überlagerung der c Teilmodelle liefert das Gesamtmodell:

$$\begin{aligned} \dot{\mathbf{x}}(t) &= \sum_{i=1}^{c} \phi_i(t) \cdot [\mathbf{A}_i \cdot \mathbf{x}(t) + \mathbf{B}_i \cdot \mathbf{u}(t)] \\ \mathbf{y}(t) &= \sum_{i=1}^{c} \phi_i(t) \cdot [\mathbf{C}_i \cdot \mathbf{x}(t) + \mathbf{D}_i \cdot \mathbf{u}(t)] \end{aligned} \quad \text{bzw.} \quad \begin{aligned} \mathbf{x}(k+1) &= \sum_{i=1}^{c} \phi_i(k) \cdot [\mathbf{A}_i \cdot \mathbf{x}(k) + \mathbf{B}_i \cdot \mathbf{u}(k)] \\ \mathbf{y}(k) &= \sum_{i=1}^{c} \phi_i(k) \cdot [\mathbf{C}_i \cdot \mathbf{x}(k) + \mathbf{D}_i \cdot \mathbf{u}(k)] \end{aligned} \qquad (7.19)$$

Unter Ausnutzung des Satzes über die asymptotische Stabilität von Lyapunov lässt sich folgender Satz herleiten (Tanaka, Sugeno 1992):

Satz *zur Stabilität von TS-Systemen*: *Eine Ruhelage eines autonomen TS-Systems* (7.19) *mit* $\mathbf{u} \equiv \mathbf{0}$ *ist asymptotisch stabil im Großen, wenn es für alle Teilsysteme eine gemeinsame positiv-definite Matrix* $\mathbf{P}$ *gibt, so dass gilt:*

$$\mathbf{A}_i^T \cdot \mathbf{P} + \mathbf{P} \cdot \mathbf{A}_i < 0 \quad \text{bzw.} \quad \mathbf{A}_i^T \cdot \mathbf{P} \cdot \mathbf{A}_i - \mathbf{P} < 0 \quad \forall\, i = 1, ..., c \qquad (7.20) \ \blacksquare$$

Diese Bedingung ist hinreichend, aber nicht notwendig. Der Ansatz für das Regelgesetz wird nach der Regelungsaufgabe ausgewählt, z. B. Stabilisierung, Referenztrajektorien- oder Führungsgrößenverfolgung. Als Regelgesetz für jedes Teilsystem können eine Zustandsrückführung ($\mathbf{F}_i$) und z. B. ein Führungsgrößenvorfilter ($\mathbf{V}_i$) zur Eliminierung des stationären Regelfehlers angesetzt werden (Korba et al. 2003):

$$\mathbf{u}_i(t) = -\mathbf{F}_i \cdot \mathbf{x}(t) + \mathbf{V}_i \cdot \mathbf{w}(t) \quad \text{bzw.} \quad \mathbf{u}_i(k) = -\mathbf{F}_i \cdot \mathbf{x}(k) + \mathbf{V}_i \cdot \mathbf{w}(k) \quad i = 1, ..., c \qquad (7.21)$$

Die gewichtete Überlagerung liefert die resultierende Stellgröße zu:

$$\mathbf{u}(t) = \sum_{i=1}^{c} \phi_i(t)[-\mathbf{F}_i \cdot \mathbf{x}(t) + \mathbf{V}_i \cdot \mathbf{w}(t)] \quad \text{bzw.} \quad \mathbf{u}(k) = \sum_{i=1}^{c} \phi_i(k)[-\mathbf{F}_i \cdot \mathbf{x}(k) + \mathbf{V}_i \cdot \mathbf{w}(k)] \qquad (7.22)$$

Dabei wurde gemäß des PDC-Ansatzes angenommen, dass die i-te Regel vom Fuzzy-Modell und vom Fuzzy-Regler die gleiche Prämisse und somit den gleichen Gültigkeitsbereich ha-

ben. Einsetzen der resultierenden Stellgröße in das Gesamtmodell liefert nach Zwischenrechnung:

$$\dot{x}(t) = \sum_{i=1}^{c} \sum_{j=1}^{c} \phi_i(t)\phi_j(t) \cdot ([\mathbf{A}_i - \mathbf{B}_i \cdot \mathbf{F}_j] \cdot \mathbf{x}(t) + \mathbf{B}_i \cdot \mathbf{V}_j \cdot \mathbf{w}(t)) \quad \text{bzw.} \tag{7.23}$$

$$\mathbf{x}(k+1) = \sum_{i=1}^{c} \sum_{j=1}^{c} \phi_i(k)\phi_j(k) \cdot ([\mathbf{A}_i - \mathbf{B}_i \cdot \mathbf{F}_j] \cdot \mathbf{x}(k) + \mathbf{B}_i \cdot \mathbf{V}_j \cdot \mathbf{w}(k)) \tag{7.24}$$

Die $\mathbf{F}_j$ können, falls die Teilsysteme $\mathbf{A}_i, \mathbf{B}_i$ steuerbar sind, z. B. durch Platzierung der Pole
von $[\mathbf{A}_i - \mathbf{B}_i \cdot \mathbf{F}_j]$ festgelegt werden – z. B. im *Gebiet der schönen Stabilität* (schraffierter
Bereich in Abb. 7.18 gilt für den zeitkontinuierlichen Fall).

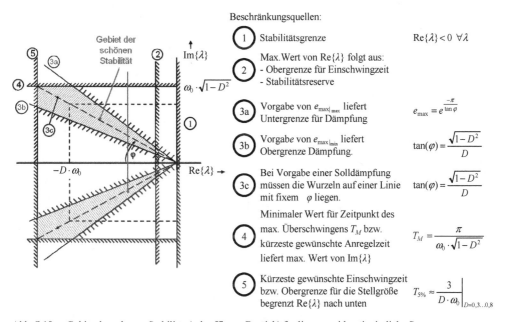

Abb. 7.18: Gebiet der schönen Stabilität (schraffierter Bereich) für lineare zeitkontinuierliche Systeme

Dabei werden i. Allg. allen c lokalen Systemen die gleichen Pole vorgegeben. Man spricht
deshalb auch vom Prinzip der *lokalen dynamischen Kompensation* (*Parallel Distributed
Compensator, PDC*). Die $\mathbf{V}_i$ können mittels der Forderung ausgelegt werden, dass jedes
lokale System (stationär) Einheitsverstärkung aufweisen soll:

$$\mathbf{y}_{i,\infty} = \mathbf{C}_i \cdot \mathbf{x}_\infty \overset{!}{=} \mathbf{w}_\infty \tag{7.25}$$

Eingesetzt in die Stationaritätsbedingung aller $i = 1, \ldots, c$ Regeln

$$\dot{x}_{i,\infty} = (\mathbf{A}_i - \mathbf{B}_i \cdot \mathbf{F}_j) \cdot \mathbf{x}_\infty + \mathbf{B}_i \cdot \mathbf{V}_j \cdot \mathbf{w}_\infty \overset{!}{=} 0 \quad \text{bzw.}$$

$$\mathbf{x}_{i,\infty} = (\mathbf{A}_i - \mathbf{B}_i \cdot \mathbf{F}_j) \cdot \mathbf{x}_\infty + \mathbf{B}_i \cdot \mathbf{V}_j \cdot \mathbf{w}_\infty \overset{!}{=} \mathbf{x}_\infty \tag{7.26}$$

liefert nach Zwischenrechnung:

$$\mathbf{V}_j = \mathbf{B}_i^{-1} \cdot (\mathbf{B}_i \cdot \mathbf{F}_j - \mathbf{A}_i) \cdot \mathbf{C}_i^{-1} \quad \text{bzw.} \quad \mathbf{V}_j = \mathbf{B}_i^{-1} \cdot (\mathbf{I} + \mathbf{B}_i \cdot \mathbf{F}_j - \mathbf{A}_i) \cdot \mathbf{C}_i^{-1} \tag{7.27}$$

Alternativ zu einem Führungsgrößenvorfilter lässt sich ein PI-Zustandsregler durch Erweiterung des Systemmodells um einen integrierenden Zustand realisieren. Falls der Zustandsvektor nicht vollständig messbar ist, kann ein TS-Zustandsbeobachter eingesetzt werden.

7.5.2   Affine Zustandsmodelle

Affine Zustandsmodelle weisen einen konstanten Term in der Zustands- und/oder Ausgabegleichung auf. Im Fall zeitdiskreter Eingrößensysteme ohne direkten Durchgriff ist eine mögliche Beschreibung (Kroll et al. 2000):

$$\begin{aligned}\mathbf{x}_i(k+1) &= \mathbf{A}_i \cdot \mathbf{x}(k) + \mathbf{b}_i \cdot u(k) + \mathbf{d}_i \\ y_i(k) &= \mathbf{c}^T \cdot \mathbf{x}(k)\end{aligned} \qquad i = 1, \ldots, c \tag{7.28}$$

Ein einfacher lokaler Ansatz für das Regelgesetz ist ähnlich zu (7.21):

$$u_i(k) = -\mathbf{f}_i^T \cdot \mathbf{x}(k) + V \cdot w(k) \quad i = 1, \ldots, c \tag{7.29}$$

Dabei ist V die Verstärkung eines *global wirkenden* Führungsgrößenvorfilters. Dies ist eine Alternative zum Ansatz mit lokalen Verstärkungen V_i in Abschnitt 7.5.1. Sowohl bei linearen als auch affinen Konklusionen sind jeweils beide Alternativen möglich. Die Überlagerung der c lokalen Systeme liefert:

$$\begin{aligned}\mathbf{x}(k+1) &= \sum_{i=1}^{c} \phi_i \cdot (\mathbf{A}_i \cdot \mathbf{x}(k) + \mathbf{b}_i \cdot u(k) + \mathbf{d}_i) \\ y(k) &= \sum_{i=1}^{c} \phi_i \cdot \mathbf{c}^T \cdot \mathbf{x}(k) \\ u(k) &= V \cdot w(k) - \sum_{i=1}^{c} \phi_i \cdot \mathbf{f}_i^T \cdot \mathbf{x}(k)\end{aligned} \tag{7.30}$$

Wenn der konstante Term in der Zustandsgleichung vernachlässigt wird, kann lokal mit linearen Methoden entworfen werden. Zur Erreichung stationärer Genauigkeit sind die $\mathbf{d}_i$ allerdings zu berücksichtigen. Im stationären Fall gilt:

$$\begin{aligned}\mathbf{x}_\infty &= \mathbf{A}_\infty \cdot \mathbf{x}_\infty + \mathbf{b}_\infty \cdot u_\infty + \mathbf{d}_\infty \\ y_\infty &= \mathbf{c}^T \cdot \mathbf{x}_\infty \\ u_\infty &= V \cdot w_\infty - \mathbf{f}_\infty^T \cdot \mathbf{x}_\infty\end{aligned} \quad , \tag{7.31}$$

wobei die Vektoren und Matrizen durch Überlagerung der Teilsysteme entstehen:

$$\mathbf{A}_\infty = \sum_{i=1}^{c} \mathbf{A}_i \cdot \phi_i(\infty); \; \mathbf{b}_\infty = \sum_{i=1}^{c} \mathbf{b}_i \cdot \phi_i(\infty); \; \mathbf{d}_\infty = \sum_{i=1}^{c} \mathbf{d}_i \cdot \phi_i(\infty); \; \mathbf{f}_\infty^T = \sum_{i=1}^{c} \mathbf{f}_i^T \cdot \phi_i(\infty) \tag{7.32}$$

Aus der Forderung nach stationärer Genauigkeit ($y_\infty = w_\infty$) folgt nach Zwischenrechnung:

$$V = \frac{w_\infty - \mathbf{c}^T \cdot (\mathbf{I} - \mathbf{A}_\infty + \mathbf{b}_\infty \cdot \mathbf{f}_\infty^T)^{-1} \cdot \mathbf{d}_\infty}{w_\infty \cdot \mathbf{c}^T \cdot (\mathbf{I} - \mathbf{A}_\infty + \mathbf{b}_\infty \cdot \mathbf{f}_\infty^T)^{-1} \cdot \mathbf{b}_\infty} \tag{7.33}$$

Die stationären Werte der Parametervektoren/-matrizen können simulativ oder durch numerische Lösung der Modellgleichung bestimmt werden. Alternativ kann ein adaptiver Führungsgrößenvorfilter eingesetzt werden, der sich auch unterschiedlichen Arbeitspunkten anpasst (Kroll et al. 2000). Bezüglich Erweiterungen gilt Analoges zu den Hinweisen im vorherigen Abschnitt.

Beispiel *Stabilisierung inverses Pendel*:

Ein inverses Pendel stellt ein instabiles, nichtlineares System dar. Es kann mit einem linearen Zustandsregler in einer beschränkten Umgebung der im Folgenden betrachteten aufrechten Ruhelage stabilisiert werden. Um die stabilisierbare Umgebung zu vergrößern, soll ein TS-Regler entworfen werden. Das Pendel wird vereinfacht betrachtet (Abb. 7.19): Die Masse des Schlittens und der Pendelstange werden vernachlässigt. Dies führt zu einem System 2. Ordnung, das die Darstellung der Ergebnisse erleichtert.

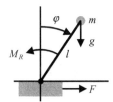

Größe	Bedeutung	Wert	Einheit
l	Länge des Pendels	0,2	m
m	Masse des Pendels	0,15	kg
r	Reibungskoeffizient	0,02	Nms
g	Erdbeschleunigung	9,81	m/s^2
F	externe Kraft auf Pendel	–	N
φ	Auslenkwinkel	–	°
M_R	Reibmoment	–	Nm

Abb. 7.19: Inverses Pendel

Bei Annahme einer drehratenproportionalen Reibung lässt sich das folgende Zustandsraummodell herleiten (Kroll, Dürrbaum 2010):

$$\dot{x}_1 = f_1(\mathbf{x}, u) = x_2$$
$$\dot{x}_2 = f_2(\mathbf{x}, u) = \frac{m \cdot g \cdot l}{J} \cdot \sin x_1 - \frac{r}{J} \cdot x_2 - \frac{u \cdot l}{J} \cdot \cos x_1 \tag{7.34}$$
$$y = g(\mathbf{x}, u) = x_1$$

Dabei sind $x_1 = \varphi, x_2 = \dot{\varphi}$ die beiden Zustandsgrößen, $u = F$ ist die Ein- und $y = \varphi$ die Ausgangsgröße. $J = m \cdot l^2$ ist das Trägheitsmoment des Pendels. Eine Taylorreihenentwicklung in einem Entwicklungspunkt (EP) $x_{1,0i} = \varphi_{0i}, x_{2,0i} = \dot{\varphi}_{0i}, u_{0i} = F_{0i}$ liefert:

$$\begin{bmatrix} \dot{x}_1 \\ \dot{x}_2 \end{bmatrix} = \begin{bmatrix} 0 & 1 \\ \dfrac{m \cdot g \cdot l \cdot \cos x_{1,0i}}{J} + \dfrac{u_{0i} \cdot l \cdot \sin x_{1,0i}}{J} & -\dfrac{r}{J} \end{bmatrix} \cdot \begin{bmatrix} x_1 - x_{1,0i} \\ x_2 - x_{2,0i} \end{bmatrix} +$$
$$+ \begin{bmatrix} 0 \\ -\dfrac{l \cdot \cos x_{1,0i}}{J} \end{bmatrix} \cdot (u - u_{0i}) + \begin{bmatrix} f_{1,0i} \\ f_{2,0i} \end{bmatrix} \tag{7.35}$$

$$y = \begin{bmatrix} 1 & | & 0 \end{bmatrix} \cdot \begin{bmatrix} x_1 - x_{1,0i} \\ x_2 - x_{2,0i} \end{bmatrix} + g_{0i} = \begin{bmatrix} 1 & | & 0 \end{bmatrix} \cdot \begin{bmatrix} x_1 \\ x_2 \end{bmatrix} \tag{7.36}$$

Dabei sind

$$f_{1,0i} = x_{2,0i}; \; f_{2,0i} = \frac{m \cdot g \cdot l}{J} \cdot \sin x_{1,0i} - \frac{r}{J} \cdot x_{2,0i} - \frac{u_{0i} \cdot l}{J} \cdot \cos x_{1,0i} \tag{7.37}$$

die Driftterme. Als Referenzregler wird ein linearer Zustandsregler für das in der Ruhelage (dem Ursprung) linearisierte Modell ausgelegt, indem Pole für den Regelkreis in $s_1 = -3$ und $s_2 = -4$ vorgegeben werden. Diese Pollagen werden auch für alle Teilsysteme beim nichtlinearen TS-Regler vorgegeben. Eine Betrachtung von (7.34) zeigt, dass die Systemdynamik nichtlinear in x_1, aber linear in x_2
ist. Deshalb muss für die Ableitung eines TS-Modells nur in Richtung von x_1 partitioniert werden.
Exemplarisch wird der Zustandsraum in Richtung von x_1 in fünf unscharfe Bereiche partitioniert.
Hierzu werden die EP für die Taylorreihenentwicklung äquidistant in ($\varphi = 0°$; $\pm 40°$; $\pm 80°$ mit $F = 0$ N)
angeordnet. Bzgl. u wird nicht partitioniert: Da gemäß PDC-Ansatz TS-Modell und TS-Regler die
gleiche Partitionierung verwenden, würde sonst der TS-Regler u als Ein- und Ausgangsgröße verwenden. Deshalb wird $u_{0i} = 0$ angesetzt. Gaußglockenförmige Zugehörigkeitsfunktionen werden eingesetzt, wobei deren Zentrum in den zugehörigen EP gelegt und ein einheitlicher Weitenparameter von
$\sigma_i = \sigma = 0,3$ rad (ca. 17,2°) verwendet wird. Dieser Wert führt dazu, dass sich benachbarte Zugehörigkeitsfunktionen etwa auf halber Flankenhöhe schneiden (Abb. 7.20a).

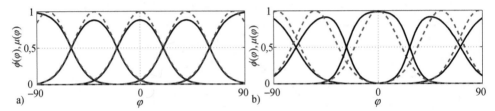

Abb. 7.20:   Zugehörigkeitsfunktionen (- -) und resultierende Fuzzy-Basisfunktionen (—): bei äquidistanter (a) und
angepasster Anordnung (b)

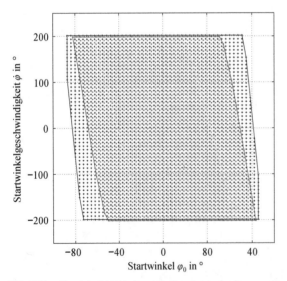

Abb. 7.21:   Bereich stabilisierbarer Anfangswerte des inversen Pendels im Fall des linearen Reglers (○/inneres
Viereck), äquidistanter EP (×/nächst einhüllendes Viereck) sowie angepasste, nicht-äquidistante EP-
Positionierung (+/äußeres Viereck)

Abb. 7.21 zeigt, dass sich mit dem TS-Regler der stabilisierbare Bereich gegenüber dem linearen Regler deutlich vergrößern lässt. Der Bereich wurde in diesem Fall simulativ ermittelt, um eine konservative Unterschätzung zu vermeiden, die bei Verfahren wie den Linearen Matrizenungleichungen auftritt. Eine einfache äquidistante Positionierung ist nicht an die Nichtlinearität des Systems angepasst. Durch bessere Anpassung (Abb. 7.20b) lässt sich das stabilisierbare Gebiet weiter auf das äußere, einhüllende Viereck in Abb. 7.21 erweitern. Eine Betrachtung von Ausregelvorgängen zeigt, dass dies dadurch erreicht wird, dass in den Randbereichen mit schärferem Stelleingriff operiert wird. Dies erkennt man gut an Hand der Reglerkennflächen in Abb. 7.22: Dabei ist der TS-Teilregler für den Bereich um den Ursprung identisch mit dem linearen Regler. Beim TS-Regler mit äquidistant verteilten EP erkennt man gegenüber dem linearen Regler (d. h. der Umgebung um den Ursprung beim TS-Regler) eine vergrößerte Steigung der Kennfläche im Bereich betragsmäßig großer Werte von φ und $\dot{\varphi}$. Die Stellgrößen sind im Fall der angepassten EP-Lagen nochmals deutlich vergrößert.

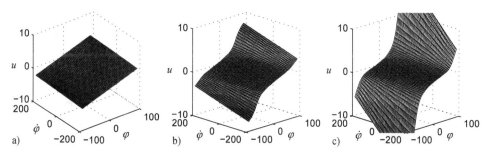

Abb. 7.22:   Kennflächen von linearem Regler (a) sowie TS-Regler mit äquidistanten (b) sowie angepassten EP (c)

7.6   Realisierungsaspekte

Bei Echtzeitanwendungen spielt der Rechenaufwand für die Regelgesetze eine wichtige Rolle. Fuzzy-Systeme können zur Laufzeit zyklisch ausgewertet werden mit entsprechend hohem wiederkehrendem Aufwand. Alternativ kann das System vorab ausgewertet, das Ergebnis tabelliert und zur Laufzeit die *Nachschlagtabelle* (*fuzzy look-up table*) mit oder ohne nachfolgende Interpolation ausgelesen werden (Meyer-Gramann, Jüngst 1993).

Bei der Auswahl der Operatoren sind deren unterschiedliche Rechenzeitanforderungen zu beachten. Maximum- und Minimum-Operatoren führen zu geringem, Summation und Produkt zu moderatem und Spezialoperatoren u. U. zu hohem Aufwand. Besonders rechenaufwändig ist eine COG-Defuzzifizierung. Bei Bedarf können Vereinfachungen wie Singletons als ausgangsseitige Fuzzy-Referenzmengen eingesetzt werden. Auch kann die Defuzzifizierung z. T. vorab ausgewertet werden. Trapezoide oder dreieckförmige Zugehörigkeitsfunktionen lassen sich einfacher abspeichern und auswerten als kompliziertere wie gaußglockenförmige.

Funktionen für Auslegung und Tuning/Optimierung der Fuzzy-Regelungsfunktionen können Teil des zur Laufzeitumgebung gehörenden Engineeringwerkzeugs sein (vgl. Abb. 7.1 rechts). In diesem Fall ist das Tool i. d. R. sehr gut auf die Hardware abgestimmt. Nachteilig ist der i. d. R. beschränkte Leistungsumfang bzgl. umsetzbarer Regelungsstrukturen und Funktionen für Analyse, Entwurf und Test der Fuzzy-Regler. Alternativ kann ein getrenntes

Entwicklungswerkzeug eines auf Fuzzy Control spezialisierten Anbieters verwendet werden, das einen geeigneten Kode für die Zielplattform erzeugt. Das kann C-Kode für eine frei programmierbare Karte, Assembler-Kode für Mikroprozessoren oder Konfigurationskode für Funktionsbausteine von speicherprogrammierbaren Steuerungen oder Prozessleitsystemen sein. Allerdings unterstützen diese Entwicklungswerkzeuge i. d. R. nur eine begrenzte Anzahl von Hardwareplattformen. Auch ist der erzeugte Kode typischerweise nicht so gut auf die Laufzeitumgebung abgestimmt, wie der von proprietären Tools der Hardwareplattformhersteller gelieferte. Abschnitt 25.6 tabelliert verschiedene kommerzielle oder frei verfügbare Tools.

8 Anwendungsbeispiele

8.1 Clusterung mittels Fuzzy-c-Means

8.1.1 Fehlererkennung und -isolierung bei Brennstoffzellen

Das folgende Beispiel aus (Buchholz et al. 2007) beschreibt die Fehlerüberwachung von Brennstoffzellen. Diese wandeln chemische in elektrische Energie um. Im Fall von Polymer-elektrolytmembran-Brennstoffzellen (PEMFC) wird reiner Wasserstoff mit reinem Sauerstoff in einer exothermen Reaktion oxidiert. Das Reaktionsprodukt ist Wasser. Durch die elektro-chemische Reaktion entsteht ein Potential zwischen Anode und Kathode. Da eine einzelne Zelle nur eine Spannung zwischen 0,4...1 V liefert, werden mehrere Zellen in Reihe zu einem sog. Stack verschaltet. Die PEMFC enthält eine Membran, die für gute Leitfähigkeit befeuchtet sein muss. Dies wird durch das Produktwasser sowie durch Befeuchtung der zu-geführten Gase erreicht. Um eine lange Betriebsdauer von PEMFC-Stacks zu erreichen, müssen Abweichungen vom gewählten Betriebspunkt erkannt werden, bevor eine Brenn-stoffzelle Schaden nimmt.

Eine PEMFC-Brennstoffzelle stellt ein nichtlineares dynamisches MISO-System dar. Die Ausgangsgröße ist die elektrische Spannung, die Eingangsgrößen sind: Stöchiometrie O_2 (Verhältnis zwischen zugeführtem und verbrauchtem Oxidationsmittel), Stöchiometrie H_2, Luftfeuchte O_2, Luftfeuchte H_2, Gasdruck im Stack, Stacktemperatur und elektrischer (Last-)Stromfluss. Das Betriebsverhalten einer Brennstoffzelle für einen Betriebspunkt kann durch die Strom-Spannungskennlinie beschrieben werden. Abb. 8.1 zeigt Kennlinien für Nominalbetrieb und sieben Fehlermodi. Fehler 1 besteht bspw. in einem Gasdruck von 0 bar und Fehler 2 in einem Gasdruck von 0,7 bar. Der nominale Betriebsdruck beträgt 0,5 bar.

Eine Kennlinie lässt sich durch ein parametrisches Modell beschreiben, dessen Parameter sich bei einem Fehlerzustand ändern. Dies motiviert, im Parameterraum per FCM die Para-metersätze für den normalen und die sieben fehlerhaften Betriebsmodi zu unscharfen Klassen zusammenzufassen. Dabei wurde die Euklid'sche Abstandsnorm eingesetzt. Mittels der vom FCM gelieferten expliziten Klassifikatorfunktion können während des Betriebs aufgenom-mene Kennlinien einer der acht Klassen zugewiesen werden. Wichtig beim Klassifikatorent-wurf ist, dass sich die Modellparameter für verschiedene Modi deutlich unterscheiden und eine gute Separation der Klassen erlauben. In (Buchholz et al. 2007) wurden dazu verschie-dene Modellansätze verglichen, die jeweils zwischen zwei und fünf Parameter aufweisen. Abb. 8.2 zeigt die Parameter eines Modellansatzes für mehrere Messungen bei verschiedenen Betriebsmodi. Für jede Messung wurde eine Kennlinie ermittelt und parametrisiert. Von den resultierenden Modellparametern wurden die Werte des Nominalmodells abgezogen, so dass der Ursprung für Nominalbetrieb steht. In der Betriebsphase wird ein Parametervektor dann dem Cluster bzw. der Klasse mit der höchsten Zugehörigkeit zugewiesen. In Abb. 8.2 rechts grenzt sich nur der Fehlermode 3 deutlich von allen anderen Fehlermoden ab; im linken Bild ist die Separation besser: Die Fehlermodi 1–3 und 5 können detektiert und isoliert werden. Die Fehlermodi 4, 6 und 7 können zwar detektiert, aber nicht isoliert werden.

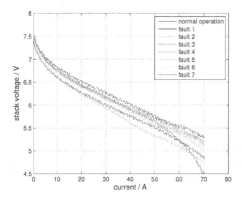

Abb. 8.1:   Strom-Spannungskennlinien für Nominalbetrieb und sieben Fehlermodi (Buchholz et al. 2007)

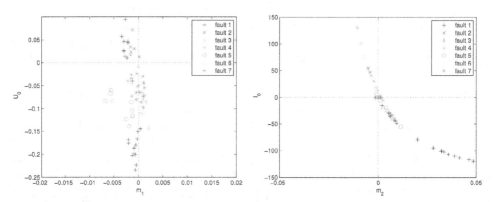

Abb. 8.2:   Projektion des vierdimensionalen Parameterraums auf jeweils zwei Dimensionen (Buchholz et al. 2007)

8.1.2   Klinische instrumentelle Ganganalyse

Das folgende Beispiel wurde (Loose et al. 2003) entnommen. Bei der klinischen instrumentellen Ganganalyse werden Kinematikverläufe der unteren Extremitäten von Patienten gemessen und analysiert, um Störungen zu diagnostizieren und eine Therapie auszuwählen. Konventionell erfolgt dies manuell durch Ärzte. Zur Verbesserung von Diagnose und Therapiewahl sind Untergruppen zu finden, z. B. verschiedene Arten von Kompensationsmechanismen oder von Gangbildern. Ein manuelles Gruppieren ist wegen der hohen Dimension des Merkmalsraums kaum möglich. Fuzzy-Clusteralgorithmen können hierzu eingesetzt werden. Abb. 8.3a zeigt gemessene Zeitreihen von 20 Personen. Für die Clusterung werden Zeitreihen (mit jeweils 101 Zeitpunkten) von 106 Personen von der (sagittalen) Beugung eines Knies verwendet. Davon stammen 20 von gesunden Menschen (Referenzgruppe) und 86 von Patienten mit einem speziellen Krankheitsbild (Infantile Zerebralparese, ICP). Die Patienten gehören z. T. zu bekannten Untergruppen – also sollte auch die Clusterung diese Unterscheidung finden. Die Clusterung erfolgt mittels FCM mit $c = 4$, Euklid'schem Abstandsmaß und $v = 2$. Abb. 8.3b zeigt das mit den klinischen Untergruppen übereinstimmende Ergebnis der Clusterung: Cluster 2 entspricht dem Mittelwert der Referenzgruppe, Cluster 1 der Knieüberstreckung und Cluster 3 und 4 einem starken bzw. milden Kauergang.

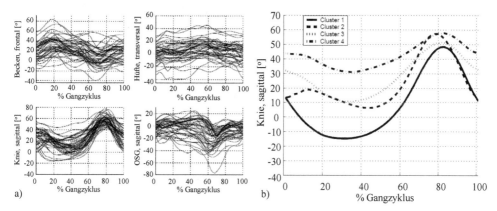

Abb. 8.3:   Gemessene Zeitreihen von 20 Personen (a); Ergebnis der FCM-Clusterung mit vier Clustern für die Messgröße Kniebeugung (b) (Loose et al. 2003)

8.2   Fuzzy-Klassifikation (nicht linear separierbares Zwei-Klassenproblem)

Im Folgenden wird die im Abschnitt 12.6 bei Künstlichen Neuronalen Netzen beschriebene Klassifikationsaufgabe eines Zwei-Klassenproblems mit einem TS-System gelöst. Dabei wurde die scharfe Klassengrenze über ein Polynom 3. Ordnung beschrieben. Dazu wird ein TS-Modell identifiziert und wie beim MLP nachgelagert eine harte Klassenzuweisung vorgenommen. Angesetzt wird ein TS-Modell mit Zugehörigkeitsfunktionen vom FCM-Typ und Euklid'scher Abstandsnorm. Der Unschärfeparameter wird mit $v = 1{,}05$ klein gewählt, weil eine scharfe Klassifizierungsaufgabe zu lösen ist. Modelle mit $c = 1; 2; \dots; 10$ Regeln werden untersucht. Die Zugehörigkeitsfunktionen werden mittels FCM-Clusterung im Produktdatenraum und anschließender Projektion auf den Eingangsdatenraum ermittelt. Für jede Wahl von c werden 25 Clusterungen mit verschiedenen Zufallsinitialisierungen durchgeführt, von denen das beste Ergebnis übernommen wird. Die Teilmodelle werden mit der Methode der kleinsten Quadrate lokal geschätzt. (Globale und lokale Schätzung führen hier wegen des kleinen Wertes von v zu ähnlichen Ergebnissen.) Anschließend werden Zugehörigkeitsfunktionszentren und Teilmodellparameter bzgl. des mittleren quadratischen Approximationsfehlers numerisch optimiert.

Mit $c = 4$ Regeln lässt sich eine Richtigklassifikationsrate von $R_R = 99{,}5\,\%$ auf den Trainings- und $R_R = 98\,\%$ auf den Testdaten erreichen. Abb. 8.4a zeigt die Kennfläche des zugehörigen TS-Modells. Die Klassengrenze verläuft im Vergleich zum wahren Verlauf etwas „eckig", siehe Abb. 8.4b Dies liegt an den lokalen Beschreibungen über Ebenen, die durch die sehr kleine Wahl des Unschärfeparameters nahe zu scharf ineinander übergehen. Dort sind auch die Trainings- (+) und Testdaten (○) sowie die Zugehörigkeitszentren vor (●) und nach der Optimierung (◇) dargestellt. Mit mehr Teilmodellen lässt sich der geschwungene Verlauf besser nachbilden, wie das Beispiel für $c = 6$ in Abb. 8.4c und d zeigt. Dies hat aber kaum Auswirkungen auf die Richtigklassifikationsrate ($R_R = 100\,\%$ auf den Trainings- und $R_R = 97,5\,\%$ auf den Testdaten). Dies entspricht den Ergebnissen mit MLP-Netzen von einer Richtigklassifikationsrate von $R_R = 99\,\%$ auf den Trainings- und $R_R = 98\,\%$ auf den Testdaten. Dabei weist ein MLP-Klassifikator mit 3 (4) verdeckten Neuronen 12 (17) und ein TS-Klassifikator mit 4 (6) Regeln 20 (30) freie Parameter auf.

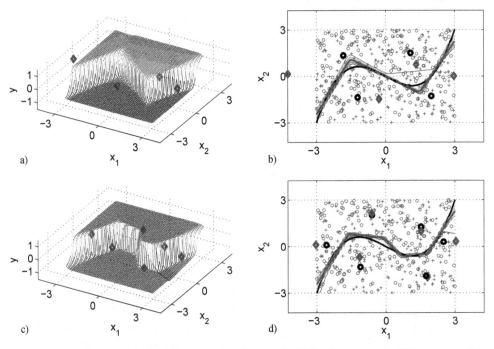

Abb. 8.4:   Kennfläche des TS-Klassifikators für vier (a) oder sechs (c) Regeln sowie „wahre" Klassengrenze (--) und Höhenlinien der Klassifikator-Kennfläche und Trainings- (+)/Testdaten (○) (b, d)

8.3   Fuzzy-Modellbildung

8.3.1   Kennfläche eines Axialkompressors

Es bestehe die Aufgabe, die Kennfläche eines Axialkompressors (Nasa CR-72694) als parametrisches Modell zu ermitteln (Kroll 2010). Das Kennfeld soll den Massenstrom in Abhängigkeit von isentropischem Wirkungsgrad und Druckverhältnis beschreiben. Hierzu stehen

Daten zur Verfügung, die vom Mittelwert befreit und auf eine maximale Amplitude von Eins normiert werden. Für Identifikation und Validierung werden je 500 Datentupel zufällig selektiert. Der Produktraum wird mittels FCM (Euklid'sche Abstandsnorm) geclustert (mit 20 verschiedenen Initialisierungen zur Vermeidung ungünstiger lokaler Konvergenz). Parameterstudien ergeben $c = 6$ und $v = 1{,}2$ als sinnvolle Wahl. Die lokalen Modelle werden alternativ global oder lokal geschätzt. Bei lokaler Schätzung werden die Gewichte bei der Schätzung aus den im Produktraum ermittelten Zugehörigkeiten übernommen. Bei der globalen Schätzung werden die in den Eingangsgrößenraum projizierten Zugehörigkeiten zur Gewichtung verwendet. Die aus der Clusterung resultierende Partitionierung bildet die Kurvenkontur nicht gut nach. Deshalb werden Prototypen und Unschärfeparameter numerisch optimiert. Abb. 8.5 zeigt die Lage der Prototypen und je zwei α-Schnitte pro Zugehörigkeitsfunktion vor und nach der Optimierung ($v_{opt} = 1{,}12$). Zudem sind Höhenlinien der Kompressordaten eingezeichnet. Die Optimierung führt zu einer deutlich verbesserten Anpassung der Partitionierung an die zu erfassende (geometrische) Form.

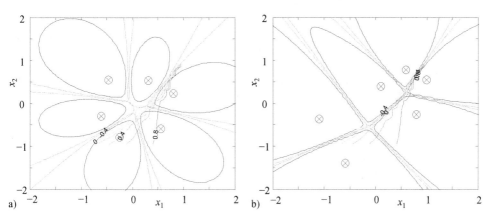

Abb. 8.5:   Partitionierung nach Clusterung (a) und nach Optimierung (b): Dargestellt sind α-Schnitte durch Zugehörigkeitsfunktionen sowie Höhenlinien zu den Kompressordaten

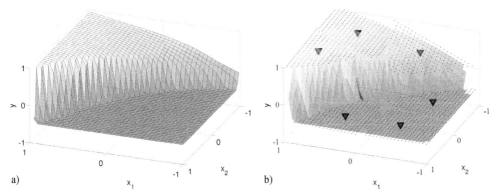

Abb. 8.6:   Normierte Originalkompressordaten (a) und Prädiktion des TS-Modells (b): Punktierte Ebenen stellen die lokalen Modelle, Dreiecke die Partitionszentren und die Mesh-Fläche das Gesamtübertragungsverhalten dar

Abb. 8.6 zeigt die (normierten) Originaldaten als Gitterfläche sowie die Auswertung eines global geschätzten Modells. (Eine lokale Schätzung liefert ähnliche Resultate.) Durch die Optimierung ließ sich der quadratische Fehler auf den Trainingsdaten vierteln und auf den Validierungsdaten halbieren.

8.3.2   Dynamisches Modell einer Klärschlammverbrennungsanlage

Betrachtet wird die Aufgabe, ein dynamisches Modell einer Klärschlammverbrennungsanlage aus Messdaten zu ermitteln. Experimente in der Anlage sind betreiberseitig unerwünscht, u. a. weil bei Überschreitung von Grenzwerten Meldepflicht an Behörden besteht. Mittels eines Rechnermodells soll das Betriebsverhalten gezielt untersucht werden, um verbesserte Regelungs- und Prozessführungsstrategien (z. B. zur Verringerung der anfallenden Stickoxydmenge) zu entwickeln. In der Anlage wird der Klärschlamm vorgetrocknet und dann mechanisch in einen Wirbelschichtverbrennungsofen befördert (Abb. 2.33). Die zugeführte Klärschlammmenge lässt sich über die Vortriebsgeschwindigkeit der Fördereinrichtung einstellen. Eine Stützfeuerung mit kontinuierlich verstellbarer Ölzufuhr kann zugeschaltet werden, um die Einhaltung der gesetzlich vorgeschriebenen Mindestverbrennungstemperatur von 850 °C zu unterstützen. Mittels eines Saugzugs und kontinuierlich verstellbarer Drallklappe vor dem Kamin wird im Ofen ein Unterdruck eingestellt, um ein Entweichen von Abgasen aus Kessel oder Rauchgaszug zu verhindern. Die Betriebsdaten werden mit einer Abtastzeit von $T_0 = 10$ s aufgezeichnet. Es gilt, Feuerraum- und Wirbelbetttemperatur, zwei Abgaswerte sowie den Kesselunterdruck aus Klärschlamm und Ölvolumenstrom sowie Drosselklappenstellung zu prädizieren (kleines Bild in Abb. 2.33). Exemplarisch wird im Folgenden die Modellierung der Sauerstoffkonzentration C_{O2} im Abgas betrachtet (Kroll et al. 1997).

Aus einer vergleichenden Bewertung verschiedener Ansätze für die lokalen Modelle wurde $\mathbf{x}(k-1) = [C_{O2}(k-1), C_{O2}(k-2), q_{sl}(k-1), q_{Öl}(k-1), u_{dr}(k-1)]^T$ als geeigneter Regressionsvektor ermittelt. Die Bedeutung der Größen zeigt Abb. 2.33. Aus einfachen physikalischen Überlegungen ist klar, dass nicht die Momentanwerte der Brennstoffzufuhr alleine die Temperatur im nächsten Zeitpunkt bedingen, sondern deren (Kurzzeit-)Historie. Deshalb werden statt der Momentanwerte von q_{sl} und $q_{Öl}$ jeweils gleitende Mittelwerte (über die 120 bzw. 30 letzten Werte) als Regressoren verwendet. Die Regressoren werden auch für die Partitionierung verwendet. Ein Vergleich verschiedener Teilmodellanzahlen zeigt, dass ein Takagi-Sugeno-Modellansatz mit $c = 4$ Regeln der Form

$$R_i : \text{WENN } (\mathbf{X}(k-1) \text{ ist } \mathbf{A}_i) \text{ DANN } y_i(k) = \mathbf{\Theta}_i^T \cdot \mathbf{x}(k-1) + \xi_i \qquad (8.1)$$

ausreicht. Der Eingangsdatenraum wird mittels FCM mit Mahalanobisnorm und $\nu = 1,3$ geclustert. Die Modellauswertung zeigt Abb. 8.7. Einschrittprädiktion und Messdaten verlaufen annähernd deckungsgleich. Bei der rekursiven Modellauswertung gibt es deutlich sichtbare Abweichungen zwischen Messung und Prädiktion; der grundsätzliche Verlauf wird aber wiedergegeben.

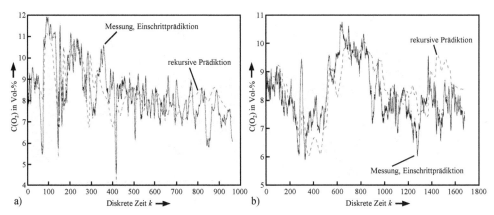

Abb. 8.7: Modellauswertung für die Identifikations- (a) und Validierungsdaten (b); dabei sind sowohl Einschritt-prädiktion als auch rekursive Auswertung des Modells dargestellt

8.4 Mamdani-Fuzzy-Regelung eines Drei-Tanksystems

Betrachtet wird die Füllstandsregelung des Tanks 2 des in (Abb. 8.8) dargestellten Drei-Tanksystems. Die drei Tanks sind am Boden über Ventile hydraulisch verbunden. In den Tank 1 wird mittels einer Pumpe Wasser aus dem Vorratsbehälter zugeführt (q_{Z1}). Der Tank ist am Boden hydraulisch mit dem mittleren Tank 3 und der wiederum mit dem rechten Tank 2 verbunden. Letzterer hat in Bodenhöhe ein Auslassventil, durch das Flüssigkeit in den Vorratsbehälter unter den drei Tanks austritt. Wegen des Gesetzes von Torricelli hängt der Flüssigkeitsvolumenstrom durch ein Ventil zwischen zwei verbundenen Behältern nichtlinear von der Differenz ihrer Füllstände ab. Dies führt zu arbeitspunktabhängiger Verstärkung und Dynamik des Übertragungsverhaltens des Drei-Tanksystems.

Der Füllstand h_2 des rechten Tanks soll über die Ansteuerung u der Pumpe für den linken Tank geregelt werden. Das Regelungsziel sei schnelles Verfolgen sich sprunghaft ändernder Sollwerte mit vernachlässigbarer bleibender Regelabweichung. Dazu wird ein *modellfreier, expertenwissenbasierter Entwurf* eines Mamdani-Fuzzy-Reglers (*Expertenregler*) durchgeführt. Zum Vergleich wird ein PI-Regler verwendet, der basierend auf einem linearisierten, physikalischen Prozessmodell mit dem Wurzelortskurvenverfahren ausgelegt wird.

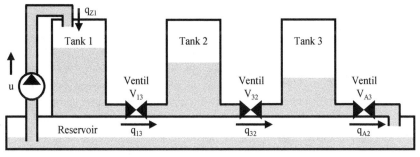

Abb. 8.8: Drei-Tanksystem in Konfiguration für eine einschleifige Regelung

Der wissensbasierte Entwurf der Fuzzy-Regelung soll von Studierenden als Teil eines Praktikumversuchs entwickelte manuelle Regelungsstrategien nutzen. Die Studierenden setzen i. d. R. drei Strategieelemente ein:

a) *Booster*: Wenn h_2 deutlich kleiner als der Sollwert $h_{2\text{soll}}$ ist, soll die Pumpe maximal fördern. Wenn h_2 deutlich größer als der Sollwert $h_{2\text{soll}}$ ist, soll die Pumpe ausgeschaltet sein.

b) *Vorsteuerung*: Für repräsentative Arbeitspunkte wird experimentell die jeweils notwendige Pumpenansteuerung ermittelt und aufgeschaltet.

c) *P-Regler*: In Arbeitspunktnähe reicht ein einfaches proportionales Ausregeln aus, da die Vorsteuerkomponente für stationäre Genauigkeit sorgt.

Basierend auf diesem Wissen wird ein einfaches dreisträngiges, additives Regelungskonzept abgeleitet:

a) *Fuzzy-Booster*: Für eine Regelabweichung größer als ca. $e_{\text{grenz}} = 0{,}15\,\text{m}$ sei die Stellgröße maximal. Die Erfahrung zeigt, dass eine kleinere Wahl des Schaltpunktes als ca. 0,15 m zu Überschwingen führt. Bei größerer Wahl bleibt der Booster in vielen Betriebsphasen inaktiv bzw. schaltet sich zu früh ab. Wenn h_2 deutlich größer als $h_{2\text{soll}}$ ist (z. B. in Folge eines Überschwingers), sollte die Pumpe nicht fördern. Dazu wird eine negative Stellgröße erzeugt, um die statisch motivierte Stellgrößenkomponente der Vorsteuerung (b) zu kompensieren.

b) *Fuzzy-Vorsteuerung*: Für verschiedene, den Betriebsbereich repräsentativ abdeckende Arbeitspunkte wird jeweils eine Regel ermittelt, die die stationär notwendige Stellgröße liefert. Die Fuzzy-Regeln sorgen für eine Interpolation in den Zwischenbereichen. Der Regelsatz dieses Strangs liefert somit eine Vorsteuerung für das stationäre Verhalten.

c) *Fuzzy-P-Regler*: In Arbeitspunktnähe greift ein einfacher Fuzzy-P-Regler ein. Er sollte nicht mit dem Booster interferieren. Seine Verstärkung sollte möglichst groß sein, aber keine oszillierenden Einschwingvorgänge verursachen.

Es folgen drei Fuzzy-Systeme (a, b, c) jeweils mit folgenden Mamdani-Regelsätzen:

R_{a1} : WENN E ist POSITIV$_1$ - E   DANN U ist POSITIV$_1$ - U

R_{a2} : WENN E ist NULL$_1$ - E   DANN U ist NULL$_1$ - U

R_{a3} : WENN E ist NEGATIV$_1$ - E   DANN U ist NEGATIV$_1$ - U

R_{bi} : WENN $H_{2\text{soll}}$ ist A_i DANN U ist B_i; $i = 1, ..., c_b$

R_{c1} : WENN E ist NEGATIV$_2$ - E   DANN U ist POSITIV$_2$ - U

R_{c2} : WENN E ist NULL$_2$ - E   DANN U ist NULL$_2$ - U

R_{c3} : WENN E ist POSITIV$_2$ - E   DANN U ist POSITIV$_2$ - U

Dabei ist E die fuzzifizierte Regelabweichung $e = h_{2\text{soll}} - h_2$ und $H_{2\text{soll}}$ die fuzzifizierte Führungsgröße $h_{2\text{soll}}$. U ist die unscharfe Stellgröße. Die A_i sind die eingangsseitigen und die B_i die ausgangsseitigen Fuzzy-Referenzmengen des Fuzzy-Systems für die Vorsteuerung. NEGATIV-E, NULL-E und POSITIV-E sind Fuzzy-Referenzmengen bzgl. E und NEGATIV-U, NULL-U und POSITIV-U bzgl. U. Die Indizes 1 und 2 deuten dabei an, dass die Zugehörigkeitsfunktionen für Fuzzy-Booster und Fuzzy-P-Regler getrennt gewählt werden können. Die Fuzzifizierung erfolge mit Singletons, die Defuzzifizierung mit der COG-Methode. UND/ODER werden über MIN/MAX realisiert. Für gute Interpretierbarkeit und

vereinfachte Einstellbarkeit werden die Eingangsgrößen nicht skaliert und die Ausgangsgröße *Pumpenansteuerung* auf $-100\,\%$ bis $100\,\%$ skaliert.

Die notwendigen Einstellarbeiten bei den drei Fuzzy-Systemen sind:

a)   Einstellen der beiden unscharfen Übergänge des Boosters durch Festlegung der ein-
     gangsseitigen Fuzzy-Referenzmengen.

b)   Ermittlung einer angemessenen Regelanzahl und einer Verteilung der eingangsseitigen
     Fuzzy-Referenzmengen zur ausreichenden Abdeckung des Betriebsbereichs sowie Ab-
     leitung der ausgangseitigen Fuzzy-Referenzmengen aus den ausgewählten stationären
     Betriebszuständen.

c)   Der Fuzzy-P-Regler soll nur im Bereich um $\pm 0{,}1$ m um den Sollwert eingreifen. In die-
     sem Bereich soll die Verstärkung möglichst hoch sein, ohne zu schwingenden Ausregel-
     vorgängen zu führen. Dieser Wert kann experimentell oder aus einem Prozessmodell
     ermittelt werden.

Beim Booster (a) werden die in Abb. 8.9 dargestellten Zugehörigkeitsfunktionen ermittelt,
die zu der ebenfalls dargestellten Kennlinie führen.

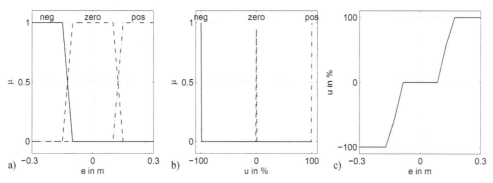

Abb. 8.9:   Zugehörigkeitsfunktionen der ein- (a) und ausgangsseitigen Fuzzy-Referenzmengen (b) und resultie-
            rende Kennlinie des Fuzzy-Boosters (c)

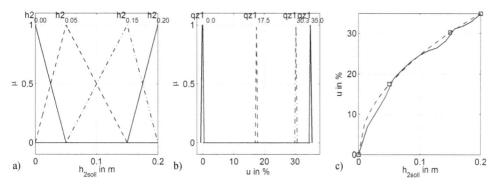

Abb. 8.10:   Zugehörigkeitsfunktionen der ein- (a) und ausgangsseitigen Fuzzy-Referenzmengen (b) und resultie-
             rende Kennlinie der Fuzzy-Vorsteuerung (—) sowie exakte Kennlinie aus einem physikalischen Mo-
             dell (--) (c)

Bei der Vorsteuerung (b) werden zuerst für 11 äquidistante Punkte des interessierenden Wertebereichs der Regelgröße von 0 bis 0,2 m die resultierenden Arbeitspunkte ermittelt, so dass der Wertebereich gut abgedeckt ist. Der in Abb. 8.10c sichtbare, etwa wurzelförmige Verlauf der Kennlinie des Drei-Tanksystems (gestrichelte Linie) kann mit einem Mamdani-System mit etwa vier Regeln ausreichend gut approximiert werden. Es folgen die Zugehörigkeitsfunktionen aus Abb. 8.10. Abb. 8.10c zeigt die Kennlinie der Fuzzy-Vorsteuerung zusammen mit den zu den vier Regeln gehörenden Arbeitspunkten des Drei-Tanksystems. Es wird deutlich, dass die vier Regeln eine grobe Approximation liefern. Beim Fuzzy-P-Regler (c) führen die in Abb. 8.11. dargestellten Zugehörigkeitsfunktionen zu guten Ergebnissen. Die Kennlinie ist in Abb. 8.11c dargestellt. Abb. 8.12a zeigt die Regelgüte für ein exemplarisches stufenförmiges Sollwertprofil.

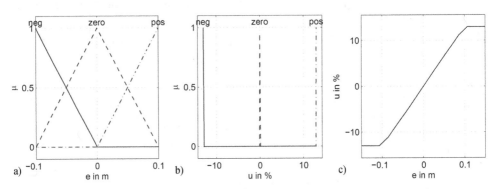

Abb. 8.11:   Zugehörigkeitsfunktionen der ein- (a) und ausgangsseitigen Fuzzy-Referenzmengen (b) und resultierende Kennlinie des Fuzzy-P-Reglers (c)

Zum Vergleich erfolgt ein konventioneller Entwurf eines linearen PI-Reglers basierend auf einem theoretischen Prozessmodell. Der Vergleich ist nicht ganz fair gegenüber dem Fuzzy-Ansatz, da einerseits exaktes Wissen über die Streckendynamik zur Verfügung steht. Andererseits ist das Regelgesetz linear und kann nur für einen Arbeitspunkt ausgelegt werden. Der PI-Regler wird für einen im Arbeitspunkt von $h_{2\text{soll}} = 0,15$ m linearisiertes Modell ausgelegt. Ergänzend wird eine lineare Vorsteuerung für die in der Ruhelage notwendige Stellgröße $u_{\text{RL}0,15}$ aufgeschaltet, so dass gilt: $u(t) = u_{\text{PI}}(t) + u_{\text{RL}0,15}(t)$. Zur Reglerauslegung wird das Wurzelortskurvenverfahren verwendet (siehe z. B. Lunze 2010b): Die Nullstelle des PI-Reglers wird zur Kompensation der langsamsten Streckenzeitkonstanten verwendet. Der verbleibende einzige Entwurfsparameter wird mit dem Matlab-SISO-Design-Tool ausgelegt, so dass eine möglichst kurze Ausregelzeit bei einem Überschwingen von etwa 5 % bis 10 % resultiert.

Es gibt zwei unterschiedliche Bereiche der Pollagen, mit denen die Anforderungen erreicht werden. Aus ihnen wird jeweils eine Reglereinstellung verwendet: Dabei weist PI-Regler 2 eine deutlich größere integrale Verstärkung K_{I} auf als PI-Regler 2. Abb. 8.12b illustriert das Regelverhalten beider PI-Regler für ein exemplarisches Sollwertprofil. Zum Vergleich ist alternativ ein einfacher P-Regler dargestellt, der analog zum PI-Regler ausgelegt wurde. Der lineare P-Regler führt zu einer bleibenden Regelabweichung, die nur für $h_{2\text{ref}} = 0,15$ m durch die lineare Vorsteuerung eliminiert wird. Die beiden PI-Regler weisen wegen Wind-Ups[39] des I-Reglerkanals deutliches Überschwingen beim ersten Sprung auf. Deshalb wird eine Anti-Wind-Up-Funktionalität ergänzt (Aström, Hägglund 1995), die zu dem in Abb. 8.12a dargestellten besseren Verhalten führt.

Für das exemplarische Sollgrößenprofil aus Abb. 8.12 lässt sich mit dem Fuzzy-Regler ein vergleichbares, wenn nicht besseres Regelverhalten erreichen, obwohl kein theoretisches Prozessmodell verwendet wurde. Beim Entwurf des Fuzzy-Reglers wurden verschiedene Nachoptimierungen durchgeführt, die zum o. a. Ergebnis geführt haben: Die Fuzzy-Vorsteuerung wurde zuerst mit einer Regel für jeden der 11 Arbeitspunkte umgesetzt. Eine Approximation durch vier Regeln macht die Regelbasis kompakter und vereinfacht die Interpretierbarkeit ohne nennenswerten Verlust bei der Regelgüte. Im ersten Ansatz lieferte der Fuzzy-Booster eine Stellgröße zwischen 0 und u_{max}. Durch die Erweiterung auf die Ausgabe negativer Stellgrößen wird die gemeinsame Wirkung des Boosters und der Vorsteuerung berücksichtigt.

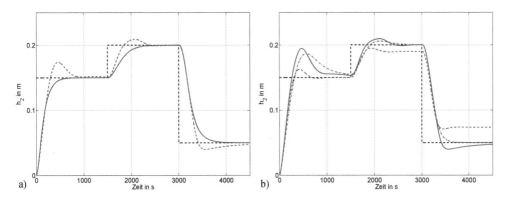

Abb. 8.12:   Folgeverhalten für stufenförmiges Sollwertprofil: Fuzzy-Regler (—) vs. PI-Regler mit Anti-Wind-Up-Funktionalität (- -) (a); linearer P-Regler (—) und zwei verschieden eingestellte lineare PI-Regler ohne Anti-Wind-Up-Funktionalität (- -) (b)

---

[39]   Wind-Up bedeutet, dass der Integrator des PI-Reglers große, über längere Zeit bestehende Regelabweichungen aufintegriert. Bei Erreichen und Überschreiten des Sollwertes führt der I-Kanal des Reglers dazu, dass die Stellgröße nur langsam reduziert wird. Dies kann zu signifikantem Überschwingen führen.

9 Übungsaufgaben

9.1 Clusterung einer Objektmenge

Auf die in Abb. 9.1 dargestellten sechs Datenpunkte (Symbol ×) ist der FCM mit Parametern $c = 2$; $v = 2$ und Euklid'scher Abstandsnorm anzuwenden. Die beiden Clusterzentren werden initialisiert in: $\mathbf{v}_1^{(0)} = [5;5]^T$; $\mathbf{v}_2^{(0)} = [5;3]^T$ (Symbol ○).

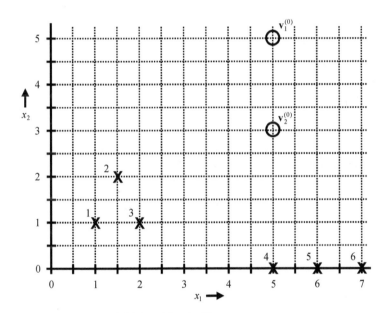

Abb. 9.1: Daten und initiale Position der Clusterzentren

Berechnen Sie bitte die Positionen der Clusterzentren nach den ersten beiden Iterationen, d. h. $\mathbf{v}_1^{(l)}$ und $\mathbf{v}_2^{(l)}$ für $l = 1$; 2. Rechnen Sie mit zwei Nachkommastellen.

a) Notieren Sie die Formel für die Aktualisierung von $\mu_{i,k}$. Singularitäten brauchen nicht berücksichtigt zu werden.

b) Für die erste Iteration berechnen Sie bitte die Abstände zwischen Datenpunkten und Clusterzentren und damit dann die Zugehörigkeiten zu beiden Clustern. Tragen Sie die Ergebnisse in Tab. 9.1 ein.

c) Notieren Sie die Formel für die Aktualisierung der Clusterzentren $\mathbf{v}_i$, berechnen Sie die aktualisierten Clusterzentren $\mathbf{v}_1^{(l)}$ und $\mathbf{v}_2^{(l)}$ und tragen Sie diese in Abb. 9.1 ein.

d) Für die zweite Iteration berechnen Sie bitte die Abstände zwischen Datenpunkten und aktualisierten Clusterzentren und damit dann die Zugehörigkeiten aller Datenpunkte zu beiden Clustern. Tragen Sie die Werte analog zu b) in eine Tabelle ein.

e) Berechnen Sie die aktualisierten Clusterzentren $\mathbf{v}_1^{(2)}$ und $\mathbf{v}_2^{(2)}$ und tragen Sie diese in Abb. 9.1 ein.

f) Notieren Sie bitte die Kostenfunktion des FCM und werten diese für die $d_{i,k}^{(0)}$ und $\mu_{i,k}^{(1)}$ sowie für die $d_{i,k}^{(1)}$ und $\mu_{i,k}^{(2)}$ aus. Bitte diskutieren Sie kurz die Ergebnisse.

Tab. 9.1:   Zwischenergebnisse für erste Iteration

$\mathbf{x}_k$	$d_{1,k}^{(0)}$	$d_{2,k}^{(0)}$	$\mu_{1,k}^{(1)}$	$\mu_{2,k}^{(1)}$
$\mathbf{x}_1$				
$\mathbf{x}_2$				
$\mathbf{x}_3$				
$\mathbf{x}_4$				
$\mathbf{x}_5$				
$\mathbf{x}_6$				

9.2   Mamdani-Fuzzy-Regler

Gegeben sei ein zeitdiskreter Mamdani-Fuzzy-PD-Regler (Abb. 9.2) mit einer Regelbasis von 7×7 Regeln (Abb. 9.3). Die Nummerierung einer Regel erfolgt über den Zeilen- und Spaltenindex in der Regelmatrix. Eine Beispielregel ist somit:

$R_{4,1}$: WENN (E ist NB) UND (ΔE ist Z) DANN (U ist NB)

Die Zugehörigkeitsfunktionen der Referenzmengen in Prämissen und Konklusionen sind in Abb. 9.4 definiert.

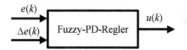

Abb. 9.2:   Mamdani-Fuzzy-PD-Regler

Regelabweichung $E(k)$

	NB	NM	NS	Z	PS	PM	PB	
NB	NB	NB	NB	NB	NM	NS	Z	N = Negative
NM	NB	NB	NB	NM	NS	Z	PS	Z = Zero
NS	NB	NB	NM	NS	Z	PS	PM	P = Positive
Z	NB	NM	NS	Z	PS	PM	PB	B = Big
PS	NM	NS	Z	PS	PM	PB	PB	M = Medium
PM	NS	Z	PS	PM	PB	PB	PB	S = Small
PB	Z	PS	PM	PB	PB	PB	PB	

Änderung der Regelabweichung $\Delta E(k)$

Abb. 9.3:   Regelbasis des PD-Reglers dargestellt als Regelmatrix

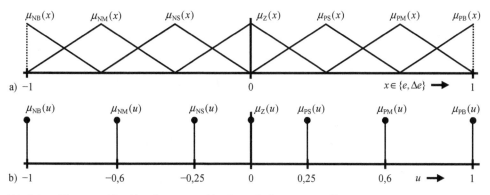

Abb. 9.4:   Eingangsseitige (a) und ausgangsseitige Fuzzy-Referenzmengen (b)

Weiterhin gelte:

- Die Fuzzifizierung der Eingangsgrößen erfolge über Singletons.
- Die UND-Verknüpfung in den Prämissen sei mittels MIN-Operator realisiert.
- Die Abschwächung der Handlungsanweisung der Regeln erfolge über den PROD-Operator.
- Die Akkumulation der Regeln erfolge mit dem MAX-Operator.
- Die Defuzzifizierung erfolge über das Schwerpunktverfahren.
- Die scharfen Eingangsgrößen und die Ausgangsgröße werden mit dem Faktor 1 skaliert.

An dem Regler liegen die Eingangsgrößen $e = 0$ und $\triangle e = 0,5$ an.

a)   Welche Regeln sind aktiviert und wie hoch ist deren Aktivierung?
b)   Welche scharfe Stellgröße resultiert?
c)   Welche scharfe Stellgröße würde bei Maximum-Defuzzifizierung resultieren?

An dem Regler liegen nun die Eingangsgrößen $e = -0,5$ und $\triangle e = -0,5$ an.

d)   Welche Regeln sind aktiviert? Geben sie auch die Höhe der Aktivierung an.
e)   Welche scharfe Stellgröße resultiert?
f)   Die UND-Verknüpfung in den Prämissen sei nun mittels PROD-Operator realisiert. Geben sie bitte die aktiven Regeln und die Höhe der jeweiligen Aktivierung an.
g)   Welche scharfe Stellgröße resultiert?
h)   Welche scharfe Stellgröße ergäbe sich bei Akkumulation über den SUM-Operator für die Unteraufgabe e)?
i)   Sie sind mit dem Regelungsverhalten nicht zufrieden und ändern die Referenzmenge der Schlussfolgerung von $R_{3,3}$ auf NS. Wie ändert sich die Stellgröße in Unteraufgabe e)?
j)   Ab welchem scharfen Wert von e kann bei der originalen Regelbasis die scharfe Stellgröße einen Wert größer oder gleich 0 annehmen?

9.3   Kompensation einer nichtlinearen Ventilkennlinie

Gegeben sei die in Abb. 9.5a dargestellte Durchflussregelstrecke. Der Stellantrieb verschiebt proportional zu seiner Ansteuerung x den Ventilschieber im Ventil. Das Ventil gibt in Abhängigkeit von der Schieberposition h den Querschnitt A frei (Abb. 9.5b).

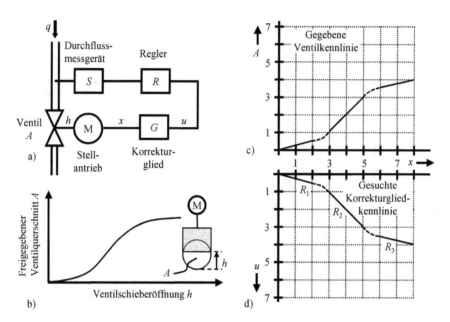

Abb. 9.5:   Durchflussregelstrecke (a), prinzipieller Verlauf Ventilkennlinie (b), Konstruktion der Korrekturkennlinie (c) aus der Ventilkennlinie (d)

Die nichtlineare Kennlinie des Ventils soll näherungsweise durch ein statisches Korrekturglied G linearisiert werden. Die freigegebene Ventilfläche A soll sich dadurch mit der Stellgröße u etwa proportional ändern. Die Ventilkennlinie kann durch stückweise lineare Abschnitte approximiert werden, die „weich" verbunden sind (Abb. 9.5c). Daraus lässt sich die erforderliche Kennlinie des Korrekturgliedes G graphisch bestimmen (Abb. 9.5d). Im Folgenden soll das Korrekturglied G als Takagi-Sugeno-Fuzzy-System mit drei Regeln entworfen werden. Die Zuordnung der Regeln ist in Abb. 9.5d mit R_1, R_2 und R_3 festgelegt. Es sei vereinfachend angenommen, dass $h = x$ gelte.

a)   Ermitteln Sie aus dem obigen Bild die Schlussfolgerungen der drei Regeln:

$R_1 : \text{DANN } x_1 \ =$

$R_2 : \text{DANN } x_2 \ =$

$R_3 : \text{DANN } x_3 \ =$

b)   Legen Sie die Prämissen der drei Regeln fest. Es sollen trapezoide Zugehörigkeitsfunktionen für die linguistischen Referenzwerte so gewählt werden, dass die ermittelten linearen Bereiche der Korrekturgliedkennlinie vollständig erhalten bleiben. Dazwischen soll ein weicher Übergang erfolgen. Die Zugehörigkeitsfunktionen sollen orthogonal sein. Skizzieren Sie die Zugehörigkeitsfunktionen in den Diagrammen in Abb. 9.6 und geben Sie die Koordinaten der wesentlichen Stützstellen an.

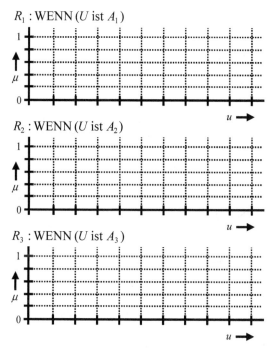

R_1 : WENN (U ist A_1)

R_2 : WENN (U ist A_2)

R_3 : WENN (U ist A_3)

Abb. 9.6   Diagramm für Zugehörigkeitsfunktionen

c)   Zur Prüfung des unscharfen Übergangs zwischen R_1 und R_2 rechnen Sie bitte die beiden in Tab. 9.2 angegebenen Stützstellen für u nach und tragen die Zwischen- und Endergebnisse in die Tabelle ein.

Tab. 9.2:   Stützstellen, Zwischen- und Endergebnisse

Eingangs-größe u	Aktivie-rung R_1	Aktivie-rung R_2	Aktivie-rung R_3	Schluss-folgerung R_1	Schluss-folgerung R_2	Schluss-folgerung R_3	Ausgangsgröße des Fuzzy-Systems
0,75							
3,25							

9.4   Entwurf einer Vorsteuerung für einen Verbrennungsprozess

Bei einem Verbrennungsprozess soll die bisher vom Bediener manuell vorgenommene Einstellung der Stützfeuerung durch Einsatz eines Reglers und einer Vorsteuerung (Störgrößenaufschaltung) automatisiert werden (Abb. 9.7).

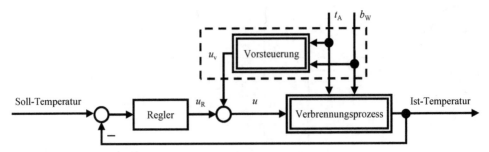

Abb. 9.7:   Blockschaltbild der Stützfeuerung mit Regelung und Vorsteuerung

Sie sollen im Folgenden die Vorsteuerung entwerfen. Diese berechnet aus der Außentemperatur t_A und dem Brennwert b_W des Einsatzmaterials eine Stellgrößenkomponente u_V, die
additiv zur Stellgröße u_R des Reglers das Stützfeuerungssystem ansteuert. Die Störgrößenaufschaltung soll als Mamdani-Fuzzy-System realisiert werden. Für dessen Entwurf wurden
die Bediener zu ihrer Strategie befragt, was zu den folgenden vier Aussagen führte:

- A1: „Wenn Außentemperatur und Brennwert niedrig sind, dann soll die Stützfeuerung
  groß sein."

- A2: „Wenn die Außentemperatur mittel und der Brennwert nicht hoch ist, dann soll die
  Stützfeuerung mittel sein."

- A3: „Wenn die Außentemperatur nicht hoch und der Brennwert mittel ist, dann soll die
  Stützfeuerung mittel sein."

- A4: „Wenn die drei zuvor beschriebenen Fälle nicht zutreffen, dann soll die Stützfeuerung klein sein."

Die linguistischen Werte seien durch die Zugehörigkeitsfunktionen in Abb. 9.8 definiert.
Dabei wurden t_A, b_W und u_V auf Definitionsbereiche [0 %; 100 %] normiert. Die Fuzzifizierung erfolge über Singletons. UND werde als MIN umgesetzt. Die Aktivierung erfolge
über den MIN-Operator und die Akkumulation über den MAX-Operator. Zur Defuzzifizierung finde die Schwerpunktmethode Einsatz.

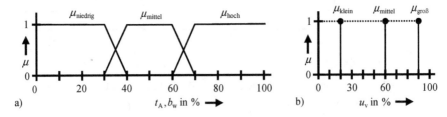

Abb. 9.8:   Ein- (a) und ausgangseitige (b) Fuzzy-Referenzmengen

a)   Leiten Sie bitte aus der o. a. Bedienstrategie einen vollständigen Satz von (Elemen-
     tar-)Fuzzy-Regeln der folgenden Form ab:

$$\text{WENN}\,(T_A \text{ ist } X)\,\text{UND}\,(B_W \text{ ist } Y)\,\text{DANN}\,(U_V \text{ ist } Z)$$

mit $X, Y \in$ {niedrig, mittel, hoch}; $Z \in$ {klein, mittel, groß}
Dokumentieren Sie den Regelsatz als Regelmatrix in Abb. 9.9.

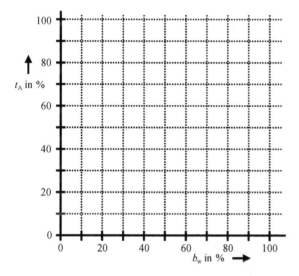

				U_V
hoch				
mittel				
niedrig				
T_A ╱ B_W	niedrig	mittel	hoch	

Abb. 9.9:   Regelmatrix

b) Welcher scharfe Wert folgt für u_V bei $t_A = 65\,\%$ und $b_W = 50\,\%$? Geben Sie bitte auch den Rechenweg an.

c) Aus der Regelbasis und den Zugehörigkeitsfunktionen lassen sich unter Beachtung der gewählten Operatoren Höhenlinien der resultierenden Kennfläche des Fuzzy-Systems ableiten. Zeichnen Sie bitte die Höhenlinie für $u_V = 75\,\%$ in Abb. 9.10 ein.

Abb. 9.10:   Diagramm für Höhenlinien der Kennfläche der Vorsteuerung

Neuere Untersuchungen ergeben, dass u_V für sehr große Brennwerte Null sein soll. Die Vorsteuerung ist entsprechend anzupassen.

d) Eine neue Zugehörigkeitsfunktion für den linguistischen Wert „sehr hoch" für B_W ist in die Fuzzy-Partitionierung einzufügen. Diese soll einen Kern von [90 %; 100 %] und einen Träger von [80 %; 100 %] besitzen. Die Zugehörigkeitsfunktion für „hoch" ist entsprechend anzupassen. Die Zugehörigkeitsfunktionen sollen orthogonal sein. Skizzieren Sie bitte die neue Fuzzy-Partitionierung bzgl. b_W in Abb. 9.11.

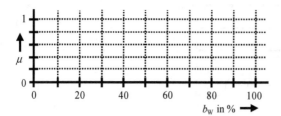

Abb. 9.11   Diagramm für Fuzzy-Partitionierung

e)   Definieren Sie bitte eine neue Zugehörigkeitsfunktion (Singleton) für „null" bzgl. U_V in Abb. 9.12.

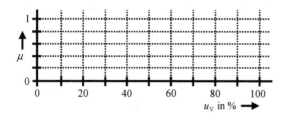

Abb. 9.12   Diagramm für Zugehörigkeitsfunktion

f)   Ergänzen Sie in der Regelmatrix in Abb. 9.13 die drei zusätzlichen Regeln, die aus den neueren Untersuchungen folgen.

hoch					U_V
mittel					
niedrig					
T_A \ B_W	niedrig	mittel	hoch	sehr hoch	

Abb. 9.13   Regelmatrix

9.5   Fuzzy-Kennlinienregler

Der in Abb. 9.14 dargestellte Füllstandsregler (LC) soll entworfen werden. Aus der Vorgabe, bei kleinen Regelabweichungen e nur schwach und bei großen stark einzugreifen, wurde die in Abb. 9.15 dargestellte Kennlinie eines nichtlinearen Reglers definiert. Für negative Regelabweichungen wird die Stellgröße automatisch auf Null gesetzt und muss im Folgenden nicht betrachtet werden. Die vom Füllstandsregler gelieferte Stellgröße u (Führungsgröße des unterlagerten Durchflussreglers (FC)) soll betragsmäßig 100 % nicht überschreiten.

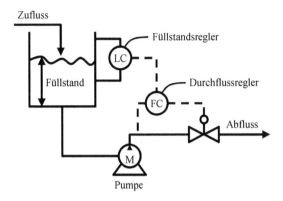

Abb. 9.14: Behälter mit Füllstandsregelung

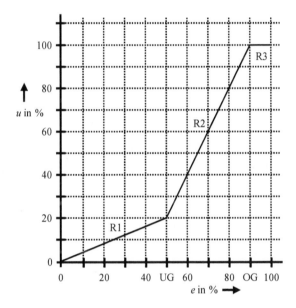

Abb. 9.15: Gegebene Reglerkennlinie

Der Kennlinienregler soll durch einen TS-Regler mit drei Regeln (R_1, R_2, R_3) so ersetzt werden, dass die linearen Teilbereiche weitgehend erhalten bleiben, aber an den Knickstellen ein weicher Übergang erfolgt.

a) Legen Sie die Gültigkeitsbereiche der drei Regeln durch Festlegung einer Fuzzy-Partitionierung bezüglich e in Abb. 9.16 fest. Verwenden Sie stückweise lineare Zugehörigkeitsfunktionen. Es sollen Übergangsbereiche von $\pm 10\,\%$ (absolut) um die Knickpunkte (UG, OG) entstehen.

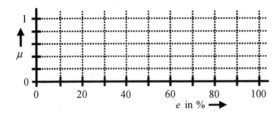

Abb. 9.16:   Zugehörigkeitsfunktionen

b)   Ermitteln Sie die Schlussfolgerungen der drei Regeln aus Abb. 9.15.
c)   Werten Sie das Fuzzy-System für die Eingangsgrößen aus Tab. 9.3 aus und tragen Sie
      Zwischen- und Endergebnisse in die Tabelle ein.

Tab. 9.3:   Auswertung des Fuzzy-Systems für exemplarische Eingangsgrößen

Regel-differenz e in %	Aktivie-rung R_1	Aktivie-rung R_2	Aktivie-rung R_3	Schluss-folgerung R_1	Schluss-folgerung R_2	Schluss-folgerung R_3	Resultierende Stellgröße u in %
80							
85							
90							
95							
100							

d)   Skizzieren Sie die TSK-Reglerkennlinie für $e \in$ [80 %; 100 %] in Abb. 9.17. Werden in
      diesem Bereich die Entwurfsanforderungen erfüllt? Bitte kurz begründen.

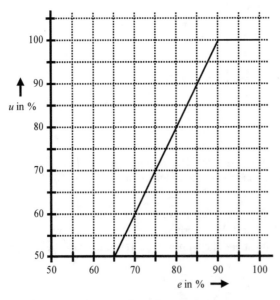

Abb. 9.17:   Ausschnitt der Reglerkennlinie aus Abb. 9.15

e) Verändern Sie die Reglerkennlinie aus Abb. 9.15 so, dass die Verstärkung für große Werte von e verdoppelt wird (soweit die Stellgrößenbeschränkung dies zulässt). Das Verhalten für $e \leq 50\,\%$ soll unverändert bleiben und ein stetiger Kennlinienverlauf ist erforderlich. Zeichnen Sie die neue Kennlinie in Abb. 9.17 ein.

f) Passen Sie die Zugehörigkeitsfunktion aus Teilaufgabe e) an, so dass Übergangsbereiche von $\pm 5\,\%$ (absolut) um die Knickpunkte entstehen. Zeichnen Sie diese in Abb. 9.18 ein. Ermitteln Sie die Schlussfolgerungen der drei Regeln.

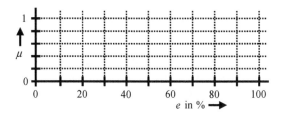

Abb. 9.18:   Zugehörigkeitsfunktionen

9.6   Funktionsapproximation mittels Takagi-Sugeno-Fuzzy-System

Ein Takagi-Sugeno-Modell mit fünf affinen Teilmodellen soll zur Approximation des nichtlinearen Systems $y(\mathbf{x}) = \exp(-x_1^2 - 2x_2^2)$ eingesetzt werden. Das TS-Modell soll gaußglockenförmige Zugehörigkeitsfunktionen (4.3) verwenden, deren Zentren in

$$\mathbf{x}_{EP1} = \begin{bmatrix} 0 \\ 0 \end{bmatrix}; \mathbf{x}_{EP2} = \begin{bmatrix} 1 \\ 0 \end{bmatrix}; \mathbf{x}_{EP3} = \begin{bmatrix} -1 \\ 0 \end{bmatrix}; \mathbf{x}_{EP4} = \begin{bmatrix} 0 \\ 1 \end{bmatrix}; \mathbf{x}_{EP5} = \begin{bmatrix} 0 \\ -1 \end{bmatrix}$$

gelegt und deren Formparameter zu $2\sigma^2 = 1$ gewählt wird.

a) Ermitteln Sie die fünf Teilmodelle mittels Taylorreihenentwicklung in den o. a. fünf Entwicklungspunkten.

b) Ermitteln Sie bitte den Betrag des Approximationsfehlers des TS-Modells im Punkt $\mathbf{x}_a = [0 \quad 0]^T$.

c) Statt der gaußglocken- sollen nun kegelförmige (radialsymmetrische) Zugehörigkeitsfunktionen:

$$\mu_i(\mathbf{x}) = \begin{cases} 1 - d & \text{für } d \leq 1 \\ 0 & \text{sonst} \end{cases} \quad \text{mit } d = \left\| \mathbf{x} - \mathbf{v}_i \right\|_2$$

Verwendung finden. Die lokalen Modelle aus a) sollen unverändert gelten. Geben Sie für das resultierende TS-Modell den Betrag des Approximationsfehlers in den Punkten $\mathbf{x}_a = [0 \quad 0]^T$ und $\mathbf{x}_b = [0{,}5 \quad 0]^T$ an.

Nun sollen die lokalen Modelle aus Beobachtungen der Ein- und Ausgangsgrößen identifiziert werden. Dazu werden die oben angegebenen gaußglockenförmigen Zugehörigkeitsfunktionen mit ihren Parametern als gegeben angenommen. Gegeben seien ferner die folgenden drei Beobachtungen der Ein- und Ausgangsgrößen:

$$\begin{bmatrix} x_1 \\ x_2 \\ y \end{bmatrix} = \left\{ \begin{bmatrix} \mathbf{x}_\alpha \\ y_\alpha \end{bmatrix}; \begin{bmatrix} \mathbf{x}_\beta \\ y_\beta \end{bmatrix}; \begin{bmatrix} \mathbf{x}_\gamma \\ y_\gamma \end{bmatrix} \right\} = \left\{ \begin{bmatrix} 1,5 \\ 0 \\ 0,11 \end{bmatrix}; \begin{bmatrix} 1 \\ 0 \\ 0,37 \end{bmatrix}; \begin{bmatrix} 0,5 \\ 0 \\ 0,78 \end{bmatrix} \right\}$$

d) Ermitteln Sie mittels lokaler Parameterschätzung die Parameter des Teilmodells, dessen Zugehörigkeitsfunktion ihr Zentrum in $\mathbf{x}_{EP2}$ hat, mit dem Verfahren der kleinsten Quadrate. Geben Sie Modellansatz, Regressionsmatrix, Regressandenvektor und die Lösungsformel an.

e) Weist ein so erstelltes Modell den kleinstmöglichen Approximationsfehler eines TS-Modells mit 5 affinen Teilmodellen auf? Bitte begründen Sie Ihre Einschätzung kurz.

Teil III: Künstliche Neuronale Netze

10 Einleitung

Das menschliche Gehirn vollbringt Höchstleistungen beim Lernen, Anpassen, Assoziieren wie auch bei paralleler Informationsverarbeitung. Dies hat motiviert, biologische Neuronale Netze (Abb. 10.1) in vereinfachter Form als Künstliche Neuronale Netze (NN oder im Engl. ANN für artificial neural networks) auf Rechnern nachzubilden, um technische Probleme zu lösen. So sind eine Reihe verschiedener Netztypen und Lernverfahren entstanden, von denen einige, bei der Bearbeitung technischer Problemstellungen verbreitete, vorgestellt werden.

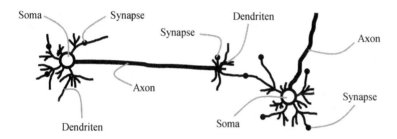

Abb. 10.1:   Ausschnitt aus einem biologischen Neuronalen Netz

Für das menschliche Gehirn gilt (im Vergleich zu typischen NN):

- Es besitzt insgesamt ca. 10…100 Milliarden Nervenzellen. NN werden i. d. R. mit einigen 10 bis einigen 100 Neuronen entworfen.
- Jedes Neuron ist mit 100en bis 1000en anderen Neuronen verbunden. Bei NN ist die Anzahl etwa eine Zehnerpotenz niedriger.
- Die Signalleitung und -verarbeitung erfolgt elektro-chemisch, d. h. bio-chemische Änderungen lösen Änderungen des elektrischen Potentials der Zelle aus. Dies ist wesentlich langsamer als die rein elektrische Variante beim Computer. Dagegen ist der Energieverbrauch wesentlich geringer als der eines vergleichbaren Computers heutiger Technologie.
- Überschreitet die kumulierte Erregung einer Zelle einen Schwellenwert, so wird ein elektrischer Impuls abgesetzt. Bei NN wird mit hart aber auch weich schaltenden Neuronen gearbeitet.
- Die meisten Neuronen sind immer aktiv und das Gehirn arbeitet massiv parallel. Dagegen werden beim Von-Neumann-Rechner Informationen sequenziell verarbeitet.

Zu den wichtigen strukturellen Kennzeichen des biologischen Vorbilds, die auch bei NN nachempfunden werden, gehört der Aufbau aus einer großen Anzahl einfacher, ähnlicher Datenverarbeitungselemente, die stark miteinander vernetzt sind. Hieraus resultiert eine massiv parallele/verteilte Datenverarbeitung, eine verteilte Wissensrepräsentation und die Fähigkeit zur Assoziation sowie eine hohe Fehlertoleranz gegenüber dem Ausfall einzelner

Elemente. Neuronale Netze können aus Daten lernen und haben die Fähigkeit zur Selbstor-ganisation. Die technische Nachbildung ist ein Datenverarbeitungssystem, das aus einer großen Anzahl gleicher elementarer Datenverarbeitungseinheiten (Zellen, Neuronen, Pro-zesseinheiten) besteht. Diese tauschen Informationen in Form von Aktivierungsgraden über gerichtete und gewichtete Verbindungen aus. Wegen der massiv parallelen Datenverarbeitung mit gleichen einfachen Elementareinheiten spricht man auch von *Konnektionismus* bzw. *konnektionistischen* Systemen. Typische Anwendungen von NN liegen in den Bereichen:

- Mustererkennung und Klassifikation,
- Modellbildung, Identifikation, Prognose und Simulation,
- Signalverarbeitung, Datenanalyse, Diagnose und Bewertungssysteme sowie
- Steuerung und Regelung.

Dieses Kapitel führt in grundlegende Prinzipien, die bei technischen Problemstellungen am häufigsten eingesetzten Netzwerktypen (Multi-Layer-Perceptron- und Radiale-Basis-funktionen-Netze, selbstorganisierende Karten) und die jeweiligen grundlegenden Lernalgo-rithmen ein.

Vertiefende Informationen zu Künstlichen Neuronalen Netzen können z. B. den deutschspra-chigen Monographien (Ritter et al. 1992, Zell 1994, Rojas 1996) oder englischsprachigen Fachbüchern wie z. B. (Hagen et al. 1996, Haykin 2009, Negnevitsky 2011) entnommen werden. Zweisprachige Begriffsdefinitionen bietet zudem das 1. Blatt der VDI/VDE-Richt-linie 3550 (VDI/VDE 2001). Die Verbindung zwischen Fuzzy-Systemen und Künstlichen Neuronalen Netzen wird z. B. in (Kosko 1992, Borgelt et al. 2003) behandelt. Umfangreiche Zusammenstellungen über Anwendungen Künstlicher Neuronaler Netze für verschiedene Problemstellungen finden sich beispielsweise in (VDI/VDE 1995, 2000). Auch sind die Pro-ceedings des jährlichen Workshops des GMA-FA *Computational Intelligence*[40] eine wertvol-le Quelle für Anwendungsberichte.

---

[40] http://www.rst.e-technik.tu-dortmund.de/cms/de/Veranstaltungen/GMA-Fachausschuss/index.html

11 Allgemeine Prinzipien

11.1 Netzstrukturen und -topologien

Unter Netzstrukturen und -topologien versteht man, wie die einzelnen Neuronen zu einem NN verschaltet sind. Insbesondere interessiert dabei, aus wie vielen Schichten ein NN besteht und ob/wie Rückkopplungen implementiert sind.

11.1.1 Schichten

Ein NN besteht typischerweise aus (Abb. 11.1):

- einer Eingabeschicht, die zum Verteilen der Eingangssignale an die Neuronen der Folgeschicht dient (ohne die Signale zu verändern),
- einer oder mehreren verdeckten Schichten mit Neuronen, die meistens nichtlineares Übertragungsverhalten aufweisen und
- einer Ausgabeschicht, die zur Zusammenfassung der Signale der vorhergehenden Schicht zu Ausgangssignalen dient. Zudem skaliert sie die Amplitude des Ausgangssignals und legt den Betriebspunkt des Netzes fest.

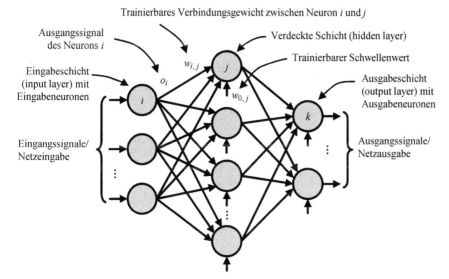

Abb. 11.1: Aufbau eines NN mit einer versteckten Schicht und Bezeichnung der Schichten

Das Verbindungsgewicht $w_{i,j}$ beschreibt die Leitfähigkeit und Wirkungsart der Verbindung zwischen den beiden Neuronen i und j. Dabei bezeichnet i das quellen- und j das senkenseitige Neuron. Dabei gilt:

- Falls $w_{i,j} < 0$ ist, wirkt das Neuron i hemmend/inhibitorisch auf das Neuron j.
- Falls $w_{i,j} = 0$ ist, sind die Neuronen i und j nicht verbunden.
- Falls $w_{i,j} > 0$ ist, wirkt das Neuron i anregend auf das Neuron j.

Die Verknüpfungen zwischen den Neuronen können kompakt als Gewichtsmatrix $\mathbf{W} = [w_{i,j}]$ dargestellt werden (Abb. 11.2b). Die Verbindungsmatrix (Abb. 11.2c) besteht aus binären Elementen, die das (Nicht-)Vorhandensein von Verbindungen zwischen Neuronen aufzeigen. Die Anzahl der Schichten wird in der Literatur nicht einheitlich gezählt; insbesondere wird manchmal die Eingabeschicht nicht mitgezählt. Im Folgenden werden alle Schichten gezählt; somit hat ein n-schichtiges Multi-Layer-Perceptron-Netz $n-1$ Schichten trainierbarer Gewichte.

Beispiel *Verbindungs- und Gewichtsmatrix*:

Abb. 11.2 zeigt für ein dreischichtiges, ebenenweise verbundenes, vorwärtsgerichtetes Netz mit sieben Neuronen die Gewichts- und Verbindungsmatrix.

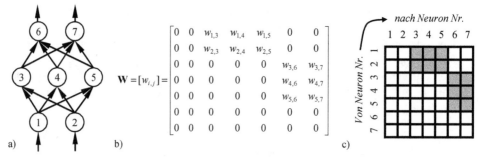

Abb. 11.2   Netzstruktur (a); Gewichtsmatrix (b); Verbindungsmatrix (c): vorhandene Verbindungen sind durch graue Schattierung markiert

---

11.1.2   Vorwärtsgerichtete und rückgekoppelte Netze

Vorwärtsgerichtete Netze (Feedforward/FF networks) haben i. d. R. kein Gedächtnis. Das bedeutet, dass FF-Netze kein dynamisches, sondern nur statisches Verhalten aufweisen. Damit ein NN dynamisches Verhalten aufweisen kann, braucht es ein Gedächtnis (Speicher). Dies kann durch Zwischenspeicherung und Rückkopplung implementiert werden. Bei Netzen mit Rückkopplung unterscheidet man (nach Zell 1994) insbesondere:

- Direkte Rückkopplung (Abb. 11.3c), d. h. jedes Neuron koppelt seine Ausgabe auf sich selbst zurück,
- indirekte Rückkopplung (Abb. 11.3d), d. h. es gibt Rückkopplungen zwischen Neuronen verschiedener Schichten,
- laterale Rückkopplung (Abb. 11.3e), d. h. es gibt Rückkopplungen zwischen Neuronen der gleichen Schicht.

- vollständige Verbindung (Abb. 11.3f), d. h. es gibt Rückkopplungen zwischen allen Neuronen sowie
- extern rückgekoppelte bzw. rekurrente Netze (Abb. 11.3g), d. h. die Ausgaben der Ausgabeneuronen werden auf die Eingabeneuronen rückgekoppelt.

Extern rekurrente Netze sind FF-Netze mit externer Realisierung der Rückkopplung. Sie werden insbesondere für Aufgaben in der Systemidentifikation eingesetzt.

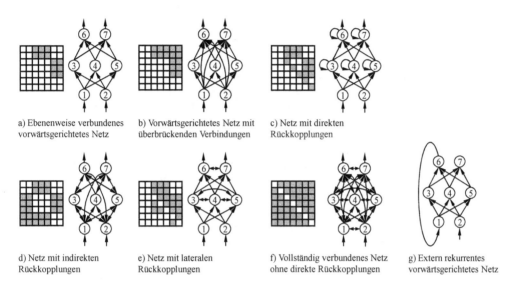

a) Ebenenweise verbundenes vorwärtsgerichtetes Netz

b) Vorwärtsgerichtetes Netz mit überbrückenden Verbindungen

c) Netz mit direkten Rückkopplungen

d) Netz mit indirekten Rückkopplungen

e) Netz mit lateralen Rückkopplungen

f) Vollständig verbundenes Netz ohne direkte Rückkopplungen

g) Extern rekurrentes vorwärtsgerichtetes Netz

Abb. 11.3: Netzstrukturen (nach Zell 1994)

11.2 Lernkonzepte

Unter *Lernen* versteht man Veränderungen in einem System, die es erlauben, bei der nächsten Wiederholung desselben oder eines ähnlichen Vorgangs die gegebene Aufgabe effizienter und/oder effektiver lösen zu können. Beim *überwachten Lernen* (*Supervised Learning*) werden dem Netz Ein- und Ausgabemuster vorgegeben. Aus der Abweichung der vom Netz berechneten Ausgabemuster von den Soll-Ausgabemustern wird eine Korrektur der Netzparameter abgeleitet (Abb. 11.4). Ein Beispielalgorithmus für überwachtes Lernen ist der bei Multi-Layer-Perceptron-(MLP-)Netzen eingesetzte *Backpropagation-Algorithmus*, siehe Abschnitt 12.3.2. Mit ihm können die Verbindungsgewichte im Netz gelernt werden. Beim *bestärkenden Lernen* (*Reinforcement Learning*) werden dem Netzwerk die Eingangsmuster vorgegeben und für jedes Muster mitgeteilt, ob es richtig oder falsch klassifiziert wurde. Die korrekte/beste Ausgabe wird nicht mitgeteilt; das Netzwerk muss sie selber finden. Dieses Lernverfahren ist dem biologischen Vorbild ähnlich (Bestrafung bei falschen, Belohnung bei richtigen Handlungen), führt aber wegen der geringeren Informationen für die Anpassung des Netzwerks zu langsamerem Lernen. Beim *unüberwachten Lernen* (*Unsupervised Learning*) werden dem Netzwerk nur Eingabemuster vorgegeben, nicht aber das gewünschte Resultat. Daraus strukturiert sich das Netzwerk selber. Als Beispiel sei das „Winner-takes-all"-

Lernen bei Kohonennetzen genannt. (Auch die Fuzzy-Clusterverfahren aus Abschnitt 5.2 verwenden unüberwachte Lernverfahren.) Lernverfahren werden auch danach unterschieden, wann eine Parameterkorrektur vorgenommen wird: Beim *musterweisen* (*kontinuierlichen, rekursiven, on-line-*) *Lernen* werden direkt nach Auswertung eines jeden Trainingsmusters durch das NN dessen Parameter nachgestellt. Beim *epochalen* (*chargenweisen, off-line-*) *Lernen* werden die Reproduktionsfehler für den gesamten Trainingsdatensatz kumuliert und die Gewichte erst nach Abarbeitung des gesamten Trainingsdatensatzes in einem Schritt geändert.

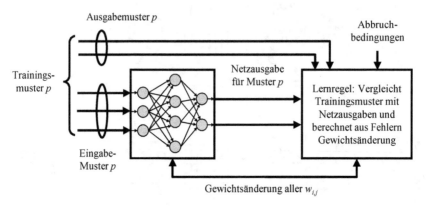

Abb. 11.4:   Überwachtes Lernen von NN

Die Lernverfahren sind i. Allg. iterative Prozesse, die wiederholt werden, bis ein Abbruchkriterium erfüllt ist. Typische Abbruchkriterien sind das Erreichen einer maximalen Iterationsanzahl (d. h. Ressourcenorientierung), Erreichen eines vorgegebenen Lernfehlers (d. h. Ergebnisorientierung) oder vernachlässigbare Änderung der Parameter oder des Lernfehlers (d. h. Konvergenzorientierung).

Den Lernerfolg eines NN beurteilt man anhand des Trainings- und des Test-/Generalisierungsfehlers. Der Trainingsfehler gibt an, wie gut die Trainingsdaten reproduziert werden. Generalisierung beschreibt die Fähigkeit, neue, noch nie gesehene Eingaben sinnvoll zu verarbeiten. Der Generalisierungsfehler bezeichnet die Abweichung zwischen Soll- und Ist-Netzausgaben für Testdaten, die das Netz noch nicht gesehen hat. Der mittlere quadratische Fehler ist ein verbreitetes Fehlermaß.

11.3   Universelle Approximation und Netzstruktur

Modelle, die zu den universellen Approximatoren zählen, können theoretisch eine beliebige kontinuierliche Funktion in einer kompakten Umgebung beliebig genau approximieren. Man kann zeigen, dass bereits ein dreischichtiges MLP-Netz (verteilende Eingabeschicht, verdeckte Schicht mit nichtlinearer Aktivierungsfunktion, lineare Ausgabeschicht) ein universeller Approximator ist. Auch RBF-Netze und Fuzzy-Systeme gehören zu den universellen Approximatoren (Nelles 2001). Pinkus (1999) zeigt, dass mit einem dreischichtigen MLP-Netz (mit linearer Ausgabeschicht) eine Approximation einer beliebigen Funktion und ihrer

Ableitungen bis zur Ordnung m (sprich eine Approximationsordnung von m) auf einem kompakten Raum $\subseteq \Re^n$ erreicht werden kann, falls die Aktivierungsfunktion m-fach stetig differenzierbar auf $\Re$ und nicht polynomial ist. Des Weiteren gibt er eine untere und eine obere Schranke für den Approximationsfehler in Abhängigkeit von der Anzahl der Neuronen der verdeckten Schicht an (Theorem 6.2 und Gl. (6.2) in (Pinkus 1999)). Trenn (2008) gibt für drei- und vierschichtige MLP-Netze an, wie viele Neuronen die verdeckte Schicht bzw. die verdeckten Schichten jeweils mindestens aufweisen müssen, um für eine gegebene Anzahl aus Eingangsgrößen des Netzes eine bestimmte Approximationsordnung zu erreichen.

Bezüglich der Festlegung einer geeigneten Anzahl an verdeckten Schichten gibt es nur wenige Hinweise: Pinkus (1999) zeigt, dass es bei dreischichtigen MLP-Netzen in Abhängigkeit von der Anzahl an Neuronen der verdeckten Schicht eine untere Grenze des erreichbaren Approximationsfehlers gibt. Des Weiteren zeigt er, dass es eine solche theoretische Untergrenze für MLP-Netze mit zwei verdeckten Schichten und jeweils festgelegter endlicher Anzahl von Neuronen nicht gibt. Trenn (2008) führt an, dass MLP-Netze mit drei oder vier Schichten, die die gleiche Gesamtanzahl an verdeckten Neuronen haben, das vierschichtige Netz i. d. R. mehr Parameter aufweist, was günstig für die Approximationseigenschaften ist. Aus den Betrachtungen zur erreichbaren Approximationsordnung leitet Trenn ab, wann drei und wann vier Schichten verwendet werden sollen. (Mehr als vier Schichten führen diesbezüglich zu keiner Verbesserung.) Neuronen bei Netzen mit nur einer verdeckten Schicht tendieren dazu, global wechselzuwirken, was eine lokal begrenzte Anpassung im Vergleich zu Netzen mit mehr verdeckten Schichten erschwert. Zudem lässt sich durch ein Neuron der zweiten verdeckten Schicht ein beschränkter Supportbereich realisieren. Diesem wird über das zu seiner Ausgabe gehörende Verbindungsgewicht dann ein Wert bzw. ein Merkmal zugeordnet. Diese Art der Lokalisierung ist bei dreischichtigen Netzen nicht möglich. Derartige theoretischen Betrachtungen zu Approximationseigenschaften liefern allerdings keine konstruktive Aussage zur Wahl der strukturellen Parameter, um bei Anwendung eines Trainings- bzw. Lernverfahrens eine bestimmte Modellgüte zu erreichen. Auch liefern sie keine Hinweise, wie sich die Netztopologie auf Lernaufwand und Generalisierungsfähigkeit auswirkt. Deshalb wird praktisch i. d. R. ein *Pruning-Verfahren* auf ein fertig trainiertes Netz eingesetzt, um „redundante" Neuronen zu eliminieren. Für die praktische Festlegung der Anzahl der verdeckten Schichten sind keine Methoden bekannt. I. d. R. werden verschiedene drei- und vierschichtige Netzansätze trainiert und je nach Approximationsgüte ein Netz ausgewählt.

11.4   Effizienz und Lösungsqualität von Suchverfahren

Die Aufgabe eines Lernverfahrens besteht darin, Modellstruktur und/oder Modellparameter optimal im Sinne eines Gütekriteriums zu bestimmen. Die von einer Modellklasse theoretisch erreichbare Güte einer Approximation sagt nichts über die Effizienz von Suchverfahren zur Bestimmung einer Lösung aus. Realisierbare Lösungsverfahren finden nicht garantiert in vertretbarer Zeit die optimale Lösung. Weil Lernverfahren das theoretische Approximationsvermögen eines Netzwerkes praktisch nicht voll ausnutzen (können), werden die Netze bzgl. der Anzahl an Schichten und Neuronen überdimensioniert. So hilft eine Überdimensionierung im Fall lokal konvergierender Lernverfahren aus lokalen „Mulden" des Zielfunktionsgebirges „Täler" zu machen, die durchschritten und verlassen werden können. Je mächtiger ein Lernverfahren ist, umso mehr kann sich die Dimensionierung eines Netzes der theoretisch notwendigen (minimalen) Größe nähern.

11.5   Kurze Historie

Die Geschichte der Künstlichen Neuronalen Netze reicht bis in die 50er Jahre zurück, wobei erste Arbeiten zu Funktionsprinzipien Neuronaler Netze bereits Ende des 18. Jahrhunderts erfolgten. Der Beginn der Untersuchungen zu NN wird an den Arbeiten von McCulloch und Pitts (1943) festgemacht, die erste einfache NN entwarfen. Die Möglichkeit der Simulation von NN war ein wichtiger Schritt, um neue Ansätze testen zu können. 1954 wurden die ersten Simulationen von NN auf Digitalrechnern durchgeführt. Die Periode von 1955 bis 1969 wird auch als erste Blütezeit der NN-Forschung bezeichnet. Das wichtige Buch von Minsky und Papert (1969), das die Grenzen des Perceptrons aufzeigte, führte zur Ernüchterung und in Folge reduzierter Finanzierung von Forschungsaktivitäten. Mit dem Bekanntwerden des Backpropagation-Verfahrens durch die Arbeiten von Rumelhart und McClelland (1986), das nunmehr gestattet, komplexere NN zu trainieren, so dass schwierige praktische Probleme gelöst werden können, begann eine weitere Blütezeit der Forschungsaktivitäten.

1991 wurde der GMA-Fachausschuss 5.21 „Neuronale Netze und Evolutionäre Algorithmen" gegründet. Er war paritätisch mit Vertretern aus Hochschulen und Industrie besetzt und befasste sich insbesondere mit Methoden und Anwendungen für die Automatisierungstechnik. Seit den 90er Jahren werden methodische Verknüpfungen zwischen den Teildisziplinen der CI untersucht, um die spezifischen Vorteile zu verbinden. In 2005 fusionierten die beiden GMA-Fachausschüsse 5.21 „Neuronale Netze und Evolutionäre Algorithmen" und 5.22 „Fuzzy Control" zum FA 5.14 „Computational Intelligence". Mittlerweile sind NN einerseits ein etabliertes Werkzeug in Wissenschaft und Wirtschaft, um Aufgaben in Bereichen wie nichtlineare Regression, Funktionsapproximation, Regelung und Klassifikation zu lösen. Andererseits gibt es noch viele Forschungsfragestellungen, die bearbeitet werden. Hierzu geben die einschlägigen Zeitschriften wie *IEEE Transactions on Neural Networks*, *Neural Networks* oder *Neural Computation* wie auch die entsprechenden Konferenzen Auskunft. Tab. 11.1 listet einige Meilensteine der Entwicklung von NN auf. Eine ausführlichere Darstellung findet sich z. B. in (Zell 1994, Rojas 1996). Die Monographie (Anderson, Rosenfeld 1988) dokumentiert zudem insbesondere die frühen Phasen.

Tab. 11.1:   Einige Meilensteine des Wissenschaftsgebiets der Künstlichen Neuronalen Netze

Jahr	Meilenstein	Referenz
1943	Erste Arbeiten von Warren McCulloch und Walter Pitts führten zum *McCulloch-Pitts-Neuron*	McCulloch, Pitts 1943
1949	Aufstellen der Hebb'schen Lernregel	Hebb 1949
1955–1969	Erste Blütezeit der NN-Forschung • 1954: Simulation Hebb'scher Netze auf frühem Digitalrechner • 1957/58: Erster Neurocomputer am MIT entwickelt und für Mustererkennungsprobleme eingesetzt • 1958: Entwicklung des Perceptrons als erstes lernfähiges Modell eines NN • 1960: Entwicklung der Delta- bzw. Widrow-Hoff-Lernregel • 1969: Mathematische Analyse des Perceptrons zeigt enge Grenzen und führt zur Stagnation der Arbeiten.	Rosenblatt 1958, Widrow, Hoff 1960, Minsky, Papert 1969, Andersen, Rosenfeld 1988
1982	Kohonennetze/selbstorganisierende Karten und Hopfieldnetze eingeführt.	Kohonen 1982, Hopfield 1982
1986	Das 1974 von Werbos entwickelte Backpropagation-Verfahren erlangt den Durchbruch mit in Folge sprunghafter Zunahme der NN-Forschung.	Rumelhart, McClelland 1986
1991	Gründung des GMA-Fachausschusses 5.21 „Neuronale Netze und Evolutionäre Algorithmen"	
1992	Matlab Neural Network Toolbox eingeführt	Mathworks 2012b
Anfang 90er	Zunehmendes Interesse an Neuro-Fuzzy-Methoden und -Systemen	Preuß, Tresp 1994, Nauck, Klawonn, Kruse 1994
Mitte 90er	Zunehmendes Interesse an evolutionären (Neuro-)Fuzzy-Systemen	Cordón et al. 2004
1994	Erster IEEE World Congress on Computational Intelligence (WCCI)	
2001	VDI/VDE-Richtlinie „Künstliche Neuronale Netze in der Automatisierungstechnik" erlassen	VDI/VDE 2001
2005	GMA-Fachausschüsse „Neuronale Netze und Evolutionäre Algorithmen" und „Fuzzy Control" fusionieren zum FA 5.14 „Computational Intelligence"	

12 Multi-Layer-Perceptron-(MLP-)Netze

Multi-Layer-Perceptron-(MLP-)Netze sind vorwärtsgerichtete Netze mit mindestens drei Schichten (Eingabe, verdeckt, Ausgabe). Unter einem *Perceptron* wird klassischerweise ein zweischichtiges Netz mit einer Schicht trainierbarer Gewichte und hart schaltenden Neuronen in der Ausgabeschicht verstanden. Das heißt, die Ausgabeneuronen haben (binäre) Ausgangswerte $\in \{0; 1\}$. Es wurde dann für Approximationsaufgaben auf kontinuierliche Ausgangswerte $\in [0; 1]$ erweitert und verdeckte Schichten wurden hinzugefügt.

12.1 Aufbau und Funktionsprinzip eines Neurons

Ein Neuron ist das Basis-Datenverarbeitungselement eines Neuronalen Netzes. Es ermittelt aus den anliegenden (Eingangs-)Signalen seinen Aktivierungszustand und liefert ein Ausgangssignal. Abb. 12.1 zeigt Details der Informationsverarbeitung: Die lineare *Propagierungsfunktion* berechnet, wie stark das Neuron insgesamt angeregt wird. Sie ermittelt die *Netzeingabe* net_j des j-ten Neurons aus den mit den Verbindungsgewichten (weights) $w_{i,j}$ gewichteten Ausgaben (outputs) o_i der speisenden Neuronen:

$$net_j = \sum_i o_i \cdot w_{i,j} \tag{12.1}$$

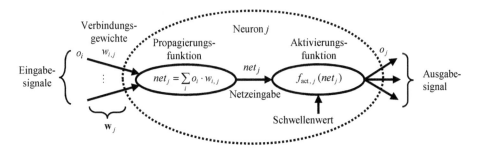

Abb. 12.1: Datenverarbeitung in einem Neuron

Die *Aktivierungsfunktion* $f_{\text{act},j}$ bewertet die Stärke der Anregung eines Neurons j und liefert ein entsprechendes Ausgangssignal:

$$o_j = f_{\text{act},j}(net_j) \tag{12.2}$$

Beim biologischen Vorbild ist ein Neuron aktiviert, wenn ein Schwellenwert überschritten ist. Schaltende Aktivierungsfunktionen werden z. B. bei Neuronen in der Ausgabeschicht im Fall von Klassifikationsaufgaben verwendet. Für Approximationsaufgaben ist dagegen eine kontinuierlich einsetzende Aktivierung zu bevorzugen. Die Neuronen eines MLP-Netzes haben kein *Gedächtnis* und der neue Aktivierungszustand hängt nicht vom alten ab. Abb. 12.2 zeigt typische Aktivierungsfunktionen. Sigmoide Aktivierungsfunktionen werden häufig eingesetzt, da sie stetig differenzierbar sind und eine einfache Anwendung ableitungs-basierter Lernverfahren erlauben. Auch sind sie gut für Approximationsaufgaben geeignet. Ein Schwellenwert $w_{0,j}$ kann in der Aktivierungs- oder der Propagierungsfunktion verankert werden. Im letzteren Fall kann der Wert $w_{0,j}$ direkt

$$net_j = \left(\sum_{i=1}^{M} o_i \cdot w_{i,j}\right) - w_{0,j} \tag{12.3}$$

oder über das Verbindungsgewicht eines zusätzlichen konstanten Eingangssignals

$$net_j = \sum_{i=0}^{M} o_i \cdot w_{i,j} \quad \text{mit z. B. } o_0 = -1 \tag{12.4}$$

realisiert werden. Die Umsetzung über ein weiteres Eingangssignal bedeutet das Hinzufügen eines sog. *On-Neurons*. Es hat kein Eingabesignal und ist permanent aktiviert. Sein Ausgabe-signal o_0 ist konstant und hat z. B. den Wert $o_0 = -1$; dann bildet das Verbindungsgewicht $w_{0,j}$ den Betrag des Schwellenwertes. Die Verwendung von On-Neuronen erleichtert die Umsetzung, da die Schwellenwerte einfach zusammen mit den Verbindungsgewichten trai-niert werden können.

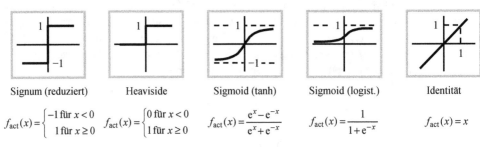

| Signum (reduziert) | Heaviside | Sigmoid (tanh) | Sigmoid (logist.) | Identität |

$$f_{\text{act}}(x) = \begin{cases} -1 \text{ für } x < 0 \\ 1 \text{ für } x \geq 0 \end{cases} \quad f_{\text{act}}(x) = \begin{cases} 0 \text{ für } x < 0 \\ 1 \text{ für } x \geq 0 \end{cases} \quad f_{\text{act}}(x) = \frac{e^x - e^{-x}}{e^x + e^{-x}} \quad f_{\text{act}}(x) = \frac{1}{1 + e^{-x}} \quad f_{\text{act}}(x) = x$$

Abb. 12.2:   Typische Aktivierungsfunktionen

12.2   Netzaufbau und Übertragungsverhalten

Multi-Layer-Perceptron-Netze weisen mindestens eine verdeckte Schicht auf, wobei eine oder zwei Schichten typisch sind. Neben der Anzahl der Neuronen in der verdeckten Schicht kann auch die Anzahl der verdeckten Schichten erhöht werden, um die Lernfähigkeit zu verbessern. Beim Einsatz für Approximationsaufgaben weisen die Neuronen der verdeckten Schichten i. d. R. sigmoide und die der Ausgabeschicht sigmoide oder lineare Aktivierungs-funktionen auf, Abb. 12.3 zeigt eine exemplarische Netzstruktur. Beim dargestellten Netz spricht man auch von einem *M-L-T-R*-Netz (z. B. ein 3-6-6-2-Netz) entsprechend den Neu-ronenanzahlen in den betreffenden Schichten; also M Neuronen in der Eingabeschicht, L in der ersten und T in der zweiten verdeckten Schicht sowie R Neuronen in der Ausgabeschicht.

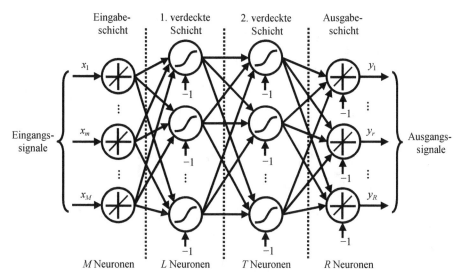

Abb. 12.3: Beispiel eines vierschichtigen MLP-Netzes mit sigmoiden Aktivierungsfunktionen bei Neuronen der verdeckten und linearen Aktivierungsfunktionen bei Neuronen der Ausgabeschicht

Bei einer Netzstruktur mit M Eingangssignalen, einer verdeckten Schicht mit L Neuronen mit nichtlinearer und einer Ausgabeschicht mit Neuronen mit linearer Aktivierungsfunktion folgt als Übertragungsverhalten bzgl. der j-ten Ausgangsgröße bei Darstellung mit On-Neuronen:

$$y_j = \sum_{i=0}^{L} w_{i,j} \cdot f_{\text{act},i}\left(\sum_{h=0}^{M} w_{h,i} \cdot x_h\right) \text{ mit z. B. } x_0 = -1 \text{ und } f_{\text{act},i}\big|_{i=0} = -1. \tag{12.5}$$

Haben die Neuronen der Ausgabeschicht eine nichtlineare Aktivierungsfunktion, so gilt für das Gesamtübertragungsverhalten:

$$y_j = f_{\text{act},j}\left[\sum_{i=0}^{L} w_{i,j} \cdot f_{\text{act},i}\left(\sum_{h=0}^{M} w_{h,i} \cdot x_h\right)\right] \text{ mit z. B. } x_0 = -1 \text{ und } f_{\text{act},i}\big|_{i=0} = -1. \tag{12.6}$$

Die Formeln für mehr verdeckte Schichten folgen analog.

Propagierungsfunktionen der Form $net_j = \sum_i o_i \cdot w_{i,j}$ haben eine *Richtungswirkung*, was eine anschauliche Vorstellung vom Konstruktionsmechanismus hinter dem Übertragungsverhalten gibt. Der Graph von net_j verläuft keilförmig im Eingangsgrößenraum eines Neurons, wie im Folgenden gezeigt wird. Dies wird bei Darstellung der Summe als Skalarprodukt deutlich:

$$net_j = \sum_i o_i \cdot w_{i,j} = \mathbf{o}^T \cdot \mathbf{w}_j = |\mathbf{o}| \cdot |\mathbf{w}_j| \cdot \cos\varphi \tag{12.7}$$

Dabei ist $\mathbf{o}$ der Vektor aller Ausgabesignale der Neuronen der vorausgehenden Schicht und $\mathbf{w}_j$ der Vektor aller Gewichte der zum Neuron j führenden Verbindungen sowie φ der von $\mathbf{o}$ und $\mathbf{w}_j$ aufgespannte Winkel. $\mathbf{o}$ kann in einen Teil $\mathbf{o}_\parallel$ parallel und einen Teil $\mathbf{o}_\perp$ senkrecht zu $\mathbf{w}_j$ zerlegt werden:

$$net_j = \mathbf{o}^T \cdot \mathbf{w}_j = (\mathbf{o}_\parallel + \mathbf{o}_\perp)^T \cdot \mathbf{w}_j = \mathbf{o}_\parallel^T \cdot \mathbf{w}_j, \tag{12.8}$$

dabei liefert $\mathbf{o}_\perp$ keinen Beitrag zum Skalarprodukt. Deshalb verlaufen die Höhenlinien des Graphen von net_j senkrecht zu $\mathbf{w}_j$ (Abb. 12.4a). Zudem gilt $net_j = |\,\mathbf{o}_\parallel^T\,|\cdot|\,\mathbf{w}_j\,|\sim|\,\mathbf{o}_\parallel^T\,|$, weshalb die Höhenlinien äquidistant sind und der Graph von net_j die Form eines Keils im Eingangsgrößenraum hat (Abb. 12.4b). Dies entspricht der Erwartung, da net_j linear in den Argumenten ist.

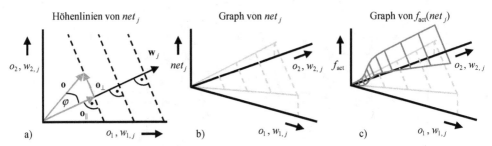

Abb. 12.4: Wirkung von Propagierungs- und Aktivierungsfunktion: Höhenlinien von net_j (a) und keilförmiger Verlauf des Funktionsgraphen (b); exemplarischer Graph einer sigmoiden Aktivierungsfunktion (Schwellenwert nicht berücksichtigt) (c)

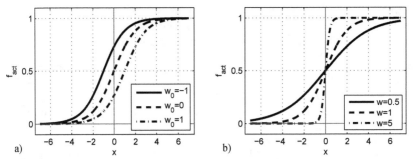

Abb. 12.5: Verlauf der logistischen Aktivierungsfunktion in Abhängigkeit des Schwellenwertes w_0 für fixes $w = 1$ (links) sowie in Abhängigkeit des Verbindungsgewichts w für fixes $w_0 = 1$ (rechts) bei einem Eingangssignal x

Bei Anwendung einer *nichtlinearen* Aktivierungsfunktion $f_{act,j}$ auf net_j haben die Höhenlinien von $f_{act,j}$ die gleiche Richtung wie die von net_j, sind aber nicht äquidistant. Dies führt z. B. bei logistischen Aktivierungsfunktionen $f_{act,j}(\mathbf{x}) = (1+\exp(-(\mathbf{x}^T\cdot\mathbf{w}_j - w_0)))^{-1}$ zu einer „welligen Form" des Funktionsgraphen in Richtung von $\mathbf{w}_j$ (Abb. 12.4c). Insgesamt wird also von einem Neuron der Raum der Eingangsgrößen geteilt, wobei die Richtung und Schärfe der Teilung von den Verbindungsgewichten abhängt. Abb. 12.5 illustriert den Einfluss von Schwellenwert und Verbindungsgewicht auf den Verlauf der logistischen Aktivierungsfunktion an Hand eines Neurons mit einer Eingangsgröße: Eine Änderung des Schwellenwertes führt zu einer Verschiebung des Funktionsgraphen in Richtung von w (was im eindimensionalen Fall mit der x-Achse zusammenfällt, Abb. 12.5 l.). Eine Änderung des Verbindungsgewichts ändert die Steigung des Graphen: In Abb. 12.5 rechts ist die Steigung im Wendepunkt proportional zu w, wie sich einfach berechnen lässt. Bei mehreren Eingangsgrößen führt zudem eine Änderung der Gewichtsverhältnisse zu einer Änderung der Richtung der Höhenlinien.

Beispiel *MLP-Netz*:

Gegeben sei ein MLP-Netz mit zwei Eingangsgrößen, einer Ausgangsgröße, einer verdeckten Schicht mit drei Neuronen mit logistischer Aktivierungsfunktion und linearem Ausgabeneuron (Abb. 12.6). Abb. 12.7 stellt das Übertragungsverhalten der einzelnen Neuronen und des gesamten Netzes für die angegebenen Werte der Gewichte dar. Man erkennt gut die Richtungswirkung des Übertragungsverhaltens der Neuronen ③, ④ und ⑤ in Richtung der in Abb. 12.6b notierten Verbindungsgewichtsvektoren. Es wird deutlich, dass durch gewichtete Überlagerung einfacher, jeweils nur in einer Richtung nichtlinear wirkender (Teil-)Funktionen (Neuronen der verdeckten Schicht) eine komplexe Gesamtabbildung erreicht werden kann.

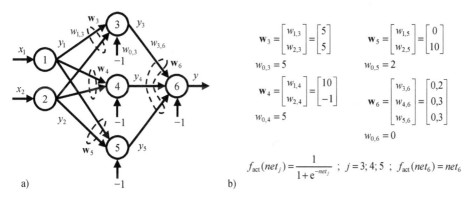

$$\mathbf{w}_3 = \begin{bmatrix} w_{1,3} \\ w_{2,3} \end{bmatrix} = \begin{bmatrix} 5 \\ 5 \end{bmatrix} \qquad \mathbf{w}_5 = \begin{bmatrix} w_{1,5} \\ w_{2,5} \end{bmatrix} = \begin{bmatrix} 0 \\ 10 \end{bmatrix}$$

$$w_{0,3} = 5 \qquad w_{0,5} = 2$$

$$\mathbf{w}_4 = \begin{bmatrix} w_{1,4} \\ w_{2,4} \end{bmatrix} = \begin{bmatrix} 10 \\ -1 \end{bmatrix} \qquad \mathbf{w}_6 = \begin{bmatrix} w_{3,6} \\ w_{4,6} \\ w_{5,6} \end{bmatrix} = \begin{bmatrix} 0{,}2 \\ 0{,}3 \\ 0{,}3 \end{bmatrix}$$

$$w_{0,4} = 5$$

$$w_{0,6} = 0$$

$$f_{\text{act}}(net_j) = \frac{1}{1+e^{-net_j}} \; ; \; j = 3;4;5 \; ; \; f_{\text{act}}(net_6) = net_6$$

Abb. 12.6: Netzstruktur (l.), Verbindungsgewichte und Aktivierungsfunktionen der Neuronen (r.)

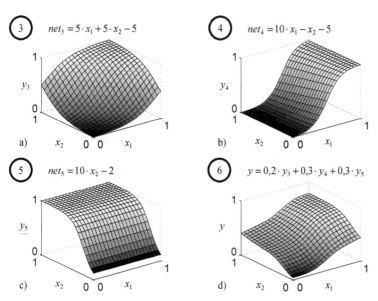

③ $net_3 = 5 \cdot x_1 + 5 \cdot x_2 - 5$

④ $net_4 = 10 \cdot x_1 - x_2 - 5$

⑤ $net_5 = 10 \cdot x_2 - 2$

⑥ $y = 0{,}2 \cdot y_3 + 0{,}3 \cdot y_4 + 0{,}3 \cdot y_5$

Abb. 12.7: Konstruktion des Gesamtübertragungsverhaltens des MLP-Netzes (d) aus dem Übertragungsverhalten der Neuronen 3 (a), 4 (b) und 5 (c) der verdeckten Schicht

12.3   Lernverfahren

12.3.1   Delta-Regel

Die *Delta-* bzw. *Widrow-Hoff-Regel* ist ein ableitungsbasierter Lernalgorithmus für lineare zweischichtige Netze. Dabei verteilt die Eingabeschicht nur Signale, es gibt keine verdeckte Schicht und das Ausgabeneuron besitzt eine lineare Aktivierungsfunktion (d. h. die Ausgabefunktion ist die Identität). Die Delta-Regel minimiert den Trainingsfehler durch Änderung der Verbindungsgewichte mittels eines approximierten Gradientenabstiegs mit konstanter Lernrate bzw. Lernschrittweite $\eta \in \;]0; 1[$:

$$w_{i,j}\Big|_{\text{neu}} = w_{i,j}\Big|_{\text{alt}} + \Delta w_{i,j} \; \text{ mit } \; \Delta w_{i,j} = -\eta\,\frac{\partial E}{\partial w_{i,j}} \tag{12.9}$$

Dabei ist $E = y_{\text{ref}} - \hat{y} = t - o$ der Ausgabefehler (t steht für *target*, o für *output*). Bei vektorieller Betrachtung wird der Vektor aller Verbindungsgewichte $\mathbf{w} = [w_{i,j}]$ in Richtung des (negativen) Gradienten von $E(\mathbf{w})$ geändert:

$$\mathbf{w}\Big|_{\text{neu}} = \mathbf{w}\Big|_{\text{alt}} + \Delta\mathbf{w} \; \text{ mit } \; \Delta\mathbf{w} = -\eta\,\text{grad}(E) \tag{12.10}$$

Das bedeutet, dass ausgehend vom Startpunkt des Gewichtsvektors der neue Gewichtsvektor in Richtung des steilsten Abstiegs auf dem Graphen der Zielfunktion gewählt wird (Abb. 12.8). Deshalb heißt diese Optimierungsstrategie auch die *Methode des steilsten Abstiegs*. Sie führt bei geeigneten Trainingsdaten zu dem lokalen Optimum, in dessen Einzugsgebiet sich der Startwert befindet (was i. d. R. nicht das globale Optimum sein wird). Die folgende Herleitung der Gewichtsänderung $\Delta w_{i,j}$ orientiert sich an der Konvention zur Bezeichnung in Abb. 12.9.

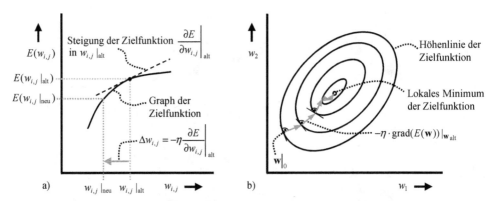

Abb. 12.8:   Prinzip des Gradientenabstiegs: Betrachtung für ein einzelnes Verbindungsgewicht (a) sowie für zwei Gewichte (b)

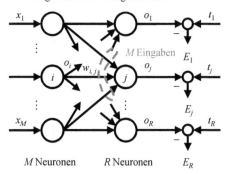

Abb. 12.9:   Netz mit Bezeichnungen von Signalen und Parametern für δ-Regel

Zunächst wird der Fehler für das p-te Muster am r-ten Netzausgang betrachtet:

$$E_r(p) = t_r(p) - o_r(p) \tag{12.11}$$

Als zu minimierende Kostenfunktion sei der quadratische Fehler für alle R Netzausgänge (Abb. 12.9) angesetzt:

$$E(p) = \frac{1}{2} \sum_{r=1}^{R} (E_r(p))^2 = \frac{1}{2} \sum_{r=1}^{R} (t_r(p) - o_r(p))^2 \tag{12.12}$$

Die Verwendung einer quadratischen Kostenfunktion vereinfacht die Differentiation. Der Vorfaktor ½ ist nicht notwendig, führt aber zu einem kompakteren Ergebnis. Beim musterweisen Lernen wird der Fehler $E(p)$ für das Einzelmuster p bewertet, die Korrektur der Verbindungsgewichte berechnet und direkt umgesetzt. Es gilt:

$$\begin{aligned}
\Delta w_{i,j}(p) &= -\eta \cdot \frac{\partial}{\partial w_{i,j}} E(p) = -\eta \cdot \frac{1}{2} \frac{\partial}{\partial w_{i,j}} \sum_{r=1}^{R} (t_r(p) - o_r(p))^2 \\
&= -\eta \cdot \frac{1}{2} \frac{\partial}{\partial w_{i,j}} (t_j(p) - o_j(p))^2 \\
&= -\eta \cdot (t_j(p) - o_j(p)) \cdot (-1) \cdot \frac{\partial}{\partial w_{i,j}} o_j(p) \text{ mit } o_j(p) = \sum_{l=1}^{M} w_{l,j} \cdot o_l(p) \\
&= \eta \cdot (t_j(p) - o_j(p)) \cdot o_i(p)
\end{aligned} \tag{12.13}$$

Bezeichnet man den Ausgabefehler des j-ten Neurons der Ausgabeschicht mit $t_j(p) - o_j(p) =: \delta_j(p) =: \delta_{j,p}$ und die Ausgabe des i-ten Neurons der Eingabeschicht mit $o_i(p) =: o_{i,p}$, so folgt aus (12.13) die Deltaregel zu:

$$\Delta w_{i,j}(p) = \eta \cdot \delta_{j,p} \cdot o_{i,p} \tag{12.14}$$

Beim epochalen Lernen werden die Gewichtsänderungen für alle N Einzelmuster ermittelt, aufaddiert und in einem Schritt umgesetzt:

$$\Delta w_{i,j} = \eta \cdot \sum_{p=1}^{N} \delta_{j,p} \cdot o_{i,p} . \tag{12.15}$$

Abb. 12.10 fasst die Kernpunkte der Delta-Regel zusammen.

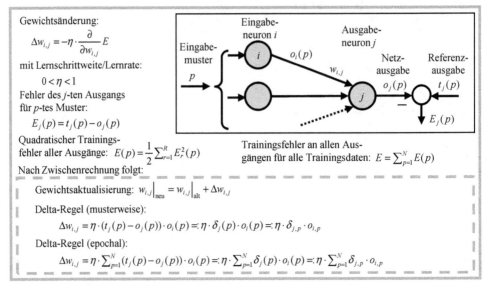

Gewichtsänderung:

$$\Delta w_{i,j} = -\eta \cdot \frac{\partial}{\partial w_{i,j}} E$$

mit Lernschrittweite/Lernrate:

$$0 < \eta < 1$$

Fehler des j-ten Ausgangs
für p-tes Muster:

$$E_j(p) = t_j(p) - o_j(p)$$

Quadratischer Trainings-
fehler aller Ausgänge: $E(p) = \frac{1}{2}\sum_{r=1}^{R} E_r^2(p)$

Trainingsfehler an allen Aus-
gängen für alle Trainingsdaten: $E = \sum_{p=1}^{N} E(p)$

Nach Zwischenrechnung folgt:

Gewichtsaktualisierung: $w_{i,j}\big|_{\text{neu}} = w_{i,j}\big|_{\text{alt}} + \Delta w_{i,j}$

Delta-Regel (musterweise):

$$\Delta w_{i,j} = \eta \cdot (t_j(p) - o_j(p)) \cdot o_i(p) =: \eta \cdot \delta_j(p) \cdot o_i(p) =: \eta \cdot \delta_{j,p} \cdot o_{i,p}$$

Delta-Regel (epochal):

$$\Delta w_{i,j} = \eta \cdot \sum_{p=1}^{N}(t_j(p) - o_j(p)) \cdot o_i(p) =: \eta \cdot \sum_{p=1}^{N}\delta_j(p) \cdot o_i(p) =: \eta \cdot \sum_{p=1}^{N}\delta_{j,p} \cdot o_{i,p}$$

Abb. 12.10: Delta-Regel

12.3.2   Backpropagation-Algorithmus

Zweischichtige *lineare* MLP-Netze, die mit der Delta-Regel trainiert werden können, weisen linear-affines Übertragungsverhalten auf. Damit lassen sich nur sehr einfache Probleme lösen, die zudem mit linearen Methoden behandelbar sind. MLP-Netze werden praktisch für nichtlineare Probleme eingesetzt. Dazu haben die Netze mindestens eine verdeckte Schicht und zumindest die Neuronen der verdeckten Schicht eine nichtlineare Aktivierungsfunktion. Nun gibt es für die Ausgabe von Neuronen einer verdeckten Schicht keine Soll-Werte, die einen Soll-Ist-Vergleich und direktes Lernen ermöglichen würden.

Eine Erweiterung der Delta-Regel für Netze mit verdeckten Schichten und nichtlinearen (stetig differenzierbaren) Aktivierungsfunktionen führt zum *Backpropagation-Algorithmus* (kurz *Backprop*). Wie die Delta-Regel minimiert der Backpropagation-Algorithmus den Trainingsfehler durch Änderung der Verbindungsgewichte mittels eines approximierten Gradientenabstiegs mit konstanter Lernrate bzw. Lernschrittweite $\eta \in\;]0;\, 1[$:

$$w_{i,j}\big|_{\text{neu}} = w_{i,j}\big|_{\text{alt}} + \Delta w_{i,j} \quad \text{mit } \Delta w_{i,j} = -\eta\, \frac{\partial E}{\partial w_{i,j}} \tag{12.16}$$

Dabei startet das Training i. d. R. von zufällig z. B. im Bereich $[-1;\, 1]$ initialisierten Gewichten $w_{i,j}$. Der Backpropagation-Algorithmus gehört zur Klasse der überwachten Lernverfahren. Er ist ein einfaches, aber wenig effizientes Standardverfahren zum Trainieren von MLP-Netzen. Seine Herleitung beruht auf einer konsequenten Anwendung der Kettenregel der Differentialrechnung. Abb. 12.11 fasst den Algorithmus zusammen und führt die Bezeichnungskonventionen ein. Für die Herleitung sind zwei Fälle zu unterscheiden:

Fall 1: Die zu lernenden Gewichte gehören zu Verbindungen, die direkt zur Ausgabeschicht führen.

Fall 2: Die zu lernenden Gewichte gehören zu Verbindungen, die zur verdeckten Schicht vor der Ausgabeschicht führen. (Für ein Netz mit mehreren verborgenen Schichten kann die resultierende Formel für die Gewichtsänderung einfach erweitert werden.)

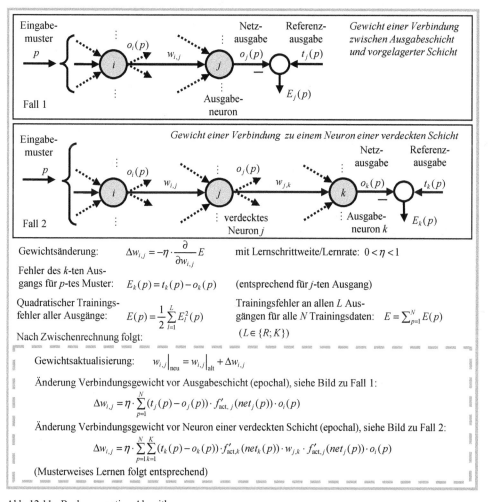

Abb. 12.11: Backpropagation-Algorithmus

Fall 1: Zur Herleitung von $\Delta w_{i,j}$ wird zunächst der Fehler für das p-te Muster am r-ten Netzausgang betrachtet:

$$E_r(p) = t_r(p) - o_r(p) \tag{12.17}$$

Als zu minimierende Kostenfunktion werde der quadratische Fehler für alle R Netzausgänge angesetzt:

$$E(p) = \frac{1}{2}\sum_{r=1}^{R}(E_r(p))^2 = \frac{1}{2}\sum_{r=1}^{R}(t_r(p) - o_r(p))^2 \tag{12.18}$$

Es gilt:

$$
\begin{aligned}
\frac{\partial E(p)}{\partial w_{i,j}} &= \left(\frac{\partial E(p)}{\partial o_j(p)}\right) \cdot \left(\frac{\partial o_j(p)}{\partial w_{i,j}}\right) \\
&= \left(\frac{\partial}{\partial o_j(p)}\frac{1}{2}\sum_{r=1}^{R}(t_r(p) - o_r(p))^2\right) \cdot \\
&\quad \cdot \left(\frac{\partial o_j(p)}{\partial f_{\text{act},\,j}(net_j(p))} \cdot \frac{\partial f_{\text{act},\,j}(net_j(p))}{\partial net_j(p)} \cdot \frac{\partial net_j(p)}{\partial w_{i,j}}\right) \\
&= \left((t_j(p) - o_j(p)) \cdot (-1)\right) \cdot \left(1 \cdot f'_{\text{act},\,j}(net_j(p)) \cdot o_i(p)\right)
\end{aligned} \tag{12.19}
$$

Beim musterweisen Lernen wird der Fehler $E(p)$ für ein Einzelmuster p bewertet, die Änderung der Verbindungsgewichte durch Einsetzen von (12.19) in (12.16) berechnet

$$\Delta w_{i,j} = \eta \cdot (t_j(p) - o_j(p)) \cdot f'_{\text{act},\,j}(net_j(p)) \cdot o_i(p) \tag{12.20}$$

und neue Werte für die Gewichte nach (12.16) bestimmt. Beim epochalen Lernen werden die Gewichtsänderungen für alle N Einzelmuster ermittelt, addiert und in einem Schritt umgesetzt:

$$\Delta w_{i,j} = \eta \cdot \sum_{p=1}^{N}(t_j(p) - o_j(p)) \cdot f'_{\text{act},\,j}(net_j(p)) \cdot o_i(p) \tag{12.21}$$

Fall 2: Als zu minimierende Kostenfunktion werde der quadratische Fehler für alle K Netzausgänge angesetzt:

$$E(p) = \frac{1}{2}\sum_{k=1}^{K}(E_k(p))^2 = \frac{1}{2}\sum_{k=1}^{K}(t_k(p) - o_k(p))^2 \tag{12.22}$$

Es gilt:

$$\frac{\partial E(p)}{\partial w_{i,j}} = \left(\frac{\partial E(p)}{\partial o_j(p)}\right) \cdot \left(\frac{\partial o_j(p)}{\partial w_{i,j}}\right) \tag{12.23}$$

Beim ersten Differential ist zu beachten, dass der Fehler über die Schicht k zur Schicht j zurückzuverfolgen ist. Das zweite Differential ist identisch mit Fall 1, so dass das entsprechende Ergebnis aus (12.19) wiederverwendet werden kann. Es gilt:

$$
\begin{aligned}
\frac{\partial E(p)}{\partial o_j(p)} &= \frac{\partial}{\partial o_j(p)}\frac{1}{2}\sum_{k=1}^{K}(t_k(p) - o_k(p))^2 \\
&= \sum_{k=1}^{K}(t_k(p) - o_k(p)) \cdot (-1) \cdot \frac{\partial o_k(p)}{\partial f_{\text{act},k}(net_k(p))} \cdot \frac{\partial f_{\text{act},k}(net_k(p))}{\partial net_k(p)} \cdot \frac{\partial net_k(p)}{\partial o_j(p)} \\
&= \sum_{k=1}^{K}(t_k(p) - o_k(p)) \cdot (-1) \cdot 1 \cdot f'_{\text{act},k}(net_k(p)) \cdot w_{j,k}
\end{aligned} \tag{12.24}
$$

Die Änderung des Verbindungsgewichts folgt dann für musterweises Lernen durch Einsetzen von (12.24) und dem Term für $\partial o_j / \partial w_{i,j}$ aus (12.19) in (12.23) sowie Einsetzen des Ergebnisses in (12.16) zu:

$$\Delta w_{i,j} = \eta \cdot \sum_{k=1}^{K} (t_k(p) - o_k(p)) \cdot f'_{\text{act},k}(net_k(p)) \cdot w_{j,k} \cdot f'_{\text{act},j}(net_j(p)) \cdot o_i(p) \qquad (12.25)$$

Für epochales Lernen folgt entsprechend:

$$\Delta w_{i,j} = \eta \cdot \sum_{p=1}^{N} \sum_{k=1}^{K} (t_k(p) - o_k(p)) \cdot f'_{\text{act},k}(net_k(p)) \cdot w_{j,k} \cdot f'_{\text{act},j}(net_j(p)) \cdot o_i(p) \qquad (12.26)$$

Der Vorteil des epochalen Lernens besteht darin, dass dabei eine bessere Schätzung des Gradienten der Zielfunktion verwendet wird. Musterweises Lernen wird dagegen insbesondere bei großen Netzen angewendet.

Zur Reduzierung des Auswerteaufwandes beim Training können die Ableitungen sigmoider Aktivierungsfunktionen auf die Funktionen selber zurückgeführt werden. Die logistische Funktion ($f_{\log} = (1 + e^{-x})^{-1}$) hat die Ableitung

$$f'_{\log} = f_{\log} \cdot (1 - f_{\log}). \qquad (12.27)$$

und für die Tangens-Hyperbolicus-Funktion ($f_{\tanh} = (e^x - e^{-x})/(e^x + e^{-x})$) gilt

$$f'_{\tanh} = 1 - f_{\tanh}^2. \qquad (12.28)$$

Die Wahl der Lernschrittweite η hat einen großen Einfluss auf die Performanz des Backpropagation-Algorithmus: Eine sehr kleine Wahl führt zu glatten Parameterverläufen während der Iterationen, aber zu langsamem Lernfortschritt. Eine große Wahl führt zu schnellerem Lernen. Sie kann aber zu großen Parameterschwankungen oder sogar numerischer Instabilität führen und somit eine Konvergenz der Verbindungsgewichte verhindern, siehe Abschnitt 12.4.

Beispiel *Funktionsapproximation Gaußteilglocke*:

Betrachtet wird ein nichtlineares Funktionsapproximationsproblem. Um eine einfache Bewertung der Ergebnisse zu erlauben, werden $N = 25$ Trainingsdaten durch Auswertung der Funktion

$$y = e^{-(x_1^2 + x_2^2)} \qquad (12.29)$$

in einem gleichförmigen Raster im ersten Quadranten erzeugt: $\mathbf{x} \in \{0; 0{,}25; 0{,}5; 0{,}75; 1\} \times \{0; 0{,}25; 0{,}5; 0{,}75; 1\}$. Als Modellansatz wird das MLP-Netz aus Abb. 12.6 links verwendet. Die Neuronen der verdeckten Schicht haben eine logistische Aktivierungsfunktion und das Ausgabeneuron hat eine lineare. Als Startwerte der Verbindungsgewichte werden die in Abb. 12.6 rechts angegebenen Werte verwendet. Das Netz soll mittels Backpropagation-Algorithmus epochal mit Lernschrittweite von $\eta = 0{,}5$ trainiert werden (was sich für dieses Beispiel als geeigneter Wert erwiesen hat). Es wird mit auf drei Nachkommastellen gerundeten Werten gerechnet. Zuerst werden die einzelnen Muster (separat) durch das Netz propagiert. Die Ausgaben der Neuronen (und des Netzes) berechnen sich mittels:

$$y_j = f_{\text{act}}(net_j) = \frac{1}{1 + e^{-net_j}}; \; net_j = \sum_{i=0}^{2} w_{i,j} \cdot y_i; \; j = 3, 4, 5 \text{ mit } y_0 = -1 \qquad (12.30)$$

$$y = \sum_{i \in \{0,3,4,5\}} w_{i,6} \cdot y_i \text{ mit } y_0 = -1 \qquad (12.31)$$

Vier exemplarische Ergebnisse sind in Tab. 12.1 notiert.

Tab. 12.1:   Vier Muster und Ergebnisse der Vorwärtspropagation durch das Netz

p	x_1	x_2	y_{ref}	y_3	y_4	y_5	y
1	0	0	1	0,007	0,007	0,119	0,039
2	0,25	0,5	0,732	0,223	0,047	0,953	0,345
3	0,5	0,75	0,444	0,777	0,321	0,996	0,551
4	1	1	0,135	0,993	0,982	1,000	0,793

Als nächstes werden die Änderungen der Verbindungsgewichte zwischen den Neuronen der verdeckten Schicht und der Ausgabeschicht für jedes einzelne Muster (12.20) nutzend gemäß

$$\Delta w_{i,6} = \eta \cdot (t_6 - o_6) \cdot f'_{\mathrm{act},6} \cdot o_i \; ; \; i = 0, 3, 4, 5 \tag{12.32}$$

ermittelt. Da das Ausgabeneuron eine lineare Aktivierungsfunktion aufweist (somit ist $f'_{\mathrm{act},6} = 1$), kann (12.32) umgeschrieben werden zu

$$\Delta w_{i,6} = \eta \cdot (y_{\mathrm{ref}} - y) \cdot 1 \cdot y_i \; ; \; i = 0, 3, 4, 5 \text{ mit } y_0 = -1 . \tag{12.33}$$

Tab. 12.2 listet die resultierenden Gewichtsänderungen für die Muster aus Tab. 12.1 auf.

Tab. 12.2:   Gewichtsänderungen der Verbindungen zum Ausgabeneuron für die Muster aus Tab. 12.1

p	$\Delta w_{3,6}$	$\Delta w_{4,6}$	$\Delta w_{5,6}$	$\Delta w_{0,6}$
1	0,003	0,003	0,057	−0,481
2	0,043	0,009	0,184	−0,194
3	−0,042	−0,017	−0,053	0,054
4	−0,327	−0,323	−0,329	0,329

Danach werden die Änderungen der Verbindungsgewichte zwischen den Neuronen der Eingabeschicht und der verdeckten Schicht für jedes einzelne Muster (12.25) nutzend mittels der Gleichung

$$\Delta w_{i,j} = \eta \cdot \sum_{k=1}^{K} (t_k - o_k) \cdot f'_{\mathrm{act},k} \cdot w_{j,k} \cdot f'_{\mathrm{act},j} \cdot o_i \; ; \; i = 0, 1, 2; \; j = 3, 4, 5 \tag{12.34}$$

ermittelt. Da es nur ein einzelnes Ausgabeneuron gibt ($K = 1$), das zudem eine lineare Aktivierungsfunktion aufweist (d. h. $f'_{\mathrm{act},k} = 1$), und da für die logistische Funktion nach (12.27) $f'_{\mathrm{act},j} = f_{\mathrm{act},j} \cdot (1 - f_{\mathrm{act},j})$ gilt, lässt sich schreiben:

$$\Delta w_{i,j} = \eta \cdot (y_{\mathrm{ref}} - y) \cdot w_{j,6} \cdot y_j \cdot (1 - y_j) \cdot y_i \; ; \; i = 0, 1, 2; \; j = 3, 4, 5 \text{ mit } y_0 = -1 \tag{12.35}$$

Die Auswertung für die vier Trainingsmuster aus Tab. 12.1 liefert die in Tab. 12.3 aufgeführten Gewichtsänderungen. Zum Abschluss des epochalen Lernschrittes werden die einzelnen Gewichtsänderungen für alle $N = 25$ Trainingsdaten kumuliert und die neuen Verbindungsgewichte berechnet:

$$w_{i,j}\big|_{\mathrm{neu}} = w_{i,j}\big|_{\mathrm{alt}} + \sum_{p=1}^{25} \Delta w_{i,j}(p) \tag{12.36}$$

Startwerte und neue Gewichte sind in Abb. 12.12 aufgeführt. Die Gewichtsänderungen nach dem ersten Lernschritt sind sehr klein und machen sich z. T. erst in der vierten Nachkommastelle bemerkbar. Wegen der vorgenommen Rundung auf drei Nachkommastellen bleiben deshalb einige Änderungen unsichtbar.

Tab. 12.3: Berechnete Gewichtsänderungen der Verbindungen zu den drei verdeckten Neuronen für die Muster aus Tab. 12.1

p	$\Delta w_{1,3}$	$\Delta w_{2,3}$	$\Delta w_{0,3}$	$\Delta w_{1,4}$	$\Delta w_{2,4}$	$\Delta w_{0,4}$	$\Delta w_{1,5}$	$\Delta w_{2,5}$	$\Delta w_{0,5}$
1	0	0	0	0	0	−0,001	0	0	−0,015
2	0,002	0,003	−0,007	0,001	0,001	−0,003	0,001	0,001	−0,003
3	−0,001	−0,001	0,002	−0,002	−0,003	0,003	0	0	0
4	0	0	0	−0,002	−0,002	0,002	0	0	0

$$\begin{bmatrix} w_{1,3} \\ w_{2,3} \\ w_{0,3} \end{bmatrix}_{\text{Start}} = \begin{bmatrix} 5 \\ 5 \\ 5 \end{bmatrix} \qquad \begin{bmatrix} w_{1,3} \\ w_{2,3} \\ w_{0,3} \end{bmatrix}_{1.\text{Epoche}} = \begin{bmatrix} 4,999 \\ 5,000 \\ 4,999 \end{bmatrix} \qquad \begin{bmatrix} w_{1,3} \\ w_{2,3} \\ w_{0,3} \end{bmatrix}_{\text{Final}} = \begin{bmatrix} 10,41 \\ -0,17 \\ 7,27 \end{bmatrix}$$

$$\begin{bmatrix} w_{1,4} \\ w_{2,4} \\ w_{0,4} \end{bmatrix}_{\text{Start}} = \begin{bmatrix} 10 \\ -1 \\ 5 \end{bmatrix} \qquad \begin{bmatrix} w_{1,4} \\ w_{2,4} \\ w_{0,4} \end{bmatrix}_{1.\text{Epoche}} = \begin{bmatrix} 10,000 \\ -1,002 \\ 4,998 \end{bmatrix} \qquad \begin{bmatrix} w_{1,4} \\ w_{2,4} \\ w_{0,4} \end{bmatrix}_{\text{Final}} = \begin{bmatrix} -3,94 \\ 7,99 \\ 4,27 \end{bmatrix}$$

$$\begin{bmatrix} w_{1,5} \\ w_{2,5} \\ w_{0,5} \end{bmatrix}_{\text{Start}} = \begin{bmatrix} 0 \\ 10 \\ 2 \end{bmatrix} \qquad \begin{bmatrix} w_{1,5} \\ w_{2,5} \\ w_{0,5} \end{bmatrix}_{1.\text{Epoche}} = \begin{bmatrix} 0,001 \\ 10,001 \\ 1,993 \end{bmatrix} \qquad \begin{bmatrix} w_{1,5} \\ w_{2,5} \\ w_{0,5} \end{bmatrix}_{\text{Final}} = \begin{bmatrix} 5,54 \\ 5,47 \\ 4,41 \end{bmatrix}$$

$$\begin{bmatrix} w_{3,6} \\ w_{4,6} \\ w_{5,6} \\ w_{0,6} \end{bmatrix}_{\text{Start}} = \begin{bmatrix} 0,2 \\ 0,3 \\ 0,3 \\ 0 \end{bmatrix} \qquad \begin{bmatrix} w_{3,6} \\ w_{4,6} \\ w_{5,6} \\ w_{0,6} \end{bmatrix}_{1.\text{Epoche}} = \begin{bmatrix} 0,083 \\ 0,205 \\ 0,263 \\ 0,075 \end{bmatrix} \qquad \begin{bmatrix} w_{3,6} \\ w_{4,6} \\ w_{5,6} \\ w_{0,6} \end{bmatrix}_{\text{Final}} = \begin{bmatrix} -0,32 \\ -0,29 \\ -0,37 \\ -0,96 \end{bmatrix}$$

Abb. 12.12: Verbindungsgewichte im Initialisierungszustand (l.), nach der 1. Epoche (Mitte) und nach Abbruch (r.)

Um zu sehen, welche Ausgaben das Netz nach Konvergenz des Backpropagation-Algorithmus liefert, wird es mit Standard-Backpropagation mittels der Matlab Neural Network Toolbox trainiert. Dabei wird ein mittlerer quadratischer Fehler von 0,001 als Abbruchkriterium vorgegeben, was zum Abbruch nach 8764 Epochen führt. Ausgewertet wird das Netz in einem gleichförmigen Raster in $[0; 1]^2$ in 0,05er Schritten. Für die resultierenden 441 Auswertepunkte folgt ein mittlerer quadratischer Fehler von 0,048. Abb. 12.13 zeigt den Graphen der originalen Funktion sowie die Ausgabe des Netzes mit den Initialgewichten und nach Abschluss des Lernvorgangs.

Bei Auswertung des MLP-Netzes in Bereichen, die nicht durch Trainingsdaten abgedeckt sind, zeigt sich das begrenzte Extrapolationsvermögen datengetriebener Modelle: das Netz lernt nur auf das in den verwendeten Trainingsdaten (Ausschnitt des ersten Quadranten) sichtbare Systemverhalten. Dies führt dort zu einer guten Approximation wie Abb. 12.13 zeigt. In diesem Beispiel einer radialsymmetrischen Funktion weicht das Verhalten in den anderen drei Quadranten aber deutlich von dem im ersten ab. Abb. 12.14 zeigt, dass das Netz in den nicht mit Trainingsdaten abgedeckten Bereichen keine brauchbaren Ausgaben liefert. Dieses Beispiel illustriert die Bedeutung einer repräsentativen Auswahl der Trainingsdaten: In ihnen müssen Informationen über alle zu modellierenden Charakteristika eines Systems enthalten sein.

Abschließend wird das Konvergenzverhalten beim Training mit dem Backpropagation-Algorithmus für drei Lernschrittweiten betrachtet (Abb. 12.15). Große Lernschrittweiten η können zu Konvergenzproblemen führen, wie die temporäre Vergrößerung des Trainingsfehlers für $\eta = 0,5$ zeigt. Der Nachteil kleiner Lernschrittweiten liegt in der langsameren Konvergenz.

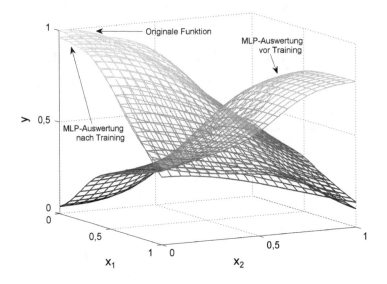

Abb. 12.13: Auswertung der originalen Funktion und des MLP-Netzes (nach erstem und letztem Lernschritt) im Eingangsgrößenbereich, aus dem die Trainingsdaten stammen

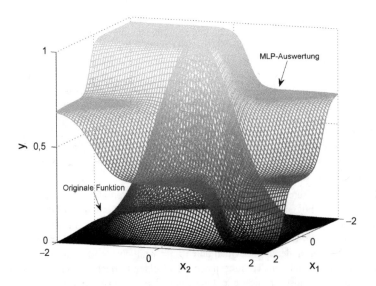

Abb. 12.14: Auswertung der Referenz-Funktion und des MLP-Netzes (nach letztem Lernschritt) für Eingangsgrößen aus Bereichen, die nur z. T. durch Trainingsdaten abgedeckt sind

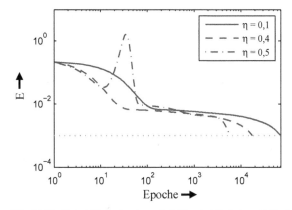

Abb. 12.15: Entwicklung des Ausgabefehlers bei Training mit Backpropagation-Algorithmus für Lernschrittweiten $\eta \in \{0{,}1; 0{,}4; 0{,}5\}$

12.4 Probleme beim Einsatz des Backpropagation-Verfahrens

Beim Einsatz des einfachen Backpropagation-Verfahrens können u. a. die im Folgenden beschriebenen Probleme auftreten, siehe auch Abb. 12.16. Sie können durch ein überdimensioniertes Netz abgemildert werden.

Neuronensättigung: Die Gewichtsänderung ist proportional zur Ableitung der Aktivierungsfunktion(en). Wegen $f'_{\log} = f_{\log} \cdot (1 - f_{\log})$ bzw. $f'_{\tanh} = 1 - f^2_{\tanh}$ leiten Neuronen, die stark aktiviert sind (bei tanhyp auch solche, die schwach aktiviert sind), das Fehlersignal kaum durch, wodurch die betroffenen Gewichte kaum geändert werden. Dies verlangsamt den Lernprozess. Abhilfe bietet eine Initialisierung mit kleinen Verbindungsgewichten. Bei stark unterschiedlichen Amplituden der Eingangssignale sollten entweder die Eingangssignale normiert (z. B. auf den Wertebereich $[-1; 1]$) oder die Initialwerte der Gewichte so gewählt werden, dass die Produkte aus Signalen und Gewichten für alle Eingangssignale ähnlich groß sind. Die Addition einer kleinen Konstanten (z. B. 0,1) zu f'_{act} ist eine weitere Möglichkeit.

Konvergenz zu lokalen Minima: Gradientenabstiegsverfahren konvergieren i. Allg. zum nächsten Minimum der Zielfunktion in Abstiegsrichtung, was im Fall multimodaler Zielfunktionen ein lokales sein kann (Abb. 12.16a). Eine große Anzahl an Neuronen (und somit viele Verbindungsgewichte) schließt dagegen lokale Minima, die bei geringer Neuronenanzahl auftreten, aus, da im Gütegebirge Pfade geöffnet werden, um lokale Minima zu verlassen (siehe Beispiel zur Klassifikation des Iris-Datensatzes in Abschnitt 12.6). Praktisch behilft man sich i. d. R. mit der Wiederholung des Trainings mit mehreren zufälligen Initialisierungen der Verbindungsgewichte, um eine Konvergenz zu einem ungünstigen lokalen Minimum zu vermeiden. Eine Alternative bietet die Anwendung Evolutionärer Algorithmen (siehe Abschnitt 23.4), was aber rechenaufwändig ist.

Probleme durch feste Lernschrittweite: Bei flachen Plateaus ist $|\text{grad}(E)|$ klein, was (bei fester Schrittweite) zu einem langsamen Lernfortschritt und in Folge zu vielen Iterationen führt (Abb. 12.16c). In steilen Schluchten kann das Verfahren oszillieren (Abb. 12.16b) oder es kann eine steile Schlucht verlassen, die zu einem günstigen Minimum gehört (Abb.

12.16d). Zudem sind die Rechnungen aufwändig und das Verfahren konvergiert langsam, d. h. viele Iterationen sind notwendig. Einige verbesserte Verfahren werden in Abschnitt 12.5 benannt.

Wahl der Aktivierungsfunktion: Die Gewichtsänderung $\Delta w_{i,j}$ ist proportional zur Amplitude des speisenden Signals o_i. Kleine Amplituden führen somit dazu, dass ein Gewicht kaum geändert wird, auch wenn die Netzausgabe deutlich vom Referenzwert abweicht. Die logistische Funktion liefert für negative Argumente nur kleine positive Funktionswerte, tanhyp dagegen Werte im Bereich]−1; 1[. Dieser größere Wertebereich (auch als *Dynamikbereich* bezeichnet) der Tanhyp-Funktion führt zu einem schnelleren Lernprozess als bei der logistischen Funktion.

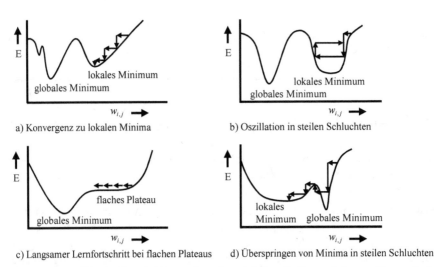

Abb. 12.16: Mögliche Probleme bei Verwendung eines einfachen Gradientenabstiegsverfahrens wie dem Backpropagation-Algorithmus (nach Zell 1994)

12.5   Erweiterungen des Backpropagation-Verfahrens

Es gibt verschiedene Weiterentwicklungen des Backpropagation-Algorithmus, siehe z. B. (Zell 1994, Hagen et al. 1996):

- Die Update-Formel kann um einen additiven Momentum-Term erweitert werden (auch konjugierter Gradientenabstieg genannt), um das Verhalten bei flachen Plateaus und steilen Schluchten zu verbessern. Dies erhöht die Gewichtsänderung bei Plateaus und reduziert sie in steilen Schluchten.
- Beim Manhattan-Training wird nur das Vorzeichen des Trainingsfehlers berücksichtigt, nicht sein Betrag (normierender Effekt).
- Quick-Propagation (Fahlman-Algorithmus) ist ein Verfahren 2. Ordnung zur Beschleunigung der Konvergenz. Es unterstellt, dass die Fehlerfunktion lokal quadratisch angenähert werden kann und versucht in den Scheitelpunkt der Parabel zu springen.
- Der Rprop-Algorithmus (Resilient Backpropagation) kombiniert Ideen aus Manhattan-Training und Quick-Propagation.

- Beim SuperSAB-Verfahren wird die Schrittweite adaptiert.

Für kleine bis mittlere Netze (mit bis zu wenigen hundert Verbindungsgewichten) und Approximationsaufgaben konvergiert das *Levenberg-Marquardt-Verfahren* (welches quasi von zweiter Ordnung ist) i. d. R. am schnellsten (Nørgaard et al. 2003, Beale 2010). Dies verwendet zur Gewichtsaktualisierung die Vorschrift:

$$\Theta_{neu} = \Theta_{alt} - \Delta\Theta \quad \text{mit} \quad \Delta\Theta = (J^T(\Theta)J(\Theta) + \delta\mathbf{I})^{-1}J^T(\Theta)\mathbf{e}(\Theta) \tag{12.37}$$

Dabei sind die Elemente des Vektors Θ die Verbindungsgewichte des Netzes, $J(\Theta) = [\partial e_i(\Theta)/\partial\Theta_j]$ ist die Jakobimatrix und δ der sog. Regularisierungsparameter. Letzterer soll dafür sorgen, dass der Klammerausdruck positiv definit und damit invertierbar ist. Für eine große Wahl von δ geht der Algorithmus in ein Gradienten-, für eine kleine Wahl in ein Gauß-Newton-Verfahren über. Der Parameter δ startet mit einem Wert δ_0. Würde eine Iteration zu einer Vergrößerung des Trainingsfehlers führen, so wird δ so lange mit einem vorzugebenden Faktor β multipliziert, bis die Iteration zu einer Fehlerverringerung führt. Wurde der Trainingsfehler durch eine Iteration reduziert, so wird δ um einen Faktor β verkleinert. In (Marquardt 1963, Hagen, Menhaj 1994, Hagen et al. 1996) wird $\delta_0 = 0,01$ vorgeschlagen und in (Haykin 2009) $\delta_0 = 0,001$. Für β wird ein Wert empfohlen, der zu substantieller Anpassung führt, z. B. $\beta = 10$ (Hagen, Menhaj 1994, Hagen et al. 1996, Haykin 2009). Für große Netze (mit Tausenden von Verbindungsgewichten) und/oder bei Klassifikationsaufgaben ist der Rprop-Algorithmus i. d. R. günstig (Zell 1994, Beale 2010). In (Beale 2010) finden sich sechs Fallstudien aus den Bereichen der Approximation und Klassifikation, in denen neun Trainingsalgorithmen miteinander verglichen werden.

Backpropagation-through-time, BPTT (Zell 1994, Haykin 2009), stellt eine Weiterentwicklung des Backpropagationverfahrens für rekurrente Netze (siehe Abschnitt 12.7) dar und ist deshalb von besonderem Interesse für das Lernen von dynamischen Modellen.

Beispiel *Konvergenzverhalten*:

Im vorherigen Beispiel in Abschnitt 12.3.2 soll an Stelle des Backpropagation- der Levenberg-Marquardt-Algorithmus eingesetzt werden. Ein Vergleich von Abb. 12.17 mit Abb. 12.15 zeigt die deutlich schnellere Konvergenz.

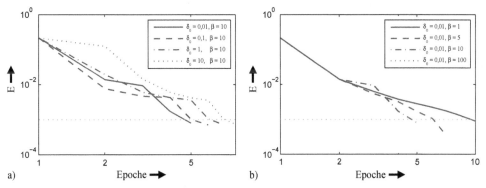

Abb. 12.17: Entwicklung des Ausgabefehlers beim Training mit Levenberg-Marquardt-Algorithmus für einen Startwert des Regularisierungsparameter von $\delta_0 = 0,01$ und bei Variation des Anpassungsfaktors $\beta \in \{1; 5; 10; 100\}$ (b) sowie für Variation von $\delta_0 \in \{0,01; 0,1; 1; 10\}$ bei fixem $\beta = 10$ (a)

Bei geeigneter Parametrierung z. B. mit $\delta_0 = 0{,}01$ und $\beta = 10$ (Standardeinstellung der Matlab Neural Network Toolbox) wird nach knapp 10 Epochen die Zielgüte erreicht, während der Backpropagation-Algorithmus etwa 10^4 Epochen benötigte.

12.6   Mustererkennung mit MLP-Netzen

MLP-Netze können auch zur Mustererkennung eingesetzt werden, also zur Klassifikation von Objekten oder Systemzuständen an Hand ausgewählter Merkmale, siehe z. B. (Zell 1994, Bishop 1995, 2006). Die Netzausgabe ist dann die Klassenzuweisung. Bei m-Klassenproblemen verwendet man oft ein Netz mit m binären Ausgangsgrößen, bei denen eine Ausgabe von z. B. 1 die Klassenzugehörigkeit und ein Wert von z. B. -1 die Nichtzugehörigkeit anzeigt. Dies ist ein Unterschied zu Funktionsapproximations- und Regressionsaufgaben, bei denen aus reellwertigen Eingangsgrößen reellwertige Ausgangsgrößen zu berechnen sind. Das Ziel besteht darin, die Klassen im Merkmalsraum durch Trennflächen voneinander abzugrenzen. Die Komplexität der Aufgabe hängt davon ab, wie einfach die einzelnen Bereiche separierbar sind. So lassen sich im Merkmalsraum überlappende Klassen nicht fehlerfrei trennen. Die Klassifikation von im Merkmalsraum linear separierbaren Klassen ist dagegen einfach; Künstliche Neuronale Netze werden i. d. R. eingesetzt, wenn dies nicht möglich ist.

12.6.1   Trennflächenform und Ebenenanzahl

In diesem Abschnitt wird beschrieben, wie die mögliche Trennflächenform von der Anzahl der Schichten eines MLP-Netzes abhängt. Dies sind grundsätzliche Überlegungen; welche Trennflächenform praktisch erreicht wird, hängt von den verfügbaren Daten und dem Trainingsverfahren ab.

Zweischichtige Netze: Trennebene

Mit zweischichtigen Netzen (Abb. 12.18b) lassen sich Trennebenen realisieren und somit linear separierbare Klassen voneinander trennen. Dies resultiert aus folgenden Überlegungen: Verwendet man die Funktion

$$y(\mathbf{x}) = \mathbf{x}^T \cdot \mathbf{w} - w_0 \tag{12.38}$$

als Entscheidungsfunktion (die der Berechnungsvorschrift (12.3) für die Netzeingabe net_j entspricht), so wird ein Datum $\mathbf{x}$ für $y(\mathbf{x}) \geq 0$ Klasse 1 zugewiesen, sonst Klasse 2:

$$y(\mathbf{x}) = \begin{cases} \geq 0 \Rightarrow \mathbf{x} \in \mathrm{K}_1 \\ < 0 \Rightarrow \mathbf{x} \in \mathrm{K}_2 \end{cases} \tag{12.39}$$

Die Trennebene, die die Entscheidungsgrenze darstellt, folgt aus $y(\mathbf{x}) = 0$. Der Vektor $\mathbf{w}$ legt die Orientierung der Trennebene fest. Dabei steht $\mathbf{w}$ senkrecht zur Trennebene und zeigt in Richtung des Bereichs der Klasse 1; also des Bereichs für den $y(\mathbf{x}) \geq 0$ gilt (Abb. 12.18a). w_0 legt den Abstand der Trennebene vom Ursprung fest; und zwar gilt für den kleinsten Abstand d der Ebene vom Ursprung (Abb. 12.18a):

$$d = \frac{|w_0|}{\sqrt{\mathbf{w}^T \cdot \mathbf{w}}} . \tag{12.40}$$

Die Entscheidungsfunktion $y(\mathbf{x})$ hat genau die gleiche Form wie die Propagierungsfunktion (12.3). Bei Verwendung einer hart schaltenden Aktivierungsfunktion vom Signum- oder Heaviside-Typ (Abb. 12.2) lässt sich die Entscheidung (12.39) über die Klassenzugehörigkeit umsetzen. Dies zeigt, dass ein zweischichtiges MLP-Netz bestehend aus einer Eingabe- und einer Ausgabeschicht (Abb. 12.18b) eine linear separierbare Klasse korrekt klassifizieren kann.

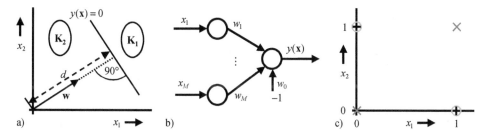

Abb. 12.18: Separation zweier Bereiche mit linearer Entscheidungsfunktion bzw. ebener Trennfläche (a), zwei-schichtiges Netz (b), XOR-Problem, das zwei Klassen ($\circ$, $\times$) definiert, die nicht linear separierbar sind (c)

Sind mehr als zwei Klassen zu klassifizieren, so wird i. Allg. zur Abtrennung jeder einzelnen Klasse i eine individuelle Entscheidungsfunktion $y_i(\mathbf{x})$ verwendet:

$$y_i(\mathbf{x}) = \mathbf{x}^T \cdot \mathbf{w}_i - w_{0,i} \tag{12.41}$$

Dies illustriert Abb. 2.9a. Es gibt zudem bereits einfache Probleme, die sich nicht linear separieren lassen. Ein klassisches Beispiel im Bereich der Neuronalen Netze ist die Trennung der beiden aus einer XOR-Verknüpfung resultierenden Klassen (Abb. 12.18c).

Dreischichtige Netze: Stückweise ebene Trennflächen

Durch logische Verknüpfung mehrerer Trennebenen lassen sich stückweise ebene Trennflä-chen realisieren. So lässt sich ein Gebiet von der Form eines offenen oder geschlossenen konvexen Polyeders im Merkmalsraum eingrenzen und einer Klasse zuweisen, siehe Beispiel in Abb. 12.19a, b. Bei der Realisierung mittels eines dreischichtigen MLP-Netzes (Abb. 12.19c) definieren die Neuronen der zweiten Schicht Hyperebenen. In den beiden zwei-dimensionalen Beispielen in Abb. 12.19a und b sind dies die drei über $y_i(\mathbf{x}) = 0$ definierten Geraden (①, ②, ③). Die kleinen Pfeile zeigen jeweils die Richtung des zugehörigen Vektors der Verbindungsgewichte an. Ein Neuron der dritten Schicht verknüpft diese Ebenen zu ei-nem Polyeder. Dies lässt sich bspw. erreichen, indem die Neuronen der dritten Schicht eine logische UND-Operation realisieren. Im zweidimensionalen Fall spricht man von einem Polygon. Das Beispiel in Abb. 12.19a zeigt, dass so ein konvexes Polygon und das Beispiel in b, dass ein konvexer Polygonzug als Klassengrenze entstehen kann. Die gleiche Wirkung lässt sich mit einem hart schaltenden Neuron bei Verwendung eines geeigneten Schwellen-werts erreichen, wie das folgende Beispiel zeigt.

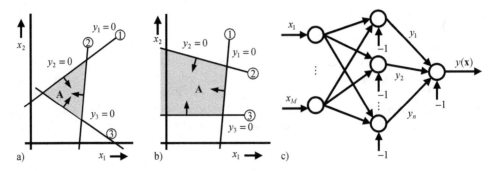

Abb. 12.19: Konvexes Polygon (a) und konvexer Polygonzug (b) als Klassengrenze, dreischichtiges Netz (c)

Beispiel *Realisierung XOR-Verknüpfung*:

Eine XOR-Verknüpfung (siehe Abb. 12.18c) soll mittels eines dreischichtigen Netzes realisiert werden. Eine Lösung ist in Abb. 12.20 dargestellt. Die Neuronen der zweiten und dritten Schicht verwenden Heaviside-Aktivierungsfunktionen. Neuron A ist für Eingangsgrößen oberhalb der Linie „A" und Neuron B für Punkte oberhalb der Linie „B" (siehe Abb. 12.20b) aktiviert. Durch geeignete Wahl der Verbindungsgewichte zu Neuron C liefert das Netz eine Ausgabe von 1 für den grau hinterlegten Bereich zwischen den beiden Linien A und B (Klasse ○) und sonst 0 (Klasse ×).

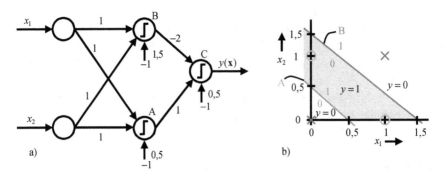

Abb. 12.20: Netzstruktur und Verbindungsgewichte (a), resultierendes Klassifizierungsverhalten (b)

Auch nichtkonvexe Klassengrenzen können mit dreischichtigen MLP-Netzen realisiert werden. Im Beispiel in Abb. 12.21a wird die fett gezeichnete Klassengrenze mit drei Neuronen in der verdeckten Schicht und einem Ausgabeneuron erreicht, die alle hart schalten. Die Ausgabe der verdeckten Neuronen wechselt bei Überschreiten der zugehörigen Trenngeraden ①, ② bzw. ③ von 0 auf 1 und vice versa. Bei Verbindungsgewichten von 1 der zum Ausgabeneuron führenden Verbindungen folgen die mit $\Sigma = \cdot$ angegebenen Netzeingaben des Ausgabeneurons in den zugehörigen Teilgebieten des Merkmalsraums. Aus einem Schwellenwert des Ausgabeneurons von 2 ergibt sich die fett gezeichnete Klassengrenze. Analog folgt das Beispiel in Abb. 12.21b: Hier haben die von den Neuronen ① bis ④ abgehenden Verbindungen ein Gewicht von 1, die vom Neuron ⑤ abgehende dagegen 1,5. Bei einem Schwellenwert des Ausgabeneurons von 4,5 folgt die fett gezeichnete Klassengrenze.

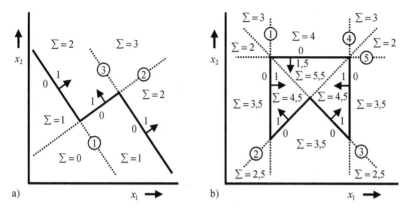

Abb. 12.21: Beispiel eines MLP-Konstruktionsmechanismus bei nicht konvexer Klassengrenze in Form eines offenen Polygonzugs (a) oder eines Polygons (b)

12.6.2   Training des Klassifikators

In diesem Abschnitt wird das Training von MLP-Netzen für Klassifikationsaufgaben behandelt. Für eine harte Klassenzuweisung sind schaltende Aktivierungsfunktionen notwendig. Bei diesen ist f'_{alt} bis auf die Unstetigkeitsstelle identisch Null, so dass eine gradientenbasierte Gewichtsänderung gemäß (12.20) bzw. (12.25) nicht durchführbar ist. Dieses Problem kann vermieden werden, wenn im Training die hart schaltenden Aktivierungsfunktionen durch stetig-differenzierbare approximiert werden. Das Netz wird nach dem Training durch ein hart schaltendes Netz mit der entsprechenden Entscheidungsgrenze ersetzt. Die Klassenzugehörigkeit kann z. B. mit einer Sollausgabe von 1 und die Nichtzugehörigkeit mit einer Sollausgabe von -1 festgelegt werden. Diese Werte werden für das Training des Netzes verwendet.

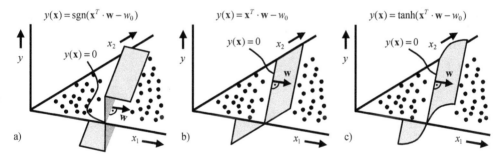

Abb. 12.22: Binäre Klassifikation (a), lineare (b) und sigmoide (c) Approximation

Eine naive Trainingsmethode ist es, für das Training die binäre Aktivierungsfunktion (Abb. 12.22a) durch die Identitätsfunktion zu ersetzen (Abb. 12.22b). Dies erlaubt die Anwendung der Methode der kleinsten Quadrate zur Berechnung der Verbindungsgewichte, aus der mit

$$y(\mathbf{x}) = \mathbf{x}^T \cdot \mathbf{w} - w_0 \overset{!}{=} 0 \tag{12.42}$$

direkt die Trennfläche folgt. Nach dem Training wird die lineare Aktivierungsfunktion wieder durch eine Signumfunktion ersetzt, die zur gleichen Trennfläche führt. Der Vorteil dieser Vorgehensweise besteht darin, dass das LS-Verfahren in *einem* Schritt *global* optimale Gewichte des vereinfachten Modells ermittelt.

Für ein *c*-Klassenproblem wird hierzu wie folgt vorgegangen: Gesucht seien die *c* Entscheidungsfunktionen

$$y_i(\mathbf{x}) = \mathbf{x}^T \cdot \mathbf{w}_i - w_{0,i} = \begin{bmatrix} \mathbf{x} \\ -1 \end{bmatrix}^T \cdot \begin{bmatrix} \mathbf{w}_i \\ w_{0,i} \end{bmatrix} =: \widetilde{\mathbf{x}}^T \cdot \widetilde{\mathbf{w}}_i \; ; \;\; i = 1,...,c \; , \tag{12.43}$$

wobei ein Datum $\mathbf{x}$ für $y_i(\mathbf{x}) \geq 0$ Klasse 1 zugewiesen werde. Gegeben seien N Trainingsdaten mit Klassenzuweisung zur Bestimmung der gesuchten c Parametervektoren $\widetilde{\mathbf{w}}_i$. Bei linearer Approximation der binären Klassifikation im Training folgt der kontinuierliche Klassifikationsfehler des Musters $\mathbf{x}_j$ bzgl. der i-ten Klasse zu:

$$e_{i,j} = y_{\mathrm{ref},i.j} - y_i(\mathbf{x}_j) = y_{\mathrm{ref},i.j} - \widetilde{\mathbf{x}}_j^T \cdot \widetilde{\mathbf{w}}_i \tag{12.44}$$

Der mittlere quadratische Klassifizierungsfehler aller N Datensätze bzgl. der i-ten Klasse ist

$$\begin{aligned} J_i(\widetilde{\mathbf{w}}_i) &= \frac{1}{N} \sum_{j=1}^N (e_{i,j})^2 = \frac{1}{N} \sum_{j=1}^N (y_{\mathrm{ref},i.j} - \widetilde{\mathbf{x}}_j^T \cdot \widetilde{\mathbf{w}}_i)^2 \\ &= \frac{1}{N} (\mathbf{y}_{\mathrm{ref},i} - \widetilde{\mathbf{X}} \cdot \widetilde{\mathbf{w}}_i)^T \cdot (\mathbf{y}_{\mathrm{ref},i} - \widetilde{\mathbf{X}} \cdot \widetilde{\mathbf{w}}_i) \end{aligned} \tag{12.45}$$

mit

$$\mathbf{y}_{\mathrm{ref},i} = \begin{bmatrix} y_{\mathrm{ref},i,1} \\ \vdots \\ y_{\mathrm{ref},i,N} \end{bmatrix}; \quad \widetilde{\mathbf{w}}_i = \begin{bmatrix} \mathbf{w}_i \\ w_{i,0} \end{bmatrix}; \quad \widetilde{\mathbf{X}} = \begin{bmatrix} \widetilde{\mathbf{x}}_1^T \\ \vdots \\ \widetilde{\mathbf{x}}_N^T \end{bmatrix} = \begin{bmatrix} \mathbf{x}_1^T & -1 \\ \vdots & \vdots \\ \mathbf{x}_N^T & -1 \end{bmatrix}. \tag{12.46}$$

Hier zeigt sich der Vorteil der linearen Approximation: Der Klassifikationsfehler ist linear in den Parametern $\widetilde{\mathbf{w}}_i$. Das J_i minimierende Argument folgt durch Nullsetzen der ersten partiellen Ableitungen von J_i nach $\widetilde{\mathbf{w}}_i$ zu:

$$\widetilde{\mathbf{w}}_i = (\widetilde{\mathbf{X}}^T \cdot \widetilde{\mathbf{X}})^{-1} \cdot \widetilde{\mathbf{X}}^T \cdot \mathbf{y}_{\mathrm{ref},i} \tag{12.47}$$

Statt zum Entwurf von c Klassifikatoren c getrennte Schätzprobleme zu lösen, können diese alternativ zu einem Problem zusammengefasst werden zu

$$\mathbf{y}(\mathbf{x}) = \begin{bmatrix} y_1(\mathbf{x}) & \cdots & y_c(\mathbf{x}) \end{bmatrix}^T = \begin{bmatrix} \widetilde{\mathbf{w}}_1 & \cdots & \widetilde{\mathbf{w}}_c \end{bmatrix}^T \cdot \widetilde{\mathbf{x}} =: \widetilde{\mathbf{W}}^T \cdot \widetilde{\mathbf{x}} . \tag{12.48}$$

Nun können die Parameter in einem Schritt berechnet werden zu

$$\widetilde{\mathbf{W}} = (\widetilde{\mathbf{X}}^T \cdot \widetilde{\mathbf{X}})^{-1} \cdot \widetilde{\mathbf{X}}^T \cdot \mathbf{Y}_{\mathrm{ref}} \tag{12.49}$$

mit

$$\mathbf{Y}_{ref} = \begin{bmatrix} \mathbf{y}_{ref,1} & \cdots & \mathbf{y}_{ref,c} \end{bmatrix} = \begin{bmatrix} y_{ref,1,1} & \cdots & y_{ref,c,1} \\ \vdots & & \vdots \\ y_{ref,1,N} & \cdots & y_{ref,c,N} \end{bmatrix} \tag{12.50}$$

und $\tilde{\mathbf{X}}$ gemäß (12.46).

Die quadratische Bewertung der Abweichungen zusammen mit der linearen Approximation des Klassifikators führt zu großer Empfindlichkeit des Ergebnisses bzgl. Ausreißern: Der Ansatz legt die Trennfläche $y(\mathbf{x}) \equiv 0$ so, dass die Datensätze im quadratischen Mittel einen minimalen Abstand von ihr haben. Dadurch haben Ausreißer einen überproportionalen Einfluss auf die Lage der Trennfläche. Erinnert sei daran, dass für eine erwartungstreue LS-Schätzung die Störgröße normalverteilt sein muss, was bei binär-wertigen Referenzwerten nicht der Fall ist.

Für praktische Anwendungen ist eine lineare Approximation des binären Klassifikators im Training i. d. R. zu grob und ein solches Vorgehen nicht sinnvoll. Stattdessen kann man eine sigmoide Aktivierungsfunktion zur Approximation der binären verwenden. Abb. 12.5 rechts zeigt, dass bei geeigneter (d. h. betragsmäßig großer) Wahl der Gewichte eine binäre Funktion gut approximiert werden kann. Ein zweischichtiges MLP-Netz mit sigmoiden Aktivierungsfunktionen ist nichtlinear in den Parametern, so dass das LS-Verfahren nicht einsetzbar ist. Stattdessen kann ein gradientenbasiertes Trainingsverfahren wie das Backpropagation-(oder Levenberg-Marquardt-)Verfahren genutzt werden, siehe Abschnitt 12.3.2. Nach dem Training werden die sigmoiden Aktivierungsfunktionen der Ausgabeschicht durch schaltende ersetzt. Wurde Klassenzugehörigkeit und Klassennichtzugehörigkeit mit $+1/-1$ kodiert, so kann die über eine Netzausgabe von 0 definierte Ebene $y(\mathbf{x}) = \mathbf{x}^T \cdot \mathbf{w} - w_0 = 0$ direkt als Schaltebene verwendet werden.

Die gradientenbasierten Verfahren konvergieren zu einem lokalen Optimum. Das Ergebnis hängt von der Wahl der Anfangswerte für die Verbindungsgewichte ab. Alternativ kann ein Evolutionärer Algorithmus als globales Suchverfahren eingesetzt werden (siehe Abschnitt 23.4). Dann ist auch kein stetig differenzierbares Übertragungsverhalten des Netzes für das Training notwendig und hart schaltende Aktivierungsfunktionen können *direkt* gelernt werden. Dafür verläuft der Lernvorgang i. d. R. nicht so effizient ab wie mit einem gradientenbasierten Verfahren wie z. B. der Resilent-Backpropagation.

Das folgende Beispiel illustriert die Anwendung einer linearen vs. sigmoiden Approximation der schaltenden Aktivierungsfunktion. Das anschließende Beispiel zeigt das Lernen einer nichtlinearen Klassengrenze bei einem Zwei-Klassenproblem. Als drittes Beispiel wird der häufig aufgegriffene Iris-Datensatz als Drei-Klassenproblem behandelt.

Beispiel *Klassifikatorentwurf für linear separierbares Zwei-Klassenproblem*:
Zwei linear separierbare Klassen sollen mittels zweischichtigem MLP-Netz (mit On-Neuron) getrennt werden. Klasse 1 werde aus den Daten $\{(1;2); (1;3); (2;3)\}$, Klasse 2 aus $\{(3;1); (4,1); (4;2)\}$ gebildet. Für Klasse 1 soll eine Netzausgabe von 1 und für Klasse 2 von -1 geliefert werden. Zuerst wird zum Trainieren des Netzes die Signum-Aktivierungsfunktion des Ausgabeneurons linear approximiert, um mittels des LS-Verfahrens die Verbindungsgewichte berechnen zu können. Dies liefert die Entscheidungsfunktion

$$y(\mathbf{x}) = net_j = w_1 x_1 + w_2 x_2 - w_0 = -0{,}546 x_1 + 0{,}455 x_2 + 0{,}455 \tag{12.51}$$

und somit die Trenngerade $x_2 \approx 1{,}2x_1 - 1$. In der rechten Hälfte von Abb. 12.23 sind o. l. Daten und Trenngerade dargestellt. In der linken Hälfte von Abb. 12.23 wird o. l. der Graph der Entscheidungsfunktion (12.51) gezeigt.

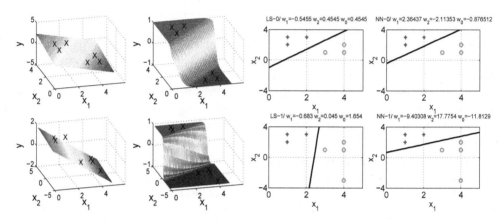

Abb. 12.23: Linke Abbildungshälfte: Least-Squares-geschätzte lineare Entscheidungsfunktion im Fall ohne (o. l.) und mit Ausreißer (u. l.); Graph der Entscheidungsfunktion bei der Verwendung der Tanhyp-Aktivierungsfunktion im Fall ohne (o. r.) und mit Ausreißer (u. r.). Rechte Abbildungshälfte: Zu den Fällen in der linken Bildhälfte korrespondierende Lage der Trenngeraden bzw. Klassengrenzen

Alternativ wird die Tanhyp-Funktion als sigmoide Aktivierungsfunktion zur Approximation der Signum-Funktion verwendet und das Netz mittels Backpropagation trainiert. Das Ergebnis hängt wegen der lokalen Konvergenz des Backpropagation-Algorithmus von der Initialisierung ab. Beispielsweise folgt als Entscheidungsfunktion

$$y(\mathbf{x}) = \tanh(net_j) \text{ mit } net_j = w_1 x_1 + w_2 x_2 - w_0 = -9{,}394 x_1 + 6{,}643 x_2 + 0{,}185 \tag{12.52}$$

und somit als Trenngerade $x_2 \approx 1{,}4x_1 - 0{,}03$. In der rechten Hälfte von Abb. 12.23 sind o. r. Daten und Trenngerade und in der linken Hälfte ist o. r. der Graph der Entscheidungsfunktion (12.52) dargestellt.

Nun wird zu den Daten der Klasse 2 noch ein Ausreißer $(4; -3)$ hinzugefügt, so dass diese aus $\{(3; 1); (4; 1); (4; 2); (4; -3)\}$ besteht. Der Ausreißer ist in den Plots in der rechten Hälfte von Abb. 12.23 unten gut zu erkennen. Die LS-Schätzung liefert dafür als Entscheidungsfunktion

$$y(\mathbf{x}) = w_1 x_1 + w_2 x_2 - w_0 = -0{,}683 x_1 + 0{,}045 x_2 + 1{,}654 \tag{12.53}$$

und somit als Trenngerade $x_2 \approx 15{,}2x_1 - 36{,}7$. Im rechten Teil von Abb. 12.23 sind u. l. Daten und Trenngerade und im linken u. r. ist der Graph der Entscheidungsfunktion (12.53) dargestellt.

Die Verwendung der Tanhyp-Funktion und Training mit Backpropagation liefert als Entscheidungsfunktion z. B.

$$y(\mathbf{x}) = \tanh(net_j) \text{ mit } net_j = w_1 x_1 + w_2 x_2 - w_0 = -12{,}259 x_1 + 9{,}898 x_2 + 6{,}643 \tag{12.54}$$

und somit als Trenngerade $x_2 \approx 1{,}24x_1 - 0{,}67$. Im rechten Teil von Abb. 12.23 sind u. r. Daten und Trenngerade und im linken u. r. ist der Graph der Entscheidungsfunktion (12.54) dargestellt.

In diesem Beispiel führt das LS-Verfahren im Fall ohne Ausreißer in einem Schritt zu einer besser platzierten Trenngerade als das mit Backpropagation trainierte sigmoide Netz. Im Fall mit Ausreißer führt die bessere Approximation der binären Entscheidung mittels der sigmoiden Funktion dazu, dass die Schätzung der Trenngerade wesentlich unempfindlicher gegenüber Ausreißern ist. Zur Ermittlung eines geeigneten Ergebnisses waren allerdings mehrere Zufallsinitialisierungen notwendig.

Beispiel *Klassifikatorentwurf für nicht linear separierbares Zwei-Klassenproblem*:
Betrachtet wird eine Klassifikationsaufgabe, bei der die Klassengrenze über das Polynom

$$x_2 = (x_1 + 2)x_1(x_1 - 2)/5 = f(x_1) \qquad (12.55)$$

definiert ist. Zum Anlernen eines Klassifikators werden 200 Trainings- und 200 Testdaten als in $(x_1, x_2) \in [-3;3] \times [-3;3]$ gleichverteilte Zufallszahlen generiert. Daten mit $x_2 > f(x_1)$ werden Klasse 1 zugeteilt und ein Wert von $y = 1$ zugewiesen. Die übrigen Daten gehören zu Klasse 2 und erhalten einen Wert von $y = -1$. Beim resultierenden Datensatz weisen beide Klassen etwa gleich viele Daten auf. Ein MLP-Netz mit einer verdeckten Schicht und On-Neuronen bei verdeckter und Ausgabeschicht wird angesetzt. Die verdeckten Neuronen und das Ausgabeneuron haben eine Tanhyp-Aktivierungsfunktion. Trainiert werde epochal mit dem Levenberg-Marquardt-Algorithmus mit den Standardeinstellungen der Matlab Neural Network Toolbox. Es werden Netze mit 2 bis 20 verdeckten Neuronen mit jeweils 12 verschiedenen zufälligen Initialisierungen der Verbindungsgewichte trainiert. Bereits Netze mit drei oder vier verdeckten Neuronen erreichen Korrektklassifikationsraten von 99 % auf den Trainings- und 98 % auf den Testdaten, die sich in den Experimenten durch größere Netze nicht verbessern lassen.

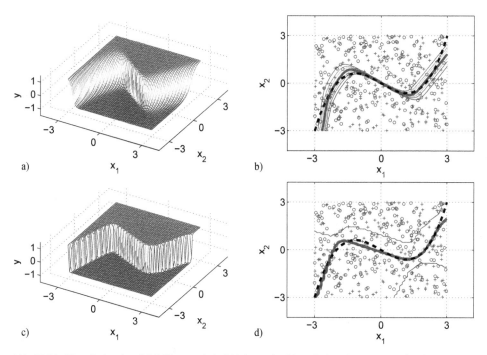

Abb. 12.24: Kennfläche eines MLP-Netzes mit drei (a) bzw. vier (c) verdeckten Neuronen; rechts daneben sind zugehörige Höhenlinien (dünne Linien), die „wahre" (gestrichelt) und die geschätzte (durchgezogene Linie) Klassengrenze sowie Trainings- (+) und Testdaten (○) dargestellt

Exemplarisch zeigt Abb. 12.24a die Ausgabe $y(x_1, x_2)$ eines MLP-Netzes mit drei verdeckten Neuronen, bevor mittels binärer Entscheidung gemäß (12.39) eine Klassenzuweisung erfolgt. Abb. 12.24b zeigt die zugehörigen Höhenlinien. Die Grafiken darunter gehören zu einem MLP-Netz mit vier verdeckten Neuronen. In beiden Fällen wird der Verlauf der wahren (gestrichelt eingezeichneten) Klassengrenze gut getroffen. Im Vier-Neuronenfall ist die Ausgabe des MLP-Netzes bereits fast binär; im Drei-

Neuronenfall wird eine klare Klassengrenze erst durch die nachgelagerte Entscheidungsfunktion (12.39) erreicht.

Beispiel *Klassifikation Iris-Datensatz*:

Der Iris-Datensatz ist ein Benchmarkproblem der Klassifikation. Er kann beispielsweise vom UCI Machine Learning Repository[41] bezogen werden. Das Ziel besteht in der Klassifikation von drei Schwertlilienarten (Iris Setosa, Iris Virginica und Iris Versicolor) an Hand von vier Merkmalen (Länge und Breite von Kelch- bzw. Kornblatt). Zu jeder Art gibt es 50 und somit insgesamt 150 Datensätze. Dabei grenzen Virginica und Versicolor im Merkmalsraum dicht aneinander, was die Klassifikation erschwert, siehe Daten in Abb. 12.25. Zum Anlernen eines Klassifikators wird für jede Klasse ein einzelnes MLP-Netz one-against-all trainiert. Bei Klassenzugehörigkeit wird einem Datum der Wert $y = 1$ zugewiesen, sonst $y = -1$. Aus den 50 Datensätzen jeder Klasse werden zufällig 45 ausgewählt, die zusammen den Trainingsdatensatz bilden. Die übrigen fünf Daten je Klasse ergeben den Testdatensatz. Es werden MLP-Netze mit einer verdeckten Schicht und Neuronen mit sigmoider (Tanhhyp-) Aktivierungsfunktion in verdeckter Schicht und Ausgabeschicht eingesetzt. Trainiert wird epochal mit dem Levenberg-Marquardt-Verfahren (mit Standardeinstellungen der Matlab Neural Network Toolbox). Das Abbruchkriterium ist ein mittlerer quadratischer Ausgabefehler von 10^{-4}.

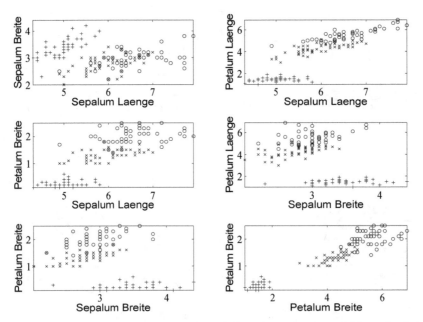

Abb. 12.25: Fehlerfreies Klassifikationsergebnis mit einem 4-3-1-MLP (2D-Projektionen des 4D-Merkmalsraums) mit den Klassen Iris Setosa (+), Iris Virginica (○) und Iris Versicolor (×)

Bereits mit einem 4-3-1-MLP-Netz für jede Klasse lässt sich eine Richtigklassifikationsrate von $R_R = 100\,\%$ erreichen – allerdings nur bei 1 von 1000 Zufallsinitialisierungen der Verbindungsgewichte. Abb. 12.25 zeigt die Klassifikation der Trainings- und Testdaten dargestellt in sechs unterschiedlichen zweidimensionalen Projektionen des vierdimensionalen Merkmalraums für diesen Fall. (Wegen des idealen Ergebnisses reicht es in der Abbildung aus, nur die Klassenzugehörigkeiten der Daten zu

---

[41]   http://archive.ics.edu/ml/

unterscheiden.) Durch die Projektion auf zwei Dimensionen fallen einige Daten in den Abbildungen übereinander, die aber im vierdimensionalen Merkmalsraum fehlerfrei separiert und klassifiziert werden. Bei 4-10-1-MLP-Netzen ließ sich $R_R = 100\,\%$ Richtigklassifikationsrate in 18 von 1000 Fällen erreicht. Der Vergleich von 4-3-1- und 4-10-1-MLP-Netzen illustriert, dass sich mit einer größeren Anzahl an Neuronen die Tendenz zur Konvergenz in ungünstigen Minima der Zielfunktion reduzieren lassen kann (vgl. Abschnitt 12.4).

12.7 Modellbildung mit MLP-Netzen

Die Einsatzbarkeit von MLP-Netzen für die datengetriebene Modellbildung ist der von Fuzzy-Modellen sehr ähnlich. Hier wie dort kann zwischen der Identifikation bzw. dem Anlernen statischer und dynamischer Modelle unterschieden werden.

Die Ausführungen der vorherigen Abschnitte haben die für die statische Modellbildung wesentlichen Aspekte behandelt: Bereits MLP-Netze mit einer verdeckten Schicht nichtlinearer Neuronen sind universelle Approximatoren. Eine höhere Anzahl verdeckter Schichten ändert nichts an dieser grundlegenden Eigenschaft, kann aber praktisch wegen der endlichen Anzahl an Neuronen eines Netzes vorteilhaft sein (vgl. Abschnitt 11.3 und 12.4). Die Netze lassen sich durch gradientenbasierte Verfahren wie Backpropagation und dessen Weiterentwicklungen effizient trainieren. Für Modellbildungsaufgaben kleiner und mittlerer Größe ist insbesondere das Levenberg-Marquardt-Verfahren gut geeignet (siehe Abschnitt 12.5).

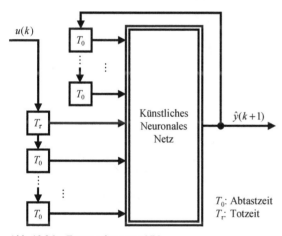

Abb. 12.26: Extern rekurrentes NN

MLP-Netze haben kein Gedächtnis bzw. keine Speicher und weisen wie Fuzzy-Systeme statisches Übertragungsverhalten auf. Dynamische Modelle können wie bei den Fuzzy-Modellen dadurch realisiert werden, dass auch vergangene Werte der Ausgangs- und der externen Eingangsgrößen als Netzeingaben verwendet werden, siehe Abb. 12.26. Beim Training der resultierenden sog. rekurrenten MLP-Netze muss das Fehlersignal einerseits durch das Netz rückpropagiert werden. Da die Ausgangsgrößen zurückgeführt und als Eingangsgrößen verwendet werden, muss das Netz andererseits rekursiv ausgewertet werden, um den Fehler durch die Zeit zurück zu verfolgen. Deshalb wurde für rekurrente MLP-Netze speziell der Backpropagation-through-time-(BPTT-)Algorithmus entwickelt, siehe z. B. (Haykin 2009).

Beispiel *nichtlineare Regression „Polynom 4. Ordnung":*

Ziel sei die Identifikation eines MLP-Modells für ein statisches System aus gestörten Beobachtungen. Dazu wird das Beispiel aus der TS-Modellbildung aus Abschnitt 6.3.1 aufgegriffen. Dort wurde ein TS-Modell mit fünf Regeln verwendet. Deshalb werde im Folgenden ein 1-5-1-Netz (mit On-Neuronen) angesetzt. Die verdeckten Neuronen haben eine Tanhyp-Aktivierungsfunktion und das Ausgabeneuron sei linear. Trainiert werde epochal mit dem einfachen Backpropagation-Algorithmus (BP) mit einer festen Lernrate von $\eta = 0,01$. Wegen der lokalen Konvergenz werden 50 verschiedene Initialisierungen mit unterschiedlichen Verbindungsgewichten untersucht. Abb. 12.27a zeigt Trainings- und Testdaten sowie das Übertragungsverhalten des trainierten Netzes. In diesem Beispiel führt die relativ große Wahl der Lernrate zu einer anfänglichen, vorübergehenden Vergrößerung des Trainingsfehlers. Bei einer kleineren Wahl, z. B. $\eta = 0,001$, tritt dieser Effekt nicht auf (Abb. 12.27b). Allerdings führt eine Reduzierung der Lernrate um eine Größenordnung auf eine um etwa eine Größenordnung höhere Epochenanzahl bis zum Erreichen des Abbruchkriteriums. Um einen Faktor von etwa 1000 schneller konvergiert das Levenberg-Marquardt-Verfahren (LM) bei vergleichbarer Modellgenauigkeit. Das Beispiel wird bei RBF-Netzen wieder aufgegriffen. Umfangreiche Parameterstudien finden sich auf der Companion-Web-Seite.

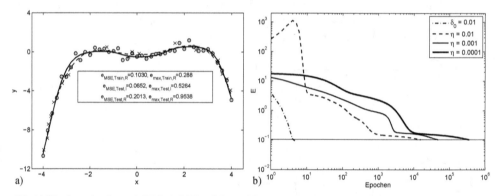

Abb. 12.27: Ausgabe eines mit BP ($\eta = 0,01$) trainierten MLP-Netzes (—) und Graph der ungestörten Funktion (- -), Trainings- (○) und gestörte Testdaten (×) (a); Zielfunktionsverlauf über die Epochen bei BP mit verschiedenen Lernraten η und LM-Verfahren mit Standardeinstellung von $\delta_0 = 0,01$ (b)

12.8   Modellprädiktive Regelung mit MLP-Netzen

MLP-Netze können für verschiedene modellbasierte Regelungskonzepte eingesetzt werden. Nørgaard et al. (2003) geben eine Übersicht und Su und Avoy (1997) geben eine anwendungsorientierte Einführung hierzu. Ihre guten Approximationseigenschaften werden z. B. beim Lernen von inversen statischen oder dynamischen Modellen bei Kompensationsreglern oder Vorsteuerungen genutzt. In der Praxis verbreitet ist zudem ihr Einsatz als dynamische, nichtlineare Prognosemodelle bei modellprädiktiven Reglern. Ein Beispiel sind die Produkte der Firma Pavilion Technologies (Piche et al. 2000).

13   Radiale-Basisfunktionen-Netze

13.1   Netzaufbau

Der Ursprung der Radiale-Basisfunktionen-(RBF-)Netze (Broomhead, Lowe 1988, Moody, Darken 1989, Poggio, Girosi 1989) liegt im Bereich multivariater Interpolations-/Approximationsaufgaben (Powell 1987a, b). Dabei handelt es sich um vorwärtsgerichtete Netze mit drei Schichten (Eingabe, verdeckt, Ausgabe, Abb. 13.1). Nur die Verbindungen zwischen verdeckter Schicht und Ausgabeschicht haben Verbindungsgewichte. Neuronen der Eingabeschicht verteilen nur die Eingangssignale. Neuronen der Ausgabeschicht wirken linear. Die Neuronen der verdeckten Schicht verwenden (nichtlineare) Basisfunktionen als Aktivierungsfunktionen. Mittels der nichtlinearen Neuronen der verdeckten Schicht wird der Eingangsgrößenraum des RBF-Netzes nichtlinear auf den von den Ausgangsgrößen der verdeckten Neuronen aufgespannten Raum abgebildet. Dieser wird linear auf die Ausgangsgrößen abgebildet. Die Wirkungsweise kann also so interpretiert werden, dass ein nichtlineares Problem in eine höherdimensionale Darstellung transformiert wird, in der es näherungsweise linear behandelt werden kann. Die Anzahl verdeckter Neuronen ist deshalb typischerweise größer als die Anzahl der Eingangsgrößen des Netzes.

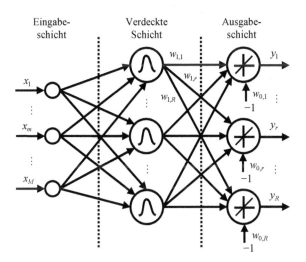

Abb. 13.1:   RBF-Netz mit M Ein- und R Ausgabesignalen, einer verdeckten Schicht und On-Neuronen

Bei RBF-Netzen nimmt der Einfluss eines Neurons mit zunehmendem (Euklid'schen) Abstand von seiner Basis radial im Eingangsgrößenraum ab (Abb. 13.2b). Ein MLP-Neuron ist dagegen für alle Eingaben aktiv, die kumuliert größer als der Schwellenwert sind. Seine Aktivierung nimmt in eine Richtung ab/zu; die Höhenlinien seiner Ausgabe sind parallele Geraden im Eingangsgrößenraum (Abb. 12.4). Bei RBF-Neuronen sind die Höhenlinien konzentrische Kreise/Kugeln um die Basis $\mathbf{v}_i$ (Abb. 13.2a). Dadurch sind die Parameter von RBF-Netzen einfacher zu interpretieren als die von MLP-Netzen.

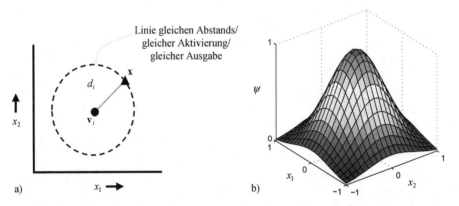

Abb. 13.2:   Radialsymmetrische Isonormale einer Basisfunktion (a), normierte Gaußfunktion als Beispiel einer Basisfunktion (b)

13.2   Basisfunktionen

Eine Basisfunktion ψ besteht aus zwei Komponenten: Einer Bewertung des Abstands d_i des Eingabevektors $\mathbf{x}$ zur Basis $\mathbf{v}_i$ (Abb. 13.2a); s. a. Abschnitt 5.1.1) und der (nichtlinearen) Abbildung des Abstands auf einen Funktionswert $\psi_i(\mathbf{x}) =: \psi(d_i)$. Als radialsymmetrische Abstandsnorm wird die Euklid'sche Norm eingesetzt:

$$d_i = \left\| \mathbf{x} - \mathbf{v}_i \right\|_2 = \sqrt{(\mathbf{x} - \mathbf{v}_i)^T \cdot (\mathbf{x} - \mathbf{v}_i)} \, . \tag{13.1}$$

Typische Basisfunktionen sind (Abb. 13.3):

*   Normierte Gaußfunktion:

$$\psi(d_i) = \exp\!\left(-\frac{d_i^2}{2\sigma_i^2} \right) \qquad (\sigma_i : \text{Entwurfsparameter}) \tag{13.2}$$

*   Inverse multiquadratische Funktion (IMQ):

$$\psi(d_i) = \frac{1}{\sqrt{d_i^2 + a_i^2}} \qquad (a_i : \text{Entwurfsparameter}) \tag{13.3}$$

*   Rechteckfunktion:

$$\psi(d_i) = \begin{cases} 0 \ \text{wenn} \ d_i > b_i \\ 1 \ \text{sonst} \end{cases} \qquad (b_i : \text{Entwurfsparameter}) \tag{13.4}$$

- Dreieckfunktion:

$$\psi(d_i) = \begin{cases} 0 & \text{wenn } d_i > b_i \\ 1 - d_i / b_i & \text{sonst} \end{cases} \qquad (b_i : \text{Entwurfsparameter}) \tag{13.5}$$

Dabei wird die Gauß'sche Basisfunktion am häufigsten verwendet. Die die Form festlegenden Entwurfsparameter σ_i; a_i; b_i in (13.2) bis (13.5) werden auch als Form-, Weiten-, Radius-, Ausdehnungs- oder Skalierungsparameter bezeichnet. Sie können für alle Basisfunktionen einheitlich oder individuell angepasst gewählt werden, was in Abschnitt 13.4 erläutert wird.

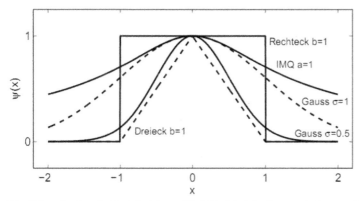

Abb. 13.3: Graphen der Basisfunktionen (13.2) bis (13.5) für Zentrum in 0 und Weitenparameter $\sigma_i = 0{,}5$; $\sigma_i = 1$ (Gauß), $a_i = 1$ (IMQ) und $b_i = 1$ (Drei- und Rechteck)

13.3   Übertragungsverhalten

Das Übertragungsverhalten eines RBF-Netzes mit c Neuronen in der verdeckten Schicht und einem Ausgabeneuron lässt sich in einer Gleichung zusammenfassen zu

$$y(\mathbf{x}) = \sum_{i=1}^{c} w_i \cdot \psi(\|\mathbf{x} - \mathbf{v}_i\|_2) =: \sum_{i=1}^{c} w_i \cdot \psi_i(\mathbf{x}) \tag{13.6}$$

und für Netze mit On-Neuron zu

$$y(\mathbf{x}) = \sum_{i=0}^{c} w_i \cdot \psi(\|\mathbf{x} - \mathbf{v}_i\|_2) =: \sum_{i=0}^{c} w_i \cdot \psi_i(\mathbf{x}) \text{ mit } \psi_0 = -1. \tag{13.7}$$

Die Parameter eines RBF-Netzes sind die c Verbindungsgewichte ($c + 1$ im Fall mit On-Neuron) pro Netzausgabe und die Positionen der c Basen der Neuronen der verdeckten Schicht.

Beispiel *Übertragungsverhalten RBF-Netz*:

Gegeben sei ein RBF-Netz mit zwei Eingangsgrößen, einer Ausgangsgröße, einer verdeckten Schicht mit drei Neuronen mit normierter Gaußfunktion als Basisfunktion

$$\psi_i(\mathbf{x}) = \exp\left(-\frac{\|\mathbf{x} - \mathbf{v}_i\|_2^2}{a_i}\right) = \exp\left(-\frac{(\mathbf{x} - \mathbf{v}_i)^T \cdot (\mathbf{x} - \mathbf{v}_i)}{a_i}\right) \qquad (13.8)$$

und On-Neuron (Abb. 13.4). Dabei wurde abkürzend $a_i := 2\sigma_i^2$ verwendet. Abb. 13.5 stellt das Übertragungsverhalten des Netzes für die angegebene Wahl der Gewichte dar. Die lokale (radialsymmetrische) Wirkung der Basisfunktionen zeigt sich deutlich.

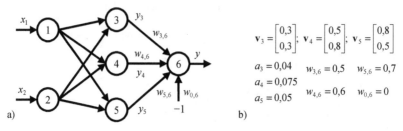

Abb. 13.4:   RBF-Netzstruktur (a), Basen und Verbindungsgewichte (b)

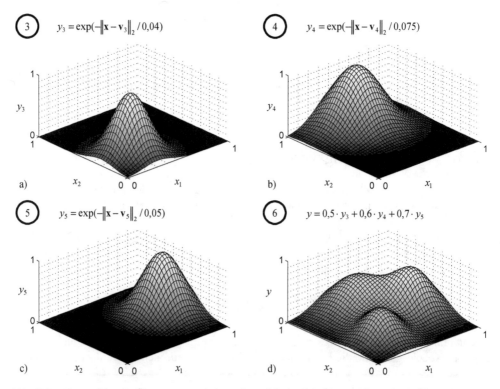

Abb. 13.5:   Konstruktion des Übertragungsverhaltens eines einfachen RBF-Netzes (d) aus den Beiträgen der drei Neuronen ③ (a), ④ (b) und ⑤ (c) der verdeckten Schicht

13.4 Lernverfahren

Während MLP-Netze i. d. R. mittels einstufiger Verfahren wie dem Backpropagation-Algorithmus trainiert werden, ist bei RBF-Netzen ein zwei- oder dreistufiges Vorgehen üblich: Im ersten Schritt werden die Zentren/Basen heuristisch platziert oder unüberwacht gelernt und die Formparameter festgelegt. Im zweiten Schritt werden die Verbindungsgewichte zu den Ausgabeneuronen mittels überwachter Lernverfahren ermittelt. Die typischen Verfahren zur Basenplatzierung führen nicht zu approximations-optimierten Netzen. Deshalb können in einem dritten Schritt alle Parameter optimiert werden, so dass ein approximations-orientiertes Bewertungsmaß (wie der mittlere quadratische Ausgabefehler) minimal wird. Die folgenden Ausführungen orientieren sich an gaußglockenförmigen Basisfunktionen (13.2); andere Basisfunktionen folgen entsprechend.

13.4.1 Festlegung von Basen und Formparametern

Das RBF-Konzept wurde ursprünglich als Interpolationsverfahren entwickelt: In jedes Datum wurde ein Stützpunkt (bzw. Basispunkt) platziert. In den Zwischenbereichen interpolieren die Basisfunktionen. Dies ist bei großen Datensätzen und bei verrauschten Daten nicht sinnvoll; zudem ist i. d. R. ein spärlich parametriertes Modell erwünscht. Deshalb wurden die folgenden Strategien zur Positionierung der c Basen entwickelt:

- zufällige Platzierung im Eingangsgrößenraum,
- Auswahl einer Teilmenge von c Trainingsdaten und Platzierung der Zentren in diesen Daten,
- gleichmäßige „Schachbrett-/Gitterverteilung" oder
- Platzierung durch Clusterverfahren oder selbstorganisierende Merkmalskarten.

Auswahl einer Teilmenge: Eine einfache Auswahlstrategie ist die zufällige Festlegung einer Teilmenge von c Trainingsdaten und Platzierung der Zentren in diesen Daten. Dies garantiert jedoch keine repräsentative/günstige Lage der Zentren. Eine andere Möglichkeit besteht in einer Auswahl eines großen Pools an Zentrumskandidaten (und Festlegung der Formparameter), von denen dann einige ausgewählt werden. Da bei fixen Basisfunktionen die Festlegung der Verbindungsgewichte ein LiP-Problem darstellt, können Methoden wie die orthogonale Methode der kleinsten Quadrate (Orthogonal Least Squares, OLS) eingesetzt werden. Das OLS-Verfahren startet mit einer einzelnen Basis. Es wählt in jedem Iterationsschritt diejenige zusätzliche Basis aus, die den Modellfehler maximal reduziert. Das Verfahren bricht ab, wenn die Abbruchbedingung erreicht ist wie z. B. eine Zielvorgabe bzgl. des Modellfehlers (Chen et al. 1991, Nelles 2001).

Schachbrett-/Gitterverteilung: Bei der Schachbrett-/Gitterverteilung werden die Zentren gitterförmig gleichmäßig im Eingangsgrößenraum verteilt. Dadurch lässt sich das Problem der Gewährleistung einer geeigneten Überlappung der Basisfunktionen vergleichsweise einfach lösen. Ein Nachteil besteht darin, dass die Basen nicht gezielt dort dichter platziert werden, wo stark nichtlineares Verhalten einer höheren Auflösung bedarf. Zudem führt dieser Ansatz zu einer kombinatorischen Explosion der Parameter bei mehreren Eingangsgrößen. Abhilfe ist möglich durch Eliminierung wenig aktivierter Zentren oder durch Anwendung der Hauptkomponentenanalyse (Principal Component Analysis, PCA). Letztere bewirkt eine

Transformation der Eingangsgrößen auf ihre Hauptkomponenten und reduziert so die Anzahl der vom Netz zu verarbeitenden Eingangsgrößen.

Clusterverfahren/Selbstorganisierende Karten: Die Basen können auch mittels eines Clusterverfahrens wie dem c-Means- oder dem Fuzzy-c-Means-Algorithmus oder mittels SOM positioniert werden (Brizzotti, Carvalho 1999). Dabei werden die Basen in die resultierenden Clusterzentren gelegt.

Die **Formparameter** σ_j der einzelnen, häufig Gauß'schen, Basisfunktionen (13.2) können gemäß

$$\sigma_j = \sigma = \frac{d_{\max}}{\sqrt{2c}} \tag{13.9}$$

alle gleich groß gewählt werden (Haykin 2009). Dabei ist $d_{\max}$ die größte auftretende Distanz zwischen allen c Zentren, wobei diese in (Haykin 2009) mittels c-Means ermittelt werden. Mit dieser Heuristik sollen Fälle extrem starker oder schwacher Überlappung vermieden werden. Die Anwendung von (13.9) führt häufig zu einer starken Überlappung der Basisfunktionen. Alternativ kann die *Regel der q nächsten Nachbarn* (Nelles 2001) angewandt werden, um individuell für jede Basisfunktionen ihren Radiusparameter festzulegen:

$$\sigma_j = \frac{\alpha}{q} \sum_{i=1}^{q} \left\| \mathbf{v}_j - \mathbf{v}_i \right\| \tag{13.10}$$

Dabei sind die $\mathbf{v}_i$ die im Euklid'schen Sinne zu $\mathbf{v}_j$ nächsten q Zentren. Typische Nachbarschaftsgrößen sind $q \in \{1; 2; 3\}$ (Buchtala et al. 2003). Der Entwurfsparameter α ist so zu wählen, dass sich die Basisfunktionen geeignet überlappen. Eine weitere Alternative stellt die Bewertung der Streuung der Daten um die Zentren dar (Brizzotti, Carvalho 1999):

$$\sigma_j^2 = \frac{\alpha}{N_j} \sum_{\mathbf{x}_i \in B_j} \left\| \mathbf{v}_j - \mathbf{x}_i \right\|^2 \ . \tag{13.11}$$

Dabei ist B_j die Menge der Daten, die dem j-ten Neuron zugeordnet werden, und N_j die Anzahl der Elemente von B_j. Bei der Verwendung von Clusterverfahren zur Platzierung der Basen wird die Zuordnung der Daten zu den Basen direkt mitgeliefert. α ist ein Entwurfsparameter zur Einstellung der Überlappung.

Clusterverfahren legen die Clusterzentren prinzipbedingt in Bereiche hoher Datendichte. Das ist einerseits richtig, da dort entsprechend viele Daten für eine Schätzung vorliegen. Andererseits ist es aber problematisch, weil diese Bereiche nicht zwangsläufig die Bereiche sind, in denen stark nichtlineares Verhalten auftritt, das einer höheren Auflösung bedarf. Durch Clusterung im Ein-/Ausgangs- bzw. Produktraum (siehe entsprechende Ausführung zur Fuzzy-Modellbildung in Abschnitt 6.3.1) lassen sich Informationen über den Verlauf der Ausgangsgröße in die Clusterung mit einbeziehen. Zu beachten ist, dass das der Clusterung zu Grunde liegende Optimierungskriterium nicht der quadratische Prädiktionsfehler des Modells, sondern ein gruppierungsorientiertes Maß ist. Selbstorganisierende Merkmalskarten (SOM) werden im Abschnitt 14 eingeführt. Sie arbeiten ähnlich wie Clusterverfahren.

13.4.2   Ermittlung der Gewichte

Die Gewichte in RBF-Netzen werden überwacht gelernt. Bei festliegenden Basen ist das Schätzproblem bzgl. der Gewichte linear in den Parametern. Aufbauend auf (13.7) kann dann die Methode der kleinsten Quadrate eingesetzt werden:

$$\hat{y}(\mathbf{x}) = \sum_{i=0}^{c} w_i \cdot \psi_i(\mathbf{x}) = -w_0 + w_1 \cdot \psi_1(\mathbf{x}) + \ldots + w_c \cdot \psi_c(\mathbf{x})$$

$$= [-1 \quad \psi_1(\mathbf{x}) \quad \cdots \quad \psi_c(\mathbf{x})] \cdot [w_0 \quad w_1 \quad \cdots \quad w_c]^T =: \boldsymbol{\varphi}^T \cdot \boldsymbol{\Theta} \tag{13.12}$$

Für N Trainingsdaten ist die Summe der quadratischen Fehler

$$J(\boldsymbol{\Theta}) = \sum_{k=1}^{N} \left(y_{ref}(k) - \hat{y}(k) \right)^2$$

$$= \sum_{k=1}^{N} \left(y_{ref}(k) - \boldsymbol{\varphi}^T(k) \cdot \boldsymbol{\Theta} \right)^2 = (\mathbf{Y}_{ref} - \boldsymbol{\Phi} \cdot \boldsymbol{\Theta})^T \cdot (\mathbf{Y}_{ref} - \boldsymbol{\Phi} \cdot \boldsymbol{\Theta}) \tag{13.13}$$

mit

$$\mathbf{Y}_{ref} = \begin{bmatrix} y_{ref}(1) \\ \vdots \\ y_{ref}(N) \end{bmatrix}; \quad \boldsymbol{\Phi} = \begin{bmatrix} \boldsymbol{\varphi}^T(1) \\ \vdots \\ \boldsymbol{\varphi}^T(N) \end{bmatrix}; \quad \boldsymbol{\Theta} = \begin{bmatrix} w_0 \\ \vdots \\ w_c \end{bmatrix}. \tag{13.14}$$

Als Lösung der Minimierungsaufgabe

$$J(\boldsymbol{\Theta}) \overset{!}{=} \min \tag{13.15}$$

liefert das LS-Verfahren den Parametervektor

$$\hat{\boldsymbol{\Theta}} = (\boldsymbol{\Phi}^T \cdot \boldsymbol{\Phi})^{-1} \cdot \boldsymbol{\Phi}^T \cdot \mathbf{Y}_{ref} , \tag{13.16}$$

wenn $(\boldsymbol{\Phi}^T \cdot \boldsymbol{\Phi})$ nicht singulär ist und somit die inverse Matrix existiert.

13.4.3   Parameteroptimierung

Zwar ermittelt das LS-Verfahren global optimale Verbindungsgewichte für eine gegebene Approximationsaufgabe bei gegebenen Basen. Allerdings führen die in Abschnitt 13.4.1 beschriebenen Verfahren nicht auf eine bzgl. der Approximationsgüte optimierte Platzierung der Basen. Die ermittelten Netze können aber als Startpunkt für eine ableitungsbasierte Optimierung genutzt werden. Als Bewertungskriterium kann der mittlere quadratische Approximationsfehler verwendet werden, wodurch die Ermittlung der Ableitungen einfach wird. Die folgende Vorgehensweise ist verwandt zum Backpropagation-Algorithmus bei MLP-Netzen. Das Optimierungsziel sei die Minimierung des quadratischen Approximationsfehlers für gegebene N Daten:

$$E = \frac{1}{2} \sum_{k=1}^{N} (y_{ref}(k) - \hat{y}(k, \boldsymbol{\Theta}))^2 \tag{13.17}$$

Der Vorfaktor von ½ dient einzig der Verkürzung der abgeleiteten Ausdrücke. Für die Empfindlichkeit des Fehlers E bzgl. der Netz-Parameter θ gilt

$$\frac{\partial E}{\partial \theta} = \sum_{k=1}^{N} (y_{\text{ref}}(k) - \hat{y}(k, \mathbf{\Theta})) \cdot (-1) \cdot \frac{\partial \hat{y}(k, \mathbf{\Theta})}{\partial \theta} \ . \tag{13.18}$$

Bei Verwendung normierter Gaußfunktionen (13.2) als Basisfunktion und damit

$$\hat{y}(k) = -w_0 + \sum_{i=1}^{c} w_i \cdot \exp\left(\frac{-(\mathbf{x}(k) - \mathbf{v}_i)^T (\mathbf{x}(k) - \mathbf{v}_i)}{2\sigma_i^2}\right) \tag{13.19}$$

ergeben sich die folgenden partiellen Ableitungen nach den Parametern $\theta \in \{w_i; \sigma_i; \mathbf{v}_i\}$. (Zur besseren Lesbarkeit wird das Argument k weggelassen.) Für die Verbindungsgewichte gilt

$$\frac{\partial \hat{y}}{\partial w_0} = -1 \quad \text{und} \quad \left.\frac{\partial \hat{y}}{\partial w_i}\right|_{i \neq 0} = \exp\left(\frac{-(\mathbf{x} - \mathbf{v}_i)^T (\mathbf{x} - \mathbf{v}_i)}{2\sigma_i^2}\right) \tag{13.20}$$

und für die Weitenparameter folgt

$$\frac{\partial \hat{y}}{\partial \sigma_0} = 0 \quad \text{und} \quad \left.\frac{\partial \hat{y}}{\partial \sigma_i}\right|_{i \neq 0} = w_i \cdot \frac{(\mathbf{x} - \mathbf{v}_i)^T (\mathbf{x} - \mathbf{v}_i)}{\sigma_i^3} \cdot \exp\left(\frac{-(\mathbf{x} - \mathbf{v}_i)^T (\mathbf{x} - \mathbf{v}_i)}{2\sigma_i^2}\right). \tag{13.21}$$

Sei $\mathbf{v}_i = [v_{i,1}; \cdots; v_{i,j}; \cdots v_{i,M}]^T$ die Position der i-ten Basis im M-dimensionalen Raum. Dann gilt

$$\left.\frac{\partial \hat{y}}{\partial v_{i,j}}\right|_{i \neq 0} = w_i \cdot \frac{(x_j - v_{i,j})}{\sigma_i^2} \cdot \exp\left(\frac{-(\mathbf{x} - \mathbf{v}_i)^T (\mathbf{x} - \mathbf{v}_i)}{2\sigma_i^2}\right). \tag{13.22}$$

Bei Nutzung eines einfachen Gradientenabstiegsverfahrens werden bei jeder Iteration alle Parameter gemäß

$$\left.\theta\right|_{\text{neu}} = \left.\theta\right|_{\text{alt}} - \eta \left.\frac{\partial E}{\partial \theta}\right|_{\theta = \theta|_{\text{alt}}} \tag{13.23}$$

aktualisiert, wobei η eine geeignet gewählte Lernschrittweite ist. Es kann auch für verschiedene Parametergruppen eine spezifische Schrittweite zugewiesen werden. Praktisch zu bevorzugen ist die Nutzung eines effizienteren nichtlinearen Optimierungsverfahrens wie das bei den MLP-Netzen bereits eingeführte Levenberg-Marquardt-Verfahren.

Beispiel *nichtlineare Regression „Polynom 4. Ordnung":*

Ziel sei die Identifikation eines RBF-Modells für ein statisches System aus gestörten Beobachtungen. Dazu wird das bereits bei den TS-Modellen (Abschnitt 6.3.1) und MLP-Netzen (Abschnitt 12.7) behandelte Beispiel aufgegriffen. Wie beim MLP-Netz wird aus Gründen der Vergleichbarkeit ein 1-5-1-Netz (mit On-Neuronen) angesetzt. Als Basisfunktionen finden normierte Gaußfunktionen Einsatz. Die Basen werden durch FCM-Clusterung im Produktraum platziert und die Weitenparameter mittels der Zwei-nächsten-Nachbarn-Regel (mit $\delta = 0{,}5$) festgelegt. Die Verbindungsgewichte werden mit der Methode der kleinsten Quadrate berechnet. Abb. 13.6a zeigt das Ergebnis zusammen mit Trainings- und Testdaten. Mittels Optimierung der Modellparameter (alle Basispositionen, Weitenparameter und

Verbindungsgewichte) lässt sich die Genauigkeit um etwa einen Faktor 4 verbessern, wie Abb. 13.6b zeigt. Dabei können die Basen aus dem Intervall [−4; 4] herauswandern, wie v_1 und v_4. Dies kann bei Platzierung der Basen mittels Clusterung nicht passieren, weil die Prototypen immer innerhalb ihrer zugehörigen Datengruppe liegen. Das Beispiel illustriert, dass die gruppierungsorientierte Prototypenplatzierung einer Clusterung i. d. R. nicht optimal für Approximationsaufgaben ist.

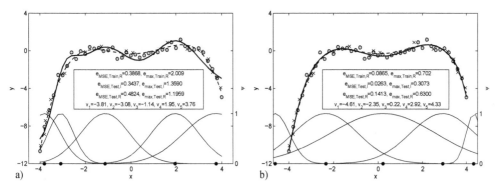

Abb. 13.6:   Ausgabe eines RBF-Netzes (—) sowie Graph der ungestörten Funktion (- -), Trainingsdaten (○), gestörte Testdaten (×) vor (a) und nach Optimierung (b); Graph der Basisfunktionen (unten)

Es werde nun das gleiche statische System betrachtet; allerdings sei angenommen, dass die Beobachtungen ungestört seien: Die Addition von Zufallszahlen nach Auswertung von (6.55) zwecks Erzeugung von Daten entfällt somit. Ansonsten werden die $N = 41$ Daten wie zuvor erzeugt. Zuerst wird der Definitionsbereich $x \in$ [−4; 4] in sechs gleich große Intervalle unterteilt und die fünf Zentren auf deren innere Grenzen gelegt: $v_i \in \{−8/3; −4/3; 0; 4/3; 8/3\}$. Benachbarte Basisfunktionen sollen sich bei einem Funktionswert von 0,75 schneiden, was zum Übertragungsverhalten in Abb. 13.7a führt. Die Approximation ist an beiden Wertebereichsgrenzen wie auch im Bereich des rechten Funktionsmaximums schlecht. Platziert man die äußeren Basen auf die Wertebereichsgrenzen und die inneren äquidistant dazwischen, also $v_i \in \{−4; −2; 0; 2; 4\}$, resultiert das in Abb. 13.7b dargestellte Übertragungsverhalten. Die Approximation an den Wertebereichsgrenzen ist nun gut. Da zwei Basisfunktionen im Bereich des rechten Funktionsmaximums und der rechten Wertebereichsgrenze liegen, lassen sich beide gut wieder geben. Abb. 13.7b-d illustrieren den Effekt der Anwendung verschiedener Methoden zur Einstellung des Weitenparameters: Schnittpunktvorgabe (in 0,75) in Abb. 13.7b, Regel der zwei nächsten Nachbarn mit $\delta = 0,75$ in Abb. 13.7c sowie Haykinregel mit $\delta = 0,5$ in Abb. 13.7d. Die Haykin-Regel führt mit $\sigma = 2,53$ zu den weitesten und damit am stärksten überlappenden Basisfunktionen. Zum Vergleich: Im ersten Fall ist $\sigma = 0,88$. Allerdings hat dies nur geringen Einfluss auf die resultierende Approximationsgüte. Sie ist in allen drei Fällen hoch und beim Entwurf mit der Haykin-Regel sogar etwa doppelt so gut wie bei den anderen beiden Vorgehensweisen.

Bei Anwendung des FCM ($\nu = 1,5$, Euklid'sche Norm) im Produktraum zur Platzierung der Basen rücken die äußeren beiden etwas nach innen, wie es bereits bei den TS-Modellen (Abschnitt 6.3.1) zu beobachten war. Hierunter leidet die Approximationsgüte (Abb. 13.7e). Eine anschließende Optimierung der Modellparameter führt zu exzellenter Approximationsgüte (Abb. 13.7f). Wie im vorausgehenden Beispiel mit gestörten Beobachtungen wandern die Basen durch die Optimierung aus dem Intervall [−4; 4] heraus. Die Basen können auch mittels Kohonenkarte platziert werden, die in Abschnitt 14 eingeführt wird, Abb. 13.7g zeigt ein exemplarisches Ergebnis, das hinter dem Ergebnis mittels FCM zurückbleibt. Nach Optimierung folgt eine mit Abb. 13.7f vergleichbare exzellente Approximationsgüte (Abb. 13.7h). Im dargestellten Fall sind zwei Basisfunktionen nahezu identisch, so dass auch mit vier statt fünf gearbeitet werden könnte. Die Anzahl von fünf Basisfunktionen wurde in diesem Beispiel willkürlich vorgegeben und nicht optimiert.

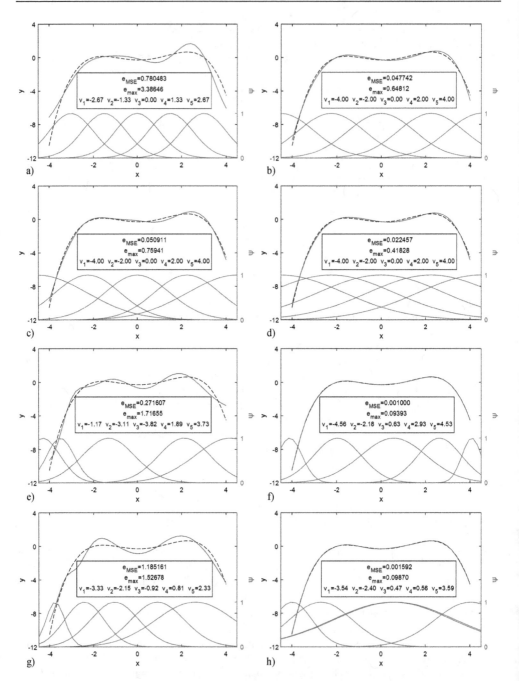

Abb. 13.7: Ausgabe eines RBF-Netzes (—) für verschiedene Auslegungen sowie Graph der ungestörten Funktion (- -): Basenplatzierung innerhalb des Wertebereichs (a) sowie bei Platzierung der äußeren Basen auf dessen Rändern (b); Weitenparameterermittlung mittels Schnittpunktvorgabe (b), Regel der zwei nächsten Nachbarn (c) oder Haykinregel (d); Basenplatzierung mittels FCM (e) sowie optimiertes Modell (f); Basenplatzierung mittels SOM (g) sowie optimiertes Modell (h).

13.5   Methodische Erweiterungen

Es gibt Lernverfahren, die sowohl die Basen platzieren als auch die Gewichte berechnen können, wie z. B. das Orthogonal-Least-Squares-(OLS-)Verfahren (bereitgestellt in der Matlab Neural Network Toolbox) oder Evolutionäre Algorithmen. Das Problem der Konvergenz zum nächsten lokalen Optimum bei multimodalen Kostenfunktionen, das bei gradientenbasierten Optimierungsverfahren besteht, kann durch Verwendung global suchender Evolutionärer Algorithmen vermieden werden.

Ähnlich wie bei den Takagi-Sugeno-Modellen können die Basisfunktionen bei der Überlagerung auf die Summe aller c Basisfunktionen normiert werden:

$$y(\mathbf{x}) = \frac{\sum_{i=1}^{c} w_i \cdot \psi\left(\left\|\mathbf{x} - \mathbf{v}_i\right\|_2\right)}{\sum_{i=1}^{c} \psi\left(\left\|\mathbf{x} - \mathbf{v}_i\right\|_2\right)} \tag{13.24}$$

Dann spricht man von *normierten* RBF-Netzen.

Auch können radialsymmetrische Basisfunktionen durch Zulassung anderer Abstandsnormen als der Euklid'schen in sogenannte *Hyper-Basisfunktions-(HBF-)*Netze (Poggio, Girosi 1989) überführt werden. Eine Möglichkeit besteht darin, in jeder Achsrichtung einen individuellen Formparameter zuzulassen, was zu achsparallel ausgerichteten Basisfunktionen führt. Mittels einer allgemeinen inneren Produktnorm können die Basisfunktionen auch beliebig orientiert werden. Für eine detailliertere Diskussion bzgl. der Definition und Wirkung verschiedener Abstandsnormen sei auf die Ausführungen im Abschnitt 5.1.1 verwiesen.

14   Selbstorganisierende (Kohonen-)Karten

Selbstorganisierende (Merkmals-)Karten (self-organizing maps, SOM) bilden im (oft hoch-dimensionalen) Eingangsgrößenraum ähnliche Muster benachbart auf die kartenförmig an-geordneten Ausgabeneuronen ab. So lassen sich bspw. Zusammenhänge in hochdimensiona-len Merkmalsräumen einfach qualitativ visualisieren oder auch Anhäufungen von Daten finden. Da SOM unüberwacht lernen, unterscheiden sie sich wesentlich von MLP- und RBF-Netzen. Andererseits sind sie den Clusterverfahren ähnlich. SOM wurden 1982 von Kohonen eingeführt und werden deshalb auch als *Kohonenkarten* oder *Kohonennetze* bezeichnet.

14.1   Netzaufbau und Funktionsprinzip

SOM-Netze bestehen aus zwei Schichten (Abb. 14.1), die durch gewichtete Verbindungen miteinander verbunden sind: Eine rein verteilend wirkende Eingabeschicht und eine Ausga-be- bzw. Kohonenschicht. Dabei ist jedes Eingabeneuron mit jedem Ausgabeneuron verbun-den. SOM besitzen somit im Gegensatz zu MLP- und RBF-Netzen keine verdeckte Schicht. Zwischen den Neuronen der Ausgabeschicht gibt es hemmende laterale Verbindungen, die beim Lernen und bei der Netzauswertung zum Einsatz kommen.

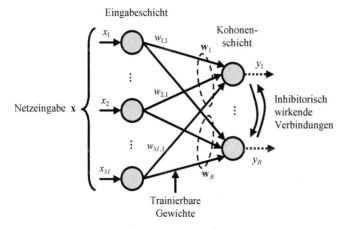

Abb. 14.1:   Prinzipieller Aufbau einer SOM

Die Ausgabeneuronen sind meistens als zweidimensionales quadratisches (Abb. 14.2), recht-eckiges (Abb. 14.3c) oder hexagonales Gitter (Abb. 14.3d) angeordnet, was zur Begriffsbil-dung der *Kohonenkarte* beigetragen hat. Auch eindimensionale Anordnungen wie Ketten oder Ringe, aus Verbindung gegenüberliegender Kartenränder entstehende Tori oder dreidimensionale Gitter wie Quader werden je nach Problemstellung eingesetzt, siehe Abb. 14.3 (nach Boersch et al. 2007). So werden z. B. Ringstrukturen zur Suche eines geschlossenen Pfades beim Problem des Handlungsreisenden eingesetzt und Tori bei der Überwachung komplizierter zyklisch ablaufender Produktionsprozesse.

Die Nachbarschaftsbeziehungen der *Ausgabeneuronen* untereinander folgen aus ihrer Anordnung auf der Karte. Sie wird *nicht* über Ähnlichkeiten im Eingangsgrößenraum (also z. B. der Gewichtsvektoren) definiert. Das Lernziel besteht darin, dass ähnliche Eingangsmuster auf benachbarte Neuronen der Karte abgebildet werden. Dazu sollten benachbarte Neuronen ähnliche Gewichtsvektoren aufweisen. Kohonen (1982) verwendete deshalb auch den Begriff der „topologieerhaltenden Merkmalskarte". Häufig ist der Eingangsdatenraum hoch- und die Karte zweidimensional, so dass die Abbildung dimensionsreduzierend wirkt.

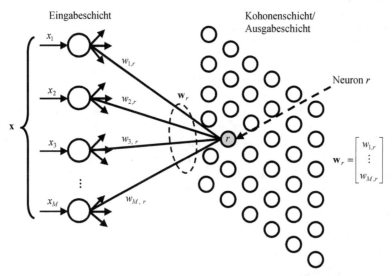

Abb. 14.2:   Prinzipieller Aufbau einer SOM bei zweidimensionaler, gitterförmiger Anordnung der Neuronen der Ausgabeschicht

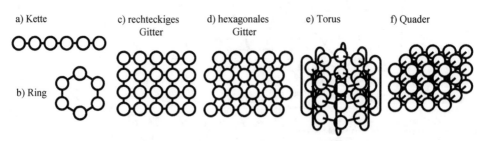

Abb. 14.3:   Beispiele unterschiedlicher ein-, zwei- und dreidimensionaler Neuronenanordnungen auf der Karte

Die Neuronen der Kohonenschicht sind lateral hemmend verbunden. Sie konkurrieren beim Lernen darum, welches Neuron einen Lernschritt machen darf. Die laterale Hemmung kann dafür genutzt werden, dass bei der Netzauswertung einzig das am besten zum Eingabemuster passende Neuron eine Ausgabe liefern darf. Dazu wird die Ähnlichkeit eines Eingabemusters zu allen Gewichtsvektoren der Ausgabeneuronen mit der Euklid'schen Norm bestimmt und das ähnlichste Neuron ermittelt. Eine solche Auswertung führt zu einer Vektorquantisierung bzw. Dirichlet'schen Zerlegung des Eingangsgrößenraums: Jedem Ausgabeneuron werden alle Punkte des Eingangsgrößenraums zugeteilt, für die es die höchste Aktivierung liefert (Abb. 14.4). Daraus folgt die den (harten) Clusterverfahren ähnliche Wirkungsweise.

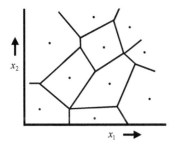

Abb. 14.4: Vektorquantisierung bzw. Dirichlet'sche Zerlegung des Eingangsgrößenraums als Ergebnis des Wettbewerbs um die Netzausgabe

Wegen ihrer dimensionsreduzierenden Eigenschaft können SOM gut für die Visualisierung hochdimensionaler Merkmalsräume eingesetzt werden, z. B. für die qualitative Überwachung von Systemen mit vielen Prozessgrößen. Weitere Einsatzgebiete sind die Suche nach Zusammenhängen in bzw. Gruppierungen von Daten (analog der Clusteranalyse) sowie die Partitionierung eines hochdimensionalen Merkmalsraums mittels einer einfacher zu interpretierenden niedrigdimensionalen Kohonenkarte. Sogar kombinatorische Probleme können mit SOM gelöst werden, was am Beispiel eines Routenplanungsproblems in Abschnitt 15.8 gezeigt wird.

14.2 Lernverfahren

SOM werden unüberwacht mittels *Wettbewerbslernen* (*competitive learning*) trainiert (bzw. angelernt). Dabei konkurrieren die Neuronen beim Anlegen eines Trainingsdatums darum, lernen zu dürfen. Ein Spezialfall ist das *Winner-takes-all*-Lernen, bei dem nur das von der aktuellen Netzeingabe am stärksten aktivierte Neuron (*Gewinnerneuron*) lernt. Das heißt, nur beim Gewinnerneuron ändert sich der zugehörige Gewichtsvektor; die Gewichtsvektoren aller anderen Neuronen bleiben unverändert. Um das Gewinnerneuron zu bestimmen, wird die Ähnlichkeit der Netzeingabe $\mathbf{x} = [x_1; \cdots; x_M]^T$ mit den Gewichtsvektoren $\mathbf{w}_r = [w_{1,r}; \cdots; w_{M,r}]^T$ ($r = 1, \ldots, R$) aller Neuronen der Kohonenschicht ermittelt. Als Ähnlichkeitsmaß wird i. d. R. der Euklid'sche Abstand $d_r = \| \mathbf{x} - \mathbf{w}_r \|_2$ verwendet. Das Gewinnerneuron ist also dasjenige Neuron, dessen Gewichtsvektor den kleinsten Abstand vom Eingabevektor aufweist. Der Effekt des im Folgenden beschriebenen Lernalgorithmus ist, dass die Gewichtsvektoren der Neuronen, die lernen dürfen, inkrementell in Richtung des Eingabevektors $\mathbf{x}$ verschoben werden. Abb. 14.5 zeigt ein Beispiel für die Änderungen der alten Gewichtsvektoren $\mathbf{w}_i^{(l)}$ zu den neuen $\mathbf{w}_i^{(l+1)}$ bei einem Winner-takes-all-Lernschritt.

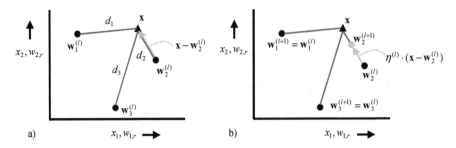

Abb. 14.5:   Anpassung des Gewichtsvektors des Gewinnerneurons (bei Winner-takes-all-Lernen): Ermittlung der
Korrekturrichtung (a) sowie Anpassung des Gewinnerneurons und resultierende neue Gewichtsvektoren aller Neuronen (b)

Bei einem Lernschritt

$$\mathbf{w}_r^{(l+1)} = \mathbf{w}_r^{(l)} + \Delta\mathbf{w}_r^{(l)}$$ (14.1)

wird nicht nur der Gewichtsvektor $\mathbf{w}_{r,\text{win}}$ des Gewinnerneurons, sondern es werden auch die
Gewichtsvektoren der benachbarten Neuronen verändert. Dies erfolgt in einer gemäß der
Lernschrittweite $\eta \in\ ]0;\ 1[$ und der Nachbarschaftsfunktion h abgeschwächten Weise:

$$\Delta\mathbf{w}_r^{(l)} = \eta^{(l)} \cdot h(r_{\text{win}}^{(l)}, r, \sigma^{(l)})(\mathbf{x} - \mathbf{w}_r^{(l)})$$ (14.2)

Dabei ist l der Iterationszähler und σ ein *Distanzparameter*, der die Ausdehnung der Nach-
barschaft beeinflusst. Der Nachbarschaftsgrad von Neuronen folgt aus ihrem Abstand auf der
Karte. Typische Nachbarschaftsfunktionen sind Gauß-, Kegel- und Zylinderfunktionen. Das
Zentrum der Nachbarschaftsfunktion wird dabei ins Gewinnerneuron gelegt. Wenn $\mathbf{v}_{r,\text{win}}^{(l)}$ die
Position des Gewinnerneurons der l-ten Iteration auf der Kohonenkarte ist und $\mathbf{v}_r$ die Posi-
tion eines anderen Neurons, so ist der Euklid'sche Abstand beider Neuronen
$d_{\mathbf{v}} =\ \| \mathbf{v}_{r,\text{win}} - \mathbf{v}_r \|_2$. Gaußglocken-, kegel- und zylinderförmige Nachbarschaftsfunktionen
lassen sich dann notieren als:

$$h_{\text{Gauß}}(r_{\text{win}}^{(l)}, r, \sigma^{(l)}) = \exp\left(- \frac{d_{\mathbf{v}}^2}{2 \cdot (\sigma^{(l)})^2}\right); \ h_{\text{Gauß}} \in [0;\ 1]$$ (14.3)

$$h_{\text{Kegel}}(r_{\text{win}}^{(l)}, r, \sigma^{(l)}) = \begin{cases} 1 - d_{\mathbf{v}} / \sigma^{(l)} & \text{falls } d_{\mathbf{v}} \le \sigma^{(l)} \\ \qquad 0 \text{ sonst} \end{cases}; \ h_{\text{Kegel}} \in [0;\ 1]$$ (14.4)

$$h_{\text{Zylinder}}(r_{\text{win}}^{(l)}, r, \sigma^{(l)}) = \begin{cases} 1 & \text{falls } d_{\mathbf{v}} \le \sigma^{(l)} \\ \qquad 0 \text{ sonst} \end{cases}; \ h_{\text{Zylinder}} \in \{0;\ 1\}$$ (14.5)

Dabei ist es sinnvoll, anfangs mit einer ausgedehnten Nachbarschaft zu beginnen (d. h. mit
einem großen Wert σ) und die Ausdehnung (also σ) mit zunehmendem Lernfortschritt zu
reduzieren. (Bei unbeschränkter Nachbarschaft, also $\sigma \to \infty$ in (14.3) bis (14.5) würden die
Zentren aller Neuronen auf den gleichen Datenpunkt hin angepasst.) Üblicherweise wird σ
monoton verkleinert (Ritter et al. 1992, Borgelt et al. 2003, Haykin 2009), z. B. gemäß:

$$\sigma^{(l)} = \sigma_0 \cdot \left(\frac{\sigma_{\text{Ende}}}{\sigma_0}\right)^{\frac{l}{l_{\max}}}, \tag{14.6}$$

$$\sigma^{(l)} = \sigma_0 \cdot \exp(-l/\alpha) \text{ mit } \alpha > 0 \quad \text{oder} \tag{14.7}$$

$$\sigma^{(l)} = \sigma_0 \cdot l^{\beta} \text{ mit } \beta < 0. \tag{14.8}$$

Dabei ist σ_0 der Startwert des Distanzparameters und σ_{Ende} der bei einer vorgegebenen Iterationsanzahl $l_{\max}$ zu erreichende (End-)Wert. α ist ein Entwurfsparameter mit der Interpretation einer Zeitkonstante, mit der der Distanzparameter exponentiell abklingt. So kann erreicht werden, dass zu Beginn des Trainings bei Auswertung eines Datenmusters alle Neuronen angepasst werden; schlussendlich aber nur das Gewinnerneuron lernt. Eine ausreichend große anfängliche Wahl von σ und eine geeignete Reduktionsgeschwindigkeit sind wichtig, um topologische Defekte der Karte zu vermeiden.

---

(1) Initialisierung:

    Gewichtsinitialisierung, z. B.: $w_{i,j} \in [0;1]$

    Startlernrate wählen: $\eta_0 \in (0;1)$

    Startdistanzparameter σ_0 für h wählen

    Weitere Entwurfsparameter für Adaption wählen

    Iterationszähler: $l := 0$

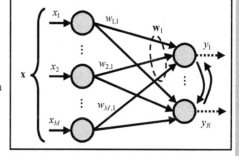

(2) Aktivierung:

    a) Aufschalten des Musters $\mathbf{x}^T = [x_1; \quad \cdots \quad ; x_M]$

    b) Gewinnerneuron $r_{\text{win}}^{(l)}$ der Ausgabeschicht ermitteln:

      $r_{\text{win}}^{(l)} = \arg\min_r \|\mathbf{x} - \mathbf{w}_r^{(l)}\|_2$ (Euklid'sche Abstandsnorm) mit $\mathbf{w}_r^T = [w_{1,r}; \quad \cdots \quad ; w_{M,r}]$

(3) Lernen: (Verbindungs-) Gewichte aktualisieren: $\mathbf{w}_r^{(l+1)} = \mathbf{w}_r^{(l)} + \Delta\mathbf{w}_r^{(l)}$

    mit: $\Delta\mathbf{w}_r^{(l)} = \eta^{(l)} \cdot h(r_{\text{win}}^{(l)}, r, \sigma^{(l)})(\mathbf{x} - \mathbf{w}_r^{(l)})$

    Setze: $l := l + 1$

    Aktualisiere $\eta^{(l)}$ und $\sigma^{(l)}$

(4) Abbruchbedingung erfüllt? Dann Stopp, sonst zurück zu (2)

Abb. 14.6:   Lernalgorithmus für SOM

Auch die Lernrate η sollte zu Beginn groß gewählt werden, so dass sich eine SOM anfangs schnell anpassen kann. Mit zunehmendem Lernfortschritt kann sie reduziert werden, um eine feinere Anpassung zu ermöglichen. Dies kann analog zu σ erfolgen, also z. B. wie (14.6):

$$\eta^{(l)} = \eta_0 \cdot \left(\frac{\eta_{\text{Ende}}}{\eta_0}\right)^{\frac{l}{l_{\max}}} \tag{14.9}$$

Wie auch bei anderen Netztypen kann musterweise oder epochal gelernt werden. Der Lernalgorithmus ist in Abb. 14.6 zusammengefasst.

Beispiel *Klassifikation Iris-Datensatz***:**

Bereits im Abschnitt 12.6 wurde die Klassifikationsaufgabe beschrieben und mittels MLP gelöst: Drei Schwertlilienarten (Iris Setosa, Iris Virginica und Iris Versicolor) sind an Hand von vier Merkmalen (Länge und Breite von Kelch- (Sepalum) bzw. Kronblatt (Petalum)) zu klassifizieren. Die im Merkmalsraum dicht aneinander grenzenden Gattungen Virginica und Versicolor erschweren insbesondere das unüberwachte Anlernen, da die für deren Trennung nützliche Information der Klassenzuordnung im Gegensatz zum überwachten Lernen nicht genutzt wird. Zum Anlernen eines Klassifikators wird eine SOM mit drei Neuronen trainiert, so dass jedes Neuron für eine Klasse (Lilienart) steht. Ein Datum wird der Klasse zugewiesen, zu dessen Neuron (Gewichtsvektor) es den kleinsten Euklid'schen Abstand hat. Es resultiert eine sogenannte Dirichlet-Zerlegung des Merkmalsraums. Zum Vergleich wird eine (harte) c-Means-Clusterung durchgeführt, da diese ebenfalls unüberwacht abläuft und eine scharfe Klassenzuweisung vornimmt. Es werden genau die gleichen Trainings- und Testdaten wie bei der Bearbeitung mittels MLP verwendet (135 Trainings- und 15 Testdaten, die jeweils zu gleichen Teilen Daten der drei Gattungen enthalten). Zur Bewertung des Konvergenzverhaltens werden jeweils 100 Zufallsinitialisierungen vorgenommen. Bei der SOM werden die Gewichtsvektoren als normalverteilte Zufallszahlen erzeugt, wobei als Erwartungswert der Mittelwert und als Varianz die Varianz der 135 Trainingsdaten verwendet wird. Beim c-Means-Algorithmus werden die initialen Clusterzentren in drei zufällig ausgewählte Trainingsdaten gelegt.

Abb. 14.7 zeigt die resultierenden Häufigkeitsverteilungen der Richtigklassifikationsrate R_R für beide Fälle auf den Testdaten. (Eine Auswertung auf den Trainingsdaten liefert ähnliche Ergebnisse.) Dabei führen die SOM zu einem um ca. 4 % besseren Erwartungswert von R_R und einer um einen Faktor von ca. 5 geringeren Streuung als der c-Means. Beim c-Means konvergieren 17 % der Fälle zu einem mit $R_R \cong 73\,\%$ sehr ungünstigen Nebenoptimum. Bei den SOM liegen die beobachteten Nebenoptima dagegen bei $R_R \cong 96\,\%$ und $R_R \cong 92\,\%$. Abb. 14.8 zeigt eine resultierende Klassifikation mittels SOM mit allen 150 Daten. Dargestellt ist die SOM, die bzgl. Trainings- und Testdaten insgesamt zum besten R_R führt. Dabei wird Iris Setosa fehlerfrei klassifiziert. Allerdings lassen sich Iris Virginica und Versicolor nicht fehlerfrei von einander trennen, wie es mit überwacht gelernten MLP-Netzen in Abschnitt 12.6 möglich war. In Abb. 14.9 ist ein entsprechendes Ergebnis für den c-Means dargestellt. Die Klassengrenzen verlaufen etwas anders als bei der SOM, was an anderen fehlklassifizierten Daten deutlich wird. Der Trainingsalgorithmus ist der gleiche wie im Beispiel in Abschnitt 15.8 und wird deshalb hier nicht beschrieben. Die Kohonenkarte ist eine Zeile mit drei Neuronen und der Trainingsdatensatz wird 100-mal durchlaufen. Die initiale Nachbarschaftsausdehnung wird als die Hälfte der auf der Karte auftretenden maximalen Distanz gewählt.

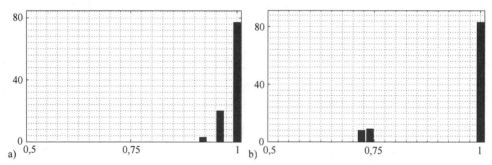

Abb. 14.7:   Häufigkeitsverteilung (absolut für 100 Initialisierungen) der Richtigklassifikationsrate bei SOM (a) und c-Means (b) auf den Testdaten

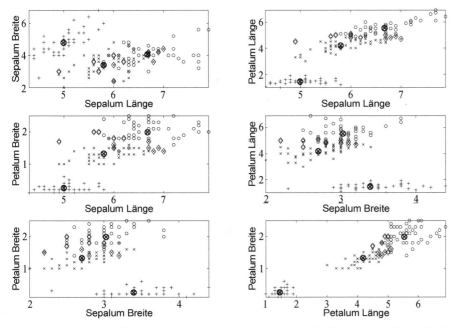

Abb. 14.8: Bestes Klassifikationsergebnis für SOM: Neben den Daten sind die Gewichtsvektoren der Neuronen (⊗) als 2D-Projektionen des 4D-Merkmalsraums dargestellt (+ Setosa richtig, × Versicolor richtig, ○ Virginica richtig, bei falscher Klassifizierung ist ein Symbol zusätzlich mit einer Raute umgeben)

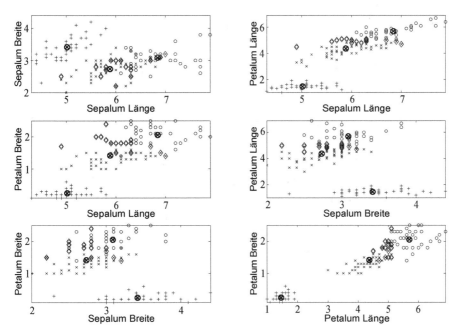

Abb. 14.9: Bestes Klassifikationsergebnis für c-Means: Neben den Daten sind die Clusterzentren (⊗) als 2D-Projektionen des 4D-Merkmalsraums dargestellt (+ Setosa richtig, × Versicolor richtig, ○ Virginica richtig, bei falscher Klassifizierung ist Symbol zusätzlich mit einer Raute umgeben)

Beispiel *dimensionsreduzierende Abbildung*:

Eine typische Anwendung von SOM ist die Abbildung eines hochdimensionalen auf einen zweidimensionalen Raum in Form einer Karte. Als einfaches Beispiel wird dazu die Abbildung von Punkten auf einer Kugeloberfläche auf eine quadratische Karte betrachtet. Dazu werden 100 Punkte erzeugt, indem auf jedem von 10 äquidistanten Meridianen jeweils 10 Punkte äquidistant angeordnet werden. Die Kohonenkarte sei toroid und habe das Format 10×10^{42}. Abb. 14.10a zeigt die Daten (Knoten des Gitternetzes) und die zu den zufällig initialisierten Gewichtsvektoren gehörenden Punkte. Dabei ist jeder 3D-Punkt mit seinen vier nächsten Nachbarn (oben/unten, rechts/links) auf der 2D-Karte verbunden. Aus der zufälligen Initialisierung der Gewichte resultieren die „durcheinander laufenden" Verbindungslinien. Abb. 14.10b zeigt, dass sich die Neuronen so verteilt haben, dass die Daten gut abgedeckt werden. Zudem sind im 3D-Raum benachbarte Neuronen auch im 2D-Raum benachbart, was durch die Verbindungslinien angezeigt wird. Die Nachbarschaftsbeziehungen bleiben erhalten, was die topologieerhaltende Abbildungseigenschaft der SOM illustriert. In diesem Beispiel weisen die Daten an den beiden Polen der Kugel eine etwas höhere Dichte auf, weshalb auch das durch die Neuronen um die Kugel gelegte „Gitter" dort etwas engere Maschen als in „Äquatornähe" hat. Der Trainingsalgorithmus ist der gleiche wie im Beispiel in Abschnitt 15.8. Abweichend wird der Trainingsdatensatz 200-mal durchlaufen. Zudem wird die initiale Nachbarschaftsausdehnung als Hälfte der maximalen Distanz auf der Karte (also wegen der 10×10-Karte zu fünf) gewählt.

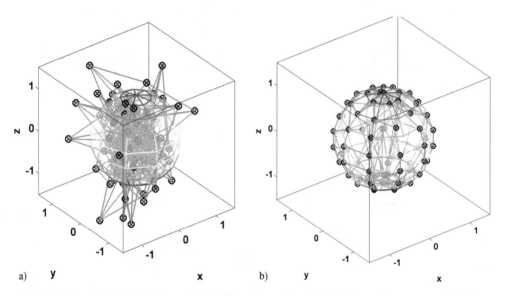

Abb. 14.10: Daten und initiale Positionen der Gewichtsvektoren (a) sowie Ergebnisse nach Konvergenz (b). Die Endpunkte der Gewichtsvektoren sind mit den vier anderen Endpunkten verbunden, deren Neuronen auf der Karte benachbart sind

---

[42]   D. h. bei einer quadratischen Karte sind die korrespondierenden Neuronen in der obersten und untersten Zeile bzw. in der ersten und letzten Spalte miteinander verbunden, siehe Abb. 14.3e.

15   Anwendungsbeispiele

15.1   Kennfläche eines Axialkompressors (MLP)

In diesem Abschnitt wird der bereits bei der Fuzzy-Modellbildung in Abschnitt 8.3.1 behandelte Axialkompressor für eine Modellierung mittels MLP-Netz aufgegriffen. Zum einen ist die Kennfläche schwierig zu modellieren: Sie weist gleichzeitig scharfe und weiche Kanten auf, die zudem nicht gerade, sondern geschwungen verlaufen. Andererseits illustriert das Beispiel den theoretischen Charakter der Eigenschaft der universellen Approximationsfähigkeit, für die ja eine verdeckte Schicht ausreicht: Mit dem Levenberg-Marquardt-Verfahren ließ sich selbst mit einer relativ großen verdeckten Schicht kein akzeptables Ergebnis erreichen; wohl aber mit einem kleineren Netz mit zwei verdeckten Schichten.

Das Modell hat zwei Eingangs- und eine Ausgangsgröße. Als Ansatz dient ein MLP-Netz mit Neuronen mit Tanhyp-Aktivierungsfunktion in der verdeckten Schicht und Tanhyp- oder linearen Aktivierungsfunktion in der Ausgabeschicht. Verdeckte Schicht und Ausgabeschicht verwenden On-Neuronen. Das Levenberg-Marquardt-Verfahren wird mit den Standardeinstellungen der Matlab Neural Network Toolbox eingesetzt, die sich als gut geeignet erwiesen hatten. Zwecks Vergleichbarkeit mit dem Ergebnis der Fuzzy-Modellbildung werden je 500 Daten für Training und Validierung verwendet[43]. Das Trainingsziel ist ein mittlerer quadratischer Fehler von $J_{MSE} = 10^{-4}$. Es erfolgten für jede Netzvariante Trainings für 20 verschiedene Initialisierungen der Verbindungsgewichte und das bzgl. des Approximationsfehlers auf den Validierungsdaten beste Netz wurde ausgesucht.

Abb. 15.1 zeigt die Kennfläche eines 2-40-1-MLP-Netzes mit nichtlinearem Ausgabeneuron. Insbesondere der untere rechte Bereich der Kennfläche weicht mit seiner Welligkeit deutlich vom ebenen Zielverlauf aus Abb. 8.6 links ab. Bei kleineren Netzen ist der durchschnittliche Approximationsfehler größer und es treten andere deutliche Abweichungen der Kennfläche vom Zielverlauf auf. Die Ergebnisse bei linearem Ausgabeneuron (Abb. 15.2) sind wesentlich schlechter als bei nichtlinearem. Abb. 15.3 zeigt die Kennfläche eines 2-5-5-1-MLP-Netzes mit nichtlinearem Ausgabeneuron. Es ist bzgl. des Approximationsfehlers besser als das MLP-Netz aus Abb. 15.1; insbesondere ist die qualitative Form dem Zielverlauf wesentlich ähnlicher. Bei den Netzen mit zwei verdeckten Schichten ist der Unterschied zwischen Netzen mit linearem und nichtlinearem Ausgabeneuron in diesem Beispiel vergleichsweise klein, wie ein Vergleich von Abb. 15.3 und Abb. 15.4 zeigt. Wegen Einsatz des Levenberg-Marquardt-Verfahrens reicht eine kurze Trainingsphase in der Größenordnung von 30 Epochen aus.

---

[43]   Die Matlab Toolbox verwendet standardmäßig 70 % der Daten für das Training, 15 % zur Berechnung des Testfehlers während des Trainings für die Abbruchprüfung und 15 % für die Modellvalidierung. Diese Einstellung führt in diesem Fall zu qualitativ ähnlichen Ergebnissen.

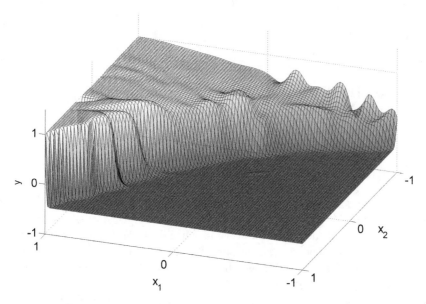

Abb. 15.1:   Übertragungsverhalten eines 2-40-1-MLP-Netzes mit sigmoiden Neuronen in verdeckter und Ausgabeschicht

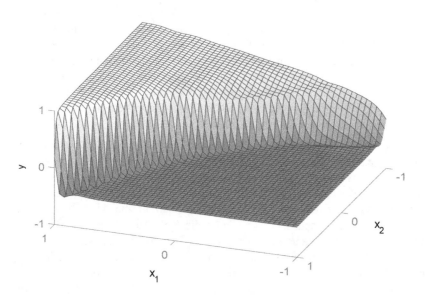

Abb. 15.2:   Übertragungsverhalten eines 2-40-1-MLP-Netzes mit sigmoiden Neuronen in verdeckter und linearem
in Ausgabeschicht

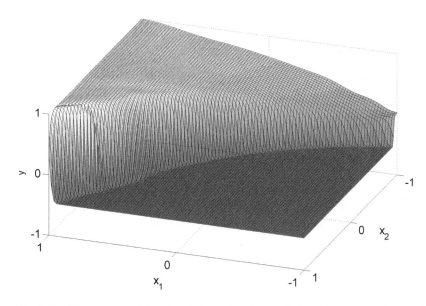

Abb. 15.3: Übertragungsverhalten eines 2-5-5-1-MLP-Netzes mit sigmoiden Neuronen in verdeckten Schichten
und Ausgabeschicht

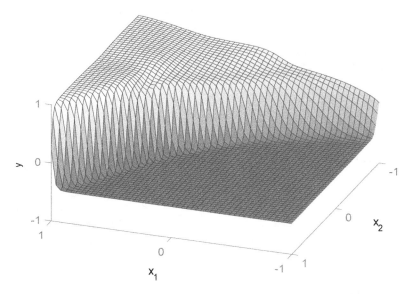

Abb. 15.4: Übertragungsverhalten eines 2-5-5-1-MLP-Netzes mit sigmoiden Neuronen in verdeckten Schichten
und linearem in Ausgabeschicht

Vergleicht man die Ergebnisse mit den TS-Modellen, so verwendet das 2-5-5-1-MLP-Netz
knapp doppelt so viele Parameter und erreicht einen um einen Faktor 3 geringeren Testfehler
und einen um einen Faktor 10 kleineren Trainingsfehler (MSE). Das TS-Modell ist mit seiner
Strukturierung in sechs linear-affine Teilmodelle besser interpretierbar.

15.2 Dynamische Modellierung eines servo-hydraulischen Antriebs (MLP)

Im Folgenden wird der servo-hydraulische Antrieb aus dem Fuzzy-Modellbildungs-Beispiel in Abschnitt 6.3.3 aufgegriffen. Ein dynamisches Modell soll die Verfahrgeschwindigkeit der Kolbenstange und somit der Lastmasse in Abhängigkeit von der Ansteuerung des Servoventils prädizieren. Die Lösung entstammt (Bernd et al. 1999). Die gemessenen Sprung-antworten (Abb. 15.5e, f) zeigen deutlich das dynamisch nichtlineare Übertragungsverhalten: Für sprungartige Änderung der Stellgröße zeigt sich bei kleinen Stellamplituden schwingen-des, bei großen dagegen aperiodisches Verhalten. Als Testsignal wird ein amplitudenmodu-liertes Pseudo-Zufallstreppensignal verwendet (Abb. 6.20 links). Wie beim TS-Modell wird der zukünftige Wert der Verfahrgeschwindigkeit $y(k)$ aus $y(k–1)$, $y(k–2)$, $y(k–3)$, $y(k–4)$ und $u(k–4)$ berechnet. Ein 5-6-6-1-MLP-Netz wird eingesetzt und für rekursive Auswertung op-timiert. Die Validierung erfolgt mit sprungförmigen Testsignalen. Zum Vergleich sind in Abb. 15.5 auch die Ergebnisse für das TS-Modell aus Abschnitt 6.3.3 dargestellt. Die Validie-rungsdaten zeigen, dass das TS-Modell die nichtlineare Dynamik besser abbildet als das MLP-Netz; auch ist der mittlere quadratische Fehler auf Identifikations- und Validierungsda-ten nur etwa halb so groß. Das TS-Modell weist etwa ein Drittel weniger Parameter als das MLP-Modell auf.

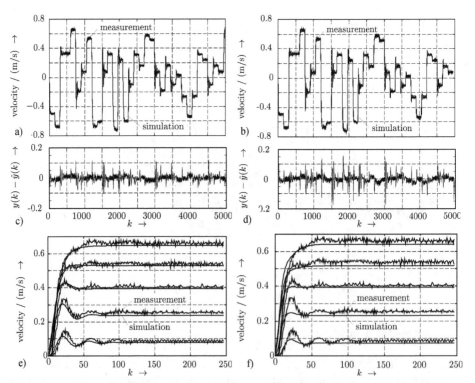

Abb. 15.5: Trainingsdaten und rekursive Simulation der Ausgangsgröße eines servo-hydraulischen Antriebs mittels TS- (a) und MLP-Modell (b) sowie jeweils darunter die zugehörigen Residuen (c, d) und Er-gebnisse für Validierungsdaten bei TS- (e) und MLP-Modell (f) (nach Bernd et al. 1999)

15.3   Dynamische Modellierung eines servo-pneumatischen Antriebs (MLP)

Das folgende Beispiel entstammt ebenfalls (Bernd et al. 1999). Für einen kolbenstangenlosen servo-pneumatischen Antrieb ist ein dynamisches Modell für das Übertragungsverhalten zu erstellen. Zu prädizieren ist die Verfahrgeschwindigkeit des Schlittens in Abhängigkeit von der Ansteuerung des ersten Servoventils. Das zweite Ventil wird konstant angesteuert. Das Verhalten ist insbesondere wegen ausgeprägter Reibung sowie der Kompressibilität des Mediums Luft nicht-linear. Als Testsignal wird ein amplitudenmoduliertes Pseudo-Zufalls-treppensignal verwendet (Abb. 15.6 oben). Der zukünftige Wert der Verfahrgeschwindigkeit $y(k)$ wird aus $y(k–1)$, $y(k–2)$, $y(k–3)$ und $u(k–1)$ berechnet. Ein 4-5-5-1-MLP-Netz mit logistischen Aktivierungsfunktionen wird für rekursive Auswertung optimiert. Zum Vergleich sind in Abb. 15.6 auch die Ergebnisse für ein TS-Modell dargestellt. Dies verwendet vier Regeln. Der FCM mit einem Unschärfeparameter von $v = 1{,}6$ sowie die Mahalanobisnorm wurden für die Partitionierung verwendet und das TS-Modell für rekursive Auswertung optimiert. Die Prädiktionen von MLP- und TS-Modell sind qualitativ vergleichbar. Der mittlere quadratische Fehler auf Identifikations- und Validierungsdaten ist beim TS-Modell etwa halb so groß. Beide Modelle besitzen etwa gleich viele Parameter.

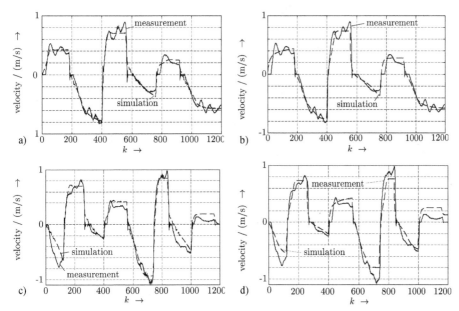

Abb. 15.6:   Trainingsdaten und rekursive Modellauswertung für einen servo-pneumatischen Antrieb für TS- (a) und MLP-Modell (b) sowie jeweils darunter die Ergebnisse für Validierungsdaten bei TS- (c) und MLP-Modell (d) (nach Bernd et al. 1999)

15.4   Fließkurvenmodellierung beim Kaltwalzen (MLP)

Das folgende Beispiel entstammt (Hambrecht et al. 2003). Beim Kaltwalzen werden Bleche durch ein Walzgerüst (Abb. 15.7) gezogen und die Blechdicke durch Ausübung hoher Walzkräfte reduziert.

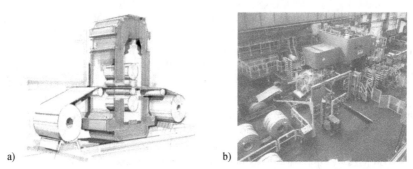

a)   b)

Abb. 15.7:   Technologieskizze (a) und Ausführungsbeispiel eines Walzgerüsts (b) (ABB)

Um eine hohe Qualität zu erreichen, ist die Dickenabnahme pro Walzgang (sog. *Stich*) zu planen und die notwendigen Walzkräfte sind jeweils möglichst genau voreinzustellen. Ein Einschwingvorgang der Dickenregelung mit möglicherweise nicht spezifikationsgerechtem Produkt (Ausschuss) soll weitgehend vermieden werden. Den Zusammenhang zwischen Dickenabnahme und Walzkraft beschreibt die materialabhängige *Fließkurve*. Physikalische Modelle, die den Einfluss der Legierungsbestandteile einer Stahlsorte auf die Fließkurve in allen Abhängigkeiten quantitativ ausreichend genau beschreiben können, sind nicht verfügbar. Mit Hilfe eines MLP-Netzes soll dieser Zusammenhang modelliert werden und Walzkraftvorhersagen für Materialien bisher unbekannter Zusammensetzung ermöglichen. Die Formänderungsfestigkeit k_f gibt die mechanische Spannung an, die aufgebracht werden muss, um einen Werkstoff zum Fließen (plastische Verformung) zu bringen. Sie ist eine Werkstoffkenngröße und kann experimentell ermittelt werden. Die wesentliche Einflussgröße beim Kaltumformen ist die Formänderung

$$\gamma = \ln\!\left(\frac{h_{\text{ein}}}{h_{\text{aus}}}\right) \tag{15.1}$$

mit h_{ein} der Einlaufdicke ins und h_{aus} der Auslaufdicke aus dem Walzgerüst. Die Fließkurve kann mit einem physikalisch motivierten Modellansatz der Form

$$k_f(\gamma) = c_1 \cdot \gamma^{c_2} \tag{15.2}$$

approximiert werden.

Ein MLP-Netz soll nun die beiden Modellparameter c_1, c_2 für verschiedene Stahllegierungen vorhersagen. Um Trainings- und Testdaten zu generieren, wurden durch Materialanalysen die prozentualen Anteile der chemischen Elemente (Aluminium, Arsen, Bor, Chlor, Chrom usw.) verschiedener Stahllegierungen ermittelt. Wichtig ist dabei, dass die unterschiedlichen Härteklassen gut abgedeckt sind; im untersuchten Fall handelte es sich um ca. 600. Durch Walzen dieser Stähle wurden experimentell die materialspezifischen Parameter c_1, c_2 ermittelt. So wurden 7400 Datensätze für das Training erzeugt. Ein MLP-Netz mit einer verdeckten Schicht mit 30 Neuronen wird mittels Backpropagation trainiert. Die Netzeingaben sind die prozentualen Anteile der Legierungszusätze und die Netzausgaben die Modellparameter c_1, c_2. Mit dem identifizierten Modell lässt sich mit deutlich weniger Aufwand eine mit physikalisch motivierten Modellen vergleichbare Modellgüte erreichen. Dabei ist wichtig, dass die Trainingsdaten die relevanten Härteklassen gut abdecken.

15.5 Virtueller Kraftsensor für elastischen Roboterarm (MLP)

Das folgende Beispiel entstammt (Otto 2000). Bei einem zweiachsigen elastischen Roboter sollen die durch elastische Verformungen entstehenden Strukturschwingungen durch eine Regelung des Aktuators gedämpft werden (Abb. 15.8 rechts). Als Aktuator wird ein hydraulischer Differentialzylinder verwendet. Das Servo-Ventil setzt die elektrische Ansteuerung in eine Ventilstellung um, mittels derer die Drücke in den beiden Zylinderkammern eingestellt werden. Eine Messung der Zylinderkolbenkraft ist teuer und konstruktiv aufwändig, da der Kraftsensor in die Kraftwirkungslinie zwischen Kolbenstange und Roboterarm integriert werden muss. Deshalb soll die Kraft mit einem MLP-Netz aus verfügbaren Sensorsignalen geschätzt werden. Dies wird auch als modellbasierte oder inferentielle Messung sowie als *Soft-Sensor* bezeichnet.

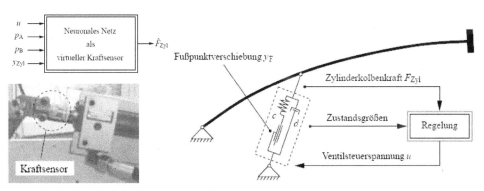

Abb. 15.8: Kraftschätzung bei einem flexiblen Roboter mittels MLP-Netz (Otto 2000)

Dazu wird ein extern rekurrentes, dreischichtiges MLP-Netz eingesetzt (Abb. 15.8). Als Aktivierungsfunktion der drei Neuronen in der verdeckten Schicht findet die Tanhyp-Funktion Verwendung. Zur Vorhersage der Kraft werden die einen Abtastschritt zurückliegenden Werte der beiden Hydraulikzylinderkammerdrücke (p_A, p_B), der Steuerspannung des Hydraulikventils (u) und der Position des Zylinderkolbens (y_{Zyl}) verwendet. Zur Trainingsdatenerzeugung wird der Fußpunkt der Feder mit einem amplitudenmodulierten Pseudo-Zufallsstreppensignal sowie für die Testdatenerzeugung mit einem aus der Überlagerung zweier harmonischer Schwingungen entstehenden Signal angeregt (Abb. 15.9). Das Training erfolgt mittels des Levenberg-Marquardt-Verfahrens. Die Validierung zeigt gute Ergebnisse, wobei an den Umkehrpunkten der Signalverläufe Abweichungen durch den Stick-Slip-Effekt auftreten (Abb. 15.10). Der Stick-Slip-Effekt tritt auf, wenn die Haft- größer als die Gleitreibung ist. Falls dann die bewegte Masse stehen bleibt und anschließend die Antriebskraft erhöht wird, bis sie die Haftreibungskraft übersteigt, so wird die Masse wegen der sprungartig reduzierten Reibkraft beschleunigt. Da an Umkehrpunkten die Verfahrgeschwindigkeit besonders niedrig ist, ist insbesondere dort der Stick-Slip-Effekt zu beobachten.

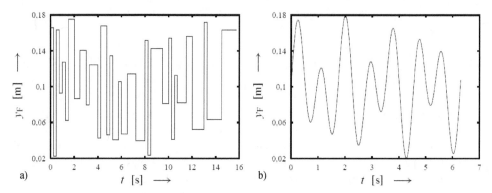

Abb. 15.9:   Testsignal für Gewinnung von Trainings- (links) und Validierungsdaten (rechts) (Otto 2000)

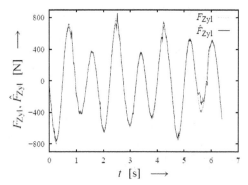

Abb. 15.10: Modellvalidierung: Vergleich von Vorhersage und Messung für Multi-Sinustestsignal (Otto 2000)

15.6   Qualitätskenngrößenvorhersage bei Polymerisation (MLP)

Bei der Führung von prozesstechnischen Herstellungsprozessen tritt häufig das Problem auf, dass Qualitätsgrößen (z. B. Dichte und Schmelzindex bei der Polymerherstellung) nicht in Echtzeit gemessen werden können. Stattdessen werden im Abstand von mehreren Stunden Proben im Labor analysiert und anschließend (falls notwendig) die Sollwerte der unterlagerten Regelkreise für die Prozessgrößen korrigiert. Die verzögerte Reaktion ist ungünstig für das Einhalten von Toleranzgrenzen. Mit Hilfe eines MLP-Netzes kann ein Soft-Sensor realisiert werden, der Qualitätsgrößen in Echtzeit aus Prozessgrößen schätzt. Die Schätzwerte können von einem MPC für eine schnelle und automatische Korrektur der Sollwerte für die Prozessgrößen genutzt werden. Das folgende Beispiel entstammt (Dittmar et al. 2005).

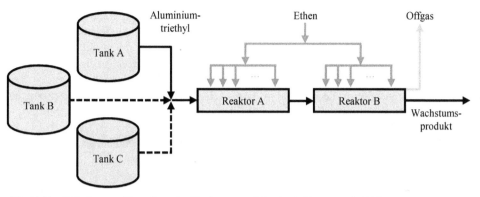

Abb. 15.11: Teilanlage zur Herstellung des Wachstumsprodukts (nach Dittmar et al. 2005)

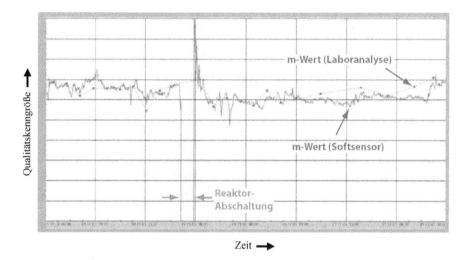

Abb. 15.12: Vergleich der Prädiktionen des Soft-Sensors mit Laboranalysen über einen Zeitraum von einem Monat (Dittmar et al. 2005)

Bei einem Polymerisationsprozess ist die Einstellung einer gewünschten Kettenlängenverteilung eines Wachstumsprodukts bei der Synthese von Industriealkoholen von besonderer Bedeutung. Das Produkt wird in einer aus zwei in Reihe geschalteten Rohrreaktoren bestehenden Teilanlage hergestellt (Abb. 15.11). Der die mittlere Kettenlänge des Wachstumsprodukts charakterisierende (Qualitäts-)Kennwert (sogenannter m-Wert), wurde bisher durch manuelle Probenahme und anschließende gaschromatografische Laboranalyse einmal täglich ermittelt. Die Zeit vom Beginn der Probenahme bis zum Vorliegen des Analyseergebnisses liegt zwischen 2 und 4 Stunden. Durch diesen Zeitverzug kann der Prozess nicht kurzfristig beeinflusst werden, wenn die Produktqualität vom Sollwert abweicht. Deshalb soll unter Verwendung eines MLP-Netzes ein Soft-Sensor entwickelt werden, der aus fortlaufend gemessenen Prozessgrößen den Qualitätskennwert alle 10 min prädiziert. Dazu wurden aus 25 kontinuierlich gemessenen Prozessgrößen mit Einfluss auf den Qualitätskennwert mittels Vorwissen und Analysen neun relevante Eingangsgrößen für das MLP-Netz selektiert. Dabei handelt es sich z. T. um abgeleitete Größen wie örtlich gemittelte Temperaturen[44]. Es standen Prozess- und Labormesswerte über 36 Monate mit verschiedenen Aufzeichnungsraten zur Verfügung. Im Rahmen der Datenvorverarbeitung wurden die Messdaten auf eine einheitliche Abtastrate von 10 min umgerechnet. Dazu mussten Zwischenwerte bzgl. der nur selten ermittelten Ausgangsgröße (Qualitätskennwert) durch Interpolation berechnet werden. Die erreichte Prädiktionsgüte (siehe Beispiel in Abb. 15.12) führte zu einer hohen Akzeptanz bei Anlagenfahrern und Betriebsleitung. Die Zahl der Laboranalysen konnte nach Einführung des Soft-Sensors halbiert werden. Durch die frühzeitige Erkennung von Trends bzgl. des Qualitätskennwertes kann die Anlage gleichmäßiger gefahren und nach einer Anlagenabstellung die gewünschte Spezifikation schneller wieder erreicht werden.

15.7   Zustandsbewertung von Energieübertragungsnetzen (SOM)

Das folgende Beispiel entstammt (Leder 2002). Bediener von Leitstellen für Energieübertragungsnetze müssen eine große Menge an Messwerten beobachten und bewerten, um eine Situationsanalyse zu erstellen und ggf. schnell korrigierende Maßnahmen einzuleiten. Eine Visualisierung der Einzelwerte überlastet leicht den Bediener wegen des großen Mengengerüstes, ohne dabei globale Bezüge herzustellen. Wegen der hohen Dynamik elektrischer Energieübertragungsnetze sind kurze Reaktionszeiten wichtig, so dass der Zeitaufwand für Analyse, Bewertung und Eingriff große Bedeutung hat. Eine selbstorganisierende Karte (SOM) kann eingesetzt werden, um den hochdimensionalen Raum der Messwerte auf für die Übersicht bzgl. des Systemzustands wesentlichen Informationen zu verdichten; hier die Entfernung von der Betriebsgrenze bzgl. der Spannungsstabilität bzw. die Stabilitätsreserve.

Die eingesetzte SOM verwendet Prozessgrößen des Energieübertragungsnetzes wie komplexe Spannungen und komplexe Leistungen an Netzknoten oder Topologieinformationen des Energieübertragungsnetzes. Eine aus einem Gitter von 12×12 Neuronen bestehende Merkmalskarte wird eingesetzt, da sich diese Größe für Energieübertragungsnetze mit mehreren hundert Knoten als ausreichend erwiesen hat. Den Neuronen der trainierten Karte werden Werte bzgl. des Stabilitätsindexes (Lasterhöhungsindikator LI) zugeordnet. Dies kann z. B. durch Bewertung der zum Neuron (und seiner Nachbarschaft) gehörenden Lasterhöhungsanzeige erfolgen oder auch mittels eines analytischen Verfahrens.

Die mit dem Stabilitätsindex hinterlegte Karte ist in der Abb. 15.13 dargestellt. Schwarz symbolisiert eine geringe Stabilitätsreserve, weiß-graue Streifen eine hohe[45]. So nimmt die Stabilitätsreserve als Grundtendenz diagonal von rechts oben nach links unten ab. Im Bild ist der Verlauf vom Normalzustand ① über Zwischenzustände bis zum Netzkollaps ⑦ nach einer Störung skizziert. Zwischen ⑤ und ⑥ wurde Last abgeworfen, um den Netzzusammenbruch zu verhindern, was allerdings nicht ausgereicht hat, um einen sicheren Betriebszustand zu erreichen.

---

[44]   Genaue Informationen über den NN-Aufbau wurden nicht veröffentlicht.

[45]   In (Leder 2002) wird ein Farbcode verwendet, bei dem der Normalbereich grau, der Warnbereich gelb-orange und unzulässige Bereiche rot dargestellt werden.

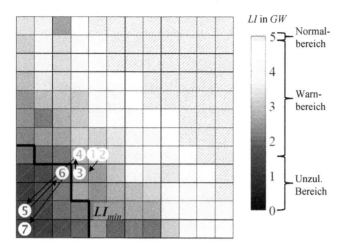

Abb. 15.13: SOM für Lasterhöhungsindikator *LI* bei einem Energietransportnetz. Die Zahlen kennzeichnen den Verlauf einer Netzstörung vom Normalzustand ① bis zum Kollaps ⑦. Der sichere Betriebsbereich ist durch die mit LI_{min} bezeichnete Kurve begrenzt (nach Leder 2002)

15.8 Routenplanung/TSP (SOM)

Mit einer SOM kann auch das (symmetrische) *Problem des Handlungsreisenden* (TSP) gelöst werden. Dieses stellt ein Benchmarkproblem der kombinatorischen Optimierung dar und wurde bereits in Abschnitt 2.5.1 kurz eingeführt Das folgende Beispiel wird in Abschnitt 18.10 alternativ mit einem Genetischen Algorithmus gelöst. Beim TSP ist eine gegebene Menge von Orten mit einer geschlossenen Tour so zu besuchen, dass die gesamten Wegkosten minimal sind. Die Kosten für den Pfad zwischen zwei Orten hängen beim symmetrischen Problem nicht von der Richtung ab, in der ein Pfad durchlaufen wird. Bei *n* vom Startpunkt aus zu besuchenden Orten gibt es $(n-1)! / 2$ verschiedene Touren. Im Folgenden wird ein Beispiel mit $n = 50$ Orten, also ca. $3 \cdot 10^{62}$ alternativen Routen, betrachtet.

Da eine geschlossene Tour gesucht wird, kommt eine ringförmige Karte zum Einsatz. Die Eingangsgrößen des Netzes sind die geographischen Koordinaten (x_1, x_2), so dass der Gewichtsvektor eines Neurons einer 2D-Position auf der Landkarte entspricht. Die Verbindung der auf der topographischen Karte benachbarten Neuronen mit einer Linie liefert ein geschlossenes Polygon. Die Reihenfolge der abzufahrenden Orte wird ermittelt, indem diese auf die nächste Position auf dem Polygonzug projiziert werden, wobei aus deren Abfolge dann direkt die Tour folgt. Die initiale Anordnung der Gewichtungsvektoren kann z. B. in Form eines Kreises, eines Vierecks, einer Raute etc. erfolgen. Simulationen zeigen, dass hier weder die Form, deren Größe (die Daten einhüllend, in den Daten liegend) noch die Platzierung der Neuronen auf der Kurve (äquidistant, zufällig) signifikanten Einfluss auf das Konvergenzverhalten des Lernalgorithmus hat. Exemplarisch werden die Ergebnisse für eine kreisförmige, äquidistante initiale Anordnung vorgestellt, die sich einfach initialisieren lässt (Abb. 15.14a): Das Kreiszentrum wird in den Mittelpunkt der Daten gelegt. Für die Festlegung des Kreisradius wird die Streuung der Orte um den Datenmittelpunkt bewertet und als einfache Standardabweichung gewählt.

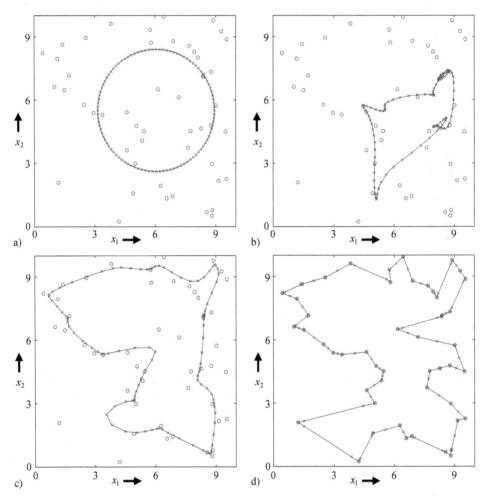

Abb. 15.14: Zu besuchende Städte (○) und Lage der Neuronen (×) bei Initialisierung (a), nach 10 (b), 20 (c) und 40 Epochen (d)

Einen merkbaren Einfluss hat die Anzahl der Neuronen: Wählt man die Anzahl m der Neuronen gleich der Anzahl n der Orte, so terminiert das Training häufiger in einer ungünstigen Lösung als bei einer größeren Anzahl an Neuronen, siehe Abb. 15.16a. Bei stark variierenden Abständen zwischen den Orten kann es zudem dazu kommen, dass die SOM einen Gewichtsvektor zwischen zwei nahe Nachbarn legt und sich daraus keine Reihenfolge begründen lässt, siehe das Beispielergebnis in Abb. 15.15a. Bei $m < n$ tritt dieses Problem verstärkt auf, wie das Beispiel für $m = n / 2$ in Abb. 15.15b zeigt. Deshalb wurde $m = 2n = 100$ gewählt, wodurch beide Effekte nicht mehr zu beobachten waren, siehe auch Abb. 15.16 rechts. Abb. 15.14d zeigt das Endergebnis, das genau gleich der vom GA in Abschnitt 18.10 ermittelten optimalen Tour ist.

Bei diesem Beispiel kam eine ringförmige Karte zum Einsatz und es wurde musterweise gelernt. Dabei wurde der gesamte Datensatz 40-mal hintereinander beim Training ausgewertet. Als Abstand wird auf der Karte $d(i, j) = \min(|i - j|, m - |i - j|)$ verwendet. Es wird eine exponentielle Nachbarschaftsfunktion mit exponentieller Anpassung der Ausdehnung ver-

wendet: $h(i,j,l) = \exp(-d(i,j)) \cdot \sigma_0 \cdot \exp(-l/\alpha)$. Dabei folgt α aus der gewünschten Reduzierung der Nachbarschaftsausdehnung nach der gewünschten Anzahl an Iterationen. Hier
war die (willkürliche) Vorgabe, nach 40 Epochen auf 1 % des ursprünglichen Radius ge-
schrumpft zu sein. Die Lernrate wurde ebenfalls exponentiell reduziert mittels
$\eta(l) = \eta_0 \exp(-l/\beta)$. Dabei folgt β analog zu α, nur hier mit dem Ziel einer Reduzierung auf
10 % des Startwertes. Startwerte für Lernschrittweite und Distanzparameter wurden zu
$\eta_0 = 2{,}5$; $\sigma_0 = n/4$ gewählt. Dabei wird σ_0 so gewählt, dass anfangs ein großer Teil der
Nachbarschaft an den Lernschritten partizipiert: Bei $\sigma_0 = n/4$ ist das wegen der ringförmi-
gen Karte zu Beginn genau die Hälfte der Neuronen. (Eine Einbeziehung aller Neuronen,
also $\sigma_0 = n/2$, führt zu ähnlichen Resultaten.) Bei der Lernschrittweite erwies sich eine
Wahl von $\eta_0 = 2{,}5$ als günstig für das (statistisch bewertete) Konvergenzverhalten.

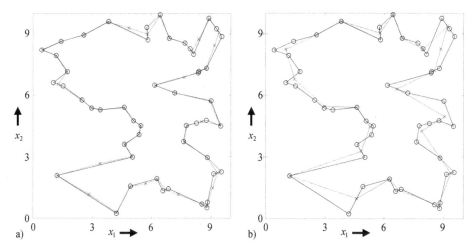

Abb. 15.15: Zu besuchende Städte ($\circ$) und optimaler Pfad ($-$) sowie Lage der Neuronen nach dem Abbruch ($\times$) mit
Verbindung zu den Nachbarn auf der Kohonenkarte ($\cdots$) für $m = n = 50$ (a) bzw. $m = n/2 = 25$ (b)

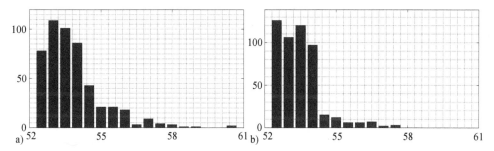

Abb. 15.16: Häufigkeitsverteilung (absolut für 500 Initialisierungen) der mittels SOM ermittelten Gesamttourlänge
bei $n = 50$ Städten und $m = 50$ Neuronen (a) sowie bei $n = 50$ und $m = 100$ (b)

16 Übungsaufgaben

16.1 XOR-Funktionsapproximation mittels MLP-Netz

Die XOR-Funktion ist durch ein dreischichtiges MLP-Netz (Abb. 16.1) zu approximieren. Dazu soll das Netz (vereinfachend) für ein einzelnes Muster mittels des Backpropagation-Algorithmus einmal trainiert werden. Es ist also ein einzelner Anpassungszyklus der Verbindungsgewichte zu berechnen.

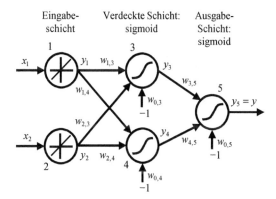

Abb. 16.1:   MLP-Netz mit Bezeichnungen von Signalen und Verbindungsgewichten

Die Neuronen der verdeckten Schicht und der Ausgabeschicht verwenden die logistische Aktivierungsfunktion:

$$f_{act}(x) = \frac{1}{1 + e^{-x}} \tag{16.1}$$

Die Verbindungsgewichte werden initialisiert als: $w_{1,3}^{(0)} = 0,5$; $w_{1,4}^{(0)} = 0,9$; $w_{2,3}^{(0)} = 0,4$; $w_{2,4}^{(0)} = 1,0$; $w_{3,5}^{(0)} = -1,2$; $w_{4,5}^{(0)} = 1,1$; $w_{0,3}^{(0)} = 0,8$; $w_{0,4}^{(0)} = -0,1$; $w_{0,5}^{(0)} = 0,3$.

Das Trainingsmuster sei $[x_1 \quad x_2 \quad y] = [1 \quad 1 \quad 0]$ und die Lernschrittweite $\eta = 0,1$.

a) Propagieren Sie das Muster vorwärts durch das MLP-Netz und ermitteln Sie den Trainingsfehler.
b) Berechnen Sie bitte zuerst die Gewichtsänderungen für die Verbindungen, die zur Ausgabeschicht sowie dann für die Verbindungen, die zur verdeckten Schicht führen.
c) Geben Sie alle neuen Gewichte $w_{i,j}^{(1)}$ an.

16.2   Klassifikation mittels MLP-Netzen (1)

In verschiedenen Datenmengen sollen zwei (Teilaufgaben a, b, c) oder drei (Teilaufgabe d) Klassen getrennt werden. Die Klassen lassen sich durch lineare Trennflächen separieren, es kann also jeweils ein zweischichtiges MLP-Netz eingesetzt werden. Für jede Teilaufgabe bearbeiten Sie bitte die folgenden Schritte:

- Skizzieren Sie die Netzstruktur und machen Sie einen Ansatz für die Entscheidungsfunktion.
- Bestimmen Sie die Verbindungsgewichte mittels der Methode der kleinsten Quadrate. Notieren Sie dazu bitte die Formel sowie die Werte der Matrizen und Vektoren und berechnen Sie dann die Gewichte.
- Zeichnen Sie die Trennlinien bitte in die jeweiligen Graphen ein.

Hinweis: Es wird empfohlen, das LS-Verfahren in Vektor-Matrix-Notation anzuwenden und für die Berechnung der Verbindungsgewichte einen Rechner zu benutzen.

a)   Klasse 1 besteht aus den Objekten $\{(1; 2), (1; 3), (2; 3)\}$ und Klasse 2 aus $\{(2; 1), (3; 1),$ $(3; 2)\}$, siehe Abb. 16.2 o. l.

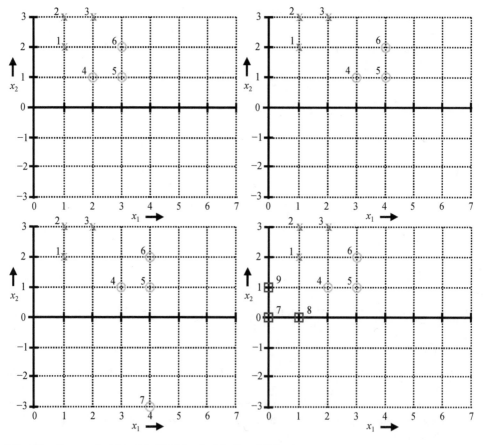

Abb. 16.2:   Daten zu Problem a) (o. l.), b) (o. r.), c) (u. l.) und d) (u. r.)

b) Klasse 1 besteht aus den Objekten $\{(1; 2), (1; 3), (2; 3)\}$ und Klasse 2 aus $\{(3; 1), (4; 1),$ $(4; 2)\}$, siehe Abb. 16.2 o. r.

c) Klasse 1 besteht aus den Objekten $\{(1; 2), (1; 3), (2; 3)\}$ und Klasse 2 aus $\{(3; 1), (4; 1),$ $(4; 2), (4; -3)\}$, siehe Abb. 16.2 u. l.

d) Klasse 1 besteht aus den Objekten $\{(1; 2), (1; 3), (2; 3)\}$, Klasse 2 aus $\{(2; 1), (3; 1),$ $(3; 2)\}$ und Klasse 3 aus $\{(0; 0), (1; 0), (0; 1)\}$, siehe Abb. 16.2 u. r.

16.3 Klassifikation mittels MLP-Netzen (2)

Gegeben ist die in Abb. 16.3 dargestellte Objektmenge mit vier Klassen.

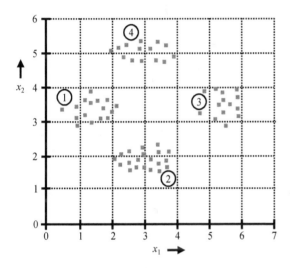

Abb. 16.3:   Objektmenge mit vier Klassen

a) Erläutern Sie bitte, was *lineare Separierbarkeit* bedeutet. Sind die vier Klassen in Abb. 16.3 linear separierbar?

b) Die vier Klassen sollen mit einem möglichst einfachen MLP-Netz separiert werden. Bitte skizzieren Sie dazu eine geeignete Netzstruktur. Erläutern Sie, welche Aufgaben die einzelnen Schichten beim Zustandekommen der die Klassifikatoren beschreibenden Trennflächen haben.

c) Es soll ein MLP-Netzbasierter, möglichst einfacher Klassifikator einzig für Klasse 3 entworfen werden. Skizzieren Sie dazu bitte ein geeignetes Netz und bezeichnen Sie Signale und Parameter.

d) Der Klassifikator aus Teilaufgabe c) soll unter Ausnutzung aller Trainingsdaten aus Tab. 16.1 ausgelegt werden. Für seine Ausgabe soll gelten:

$$y_3(\mathbf{x}) = \begin{cases} \geq 0 \Rightarrow \mathbf{x} \in \text{Klasse 3} \\ < 0 \Rightarrow \mathbf{x} \notin \text{Klasse 3} \end{cases} \tag{16.2}$$

–   Schreiben Sie die die Trennfläche des Klassifikators beschreibende Formel auf.

- Notieren Sie bitte die Bestimmungsgleichung für den Verbindungsgewichtsvektor, die aus Anwendung der Methode der kleinsten Quadrate resultiert. Geben Sie die auftretenden Vektoren und Matrizen für die konkreten Zahlenwerte der Trainingsdaten an. (Der Zahlenwert des Gewichtsvektors ist nicht zu berechnen.)

Tab. 16.1:   Trainingsdaten

Datum		Klassenzugehörigkeit			
x_1	x_2	Klasse 1	Klasse 2	Klasse 3	Klasse 4
6	3	nein	nein	ja	Nein
6	4	nein	nein	ja	nein
3	2	nein	ja	nein	nein
3	5	nein	nein	nein	ja
2	3,5	ja	nein	nein	nein

16.4   Klassifikation mittels RBF-Netz

Die XOR-Funktion soll durch ein klassifizierendes Radiale-Basisfunktionen-Netz nachgebildet werden. Für das Training sind die vier in Tab. 16.2 aufgelisteten Muster zu verwenden.

Tab. 16.2:   Trainingsdaten und Zwischenergebnisse

Musternr.	Eingangsgröße $\mathbf{x}_i$		Soll-Ausgabe	Ausgabe 1. Neuron	Ausgabe 2. Neuron	Ist-Ausgabe
i	x_1	x_2	y_{ref}	y_1	y_2	y
1	0	0	0			
2	0	1	1			
3	1	0	1			
4	1	1	0			

a)   Skizzieren Sie ein RBF-Netz mit zwei Neuronen in der verdeckten Schicht. Zeichnen Sie Signale und Parameter ein.

b)   Setzen Sie normierte Gaußfunktionen mit $2\sigma^2 = 1$ als Basisfunktionen an. Legen Sie deren Basen in $\mathbf{v}_1^T = [1; 1]$ und $\mathbf{v}_2^T = [0; 0]$. Berechnen Sie deren Ausgaben für die vier Muster und tragen Sie diese in Tab. 16.2 ein.

c)   Das Ausgabeneuron sei auch mit einem On-Neuron verbunden. Berechnen Sie alle Verbindungsgewichte mittels des Verfahrens der kleinsten Quadrate.

d)   Berechnen Sie die Netzausgabe für die vier Muster und legen Sie eine Entscheidungsgrenze fest.

e)   Zeichnen Sie die vier Muster im x_1-x_2- sowie im y_1-y_2-Raum ein. Beschreiben Sie die Wirkung des RBF-Netzes bei der Lösung des Klassifikationsproblems.

16.5 Funktionsapproximation mittels RBF-Netz

Ein RBF-Netz soll zur Approximation der Funktion

$$y(x) = \frac{1}{x + 0,1} \tag{16.3}$$

auf dem Intervall $x \in [0; 1]$ verwendet werden. Das Netz habe vier Neuronen in der verdeckten Schicht und verwende gaußglockenförmige Basisfunktionen der Form:

$$\psi_i(d) = \exp\left(-\frac{|x - v_i|^2}{a_i}\right) \tag{16.4}$$

a) Skizzieren Sie die Netzstruktur und bezeichnen Sie alle Signale und Parameter.
b) Erzeugen und notieren Sie $N = 11$ im Intervall $x \in [0; 1]$ äquidistant verteilte Trainingsdaten.
c) Verteilen Sie die Basen gleichförmig über den Wertebereich (die äußeren sollen in 0 bzw. 1 liegen) und wählen Sie eine geeignete Überlappung. Berechnen Sie die Verbindungsgewichte. Werten Sie das RBF-Netz und die zu approximierende Funktion für Argumente im Intervall $x \in [0; 1]$ aus und stellen Sie die Ergebnisse graphisch im gleichen Diagramm dar.
d) Wie müssten die beiden „inneren" Basen verschoben werden, so dass sich die Approximation verbessert? Wählen Sie geeignete neue Positionen dieser Basen, berechnen Sie die Verbindungsgewichte neu und stellen Sie wie zuvor die Ausgaben des RBF-Netzes und die Funktionswerte graphisch dar.

16.6 Training einer Kohonenkarte

Die selbstorganisierende Karte in Abb. 16.4 soll trainiert werden. In dieser Aufgabe soll die SOM für ein Muster einmal mittels Wettbewerbslernen trainiert werden. Es ist also ein Anpassungszyklus der Verbindungsgewichte durchzuführen.

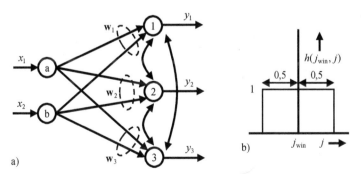

Abb. 16.4: Kohonennetz (a) und Nachbarschaftsfunktion (b)

Für die Initialisierung der Verbindungsgewichte gelte:

$$\mathbf{w}_1^{(0)} = \begin{bmatrix} 0{,}27 \\ 0{,}81 \end{bmatrix}; \quad \mathbf{w}_2^{(0)} = \begin{bmatrix} 0{,}42 \\ 0{,}70 \end{bmatrix}; \quad \mathbf{w}_3^{(0)} = \begin{bmatrix} 0{,}43 \\ 0{,}21 \end{bmatrix}.$$

Das Trainingsmuster sei: $\mathbf{x} = \begin{bmatrix} x_1 \\ x_2 \end{bmatrix} = \begin{bmatrix} 0{,}52 \\ 0{,}12 \end{bmatrix}$ und die Lernschrittweite $\eta = 0{,}1$.

Die Nachbarschaftsfunktion sei im Indexraum als symmetrische Treppenfunktion mit einer Treppenbreite von 1 (Abstand über Max-Norm) definiert. Berechnen Sie bitte die Gewichtsänderungen und die neuen Gewichte nach Auswertung des Trainingsmusters.

16.7 Clusterung und Klassifikation mittels Kohonenkarte

Mittels einer Kohonenkarte sollen die sechs Muster:

$$\mathbf{x}_1 = \begin{pmatrix} 0{,}9 \\ 0 \\ 0 \end{pmatrix}; \quad \mathbf{x}_2 = \begin{pmatrix} 1 \\ 0 \\ 0 \end{pmatrix}; \quad \mathbf{x}_3 = \begin{pmatrix} 0{,}8 \\ 1 \\ 0 \end{pmatrix}; \quad \mathbf{x}_4 = \begin{pmatrix} 1 \\ 1 \\ 0{,}2 \end{pmatrix}; \quad \mathbf{x}_5 = \begin{pmatrix} 0{,}5 \\ 0{,}5 \\ 1 \end{pmatrix}; \quad \mathbf{x}_6 = \begin{pmatrix} 0{,}5 \\ 0{,}6 \\ 1 \end{pmatrix}$$

in drei Gruppen geclustert werden. Die Kohonenschicht weist drei Neuronen auf, deren Gewichtsvektoren initialisiert seien zu:

$$\mathbf{w}_1^{(0)} = \begin{pmatrix} 0 \\ 0 \\ 0 \end{pmatrix}; \quad \mathbf{w}_2^{(0)} = \begin{pmatrix} 0 \\ 1 \\ 0 \end{pmatrix}; \quad \mathbf{w}_3^{(0)} = \begin{pmatrix} 1 \\ 1 \\ 1 \end{pmatrix}$$

Die Ausgangssituation zeigt Abb. 16.5. Im Folgenden soll Winner-takes-all-Lernen mit einer Lernschrittweite von $\eta = 0{,}1$ (ohne Schrittweitenanpassung) angewendet werden. Rechnen Sie bitte mit zwei Nachkommastellen.

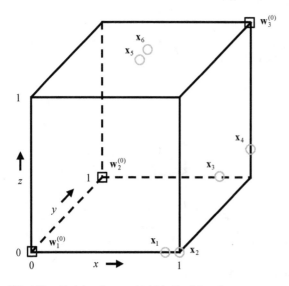

Abb. 16.5:   Trainingsdaten und initiale Gewichtsvektoren

a)   Skizzieren Sie bitte die Netzstruktur und bezeichnen Sie alle Signale und Parameter.

b)   Führen Sie einen Lernschritt mit allen sechs Mustern durch (musterweises Lernen). Arbeiten Sie die Muster der Reihe nach ab und geben Sie jeweils das Gewinnerneuron und dessen neuen Gewichtsvektor an. Zeichnen Sie in Abb. 16.6 die aktualisierten Gewichtsvektoren ein.

c)   Welche Werte der Gewichtsvektoren erwarten Sie nach Konvergenz des Lernvorgangs.

Gegeben sei nun eine fertig trainierte Kohonenkarte mit drei Neuronen in der Kohonenschicht mit den Gewichtsvektoren:

$$\mathbf{w}_a = \begin{pmatrix} 1 \\ 3 \end{pmatrix}; \ \mathbf{w}_b = \begin{pmatrix} 2 \\ 1 \end{pmatrix}; \ \mathbf{w}_c = \begin{pmatrix} 3 \\ 3 \end{pmatrix}$$

Die Kohonenkarte werde nun für eine harte Klassifikation von Mustern im   nach dem Prinzip des nächsten Nachbarn bezogen auf die Gewichtsvektoren der Neuronen der Kohonenschicht verwendet.

d)   Skizzieren Sie bitte die Netzstruktur und bezeichnen Sie alle Signale und Parameter.

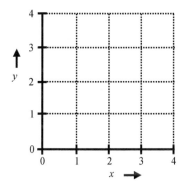

Abb. 16.6:   Ausschnitt des $\mathfrak{R}^2$

Teil IV: Evolutionäre Algorithmen

17 Allgemeine Prinzipien

17.1 Einführung

Die Evolution kann als ein Optimierungsprozess verstanden werden, um die Überlebensfähigkeit von Organismen in einem sich dynamisch ändernden Umfeld und im Wettbewerb um begrenzte Ressourcen zu verbessern. Dabei wird davon ausgegangen, dass die am besten angepassten Individuen mit höherer Wahrscheinlichkeit länger leben und sich häufiger fortpflanzen (reproduzieren) und dabei vorteilhafte Eigenschaften an ihre Nachkommen weitergeben. So findet ein Ausleseprozess statt (*Survival of the Fittest*). Zudem gibt es bei der Reproduktion zufällige Einflüsse (Mutation), die das Erbgut verändern und so die Diversität des Genpools erhöhen. Es können Inselpopulationen mit einem primär lokal orientierten Ausleseprozess auftreten bei Zulassen eines Austausches (Migration) zwischen den Populationen. Inspiriert durch das Evolutionsprinzip wurden verschiedene Metaheuristiken für Suchprobleme entwickelt, die unter dem Oberbegriff *Evolutionäre Algorithmen* (*EA*) und deren Anwendung als *evolutionäres Rechnen* (*Evolutionary Computing*) zusammengefasst werden (Abb. 17.1).

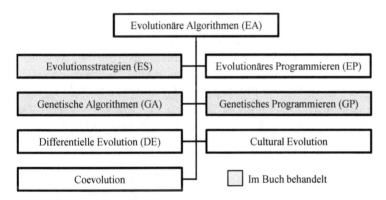

Abb. 17.1:   Übersicht über verschiedene Evolutionäre Algorithmen (EA)

Im Folgenden werden behandelt:

- Genetische Algorithmen, die die genetische Evolution nachbilden.
- Genetisches Programmieren, wobei Individuen nicht wie bei Genetischen Algorithmen Parameter kodieren, sondern Programme oder Algorithmen.
- Evolutionäre Strategien, die berücksichtigen, dass sich nicht nur die optimierten Systeme, sondern auch die Strategieparameter im Laufe der Evolution verändern.

17.2 Grundidee und -schema Evolutionärer Algorithmen

Die Grundidee (und Annahme) von Evolutionären Algorithmen (EA) besteht darin, dass eine Problemlösung in viele kleine (entkoppelte) Teile/Bausteine zerlegt werden kann und durch Tauschen (Cross-over) viele gute Bausteine der Elternteile zu einem besseren Nachkommen zusammengeführt werden können. Durch Einführung von Mutationen können Lösungen erreicht werden, die die Grenzen des mit dem Elterngenpool Erreichbaren verlassen. EA realisieren eine (massiv) parallele (globale) Suche. Die EA folgen mit geringen Variationen dem folgenden Grundschema:

Algorithmus (Allgemeiner EA)

Setze den Generationszähler auf $l = 0$.

Erzeuge und initialisiere eine Population mit μ Individuen $I_1, ..., I_i, ..., I_\mu$.

Wiederhole

    Ermittle die Fitness f_i jedes Individuums der Population.

    Wähle aus, wer sich fortpflanzen darf.

    Erzeuge Nachkommen durch Rekombination der Elternanlagen.

    Mutiere einen Teil der Nachkommenanlagen.

    Wähle die Mitglieder der neuen Population aus.

    Erhöhe den Generationszähler um Eins.

Bis die Abbruchbedingung erfüllt ist. ∎

Jedes Individuum stellt einen Lösungskandidaten für die Problemstellung und damit einen Punkt im Lösungsraum dar. Zum einen sind die Eigenschaften eines Individuums im Chromosom kodiert, zum anderen beeinflusst die Kodierung auch Auswahl und Gestaltung der genetischen Operatoren. Ein zentraler Schritt beim Entwurf eines EA ist deshalb die *Festlegung der Darstellung der Entscheidungsvariablen im Chromosom*. Ursprünglich verwendeten Genetische Algorithmen (GA) eine binäre und Evolutionsstrategien (ES) eine reelle Kodierung, wobei diese Abgrenzung mittlerweile überholt ist. Genetisches Programmieren (GP) verwendet eine Baumdarstellung für die gesuchten symbolischen Lösungsausdrücke.

Definition *Baum, Wurzelbaum* (nach Bronstein et al. 2008): *Ein Baum ist ein zusammenhängender, kreisfreier Graph, dessen Knoten paarweise höchstens durch einen Pfad miteinander verbunden sind. Besitzt ein Baum einen ausgezeichneten Knoten, die Wurzel, so heißt er Wurzelbaum.* ∎

Aus dieser Definition folgt, dass es von der Wurzel zu jedem anderen Knoten des Graphs genau einen Pfad gibt. Ein Baum wird typischerweise mit oben angeordneter Wurzel gezeichnet. Ein Baum ist eine spezielle Klasse von Graphen (siehe Abschnitt 25.4).

Auch wenn sich sowohl GA als auch ES von ähnlichen Abläufen in der Natur inspirieren ließen, so sind deren technische Umsetzungen verschieden. ES verwenden eine reellwertige Kodierung des Optimierungsproblems und wurden für kontinuierlich-parametrische Optimierungsprobleme eingesetzt. Von Anfang an wurden verschiedene Strategieparameter mitadaptiert. Anfangs wurden ES für die Steuerung der Parameteränderungen bei experimenteller Optimierung verwendet. Insbesondere haben die bei der Formoptimierung einer Zwei-Phasendüse resultierende, völlig unerwartete Form und die große Wirkungsgradverbesserung gegenüber einem konventionellen Entwurf große Aufmerksamkeit erreicht.

Beispiel *Zwei-Phasendüse*:

Betrachtet wird die experimentelle Optimierung einer rotationssymmetrischen Zwei-Phasendüse (Rechenberg 1994). Die Düse ist Teil eines Kleinkraftwerkes für Raumfahrzeuge. Der durchgesetzte Stoff, Kalium, wurde bei der experimentellen Optimierung durch Wasser ersetzt. Die Düse kann aus 330 verschiedenen, konisch abgestuften Segmenten zusammengesetzt werden (Abb. 17.2). Gesucht wurde die Düsenform, bei der die Wasser-Wasserdampf-Zweiphasenströmung den maximalen Schub bzw. Austrittsimpuls bei konstantem Mengenstrom liefert. Die Ausgangsform ist eine rechnerisch ausgelegte Lavaldüse.

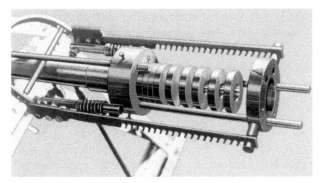

Abb. 17.2:   Experimentalaufbau zur Optimierung einer Zwei-Phasendüse (Rechenberg 2007)

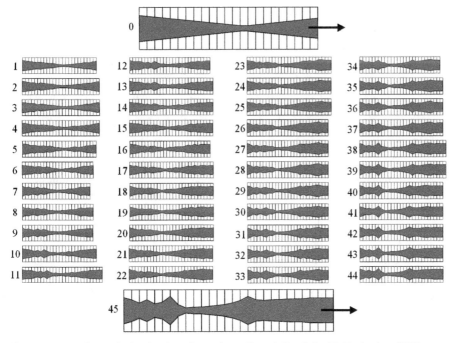

Abb. 17.3:   Düsenformen in den einzelnen Generationen (Start: 0; Ergebnis: 45) (Rechenberg 2007)

Die Variation der Düsenform erfolgte erstens durch Durchmesseränderung an zufällig gewählten Stellen. Dabei wurden immer zwei benachbarte Segmente gemeinsam getauscht, um keine Durchmessersprünge entstehen zu lassen. Zweitens konnte die Anzahl der Segmente geändert werden, indem an zufällig ermittelter Stelle ein Segment hinzugefügt oder entfernt wurde. Nach 45 Generationen einer $(1 + 1)$-ES lag eine völlig unerwartete Düsenform vor, die den initialen Wirkungsgrad von ca. 55 % auf ca. 80 % erhöht (Abb. 17.3).

Bei Genetischen Algorithmen (GA) sind typischerweise Phänotyp und Genotyp unterschiedlich (siehe Tab. 17.1); ursprünglich wurde eine binäre Problemkodierung verwendet. GA wurden als universelle Problemlöser eingesetzt, was kontinuierliche, diskrete und kombinatorische Aufgabenstellungen einschließt. GA arbeiten standardmäßig mit im Voraus fest gelegten Strategieparametern, was eine geeignete Wahl für eine gegebene Problemstellung erfordert.

Die Wahl einer geeigneten *Populationsgröße* μ hängt vom Charakter der Problemstellung ab (de Jong 2006): Bei komplizierter Fitnesslandschaft (multimodal, diskontinuierlich, verrauscht usw.) ist eine stärker parallelisierte Suche (also eine größere Population) sinnvoll. Eine große Population erhöht i. Allg. die genetische Diversität und ermöglicht eine bessere Exploration des Suchraums. Der Rechenaufwand pro Generation ist zwar höher, dafür tritt die Konvergenz nach weniger Generationen ein. Die Ergebnisqualität hängt praktisch nicht stark von der genauen Wahl ab, so dass bei Genetischen Algorithmen und Evolutionsstrategien oft bzgl. der Populationsgröße mit Standardwerten im Bereich von 25…75 gearbeitet wird. Die Festlegung der *Startpopulation* erfolgt i. Allg. zufällig. Bei sehr komplexen Problemen wird auch mit mehreren hundert Individuen gearbeitet. Zudem wird die Startpopulation häufig mit wenigen einzelnen Ergebnissen einer Heuristik angereichert, um insbesondere bei Problemen mit vielen Beschränkungen die Erfolgsaussichten der Suche zu verbessern. Die Individuen werden i. d. R. mit Zufallswerten initialisiert, wobei problemspezifisches Wissen eingebracht werden kann.

Bei Genetischen Algorithmen wird die *Anzahl der Nachkommen* gleich der der Eltern gewählt. Bei Evolutionsstrategien ist die Anzahl λ der erzeugten Nachkommen ein Entwurfsparameter. Eine zu große Anzahl bedeutet, dass viele Nachkommen von Eltern mit geringer Fitness erzeugt werden, die bald obsolet werden. Eine zu kleine Wahl gibt dagegen fitten Eltern zu geringe Reproduktionschancen. Gute Erfahrungen liegen im Bereich $\lambda / \mu = 5…7$ (Beyer, Schwefel 2002, de Jong 2006).

Die *Fitness* eines Individuums wird über die Güte der von ihm kodierten Lösung bewertet. Üblicherweise wird von einer *Fitnessfunktion* gesprochen; ein funktionaler Zusammenhang zwischen Lösungskandidaten und Güte ist aber nicht erforderlich. Es reicht z. B. auch aus, wenn paarweise der bessere Lösungskandidat ermittelt werden kann. Im Darwinistischen Modell der Evolution haben fittere Individuen eine höhere Chance zu überleben und sich fortzupflanzen. Dadurch wird die nächste Generation stark durch die Erbanlagen der fitteren Individuen beeinflusst. Durch Anwendung eines *Selektionsoperators* werden die Elternteile für den *Fortpflanzungspool* ausgewählt.

Aus den Erbanlagen der Elternteile werden bei der *Rekombination* die Erbanlagen der Nachkommen zusammengesetzt. So wird z. B. bei GA das sog. Cross-over durchgeführt, bei dem die Erbanlagen der Eltern an mindestens einer korrespondierenden Stelle aufgetrennt und über Kreuz verbunden werden. Dem liegt die Annahme zu Grunde, dass ein Chromosom aus vielen kleinen Bausteinen zusammengesetzt ist und man durch Tauschen viele gute Bausteine sammeln kann, die zu einem besonders fitten Individuum führen (sog. Baustein- oder Schema-Hypothese (Goldberg 1989)).

Anschließend werden die Chromosomen der Nachkommen zufällig geändert. Diese sog. *Mutation* erhöht die genetische Diversität des Erbmaterials. Um gutes Erbmaterial nicht stark zu stören, wird bei GA i. Allg. eine geringe Wahrscheinlichkeit für das Auftreten einer Mutation vorgegeben. Bei ES ist die Mutation dagegen das wichtigste Strategieelement bei der Erzeugung von Nachkommen.

Da i. Allg. die Populationsgröße konstant ist, ist festzulegen, wie die *neue Population aus Elternteilen und Nachkommen zusammengesetzt* wird. Dabei können die Nachkommen die Eltern vollständig oder teilweise ablösen. Die fittesten Elternteile können auch einen garantierten Platz in der neuen Population erhalten (sog. elitäre Wiedereinsetzung), so dass die besten Lösungskandidaten nicht verloren gehen. Liegt die neue Population fest, so wird geprüft, ob das *Abbruchkriterium* erfüllt ist. Abbruchkriterien bewerten typischerweise die erreichte Lösungsqualität, die Konvergenz und/oder den Ressourcenverbrauch.

In den folgenden Hauptabschnitten werden Details der Umsetzung von GA, ES und GP vorgestellt. Tab. 17.1 fasst einige zentrale Begriffe mit ihrer Bedeutung zusammen.

Tab. 17.1:   Einige zentrale Begriffe bei Evolutionären Algorithmen

Begriff	Bedeutung
Gen	Kodiert ein Merkmal (d. h. einen Parameter)
Allel	Wert, den ein Gen trägt, der eine Eigenschaft bzw. ein Merkmal kodiert
Chromosom	Fasst alle Gene eines Individuums zusammen und bildet den Genotyp
Genotyp	Genetische Kodierung des Phänotyps
Phänotyp	Gesamtheit aller Merkmalsausprägungen eines Individuums (Verhaltensrepräsentation)
Individuum	Einzelner Punkt im Suchraum und damit Lösungskandidat
Fitness	Bewertungskriterium für Individuen
Generation	Menge aller Individuen einer Zeitstufe
Population	Menge aller lebenden Individuen (bei nicht überlappenden Generationen besteht eine Population aus einer Generation)

17.3   Kurze Historie

Die Geschichte der Evolutionären Algorithmen (EA) reicht bis in die späten 50er Jahre zurück, wobei erste Ideen bereits auf die 1930er datieren (de Jong 2006). In den 60er Jahren bildeten sich mit Genetischen Algorithmen (GA), Evolutionären Strategien (ES) und Evolutionärem Programmieren (EP) unterschiedliche Schulen aus. Die Konzepte wurden etwa zeitgleich unabhängig voneinander erarbeitet. Hans-Paul Schwefel und Ingo Rechenberg arbeiteten an der Technischen Universität Berlin an ES (Rechenberg 1964, 1965, 1973, 1994, Schwefel 1977, 1995). An der University of California, Los Angeles (UCLA) USA, entwickelte Lawrence Fogel das EP (Fogel 1962, Fogel et al. 1966). An der Universität von Michigan konzipierte John Holland die ersten (einfachen) GA (Holland 1962, 1973, 1975). Erst in den 80ern stellt John Koza das Genetische Programmieren (GP) vor (Koza 1989, 1992).

Im Folgenden stehen ES und GA im Vordergrund der Betrachtungen, da sie am weitesten verbreitet sind.

In der Frühphase (in den 60er Jahren) wurden einfache EA entwickelt und formale Analysen unter vielen idealisierenden/vereinfachenden Annahmen durchgeführt. Die 70er Jahre standen insbesondere im Zeichen der Weiterentwicklung der Algorithmen und Verbesserung des Verständnisses. Die Arbeiten fokussierten auf EP, ES und GA und erfolgten weitgehend losgelöst voneinander. GA und ES werden für parametrische Optimierungsaufgaben eingesetzt. In den 80er Jahren wurde das Konzept des Genetischen Programmierens (GP) vorgestellt, mit dem symbolische Optimierungsaufgaben gelöst werden können bzw. das automatische Erstellen von Programmen ermöglicht wird. Insbesondere die Erfahrung der Behandlung von komplexeren Problemen führt bei GA und ES in den 80ern zu Weiterentwicklungen. In den frühen 90er Jahren kommt es zur Erkenntnis, dass die bisher separat entwickelten Methoden verschiedenartige Ausprägungen des übergeordneten Konzeptes des *Evolutionären Rechnens* (*evolutionary computing/computation*) sind. Als Überbegriff für die Algorithmen wird *Evolutionäre Algorithmen* eingeführt (Bäck 1996). Es kommt zum gegenseitigen Aufgreifen von Ideen zwecks Weiterentwicklung der Algorithmen. Tab. 17.2 listet einige Meilensteine der Entwicklung Evolutionärer Algorithmen auf. Ausführlichere Darstellungen finden sich z. B. in (Bäck et al. 1997, de Jong 2006) sowie für ES in (Beyer, Schwefel 2002). Zusammenstellungen von Anwendungen Evolutionärer Algorithmen für verschiedenste Problemstellungen finden sich beispielsweise in (Bäck et al. 1997, Nissen 1997, Dasgupta, Michalewicz 1997, Hafner 1998, VDI/VDE 2000, Parmee, Hajela 2002).

Tab. 17.2: Einige Meilensteine bei Erforschung, Entwicklung und Einsatz Evolutionärer Algorithmen

Jahr	Meilenstein	Referenz
1948	Turing schlägt genetische und evolutionäre Suche vor	Eiben, Smith 2003
1962	Konzept Evolutionären Programmierens vorgestellt	Fogel et al. 1962
1962	Konzept Genetischer Algorithmen vorgestellt	Holland 1962
1964	Evolutionsstrategien vorgestellt	Rechenberg 1964
1989	Genetisches Programmieren vorgestellt	Koza 1989
1991	Gründung GMA-Fachausschuss 5.21 „Neuronale Netze und Evolutionäre Algorithmen"	
Mitte 90er	Zunehmendes Interesse an evolutionären (Neuro-)Fuzzy-Systemen	Cordón et al. 2004
1994	Erster IEEE World Congress on Computational Intelligence (WCCI)	
2003	VDI/VDE-Richtlinie „Evolutionäre Algorithmen" erlassen	VDI/VDE 2003
2004	Matlab Genetic Algorithm and Inline Search Toolbox von Mathworks eingeführt (mittlerweile in die Global Optimization Toolbox überführt)	Mathworks 2012c
2005	• GMA-Fachausschüsse „Neuronale Netze und Evolutionäre Algorithmen" und „Fuzzy Control" fusionieren zum FA 5.14 „Computational Intelligence" • IEEE „Neural Network Society" benennt sich um in „Computational Intelligence Society"	

18 Genetische Algorithmen

18.1 Einführung

Als Einstieg in die Genetischen Algorithmen (GA) wird der klassische einfache GA (*Simple Genetic Algorithm, SGA* (Goldberg 1989)) betrachtet. Er ist gekennzeichnet durch binäre Kodierung der Optimierungsparameter, Bewertung der Performance der Individuen über ihre Fitness, fitnessproportionaler Selektion (FPS) der Teilnehmer des Fortpflanzungspools, geringer Mutationswahrscheinlichkeit und Betonung der genetisch inspirierten Rekombination als Mittel zur Erzeugung neuer Lösungskandidaten. Das folgende Beispiel illustriert das Funktionsprinzip. Details werden in den folgenden Abschnitten behandelt.

Beispiel *Simple Genetic Algorithm für kontinuierliches Optimierungsproblem*:

Es soll das Argument x ermittelt werden, das die Zielfunktion $J(x) = x^2$ im zulässigen Definitionsbereich von $x \in [0; 31]$ maximiert. Hierzu wird ein SGA wie folgt eingesetzt: Die Entscheidungsgröße x_i (Phänotyp) wird im Chromosom als einfache 5-Bit-Binärzahl kodiert. Die Population besitze vier Individuen, die zufällig initialisiert werden, siehe Abb. 18.1. Ihre Fitness wird über $f(x) = J(x)$ bewertet. Elternteile werden mit fitnessproportionaler Wahrscheinlichkeit

$$p(x_i) = \frac{f(x_i)}{\sum_{j=1}^{4} f(x_j)} \tag{18.1}$$

für den Fortpflanzungspool ausgewählt. Damit folgt die erwartete Anzahl an Nachkommen für das Individuum x_i zu $4 \cdot p(x_i)$. Im Fortpflanzungspool werden die Elternpaare zufällig zusammengestellt. (Einpunkt-)Cross-over erfolgt an einer zufällig gewählten Position mit der Wahrscheinlichkeit p_c. Mutiert wird, indem jedes einzelne Bit mit der Wahrscheinlichkeit p_m geflippt wird. Tab. 18.1 zeigt die Abfolge der einzelnen Berechnungen eines evolutionären Schrittes. Innerhalb einer Iteration steigt die maximale bei einem Individuum der Population beobachtete Fitness von 576 auf 784 und die durchschnittliche Fitness der Population von 293 auf 615,5.

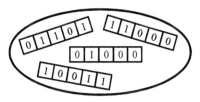

Abb. 18.1: Startpopulation mit vier Individuen, die jeweils über binär kodierte Chromosomen beschrieben werden

Tab. 18.1:   Durchführung eines evolutionären Schrittes mittels SGA; Einfachapostroph (Doppelapostroph) bedeutet Größe nach Rekombination (Mutation)

Startwerte, Fitnessbewertung und Selektion der Individuen für Fortpflanzungspool:

Chromosom Nr. i	Anfangspopulation (zufällig gewählt)	x_i	Fitness $f(x_i) = x_i^2$	$p(x_i)$	Erwartete Anzahl an Nachkommen	Tatsächliche Anzahl an Nachkommen
1	01101	13	169	0,14	0,58	1
2	11000	24	576	0,49	1,97	2
3	01000	8	64	0,06	0,22	0
4	10011	19	361	0,31	1,23	1
Summe			1170	1,00	4,00	4
Durchschnitt			293	0,25	1,00	1
Maximum			**576**	0,49	1,97	2

Durchführung von Cross-over und Fitnessbewertung der Nachkommen:

Eltern-paar	Fortpflanzungs-pool	Cross-over-Bitposition	Nachkommen nach Cross-over	x_i'	Fitness $f(x_i) = x_i'^2$	Chromosom Nr. i'
1 & 2	0110|1	4–5	01100	12	144	1'
	1100|0	4–5	11001	25	625	2'
2 & 4	11|000	2–3	11011	27	729	3'
	10|011	2–3	10000	16	256	4'
					1754	Summe
					439	Durchschnitt
					729	Maximum

Mutation (der Nachkommen) und erneute Fitnessbewertung der Nachkommen:

Chromosom Nr. i'	Nachkommen nach Cross-over	Nachkommen nach Mutation	x_i''	Fitness $f(x_i) = x_i''^2$
1'	01100	**1**1100	28	784
2'	11001	11001	25	625
3'	11011	11011	27	729
4'	10000	101**0**0	20	400
Summe				2462
Durchschnitt				615,5
Maximum				**784**

18.2   Problemkodierung

Bei der Problemkodierung geht es um eine geeignete mathematische Formulierung der Optimierungsaufgabe sowie die Abbildung zwischen Phänotyp und Genotyp (Abb. 18.2). Für eine Optimierung kontinuierlicher Parameter ist i. Allg. eine Diskretisierung erforderlich.

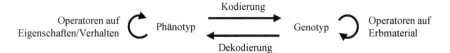

Abb. 18.2: Betrachteter Teil der Problemkodierung

Beschränkungen können auf verschiedene Weise umgesetzt werden und zwar mittels:

- Beschränkungstransformation oder indirekte Behandlung der Beschränkungen: Kodiert wird so, dass nur zulässige Genotypen und Phänotypen entstehen können, d. h. dass eine unbeschränkte Suche erfolgen kann.
- Straffunktion oder direkte Behandlung der Beschränkungen: Statt explizit Beschränkungen zu verwenden, werden mittels einer Straffunktion bei Verletzung einer Beschränkung dem Lösungskandidaten zusätzliche Kosten zugewiesen (bzw. die Fitness reduziert). Beispiele für Straffunktionen finden sich z. B. in (Michalewicz 1996: §4.5).
- Projektion oder Reparaturmechanismus: Eine unzulässige wird in eine zulässige Lösung überführt.

Kodierung als Binärzahl: Die Kodierung als Binärzahl ist die klassische Kodierung bei GA. Die Bezeichnung GA oder *kanonischer* GA impliziert diese Kodierung typischerweise. Es gibt verschiedene Binärkodes (Tab. 18.2), wie z. B.:

- Einfacher Binärkode: Kleine Änderungen des Genotyps (z. B. ein Bit flippt) können zu großen Fitnessänderungen führen; bzw. eine kleine Änderung der Fitness (z. B. um von einer Position nahe am Optimum zum Optimum zu gelangen) kann eine große Änderung des Genotyps erfordern.
- Gray-Kode: Aufeinanderfolgende Gray-Zahlen unterscheiden sich nur in einem Bit. Benachbarte Zahlen haben somit immer einen *Hamming-Abstand* (Anzahl zu ändernder Bits) von exakt 1, während dieser beim einfachen Binärkode ≥ 1 ist. Beispielsweise ist der Hamming-Abstand zwischen den Zahlen 7 und 8 bei einfachem Binärkode 4, beim Gray-Kode 1 (vgl. Tab. 18.2).

Sind reelle Zahlen binär zu kodieren, so folgt die Anzahl der Bits z. B. aus der geforderten Auflösung ε: Gegeben sei ein Wertebereich $x \in [x_{UG}; x_{OG}]$. Bei einer n-stelligen Binärzahl kann z. B. x_{UG} als 0 und x_{OG} als $(2^n - 1)$ kodiert werden. Daraus folgt die Auflösung zu $\Delta x = (x_{OG} - x_{UG})/(2^n - 1)$ und mit $\Delta x \leq \varepsilon$ die benötige Bitanzahl zu:

$$n \geq \log_2\left(\frac{x_{OG} - x_{UG}}{\varepsilon} + 1\right) \tag{18.2}$$

Kodierung als ganze Zahl oder als Symbol: Gene können als Wert eine ganze Zahl oder ein Symbol annehmen.

Kodierung als reelle Zahl: In diesem Fall spricht man auch von einem reellwertigen GA. Die Verarbeitung von reellen Zahlen auf Digitalrechnern erfordert deren approximative Darstellung:

- Festkommadarstellung: Feste Anzahl an Ziffern, Dezimalpositionen sind fix, z. B.: 112,1
- Gleitkommadarstellung: Darstellung als $x = m \cdot b^a$ typischerweise mit $b = 10$, Normalisierung der Mantisse z. B. auf $1 \leq m \leq 10$ möglich, z. B. $1{,}121 \cdot 10^2$

Die Abbildung der Zahlen auf die Gene ist festzulegen. Typischerweise wird eine Zahl als ein Gen kodiert.

Tab. 18.2:   Beispiele einiger Zahlendarstellungen

Dezimalzahl	Einfacher 4-Bit-Binärkode (Stellenwertigkeit: 8-4-2-1)	4-Bit-Gray-Kode (Keine Zuordnung einer Stellenwertigkeit)	Hexadezimalzahl
0	0000	0000	0
1	0001	0001	1
2	0010	0011	2
3	0011	0010	3
4	0100	0110	4
5	0101	0111	5
6	0110	0101	6
7	0111	0100	7
8	1000	1100	8
9	1001	1101	9
10	1010	1111	A
11	1011	1110	B
12	1100	1010	C
13	1101	1011	D
14	1110	1001	E
15	1111	1000	F

Beispiel *Kodierung*:

Abb. 18.3 zeigt Beispielchromosomen für die Lösung eines reellwertigen Optimierungsproblems mit zwei Variablen (Θ_1, Θ_2) bei binärer 7-Bit-Kodierung (links) oder reeller Kodierung (Mitte). Zudem sind (rechts) Beispielchromosomen in ganzzahliger bzw. symbolischer Kodierung für ein Permutationsproblem mit vier Elementen abgebildet, wie es z. B. für das TSP-Beispiel im Abschnitt 18.10 eingesetzt werden könnte. Es sei angemerkt, dass Chromosomen auch eine variable Länge (z. B. bei der Suche nach optimalen Fahrrouten) und auch abschnittsweise verschiedene Kodierungen aufweisen können (z. B. bei gemischt-ganzzahligen Problemen).

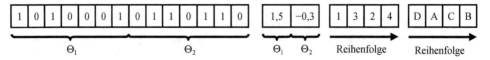

Abb. 18.3:   Beispielchromosomen bei binärer (links), reeller (Mitte) sowie ganzzahliger und symbolischer Kodierung (rechts)

Des Weiteren ist ein *Bewertungskriterium* für die Güte der Lösungskandidaten festzulegen, das sog. Fitnessmaß bzw. die *Fitnessfunktion*. Die Fitnessbewertung hat in mehrfacher Hinsicht große Bedeutung: Einerseits wird über sie wesentlich der Suchablauf gesteuert. Andererseits verursacht die Ermittlung der Fitness den größten Aufwand bei der Durchführung eines GA.

18.3 Algorithmusablauf

Den typischen Algorithmusablauf zeigt Abb. 18.4.

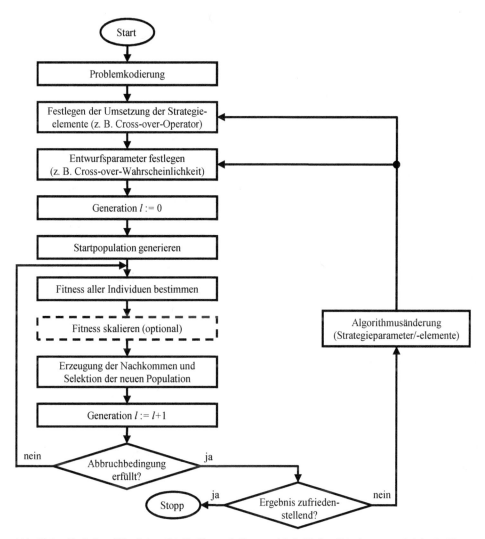

Abb. 18.4: Typischer Ablauf eines GA (da Fitnessskalierung nicht bei jedem GA eingesetzt wird, ist der Kästchenrand gestrichelt gezeichnet)

Zur *Erzeugung der Nachkommen* und *Selektion der neuen Population* in Abb. 18.4 können die genetischen Operatoren sequenziell (Abb. 18.5 links) oder parallel (Abb. 18.5 rechts) eingesetzt werden. Bei der sequenziellen Anwendung werden die Elternteile für die Rekombination fitnessbasiert ausgesucht. Mittels Cross-over werden Nachkommen erzeugt, die (mit einer vorgegebenen Wahrscheinlichkeit) mutiert werden. Bei der Selektion der Mitglieder für die neue Population kann vorgesehen werden, dass ein Teil der fittesten Elternteile zu Lasten der unfittesten Nachkommen in die neue Population aufgenommen wird. Dies wird als *elitäre Wiedereinsetzung* bezeichnet. Bei der parallelen Anwendung werden vorgegebene Anteile der Nachkommen jeweils mit unterschiedlichen genetischen Operatoren erzeugt. Dabei kann z. B. der Anteil der mittels Mutation erzeugten Nachkommen nochmals auf verschiedene Mutationsoperatoren aufgeteilt werden. Statt von einer elitären Wiedereinsetzung von Elternteilen wird bei der parallelen Variante von einer Reproduktion der Eltern gesprochen. Der sequenzielle Ablauf stellt die ursprüngliche Variante dar; insb. bei kombinatorischen Optimierungsproblemen finden sich Anwendungen der parallelen Variante.

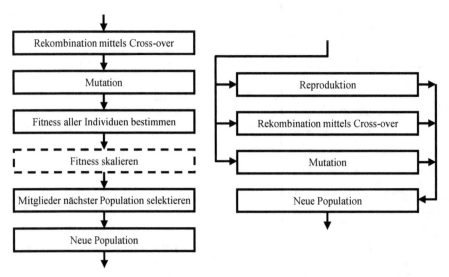

Abb. 18.5:   Sequenzielle (l.) und parallele (r.) Anwendung genetischer Operatoren bei der Erzeugung der Nachkommen und Selektion der neuen Population

18.4   Selektion der Elternteile

Angelehnt an das Darwinistische Prinzip sollten sich die fittesten Individuen häufiger vermehren, damit sich besseres Erbmaterial stärker verbreitet (*Survival of the Fittest*). Es gibt verschiedene Selektionsmethoden.

18.4.1   Fitnessproportionale Selektion

Bei der fitnessproportionalen Selektion (FPS) ist die Selektionswahrscheinlichkeit p_{sel} eines Individuums für den Fortpflanzungspool proportional zu seiner Fitness f_i:

$$p_{sel,FPS}(x_i) = \frac{f_i}{\sum_{j=1}^{\mu} f_j} \quad \text{mit} \quad f_i := f(x_i) \tag{18.3}$$

und mit der Anzahl μ an Elternteilen. Ein Elternteil kann mehrfach im Fortpflanzungs-Pool auftreten; dies ist insbesondere für die fitteren Elternteile zu erwarten. Aus (18.3) folgt, dass ein durchschnittlich fittes Individuum eine erwartete Anzahl von genau einem Nachkommen hat. Die Anzahl der Elternteile im Fortpflanzungspool entspricht der Anzahl der Individuen der Population. Probleme dieser Selektionsmethode sind:

a) Ein herausragend fittes Individuum schränkt die genetische Diversität der Folgegeneration stark ein und führt zur vorzeitigen Konvergenz.

b) Bei ähnlicher Fitness besteht nur geringer Selektionsdruck, wodurch die Konvergenz langsam ist.

c) Bewertet man die Fitness mit ($f +$ konst.) statt f, so ändert dies das Selektionsergebnis.

Abhilfe schafft bei a) eine Begrenzung der Anzahl der Nachkommen pro Individuum oder die Nutzung eines anderen Selektionsverfahrens (wie die in Abschnitt 18.4.2 und 18.4.3 beschriebene rang- oder tournierbasierte Selektion) und bei b) und c) die im Folgenden beschriebene Fitnessskalierung.

Fitnessskalierung

Mittels Fitnessskalierung kann der Selektionsdruck erhöht und eine Verschiebungsinvarianz erreicht werden. Insbesondere die folgenden Varianten wurden entwickelt, siehe auch Abb. 18.6. Dabei beziehen sich die minimalen, maximalen und mittleren Werte der Fitness auf die aktuelle Population, aus der selektiert werden soll:

a) Mittels Verschiebung um $-f_{\min}$ (Abb. 18.6a)

$$f' = f - f_{\min} \tag{18.4}$$

wird der gemeinsame „Fitnesssockel" ($f_{\min}$) eliminiert. Die minimale skalierte Fitness ist somit 0. Dabei ist $f_{\min}$ die minimale Fitness eines Individuums in der Population; wegen $f \geq f_{\min}$ gilt $f' \geq 0$. Die mittlere skalierte und die mittlere unskalierte Fitness unterscheiden sich.

b) Bei der Sigma-Skalierung

$$f' = \max\{0; f - (\bar{f} - c \cdot \sigma)\} \tag{18.5}$$

ist c eine Konstante (typisch ist $c = 2$) und σ die Streuung der Fitness in der Population. Sie bedeutet eine einfache Verschiebung um $-(\bar{f} - c \cdot \sigma)$, wobei ggf. auftretende negative Werte auf 0 gesetzt werden. Bei großer Streuung bleibt die Fitness nahezu unverändert (Abb. 18.6c), bei kleiner werdender Streuung wird der Fitnesswert zunehmend verschoben (Abb. 18.6d). Im Gegensatz zur Verschiebung (a) kann sie zu einer nicht eineindeutigen Abbildung oder zu einer unteren Wertebereichsgrenze $f_{\min} > 0$ führen.

c) Bei einer mittelwerterhaltenden linearen Skalierung (Abb. 18.6b)

$$f' = a \cdot f + b \text{ mit } a = \frac{\bar{f} \cdot (c-1)}{f_{\max} - \bar{f}} \text{ und } b = \frac{f_{\max} - \bar{f} \cdot c}{f_{\max} - \bar{f}} \cdot \bar{f} \tag{18.6}$$

bleibt (im Fall von FPS) die erwartete Nachkommensanzahl eines Individuums mit mittlerer Fitness $\bar{f}' = \bar{f}$ genau Eins. Der Entwurfsparameter $c \in [1; c_{\max}]$; $c_{\max} = (f_{\max} - f_{\min})/(\bar{f} - f_{\min})$ kann z. B. als $c = 2$ gewählt werden (falls zulässig). Für $c = f_{\max}/\bar{f}$ ändert sich nichts: $f' = f$.

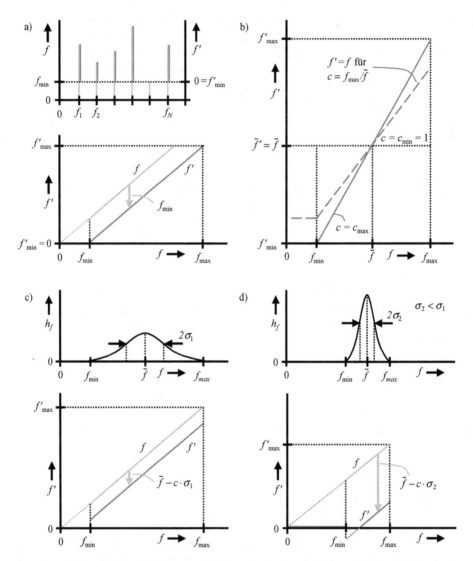

Abb. 18.6: Fitnessskalierung: Verschiebung (a), $\bar{f}$ - erhaltende lineare Skalierung (b) sowie Sigma-Skalierung bei
            großem (c) und kleinem Selektionsdruck/Streuung (d)

Umsetzung wahrscheinlichkeitsproportionaler Selektion

Unter Berücksichtigung der Selektions- bzw. Reproduktionswahrscheinlichkeit ist eine ganzzahlige Anzahl λ von Elternteilen für den Fortpflanzungspool auszuwählen. Eine einfache
Umsetzung kann durch die *Rouletteradmethode* erfolgen: Eine Kreisscheibe wird in wahr-
scheinlichkeitsproportionale Kreissegmente für die μ potentiellen Elternteile $I_1, ..., I_\mu$ aufgeteilt. Die Aufhängung der Scheibe hat eine Markierung. Das Rad wird gedreht und an zufälliger Stelle gestoppt. Das Individuum, welches zum Segment gegenüber der Markierung
gehört, wird selektiert. Diese Prozedur wird λ-mal wiederholt, bis die notwendige Anzahl an
λ Elternteilen im Fortpflanzungspool vorhanden ist.

Beispiel *Roulettradmethode*:

In einer Population mit vier Individuen, deren jeweilige Fitness in Abb. 18.7 angegeben ist, sollen Elternteile mittels der Rouletteradmethoden für den Fortpflanzungspool ausgewählt werden. Aus (18.3) folgen die individuellen Reproduktionswahrscheinlichkeiten und somit die Unterteilung des Rads in Segmente. Viermaliges Drehen liefert die gesuchten Elternteile.

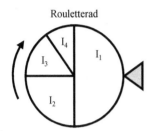

Individuum	Fitness	Reproduktions- wahrscheinlichkeit	Anteil Kreisumfang
1	50	0,50	50 %
2	25	0,25	25 %
3	15	0,15	15 %
4	10	0,10	10 %

Abb. 18.7: Beispiel zur Anwendung der Rouletteradmethode bei der FPS

Bei der *stochastischen Restselektion* wird die der zu erwartenden Selektionshäufigkeit nächst kleinere natürliche Zahl an Reproduktionen garantiert. Nur der gebrochene Rest bemisst die Wahrscheinlichkeit einer weiteren Reproduktion. Alternativ kann der *Stochastic-Universal-Sampling-(SUS)*-Algorithmus angewendet werden. Die dabei zu Grunde liegende Idee ist, λ Elternteile gleichzeitig statt sequenziell auszusuchen wie bei der einfachen Rouletteradmethode. Dazu verwendet man ein Rouletterad mit λ Markierungen statt nur einer Einzelnen.

18.4.2 Rangbasierte Selektion

Eine *rangbasierte Selektion* verhindert die Dominanz eines herausragenden Individuums. Die Individuen werden nach steigender (oder fallender) Fitness sortiert. Der Platz (*Rang*) in der Reihenfolge entscheidet über die Selektionswahrscheinlichkeit, nicht der absolute individuelle Fitnesswert. Dabei kann der Rang linear oder nichtlinear (z. B. exponentiell) auf die Selektionswahrscheinlichkeit abgebildet werden. Für eine lineare Abbildung des Rangs auf die Selektionswahrscheinlichkeit mit einer Skalierung, so dass für das fitteste Individuum α ($1 \le \alpha \le 2$) Nachkommen zu erwarten sind, gilt[46]:

$$p_{\text{sel, LR}}(x_i) = \frac{2-\alpha}{\mu} + \frac{2 \cdot (i-1) \cdot (\alpha-1)}{\mu \cdot (\mu-1)} \tag{18.7}$$

Dabei ist i der Rang (das unfitteste Individuum erhält den Rang „1") und μ die Anzahl der Elternteile. Das folgende Beispiel illustriert den Unterschied zwischen der Anwendung fitnessproportionaler und rangbasierter Selektion.

---

[46] Die Originalformel in (Eiben, Smith 2003, S. 61) wurde korrigiert.

Beispiel *Fitnessproportionale und rangbasierte Selektion (nach Eiben, Smith 2003)*:

Den unterschiedlichen Effekt fitnessproportionaler und rangbasierter Selektion zeigt das Beispiel in Tab. 18.3: Ein Wert von $\alpha = 1,5$ reduziert gegenüber z. B. $\alpha = 2$ die Selektionshäufigkeit des fittesten Individuums zugunsten weniger fitter. Bei der betrachteten Population hat das fitteste Individuum B für $\alpha = 2$ eine erwartete Anzahl von $N_N = 2$ Nachkommen.

Tab. 18.3:   Beispiel zur Wirkung fitnessproportionaler vs. rangbasierter Selektionswahrscheinlichkeit auf die Verteilung der erwarteten Nachkommen pro Individuum

Individuum	Fitness	Rang	FPS		Rang ($\alpha = 2$)		Rang ($\alpha = 1,5$)	
			$p_{sel,FPS}$	N_N	$p_{sel,LR}$	N_N	$p_{sel,LR}$	N_N
A	1	1	0,1	0,3	0	0	0,17	0,5
B	5	3	0,5	1,5	0,67	2	0,5	1,5
C	4	2	0,4	1,2	0,33	1	0,33	1
Summe	10		1,0	3,0	1,0	3,0	1,0	3,0

18.4.3   Tournierbasierte Selektion

Bei der *tournierbasierten* (oder *wettkampfbasierten*) *Selektion* wird nur eine zufällig aus der Population ausgewählte Untermenge zur Selektion eines Elternteils verwendet. Das fitteste Individuum dieser Untermenge wird selektiert. Die Wahrscheinlichkeit der Dominanz eines herausragend fitten Individuums ist reduziert und die schlechtesten Individuen tragen nicht zur Fortpflanzung bei. Nur die Fitnesswerte in der Tourniergruppe müssen bekannt sein, nicht aber die der gesamten Population wie bei FPS und rangbasierter Selektion. Dabei ist auch kein absoluter Fitnesswert notwendig, es reicht vielmehr aus, wenn z. B. durch paarweisen Vergleich in der Gruppe das fitteste Individuum ermittelt werden kann. Durch die Bewertung der relativen Fitness ist die tournierbasierte Selektion translationsinvariant (d. h. neutral gegenüber einer Verschiebung der Absolutwerte der Fitnessfunktion um eine Konstante). Die Gruppen können gebildet werden, indem die Population zufällig in nicht überlappende Teilmengen zerlegt wird. Alternativ können aus der Population zufällig Individuen ausgewählt und in die Tourniergruppe hineinkopiert werden; dadurch kann das gleiche Individuum in mehreren Gruppen auftreten. Neben der o. a. deterministischen Variante, bei der das fitteste Individuum selektiert wird, gibt es auch eine statistische Variante, bei der das fitteste Individuum nur mit einer endlichen Wahrscheinlichkeit selektiert wird. Mit der Größe der Tourniergruppe wird der Selektionsdruck eingestellt; sie ist ein Entwurfsparameter. Die Gruppengröße kann von Eins (entspricht einer zufälligen Selektion) bis zur ganzen Population (entspricht einer elitären Wiedereinsetzung) gewählt werden. Oft wird eine Gruppengröße von Zwei gewählt, was auch als Zweikampfselektion bezeichnet wird (Gerdes, Klawonn, Kruse 2004). Der Einfluß der gewählten Gruppengröße auf die Verteilung der Fitnesswerte in der Population wird bspw. in (Goldberg, Deb 1991) und (Blickle, Thiele 1995) untersucht. Die tournierbasierte Selektion ist wegen ihrer Einfachheit und günstiger Eigenschaften verbreitet.

18.5   Rekombination durch Cross-over

Das Cross-over sorgt für die Erzeugung von zwei Nachkommen aus zwei Elternteilen. Dazu werden jeweils zwei Elternteile zufällig aus dem Fortpflanzungspool herausgegriffen, ihre Erbanlagen geteilt und über Kreuz miteinander verbunden, um so zwei Nachkommen zu erzeugen. Dies wird wiederholt, bis alle Nachkommen erzeugt wurden. Es ist zu entscheiden, ob die Fortpflanzung eines Elternteils „mit sich selbst" zulässig ist. Cross-over wird mit der Wahrscheinlichkeit p_c angewendet (typisch ist $p_c \in [0{,}6;\ 0{,}95]$, siehe z. B. (Fogel 1994)). Tritt kein Cross-over auf, so reproduzieren sich die Elternteile in identische Nachkommen. Bei der Festlegung des Wertes für p_c ist die Selektionsstrategie für die neue Generation zu beachten. Falls eine elitäre Wiedereinsetzung erfolgt, ist $p_c \to 1$ eine geeignete Wahl. Es gibt weiterführende Konzepte, bei denen mehr als zwei Elternteile an der Erzeugung von zwei Nachkommen beteiligt werden, wie auch Konzepte, die nur einen einzigen Nachkommen pro Cross-over erzeugen.

18.5.1   Binär kodierte kontinuierliche Probleme

Es gibt verschiedene Cross-over-Konzepte (Abb. 18.8):

- *Einfaches/Ein-Punkt-Cross-over*: Die Chromosomen der Eltern werden an einer zufällig gewählten, korrespondierenden Stelle geteilt und über Kreuz verbunden.
- *Mehr-Punkt-Cross-over*: Die Chromosomen der Eltern werden an mehreren zufällig gewählten, korrespondierenden Stellen geteilt und über Kreuz verbunden.
- *Einheitliches* (*Uniform*) *Cross-over*: Jedes einzelne Gen (Bit) wird zwischen den Eltern mit einer Wahrscheinlichkeit p_x getauscht.

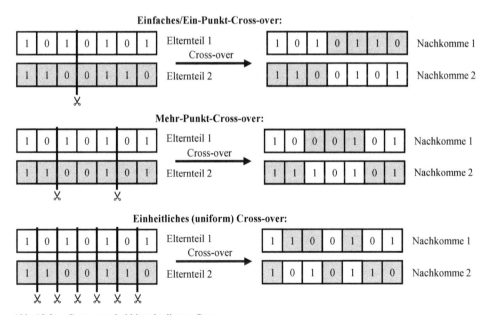

Abb. 18.8:   Cross-over bei binär kodierten Genen

18.5.2   Reell kodierte kontinuierliche Probleme

Typischerweise kodiert ein Gen eine reelle Zahl. Auch hierfür gibt es verschiedene Cross-over-Konzepte (Abb. 18.9):

- Die *Diskrete Rekombination* funktioniert wie Cross-over für binäre Chromosomen. Neue Zahlen können durch sie nicht entstehen (nur durch die anschließende Mutation).
- Bei der *Arithmetischen Rekombination* gilt für die Gene $z_{1,i}; z_{2,i}$ der Nachkommen bei Genen $x_i; y_i$ der beiden Elternteile:

$$z_{1,i} = \alpha \cdot y_i + (1-\alpha) \cdot x_i;\ z_{2,i} = (1-\alpha) \cdot y_i + \alpha \cdot x_i;\ \alpha \in [0; 1]. \qquad (18.8)$$

Oft ist $\alpha = 0{,}5$ und es folgt eine *mittelnde Rekombination*.

Bei begrenztem Stellenumfang ist zu runden. Es gibt verschiedene Wege, die Rekombination auf die Chromosomen anzuwenden:

- Einfache Rekombination: Ab einer zufällig gewählten Stelle werden die Gene der Nachkommen wie o. a. bestimmt, zuvor bleiben sie unverändert.
- Punkt-/Einzel-Rekombination: An einer einzelnen, zufällig gewählten Stelle werden die Gene der Nachkommen wie o. a. bestimmt.
- Vollständige Rekombination: Alle Gene der Nachkommen werden wie o. a. ermittelt.

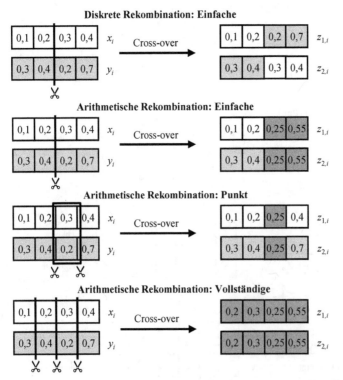

Abb. 18.9:   Cross-over bei reell kodierten Genen (mit $\alpha = 0{,}5$ bei der arithmetischen Rekombination)

18.5.3 Ganzzahlig oder symbolisch kodierte Probleme

Dabei werden die gleichen Konzepte wie bei der Binärdarstellung verwendet, falls nicht Permutationsprobleme vorliegen.

18.5.4 Permutationsprobleme

Bei Permutationsproblemen darf nur die Reihenfolge der Elemente einer Menge geändert werden, nicht aber die Elemente selber. Sie stellen einen Spezialfall kombinatorischer Optimierungsprobleme dar. Rekombinationsoperatoren für derartige Aufgaben heißen auch Permutationsoperatoren. Es gibt mehrere Cross-over-Methoden, von denen hier stellvertretend das *teilabbildende Cross-over* (*Partionally Mapped Cross-over, PMX* (Eiben, Smith 2003)) an Hand des folgenden Beispiels beschrieben werden soll.

Beispiel *PMX*:

Der Ablauf des PMX wird anhand eines exemplarischen, ganzzahlig kodierten Permutationsproblems mit acht Elementen beschrieben:

a) Lage und Größe der Cross-over-Zone beim Chromosom von Elternteil 1 zufällig auswählen:

E1	1	2	3	4	5	6	7	8	9

E2	9	3	7	8	2	6	5	1	4

b) Zoneninhalt von Elternteil 1 (E1) an entsprechender Stelle ins Chromosom von Nachkommen 1 (N1) einsetzen:

c) Elemente der Cross-over-Zone von E2, die nicht in der Cross-over-Zone von E1 sind, nach N1 transferieren.

    a. Die 8 in E2 kommt in der Cross-over-Zone von E1 nicht vor. Auf Position von 8 in E2 steht 4 in N1. Da die Position der 4 in E2 somit in N1 nicht mehr für die 4 gebraucht wird, wird die 8 dorthin transferiert:

    b. Die 2 in E2 kommt in der Cross-over-Zone von E1 nicht vor. Auf Position von 2 in E2 steht 5 in N1. Auf Position von 5 in E2 steht 7 in N1. Da die Position der 7 in E2 somit in N1 nicht mehr für die 7 gebraucht wird, wird die 2 dorthin transferiert:

    c. Die Werte 6 und 5 aus der Cross-over-Zone von E2 kommen auch in der Cross-over-Zone von E1 und damit in N1 vor und müssen deshalb nicht transferiert werden.

d)   Die offenen Positionen in N1 werden mit den Werten an den entsprechenden Positionen in E2 aufgefüllt.

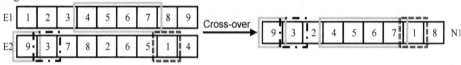

e)   Der zweite Nachkomme wird analog mit vertauschten Elternteilen bestimmt.

Insgesamt folgt somit:

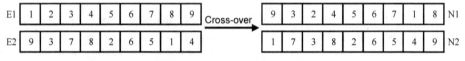

Das PMX garantiert nicht, dass die gemeinsam in beiden Elternteilen auftretenden Informationen (im Beispiel die Nachbarschaften 5–6 und 7–8) erhalten bleiben. Eine solche Erhaltungseigenschaft kann als wünschenswerte Eigenschaft einer Rekombinationsstrategie erachtet werden. Die o. a. Strategien für die Rekombination binärer oder ganzzahlig kodierter Gene weisen diese Eigenschaft auf. Es gibt auch für Permutationsprobleme Rekombinationsstrategien, die gemeinsames Erbgut erhalten, wie das *Kanten-Cross-over* (*Edge Cross-over*) (Eiben, Smith 2003).

18.6   Mutation

Die Mutation soll neues Erbgut hervorbringen und so die genetische Diversität erhöhen. Sie wird nach dem Cross-over mit einer typischerweise kleinen Mutationswahrscheinlichkeit p_m separat auf jedes Chromosom angewendet. Bei der Wahl von p_m ist zu beachten:

- p_m wird klein gewählt, um gute Individuen nicht zu stark zu stören. Eine zu kleine Wahl geht wiederum zu Lasten der genetischen Diversität. Für hohe Werte von p_m geht der GA in eine reine (unvorteilhafte) Zufallssuche über.
- Typische Werte der Mutationswahrscheinlichkeit sind $p_m \in [0{,}001; 0{,}03]$, was die traditionell geringe Bedeutung der Mutation bei GA reflektiert. Auch wird vorgeschlagen, p_m in Abhängigkeit von der Gesamtlänge des Bitstrings zu wählen, z. B. als $p_m = 1 / Bitstringlänge$. Das heißt, dass durchschnittlich an einer Stelle des Chromosoms eine Mutation auftritt (Nissen 1997, de Jong 2006).
- p_m kann zeitabhängig festgelegt werden, z. B. höher am Anfang, um den Suchraum besser zu explorieren, und dann abklingend. Auch kann p_m von der Fitness abhängen: z. B. größer bei schlechten und kleiner bei guten Individuen gewählt werden.

Bei beschränktem Wertebereich ist zu prüfen, ob das Ergebnis der Mutation im erlaubten Wertebereich liegt, wenn die Problemkodierung dies nicht automatisch sicherstellt.

18.6.1   Binär kodierte kontinuierliche Probleme

Typisch ist die *Zufallsmutation*, bei der jedes Bit separat betrachtet und mit einer Wahrscheinlichkeit p_m geflippt wird. Bei der *Abschnittsmutation* wird ein Abschnitt des Chromosoms zufällig ausgesucht. In diesem Abschnitt wird jedes einzelne Bit mit der Wahrscheinlichkeit p_m geflippt; außerhalb des Abschnitts ändert sich nichts.

18.6.2 Ganzzahlig, symbolisch oder reell kodierte Probleme

Beim *Random Resetting* wird bei jedem Gen mit der Wahrscheinlichkeit p_m der Wert durch einen zufällig ermittelten Wert (im erlaubten Wertebereich) ersetzt. Die Anwendung erfolgt z. B. bei Symbolmengen. Bei der *Creep Mutation* wird zum Wert jeden Gens mit der Wahrscheinlichkeit p_m ein kleiner zufälliger Wert $\pm\delta$ addiert. Üblicherweise werden normal- oder gleichverteilte Zufallszahlen verwendet. Die Anwendung erfolgt insbesondere für reelle Zahlen.

18.6.3 Permutationsprobleme

Hier gibt es z. B. folgende Operatoren (Abb. 18.10):

- *Tausch-(Swap-)Mutation*: Zwei Gene werden zufällig ausgewählt und vertauscht.
- *Einfügende (Insert) Mutation*: Zwei Gene werden zufällig gewählt, eines wird ausgeschnitten und neben dem anderen wieder ins Chromosom eingefügt.
- *Vermischende (Scramble) Mutation*: Ein Abschnitt des Chromosoms wird zufällig ausgewählt und innerhalb dieses Abschnitts die Reihenfolge der Gene zufällig geändert.
- *Invertierende Mutation*: Ein Abschnitt des Chromosoms wird zufällig gewählt und innerhalb dieses Abschnitts die Reihenfolge der Gene umgekehrt.
- *Schiebende Mutation*: Ein Abschnitt des Chromosoms wird zufällig ausgewählt und an eine zufällig ausgewählte neue Position innerhalb des Chromosoms verschoben.

Dabei kann die Nachbarschaft begrenzt werden, innerhalb der eine Änderung erfolgen soll.

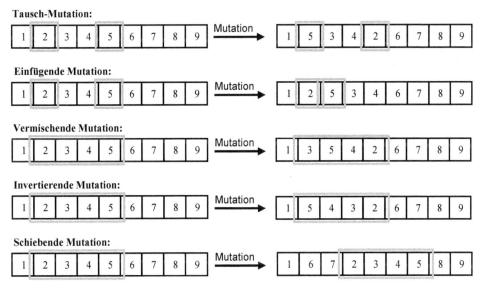

Abb. 18.10: Mutationsoperatoren bei Permutationsproblemen

18.7 Selektion der Überlebenden/Populationsmodelle

Unterschieden werden *Generationsmodell* und *stationäres Modell*. Sei μ die Anzahl der Elternteile im Fortpflanzungspool und λ die Anzahl der Nachkommen.

Beim *Generationsmodell* ersetzen die λ Nachkommen die Eltern vollständig; die Generationen überlappen sich nicht (Abb. 18.11 oben). Dies ist der Standard bei GA. Dabei haben Population und Fortpflanzungspool jeweils μ Individuen. Es werden $\lambda = \mu$ Nachkommen erzeugt und die neue Population entsteht durch Ersetzung aller μ Elternteile durch die λ Nachkommen. Somit besteht eine Population nur aus Individuen der gleichen Altersstufe; Population und Generation bezeichnen hier die gleichen Individuen.

Beim *stationären Modell* wird die bestehende Population nur teilweise durch Nachkommen ersetzt, es handelt sich um ein überlappendes Generationsmodell (Abb. 18.11 unten). Wiederum gilt, dass Startpopulation und Fortpflanzungspool μ Individuen haben. Es werden λ (i. d. R. $0 < \lambda < \mu$) Nachkommen erzeugt und λ Individuen der bestehenden Population durch Nachkommen ersetzt. Dazu ist eine Auswahlstrategie festzulegen. Bei der *altersbasierten Ersetzung* ersetzen die Nachkommen die ältesten Individuen der Population. Bei der *fitnessbasierten Ersetzung* konkurrieren alle λ Nachkommen und μ Elternteile gemeinsam um die Aufnahme in die neue Population. Übliche Auswahlstrategien sind:

- Ersetzung der λ schlechtesten Mitglieder der bestehenden Population (mit der Gefahr der vorzeitigen Konvergenz).
- Elitäre Wiedereinsetzung: Die l fittesten Individuen der bestehenden Population werden in die neue Population übernommen (oft: $l = 1$) und die l unfittesten Nachkommen eliminiert. Dadurch wird verhindert, dass das/die fitteste/n Individuum/Individuen verloren geht/gehen.

Als *Generationslücke* (*Generation Gap*) wird das Verhältnis λ/μ ($0 < \lambda/\mu < 1$) der ersetzten Individuen zur Populationsgröße bezeichnet.

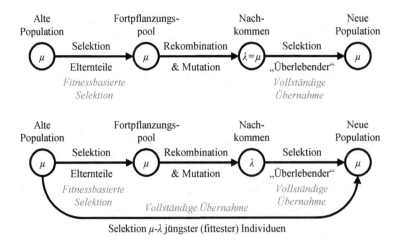

Abb. 18.11: Exemplarischer Ablauf einer vollständigen altersbasierten Ersetzung im Generationsmodell (oben) und einer teilweisen Ersetzung im stationären Modell (unten)

18.8 Abbruchkriterium

Das Ziel des Algorithmus besteht darin, die global optimale Problemlösung zu finden. Praktisch ist selten der Wert des Optimums bekannt, so dass auch unbekannt ist, wie nah Lösungskandidaten am (globalen) Optimum liegen. Zudem ist i. d. R. auch unbekannt, ob geringe Änderungen von Parametern auf die näherungsweise Konvergenz zum globalen Optimum hinweisen oder nur auf eine Zwischenphase. Praktisch werden ergebnis-, konvergenz- und ressourcenorientierte Abbruchkriterien verwendet. *Ergebnisorientierte Kriterien* arbeiten mit der Vorgabe der Fitness (des Zielfunktionswerts), die durch das fitteste Individuum zu erreichen ist. *Konvergenzorientierte Kriterien* prüfen, ob die Änderung des durchschnittlichen Fitness-/Zielfunktionswerts, ob die Änderung des maximalen Fitness-/Zielfunktionswerts oder ob die maximale oder mittlere Änderung der Parameterwerte der Population kleiner als ein vorgegebener Schwellenwert ist. *Ressourcenorientierte Kriterien* arbeiten mit der Vorgabe einer maximalen Anzahl an Iterationen bzw. Generationen oder eines maximalen Rechenzeitbedarfs/einer maximalen CPU-Zeit. Auch lassen sich mehrere Kriterien miteinander kombinieren. So kann eine maximale Generationsanzahl vorgegeben, aber bei vernachlässigbarer Änderung der Fitness vorzeitig abgebrochen werden.

18.9 Erweiterungen/Weiterführendes

Ein weiterführender Ansatz ist die Verwendung sich parallel entwickelnder Teilpopulationen an Stelle einer einzelnen großen Population zur Erhaltung der genetischen Diversität (auch als *Inselmodell* bezeichnet). Migration zwischen den Teilpopulationen kann zugelassen werden. Die Auswahl der Immigranten und deren Zielpopulation kann zufällig erfolgen. Immigranten können bedingungslos oder bedingt akzeptiert werden. Letzteres kann z. B. eine Mindestfitness im Vergleich zur Zielpopulation oder eine Bewertung des Diversitätszuwachses im Erbmaterial der Zielpopulation sein. Bei *Meta-GA* bzw. *geschachtelten GA* wird um einen übergeordneten GA erweitert, der die Strategieparameter des/der untergeordneten GA optimiert. Auch gibt es *EA für multikriterielle Optimierungsaufgaben*, siehe z. B. (Deb 2001, Coello Coello et al. 2007). Des Weiteren können Evolutionäre Algorithmen mit lokalen Suchverfahren (LSV) kombiniert werden, was auch als *hybride* EA oder nach Moscato (1989) als *Memetische Algorithmen* bezeichnet wird. Die Rolle der LSV kann bspw. darin bestehen, durch genetische Operatoren entstandene unzulässige Lösungen zu reparieren. Ein anderes typisches Ziel ist die Verbesserung der Konvergenzeigenschaften nahe lokaler Optima. Verwandt ist die Nachoptimierung der von EA gelieferten Ergebnisse mittels einfacher LSV wie einfacher Greedy-Verfahren (Blume, Jakop 2009). Ein Anwendungsbeispiel solcher hybrider EA geben Mikut und Hendrich (1998).

18.10 Illustrierendes Beispiel

Beispiel *Routenplanung/Traveling-Salesman-Problem* (*TSP*):

Das Problem des Handlungsreisenden (Traveling-Salesman-Problem, TSP) stellt ein Benchmarkproblem der kombinatorischen Optimierung dar. Jeder Ort soll genau einmal besucht werden und der letzte

Ort wieder der Startort sein. Es möge Wege zwischen allen Orten geben. Beim symmetrischen TSP spielt die Richtung einer Tour keine Rolle, also sind die Wegkosten vom Ort A nach B gleich denen von B nach A. Im symmetrischen Fall gibt es bei n vom Startpunkt aus zu besuchenden Orten $(n-1)! / 2$ verschiedene Touren. Bei Fahrzeugen können asymmetrische Probleme entstehen, wenn Einbahnstraßen oder richtungsabhängige Baustellen durchfahren werden müssen. Bei Flugzeugen treten sie auf, wenn es Windströmungen in/gegen die Flugrichtung gibt.

Im Folgenden werden symmetrische Probleme mit $n = 15$ oder $n = 50$ Orten bzw. Städten, also mit ca. $4,4 \cdot 10^{10}$ bzw. ca. $3 \cdot 10^{62}$ alternativen Routen, betrachtet. Die Orte seien über ihre 2D-Koordinaten gegeben und direkte Verbindungspfade seien möglich. Die Wegkosten zwischen zwei Orten entsprechen dem Euklid'schen Abstand beider Orte. Die Kosten der gesamten Tour folgen als Summe der n Wegkosten. Eine ganzzahlige Kodierung wird gewählt, wobei die Reihenfolge der Allele der Besuchsreihenfolge der Orte entspreche. Der Startort sei frei wählbar, woraus ein Chromosom mit 15 bzw. 50 Genen folgt. Die Population bestehe beim 15-Städte-TSP aus $\mu = 20$ Individuen, die zu Beginn zufällig gewählt werden. Bei der Erzeugung der Nachkommen wird auf Cross-over verzichtet, da in verschiedenen Untersuchungen zu kombinatorischen Optimierungsproblemen (Walkenhorst, Bertram 2011, Liu, Kroll 2012) der Cross-over-Operator keinen großen Effekt hatte. Stattdessen überleben aus der Population die vier fittesten Individuen. Des Weiteren wird auf das fitteste Chromosom achtmal invertierende und achtmal einfügende Mutation angewendet. Das heisst 20 % der Nachkommen entstehen durch elitäre Wiedereinsetzung sowie jeweils 40 % durch die beiden Mutationstypen. Die Mutationswahrscheinlichkeit wurde zu $p_m = 0,8$ gewählt. Diese Strategie ist eine Weiterentwicklung der Basisstrategie aus dem Matlab-Forum (Matlab 2007, Liu, Kroll 2012).

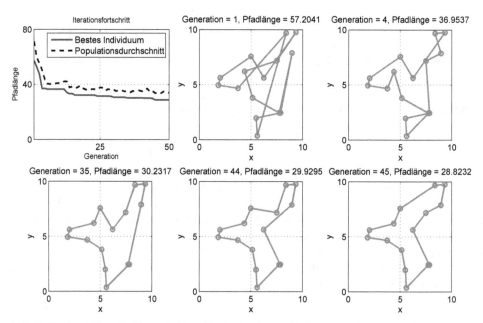

Abb. 18.12: Entwicklung der Fitness (o. l.) und der Routen für verschiedene Generationen eines 15-Städte-TSP

Abb. 18.12 zeigt die Performance beim Problem mit $n = 15$ Orten für einen Beispiellauf: O. l. ist die Entwicklung des fittesten Individuums und der durchschnittlichen Fitness dargestellt. Abb. 18.12 o. m. zeigt die vom fittesten Individuum der Startpopulation kodierte Tour. In den ersten vier Iterationen verringert sich die Tourlänge rapide und danach nur langsam. Nach weiteren ca. 30 Generationen konvergiert der GA langsam. In den letzten etwa 10 Generationen finden verschiedene lokale Tourändrungen statt (Abb. 18.12 unten), die noch zu einer vom Verlauf her deutlichen, aber von der Länge her moderaten Veränderung der Tour führen. Nach 45 Generationen konvergiert der GA in diesem Beispiel. Bei 200 Läufen des GA und einer max. Anzahl von 50 Generationen ergab sich nach (2.30) eine Erfolgsrate von $GSC_{200} = 0,61$ und für Beschränkung auf max. 200 Generationen von $GSC_{200} = 0,9$. Die Häufigkeitsverteilungen der resultierenden Pfadlängen zeigt Abb. 18.13.

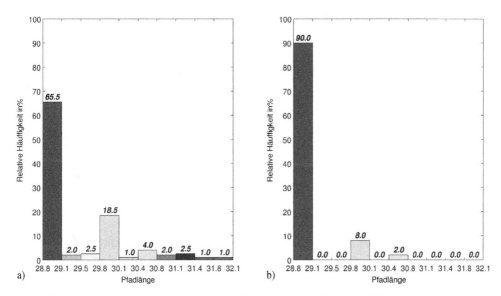

Abb. 18.13: Häufigkeitsverteilung der Pfadlängen für Vorgabe von max. 50 (l.) bzw. 200 (r.) Generationen für das 15-Städte-TSP

Für das 50-Städte-TSP wurde im Gegensatz zum 15-Städte-TSP tournierbasierte Selektion verwendet. Bei einer Population mit $\mu = 200$ Individuen wurden 20 Tourniergruppen à 10 Individuen verwendet. Die Anwendung der genetischen Operatoren erfolgt pro Gruppe im gleichen Proporz wie beim 15-Städteproblem für die gesamte Population. Abb. 18.14 zeigt ein exemplarisches Ergebnis für ein 50-Städte-TSP, das mit dem gleichen Algorithmus gelöst wurde. Nach etwa 70 Generationen zeichnet sich zum ersten Mal die Kontur eines Pfads ab, der in der Nähe einer sinnvollen Lösung liegen könnte. Die vom fittesten Individuum kodierte Pfadlänge wurde bis dahin von 210,5 auf 72,4 reduziert. Die Feinjustierung dauert weitere ~150 Generationen und reduziert die Pfadlänge letztendlich auf ca. 52,6. Ab der 222. Generation gibt es keine Verbesserung beim fittesten Individuum mehr. Das gleiche 50-Städte-TSP wurde im Abschnitt 15.8 mit einer SOM mit dem gleichen Ergebnis gelöst. Bei 200 Läufen des GA und einer max. Anzahl von 300 Generationen ergab sich nach (2.30) eine Erfolgsrate von $GSC_{200} = 0,06$ und für Beschränkung auf max. 1000 Generationen von $GSC_{200} = 0,09$. Die Häufigkeitsverteilungen der resultierenden Pfadlängen zeigt Abb. 18.15.

Bei beiden Fällen ($n \in \{15; 50\}$) kann zwar nicht garantiert werden, dass die o. a. Lösungen jeweils das globale Optimum darstellen. Die Beispiele stammen allerdings aus einer vergleichenden Studie bzgl. 24 verschiedener GA-Varianten mit jeweils fünf verschiedenen Populationsgrößen und zudem jeweils 100 Zufallsinitialisierungen. So erfolgten insgesamt ca. 10^4 Algorithmus-Läufe, bei denen kein besseres Ergebnis auftrat (Liu, Kroll 2012).

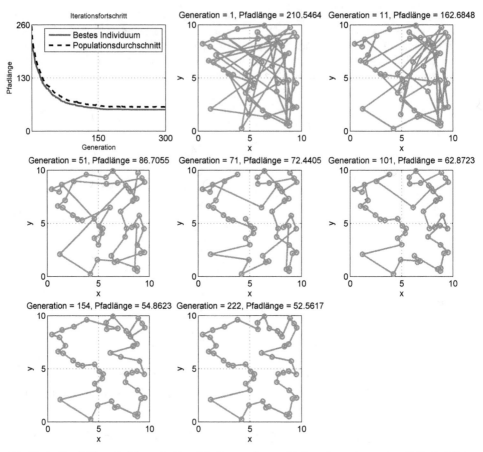

Abb. 18.14: Entwicklung der Fitness (o. l.) und der Routen für verschiedene Generationen eines 50-Städte-TSP

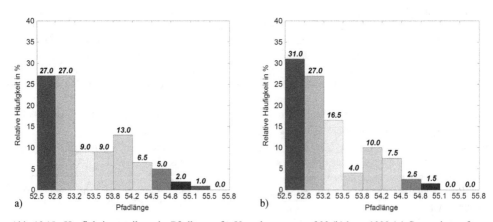

Abb. 18.15: Häufigkeitsverteilung der Pfadlängen für Vorgabe von max. 300 (l.) bzw. 1000 (r.) Generationen für das 50-Städte-TSP

19 Evolutionsstrategien

19.1 Einführung

Das Einsatzgebiet von Evolutionsstrategien (ES) liegt insbesondere in der Lösung kontinuierlicher (numerischer) Parameteroptimierungsaufgaben. Im Gegensatz zu Genetischen Algorithmen (GA) war eine Selbstadaption eines Teils der Strategieparameter bei ES von Anfang an vorgesehen. In Tab. 19.1 werden einige Unterschiede zwischen typischen Vertretern von GA und ES zusammengefasst. Nach der ausführlichen Einführung von GA werden in diesem Abschnitt nur die bei ES abweichenden Aspekte ausführlich dargestellt. Das folgende Beispiel illustriert das Funktionsprinzip einer einfachen ES.

Tab. 19.1: Einige Unterschiede zwischen typischen GA und ES

Aspekt	GA	ES
Typische Anwendungen	Optimierung von Reihenfolgen, diskrete Entscheidungen, gemischt-ganzzahlige Probleme	Kontinuierliche Optimierungsprobleme
Typische Kodierung	Entscheidungsvariablen werden als Folge aus Binärwerten kodiert	Problemparameter sind reelle Zahlen und werden nicht kodiert
Strategieparameter-anpassung	Grundsätzlich nicht; Adaption mittels Meta-GA möglich	Grundsätzlich Mutationsschrittweite
Typische Fortpflanzung	Je zwei fitnessabh. selektierte Elternteile erzeugen zwei Nachkommen; insg. entstehen $\lambda = \mu$ Nachkommen, die vollst. übernommen werden	Je zwei zufällig selektierte Elternteile erzeugen einen Nachkommen; insg. entstehen $\lambda > \mu$ Nachkommen, von denen die λ fittesten übernommen werden
Wesentliches Strategie-element zur Änderung	Cross-over	Mutation
Mutation	Bei Binärkodierung über Bit-Flippen; Mutationen bedingungslos übernommen	Hinzufügen normalverteilter Zufallszahl; Mutationen nur übernommen, falls Fitness verbessert

Beispiel *Maximierung der Zielfunktion* $J(x) = x^2$ *für* $x \in [0; 31]$ *durch einfache ES*:

Hier wird das einführende Beispiel zu GA aus Abschnitt 18.1 nochmals aufgegriffen. Tab. 19.2 zeigt die Abfolge der einzelnen Teilschritte eines evolutionären Suchschrittes. Innerhalb einer Iteration steigt die maximale Fitness eines Individuums der Population von 225 auf 243,98 und die durchschnittliche Fitness von 88,5 auf 115,56. Die verwendete einfache Evolutionsstrategie wurde wie folgt ausgelegt:

- Population mit vier Individuen, zufällig initialisiert
- Fitnessbewertung: $f(x) = J(x)$

Tab. 19.2: Beispiel Maximierung der Zielfunktion $J(x) = x^2$ durch einfache ES (x : Optimierungsparameter, σ : Mutationsschrittweite)

Initialpopulation Chromosom Nr. i	x_i	σ_i	Fitness $f(x_i)$	Selektion Eltern-paar	Rekombination x_i'	σ_i'	Fitness $f(x_i')$	Mutation x_i''	σ_i''	Fitness $f(x_i'')$	$f(x_i'') > f(x_i')$?	Resultierende Nachkommen x_i''	σ_i''	Selektion	Neue Population $\hat{x}_i$	$\hat{\sigma}_i$	Fitness $f(\hat{x}_i)$
1	5	0,2	25	1 & 2	5	0,15	25	$5 + 0{,}4 \cdot 1 = 5{,}4$	$0{,}15 \cdot e^{1} = 0{,}4$	29,16	Ja	5,4	0,4	Ja	5,4	0,4	29,16
2	2	0,1	4	3 & 4	10	0,3	100	$10 + 0{,}18 \cdot (-0{,}2) \approx 9{,}96$	$0{,}3 \cdot e^{-\frac{1}{2}} = 0{,}18$	99,2	Nein	10	0,3	Ja	10	0,3	100
3	10	0,2	100	1 & 3	5	0,2	25	$5 + 1{,}48 \cdot 3 = 9{,}44$	$0{,}2 \cdot e^{2} = 1{,}48$	89,1	Ja	9,44	1,48	Ja	9,44	1,48	89,1
4	15	0,4	225	2 & 4	15	0,25	225	$15 + 0{,}41 \cdot 1{,}5 = 15{,}62$	$0{,}25 \cdot e^{\frac{1}{2}} = 0{,}41$	243,98	Ja	15,62	0,41	Ja	15,62	0,41	243,98
				1 & 2	2	0,15	4	$2 + 0{,}15 \cdot 1{,}11 = 2{,}17$	$0{,}15 \cdot e^{2} = 1{,}11$	4,69	Ja	2,17	1,11	Nein			
Summe			354												$\sum$		462,24
Durch-schnitt			88,5												$\varnothing$		115,56
Maximum			225												Max		243,98

- Zufällige Auswahl von Elternteilen und zufällige Zusammenstellung von Elternpaaren im Fortpflanzungspool (zwei Elternteile erzeugen jeweils einen Nachkommen); Erzeugung von $\lambda = 5$ Nachkommen[47]
- Diskrete Rekombination der Optimierungsparameter ($z_i' = x_i \vee y_i$) und mittelnde Rekombination der Strategieparameter ($\sigma_N' = 0{,}5 \cdot (\sigma_{E1} + \sigma_{E2})$); dabei ist z_i' / σ_N' ein Gen des Nachkommens und $x_i ; y_i / \sigma_{E1} ; \sigma_{E2}$ sind Gene der beiden Elternteile.
- Mutation[48]: $\sigma'' = \sigma' \cdot \exp(\tau \cdot N(0;1))$; $x'' = x' + \sigma'' \cdot N(0;1)$; dabei ist $N(0;1)$ eine normal verteilte Zufallszahl mit Mittelwert 0 und Streuung 1. Mutierte Nachkommen werden nur bei Fitnessverbesserung übernommen. τ ist ein Entwurfsparameter und werde zu $\tau = 1$ gewählt.
- ES, d. h. die besten μ der insgesamt $\lambda > \mu$ Nachkommen bilden die neue Population. (Dabei ist μ die Anzahl der Elternteile im Fortpflanzungspool und λ die Anzahl der Nachkommen.)

19.2   Problemkodierung

Der Genotyp wird gleich dem Phänotyp gewählt. Die *endogenen* Strategieparameter (Mutationsschrittweiten) werden ebenfalls im Chromosom repräsentiert (Abb. 19.1) und verändert. Dabei gibt es unterschiedliche Varianten bzgl. der Individualisierung der Mutationsschrittweiten. Dazu zählt eine für alle Parameter einheitliche Mutationsschrittweite, eine für jeden Optimierungsparameter unabhängig wählbare Weite ($\sigma_1, ..., \sigma_n$ in Abb. 19.1) sowie die Berücksichtigung von Abhängigkeiten zwischen den einzelnen Weiten, die zu zusätzlichen Kopplungsparametern ($\alpha_1, ..., \alpha_m$) führen. Die Details werden weiter unten besprochen. Neben endogenen gibt es auch exogene Strategieparameter (z. B. die Populationsgröße), die während der Evolution konstant gehalten werden.

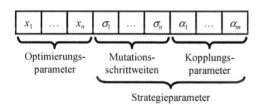

Abb. 19.1:   Aufbau eines Chromosoms bei ES

19.3   Startpopulation

Die Startpopulation wird wie bei Genetischen Algorithmen gewählt.

---

[47]   Die Anzahl von fünf Nachkommen wurde gewählt, damit Tab. 18.2 gut lesbar bleibt. Praktisch würde λ größer gewählt werden.

[48]   Ein Einfach-Apostroph (Doppel-Apostroph) zeigt eine Größe nach Anwendung von Rekombination (Mutation) an.

19.4   Algorithmusablauf

Evolutionäre Strategien laufen gemäß des Fließbildes für GA (Abb. 18.4) ab mit folgenden Unterschieden:

- Die Mitglieder des Fortpflanzungspools werden zufällig (und nicht fitnessabhängig wie bei GA) selektiert. So ist zur Besetzung des Fortpflanzungspools keine vorhergehende Fitnessbestimmung notwendig.
- Mutierte Chromosomen werden nur übernommen, wenn sie fitter sind.
- Die Mitglieder für die nächste Population werden aus den Nachkommen fitnessbasiert deterministisch selektiert (bei GA ist der Standard die vollständige Ersetzung der Eltern durch die Nachkommen).

19.5   Selektion der Elternteile

Im Gegensatz zu GA werden bei ES die Mitglieder des Fortpflanzungspools zufällig (ohne Bewertung der Fitness) ausgewählt. In der ES-Terminologie wird typischerweise die gesamte bestehende Population als „Elternteile" bezeichnet; bei GA ist dies nur bei tatsächlich an der Fortpflanzung beteiligten Individuen üblich. Während bei GA so viele Nachkommen erzeugt werden, wie eine Population Individuen hat, wird bei ES ein deutlicher Nachkommenüberschuss erzeugt und eine Bestenauslese für die neue Population durchgeführt. Eine Faustformel zur Wahl der Nachkommensanzahl λ ist: $\lambda/\mu \approx 5...7$.

19.6   Rekombination

Bei der Auswahl von zwei Elternteilen für die Rekombination unterscheidet man:

- *Lokale Rekombination*: Zwei Elternteile erzeugen einen Nachkommen (originäre Variante) und
- *Globale Rekombination*: Für jedes Gen werden zufällig zwei Elternteile aus allen μ Individuen ausgewählt.

Zur Ableitung von Nachkommen-Allelen aus Eltern-Allelen werden die folgenden beiden Methoden Gen für Gen angewendet:

- *Diskrete Rekombination*: Das Allel des Nachkommens wird zufällig aus den korrespondierenden Elternallelen ausgewählt. Dies wird typischerweise auf die Optimierungsparameter-Gene angewandt, da diese Methode diversitätserhaltend wirkt.
- *Mittelnde Rekombination*: Das Allel des Nachkommens wird als Mittelwert der Elternallele bestimmt: $z_i = 0{,}5 \cdot y_i + 0{,}5 \cdot x_i$. Dies wird i. d. R. auf die Strategieparameter-Gene angewandt, da so eine vorsichtigere Adaption erfolgt.

19.7   Mutation

Im Gegensatz zu GA ist bei ES die Mutation der wichtigste Operator zur Nachkommenerzeugung. Zudem wird der Mutationsoperator selber mutiert, was als *Selbstadaption* bezeichnet wird. Bei der Mutation wird zuerst die Mutationsschrittweite selbst mutiert. Dann werden mit der mutierten Schrittweite die Gene der Optimierungsparameter mutiert. Macht die Mutation einen Nachkommen nicht fitter, so wird sie zurückgenommen. Damit wird direkt die Güte eines Lösungskandidaten bewertet sowie indirekt, ob die Mutationsschrittweite zur Generierung fitter Nachkommen beiträgt. Dabei kann jedem

- Chromosom der Population die gleiche (Abb. 19.2a),
- jedem Chromosom eine individuelle, aber im Chromosom jedem Optimierungsparameter die gleiche (Abb. 19.2b),
- jedem Chromosom eine individuelle und jedem Optimierungsparameter im Chromosom eine individuelle, unkorrelierte (Abb. 19.2c) oder
- jedem Optimierungsparameter in jedem Chromosom eine individuelle, korrelierte (Abb. 19.2d)

Mutationsschrittweite zugewiesen werden. Die Adaption der Mutationsschrittweite sollte dafür sorgen, dass die Schrittweite anfangs groß ist, damit der Suchraum gut exploriert wird. In der Nähe des Extremums sollte die Schrittweite klein sein, um gute Konvergenz ins Extremum zu ermöglichen. Es kann eine untere Grenze $\sigma_{\min}$ der Mutationsschrittweite eingeführt werden, um die explorativen Eigenschaften zu verbessern.

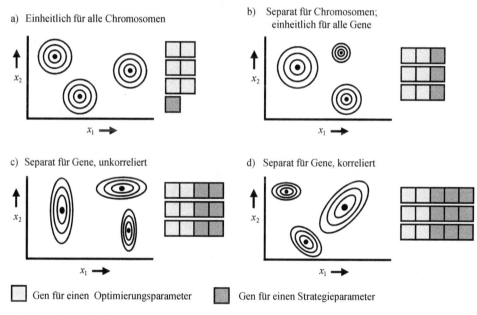

Abb. 19.2: Unterschiedliche Vorgehensweisen bei der Adaption der Mutationsschrittweite

19.7.1 Rechenbergs 1/5-(Erfolgs-)Regel

Dieser Ansatz verwendet für alle Chromosomen einer Population die gleiche Mutationsschrittweite (Abb. 19.2a). Dabei wird die Mutationsschrittweite so nachgestellt, dass die Erfolgsrate p_E der Mutation (d. h. dass ein Mutant das Original ersetzt) etwa 1/5 ist. Wenn die Erfolgsrate größer (kleiner) als 1/5 ist, so wird die Mutationsschrittweite erhöht (reduziert). Der Algorithmus läuft in folgenden Schritten ab:

1. ES für L Generationen mit konstanter Mutationsschrittweite ausführen. Anzahl der erfolgreichen Mutation L_E im Zeitraum zählen.

2. p_E über $p_E = L_E / L$ schätzen

3. Mutationsschrittweite anpassen: $\sigma_{i,\,neu} = \begin{cases} \sigma_{i,\,alt} / a & \text{wenn } p_E > 1/5 \\ \sigma_{i,\,alt} \cdot a & \text{wenn } p_E < 1/5 \\ \sigma_{i,\,alt} & \text{wenn } p_E = 1/5 \end{cases}$

4. Zurück zu Schritt 1

Dabei ist a ein Entwurfsparameter, der z. B. aus dem Intervall $a \in [0,85;\ 1]$ gewählt wird (Beyer, Schwefel 2002). Es gibt somit einen einzigen Strategieparameter für die gesamte Population. Die Strategie wurde für (1 + 1)-ES entwickelt (siehe Abschnitt 19.8 zur Abgrenzung von (μ, λ)- und $(\mu + \lambda)$-ES).

19.7.2   Einheitliche Mutationsschrittweitenadaption

Statt alle Individuen einer Population mit der gleichen (adaptierten) Schrittweite zu mutieren (Abb. 19.2a), kann für jedes Individuum eine eigene, adaptierte Mutationsschrittweite vorgesehen werden (Abb. 19.2b). Eine Adaptionsstrategie, die für alle Gene eines Chromosoms die gleiche Mutationsschrittweite verwendet, ist:

$$\sigma'' = \sigma' \cdot \exp(\tau \cdot N(0;1));$$
$$x_i'' = x_i' + \sigma'' \cdot N(0;1) \tag{19.1}$$

Dabei ist $N(0;1)$ die Standardnormalverteilung und τ der sogenannte Lernparameter. Letzterer kann zu $\tau \sim 1/\sqrt{n}$; $n = \dim\{\mathbf{x}\}$ gewählt werden. Ein Startwert ist $\tau = 1/\sqrt{n}$ und bei hochgradig multimodalen Problemen $\tau = 1/\sqrt{2n}$. Die Suche erfolgt bei dieser Strategie gleich ausgeprägt in alle Richtungen des Parameterraumes (isotrop). Dabei gibt es auch im mehrdimensionalen Fall nur einen einzelnen Strategieparameter pro Chromosom. Im zweidimensionalen Fall bedeutet dies, dass die Höhenlinien der Wahrscheinlichkeitsdichtefunktion für die Änderung des Startpunktes x_i' konzentrische Kreise um x_i' darstellen (Abb. 19.3a).

19.7.3   Separate unkorrelierte Mutationsschrittweitenadaption

Bei gestreckter, achsparalleler Form des Zielfunktionsgebirges ist es günstiger, wenn auch die Dichtefunktion nicht einen radialsymmetrischen (Abb. 19.3a), sondern einen gestreckten Verlauf aufweist (Abb. 19.3b). Dies kann z. B. mittels des Adaptionsalgorithmus

$$\sigma_i'' = \sigma_i' \cdot \exp(\tau^* \cdot N(0;1) + \tau \cdot N_i(0;1)) \text{ mit}$$
$$\tau^* = \gamma / \sqrt{2n}; \quad \tau = \gamma / \sqrt{2\sqrt{n}}; \quad n = \dim\{\mathbf{x}\} \tag{19.2}$$
$$x_i'' = x_i' + \sigma_i'' \cdot N(0;1)$$

erreicht werden. Die Idee besteht in der Kombination einer gemeinsamen Änderung für alle Dimensionen mit dem Lernfaktor τ^* plus einer für jede Dimension individuellen Änderung

τ. Eine sinnvolle Wahl für den Entwurfsparameter γ ist bei einer (10, 100)-ES z. B. $\gamma = 1$. Die Suche erfolgt hierbei bevorzugt in achsparalleler Richtung, und zwar in Richtung der Achse mit dem größten σ_i (Abb. 19.2c). Im zweidimensionalen Fall heißt das, dass die Höhenlinien der Wahrscheinlichkeitsdichtefunktion für die Änderung des Startpunktes x_i' achsparallele Ellipsen um x_i' darstellen. Es gibt gleich viele Strategie- wie Optimierungsparameter.

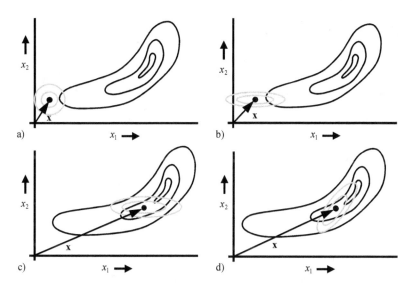

Abb. 19.3: Eine ellipsoide Form der Höhenlinien der Dichtefunktion (b) ist bei gestreckter Form der Isolinien des Zielfunktionsgebirges günstiger als eine kreisförmige (a); ein rotierter Ellipsoid (d) ist vorteilhafter als ein achsparalleler (c), wenn das Zielfunktionsgebirge in seiner Form nicht den Koordinatenachsen folgt (nach Beyer, Schwefel 2002)

19.7.4 Separate korrelierte Mutationsschrittweitenadaption

Die optimale Suchrichtung liegt häufig nicht in Richtung einer Koordinatenachse. Dann ist es vorteilhaft, eine beliebige bevorzugte Suchrichtung einstellen zu können (Abb. 19.3d). Dies lässt sich durch separate korrelierte Mutationsschrittweiten erreichen. Die sogenannte Kovarianzmatrixadaption (CMA) setzt dieses Konzept um; sie ist in der weiterführenden Literatur beschrieben, z. B. (Hansen, Ostermeier 1996, 2001, Hansen 2011). Hierzu sind zusätzliche Strategieparameter im Chromosom notwendig: die Kopplungsparameter in Abb. 19.1.

19.8 Selektion der Überlebenden/Populationsmodelle

Es gelten konzeptionell die Erläuterungen aus Abschnitt 18.7 zu GA. Allerdings wird bei ES sowohl beim Generationsmodell als auch beim stationären Modell ein Nachkommenüberschuss erzeugt, aus dem dann ausgewählt werden kann. Wenn λ Nachkommen erzeugt wurden, werden die μ fittesten Individuen für die neue Population (im Gegensatz zu GA) rein deterministisch bestimmt. Folgende Varianten lassen sich unterscheiden (Abb. 19.4):

- (μ, λ)-ES: Die μ fittesten der λ Nachkommen werden selektiert und ersetzen die vorausgehende Population und damit die Eltern vollständig. Es gibt keine überlappenden Generationen. Damit eine Selektion stattfinden kann, muss $1 \leq \mu < \lambda$ gelten.
- ($\mu + \lambda$)-ES: Die μ Individuen der Folgepopulation werden aus dem gesamten Pool bestehend aus μ Elternteilen und λ Nachkommen (also insgesamt $\mu + \lambda$ Individuen) selektiert. Hier wird nur $\lambda \geq 1$ gefordert. Fitte Elternteile können viele Generationen lang überleben, es handelt sich somit um ein überlappendes Generationsmodell. Dies ist dem Konzept der *elitären Wiedereinsetzung* bei GA verwandt.

(μ, λ)-ES werden für unbeschränkte Suchräume (insb. den $\mathfrak{R}^n$) und multimodale Probleme favorisiert, da sie mit größerer Wahrscheinlichkeit lokale Optima verlassen können. Bei ($\mu + \lambda$)-ES können Individuen mit guter Fitness, aber schlechten Strategieparametern, länger überleben: Die Nachkommen sind unfitter und die Eltern überleben. ($\mu + \lambda$)-ES werden häufiger bei diskreten, endlichen Suchräumen eingesetzt, wie sie z. B. bei kombinatorischen Problemen auftreten (Nissen 1997: S. 172, Beyer, Schwefel 2002).

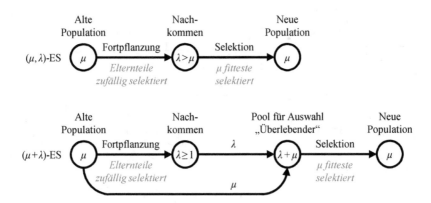

Abb. 19.4:   Exemplarischer Ablauf einer (μ, λ)-ES (oben) und einer ($\mu + \lambda$)-ES (unten)

19.9   Abbruchkriterium

Es gelten analog die bei GA in Abschnitt 18.8 eingeführten Kriterien.

19.10   Erweiterungen/Weiterführendes

Mehr als zwei Elternteile können an der Erzeugung von einem Nachkommen beteiligt sein; man spricht dann von einer (μ / ρ, λ)- bzw. (μ / $\rho + \lambda$)-ES. Dabei bezeichnet ρ die Anzahl der an der Erzeugung beteiligten Elternteile. Statt die Lebensdauer eines Individuums auf eine Generation zu beschränken, wie bei (μ, λ)-ES, oder eine unbeschränkte Lebensdauer zuzulassen, wie bei ($\mu + \lambda$)-ES, kann die Lebensdauer auf κ Generationen beschränkt werden. Solche Strategien werden als (μ, κ, λ, ρ)-ES bezeichnet. Ähnlich den GA können ES auf Permutationsprobleme angewendet werden. Es gibt Erweiterungen für die Lösung gemischtganzzahliger Probleme wie auch für multikriterielle Optimierungsaufgaben, siehe z. B. (Deb 2001, Coello Coello et al. 2007). Meta-ES mit parallelen teilisolierten Teilpopulationen wurden z. B. für eine globale Suchraumexploration durch eine überlagerte ES und lokale Optimierung in einer unterlagerten ES entwickelt. Andere Meta-ES nutzen eine überlagerte ES für die Struktursuche und eine unterlagerte für die Parameteroptimierung. Eine dritte Variante ist die Optimierung der Strategieparameter der unterlagerten ES durch die überlagerte ES auf Basis der Bewertung mehrerer Generationen. Eine Übersicht von Weiterentwicklungen mit Fokus auf die Kovarianzmatrixadaption (CMA) findet sich in (Bäck et al. 2012).

19.11   Illustrierendes Beispiel

Beispiel *Kontinuierliche Minimierungsaufgabe mit einer Entscheidungsvariablen*:

Es soll ein konstruiertes kontinuierliches Optimierungsproblem mittels einer Evolutionsstrategie gelöst werden. So ist das Ergebnis bekannt und das Verhalten der ES kann besser bewertet werden. Es sei das Argument x_{opt} gesucht, das die Zielfunktion (Abb. 19.5) $J(x) = (x+2) \cdot (x+1) \cdot (x-1) \cdot (x-2) \cdot (x-3) \cdot (x-4) = x^6 - 7x^5 + 7x^4 + 35x^3 - 56x^2 - 28x + 48$ minimiert. Aus der Linearfaktordarstellung ist klar, dass $x_{opt} \in [-2; 4]$ gilt. So kann der betrachtete Wertebereich eingeschränkt und die Visualisierung vereinfacht werden. Das globale Minimum lässt sich numerisch ermitteln als $J(x_{opt}) \approx -58{,}02; x_{opt} \approx -1{,}6234$.

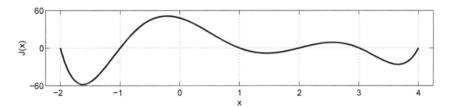

Abb. 19.5:   Graph der Zielfunktion

Es wird zuerst eine (μ, λ)-Evolutionsstrategie mit einer Population von vier Individuen eingesetzt. Jedes Chromosom besteht aus einem reellen Gen für x und einem reellen Gen für die Mutationsschrittweite σ. Zur Bewertung der Fitness werden direkt die Kosten $J(x)$ verwendet. Niedrige Kosten werden als hohe Fitness eingestuft, anstatt das Kostenminimierungs- auf ein Fitnessmaximierungsproblem abzubilden. Lokale Rekombination findet Einsatz, und zwar diskrete für die Optimierungsvariable und arithmetische für die Mutationsschrittweite. Es werden $\lambda = 20$ Nachkommen erzeugt. Für die Mutation wird $\tau = 1$ gewählt. Bei der Startpopulation werden die Werte der Optimierungsvariablen zu 0; 1; 2 und 3 und die der Mutationsschrittweite als in [0; 0,5] gleichverteilte Zufallszahl gewählt. Im Folgenden werden die ersten 50 Generationen betrachtet.

Bei 10-maliger Durchführung mit verschiedenen Startwerten von σ tritt etwa in der Hälfte der Fälle lokale Konvergenz auf. Abb. 19.6 zeigt exemplarisch einen ES-Lauf. Bei der (μ, λ)-ES kann das fitteste Individuum verloren gehen, da die Selektion der Elternteile zufällig erfolgt. Dies tritt in der achten Generation im unteren Diagramm in Abb. 19.6 auf. Das obere Diagramm zeigt die Verteilung der Werte der Individuen im Laufe der 50 Generationen. Ein Verlust des fittesten Individuums kann durch Übergang auf eine $(\mu + \lambda)$-ES verhindert werden. Hierzu zeigt Abb. 19.7 einen Beispiellauf. Bei 10-maliger Durchführung tritt lokale Konvergenz in etwa einem Drittel der Fälle auf. Nach einer anfänglichen breiteren Suche konvergiert der Algorithmus sehr schnell. Die Breite der Suche und damit die Exploration des Suchraums kann verbessert werden, indem eine Mindestmutationsschrittweite vorgegeben wird. Beim Wertebereich dieses Beispiels (x ∈ [−2; 4]) ist bspw. $\sigma_{min} = 0{,}1$ eine sinnvolle Wahl. Dies führt zu einer reduzierten Tendenz zur lokalen Konvergenz (nur in jedem fünften Fall bei 10 Algorithmusläufen). Der Verlauf der mittleren Fitness in Abb. 19.8 unten zeigt, dass im Vergleich zum Fall ohne Beschränkung von σ (Abb. 19.7) breiter gesucht wird. Dies sieht man zudem auch gut aus dem Vergleich von Abb. 19.7a und Abb. 19.8a: Ohne Begrenzung von σ beschränkt sich die Suche nach kurzer Zeit auf einen sehr kleinen Ausschnitt des Suchraums um das gefundene Optimum. Mit Begrenzung exploriert ein Teil der Individuen den Suchraum auch weit entfernt vom gefundenen Optimum. Es sei abschließend angemerkt, dass die verwendeten Werte der Strategieparameter nur der Illustration dienen und nicht optimiert wurden.

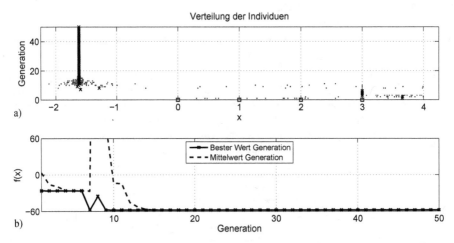

Abb. 19.6:   Verteilung der vier Individuen (□: Initialisierung, ×: bestes jeder Generation) (a) und Fitnessentwicklung (beste und durchschnittliche) im Verlauf von 50 Generationen bei einer (μ, λ)-ES (b)

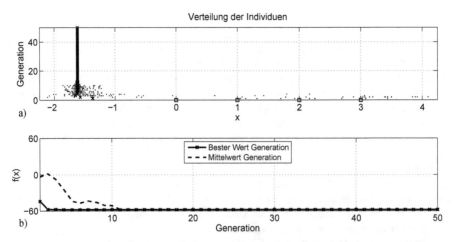

Abb. 19.7:   Verteilung der vier Individuen (□: Initialisierung, ×: bestes jeder Generation) (a) und Fitnessentwicklung (beste und durchschnittliche) im Verlauf von 50 Generationen bei einer $(\mu + \lambda)$-ES (b)

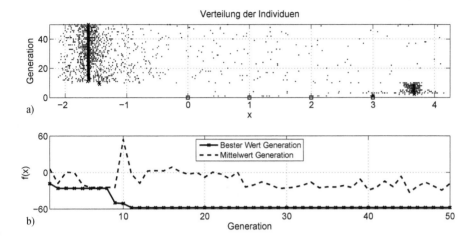

Abb. 19.8: Verteilung der vier Individuen (□: Initialisierung, ×: bestes jeder Generation) (a) und Fitnessentwicklung (beste und durchschnittliche) im Verlauf von 50 Generationen bei einer $(\mu + \lambda)$-ES mit $\sigma_{min} = 0,1$ (b)

20 Genetisches Programmieren

Genetisches Programmieren (GP) dient dazu, Computerprogramme bzw. Algorithmen zur optimalen Lösung einer bestimmten Problemstellung automatisch zu erzeugen. Ein Beispiel ist der Entwurf einer mathematischen Funktion für die Regression aus einer Funktions- und Wertegrundmenge. Damit unterscheidet sich GP wesentlich von Genetischen Algorithmen und Evolutionsstrategien, bei denen es um die Ermittlung optimaler Werte oder Reihenfolgen geht. Der Einsatz von GP ist nicht unproblematisch, weil der Suchraum sehr groß ist und weil genotypisch ähnliche Programme phänotypisch sehr unterschiedlich sein können. Allerdings ist für derartige Probleme keine andere Lösungsmethode bekannt. Im Folgenden soll nur kurz das Grundprinzip beschrieben werden.

Problemkodierung

Typischerweise wird ein Programm als Baumstruktur dargestellt. Abb. 20.1 zeigt exemplarisch die Kodierung eines funktionalen und eines logischen Ausdrucks. Auch allgemeine Programme mit Anweisungen, Schleifen usw. können als Baum kodiert werden. Bei der Suche nach mathematischen Funktionen sind die Knoten Operatoren und die Astenden bzw. Blätter unabhängige Variablen, Parameter oder feste/zufällige Zahlen. Die Auswertung erfolgt von den Blättern zur Wurzel. Im Gegensatz zu üblichen GA und ES haben die Chromosomen somit keine feste Länge und auch keine Kettenstruktur. Bei der Problemkodierung sind die Menge der zulässigen Operatoren und die Menge der zulässigen Blätter vorzugeben. Dabei können Ergänzungen notwendig sein, z. B. die Zuweisung eines endlichen Ergebnisses bei einer Division durch Null. Des Weiteren ist ein Bewertungskriterium für die Güte der Lösungskandidaten festzulegen, das sog. Fitnessmaß. Zur Ermittlung der Fitness muss das kodierte Computerprogramm ausgeführt werden. Falls z. B. ein Regressionsproblem zu lösen ist, kann die kodierte Regressionsfunktion dazu mit einem Testdatensatz ausgewertet werden.

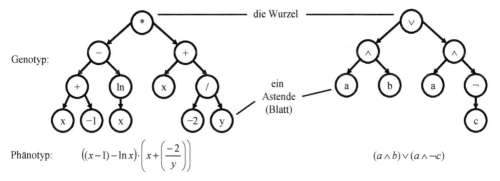

Abb. 20.1: Beispiel eines GP mit Geno-/Phänotyp für eine math. Funktion (links) und für einen logischen Ausdruck (rechts)

Startpopulation

Bei der Initialisierung wird typischerweise eine Wurzel zufällig generiert. Dann werden sukzessive zufällig Knoten hinzugefügt, bis jeder der Knoten, der einen Nachfolger braucht, auch einen hat. Durch Einschränkung der zulässigen Knotentypen können gewünschte Tiefe und Gleichmäßigkeit des Baums beeinflusst werden. Operatoren bedingen ein Weiterwachsen, Variablen/Parameter/Zahlen einen Abbruch. So kann z. B. eine gewünschte Baumtiefe für alle Äste erreicht werden, indem als Knoten nur Operatoren zugelassen werden, bis die Zieltiefe erreicht ist. Dann werden nur Variablen, Parameter oder Zahlen zugelassen. Dies wird als *volle Initialisierung* bezeichnet (Koza, Poli 2005). Alternativ kann eine beliebige Wahl eines jeden Knotens zugelassen werden, bis eine vorgegebene maximale Baumtiefe erreicht wird. Diese wird *Wachstumsinitialisierung* genannt und führt i. d. R. zu unterschiedlich langen Ästen. Bei der Erzeugung der Startpopulation können auch beide Initialisierungen einfließen, z. B. indem jeweils die Hälfte der Individuen mit einem der beiden Verfahren erzeugt wird. Typischerweise arbeitet GP mit relativ großen Populationen von etwa 10^3 bis 10^6 Individuen (Eiben, Smith 2003, Koza, Poli 2005).

Algorithmusablauf

Der Ablauf erfolgt analog zu GA, siehe Abb. 18.4. Die variable Chromosomengröße führt bei GP häufig dazu, dass sie sich im Laufe der Generationen vergrößern (sog. Aufblähen), da typischerweise nur die Güte, nicht aber die Größe des kodierten Programms bei der Fitnessermittlung berücksichtigt wird. Von Regressionsproblemen her ist bekannt, dass dies zu unerwünschtem Overfitting (siehe Abschnitt 2.3.3) führen kann. In Anlehnung an die bei den Bewertungskriterien für Modelle eingeführten Informationskriterien kann die Modellkomplexität mit in die Fitnessbewertung einbezogen werden.

Selektion der Mitglieder des Fortpflanzungspools

Die Selektion erfolgt wie bei GA mittels fitnessproportionaler, tourniergruppen- oder rangbasierter Selektion.

Rekombination

Für die Rekombination wird typischerweise *Baum-Cross-over* bzw. *Teilbaum-Cross-over* eingesetzt. Dabei wird zufällig bei beiden Elternteilen jeweils eine Kante (Ast) ausgesucht und getrennt. Die zugehörenden Teilbäume werden über Kreuz verbunden. Abb. 20.2 zeigt ein Beispiel. Dabei kann eine von der Lage der Kante abhängige Auswahlwahrscheinlichkeit verwendet werden: Beispielsweise können Kanten, die weder zur Wurzel noch zu Astenden führen, in 90 % und andere Kanten in 10 % der Fälle gewählt werden. Eine typische Cross-over-Wahrscheinlichkeit ist $p_c = 0{,}9$ (Nissen 1997, Koza, Poli 2005).

Mutation

Bei der *Einzelpunkt-Mutation* (*One-point Mutation*) wird bei einem Individuum ein einzelner Knoten zufällig ausgewählt und durch einen zufällig gewählten Knoten gleichen Typs ersetzt, siehe Abb. 20.3 oben. Typischer ist die *Teilbaum-Mutation*. Bei ihr wird ein einzelner Knoten zufällig ausgewählt, dann aber zusammen mit dem zugehörigen Teilbaum komplett durch einen zufällig erzeugten Knoten mit zugehörigem Teilbaum ersetzt, siehe Abb. 20.3

unten. Mutation spielt bei GP eine untergeordnete Rolle oder wird gar nicht verwendet. Typische Mutationswahrscheinlichkeiten sind $p_m = 0{,}01$ (Koza, Poli 2005), $p_m = 0{,}05$ (Eiben, Smith 2003) und $p_m = 0{,}1$ (Nissen 1997).

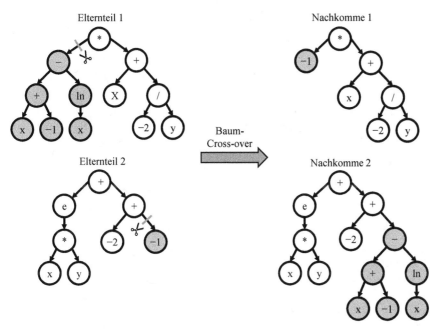

Abb. 20.2: Illustration der Wirkung des Baum-Cross-overs

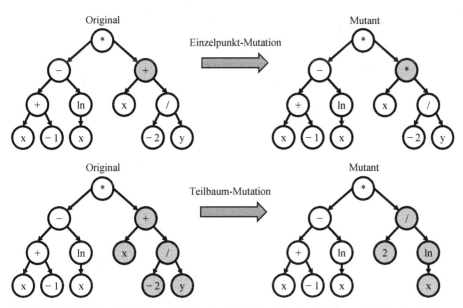

Abb. 20.3: Illustration der Wirkung von Einzelpunktmutation (oben) und Teilbaum-Mutation (unten)

Reproduktion

Bei der Reproduktion geht ein Elternteil unverändert in einen Nachkommen über. Eine typische Reproduktions-Wahrscheinlichkeit ist $p_r = 0{,}08$ (Koza, Poli 2005).

Selektion der Überlebenden/Populationsmodelle

Typischerweise ersetzen die Nachkommen vollständig die Elternpopulation. Dazu werden genauso viele Nachkommen erzeugt, wie die Elternpopulation Individuen hat.

Abbruchkriterium

Es können die bei GA eingeführten Kriterien verwendet werden. Typisch ist eine Kombination von maximaler Anzahl an Generationen mit einer vorgegebenen Güte der Lösung. Im Vergleich zu GA und ES ist die max. Generationsanzahl vergleichsweise klein; Nissen (1997) nennt 51 als Standardwert.

Erweiterungen/Weiterführendes

Zu den Erweiterungen zählen die automatisch definierten Funktionen (ADF) zur Einführung einer hierarchischen Struktur der Lösungen. Dies orientiert sich an Vorgehensweisen im Software-Engineering: Wiederverwertbare Programmelemente werden als Subroutine gekapselt und mit Übergabeparametern versehen, so dass sie an verschiedenen Stellen im Programmablauf aufgerufen werden können. Die syntaktische Struktur der zulässigen Lösungen kann eingeschränkt werden, wozu die Initialisierung und die genetischen Operatoren entsprechend angepasst werden. GP sind sehr rechenzeitintensiv, Verbesserungen lassen sich z. B. durch Implementierung in Maschinensprache oder auf Parallelrechnern erreichen.

21 Anwendungsbeispiele

21.1 Formoptimierung eines Rohrkrümmers (ES)

Eine klassische ES-Anwendung ist die Optimierung eines Rohrkrümmers auf minimalen Strömungswiderstand. In frühen Arbeiten um 1965 wurde hierzu der Krümmerradius durch Verstellung von sechs Stangen variiert, siehe Abb. 21.1 o. l. (die zweite Rohrleitung dient als Referenz) (Rechenberg 1994).

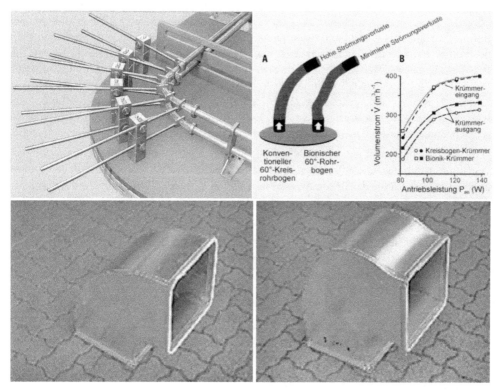

Abb. 21.1: Verschiedene Arbeiten zur Optimierung eines Rohrkrümmers auf minimalen Strömungswiderstand (o. l. Rechenberg 1994) (o. r. Küppers 1997, unten Küppers 2007 (Küppers-Systemdenken www.udokueppers.de))

Küppers (1997) optimierte eine luftdurchströmte 60°-Biegung mit Rohrdurchmesser von 8,5 cm, einem Kreisbiegungs-Rohrradius-Verhältnis von 8 und konstanter Strömungsge-schwindigkeit von 14 m/s. Nach 240 Generationen resultiert die in Abb. 21.1 o. r. dargestellte

Krümmerform mit einem etwa 12–14 % erhöhten Volumenstrom am Krümmerausgang (Küppers 1997). Das unerwartete Ergebnis wird plausibler, wenn das natürliche Vorbild von Flussmäandern bedacht wird. Entsprechende Untersuchungen wurden vor kurzem auch für große Krümmer mit rechteckigem Querschnitt durchgeführt, wie sie im Klima- und Lüftungsbau üblich sind. Hier ließ sich bei optimierten Krümmern (Abb. 21.1 u. r.) ein gegenüber einem Standardkrümmer (Abb. 21.1 u. l.) um ca. 20 % reduzierter Druckverlust erreichen (Küppers 2007).

21.2   Pfadplanung für mobile Roboter (GA)

Die Pfadplanung für mobile Systeme setzt sich typischerweise aus einer strategischen Offline- und einer reaktiven On-line-Planung zusammen. Die Off-line-Planung geht von einer bekannten Umwelt aus und ermittelt einen globalen Pfad vom Start- zum Zielpunkt. Die Online-Planung verarbeitet auch aktuelle lokale Umfeldinformationen, um z. B. ungeplante Hindernisse zu umfahren. Im Folgenden wird ein Lösungsansatz für die globale Bahnplanung aus (Michalewicz 1996) vorgestellt. Die Verfügbarkeit einer digitalen Karte für das gesamte Gebiet wird vorausgesetzt. Alle Hindernisse seien bekannt und von polygonaler Form. Ein Hindernis wird über die geordnete Liste seiner Eckpunkte kodiert. Start- und Zielposition seien gegeben. Zugelassen seien nur translatorische Bewegungen des Roboters. Ein Pfad besteht so aus einer stetigen Linienfolge und kann als Liste mit mindestens zwei Knoten (Start und Ziel mit gerader Verbindung) kodiert werden. Ein zulässiger Pfad besteht aus zulässigen Knoten, ein unzulässiger Pfad hat mindestens einen unzulässigen Knoten. Ein Knoten K_i gilt als unzulässig, wenn der Knoten K_{i+1} wegen Hindernissen nicht erreicht werden könnte oder er in oder zu nah bei einem Hindernis läge.

Ein Chromosom besteht aus einer Kette von Bausteinen, bei der jeder Baustein aus den beiden Koordinaten des Knotens besteht und aus einem Binärwert B, der angibt, ob der Knoten zulässig ist. Die Länge der Chromosomen ist variabel, aber nach oben durch die Anzahl N_h der Hinderniseckpunkte beschränkt. Die Chromosomenlänge wird zufällig im Bereich von 2 bis N_h initialisiert. Die Gene für die Knotenkoordinaten werden zufällig in den Grenzen des Umfeldes initialisiert. B wird anschließend ermittelt. Die Kosten eines Pfades ergeben sich als gewichtete Überlagerung von einzelnen Kostenbeiträgen für die gesamte Pfadlänge, die stärkste in einem der Pfadknoten auftretende Krümmung und den kleinsten Abstand des Pfades von bekannten Hindernissen.

Ein-Punkt-Cross-over tritt nicht zufällig auf, sondern wird so eingesetzt, dass der Auftrennpunkt der Chromosomen hinter dem ersten unzulässigen Knoten liegt (falls einer auftritt). Die Mutation erzeugt eine Änderung der Koordinaten um eine kleine Zufallszahl, wobei mit zunehmender Zahl evolutionärer Zyklen die Verteilung dieser Zufallszahl schmaler wird. Ein Einsetzoperator setzt einen neuen Knoten im Pfad ein. Er greift gleichwahrscheinlich an jeder Stelle im Chromosom ein. Ein Löschoperator löscht einen Knoten des Pfads mit gleicher Wahrscheinlichkeit für jeden Knoten. Ein Glättungsoperator ersetzt einen Knoten K', bei dem sich der Pfad stark krümmt, durch jeweils einen neuen Knoten vor und hinter K', so dass die Krümmung reduziert wird. Abb. 21.2 zeigt beispielhaft Ergebnisse der globalen Pfadplanung für verschiedene Parcours.

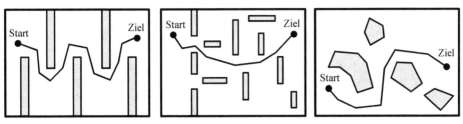

Abb. 21.2: Beispielergebnisse der Pfadplanung (nach Michalewicz 1996)

21.3 Modellgenerierung für biotechnologische Prozesse (GP)

Im Folgenden wird die Modellbildung für einen biotechnologischen Prozess mittels Genetischen Programmierens (GP) betrachtet (Marenbach, Freyer 1998). Biotechnische Reaktionen laufen häufig sehr langsam ab. Die typischerweise gewünschten kurzen Entwicklungszeiten reduzieren die Möglichkeiten experimenteller Untersuchungen zur Verfahrensentwicklung und -optimierung. Prozessmodelle gestatten eine beschleunigte Untersuchung in der Simulation. Oft ist ein theoretisches Modell wegen seiner Interpretierbarkeit und der Einbringbarkeit von Vorwissen wünschenswert. Allerdings ist eine theoretische Modellbildung biotechnologischer Prozesse zeitaufwändig und schwierig. Beim zu modellierenden Prozess handelt es sich um eine Fed-Batch-Fermentation: In einem Rührkessel wird ein Produkt durch geeignete Zufuhr eines Einsatzstoffes (Edukt) hergestellt. Nach vollständiger Umsetzung zum Produkt wird dieses entnommen und ein neuer Produktionszyklus beginnt. Die Umsetzung erfolgt mittels Mikroorganismen, die mit Glucose (Substratlösung) u. a. als Energiequelle versorgt werden müssen. Im Bio-Reaktor wächst die Biomasse X der Mikroorganismen unter Verbrauch des Substrats S. Das Edukt E wird von den Mikroorganismen aufgenommen, modifiziert und als Produkt P wieder ausgeschieden (Abb. 21.3).

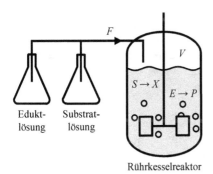

Abb. 21.3: Fed-Batch-Fermentationsprozess (nach Marenbach, Freyer 1998)

Da aus der Literatur Vorwissen über typische Reaktionskinetiken zur Verfügung steht, wurde mittels GP nach einem blockorientierten, theoretischen Modell gesucht, welches die verfügbaren Datensätze erklären kann. Als mögliche Modellbausteine werden mehrere bekannte Standardreaktionskinetiken und einfache mathematische Blöcke (Multiplikation, Division,

Proportionalglied, Konstante etc.) vorgegeben. Dabei entspricht eine Baumstruktur einem Teilmodell mit mehreren Eingangsgrößen und einer Ausgangsgröße. Insgesamt sucht das GP nach vier Bäumen für die insgesamt vier Bilanzen für Edukt, Produkt, Biomasse und Substrat. Das mittels GP gefundene Modell beschreibt den prinzipiellen Verlauf der zeitlichen Entwicklung des Fermentationsprozesses gut, wie das Beispiel in Abb. 21.4 zeigt, und ist als physikalisches Modell gut interpretierbar. Die Prädiktionsgüte ist sogar etwas besser als die eines zum Vergleich manuell erstellten theoretischen Modells. Abb. 21.4 zeigt, wie Biomasse und Produkt unter Verbrauch von Edukt und Substrat im Laufe des Fermentationsprozesses aufgebraucht werden.

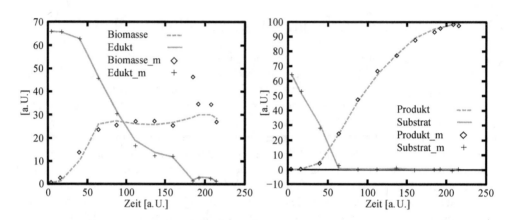

Abb. 21.4:   Vergleich von Prädiktion (Linien) und Messdaten (Symbole) (nach Marenbach, Freyer 1998)

21.4   Minimumsuche bei Testfunktionen mittels Matlab^{TM} „Optimization Tool" (GA)

In diesem Abschnitt werden die Konsequenzen verschiedener Entwurfsentscheidungen bei Genetischen Algorithmen an Hand der Minimumsuche bei zwei Testfunktionen aufgezeigt. Als Beispiele dienen die im Argumentbereich von $x_i \in [-10;10]$, $i = 1, 2$, betrachtete Matyasfunktion (Mátyás 1965, Silagadze 2007):

$$f(\mathbf{x}) = 0{,}26(x_1^2 + x_2^2) - 0{,}48 x_1 x_2 \tag{21.1}$$

mit einem Minimum $f(0, 0) = 0$ sowie die für $n = 2$ im Argumentbereich von $x_i \in [-5{,}12; 5{,}12], i = 1, 2$, betrachtete verallgemeinerte Rastriginfunktion (Mühlenbein, Schomisch, Born 1991, Eiben, Smith 2003: S. 268):

$$f(\mathbf{x}) = 10n + \sum_{i=1}^{n} (x_i^2 - 10\cos(2\pi x_i)) \tag{21.2}$$

mit dem globalen Minimum $f(\mathbf{0}) = 0$. Die Testfunktionen haben einen sehr unterschiedlichen Charakter (Abb. 21.5): Der Graph der Matyasfunktion besitzt ein einziges Minimum im Ursprung und weist in Richtung der Haupt- im Vergleich zur Nebendiagonalen eine sehr kleine Steigung auf. Der Graph der Rastriginfunktion besitzt eine große Anzahl gitterförmig angeordneter Minima, wobei das globale Minimum im Ursprung liegt.

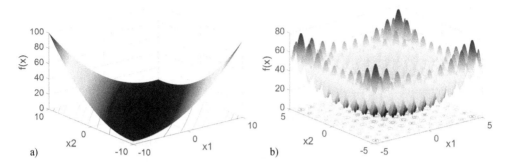

Abb. 21.5:   Funktionsgraph von Matyas- (a) und Rastriginfunktion (b)

Im Folgenden werden die Konsequenzen einzelner Entwurfsentscheidungen parallel für beide Testfunktionen dargestellt, um Ähnlichkeiten und Unterschiede zu sehen. Dabei besteht das Ziel nicht im Entwurf eines optimalen Algorithmus – dafür dürften bspw. die einzelnen Entwurfsentscheidungen nicht losgelöst voneinander betrachtet werden. Um das Nachrechnen zu vereinfachen, wurde das „Optimization Tool" aus der Matlab^{TM} Global Optimization Toolbox verwendet (`solver: ga - Genetic Algorithm`). Die Toolbox unterstützt nur die Behandlung von Minimierungsproblemen, so dass Maximierungsprobleme umzuformulieren sind. Sie besitzt eine vorkonfigurierte graphische Oberfläche und erlaubt so eine einfache Anwendung. Die Toolbox verwendet z. T. proprietäre Funktionen, deren Bezeichnungen zwecks Nachvollziehbarkeit i. d. R. auch in diesem Abschnitt verwendet werden.

Für die Matyasfunktion (21.1) wird eine Population mit 20 Individuen verwendet (entspricht der Standardeinstellung). Die Individuen der Startpopulation werden zufällig (gleichverteilt) aus dem Bereich $x \in [9; 10] \times [-10; -9]$ gewählt, so dass alle in einer Ecke des zulässigen Wertebereichs weit entfernt vom Minimum liegen. Bei der Rastriginfunktion (21.2) wird eine Populationsgröße von 20 oder 100 betrachtet. Die Individuen werden zufällig (gleichverteilt) im Wertebereich $x \in [4; 5] \times [-5; -4]$ initialisiert, so dass sie weit entfernt vom globalen Minimum liegen und mehrere lokale Minima auf dem Weg vom Startpunkt zum globalen Minimum zu „überwinden" sind. Wenn nicht anders erwähnt, werden die folgenden Einstellungen verwendet, die sich an den Matlab^{TM}-Standardeinstellungen orientieren:

• Reelle Problemkodierung (`population type: double vector`)
• Die Individuen der Startpopulation werden wie o. a. erzeugt (`initial function: specify`: zeigt auf entsprechendes m-file)
• Rang-basierte Fitnessskalierung (`scaling function: rank`): Die skalierte Fitness des i-ten Individuums in der Rangfolge ist $1/\sqrt{i}$.
• Stochastisch-uniforme Selektion zum Fortpflanzungspool (`selection function: stochstic uniform`): Entlang einer Linie wird jedem Individuum ein zu seiner skalierten Fitness proportionaler Längenabschnitt zugeordnet. Startend von einer Zufallsposition wird die Linie äquidistant abgetastet und die zu den besuchten Abschnitten gehörenden Individuen für den Fortpflanzungspool selektiert.

- Elitäre Wiedereinsetzung der beiden besten Individuen (`elite count: use default: 2`).
- Cross-over-Anteil von 0,8 (`crossover fraction: use default: 0.8`), d. h. 80 % der Nachkommen (die nicht aus elitärer Wiedereinsetzung stammen) entstehen durch Cross-over, die restlichen 20 % durch Mutation.
- Uniformes Cross-over (`crossover function: scattered`).
- Beschränkungsabhängige Mutation (`mutation function: adaptive-feasible`): Es führt zu einer zufälligen Änderung im Rahmen der Wertebereichsgrenzen.
- Abbruchkriterium: maximal 100 Generationen oder 50 Generationen ohne signifikante Änderung der mittleren Fitness (`stopping criteria: generations: 100; stall generations: 50`).

Zwecks statistischer Aussagen wurden jeweils 100 Algorithmusläufe pro Konfiguration durchgeführt und die Signifikanz der Ergebnisse mittels ANOVA überprüft.

Abb. 21.6 zeigt den Einfluss der gewählten Fitnessskalierung (`rank`, `fitnessproportional`, `top`, `shift`) auf die erreichte beste Fitness sowie auf die resultierende Abbruch-Generation bei der Matyasfunktion und Abb. 21.7 bei der Rastriginfunktion. Eine fitnessproportionale Skalierung erweist sich bei der Matyasfunktion als ungünstig, da sie zu vergleichsweise geringem Streuen der Fitnesswerte und hierdurch langsamerer Konvergenz führt. `Rank`-, `Top`- und `Shift`-Skalierung führen zu (statistisch) ähnlichen Ergebnissen. Im nicht gezeigten Fall einer Populationsgröße von 6 Individuen schneidet die Top-Skalierung am besten ab. Bei letzterer wird der spezifizierten Anzahl (hier 4) der fittesten Individuen jeweils die gleiche Anzahl an Reproduktionen zugewiesen, während die anderen Individuen leer ausgehen. Bei der Rastriginfunktion führt die Top-Skalierung zu besseren Ergebnissen als die anderen Skalierungen.

Abb. 21.8 zeigt je einen exemplarischen Verlauf einer Suche bei der Matyasfunktion und Abb. 21.9 bei der Rastriginfunktion. Im Fall der Matyasfunktion ähnelt der Entwicklungspfad einem approximierten Gradientenabstieg. Bei der Rastriginfunktion bewegen sich die Lösungskandidaten im Beispiellauf aus dem peripheren Startbereich in Richtung des globalen Minimums, ohne es zu erreichen.

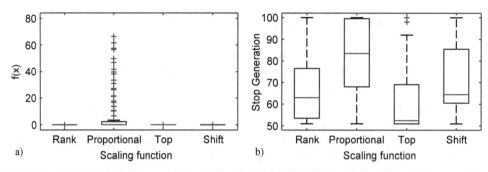

Abb. 21.6: Erreichter bester Fitnesswert (a) und Abbruch-Generation (b) für verschiedene Fitnessskalierungen bei Matyasfunktion bei Populationsgröße von 20

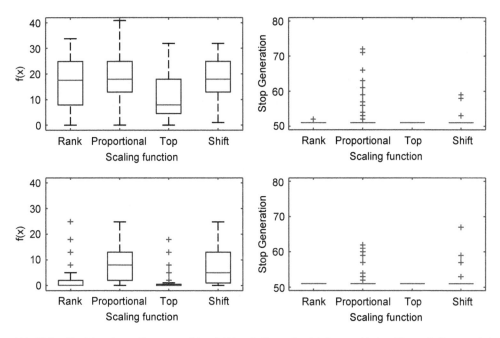

Abb. 21.7:   Erreichter bester Fitnesswert (l.) und Abbruch-Generation (r.) für verschiedene Fitnessskalierungen bei Rastriginfunktion bei Populationsgröße von 20 (o.) sowie von 100 (u.)

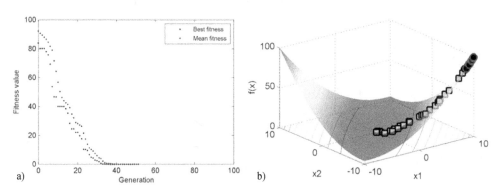

Abb. 21.8:   Entwicklung von bester und durchschnittlicher Fitness (a), Individuen der Startpopulation (dunkelgraue Vierecke) und bestes Individuum jeder Generation (hellgraue Vierecke) (b) bei Matyasfunktion

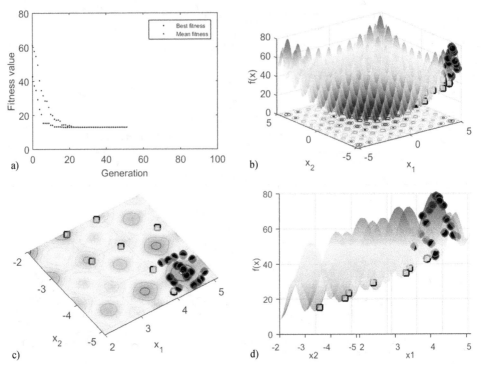

Abb. 21.9: Entwicklung von bester und durchschnittlicher Fitness (a), Individuen der Startpopulation (dunkel-
            graue Vierecke) und bestes Individuum jeder Generation (hellgraue Vierecke) (b, c, d) bei Rastrigin-
            funktion

Als Nächstes wird die Selektionsfunktion variiert. Abb. 21.10 und Abb. 21.11 zeigen die
Häufigkeitsverteilungen der besten erreichten Fitness und die Abbruch-Generationen für
verschiedene Selektionsmethoden: stochastic uniform (1), remainder (2), uniform (3), roulette (4) und tournament (mit Gruppengröße von vier) (5). Bei beiden
Testfunktionen erweist sich „uniform" als ungünstig: Bei ihr ist die Auswahlwahrscheinlichkeit für alle Individuen gleich und hängt nicht von der Fitness ab, so dass es keinen Selektionsdruck gibt. Die Ergebnisse für die anderen Operatoren unterscheiden sich statistisch nicht
signifikant.

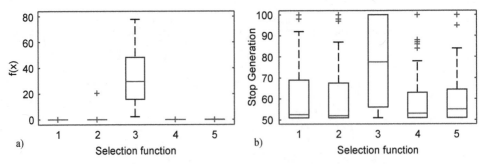

Abb. 21.10: Erreichter bester Fitnesswert (a) und Abbruch-Generation (b) für verschiedene Selektionsstrategien bei
             Matyasfunktion mit Populationsgröße von 20

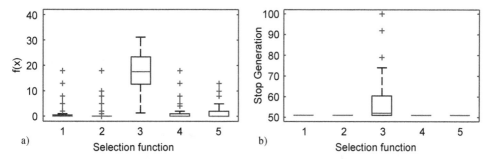

Abb. 21.11: Erreichter bester Fitnesswert (a) und Abbruch-Generation (b) für verschiedene Selektionsstrategien bei Matyasfunktion mit Populationsgröße von 100

Bei beiden Testfunktionen hat die Festlegung der genauen Anzahl der elitär wiedereingesetzten Individuen einen vernachlässigbaren Einfluss, solange deren Anzahl kleiner als die Hälfte der Populationsgröße ist (Abb. 21.12, Abb. 21.13).

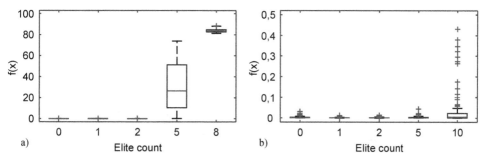

Abb. 21.12: Erreichter bester Fitnesswert für verschiedene Anzahlen wiedereingesetzter Individuen bei Populationsgrößen von 10 (a) und 20 (b) bei Matyasfunktion

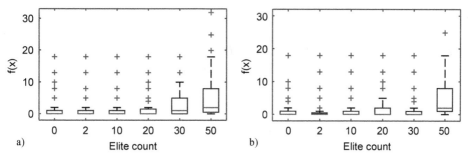

Abb. 21.13: Erreichter bester Fitnesswert für verschiedene Anzahlen wiedereingesetzter Individuen bei Populationsgröße von 100 und maximaler Generationsanzahl von 50 (a) und 100 (b) bei Rastriginfunktion

Die genaue Festlegung des Verhältnisses der Nachkommen, die durch Cross-over oder Mutation erzeugt werden (crossover fraction), führt bei den untersuchten Werten von 0; 0,4; 0,8 und 1,0 zu keinen statistisch signifikant unterschiedlichen Ergebnissen – bis auf den Wert 1,0 (Abb. 21.14, Abb. 21.15). Letzterer bedeutet, dass keine Mutation stattfindet und die Explorationsfähigkeit des Algorithmus entsprechend geringer ausgeprägt ist.

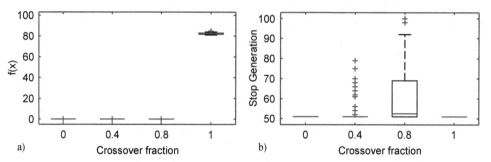

Abb. 21.14: Erreichter bester Fitnesswert (a) und Abbruch-Generation (b) für verschiedene Werte der crossover fraction bei Matyasfunktion mit Populationsgröße von 20

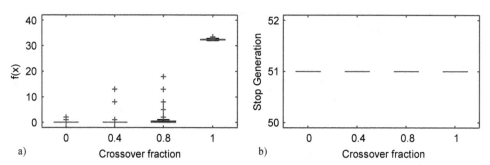

Abb. 21.15: Erreichter bester Fitnesswert (a) und Abbruch-Generation (b) für verschiedene Werte der crossover fraction bei Rastriginfunktion mit Populationsgröße von 100

Bei der Matyasfunktion führen die Cross-over-Operatoren scattered (1), single point (2) und two point (3) zu ähnlichen, statistisch signifikant besseren Ergebnissen als intermediate (4), heuristic (5) und artihmetic (6), siehe Abb. 21.16. Bei der Rastriginfunktion sind ebenfalls (1) – (3) ähnlich und (5) führt zu signifikant besseren Ergebnissen (Abb. 21.17). Heuristic (5) ist ein arithmetisches Cross-over mit gewichteter Mittelung, wobei die Gene des fitteren Elternteils in einstellbarer Weise stärker gewichtet werden. Die Unterschiede zwischen den Operatoren sind bei kleinerer Populationsgröße deutlicher.

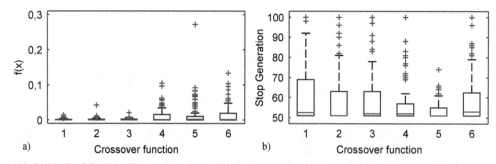

Abb. 21.16: Erreichte beste Fitnesswerte (a) und Abbruch-Generation (b) für verschiedene Cross-over-Operatoren bei Matyasfunktion mit Populationsgröße von 20

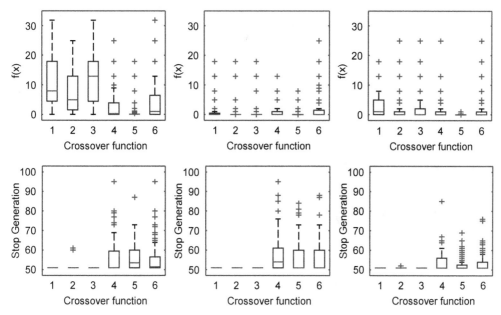

Abb. 21.17: Erreichte beste Fitnesswerte (o.) und Abbruch-Generation (u.) für verschiedene Cross-over-Operatoren
bei Rastriginfunktion mit Populationsgröße von 20 (l.), 50 (m.) oder 100 (r.)

Welchen Einfluss hat die Populationsgröße bei fixem Rechenbudget? Hierzu wird exemplarisch für das Produkt von Populationsgröße und maximaler Generationsanzahl ein Wert von 1000 bei der Matyas- und von 2500 bei der Rastriginfunktion vorgegeben. Abb. 21.18 zeigt, dass in beiden Fällen eine mittlere Wahl günstig ist: Bei kleiner Populationsgröße ist die genetische Diversität und damit die Exploration des Suchraums gering. Bei großen Populationen bleiben bei fixem Rechenbudget nur noch wenige Generationen zur Weiterentwicklung der Individuen/Lösungskandidaten, was das Auffinden des Minimums erschwert.

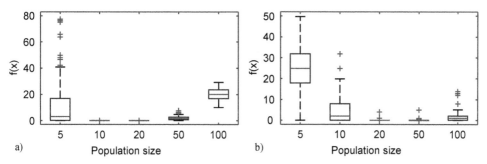

Abb. 21.18: Erreichter bester Fitnesswert für verschiedene Populationsgrößen bei fixem Rechenbudget für Matyas-
(a) und Rastriginfunktion (b)

22 Übungsaufgaben

22.1 Routenplanung für mobilen Roboter mittels Genetischem Algorithmus

Gegeben sei die in Abb. 22.1 skizzierte Produktionshalle mit acht Maschinen, für die ein automatisches Instandhaltungssystem entwickelt werden soll. Teil des Systems ist ein mobiler Roboter, der alle Maschinen abfährt, jeweils Zustandsinformationen ausliest und zur Basisstation zwecks Datenübertragung zurückkehrt. Mit Hilfe eines Genetischen Algorithmus soll die Fahrroute mit den geringsten Gesamtkosten bestimmt werden.

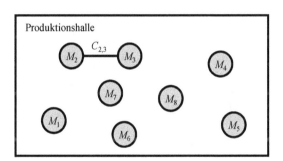

Abb. 22.1: Produktionshalle mit acht Maschinen ($M_1, \ldots, M_8$)

Die Kosten $C_{i,j}$ für das Befahren der Teilstrecke zwischen Maschine M_i und M_j sind für alle Teilstrecken bekannt. Sie sind unabhängig von der Richtung, in der die Strecke befahren wird ($C_{i,j} \equiv C_{j,i}$).

a) Definieren Sie einen binär kodierten Genotyp, so dass die Chromosomen eine möglichst kurze Länge haben. Skizzieren Sie dazu ein Chromosom und beschreiben Sie die Bedeutung der Gene. Welche Bitanzahl resultiert?

b) Definieren Sie eine Fitnessfunktion und geben Sie eine geeignete Methode an, um die Individuen für den Fortpflanzungspool zu selektieren.

c) Geben Sie einen geeigneten Cross-over-Operator an. Beschreiben und skizzieren Sie dessen Funktion am folgenden vereinfachten Beispiel eines Elternpaares mit 2-Bit-Kodierung.

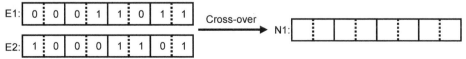

d) Wählen Sie einen Mutationsoperator aus. Beschreiben und skizzieren Sie seine Wirkung an Hand des o. a. Chromosoms E1.

e) Aus technischen Gründen sollen einige Maschinen nicht direkt hintereinander abgefahren werden, konkret gilt dies für $M_3 \rightarrow M_4$, $M_6 \rightarrow M_7$, $M_2 \rightarrow M_8$. Geben Sie eine Möglichkeit an, wie diese Nebenbedingung im Genetischen Algorithmus berücksichtigt werden kann.

22.2   Evolutionsstrategie zur Lösung eines kontinuierlichen Optimierungsproblems

Das Argument x_{opt}, das die Zielfunktion

$$J(x) = x^6 - 7x^5 + 7x^4 + 35x^3 - 56x^2 - 28x + 48$$
$$= (x+2)(x+1)(x-1)(x-2)(x-3)(x-4)$$

minimiert, ist mittels einer Evolutionsstrategie zu bestimmen. Es sei bekannt, dass $x_{opt} \in [-10; 10]$ gilt. Wenden Sie dazu eine Evolutionsstrategie mit den folgenden Eckdaten an:

- Population aus vier Individuen
- Lokale Rekombination
- (μ, λ)-Evolutionsstrategie
- Die Startwerte der von den Individuen kodierten Optimierungsparameter x seien $\{0; 1; 2; 3\}$.

Bitte bearbeiten Sie die folgenden Teilaufgaben:

a) Vervollständigen Sie die Evolutionsstrategie durch eine sinnvolle Festlegung von Operatoren und Entwurfsparametern und beschreiben Sie kurz den Ablauf des Algorithmus.

b) Bestimmen Sie x_{opt} (mit Hilfe eines Rechners).

c) Stellen Sie die Entwicklung der Fitness des fittesten Individuums und des Populationsdurchschnitts in Abhängigkeit des Iterationsfortschritts dar. Zeichnen Sie die Lage der Individuen für Zwischenstände (z. B. nach 10, 20 usw. Iterationen) in ein Bild mit dem Funktionsverlauf von $J(x)$ ein.

d) Diskutieren Sie Ihre Entscheidung bei der Wahl von Operatoren und Werten. Reicht die Performanz aus oder sollte die Strategie verändert werden? Falls ja, spezifizieren Sie bitte die Änderungen.

22.3   Formoptimierung mittels Genetischem Algorithmus

Der Strömungswiderstand eines PKW soll für die Nominalgeschwindigkeit optimiert werden. Vereinfachend sei angenommen, dass die Betrachtung eines Längsschnitts ausreichend ist. Das Optimierungsproblem werde so diskretisiert, dass der Längsschnitt aus einem Linienzug aus sieben (ohne Bodenplatte gerechnet) geraden Segmenten besteht (siehe Abb. 22.2).

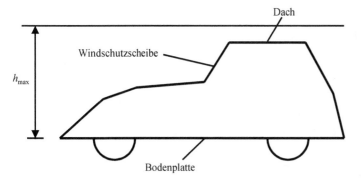

Abb. 22.2: Längsschnitt eines PKW

Dabei verlaufe das Dachsegment parallel zur Bodenplatte. Das Windschutzscheibensegment muss dem Fahrer eine Durchsichtmöglichkeit von mindestens 50 cm in der Vertikalen erlauben. Der Karosseriebereich vor und hinter der Windschutzscheibe soll konvex sein. Die Fahrzeughöhe über der Bodenplatte soll $h_{max} = 1{,}5$ m nicht über- und $h_{min} = 1$ m nicht unterschreiten. Die Bodenplatte beginnt dort, wo das erste Segment abknickt und endet dort, wo das letzte Segment auf die Bodenplatte stößt. Sie dürfen voraussetzen, dass eine Berechnungsvorschrift $J(\Theta)$ existiert, die für jedes Θ den Strömungswiderstand liefert. Dabei fasst der Vektor Θ alle Parameter des entsprechenden Linienzugs zusammen. Zur Lösung des Problems soll ein binär kodierter Genetischer Algorithmus eingesetzt werden.

a) Beschreiben Sie die Segmente über Winkel und Knickpunkte, so dass möglichst wenig Optimierungsparameter resultieren. Es reicht dazu aus, die Parameter mit Zählrichtung in Abb. 22.2 einzutragen.

b) Die Winkel sollen mit mind. 1° und die Knickpunktparameter mit mind. 2 cm Auflösung berechnet werden. Die Winkel sollen in einem Intervall von 90° Länge eingestellt werden können. Wie ist der Genotyp zu definieren, so dass die Auflösungsanforderungen erfüllt werden und ein möglichst kurzes Chromosom entsteht? Bitte geben Sie dazu zuerst die Kodierung der kontinuierlichen Optimierungsparameter inklusive der Umrechnungsvorschriften an. Skizzieren Sie den Aufbau des Chromosoms. Welche Länge hat es (in Bit)?

c) Formulieren Sie alle Nebenbedingungen als mathematische Ausdrücke.

d) Wie lässt sich prinzipiell erreichen, dass zulässige Lösungen entstehen?

e) Konzipieren Sie eine geeignete Fitnessfunktion (unter Beachtung von d), so dass eine hohe Fitness einem geringen Strömungswiderstand entspricht.

f) Geben Sie eine geeignete Selektionsmethode für den Fortpflanzungspool an. Begründen Sie Ihre Wahl kurz.

g) Geben Sie einen möglichen Cross-over-Operator an und beschreiben Sie mittels Skizze sowie kurzer Erläuterung seine Funktion. Schlagen Sie eine geeignete Wahl von p_c vor.

h) Geben Sie einen möglichen Mutationsoperator an und beschreiben Sie mittels Skizze und kurzer Erläuterung seine Funktion. Schlagen Sie eine geeignete Wahl von p_m vor.

22.4   Optimierung eines Fuzzy-Systems mittels Genetischem Algorithmus

Ein Verbrennungsmotor soll mit Hilfe eines beschreibenden Fuzzy-Systems modelliert werden. Hierzu sind ein Fuzzy-Regelsatz sowie die nicht optimierten Zugehörigkeitsfunktionen der linguistischen Referenzmengen gegeben (Abb. 22.3). Gesucht sind optimierte, orthogonale Zugehörigkeitsfunktionen, so dass der Prädiktionsfehler minimal ist. Dazu soll ein Genetischer Algorithmus eingesetzt werden.

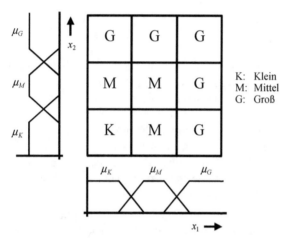

Abb. 22.3:   Regelsatz und (nicht optimierte) Zugehörigkeitsfunktionen

a)   Geben Sie bitte an, wie sich das Optimierungsproblem parametrieren lässt.

b)   Skizzieren Sie bitte, wie die Parameter im Chromosom kodiert werden können. Geben Sie dabei auch an, wie die Zahlenwerte kodiert sind.

c)   Verschiedene Nebenbedingungen werden definiert, u. a. um die Interpretierbarkeit des Fuzzy-Systems nach der Optimierung zu gewährleisten. Wie lassen sich Nebenbedingungen bei der Optimierung mittels Genetischem Algorithmus berücksichtigen? Nennen Sie bitte drei Möglichkeiten.

d)   Die Umsetzung eines einfachen Algorithmus vom Typ „SGA" zeigt, dass häufig das fitteste Individuum verloren geht und dadurch das Konvergenzverhalten des Algorithmus beeinträchtigt wird. Welche Verbesserungsmaßnahmen können ergriffen werden? Nennen Sie bitte zwei Möglichkeiten.

e)   Welchen Cross-over-Operator würden Sie für Chromosomen gemäß b) auswählen? Skizzieren und beschreiben Sie bitte dessen Funktion.

f)   Was ist der Unterschied einer Optimierung mittels Genetischem Algorithmus gegenüber einer Optimierung der Zugehörigkeitsfunktion mittels klassischer gradientenbasierter Optimierung? Bitte stellen Sie hierzu zwei zentrale Eigenschaften gegenüber.

22.5 Optimales Rucksackpacken mittels Genetischem Algorithmus

Ein Rucksack soll optimal gepackt werden. Dazu sollen Gegenstände aus einer Kandidatenmenge so ausgewählt werden, dass der Wert des Rucksackinhaltes maximiert wird, ohne dabei das maximale Packvolumen zu überschreiten. Im Detail ist ein 0/1-Rucksackproblem zu lösen, bei dem jeder Gegenstand in der Kandidatenmenge mit der Vielfachheit 1 auftritt.

Das Optimierungsproblem lässt sich wie folgt mathematisch fassen: Der Rucksack hat ein Volumen von V. Die Menge der einpackbaren Gegenstände enthalte R Teile. Der Wert des i-ten Gegenstandes wird mit B_i, sein Volumen mit V_i bezeichnet. Die Entscheidungsvariable x_i zeigt an, ob der i-te Gegenstand eingepackt wird ($x_i = 1$) oder nicht ($x_i = 0$). Damit ist der gesamte Wert aller einzupackenden Gegenstände $B_{ges} = \sum_{i=1}^{R} x_i B_i$ und ihr gesamtes Packvolumen $V_{ges} = \sum_{i=1}^{R} x_i V_i$, welches kleiner-gleich V sein muss. (Hierbei wird vereinfachend angenommen, dass die Gegenstände lückenlos gepackt werden können.)

a) Die Ungleichungs-Nebenbedingung bzgl. des Packvolumens soll beim Genetischen Algorithmus mittels einer quadratischen Straffunktion umgesetzt werden. Geben Sie eine Straffunktion und eine Vorschrift zur Berechnung der Fitness an.

b) Mit welchen anderen Ansätzen können bei einem Genetischen Algorithmus Nebenbedingungen berücksichtigt werden?

c) Skizzieren und beschreiben Sie kurz einen geeigneten Aufbau der Chromosomen.

d) Wählen Sie alle für einen Genetischen Algorithmus notwendigen Operatoren aus und begründen Sie kurz Ihre Wahl.

e) Der entworfene Genetische Algorithmus soll nun angewendet werden. Es seien die $R = 4$ Gegenstände gemäß Tab. 22.1 verfügbar. Das maximal zulässige Packvolumen sei $V = 7$. Starten Sie mit einer Zufallspopulation und geben Sie alle Teilschritte zur Erzeugung der Folgepopulation an. Geben Sie die Fitness der Gesamtpopulation sowie des besten Individuums für Start- und Folgepopulation an.

Tab. 22.1:   Daten der verfügbaren Gegenstände

Nr. i	1	2	3	4
Wert B_i	6	5	8	7
Volumen V_i	3	2	5	4

Teil V: Weiterführende Methoden

23 Hybride CI-Systeme

23.1 Einführung

Bisher wurden die drei Kernbereiche Fuzzy-Systeme (FS), Künstliche Neuronale Netze (NN) und Evolutionäre Algorithmen (EA) der Computational Intelligence als separate methodische Bereiche eingeführt. Dieser Abschnitt widmet sich ihrer Kombination. Dies wird durch die spezifischen, häufig komplementären Charakteristika der einzelnen Kernbereiche motiviert. Leider gibt es keine umfassende Theorie über alle Bereiche; Tab. 23.1 liefert eine anwendungsorientierte, qualitative Gegenüberstellung.

Tab. 23.1: Gegenüberstellung der drei Kernbereiche der CI

Aspekt	Fuzzy-Systeme	Künstliche Neuronale Netze	Evolutionäre Algorithmen
Biologisches Vorbild	Näherungsweises Schlussfolgern des Menschen	Verteilte Lern- und Datenverarbeitungsprozesse im Gehirn	Anpassung von Tiergattungen an ihre Umwelt
Behandelbare Problemgröße	Klein	Klein bis groß	Klein bis groß
Einbringbarkeit von Vorwissen	Einfach	Kaum möglich	Möglich
Interpretierbarkeit des Ergebnisses	Sehr einfach	Sehr schwierig	Moderat
Abstraktionsniveau	Niedrig (Klartext)	Sehr hoch (Wertefolgen)	Moderat (Parameter)
Lern-/Adaptionsfähigkeit	Gering bis hoch	Sehr hoch	Sehr hoch
Wissensrepräsentation	Strukturiert, verteilt	Unstrukturiert, stark verteilt	Strukturiert, verteilt
Wichtige Typen	Mamdani, Takagi-Sugeno	MLP, RBF, SOM	GA, ES, (GP)
Wichtige Einsatzgebiete	Steuerung, Regelung, Prognose, Diagnose	Approximation, Klassifikation, Prognose, kurzfristige/situative Anpassung	Suche, Optimierung, langfristige/strategische Anpassung und Weiterentwicklung
Notwendiges problemspezifisches Wissen	Umfassend	Wenig	Mittel
Vertrauenswürdigkeit der Ergebnisse	Hoch, aber i. d. R. unvollständig	Gering, Variation und Überprüfung erforderlich	Hoch

Fuzzy-Systeme erlauben das Einbringen von Vorwissen. Sie sind im Fall von Mamdani-Systemen gut interpretierbar und besitzen im Fall von Takagi-Sugeno-Systemen eine für Analyse und Entwurf ausnutzbare mathematische Struktur. FS sind für harte Echtzeitanwendungen geeignet, wie sie in der Mess- und Automatisierungstechnik auftreten. Dabei ging man im Fall von Mamdani-Systemen ursprünglich davon aus, dass das Prozesswissen verfügbar ist und somit Lernverfahren nicht notwendig sind. Erst im Lauf der Zeit entstanden für Mamdani-Systeme datengetriebene Lernverfahren. Für Takagi-Sugeno-Systeme wurden von Anfang an datengetriebene Lernverfahren für die kontinuierlichen Parameter und für einige strukturelle Entwurfsaufgaben entwickelt. FS werden in der Regel für kleine Probleme eingesetzt. Bei größeren Problemen können Hierarchien eingeführt werden, was aber zu Lasten der Interpretierbarkeit geht.

Künstliche Neuronale Netze zeichnen sich durch ihr Approximations- und Assoziationsvermögen sowie durch die verfügbaren leistungsfähigen Lernverfahren zum Festlegen der kontinuierlichen Netzparameter aus. Das bei den überwachten Lernverfahren verwendete Bewertungskriterium ist i. d. R. der quadratische Trainingsfehler, um gradientenbasierte Trainingsverfahren wie Backpropagation einfach einsetzen zu können. Auch können NN für kleine bis große Probleme eingesetzt werden, z. B. für die Modellierung von Systemen mit dutzenden Ein- und Ausgangsgrößen oder für die Klassifikation von Bildern auf Pixelebene. Andererseits hat ein NN den Charakter einer *Black-Box* und die zu Grunde liegende Beschreibung ist nicht interpretierbar. NN haben keine ausnutzbare mathematische Struktur. Es gibt nur wenige Methoden zur Unterstützung des strukturellen Entwurfs; so obliegt die Festlegung der Anzahl der Schichten oder die Wahl des Aktivierungsfunktionstyps dem Menschen.

Evolutionäre Algorithmen sind universell einsetzbare Suchverfahren. Sie sind auch bei schlecht konditionierten Problemen, wie bei verrauschten oder multimodalen Zielfunktionen, einsetzbar. EA erfordern keine Ableitungsinformation und können auch bei „Nicht-Standard-Problemen" eingesetzt werden, z. B. wenn gleichzeitig diskrete strukturelle Entwurfsentscheidungen gefällt und kontinuierliche Entwurfsparameter optimiert werden müssen. Die Fitnessfunktion kann frei gewählt werden, wodurch eine Formulierung nahe den wirklichen Zielen und Kriterien möglich ist. Andererseits nutzen EA als universelle Problemlösungsverfahren kaum Informationen über die Problemstruktur aus. Sie sind damit nicht so effizient wie problemangepasste numerische Methoden, insofern solche verfügbar sind. Auch gibt es keine Garantie, dass EA die optimale Lösung finden.

Man erkennt, dass die drei Kernbereiche in vielen Aspekten komplementär sind. Es liegt nahe, sie so zu verknüpfen, dass sich durch die Kombination Eigenschaften verbessern oder fehlende Analyse- und Entwurfsmethoden zur Verfügung stehen. So entstanden frühzeitig Neuro-Fuzzy-Systeme. Später folgten Evolutionäre Fuzzy-Systeme, Evolutionäre Neuronale Netze sowie Evolutionäre Neuro-Fuzzy-Systeme. Für solche Kombinationen werden auch die Begriffe der *hybriden* oder *fusionierten Methoden* verwendet. Unter diese Bezeichnung fallen des Weiteren die aus Kombination von klassischen mit CI-Methoden entstehenden neuen Methoden wie die Kombination von global grob suchenden EA mit effizient lokal optimierenden numerischen Verfahren. Abb. 23.1 zeigt exemplarisch einige Kombinationsmöglichkeiten der Kernbereiche. Dabei deutet ein breiter (schmaler) Pfeil eine typische (seltene) Ausprägung der Wirkungsrichtung an.

Genaugenommen ist die Kombination von Komponenten und Methoden aus verschiedenen Kernbereichen zu unterscheiden. Einerseits kann ein *System* aus kooperierenden Subsystemen bestehen, die jeweils aus verschiedenen Kernbereichen stammen. So kann ein Modell aus einem NN- und einem FS-Teilmodell bestehen. Dabei kann das NN-Teilmodell das Systemverhalten in den Bereichen erlernen und beschreiben, der ausreichend mit Daten abgedeckt ist. Das mit Expertenwissen erstellte FS-Teilmodell kann eine Ausgabe für spärlich oder nicht mit Daten abgedeckte Bereiche liefern. Bei einer solchen Kombination spricht man von einem Neuro-Fuzzy-System. Andererseits können Neuro- mit Fuzzy-Methoden kombiniert werden. So kann ein FS in ein NN transformiert werden, das mit Neuro-Methoden trainiert wird. Anschließend wird es in ein FS rücktransformiert, um über eine interpretierbare und transparente Darstellung des Übertragungsverhaltens zu verfügen. Dann wird auch von Neuro-Fuzzy-Methoden gesprochen. Im Folgenden wird dies nicht mehr unterschieden und einfach von hybriden CI-Systemen gesprochen. Das Ziel dieses Kapitels ist es, exemplarisch aufzuzeigen, wie zwei oder drei Kernbereiche verknüpft werden können und worauf dabei zu achten ist.

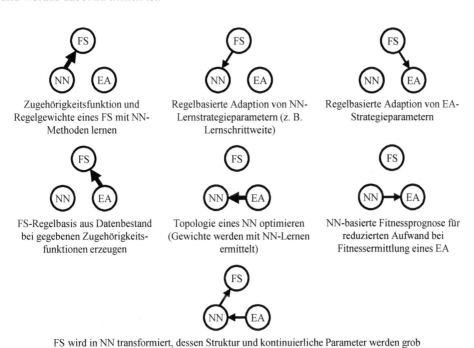

Abb. 23.1:   Beispiele für die Kombination von CI-Kernbereichen (Pfeile deuten die Wirkungsrichtung an)

23.2   Neuro-Fuzzy-Systeme

23.2.1   Methodik

Fuzzy-Systeme (FS) und Künstliche Neuronale Netze (NN) können für ähnliche Aufgaben eingesetzt werden: Klassifikation, Modellbildung, Regelung und (seltener) Suche/Optimierung. Andererseits sind sie bezüglich vieler Eigenschaften komplementär (Tab. 23.2). So begann man bereits Anfang der 70er Jahre, beide Bereiche zu verbinden, um die sich gegenseitig ergänzenden Methoden zu kombinieren (Lee, Lee 1970, 1974, 1975). Ein oft verfolgtes Ziel ist die Verknüpfung der Interpretierbarkeit und Transparenz sowie der Einbringbarkeit von Vorwissen bei FS mit den leistungsfähigen NN-Lernverfahren. Häufig geht es darum, die Wissensbasis eines FS aus Daten zu generieren oder ein mittels Expertenwissen erstelltes FS durch das Lernen an Beispielen zu verbessern. Beispielsweise können die Zugehörigkeitsfunktionen eines FS mittels Neuro-Lernen getunt werden. Ein anderes Ziel besteht in der Interpretation des Übertragungsverhaltens eines NN, indem es in ein FS transformiert wird. Auch kann mittels FS das Lernverfahren (z. B. Lernrate oder Abbruchbedingung) adaptiert werden. FS- und NN-Teilsysteme können zu einem Gesamtsystem integriert werden, wobei jedes Subsystem im Bereich seiner besonderen Stärken eingesetzt wird. So können für Regelungsaufgaben nicht gemessene Größen mit einem NN-Modell geschätzt werden, um sie dann einem transparenten Fuzzy-Regler zur Verfügung zu stellen.

Tab. 23.2:   Gegenüberstellung von FS und NN

Fuzzy-Systeme		Künstliche Neuronale Netze	
+	Nur qualitatives Verhaltensmodell erforderlich	+	Kein physikalisches Modell erforderlich
+	Universeller Approximator	+	Universeller Approximator
+	Vorwissen einfach einbringbar	−	Vorwissen kaum einbringbar
+	Beschreibung einfach interpretierbar/transparent	−	Beschreibung nicht interpretierbar/transparent
−	Erfordert Wissen über Problemlösung	−	Erfordert ausreichende Menge an Beispieldaten
−	Keine formale Methode zur Nachbearbeitung verfügbar	+	Leistungsfähige Lernmethoden verfügbar
+	Fuzzy Control Funktionsbausteine sind Standard in modernen SPS und PLS[49]	−	Keine formale Methode zur Wahl von Netzstruktur und Lernparametern
		+	Leistungsfähige Programme zum Trainieren verschiedener NN-Typen verfügbar

In diesem Abschnitt wird als häufige Kombinationsform exemplarisch das Anlernen eines FS mit NN-Methoden skizziert. Dabei lassen sich bei Mamdani-FS zwei Varianten unterscheiden: Bei *beschreibenden Mamdani-FS* wird für jede Größe ein für alle Regeln einheitlich definierter Satz an Fuzzy-Referenzmengen verwendet (z. B. niedrige, mittlere und hohe Temperatur). Dies erleichtert die Interpretierbarkeit wesentlich. Der Gewinn an Interpretierbarkeit wird allerdings erkauft durch weniger Freiheitsgrade und somit reduziertes Approximationsvermögen. Andererseits verwenden *approximierende Mamdani-FS* individuell für jede Regel festgelegte Fuzzy-Referenzmengen. Die freie Einstellbarkeit der Zugehörigkeitsparameter wie bspw. der Lage und Form von Kern und Flanken trapezoider Zugehörigkeitsfunktionen bedeutet mehr Freiheitsgrade und höheres Approximationsvermögen. Der Preis ist eine schlechtere Interpretierbarkeit: Eine „kleine Temperatur" kann in jeder Regel anders definiert sein, auch wenn es sich um die gleiche Variable handelt. Oft wird deshalb ganz auf linguistische Beschreibungen verzichtet und symbolisch bezeichnet (z. B. $A_{j,i}$).

Um die Anwendung von ableitungsbasierten NN-Lernverfahren zu ermöglichen, ist idealerweise eine stetig differenzierbare FS-Beschreibungsform zu wählen. Hierzu werden oft eingangsseitig gaußglockenförmige Zugehörigkeitsfunktionen verwendet. Ausgangsseitig wird vereinfachend häufig mit identischen Zugehörigkeitsfunktionen gearbeitet, die sich nur durch ihre Position unterscheiden. Die UND- und ODER-Verknüpfungen werden i. d. R über PROD- bzw. SUM-Operator umgesetzt. Bei Mamdani-FS wird die Schwerpunktdefuzzifizie-

---

[49]   SPS: Speicherprogrammierbare Steuerung; PLS: Prozessleitsystem

rung gewählt. (Die gewichtete Mittelwertbildung bei der Zusammenführung der Schlussfolgerungen von TS-Regeln ist stetig differenzierbar.) Dann kann die in Abb. 23.2 dargestellte Vorgehensweise angewendet werden: Unter Ausnutzung des verfügbaren Vorwissens erfolgt eine Strukturierung und erste Parametrierung des FS. Die Anzahl von Fuzzy-Referenzmengen kann über Vorwissen bekannt sein. Ist dies nicht der Fall, so wird mit einer kleinen Anzahl begonnen, nach Abschluss des Trainings das Netz bzw. das rücktransformierte FS bewertet und bei Bedarf die Partitionierung verfeinert. Bekannte oder geforderte Symmetrien bei Regeln und Verteilung der Zugehörigkeitsfunktionen können ausgenutzt werden, um die möglichen Alternativen und somit die Größe des Suchraums einzuschränken (siehe Beispiel in Abschnitt 23.3.2). Das Fuzzy-System wird dann in ein äquivalentes NN transformiert und mittels NN-Lernverfahren (z. B. Backpropagation) trainiert.

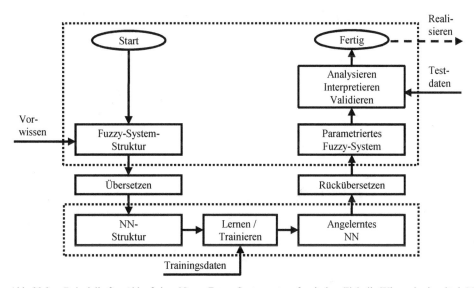

Abb. 23.2: Beispielhafter Ablauf eines Neuro-Fuzzy-Systementwurfs mit dem Ziel, die Wissensbasis mittels NN-Lernen zu verbessern

Das folgende Beispiel behandelt die Darstellung eines beschreibenden und eines approximierenden Mamdani-FS als äquivalentes NN. Die resultierenden Netze haben eine vorwärtsgerichtete Struktur, unterscheiden sich aber in ihrem Aufbau von MLP- und RBF-Netzen. Die Netze können über einen Backpropagation-Algorithmus trainiert werden, der sich wie bei MLP-Netzen durch Anwendung von Produkt- und Kettenregel der Differentialrechnung herleiten lässt.

Beispiel *Neuronale Darstellung eines Mamdani-FS*:

Betrachtet wird die Darstellung eines Mamdani-FS als NN zwecks Trainings. Das Mamdani-FS habe zwei Eingangsgrößen und eine Ausgangsgröße. Die Regelbasis bestehe aus vier Regeln:

Wenn X_1 ist $A_{1,1}$ Und X_2 ist $A_{2,1}$ Dann Y ist B_1

Wenn X_1 ist $A_{1,2}$ Und X_2 ist $A_{2,2}$ Dann Y ist B_2

Wenn X_1 ist $A_{1,3}$ Und X_2 ist $A_{2,3}$ Dann Y ist B_3

Wenn X_1 ist $A_{1,4}$ Und X_2 ist $A_{2,4}$ Dann Y ist B_4

Die Fuzzifizierung erfolge mit Singletons. Die Fuzzy-Referenzmengen seien über gaußglockenförmige Zugehörigkeitsfunktionen definiert (Abb. 23.3), wobei die eingangsseitigen individuell einstellbare und die ausgangsseitigen einheitliche Weitenparameter haben:

$$A_{j,i} : \mu_{j,i}(x_j) = \exp\left(-\frac{(x_j - v_{j,i})^2}{2 \cdot \sigma_{j,i}^2}\right); \quad B_i : \mu_i(y) = \exp\left(-\frac{(y - v_i)^2}{2 \cdot \sigma^2}\right) \tag{23.1}$$

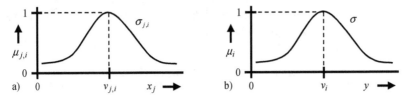

Abb. 23.3:   Definition der eingangs- (a) und ausgangsseitigen Zugehörigkeitsfunktionen (b)

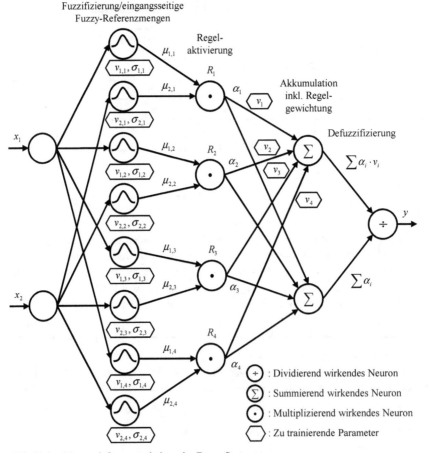

Abb. 23.4:   Netzwerk für approximierendes Fuzzy-System

UND/ODER werden mittels PROD-/SUM-Operator realisiert. So folgt als Regelaktivierung

$$\alpha_i = \alpha_{1,i} \cdot \alpha_{2,i} = \mu_{1,i}(x_1) \cdot \mu_{2,i}(x_2) \,. \tag{23.2}$$

Die Defuzzifizierung erfolge mit dem Schwerpunktverfahren. Wegen der ausgangsseitig einheitlichen Weitenparameter der Zugehörigkeitsfunktionen gilt

$$y_{\text{res}} = \sum_{i=1}^{4} \alpha_i \cdot v_i \,/ \sum_{i=1}^{4} \alpha_i \,. \tag{23.3}$$

Im Fall eines *approximierenden Fuzzy-Systems* kann eine Transformation in das vorwärtsgerichtete Netzwerk aus Abb. 23.4 erfolgen. Die Positionen der ausgangsseitigen Zugehörigkeitsfunktionen treten als Verbindungsgewichte auf. Zum Trainieren der Parameter der eingangsseitigen Zugehörigkeitsfunktionen muss der Trainingsfehler auf die inneren Parameter der Neuronen der ersten verdeckten Schicht zurückgeführt werden. Dies ist durch Anwendung von Ketten- und Produktregel der Differentialrechnung möglich.

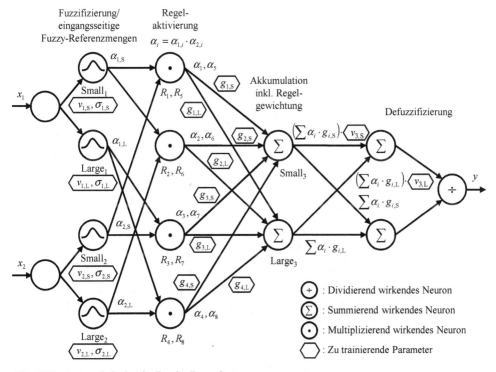

Abb. 23.5: Netzwerk für beschreibendes Fuzzy-System

Im Fall eines *beschreibenden Fuzzy-Systems* wird für jede Kombination der Fuzzy-Referenzmengen in der Prämisse eine separate Regel für jede mögliche ausgangsseitige Fuzzy-Referenzmenge erstellt. Dabei besitzt jede Regel einen Gewichtsparameter $g_{i,j}$ mit $i \in \{1; 2; 3; 4\}$ und $j \in \{s; L\}$, der durch das Training eingestellt wird. Bei Verwendung von je zwei Fuzzy-Referenzmengen (Small und Large) je Ein-/Ausgangsgröße folgen insgesamt acht Regeln:

$A_{1,1} = Small_1$	$A_{2,1} = Small_2$	$B_1 = Small_3 | g_{1,S}$	$B_5 = Large_3 | g_{1,L}$
$A_{1,2} = Small_1$	$A_{2,2} = Large_2$	$B_2 = Small_3 | g_{2,S}$	$B_6 = Large_3 | g_{2,L}$
$A_{1,3} = Large_1$	$A_{2,3} = Small_2$	$B_3 = Small_3 | g_{3,S}$	$B_7 = Large_3 | g_{3,L}$
$A_{1,4} = Large_1$	$A_{2,4} = Large_2$	$B_4 = Small_3 | g_{4,S}$	$B_8 = Large_3 | g_{4,L}$

Dieses beschreibende Fuzzy-System lässt sich äquivalent in Form des in Abb. 23.5 gezeigten vorwärtsgerichteten Netzes darstellen. Beim austrainierten Netz werden dann jeweils bei den zwei Regeln mit gleichen Prämissen jeweils die Gewichtungen $g_{i,S}$ und $g_{i,L}$ verglichen und die Regel mit schwächerem Gewicht eliminiert.

Auch ein TS-System kann als äquivalentes Netzwerk dargestellt und trainiert werden. Eine mögliche Vorgehensweise wurde von Jang (1992, 1993) als *adaptives Neuro-Fuzzy-Inferenzsystem* (ANFIS) vorgestellt. Abb. 23.6 zeigt exemplarisch die Netzwerkdarstellung eines TS-Fuzzy-Systems mit zwei Eingangsgrößen, einer Ausgangsgröße und (skalaren) gaußglockenförmigen Zugehörigkeitsfunktionen. Die Neuronen der verschiedenen Schichten haben unterschiedliches Übertragungsverhalten: Die Neuronen der ersten Schicht wirken rein verteilend. Die der zweiten enthalten die Zugehörigkeitsfunktion. Die Neuronen der dritten Schicht wirken rein multiplikativ und ermitteln die Regelaktivierungen. Die der vierten führen eine Normierung der Regelaktivierung auf die Summe aller Regelaktivierungen durch. Neuronen der fünften Schicht enthalten die lokalen Modelle. Diese werden direkt mit den Eingangsgrößen des Netzes versorgt. Ihre Ausgangsgrößen werden mit den entsprechenden, normierten Regelaktivierungen, die die Neuronen der vierten Schicht liefern, gewichtet. Die Neuronen der sechsten Schicht wirken addierend. Sie bewirken Akkumulation und Defuzzifizierung und liefern die Netzausgabe.

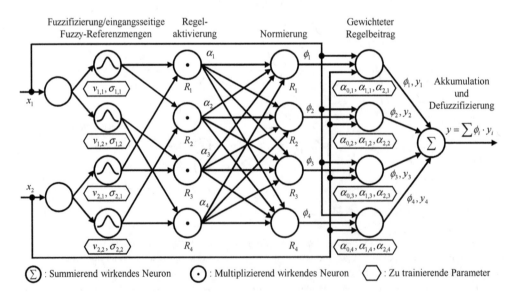

Abb. 23.6: Beispiel einer Netzwerkdarstellung eines TS-Fuzzy-Systems mit zwei Eingangsgrößen und einer Ausgangsgröße

Das Netzwerk kann mit einem angepassten Backpropagation-Algorithmus trainiert werden (Jang 1992). Der Trainingsfehler hängt nichtlinear von den Parametern der Zugehörigkeitsfunktionen, aber linear von denen der lokalen Modelle ab. So kann auch eine Kombination von Backpropagation für erstere mit der Methode der kleinsten Quadrate für letztere Einsatz finden (Jang 1993). Dies verspricht eine schnellere Konvergenz. Zudem sind mit der Methode der kleinsten Quadrate ermittelte Parameterwerte global optimal.

23.2.2   Anwendungsbeispiel Schadensdiagnose von Abwasserrohren

Das folgende Beispiel entstammt (Frey et al. 2002, Frey, Kuntze 2005). Bei der Inspektion von Abwasserrohren mit mobilen Inspektionsrobotern sollen sowohl vom Rohrinneren her erfassbare als auch hinter dem Rohr verborgene Schäden detektiert werden. Eine Rohrmuffe darf nicht zu einer Schadensmeldung führen. Bei einem prototypischen Robotersystem werden dazu vier Sensoren eingesetzt: Mikrowellen-Rückstreusensor, akustischer Klopfschallsensor, Gamma-Gamma-Sonde und Geoelektrik-Sonde. Für jeden einzelnen Sensor wird ein NEFCLASS-Neuro-Fuzzy-Klassifikator (Nauck, Kruse 1995) auf die mit dem Messprinzip detektierbaren Schadenstypen trainiert (Abb. 23.7 oben). Da es zwischen letzteren Überlappungen gibt, werden diese Klassifikationsergebnisse mittels eines weiteren NEFCLASS-Neuro-Fuzzy-Systems fusioniert und insgesamt fünf verschiedene Diagnosen ausgegeben (Abb. 23.7 unten): Hohlraum hinter dem Rohr, dichte Muffe, undichte Muffe, Riss im Rohr und keine Anomalie. Die Fuzzy-Darstellung wird wegen der Unschärfe der verwendeten Sensorinformation und wegen der guten Interpretierbarkeit verwendet.

Das NEFCLASS-System ist ein dreischichtiges, vorwärtsorientiertes Neuronales Netz. Die Neuronen der Eingabeschicht realisieren die Auswertung skalarer Zugehörigkeitsfunktionen und liefern die jeweiligen Erfülltheitsgrade. Jedes Neuron der verdeckten Schicht steht für eine Regel, ermittelt über Verknüpfung der Erfülltheitsgrade der Zugehörigkeitsfunktionen die Regelaktivierung und gibt diese aus. Die Neuronen der Ausgabeschicht verknüpfen die Regelaktivierungen zur logischen Ausgabe des Vorliegens oder Nichtvorliegens einer bestimmten Klasse. Die Gewichte zwischen verdeckter Schicht und Ausgabeschicht werden konstant gesetzt, um eine bessere Interpretierbarkeit zu erreichen. Mittels NEFCLASS lassen sich Form und Lage von Zugehörigkeitsfunktionen sowie Regeln überwacht lernen.

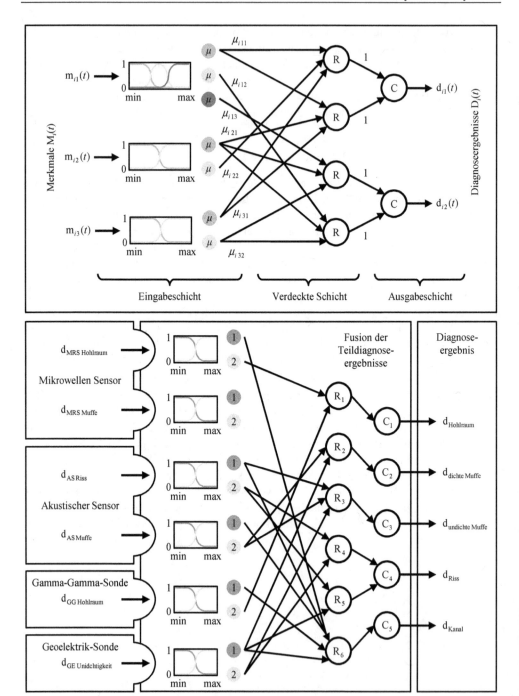

Abb. 23.7: NEFCLASS-Ansatz (oben) und Fusion der Einzelsensorsignalbewertungen zur gesamten Schadensdiagnose (unten) (nach Frey, Kuntze 2005)

23.3 Evolutionäre Fuzzy-Systeme

23.3.1 Methodik

Eine Kombination von Evolutionären Algorithmen (EA) und Fuzzy-Systemen (FS) kann auf verschiedene Weise erfolgen. Erste Arbeiten dazu wurden Anfang der 90er Jahre veröffentlicht (Karr 1991, 1993, Pham, Karaboga 1991, Thrift 1991, Lee, Takagi 1993). FS können z. B. zur Anpassung von Parametern oder Operatoren von EA eingesetzt werden. So kann mittels eines FS die Performanz eines EA bewertet und Strategieparameter (z. B. Mutationsrate, Cross-over-Rate oder Populationsgröße) können angepasst werden. EA können beim strukturellen Entwurf von FS eingesetzt werden, wie bei der Ermittlung einer problemangepassten Anzahl an Fuzzy-Referenzmengen oder der Auswahl geeigneter Eingangsgrößen. Da Fuzzy-Entwurfsverfahren wie Clusteralgorithmen oder gradientenbasierte Parameterschätzverfahren lokal konvergieren, können EA zur Suche nach global optimalen Werten eingesetzt werden. Sie können auch dann eingesetzt werden, wenn eine Anwendung gradientenbasierter Verfahren schwierig oder nicht möglich ist. So ist beispielsweise die Herleitung der für eine Optimierung der rekursiven Modellauswertung eines dynamischen TS-Modells notwendigen partiellen Ableitungen sehr aufwändig und potentiell fehlerträchtig.

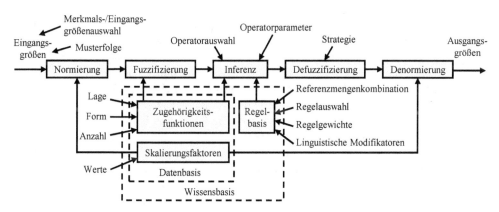

Abb. 23.8: Einsatzmöglichkeiten von EA bei der Unterstützung des Entwurfs von Mamdani-Fuzzy-Systemen

In diesem Abschnitt wird als häufige Kombinationsform der unterstützende Einsatz von EA beim Entwurf von FS behandelt. Abb. 23.8 gibt eine Übersicht über mögliche Ansatzpunkte:

- Datenvorverarbeitung (Optimierung von Lernmusterfolgen und Skalierungsfaktoren),
- Generierung, Eliminierung oder Selektion geeigneter Merkmale bzw. Eingangsgrößen,
- Generierung der Regelbasis,
- Auswahl und Parametrierung von Inferenz-Operatoren sowie Fuzzifizierungs- und Defuzzifizierungsstrategie,
- Optimierung von Lage, Form und Anzahl der Zugehörigkeitsfunktionen sowie
- Optimierung der Regelgewichte und Zuordnung linguistischer Modifikatoren zu den Fuzzy-Referenzmengen.

Dabei wird zwischen *Tunen* und *Lernen* unterschieden: Unter *Tunen* versteht man die Durchführung von Verbesserungsmaßnahmen bei gegebener/fester Regelbasis. Ein Beispiel ist die Anpassung von Lage und Form einer Zugehörigkeitsfunktion. Abb. 23.9 zeigt ein Beispiel, bei dem es um eine lokale Anpassung der Auflösung geht, so dass beispielsweise ein Fuzzy-Regler in der Nähe eines Arbeitspunktes differenzierter reagieren kann. *Lernen* adressiert dagegen die strukturelle Veränderung eines Fuzzy-Systems mit dem Ziel eines verbesserten Verhaltens. So kann durch Anwendung von Data-Mining-Methoden ein sehr großer Regelsatz mit teilweise redundanten, irrelevanten, widersprüchlichen und falschen Regeln erzeugt worden sein. Hier gilt es, eine geeignete Teilmenge von Regeln zu selektieren. Andererseits kann das Ziel darin bestehen, aus Beobachtungen des zu beschreibenden Systems direkt eine Regelbasis zu erstellen. Dabei kann ein beschreibendes oder ein approximierendes FS gewünscht sein.

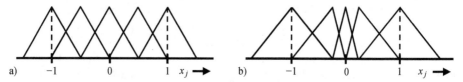

Abb. 23.9:   Einheitliche (a) und angepasste Anordnung von Zugehörigkeitsfunktionen zwecks Auflösungserhöhung um den Wert 0 (b)

Bei der Anwendung eines EA kann entweder jedes Individuum eine komplette Regelbasis (Pittsburgh-Ansatz) oder nur eine Regel repräsentieren (Michigan-Ansatz). Beim *Pittsburgh-Ansatz* geht somit nicht nur die Qualität einzelner Regeln, sondern auch deren Zusammenwirken automatisch in die Fitnessbewertung ein. Das beste Individuum der Population stellt nach Abbruch des EA den Regelsatz. Dieser Ansatz führt zu einem großen Suchraum. Beim *Michigan-Ansatz* ist der Suchraum kleiner. Um das Zusammenwirken der Regeln zu berücksichtigen, ist die Fitnessbewertung zu erweitern. Die Population bei Abbruch bildet die Regelbasis. Eine dritte Variante ist das *Iterative Rule Learning*. Bei ihm repräsentiert jedes Individuum eine Regel. Aus einem EA-Lauf wird nur die vom fittesten Individuum kodierte Regel übernommen. So sind mehrere EA-Läufe notwendig, um sukzessive eine vollständige Regelbasis aufzubauen.

Eine gleichzeitige Suche bzgl. aller Freiheitsgrade eines FS-Systems ist für die erreichbare Ergebnisgüte günstig, führt aber i. d. R. zu nicht mehr berechenbarer Problemgröße bzw. Komplexität. Abhilfe bietet eine Verkleinerung des Suchraums. Durch Einbringen von Vorwissen kann dies ohne Einfluss auf die Lösungsgüte möglich sein. Beispiele sind die Ausnutzung bekannter Symmetrien oder die Ausklammerung hinreichend gut bekannter Parameterwerte aus dem Optimierungsproblem. Andererseits kann auf Freiheitsgrade verzichtet werden, was allerdings nicht ergebnisneutral ist. So kann auf eine Anpassung der Form der Zugehörigkeitsfunktionen verzichtet oder deren Form fest an die Lage gekoppelt werden. Ein Beispiel für letzteres zeigt Abb. 23.9: Dort wurde nur die Lage der Kerne der Zugehörigkeitsfunktionen verändert und die Flanken folgen automatisch aus der Forderung orthogonaler Zugehörigkeitsfunktionen nach (4.9). Auch kann eine Entwurfsaufgabe in eine Abfolge vereinfachter Problemstellungen zerlegt werden. So können für vorgegebene Fuzzy-Referenzmengen Regeln ermittelt und anschließend für einen festen Regelsatz die Zugehörigkeitsfunktionen getunt werden. Dabei wird allerdings i. d. R. nicht die Ergebnisgüte erreicht, die bei simultaner Suche theoretisch möglich ist. Die folgenden beiden Beispiele behandeln die Kodierung der Entwurfsvariablen im Chromosom eines Genetischen Algorithmus.

Beispiel *Kodierung dreieckförmiger Zugehörigkeitsfunktionen*:

Mittels eines GA sollen die dreieckförmigen Zugehörigkeitsfunktionen eines beschreibenden bzw. eines approximierenden FS angepasst werden. Pro Zugehörigkeitsfunktion sind drei und im Fall gleichschenkliger Dreiecke nur zwei Parameter zur Beschreibung notwendig (Abb. 23.10).

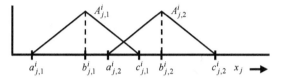

Abb. 23.10: Definition der Parameter der dreieckförmigen Zugehörigkeitsfunktionen

Bei einem *approximierenden Mamdani-Fuzzy-System* besitzt jede Regel individuell definierte Zugehörigkeitsfunktionen. Eine reelle Kodierung ihrer Parameter kann z. B. erfolgen als:

$$[\ldots \mid a^i_{j,1} \mid b^i_{j,1} \mid c^i_{j,1} \mid a^i_{j,2} \mid b^i_{j,2} \mid c^i_{j,2} \mid \ldots \mid a^i_{j,m} \mid b^i_{j,m} \mid c^i_{j,m} \mid \ldots]$$

$$\underbrace{\phantom{[\ldots \mid a^i_{j,1} \mid b^i_{j,1} \mid c^i_{j,1} \mid a^i_{j,2} \mid b^i_{j,2} \mid c^i_{j,2} \mid \ldots \mid a^i_{j,m} \mid b^i_{j,m} \mid c^i_{j,m}]}}_{\text{Zugehörigkeitsfunktionen der } i\text{-ten Regel bzgl. } x_j}$$

Dabei ist m die Anzahl der Zugehörigkeitsfunktionen pro Variable und der Hochindex i gibt die Nummer der Regel an. Bei M Variablen und c Regeln folgt im Fall von über drei Punkte definierten Dreiecken ein Chromosom mit $3 \cdot M \cdot m \cdot c$ Genen.

Bei einem *beschreibenden Mamdani-Fuzzy-System* sind die Zugehörigkeitsfunktionen für die gleiche Fuzzy-Referenzmenge bei jeder Regel identisch. Eine reelle Kodierung bei m Zugehörigkeitsfunktionen pro Variable kann z. B. erfolgen als:

$$[\ldots \mid a_{j,1} \mid b_{j,1} \mid c_{j,1} \mid a_{j,2} \mid b_{j,2} \mid c_{j,2} \mid \ldots \mid a_{j,m} \mid b_{j,m} \mid c_{j,m} \mid \ldots]$$

$$\underbrace{\phantom{[\ldots \mid a_{j,1} \mid b_{j,1} \mid c_{j,1} \mid a_{j,2} \mid b_{j,2} \mid c_{j,2} \mid \ldots \mid a_{j,m} \mid b_{j,m} \mid c_{j,m}]}}_{\text{Zugehörigk eitsfunkti onen bzgl. } x_j}$$

Der Hochindex entfällt hier. Das Chromosom hat um einen Faktor c weniger Gene als bei der approximierenden Variante. Wenn Zugehörigkeitsfunktionen, die durch Verschiebung den Definitionsbereich verlassen, aus der Systembeschreibung herausfallen, kann indirekt auch die Anzahl der Zugehörigkeitsfunktionen optimiert werden.

Beispiel *Kodierung von Regelbasis und Zugehörigkeitsfunktionen eines beschreibenden Mamdani-FS*:

Bei einem *beschreibenden Mamdani-FS* mit m Eingangsgrößen, einer Ausgangsgröße und c Regeln sollen die Regelbasis gelernt und die dreieckförmigen Zugehörigkeitsfunktionen angepasst werden. Die Umsetzung erfolgt nach dem Pittsburgh-Ansatz. Eine mögliche Kodierung besteht darin, im Chromosom einen Teilabschnitt für die Regeln und einen für die Zugehörigkeitsfunktionen vorzusehen. Im Regelabschnitt werden sukzessive für alle Regeln jeweils zusammenhängend die Label der Fuzzy-Referenzmengen der Teilprämissen kodiert (symbolische Parameter). Dies fördert die Vererbung gesamter Regeln bzw. reduziert die Wahrscheinlichkeit, dass Regeln durch Cross-over auseinandergerissen werden. Im Abschnitt für die Zugehörigkeitsfunktionen werden die reellwertigen Parameter jeder Zugehörigkeitsfunktion benachbart angeordnet. Zudem bilden alle Zugehörigkeitsfunktionen zu einer Variablen eine Sequenz. Abb. 23.11 zeigt einen möglichen Chromosomenaufbau. Angemerkt sei, dass bei approximierenden Mamdani-FS das Lernen der Regeln dem Tunen der Zugehörigkeitsfunktionen entspricht.

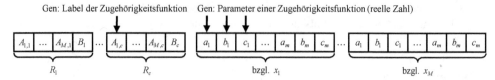

Gen: Label der Zugehörigkeitsfunktion   Gen: Parameter einer Zugehörigkeitsfunktion (reelle Zahl)

$$R_1 \qquad\qquad R_c \qquad\qquad \text{bzgl. } x_1 \qquad\qquad \text{bzgl. } x_M$$

Abb. 23.11: Chromosomenaufbau für ein beschreibendes Mamdani-FS mit M Eingangsgrößen, einer Ausgangsgröße und c Regeln beim Pittsburgh-Ansatz

23.3.2   Anwendungsbeispiel Fuzzy-Reglung inverses Rotationspendel

In (Hoffmann, Schauten 2005, Hoffmann et al. 2007) werden mittels einer Evolutionsstrategie Prämissen und Schlussfolgerungen eines TS-Zustandsreglers angepasst. Die Vorgehensweise wird an Hand der Regelung eines Rotationspendels demonstriert (Abb. 23.12). Dabei ist φ der Drehwinkel des liegenden Pendelarms um die Motorachse. Der zweite Pendelarm ist über ein Drehgelenk mit dem liegenden Arm so verbunden, dass er nur eine Drehbewegung θ in der Ebene ausführen kann, die von Motorachse und horizontalem Pendelarm aufgespannt wird. Dabei wird ein Regler zum Aufschwingen des Pendels mit einem Regler zum Stabilisieren der aufrechten Pendelposition kombiniert. Die Arbeitsbereiche beider Regler sind über Winkelbereiche bzgl. θ definiert. Zwischen beiden Reglern wird mittels eines Hystereseglieds umgeschaltet.

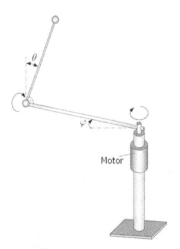

Abb. 23.12: Inverses Rotationspendel (Hoffmann, Schauten 2005)

Im Folgenden wird exemplarisch der stabilisierende Regler vorgestellt. Das Bewertungskriterium für die Regelgüte besteht aus der Addition von drei Komponenten: Der Dauer der Stabilisierung bis zum Umkippen, dem Integral über die Summe der quadratischen Abweichungen der beiden Winkel von der gewünschten Nulllage (wobei der horizontale Beitrag (φ) um einen Faktor 10 abgewertet wird) sowie der integralen quadratischen Bewertung von Verletzungen der Stellgrößenbeschränkung (um einen Faktor 10 abgewertet).

Die Partitionierung wird analog der LOLIMOT-Idee bei der Fuzzy-Modellbildung mit einer Wachstumsstrategie verändert: Startend von einer einzigen Partition wird sie zunehmend verfeinert. Die Verfeinerung erfolgt achsparallel und symmetrisch zum Ursprung. Dazu kann eine Zugehörigkeitsfunktion geteilt oder es kann in den Überlappungsbereich zweier benachbarter Zugehörigkeitsfunktionen eine neue eingefügt werden. Im ersten Fall übernimmt die neue Regel die Schlussfolgerungsparameter der geteilten Regel. Im zweiten Fall entstehen die neuen Schlussfolgerungsparameter durch Mittelung der entsprechenden Parameter der beiden benachbarten Regeln. Es gibt immer eine zentrale Partition für den Bereich um den Ursprung. Somit tritt eine ungerade Anzahl von Zugehörigkeitsfunktionen bzgl. jeder Zustandsvariablen auf. Die Lage und Form der verwendeten trapezoiden Zugehörigkeitsfunktionen wird angepasst. Somit besteht jedes Chromosom aus Genen für die Parameter der Regler und Genen für die der Zugehörigkeitsfunktionen. Eine (15, 100)-ES findet Einsatz. Dabei wird mit mehreren parallelen Populationen gearbeitet, die jeweils für eine bestimmte Ausführung eines Verfeinerungsschritts stehen. Nach einigen Generationen werden die besten Lösungen der Subpopulationen verglichen. Die beste Subpopulation überlebt und der nächste Verfeinerungsschritt wird über mehrere parallel evolvierte Subpopulationen ermittelt. Dies wird wiederholt, bis das Abbruchkriterium erfüllt ist.

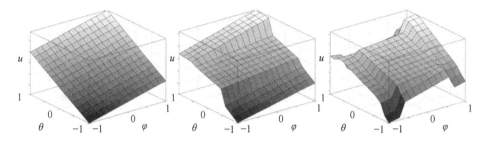

Abb. 23.13: Reglerkennfläche bei Initialisierung (links), nach der ersten (Mitte) und zweiten Verfeinerung (rechts) (Hoffmann, Schauten 2005)

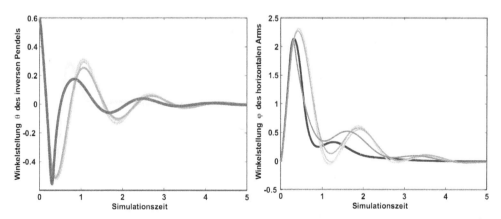

Abb. 23.14: Ausregelung einer initialen Pendelauslenkung: je dunkler die Linien sind, desto feiner ist die zugehörige Partitionierung (Hoffmann, Schauten 2005)

Bereits ein Regler mit drei Regeln stabilisiert das Pendel im Bereich der für das gegebene Motormoment maximal stabilisierbaren Anfangsauslenkungen. Eine weitere Verfeinerung der Partitionierung verbessert die Regelgüte gemäß dem definierten Bewertungsmaß. Die Suche endet mit einem Regler mit 105 Regeln. Abb. 23.13 zeigt die auf zwei Zustandsgrößen projizierte Kennfläche des initialen linearen Reglers (links), des TS-Reglers nach der ersten Teilung in drei Regeln (in Richtung des vertikalen Winkels θ, Mitte) sowie der nächsten Teilung (in Richtung des horizontalen Winkels φ, rechts). Abb. 23.14 zeigt Ausregelvorgänge für verschiedene Verfeinerungsgrade der Partitionierung: Die dunkelste Linie beschreibt das beste Ausregelungsverhalten. Sie gehört zum Regler mit 105 Regeln.

23.4   Evolutionäre Neuronale Netze

23.4.1   Methodik

Evolutionäre Algorithmen (EA) und Künstliche Neuronale Netze (NN) können auf verschiedene Weisen kombiniert werden. Erste Arbeiten datieren auf Anfang der 90er Jahre (Harp et al. 1989, Montana, Davis 1989, Kitano 1990). NN können ES z. B. bei der Fitnessprognose unterstützen, wenn die Fitnessermittlung im Experiment oder in der Simulation (z. B. wegen CFD- oder FEM-Berechnungen[50]) sehr zeit- und kostenaufwändig ist. Andererseits können EA den Entwurfsprozess von NN unterstützen, was im Folgenden exemplarisch betrachtet wird. Abb. 23.15 gibt eine Übersicht über mögliche Ansatzpunkte:

- Datenvorverarbeitung (wie Optimierung der Musterauswahl und -folge für den Lernvorgang oder der Skalierungsfaktoren),
- Generierung, Eliminierung oder Selektion geeigneter Merkmale bzw. Eingangsgrößen,
- Auswahl einer geeigneten Netzstruktur bzw. Topologie (Schichtanzahl, Neuronenanzahl, Aktivierungsfunktionstyp der Neuronen),
- Anpassung von Lernstrategieparametern (wie Lernrate, Momentumparameter) oder der Lernstrategie selber,
- Optimierung der Verbindungsgewichte sowie
- Analyse des Übertragungsverhaltens eines NN wie der Ermittlung der Eingabemuster, die zu einer bestimmten Netzausgabe führen.

Die Überlegungen in diesem Abschnitt gelten für verschiedene Netztypen wie z. B. die bereits eingeführten MLP- und RBF-Netze.

Ein EA kann wegen seiner global suchenden Eigenschaft eingesetzt werden. Zwar ist eine EA-basierte Einstellung der Verbindungsgewichte aufwändiger als NN-Lernen. Da EA aber das theoretische Approximationsvermögen des Netzes besser ausnutzen, können kompaktere und somit schneller anlernbare Netzarchitekturen mit weniger Parametern verwendet werden.

---

[50]   CFD: Computational Fluid Dynamics; FEM: Finite-Elemente-Methode

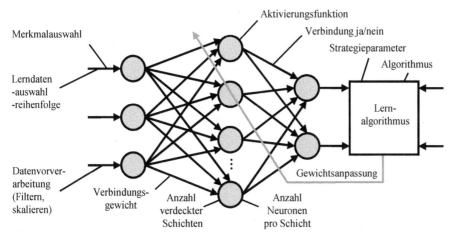

Abb. 23.15: Ansatzmöglichkeiten von EA bei der Unterstützung des Entwurfsprozesses von NN

Bei der Anwendung von EA ist eine geeignete Problemkodierung von großer Bedeutung, weshalb im Folgenden verschiedene Aufgaben und exemplarische Lösungsansätze vorgestellt werden. So können EA für die Ermittlung einer geeigneten Verbindungsstruktur eingesetzt werden. Letztere kann direkt und indirekt kodiert werden. Bei der *direkten Kodierung* beschreibt das Chromosom die Phänotyp-Information; hier also die Information über die auftretenden Verbindungen. Dies führt zu langen Chromosomen und eignet sich nur für kleinere und mittlere Netze. Bei der *indirekten Kodierung* beschreibt das Chromosom die Vorschrift zur Generierung des Netzes, nicht aber die Verbindungsinformation selber. Dies führt zu einer kompakteren Repräsentation und eignet sich auch für große Netze. Die indirekte Kodierung ist zudem dem biologischen Vorbild ähnlicher.

Für eine direkte Kodierung kann die Verbindungsmatrix (Abb. 11.2) des Netzes durch Aneinanderhängen ihrer Spalten (oder Zeilen) in einen Vektor überführt werden. Dieser stellt direkt ein Chromosom in Binärkodierung dar. Dabei kann Vorwissen über die Netzstruktur eingebracht werden: Ein- und Ausgangsneuronen können ohne Beschränkung der Allgemeinheit fixiert werden. Oft gibt es Vorstellungen von (un-)erwünschten Netzstrukturen (z. B. keine lateralen Kopplungen, siehe Abschnitt 11.1.2 insb. Abb. 11.3). Dementsprechend kann die Menge der zu kodierenden Matrixelemente reduziert und das Suchproblem vereinfacht werden. Für eine Ermittlung der Fitness eines Individuums, das eine bestimmte Struktur kodiert, muss ein Netz trainiert und bewertet werden. Bei Anwendung lokal konvergierender NN-Lernverfahren (z. B. Backpropagation) sind dafür mehrere Trainingsläufe mit unterschiedlich initialisierten Verbindungsgewichten notwendig.

Beispiel *Kodierung der Verbindungsstruktur*:

Für ein Netz mit fünf Neuronen soll die Verbindungsstruktur direkt kodiert werden. Die Elemente der Verbindungsmatrix (siehe auch Abb. 11.2) haben einen Wert von 1, wenn eine Verbindung auftritt, sonst von 0. So folgt ein Chromosom mit 25 Genen durch Aneinanderhängen der Matrixspalten. Durch Festlegung von Ein- und Ausgabeneuronen entfallen 9 der 25 Gene. Soll das gesuchte Netz vorwärtsgerichtet (FF) sein mit Verbindungen von Schicht zu Schicht, so reichen sechs Gene zur Kodierung aus. Lässt man überbrückende Verbindungen zu, so sind es acht Gene, siehe Abb. 23.16.

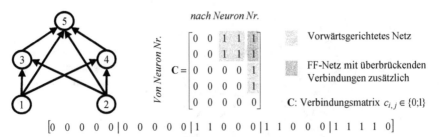

$$\mathbf{C} = \begin{bmatrix} 0 & 0 & 1 & 1 & 1 \\ 0 & 0 & 1 & 1 & 1 \\ 0 & 0 & 0 & 0 & 1 \\ 0 & 0 & 0 & 0 & 1 \\ 0 & 0 & 0 & 0 & 0 \end{bmatrix}$$

Vorwärtsgerichtetes Netz

FF-Netz mit überbrückenden Verbindungen zusätzlich

C: Verbindungsmatrix $c_{i,j} \in \{0;1\}$

$$[0\ 0\ 0\ 0\ 0\ |\ 0\ 0\ 0\ 0\ 0\ |\ 1\ 1\ 0\ 0\ 0\ |\ 1\ 1\ 0\ 0\ 0\ |\ 1\ 1\ 1\ 1\ 0]$$

Abb. 23.16: FF-Netz mit fünf Neuronen und überbrückenden Verbindungen (links), Verbindungsmatrix (rechts) und in Vektor überführte Verbindungsmatrix (unten)

Die Verbindungsstruktur kann zusammen mit den Verbindungsgewichten mittels eines EA optimiert werden. Dazu wird analog zu den Erläuterungen zur Verbindungsmatrix aus der Gewichtsmatrix ein Chromosom abgeleitet. Da die Matrixelemente nun reelle Zahlen sind, ist zu entscheiden, ob eine reelle oder binäre Kodierung im Chromosom genutzt wird. Bei binärer Kodierung ist ein Kompromiss zwischen Genauigkeit und Suchraumgröße notwendig. Da der (zuführende) Gewichtsvektor eines Neurons die Eingangsmuster festlegt, auf die das Neuron anspricht, sollten seine Komponenten zusammenhängend im Chromosom angeordnet werden. Bei verteilter Anordnung erhöht sich die Wahrscheinlichkeit, dass der Gewichtsvektor durch Cross-over zerstückelt wird. Bei der gewählten Definition der Gewichtsmatrix und spaltenweiser Überführung in einen Vektor folgt automatisch eine zusammenhängende Anordnung. Für die Ermittlung der Fitness eines Individuums kann das über das Chromosom definierte NN bewertet werden; ein zusätzliches Training ist nicht notwendig.

Beispiel *Kodierung der Verbindungsgewichte eines FF-Netzes*:

Für ein FF-Netz mit fünf Neuronen und überbrückenden Verbindungen zeigt Abb. 23.17 die Gewichtsmatrix und den Vektor der freien Parameter. Er folgt durch spaltenweises Aneinanderhängen der freien Matrixelemente. Dieser stellt bei reeller Kodierung direkt das Chromosom dar. Bei binärer Kodierung besteht jedes der acht Gene aus mehreren Bits.

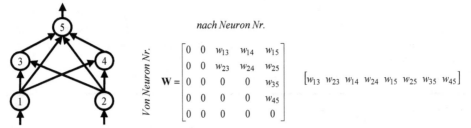

$$\mathbf{W} = \begin{bmatrix} 0 & 0 & w_{13} & w_{14} & w_{15} \\ 0 & 0 & w_{23} & w_{24} & w_{25} \\ 0 & 0 & 0 & 0 & w_{35} \\ 0 & 0 & 0 & 0 & w_{45} \\ 0 & 0 & 0 & 0 & 0 \end{bmatrix}$$

$$[w_{13}\ w_{23}\ w_{14}\ w_{24}\ w_{15}\ w_{25}\ w_{35}\ w_{45}]$$

Abb. 23.17: FF-Netz mit fünf Neuronen und überbrückenden Verbindungen (links), Gewichtsmatrix (Mitte) und Vektor mit freien Parametern (rechts)

Bei der Optimierung der Netztopologie ist zu beachten, dass die Nutzung des Cross-over-Operators ungünstig sein kann: Durch die Permutation verdeckter Neuronen zusammen mit den zugehörigen Verbindungsgewichten entstehen äquivalente Darstellungen. Das heißt, dass verschiedene Genotypen den gleichen Phänotyp haben können. Bei einer Anwendung des Standard-Cross-over-Operators kann dies zum Verlust von Elterneigenschaften führen, wie das folgende einfache Beispiel zeigt. Dieser Effekt ist als *Permutations-* oder *Competing-Conventions-Problem* bekannt. Abhilfe bieten Kodierungen, die Mehrdeutigkeiten vermeiden oder ein Verzicht auf Cross-over. Wenn eine reelle Kodierung gewählt wird, bietet sich der Einsatz einer Evolutionsstrategie an: Bei ES ist Mutation der Hauptoperator; Cross-over spielt eine untergeordnete Rolle. So bedeutet ein Verzicht auf Cross-over keine fundamentale Änderung der Strategie.

Beispiel *Competing-Conventions-Problem*:

Gegeben seien die beiden Elternteile in Abb. 23.18 oben. Elternteil II wurde durch Permutation der Neuronen 3 und 4 zusammen mit den Verbindungsgewichten aus Elternteil I erzeugt. Mit den beiden verschiedenen inneren Neuronen (es sei $w_c \neq w_e$, $w_e \neq w_f$) reagiert jeder Elternteil auf zwei verschiedene Muster. Die Kodierung der Verbindungsgewichte erfolge wie dargestellt. Wird ein Ein-Punkt-Cross-over zwischen dem 4. und 5. Gen durchgeführt, so hat jeder Nachkomme identische verdeckte Neuronen (Abb. 23.18 unten). Somit geht jeweils die Empfindlichkeit bzgl. eines der beiden Muster verloren.

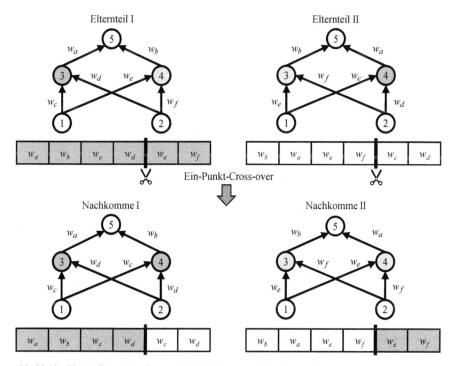

Abb. 23.18: Elternteile und Kodierung der Verbindungsgewichte in den Chromosomen (oben) und Beispiel möglicher, mittels Ein-Punkt-Cross-over erzeugter Nachkommen (unten)

Die Fitnessmaße können auf den Trainings- und Generalisierungsfehlern basieren. Wenn auch die Topologie optimiert werden soll, so kann z. B. die Anzahl der Neuronen oder der Verbindungsgewichte in die Bewertung einfließen.

23.4.2   Anwendungsbeispiel MLP-Netzoptimierung

Dieser Abschnitt behandelt die Optimierung eines MLP-Netzes (nach Negnevitsky 2011). Typische NN-Lernalgorithmen konvergieren zu einem lokalen und nicht zum globalen Optimum der Zielfunktion. Zudem ist die Netzstruktur vom Nutzer vorzugeben. Die im Folgenden eingesetzten Genetischen Algorithmen können Gewichte und Struktur eines MLP-Netzes gleichzeitig optimieren.

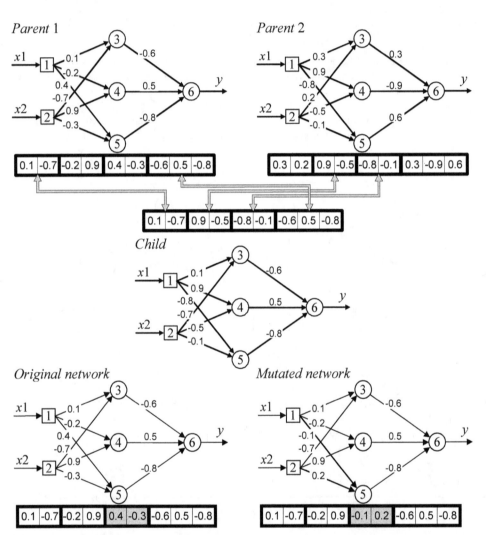

Abb. 23.19: Kodierung der MLP-Verbindungsgewichte im Chromosom und Anwendung von Cross-over (oben) sowie von Mutation (unten) (Artificial Intelligence 3e by Negnevitsky, Pearson Education Limited 2002, 2011)

Optimierung der Verbindungsgewichte

Beim verwendeten GA werden die Verbindungsgewichte des Netzes als reellwertig kodierte Gene zu einem Chromosom zusammengefasst. Zudem werden die Gewichte der Eingangsgrößen eines einzelnen Neurons als (Gen-)Bausteine verstanden und als Gruppe im Chromosom behandelt. Als Fitness wird der Reziprokwert des quadratischen Lernfehlers auf den Trainingsdaten verwendet. Die Initialisierung der Chromosomen erfolgt Gen für Gen mit Zufallszahlen aus dem Intervall $[-1; 1]$. Mittels uniformen Cross-overs wird aus zwei Elternteilen ein Nachkomme erzeugt. Mutation wird Gen für Gen angewendet: Eine Zufallszahl aus dem Intervall $[-1; 1]$ wird zu jedem Allel addiert. Abb. 23.19 illustriert Problemkodierung und Anwendung der Operatoren.

Optimierung der Netzstruktur

Die Verbindungsstruktur eines MLP-Netzes kann durch eine Verbindungsmatrix dargestellt werden. Durch Aneinanderhängen der Matrixzeilen entsteht ein Chromosom, Abb. 23.20.

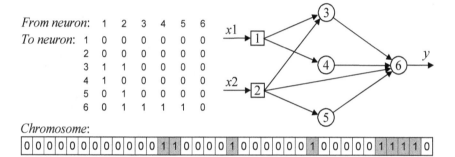

Abb. 23.20: Kodierung der Topologie eines MLP-Netzes zwecks Optimierung seiner Struktur (Artificial Intelligence 3e by Negnevitsky, Pearson Education Limited 2002, 2011)

Als Fitness kann der Reziprokwert des quadratischen Lernfehlers auf den Trainingsdaten verwendet werden, auch wenn die Bewertung einer Netzstruktur zudem Lerngeschwindigkeit, Größe und Komplexität berücksichtigen könnte. Die Initialisierung der Chromosomen erfolgt Gen für Gen mit binären Zufallszahlen. In jeder Iteration des GA wird (Abb. 23.21):

- die Verbindungsstruktur in ein Netzwerk dekodiert,
- die Gewichte zufällig initialisiert,
- das Netz auf einem Testdatensatz (z. B. mit Backpropagation) trainiert und
- die Fitness aus dem Reziprokwert des quadratischen Lernfehlers ermittelt.

Wegen der Initialisierungsabhängigkeit des Lernergebnisses sollte das NN für verschiedene Initialisierungen trainiert und die Fitness eines Chromosoms z. B. als Mittelwert der Testläufe bestimmt werden. Die Selektion für den Fortpflanzungspool erfolgt z. B. fitnessproportional. Elternpaare werden zufällig aus dem Fortpflanzungspool gebildet. Das Zwei-Punkt-Cross-over tauscht die Allele eines zufällig gewählten (Gen-)Bausteins der beiden Elternteile mit Wahrscheinlichkeit p_c aus, um zwei Nachkommen zu erzeugen. Die Mutation arbeitet Gen für Gen und flippt die Bits mit geringer Wahrscheinlichkeit, so dass etwa 1 bis 2 Bits eines Chromosoms tatsächlich flippen.

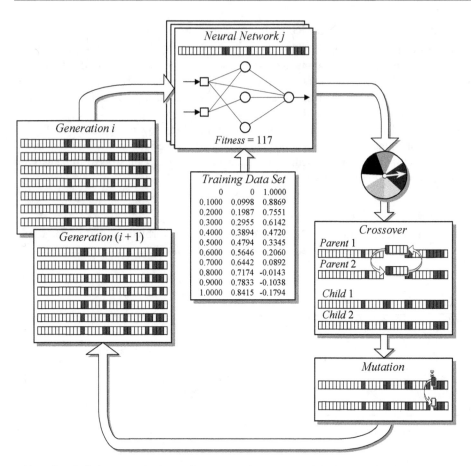

Abb. 23.21: Optimierung von Struktur und Parametern eines MLP-Netzes: Illustration des Ablaufs eines Evolu-
tionszyklus (Artificial Intelligence 3e by Negnevitsky, Pearson Education Limited 2002, 2011)

23.5   Evolutionäre Neuro-Fuzzy-Systeme

Evolutionäre oder genetische Neuro-Fuzzy-Systeme bezeichnen insbesondere die Nutzung
von evolutionären Methoden zum Entwurf von Neuro-Fuzzy-Systemen. Dabei kann das Ziel
ein trainiertes Neuronales Netz sein, in dem als Regeln gegebenes Vorwissen eingebracht
werden soll und dessen Struktur und/oder Parameter global optimal ermittelt werden sollen.
Auch kann das Ziel in einem einfach interpretierbaren FS bestehen, bei dem mittels EA grob
global gesucht und strukturell optimiert und mittels NN lokal gelernt wird.

23.6   Weiterführende Literatur

Weiterführende Informationen zum Gebiet der Neuro-Fuzzy-Systeme finden sich beispielsweise in der deutschsprachigen Monographie von Borgelt et al. (2003) sowie den englisch-

sprachigen Monographien (Lin, Lee 1996, Jang et al. 1997). In (von Altrock 1995, Jain, Martin 1999) sind verschiedene Anwendungen zusammengestellt. Weiterführende Informationen zum Gebiet evolutionärer Fuzzy-Systeme finden sich in den Monographien (Geyer-Schulz 1997, Cordón et al. 2001) sowie den Übersichtsartikeln (Cordón et al. 2004, Herrera 2008). Anwendungsbeispiele für die Bereiche Klassifikation, Modellbildung und Regelung finden sich z. B. in (Shi et al. 1999, Setnes, Roubos 2000, Hoffmann, Schauten 2005, Hoffmann et al. 2007). Weiterführende Informationen zum Gebiet evolutionärer Neuronaler Netze liefern die Monographie (van Rooij 1996), die Übersichtsartikel (Yao 1999, Azzini, Tettamanzi 2011) und spezifisch für RBF-Netze (González et al. 2003, Harpham et al. 2004). Eine exemplarische Implementierung eines evolutionären Neuro-Fuzzy-Systems findet sich in (Russo 1998). Eine kombinierte Anwendung der drei Basismethoden bei der Farbenmischung und -herstellung beschreiben Mizutani et al. (2000).

24 Schwarmintelligenz und Künstliche Immunsysteme

24.1 Einführung

In diesem Abschnitt werden die jungen, in der Anwendung noch nicht fest etablierten Methoden der Partikelschwarmoptimierung und Ameisenalgorithmen aus dem Bereich der Schwarmintelligenz sowie die sog. Künstlichen Immunsysteme eingeführt. Bei diesen Methoden entsteht aus dem Zusammenspiel einer großen Zahl sehr einfacher Individuen ein Gesamtsystem mit komplexem Verhalten.

24.2 Schwarmintelligenz

Menschen und Tiere sind in Gruppen eingebunden. Durch soziale Interaktion beeinflussen sich die Individuen einer Gruppe gegenseitig und es entsteht Gruppenverhalten. Dabei gibt es geführte Gruppen mit oft strenger sozialer Hierarchie wie z. B. ein Wolfsrudel mit einem Alphatier sowie Gruppen ohne Führer, wie z. B. Vogelschwärme bei Staren. Das selbstorganisierende Verhalten ungeführter Gruppen ist interessant: Die Individuen weisen einfaches Verhalten auf; das Gruppenverhalten kann durch nichtlineare Interaktion der Individuen dagegen komplex sein (z. B. Formationsbildung bei Vögeln). Bei Vögeln wurde zudem festgestellt, dass sie im Formationsflug durch aerodynamische Beeinflussung eine Leistungsersparnis von 10 % „spüren" (Hummel, Beukenberg 1989). Bei Abwesenheit von äußeren Störungen ordnen sie sich im Verband so an, dass eine maximale Energieersparnis für jedes Individuum auftritt. Insbesondere wurden die Interaktionsmechanismen von Ameisen- und Termitenvölkern, Bienen- und Wespenschwärmen sowie Vögel- und Fischschwärmen untersucht. Aus den natürlichen Vorbildern wurden Partikelschwarmoptimierung und Ameisenalgorithmen zur Lösung technischer Optimierungsprobleme abgeleitet. Besonders interessant ist, wie ein gewünschtes globales Verhalten eines Systems erreicht wird, obwohl es keine Instanz gibt, die das Verhalten zentral vorgibt.

24.2.1 Partikelschwarmoptimierung

Bei der Partikelschwarmoptimierung (PSO) handelt es sich um ein populationsbasiertes Suchverfahren, welches das soziale Verhalten von Vögeln im Schwarm simuliert. Die Arbeiten wurden durch die unvorhersagbare Choreographie von Vogelschwärmen inspiriert. Das typische Einsatzgebiet von PSO ist die nichtlineare globale Optimierung kontinuierlicher Parameter. Die Methode wurde 1995 vorgeschlagen und ist damit noch relativ jung.

Die einzelnen Individuen des Schwarms heißen *Partikel*. Jedes Partikel ist ein Lösungskandidat des Optimierungsproblems. Zu einem bestimmten Zeitpunkt hat ein Partikel die Position $\mathbf{x}_i$ und fliegt mit der Geschwindigkeit $\mathbf{v}_i$ durch den Hyperraum (Parameterraum). Dabei korrigiert es periodisch seine Flugrichtung (Suchrichtung) und Fluggeschwindigkeit (Schrittweite) auf Grundlage des beobachteten besten Nachbarpartikels und der eigenen bisherigen Bestleistung:

$$\mathbf{v}_i^{(l+1)} = \mathbf{v}_i^{(l)} + \mathbf{v}_{i,\text{kog}}^{(l+1)} + \mathbf{v}_{i,\text{soz}}^{(l+1)} \tag{24.1}$$

Dabei ist $\mathbf{v}_i^{(l)}$ die bisherige Geschwindigkeit des Partikels. Sie steht für sein Beharrungsvermögen, in gleicher Weise weiterzufliegen. $\mathbf{v}_{i,\text{kog}}^{(l+1)}$ ist die sog. *kognitive* Änderungskomponente, die aus dem Abstand der aktuellen Position von der Position $\mathbf{x}_{i,\text{min}}$ mit der eigenen besten Performance (und einem Gewichtungsterm) abgeleitet wird. $\mathbf{v}_{i,\text{soz}}^{(l+1)}$ ist die sog. *soziale* Korrekturkomponente, die aus Bewertung der Bestleistung $\mathbf{x}_{\text{min}}$ in der Nachbarschaft im Vergleich zur eigenen Leistung ermittelt wird. Zudem bezeichnet l die Iterationsanzahl. Um die Performanz der Partikel bewerten zu können, wird eine Fitnessfunktion $f(\cdot)$ definiert, welche die Partikelposition bewertet.

Es kann eine unterschiedlich weite Ausdehnung der Nachbarschaft verwendet werden, woraus verschiedene Anpassungsstrategien folgen:

- Vernachlässigung der Nachbarn (Grenzfall der Isolation/keine soziale Interaktion) resultiert in einer Individualstrategie,
- Berücksichtigung des nächsten Umfelds führt auf eine Lokalstrategie sowie
- Berücksichtigung aller Mitglieder des Schwarms ergibt eine Globalstrategie.

Während sich Evolutionäre Algorithmen an der Evolution orientieren und Lösungskandidaten durch Rekombination und Mutation des Erbmaterials ändern, steht mit dem Prinzip des *Lernen vom Besten* bei der PSO die soziale Interaktion im Vordergrund.

Standardverfahren der Globalstrategie (*global best*)

Zuerst sind als Entwurfsentscheidungen Partikelanzahl bzw. Populationsgröße (N), Gewichtungsparameter (η_1, η_2) und das Abbruchkriterium festzulegen. Wie bei EA können ressourcen- oder konvergenzorientierte Abbruchkriterien ausgewählt werden. Im Folgenden wird exemplarisch eine maximale Iterationsanzahl verwendet. Es sei angenommen, dass es sich um ein Minimierungsproblem handelt.

Schritt 1: Initialisierung

- Initialisiere alle Partikel $\mathbf{x}_i^{(0)}$ und ihre Geschwindigkeiten $\mathbf{v}_i^{(0)}$ ($i = 1, ..., N$).
- Initialisiere die beste bisher erreichte Performance der individuellen Partikel: $f_{i,\text{min}} = f(\mathbf{x}_i^{(0)})$, ($i = 1, ..., N$).
- Initialisiere die beste im Schwarm bisher erreichte Performance eines Partikels: $f_{\text{min}} = \min_i (f_{i,\text{min}})$.
- Setze den Iterationszähler auf $l = 0$.

Schritt 2: Populationssuchschritt

Für alle $i = 1, ..., N$ Partikel:

- Prüfe die Partikelfitness und aktualisiere die Bestleistungen:
  - Eigene Bestleistung:

$$f(\mathbf{x}_i^{(l)}) \begin{cases} < f_{i,\min} \Rightarrow f_{i,\min} := f(\mathbf{x}_i^{(l)}); \mathbf{x}_{i,\min} := \mathbf{x}_i^{(l)} \\ \geq f_{i,\min} \Rightarrow \text{unverändert} \end{cases} \tag{24.2}$$

– Bestleistung im Schwarm:

$$f(\mathbf{x}_i^{(l)}) \begin{cases} < f_{\min} \Rightarrow f_{\min} := f(\mathbf{x}_i^{(l)}); \mathbf{x}_{\min} := \mathbf{x}_i^{(l)} \\ \geq f_{\min} \Rightarrow \text{unverändert} \end{cases} \tag{24.3}$$

- Ermittle neue Geschwindigkeiten:

$$\mathbf{v}_i^{(l+1)} = \mathbf{v}_i^{(l)} + \eta_1 \cdot r_1 \cdot (\mathbf{x}_{i,\min} - \mathbf{x}_i^{(l)}) + \eta_2 \cdot r_2 \cdot (\mathbf{x}_{\min} - \mathbf{x}_i^{(l)}) \tag{24.4}$$

- Bestimme neue Partikelpositionen:

$$\mathbf{x}_i^{(l+1)} = \mathbf{x}_i^{(l)} + \mathbf{v}_i^{(l+1)} \tag{24.5}$$

Schritt 3: Abbruchbedingung prüfen:

WENN $l \geq l_{\max}$
DANN stopp
SONST $l = l + 1$, zurück zu Schritt 2

Mit den Gewichtungsparametern (η_1, η_2) wird das gewünschte Verhältnis von Trägheit, kognitiver und sozialer Komponente eingestellt. (r_1, r_2) sind im Einheitsintervall gleichverteilte Zufallszahlen. In Abb. 24.1 wird ein Iterationsschritt eines einzelnen Partikels im zweidimensionalen Raum für den Fall skizziert, dass $f(\mathbf{x}_i^{(l)} > f_{i,\min})$ und $f(\mathbf{x}_i^{(l)} > f_{\min})$ gilt.

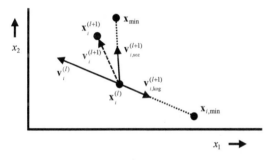

Abb. 24.1:   Illustration eines Suchschritts eines Partikels mittels Globalstrategie

Standardverfahren der Lokalstrategie (*local best*)

Die Lokalstrategie läuft analog der Globalstrategie ab, nur wird das beste Individuum in der Nachbarschaft und nicht im gesamten Schwarm ermittelt. Zur Definition der Nachbarschaft wird i. Allg. auf die Partikelindices zurückgegriffen. Eine im Parameterraum definierte Metrik wie z. B. der Euklid'sche Abstand zwischen den Partikelpositionen wird eher selten verwendet, weil dies sehr rechenaufwändig ist. Auch führt eine indexbasierte Definition zu einer weiteren Verbreitung guter Lösungen zwischen den Partikeln. Hier gibt es eine gewisse Analogie zu SOM, vgl. Abschnitt 14.2.

Standardverfahren der Individualstrategie (*individual best*)

Die Individualstrategie läuft wie die Globalstrategie ab, nur dass es keine soziale Korrekturkomponente ($\mathbf{v}_{i,\text{soz}}^{(l+1)}$) gibt.

Entwurfsparameter und Erweiterungen

Die Änderungsgeschwindigkeit kann auf einen Maximalwert begrenzt werden. In der Formel für die Aktualisierung des Geschwindigkeitsvektors kann die Beharrungskomponente $\mathbf{v}_i^{(l)}$ eine variable Gewichtung erhalten: Ein anfänglich großes Gewicht, um den Suchraum besser zu explorieren, wird zunehmend reduziert. Es gibt weitere Verfahrensvarianten und -weiterentwicklungen.

24.2.2   Ameisenalgorithmen

Für Kommunikation und Koordination ändern Ameisen ihre lokale Umgebung mittels Pheromonausscheidung. Dies gestattet den Ameisen, bei der Nahrungssuche immer den kürzesten Pfad zu einer Nahrungsquelle zu finden (Abb. 24.2): Zu Beginn wählen sie zufällig einen Pfad aus den möglichen Pfaden aus. Auf diesem scheiden sie Pheromone ab, die sich langsam verflüchtigen. Auf dem kürzesten Pfad stellt sich die höchste Konzentration ein, weil die Ameisen schneller wieder zurückkehren. Da die Ameisen den Pfad mit der größten Konzentration wählen, tritt ein selbstverstärkender Effekt ein (positive Rückkopplung). So nutzen bald fast alle Ameisen den kürzesten Pfad. Dieser Ablauf hat die Ableitung kombinatorischer Optimierungsmethoden inspiriert.

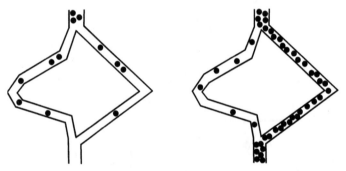

Abb. 24.2:   Anfängliche (links) und spätere (rechts) Pheromonkonzentration bei unterschiedlich langen Pfaden zwischen Bau und Nahrungsquelle (nach Engelbrecht 2007)

Standardverfahren zur Routenplanung

Die Aufgabe bestehe darin, den günstigsten Pfad zu bestimmen, der in einem Netzwerk von Wegen zwei Orte verbindet. Solche Problemstellungen treten beispielsweise in der Logistik sowie beim Routen von Datenströmen durch Kommunikationsnetzwerke auf. „Günstig" kann sich dabei z. B. auf Pfadlänge, -dauer oder -nutzungskosten beziehen. Im Folgenden wird stellvertretend von der Pfadlänge gesprochen. Abb. 24.3 zeigt ein Beispiel. Dabei ist $C_{i,j}$ die Pheromonkonzentration und $\eta_{i,j}$ die Attraktivität auf der Teilstrecke zwischen Ort i und j. Die Gesamtpfadlänge, die die k-te Ameise von Start zum Ziel abläuft, sei L_k.

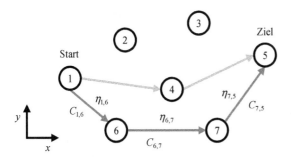

Abb. 24.3: Beispiel Routenplanung: Kürzester Pfad (1→4→5) und aktueller Pfad (1→6→7→5)

Zuerst sind als Entwurfsentscheidungen die Ameisenanzahl bzw. Populationsgröße N, der die Flüchtigkeit der Pheromone modellierende Vergessensfaktor $\rho \in [0; 1]$, die Gewichtung α der Pheromonkonzentration und β der Streckenattraktivität sowie das Abbruchkriterium festzulegen. Wie bei den Evolutionären Algorithmen (siehe Abschnitt 18.8) sind verschiedene Abbruchkriterien möglich, wie bspw. eine maximale Iterationsanzahl. Dann läuft ein exemplarischer Algorithmus in den folgenden Schritten ab:

Schritt 1: Initialisierung

- Initialisiere die Pheromonkonzentration $C_{i,j}^{(0)}$ auf allen Verbindungsstrecken (i, j) mit kleinen positiven Zufallszahlen.
- Platziere alle Ameisen auf den Startort.
- Setze den Iterationszähler auf $l = 0$.

Schritt 2: Jede Ameise sucht sich einen Pfad vom Start- zum Zielort, also gelte für alle $k = 1, \ldots, N$ Ameisen:

- Konstruiere sukzessive einen Pfad, indem vom aktuellen Ort i der nächste Ort j mit der Wahrscheinlichkeit $p_{i,j}^k$ gewählt wird (z. B. durch die Rouletteradmethode wie bei Genetischen Algorithmen, siehe Abschnitt 18.4.1). Für die Wahrscheinlichkeit gilt

$$(p_{i,j}^k)^{(l)} = \begin{cases} \dfrac{(C_{i,j}^{\alpha})^{(l)} \cdot (\eta_{i,j}^{\beta})^{(l)}}{\displaystyle\sum_{h \in S_{i,k}} (C_{i,h}^{\alpha})^{(l)} \cdot (\eta_{i,h}^{\beta})^{(l)}} & \forall j \in S_{i,k} \\ 0 \text{ sonst} \end{cases} \tag{24.6}$$

mit $S_{i,k}$ der Menge der Orte, die das Individuum k vom Ort i aus besuchen kann.
- Bestimme die Länge des Pfads $L_k^{(l)}$ als Summe der Längen der zugehörigen Teilstrecken.

Schritt 3: Die Pheromonkonzentration auf den Pfaden wird aktualisiert:

- Jede Ameise hinterlässt Pheromone auf den Teilstrecken ihres Pfades, z. B. gemäß:

$$(\Delta C_{i,j}^k)^{(l)} = Q / L_k^{(l)} \tag{24.7}$$

Dabei ist Q eine positive Konstante.
- Für jede Teilstrecke wird die aus den Beiträgen aller Ameisen resultierende Pheromonänderung bestimmt:

$$\Delta C_{i,j}^{(l)} = \sum_{k=1}^{N} (\Delta C_{i,j}^k)^{(l)} \tag{24.8}$$

- Die neue Pheromonkonzentration auf den Teilstrecken folgt aus:

$$C_{i,j}^{(l+1)} = (1 - \rho) \cdot C_{i,j}^{(l)} + \Delta C_{i,j}^{(l)} \tag{24.9}$$

Schritt 4: Abbruchbedingung prüfen:

WENN $l \geq l_{max}$
DANN stopp
SONST $l = l + 1$, zurück zu Schritt 2

In die Berechnung der Wahrscheinlichkeit $p_{i,j}^k$ fließt für jede Teilstrecke deren aktuelle Pheromonkonzentration $C_{i,j}$ und Attraktivität $\eta_{i,j}$ ein. Letztere kann sich an der Teilstreckenlänge orientieren, z. B.: $\eta_{i,j} = 1/d_{i,j}$. Der $C_{i,j}$-Term bewirkt, dass in der Vergangenheit erfolgreiche Pfade zukünftig intensiv(er) genutzt werden. Er stellt das Gedächtnis des Suchalgorithmus dar. Der $\eta_{i,j}$-Term sorgt dafür, dass auch neue Pfade geprüft werden. Mit der Wahl der Parameter α und β wird also ein Kompromiss zwischen schneller Konvergenz und guter Exploration des Suchraums eingestellt.

Weitere Methoden

Das Verhalten von Ameisen hat weitere Lösungsmethoden inspiriert wie z. B. Clusteralgorithmen, siehe (Dorigo, Stützle 2004: S. 272f.).

24.2.3   Weiterführende Literatur

Weiterführende Informationen zur Schwarmintelligenz finden sich z. B. in den Monographien (Dorigo, Stützle 2004, Engelbrecht 2006), dem Buch (Merkle, Middendorf 2005) sowie in (Corne, Reynolds, Bonabeau 2012).

24.3   Künstliche Immunsysteme

24.3.1   Biologisches Vorbild

Das Immunsystem höherer Lebewesen hat die Aufgabe, Angriffe von außen durch Krankheitserreger abzuwehren und fehlerhafte eigene Zellen zu eliminieren. Seine Aufgabe besteht in der Erhaltung des Organismus. Das Immunsystem ist ein passives System. Es ist ein *Sicherheitssystem*, dessen zuverlässige Funktion wichtig ist, auch wenn ein Ereignis selten eintritt. Besondere Kennzeichen von Immunsystemen sind, dass sie selbsterhaltend, adaptiv und verteilt arbeiten. Sie müssen auf eine sehr große Breite von Störungen in spezifischer Weise reagieren und dürfen dabei den eigenen Organismus nicht beeinträchtigen. Das bereits behandelte Nervensystem stellt das *Betriebssystem* des Menschen dar und inspirierte die Einführung Künstlicher Neuronaler Netze. Das Immunsystem bildet dagegen ein Sicherheitssystem und unterscheidet sich in wichtigen Aspekten vom Nervensystem, siehe Tab. 24.1. Andererseits gibt es viele Ähnlichkeiten (Dasgupta 1999): Beispielsweise sind beide Systeme zellbasiert aufgebaut und arbeiten mit ca. 10^{10} Neuronen im menschlichen Gehirn bzw. 10^{12} Lymphozyten im menschlichen Organismus massiv parallel. Auch reagieren die einzelnen Zellen selektiv auf spezifische Anregungsmuster und eine Mindestanregung ist notwendig, damit eine Zelle aktiv wird. Beide Systeme sind adaptiv und haben assoziative Eigenschaften.

Tab. 24.1:   Gegenüberstellung von Immun- und Nervensystem

Immunsystem	Nervensystem
Fokus auf seltene, abnormale, unvorhersehbare Aufgaben	Fokus auf kontinuierliche, vorhersehbare, normale Aufgaben
Mobilität wichtig, da Ort und Zeit der Ereignisse unbekannt	Immobil, da Sensoren, Aktoren und DV-Einheiten vorbestimmt sind
Spezialisierung auf Selbst-/Nichtselbst-Klassifikation und Folgeaktion	Wahrnehmung allgemeiner Klassifikations- und Datenverarbeitungsaufgaben
Molekül-/Zellenbasierte Kommunikation	Elektrochemische Kommunikation
Verteiltes System mit autonomen Einheiten	Zentrales System (Gehirn/Zentrales Nervensystem)
Aktionskapazität wird bei Bedarf ad hoc erzeugt	Aktionskapazität steht permanent bereit und wird bedarfsgerecht genutzt
Anpassung ändert Zellen selber	Anpassung ändert Verbindungen zwischen Zellen
Inhomogene Zellen	Homogene Zellen

Im Folgenden wird in sehr vereinfachter Weise die Funktion des Immunsystems skizziert. Das Immunsystem besteht aus verschiedenen Komponenten wie der unspezifischen Abwehr durch Makrophagen (Fresszellen) und der spezifischen Abwehr durch Zellen, die spezielle Antikörper erzeugen, sowie aus Killerzellen. Es wird zwischen angeborener und adaptiver/erworbener Immunabwehr unterschieden. Die adaptive Immunabwehr erzeugt Antikörper z. T. in zufälliger Weise, um die Diversität der Antikörperpopulation zu verbessern und auf neuartige Bedrohungen reagieren zu können. Sie merkt sich die Angreifer, um bei einem erneuten Angriff schneller zu reagieren. Diese spezifische Immunabwehr ist das biologische Vorbild für die künstlichen Immunsysteme und steht im Folgenden im Vordergrund.

Zentral für das Immunsystem ist die Erkennung und Unterscheidung des eigenen zu tolerierenden (gesunden) Organismus (*Selbst*), und des zu Bekämpfenden (*Nichtselbst*). Dabei ist das Nichtselbst vor dem ersten Auftreten häufig unbekannt. Deshalb spielt die Adaptivität des Immunsystems eine große Rolle. Die Immunzellen arbeiten selektiv und erkennen ihre Zielobjekte mit Hilfe von spezifischen Rezeptoren (Prinzip von Schlüssel und Schlüsselloch). Die Zielobjekte werden als *Antigene* bezeichnet. Die Antigene werden durch antigenspezifische Rezeptoren (*Antikörper*) erkannt. Wurde ein Antigen erkannt, so vermehren sich die entsprechenden Lymphozyten[51] schnell in großer Zahl, um das Nichtselbst zu eliminieren. Dazu klonen sich die Zellen, weshalb auch vom *Prinzip der Klonselektion* gesprochen wird, siehe Abb. 24.4. Dabei werden die Klone zudem mutiert, um eine bessere Anpassung an die Antigene zu erlauben. Dies wird als *somatische Hypermutation* oder *Affinitätsreifung* bezeichnet. Genaugenommen wird unterschieden zwischen einer *Punktmutation* mit kleinen Änderungen zwecks lokaler Anpassung sowie *Rezeptoreditierung* mit großen Änderungen, um im Ähnlichkeitsgebirge lokale Bereiche verlassen zu können. Klone, die auf das Selbst

---

[51]   Es gibt verschiedene Typen von Lymphozyten, nämlich B- und T-Zellen, und wiederum verschiedene T-Zellentypen (Helfer- und Killerzellen). Weil diese Unterscheidungen bei Künstlichen Immunsystemen unüblich sind, erfolgt hier keine differenzierte Betrachtung.

ansprechen, werden selektiert und eliminiert, um *Selbsttoleranz* zu erreichen (sog. negative Selektion). Nur die Zellen, die nicht reagieren, werden als neue Detektoren verwendet (sog. positive Selektion), siehe Abb. 24.5. Lymphozyten, die nicht ansprechen, sterben mit der Zeit aus. Andererseits werden neue Zellen im Knochenmark gebildet, die die Diversität der Antikörperpopulation erhöhen.

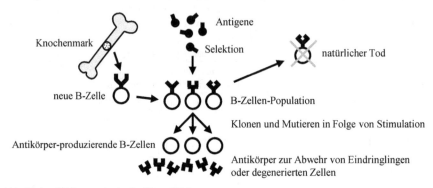

Abb. 24.4:   Wirkungsprinzip der Klonselektion

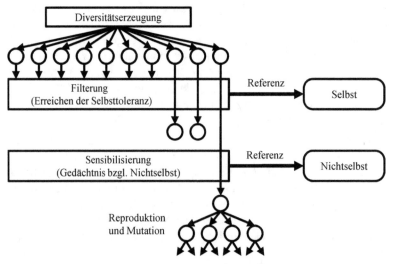

Abb. 24.5:   Diversitätserzeugung bei Sicherstellung der Selbsttoleranz (nach Ishida 2004)

Das Reagieren auf ein neues Antigen wird als primäre Immunreaktion bezeichnet. Nach ihr wird ein Teil der Lymphozyten, die erfolgreich reagiert haben, zu schlafenden Gedächtniszellen. Dieses Gedächtnis hilft dem Immunsystem schneller zu reagieren, wenn ein ähnliches Antigen in Zukunft wieder auftritt. Eine Immunreaktion auf Basis dieser Gedächtniszellen wird auch als sekundäre Immunreaktion bezeichnet.

Des Weiteren gibt es die *Theorie der Immunnetzwerke*. Dem Klonselektionsprinzip lag die Annahme zu Grunde, dass Wechselwirkungen zwischen den Zellen nicht auftreten. Bei den Immunnetzwerken wird davon ausgegangen, dass sich Antikörper gegenseitig erkennen können, was zu gegenseitiger Stimulation bzw. Suppression führt. Letzteres führt zur Regulation der Konzentration der verschiedenen Antikörper in der Gesamtzellenpopulation. Die zeitliche Entwicklung der einzelnen Antikörperkonzentrationen hängt von der Stimulation durch Antigene, der Stimulation und Suppression durch die anderen Antikörper sowie von der Reduktion in Folge Absterbens ab. Die Konzentrationsdynamik lässt sich in Form einer Differentialgleichung für jeden Antikörper beschreiben (Aickelin, Dasgupta 2005).

24.3.2 Technische Umsetzung

Zu den wichtigen Eigenschaften des biologischen Vorbilds gehört die Fähigkeit zur Erkennung und Differenzierung einer großen Vielfalt an Mustern zwecks spezifischer Reaktion, wobei die Muster nur zum Teil bekannt sind. Dies hat zur Entwicklung Künstlicher Immunsysteme (artificial immune systems, AIS) als eine Form von Multi-Agenten-Systemen geführt, um verschiedene Problemstellungen bei verteilten Systemen zu lösen. Wiederum geht es nicht darum, das biologische Vorbild genau zu duplizieren, sondern vielmehr darum, Mechanismen zu übernehmen und anzupassen, um technische Probleme zu lösen. Hierzu gehört die Überwachung von Computernetzwerken bzgl. Schadsoftware. Ein anderer Bereich ist die Klassifikation von Kunden: Das Ziel kann die Erstellung von Kaufvorschlägen oder Filmtipps sein. Im Kreditgeschäft werden Systeme für die Einordnung des Antragstellertyps eingesetzt. Bei der Überwachung von Maschinen und Anlagen interessieren Systeme für die Detektion und Diagnose vielfältiger Fehler und Störungen. Bei der technischen Umsetzung stellt ein Antigen ein Ziel dar und die Antikörper mögliche Lösungen. Besonders ist, dass in der Regel für mehrere verschiedene Ziele Lösungen gesucht werden.

Zentrale Aspekte beim Entwurf Künstlicher Immunsysteme sind die Festlegung von Problemkodierung, Ähnlichkeitsmaß, Selektions- und Mutationsmechanismus. Die Problemkodierung ist anwendungsabhängig. Antigene und Antikörper werden durch einen Satz von Merkmalen beschrieben und in gleicher Weise kodiert. Die Merkmale werden i. d. R. als Vektor zusammengefasst. Die Kodierung erfolgt binär, reell, ganzzahlig oder symbolisch. Die Werte eines Merkmals können Ordinalzahlen sein oder Elemente einer ungeordneten Menge referenzieren. Das Ähnlichkeitsmaß orientiert sich an der Wertekodierung. Bei binärer Darstellung kann z. B. der Hammingabstand oder die Länge der größten gemeinsamen Bitkette gewählt werden. Bei reeller Darstellung kann der Euklid'sche Abstand oder eine andere Metrik genutzt werden.

Die Klonrate einer Zelle folgt bei Anwendung des Klonselektionsprinzips z. B. proportional der Stärke ihrer Stimulation. Diese wiederum resultiert aus der Ähnlichkeit mit den vorliegenden Antigenen. Typischerweise wird eine Mindestähnlichkeit gefordert, um klonen zu dürfen, oder es wird nur einer vorgegebenen Anzahl an ähnlichsten Zellen das Klonen gestattet. Bei Übertragung von Konzepten der Immunnetzwerktheorie würde die Stimulation zudem davon abhängen, wie groß die Ähnlichkeit zu anderen Antikörpern ist. Hierdurch lässt sich die Diversität und Spezialisierung der Antikörperpopulation beeinflussen: Wenn z. B. Ähnlichkeit zu Suppression führt, wird durch die Bestrafung von Querempfindlichkeiten ein hoher Spezialisierungsgrad und damit eine hohe Selektivität der Antikörper gefördert. Das natürliche Sterben kann durch Absenken der Zellkonzentrationen in jedem Schritt nachgebildet werden. Antikörper in geringer Konzentration bedeuten wenig erfolgreiche Lösungskandidaten. Sie werden bei Unterschreiten einer Mindestkonzentration eliminiert und schaffen Platz für neue, z. B. zufällig generierte Antikörper und somit neue Lösungskandidaten. Andererseits kann die Antikörperkonzentration nach oben begrenzt werden, um Sättigungsverhalten einzuführen.

Zweck der Mutation ist die Diversitätserhöhung. Sie dient dazu, Lösungskandidaten näher ans Ziel heranzuführen bzw. für Ziele, die zuvor auch nicht näherungsweise auftraten, eine Lösung zu finden. Die Umsetzung richtet sich nach der Wertedarstellung, also z. B. Bit-Flippen bei binärer, Addition einer Zufallszahl bei reeller und Tausch bei Permutationskodierung. Ein Symbol kann durch ein anderes, zufällig aus dem Symbolvorrat ausgewähltes, ersetzt werden. Die Mutationsrate kann sich an der Ähnlichkeit orientieren, z. B. in umgekehrt proportionaler Weise.

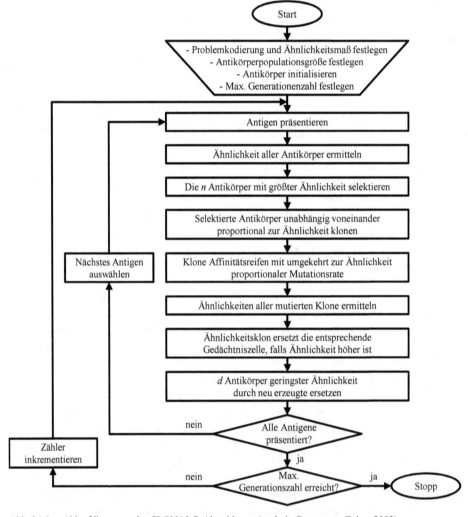

Abb. 24.6:   Ablaufdiagramm des CLONALG-Algorithmus (nach de Castro, van Zuben 2002)

Exemplarisch zeigt Abb. 24.6 den Ablauf des CLONALG-Algorithmus (de Castro, van Zuben 2002) in der Variante für Mustererkennung; es gibt eine zweite Variante für Optimierungsaufgaben. Bei CLONALG wird unüberwacht gelernt. Ein Beispiel für einen überwacht lernenden Algorithmus ist das Artificial Immune Recognition System AIRS (Watkins, Timmis 2004). In (Serapiao 2007) werden beide Algorithmen u. a. mit Künstlichen Neuronalen Netzen und Support Vector Machines am Beispiel der Klassifikation von Messdaten aus der Erdölexploration verglichen. In (Freschi, Repetto 2006) werden AIS mit Evolutionären Algorithmen (EA) an Hand verschiedener Optimierungsprobleme verglichen. Es zeigt sich, dass EA insbesondere gut für Aufgaben geeignet sind, bei denen das globale Optimum zu suchen ist. AIS zielen dagegen auf multimodale Probleme im Sinne des Auffindens aller lokalen Optima ab. Nanas und de Roeck (2010) untersuchen den Einsatz von AIS und EA bzgl. Informationsfilterungsaufgaben. Als wichtigen Unterschied stellen sie fest, dass AIS im Gegensatz zu EA ausgeprägte diversitätserhaltende und -fördernde Eigenschaften haben. Die Einführung diversitätserhaltender Maßnahmen in EA (bspw. Inselpopulationen) ist möglich, aber vergleichsweise aufwändig.

24.3.3   Anwendungsbeispiel Unterdrückung von Störeinwirkungen

Das folgende Beispiel stammt aus (Ishida 2004). Die Unterdrückung von Störeinwirkungen auf die Regelgröße gehört zu den wichtigen Aufgaben von Regelkreisen. So spielen bei Antrieben Laststörungen oft eine große Rolle. Ein Multi-Agenten-System (MAS) zur Störunterdrückung kann so entworfen werden, dass die einzelnen Agenten selektiv auf jeweils ein bestimmtes Störsignalmuster in der Regelabweichung reagieren. Sie erzeugen dann gezielt ein Zusatzsignal, was der Regelabweichung additiv überlagert wird und idealerweise dazu führt, dass die Störeinwirkung auf den Regelkreis kompensiert wird. Die Antigene sind dabei die Störungen, die durch die Antikörper erkannt werden sollen (Abb. 24.7). Das *Selbst* wird dargestellt durch normale Regelgrößenverläufe. Das *Nichtselbst* bildet alle abnormalen Signalmuster; auf diese sind die Rezeptoren der Agenten sensitiv (Abb. 24.8).

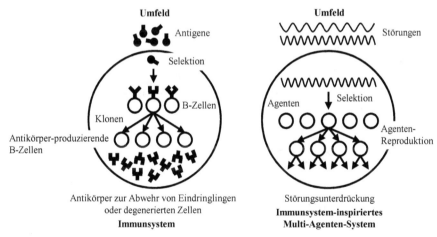

Abb. 24.7:   Biologischer Wirkungsmechanismus (links) und inspiriertes Multi-Agenten-System für Störunterdrückung (rechts) (nach Ishida 2004)

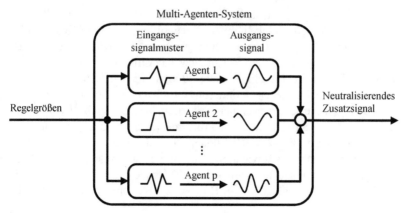

Abb. 24.8:   Störungsselektive Agenten mit neutralisierendem Systemeingriff zur Störungsunterdrückung in Regel-
             kreisen (nach Ishida 2004)

Zuerst werden unterschiedliche Agenten erzeugt, die jeweils auf ein bestimmtes Störmuster mit einem spezifischen neutralisierenden Signal antworten. Dabei wird ein bekanntes Verhalten des Regelkreises und eine stabile, lineare, zeitinvariante Regelstrecke vorausgesetzt. Agenten, die auf normale Signalmuster reagieren, werden eliminiert, wie auch Agenten, die lange inaktiv waren. Aktive Agenten werden memorisiert und ein Klon wird erzeugt, der geringfügig mutiert wird. Das MAS wurde in einer Fallstudie an Hand eines einfachen integrierenden Systems mit Verzögerung erster Ordnung untersucht, bei dem ein aus verschiedenen Signalanteilen bestehendes Störsignal verwendet wurde. Es zeigte sich, dass verschiedene Agenten aktiv und die Effekte der Störeinwirkungen deutlich reduziert wurden (Abb. 24.9).

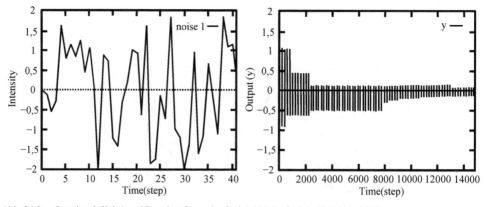

Abb. 24.9:   Störsignal (links) und Regelgrößenverlauf mit MAS (rechts) (nach Ishida 2004)

24.3.4   Weiterführende Literatur

Eine Einführung in Künstliche Immunsysteme liefern die Bücher (de Castro, Timmis 2002, Ishida 2004). Die Aufsatzsammlung (Dasgupta 1999) vertieft Teilthemen und stellt mehrere

Anwendungen vor. Timmis (2007) diskutiert Status und Ausblick von AIS in einem Übersichtsartikel. In (de Castro, Timmis 2002) findet sich zudem eine umfangreiche Literaturübersicht über den Einsatz von AIS in verschiedenen Anwendungsbereichen. Technisch interessanter Einsatzbereich ist die Maschinenüberwachung: Beispielsweise wird in (Schulze et al. 2010, 2012) ein AIS eingesetzt, um bei Zentrifugalkompressoren durch Bewertung der Körperschallemission einen folgenschweren Strömungsabriss frühzeitig erkennen und verhindern zu können.

Teil VI: Anhang

25 Anhang

25.1 Verzeichnis häufiger Formelzeichen und Abkürzungen

Formelzeichen die speziell in einzelnen Bereichen verwendet werden, sind entsprechend mit FS, NN, EA bzw. SI gekennzeichnet.

$\mathbf{A, B, C, D}$	Matrizen eines Zustandsmodells (FS)
A, B, C	Fuzzy-Mengen (FS)
C	Pheromonkonzentration (SI)
c	Anzahl der Regeln (FS)
$\mathbf{D}$	Formenmatrix einer inneren Produktnorm (FS)
D	Definitionsbereich
d	Störgröße, Abstand
$d_{i,k}$	Abstand des k-ten Datums vom i-ten (Cluster-)Zentrum (FS, NN)
$\mathbf{E}$	Vektor der Regressionsfehler (FS), Trainingsfehler (NN)
E_j	Trainingsfehler bzgl. der j-ten Netzausgabe (NN)
$\mathbf{e}$	Einheitsvektor, Residuum
e	Regeldifferenz, Prädiktionsfehler
f	allgemeine Funktion, Fitness(-funktion) (EA, SI)
$f_{\text{act},j}$	Aktivierungsfunktion der j-ten Schicht (NN)
g_i	Glaubensgrad der i-ten Regel (FS)
$\mathbf{I}$	Identitätsmatrix
J	Ziel-/Kostenfunktion
k	diskrete Zeit, Index eines Datentupels
l	Iterationszähler
M	Eingangsgrößenanzahl
m_i	i-tes Merkmal (FS)

net_j	Propagierungsfunktion der j-ten Schicht, Netzeingabe des j-ten Neurons (NN)
N	Anzahl Messdatensätze, Populationsgröße (SI)
$N(\xi; \sigma)$	Normalverteilung mit Erwartungswert ξ und Streuung σ
$\mathbf{o}$	Vektor von Ausgabesignalen (NN)
o_j	Ausgabesignal des j-ten Neurons (NN)
p	Parameter einer Norm (FS), Wahrscheinlichkeit, p-tes Datum (NN)
p_c	Cross-over-Wahrscheinlichkeit (EA)
p_m	Mutations-Wahrscheinlichkeit (EA)
R	Relation (FS)
$\Re$	Menge der reellen Zahlen
$R_i, R_{i,j}$	i-te Regel bzw. bei Regelmatrix gibt i die Zeile und j die Spalte an (FS)
T_0	Abtastzeit
T_τ	Totzeit
t	kontinuierliche Zeit
$\mathbf{U}$	Partitionsmatrix
$\mathbf{u}$	Eingangsgrößenvektor
u	Stellgröße, Eingangssignal
$\mathbf{v}_i$	„Zentrum" der i-ten Zugehörigkeits- oder Basisfunktion (FS, NN) oder des i-ten Clusters (FS), Geschwindigkeit des i-ten Partikels (SI)
$\mathbf{W}$	Gewichtsmatrix
$\mathbf{w}_j$	Vektor der Gewichte aller Verbindungen zum Neuron j (NN)
$w_{i,j}$	Verbindungsgewicht zwischen Neuron i und j (NN)
$\mathbf{Y}$	Ausgangsgrößenvektor
$\mathbf{Y}_p$	Regressandenvektor (FS, NN)
y	Ausgangsgröße
Z	Menge der ganzen Zahlen
α	Erfülltheits-/Wahrheitsgrad/Aktivierung einer Regel (FS)
ε_T	Abbruchschwellenwert
η	Lernschrittweite/-rate (NN), Gewichtsparameter (SI)
Θ	Parametervektor

λ	Anzahl der Nachkommen (EA), Schrittweite (Optimierung), Eigenwert
μ	Zugehörigkeitsfunktion (FS), Anzahl der Individuen im Fortpflanzungspool (EA)
$\mu_{i,k}$	Zugehörigkeit des k-ten Datums zur i-ten Klasse (FS)
v	Unschärfeparameter (FS)
ξ_i	Konstanter Term der i-ten Regel-Schlussfolgerung (FS)
ρ	Anzahl der an der Erzeugung beteiligten Elternteile (ES), Vergessensfaktor (SI)
σ	(Ko-)Varianz, Mutationsschrittweite (EA)
Φ	Regressionsmatrix (FS, NN)
ϕ_i	i-te Fuzzy-Basisfunktion (FS)
φ	Regressionsvektor (FS, NN)
φ	Regressor (FS, NN)
ψ	Basisfunktion (NN)

Operatoren

$(\ )^{-1}$	Inverse
$\overline{(\ )}$	Mittelwert
$\|\cdot\|$	Norm
$(\ )^T$	Transponiert
∇	Gradient

Indizes und Ornamente

$(\ )_i$	Laufindex i
$(\ )^{(l)}$	l-te Iteration
$\hat{(\ )}$	Schätzgröße

Abkürzungen

AIS	Künstliches Immunsystem (Artificial Immune System)
ARX	Autoregressiv mit externer Eingangsgröße (Modellklasse)
CI	Computational Intelligence
COG	Center of Gravity(-Methode)

COS	Center of Singletons(-Methode)
E/A	Ein-/Ausgang
EA	Evolutionärer Algorithmus
EP	Entwicklungspunkt (bei Taylorreihenentwicklung), Evolutionäres Programmieren
ES	Evolutionsstrategie
FCM	Fuzzy-c-Means(-Algorithmus)
FF	Feedforward (vorwärtsgerichtet)
FS	Fuzzy-System
GA	Genetischer Algorithmus
GK	Gustafson-und-Kessel(-Algorithmus)
GMA	Gesellschaft für Mess- und Automatisierungstechnik
GP	Genetisches Programmieren
HCM	Harter c-Means(-Algorithmus)
IEEE	Institute of Electrical and Electronics Engineers
KI	Künstliche Intelligenz
LiP	Linear in den Parametern
LS	Least-Squares(-Methode)
MAS	Multi-Agenten-System
MIMO	Multiple-Input-Multiple-Output(-System)
MISO	Multiple-Input-Single-Output(-System)
MLP	Multilayer-Perceptron
MSE	Mittlerer quadratischer Fehler (Mean Squared Error)
NARX	Nonlinear ARX(-Modell)
NB	Nebenbedingung
NN	Künstliches Neuronales Netz
NOE	Nonlinear Output Error(-Modell)
PDC	Parallel Distributed Compensator
PI/PD	Proportional-Integrierend/Proportional-Differenzierend
PMX	Partionally Mapped Cross-over
PSO	Partikelschwarmoptimierung

RBF	Radiale-Basisfunktionen(-Netze)
RLS	Recursive Least Squares(-Methode)
SC	Soft Computing
SE	Squared Error
SGA	Simple Genetic Algorithm
SI	Schwarmintelligenz
SISO	Single-Input-Single-Output(-System)
SOM	Self-organizing map, Kohonenkarte, Kohonennetz
SVM	Support Vector Machine
TS	Takagi-Sugeno
TSP	Traveling-Salesman-Problem
VDI	Verband Deutscher Ingenieure
WLS	Weighted Least Squares(-Methode)

25.2   Vektor- und Matrizenrechnung

Transponieren und Invertieren

$$(\mathbf{A} \cdot \mathbf{B} \cdot \ldots \cdot \mathbf{C})^T = \mathbf{C}^T \cdot \ldots \cdot \mathbf{B}^T \cdot \mathbf{A}^T \tag{25.1}$$

$$(\mathbf{A} \cdot \mathbf{B} \cdot \ldots \cdot \mathbf{C})^{-1} = \mathbf{C}^{-1} \cdot \ldots \cdot \mathbf{B}^{-1} \cdot \mathbf{A}^{-1} \tag{25.2}$$

$$(\mathbf{A}^{-1})^T = (\mathbf{A}^T)^{-1} \tag{25.3}$$

$$\det(\mathbf{A}^{-1}) = \frac{1}{\det(\mathbf{A})} \tag{25.4}$$

$$\begin{bmatrix} a & b \\ c & d \end{bmatrix}^{-1} = \frac{1}{a \cdot d - b \cdot c} \begin{bmatrix} d & -b \\ -c & a \end{bmatrix} \tag{25.5}$$

$$\mathbf{A}^{-1} = \begin{bmatrix} a & b & c \\ d & e & f \\ g & h & i \end{bmatrix}^{-1}$$

$$= \frac{1}{\det(\mathbf{A})} \begin{bmatrix} e \cdot i - f \cdot h & c \cdot h - b \cdot i & b \cdot f - c \cdot e \\ f \cdot g - d \cdot i & a \cdot i - c \cdot g & c \cdot d - a \cdot f \\ d \cdot h - e \cdot g & b \cdot g - a \cdot h & a \cdot e - b \cdot d \end{bmatrix} \tag{25.6}$$

Differenzieren

$$\frac{d}{d\mathbf{x}}(\mathbf{A} \cdot \mathbf{x}) = \mathbf{A} \tag{25.7}$$

$$\frac{d}{d\mathbf{x}}(\mathbf{a}^T \cdot \mathbf{x}) = \mathbf{a} \tag{25.8}$$

$$\frac{d}{d\mathbf{x}}(\mathbf{x}^T \cdot \mathbf{A}) = \mathbf{A} \tag{25.9}$$

$$\frac{d}{d\mathbf{x}}(\mathbf{x}^T \cdot \mathbf{a}) = \mathbf{a} \tag{25.10}$$

$$\frac{d}{d\mathbf{x}}(\mathbf{x}^T \cdot \mathbf{A} \cdot \mathbf{x}) = (\mathbf{A} + \mathbf{A}^T) \cdot \mathbf{x} \tag{25.11}$$

$$\frac{d}{d\mathbf{x}} f(\mathbf{y}(\mathbf{x})) = \frac{d\mathbf{y}^T}{d\mathbf{x}} \cdot \frac{df}{d\mathbf{y}} \tag{25.12}$$

$$\frac{d(\mathbf{x}^T \cdot \mathbf{y})}{dt} = \dot{\mathbf{x}}^T \cdot \mathbf{y} + \mathbf{x}^T \cdot \dot{\mathbf{y}} \tag{25.13}$$

$$\frac{d(\mathbf{A} \cdot \mathbf{x})}{dt} = \dot{\mathbf{A}} \cdot \mathbf{x} + \mathbf{A} \cdot \dot{\mathbf{x}} \tag{25.14}$$

$$\frac{d(\mathbf{A} \cdot \mathbf{B})}{dt} = \dot{\mathbf{A}} \cdot \mathbf{B} + \mathbf{A} \cdot \dot{\mathbf{B}} \tag{25.15}$$

$$\frac{d(\mathbf{x}^T \cdot \mathbf{A} \cdot \mathbf{B})}{dt} = \dot{\mathbf{x}}^T \cdot \mathbf{A} \cdot \mathbf{x} + \mathbf{x}^T \cdot \dot{\mathbf{A}} \cdot \mathbf{x} + \mathbf{x}^T \cdot \mathbf{A} \cdot \dot{\mathbf{x}} \tag{25.16}$$

Eigenwerte: Das charakteristische Polynom $P(\lambda)$ zur Matrix $\mathbf{A}$ ist:

$$P(\lambda) = \det(\lambda \cdot \mathbf{I} - \mathbf{A}) = \lambda^n + a_{n-1} \cdot \lambda^{n-1} + \ldots + a_1 \cdot \lambda + a_0 \tag{25.17}$$

Die Eigenwerte der Matrix $\mathbf{A}$ folgen aus $P(\lambda) = 0$.

Definitheit: Eine Matrix $\mathbf{A}$ heißt positiv definit, wenn gilt

$$\mathbf{x}^T \cdot \mathbf{A} \cdot \mathbf{x} > 0 \qquad \forall\, \mathbf{x} \neq 0 \tag{25.18}$$

und positiv semi-definit, wenn gilt:

$$\mathbf{x}^T \cdot \mathbf{A} \cdot \mathbf{x} \geq 0 \qquad \forall\, \mathbf{x} \neq 0 \tag{25.19}$$

25.3 Normalverteilung

Eine Normalverteilung $N(\xi; \sigma)$ hat eine (Wahrscheinlichkeits-)Dichtefunktion von:

$$\varphi(z) = \frac{1}{\sqrt{2\pi} \cdot \sigma} \cdot \exp\left(-\frac{(z - \xi)^2}{2\sigma^2} \right) \tag{25.20}$$

Dabei sind ξ und σ die Parameter der Verteilung mit dem Symmetriezentrum ξ und der Streuung σ. Abb. 25.1 zeigt einige Beispiele. Die zwischen der Kurve $\varphi(z)$ und der z-Achse in $z \in [\xi - \sigma;\ \xi + \sigma]$ eingeschlossene Fläche macht 68,26 % der insgesamt (zwischen $\varphi(z)$ und z-Achse) eingeschlossenen Fläche aus. $N(0; 1)$ heißt normierte und zentrierte Normalverteilung bzw. Standardnormalverteilung.

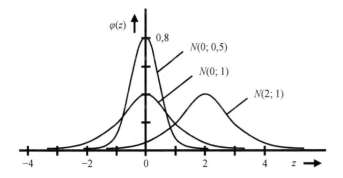

Abb. 25.1: Verlauf der Dichtefunktion der Normalverteilung $N(\xi; \sigma)$ für verschiedene Werte von ξ und σ

Für die Verteilung mehrerer statistisch unabhängiger Zufallsgrößen $z_1, ..., z_m$ gilt für die Dichtefunktion der Zufallsgröße $\mathbf{z} = [z_1, ..., z_m]^T$:

$$\varphi(\mathbf{z}) = \prod_{i=1}^{m} \varphi_i(z_i) \tag{25.21}$$

Zum Beispiel gilt für die Zufallsgröße z_1 mit $N_1(0; \sigma_1)$ und die Zufallsgröße z_2 mit $N_2(0; \sigma_2)$

$$\varphi(z_1, z_2) = \frac{1}{\sqrt{2\pi} \cdot \sigma_1} \cdot \exp\left(-\frac{z_1^2}{2\sigma_1^2}\right) \cdot \frac{1}{\sqrt{2\pi} \cdot \sigma_2} \cdot \exp\left(-\frac{z_2^2}{2\sigma_2^2}\right)$$

$$= \frac{1}{2\pi \cdot \sigma_1 \cdot \sigma_2} \cdot \exp\left(-\frac{1}{2}\left(\frac{z_1^2}{\sigma_1^2} + \frac{z_2^2}{\sigma_2^2}\right)\right).$$

(25.22)

Die Summe von normal verteilten Zufallsgrößen mit gleichem Symmetriezentrum ist wiederum normal verteilt.

25.4   Graphen

Definition *Graph* (nach Bronstein et al. 2008): *Ein Graph G ist ein Tupel (V, E) aus einer Menge V von Knoten und einer Menge $E \subseteq V \times V$ von Paaren von Knoten, den Kanten. Ist jedem Element $e \in E$ ein geordnetes (ungeordnetes) Paar zugeordnet, so wird G als gerichteter (ungerichteter) Graph bezeichnet.* ∎

Aus dieser Definition folgt, dass bei gerichteten (ungerichteten) Graphen die Kanten (nicht) orientiert sind. Sei $e = (v_a, v_b) \in E$ eine Kante eines Graphen G. Ist G ungerichtet, so ist auch (v_b, v_a) eine Kante von G und es wird dasselbe Symbol e für (v_a, v_b) und (v_b, v_a) verwendet. Ein Graph kann auf verschiedene Weise beschrieben werden, beispielsweise graphisch, über seine Kantenmenge oder über seine Nachbarschafts-(Adjazenz-)Matrix, die paarweise angibt, ob und wie Knoten miteinander verbunden sind.

Ein *Pfad* in einem Graphen ist eine Folge $F = (\{v_1, v_2\}, \{v_2, v_3\}, ..., \{v_s, v_{s+1}\})$ von Kanten. Ein *Kreis* ist ein Pfad, bei dem Anfangs- und Endknoten identisch sind $F = (\{v_1, v_2\}, \{v_2, v_3\}, ..., \{v_s, v_1\})$.

25.5   Herleitung des FCM-Algorithmus

Gegeben eine Anzahl c gesuchter Cluster und ein Unschärfeparameter $v \in \,]1; \infty[$. Es werden c Clusterzentren $\mathbf{v}_i$ und die unscharfen Zugehörigkeiten $\mu_i(\mathbf{x}_k) \in [0; 1]$ aller N Daten $\{\mathbf{x}_1, ..., \mathbf{x}_k, ..., \mathbf{x}_N\}$ zu allen c Clustern gesucht, so dass die Zielfunktion

$$J(c, v) = \sum_{k=1}^{N} \sum_{i=1}^{c} \mu_i^v(\mathbf{x}_k) \cdot \|\mathbf{x}_k - \mathbf{v}_i\|^2$$

(25.23)

unter der (Gleichungs-)Nebenbedingung

$$\sum_{i=1}^{c} \mu_i(\mathbf{x}_k) = 1 \qquad \forall\, k = 1, ..., N$$

(25.24)

minimiert wird. Hält man die Clusterzentren fest, so kann die resultierende reduzierte Optimierungsaufgabe unter Nebenbedingungen mit Hilfe der Lagrange'schen Multiplikatorenmethode (Papageorgiou 1996) gelöst werden. Diese führt ein beschränktes auf ein unbeschränktes Optimierungsproblem zurück. Dazu wird die Lagrangefunktion mit den Lagrange-Multiplikatoren $\delta_k \in \Re$ notiert:

$$L = \sum_{k=1}^{N} \sum_{i=1}^{c} \mu_i^{v}(\mathbf{x}_k) \cdot \left\| \mathbf{x}_k - \mathbf{v}_i \right\|^2 - \sum_{k=1}^{N} \delta_k \left(\left(\sum_{i=1}^{c} \mu_i(\mathbf{x}_k) \right) - 1 \right) \tag{25.25}$$

Ableiten von L nach $\mathbf{x}_k \; \forall i,k$ und nach $\delta_k \; \forall k$ und Nullsetzen der Ableitungen (notwendige Bedingung für ein Minimum) liefert

$$\frac{\partial L}{\partial \mu_i(\mathbf{x}_k)} = v \cdot \mu_i^{v-1}(\mathbf{x}_k) \left\| \mathbf{x}_k - \mathbf{v}_i \right\|^2 - \delta_k \overset{!}{=} 0 \quad \text{und} \tag{25.26}$$

$$\frac{\partial L}{\partial \delta_k} = \left(\sum_{i=1}^{c} \mu_i(\mathbf{x}_k) \right) - 1 \overset{!}{=} 0 \tag{25.27}$$

Auflösen von (25.26) nach $\mu_i(\mathbf{x}_k)$ liefert

$$\mu_i(\mathbf{x}_k) = \left(\frac{\delta_k}{v} \right)^{\frac{1}{v-1}} \left(\frac{1}{\left\| \mathbf{x}_k - \mathbf{v}_i \right\|^2} \right)^{\frac{1}{v-1}}. \tag{25.28}$$

Die Substitution von $\mu_i(\mathbf{x}_k)$ in (25.27) mit diesem Ausdruck führt nach Umstellen der Gleichung und Verwendung von j statt i als Laufindex zu

$$\left(\frac{\delta_k}{v} \right)^{\frac{1}{v-1}} = \frac{1}{\sum_{j=1}^{c} \left(\frac{1}{\left\| \mathbf{x}_k - \mathbf{v}_j \right\|^2} \right)^{\frac{1}{v-1}}}. \tag{25.29}$$

Ersetzt man $(\delta_k / v)^{1/(v-1)}$ in (25.28) durch den Ausdruck auf der rechten Gleichungsseite in (25.29), so folgt der gesuchte Ausdruck für die Zugehörigkeiten:

$$\mu_i(\mathbf{x}_k) = \left[\sum_{j=1}^{c} \left(\frac{\left\| \mathbf{x}_k - \mathbf{v}_i \right\|^2}{\left\| \mathbf{x}_k - \mathbf{v}_j \right\|^2} \right)^{\frac{1}{v-1}} \right]^{-1} \quad \forall \, i = 1, ..., c; \; k = 1, ..., N \tag{25.30}$$

Hält man nun die Zugehörigkeiten $\mu_i(\mathbf{x}_k)$ fest, so stellt die Minimierung von J gemäß (25.23) ein unbeschränktes Optimierungsproblem dar. Es sei angenommen, dass $\|\cdot\|$ eine innere Produktnorm mit symmetrischer Formenmatrix ist. Ableiten von J nach $\mathbf{v}_i$ und Nullsetzen der Ableitungen (notwendige Bedingung für ein Minimum) liefert dann:

$$\frac{\partial J}{\partial \mathbf{v}_i} = -2 \sum_{k=1}^{N} \mu_i^{v}(\mathbf{x}_k) \cdot \mathbf{D} \cdot (\mathbf{x}_k - \mathbf{v}_i) \overset{!}{=} 0 \tag{25.31}$$

Die Formenmatrix $\mathbf{D}$ kann eliminiert werden und Auflösen nach $\mathbf{v}_i$ liefert den gesuchten Ausdruck für die Clusterzentren:

$$\mathbf{v}_i = \frac{\sum_{k=1}^{N} \mu_i^v(\mathbf{x}_k) \cdot \mathbf{x}_k}{\sum_{k=1}^{N} \mu_i^v(\mathbf{x}_k)} \quad \forall\, i = 1, ..., c \tag{25.32}$$

25.6   Berechnungsprogramme im Bereich der CI

Tab. 25.1 führt einige kommerzielle und frei verfügbare Tools im Bereich CI auf.

Tab. 25.1:   Tools im Bereich CI

Name	Anbieter	Beschreibung	FS	NN	EA	WWW
Data Engine	MIT Aachen	Data Mining: Statistik, Mamdani-Systeme, Fuzzy-Clusterung, MLP, SOM	●	●		www.dataengine.de
EASEA	ICube, Univ. de Strasbourg, FR	ES, GP			●	http://easea.unistra.fr
ECJ	Prof. Luke, George Mason Univ., USA	GA, EP, ES u. a. m.			●	http://www.cs.gmu.edu/~eclab/projects/ecj/
Eva 2	Prof. Zell, Univ. Tübingen	ES, GA			●	www.ra.cs.uni-tuebingen.de/software/EvA2/
FCLUSTER	Prof. Kruse, Univ. Magdeburg	Fuzzy-Clusterung (FCM, GK, GG)	●			www.fuzzy.cs.uni-magdeburg.de/fcluster
FMID	Prof. Babuska, TU Delft, NL	FS-Identifikation (Matlab Toolbox)	●			www.dcsc.tudelft.nl/~rbabuska/
Fuzzy Clustering and Data Analysis Toolbox	Prof. Abonyi, Dr. Feil, Univ. Veszprem, HU	Fuzzy-Clusterung (FCM, GK, GG)	●			www.abonyilab.com/software-and-data/fclusttoolbox
Fuzzy Logic Toolbox	Mathworks, Natick, Ismaning	Mamdani- und Takagi-Sugeno-Systeme, FCM (eingeschränkt), Substractive Clustering, ANFIS	●	◗		www.mathsworks.com
fuzzyTECH	INFORM, Aachen	Mamdani-Systeme, Neuro-Fuzzy	●	◗		www.fuzzytech.de
Gait-CAD	Prof. Mikut, KIT, Karlsruhe	Data Mining: MLP, RBF, FCM, GK (Matlab basiert)	●	●		sourceforge.net/projects/gait-cad/
Global Optimization Toolbox	Mathworks, Natick, Ismaning	Binär und reell kodierte GA, Simulated Annealing, Lineare Programmierung			●	www.mathsworks.com
JGap	Open Source	GA, EP			●	http://jgap.sourceforge.net/

Name	Anbieter	Beschreibung	FS	NN	EA	WWW
Konstanz Information Miner KNIME	KNIME.com AG, Zürich	Data Mining: Fuzzy-Clusterung, Mamdani-Systeme, MLP	●	●	●	www.knime.org
LOLIMOT	Prof. Nelles, Univ. Siegen	Modellierung: Neuro-fuzzy/neural networks (Matlab Toolbox)	●			lolimot.sourceforge.net
Membrain	Thomas Jetter, Mainz	NN-Editor/Simulator		●		www.membrain-nn.de
NEFCON	Prof. Kruse, Univ. Magdeburg	Neuro-Fuzzy, Mamdani	●	●		www.fuzzy.cs.uni-magdeburg.de/nefcon
Neural Network Toolbox	Mathworks, Natick, Ismaning	MLP, SOM, RBF		●		www.mathsworks.com
NeuroModel GenOpt	atlan-tec GmbH, Willich-Mühlheide	NN-Prozessmodelle, EA-Prozessoptimierung		●	●	www.atlan-tec.com
NNSYSID Toolbox	Prof. Nørgaard, Technical Univ. of Denmark	MLP-Identifikation (Matlab Toolbox)		●		www.iau.dtu.dk/research/control/nnsysid.html
PEGASUS	Pegasus Technologies Inc., USA	Neural network model with clustering ensemble approach		●		www.pegtech.com
Process Optimization	Pavilion Technologies, USA	MPC, NN		●		www.rockwellautomation.com
R	GNU Software	Data-Mining: Statistik, FCM, Mamdani- und TS-Systeme, RBF, MLP, SOM, GA, ES	●	●	●	www.r-projekt.org
Rapidminer	Rapid-I GmbH, Dortmund	Data Mining		●	●	www.rapidminer.com
SAS Enterprise Miner	SAS	Data Mining		●		www.sas.com
SNNS	Prof. Zell, Univ. Stuttgart & Tübingen	Verschiedene NN und Lernverfahren		●		www.ra.cs.uni-tuebingen.de/SNNS/
SPSS	IBM, Ehningen	Data-Mining		●		www01.ibm.com/software/de/analytics/spss/
WEKA	University of Waikat, NZ	Data Mining		●	●	www.cs.waikato.ac.nz/ml/weka/
WinFACT	Ing.-Büro Dr. Kahlert, Hamm	Fuzzy Control, Mamdani-Systeme	●			www.winfact.de

Literatur

Aarts, E.; Korst, J.: *Simulated annealing and Boltzmann machines*, Wiley, New York 1989, ISBN 0-471-92146-7.

ABB: ABB's award winning Expert optimizer is now optimizing over 200 kilns, Pressemitteilung, ABB, Baden Switzerland 20.2.2009.

Abonyi, J.; Feil, B.: *Cluster Analysis for Data Mining and System Identification*, Birkhäuser, Basel 2007, ISBN 978-3-7643-7987-2.

Adamy, J.: *Nichtlineare Regelungen*, Springer, Dordrecht 2009, ISBN 978-3-652-00793-4.

Adleman, L.M.: Molecular computation of solutions to combinatorial problems, *Science, New Series* **266** (1994) pp. 1021–1024.

Aickelin, U.; Dasgupta, D.: Artificial Immune Systems, in Burke et al. (eds.): *Search methodologies: introductory tutorials in optimization and decision support techniques*, Kap. 13, Springer, New York, 2005, pp. 375–399, ISBN 978-0387-23460-1.

Akaike, H.: A new look at the statistical model identification, *IEEE Transactions on Automatic Control* **19** (1974) pp. 716–723.

Alcalá, R.; Ducange, P.; F. Herrera, F.; Lazzerini, B.; Marcelloni, F.: A multiobjective evolutionary approach to concurrently learn rule and data bases of linguistic fuzzy-rule-based systems, *IEEE Transactions on Fuzzy Systems* **17** (2009) pp. 1106–1122.

Allgöwer, F.; Gilles, E.D.: Einführung in die exakte und näherungsweise Linearisierung nichtlinearer Systeme, in Engell, S. (ed.): *Entwurf nichtlinearer Regelungen*, Oldenbourg, München 1995, pp. 23–52, ISBN 3-486-23065-4.

Altrock, C. von.: *Fuzzy logic and neuro-fuzzy applications explained*, Prentice Hall, Upper Saddle River 1995, ISBN 978-0133-68465-0.

Anderson, J. A.; Rosenfeld, E. (eds.): *Neurocomputing Foundations of Research*, MIT, Cambridge 1988, ISBN 978-0262-51048-6.

Aström, K. J.; Hägglund, T.: *PID Controllers*, Instrument Society of America, Research Triangle Park, 1995, ISBN 1-55617-516-7.

Atuonwu, J.C.; Cao, Y.; Rangaiah, G.P.; Tadé, M.O.: Identification and predictive control of a multi-stage evaporator, *Control Engineering Practice* **18** (2010) pp. 1418–1428.

Azzini, A.; Tettamanzi, A.G.B.: Evolutionary ANNs: A state of the art survey, *Intelligenza Artificiale* **5** (2011) pp. 19–35.

Babuška, R.: *Fuzzy Modeling for Control*, Kluwer, Dordrecht 1998, ISBN 0-7923-8154-8.

Backer, E.: *Computer assisted reasoning in cluster analysis*, Prentice Hall, New York 1995, ISBN 0-13-341884-7.

Bäck, T.: *Evolutionary algorithms in theory and practice*, Oxford University, Oxford 1996, ISBN 978-0195-09971-3.

Bäck, T.; Foussette, C.; Krause, P.: Eine Übersicht moderner Evolutionsstrategien und empirische Analyse ihrer Effizienz, *Proc. 22. Workshop Computational Intelligence*, Dortmund, 5.-6.12.2012, pp. 273–305, ISBN 978-3-86644-917-6.

Bäck, T.; Fogel, D.B.; Michalewicz, Z. (eds.): *Handbook of evolutionary computation*, Oxford University, New York 1997, ISBN 0-7503-0392-1.

Bandemer, H.; Gottwald, S.: *Einführung in Fuzzy-Methoden*, Akademie Verlag, Berlin 1993, ISBN 3-05-501601-7.

Bar-Cohen, Y.: *Biomimetics*, CRC, Boca Raton 2006, ISBN 0-8493-3163-3.

Bar-Cohen, Y. (ed.): *Biomimetics: nature based innovation*, CRC, Boca Raton 2012, ISBN 978-1-4398-3476-3.

Beale, M.; Hagen, M.T.; Demuth, H.B.: *Neural network toolbox 7: User's guide*, The Mathworks, Natick 2010.

Bernd, T.; Kleutges, M.; Kroll, A.: Nonlinear black box modelling – fuzzy networks versus neural networks, *Neural Computing and Applications* **8** (1999) pp. 151–162.

Bertram, T.: Vernetzung von Längs-, Quer- und Vertikaldynamik-Regelung, in Isermann (ed.): *Fahrdynamik-Regelung*, Vieweg, Wiesbaden 2006, ISBN 978-3-8348-0109-8.

Beyer, H.-G.; Schwefel, H.-P.: Evolution strategies - a comprehensive introduction, *Natural Computing* **1** (2002) pp. 3–52.

Bezdek, J.C.: *Fuzzy mathematics in pattern recognition*, Dissertation, University of Cornell, Ithaca 1973.

Bezdek, J.C.: *Pattern recognition with fuzzy objective function algorithms*, Plenum, New York 1981, ISBN 0-306-40671-3.

Bezdek, J.C.: On the relationship between neural networks, pattern recognition and intelligence, *The International Journal of Approximate Reasoning* **6** (1992) pp. 85–107.

Bezdek, J.C.: What is computational intelligence? in Zurada et al. (eds.): *Computational Intelligence – Imitating life*, in IEEE, Piscataway 1994, pp. 1–12, ISBN 0-7803-1104-3.

Bezdek, J.C.; Pal, S.K.: *Fuzzy models for pattern recognition*, IEEE, New York 1992, ISBN 0-7803-0422-5.

Bianchi, L.; Dorigo, M.; Gambardella, L.M.; Gutjahr, W.J.: A survey on metaheuristics for stochastic combinatorial optimization, *Natural Computing* **8** (2009) pp. 239–287.

Billings, S.A.; Zhu, Q.M.: Nonlinear model validation using correlation tests, *Int. J. of Control* **60** (1994) pp. 1107–1120.

BISC 2012: Homepage Berkeley Initiative in Soft Computing (BISC). www-bisc.cs.berkeley.edu [letzter Abruf am 10.02.2013].

Bishop, C.M.: *Pattern recognition and machine learning*, Springer, New York 2006, ISBN 978-0387-31073-2.

Bishop, C.M.: *Neural networks for pattern recognition*, Oxford University, Oxford 2007, ISBN 978-0-19-853864-6.

Bjelkemyr, M.; Semere, D.; Lindberg, B.: An engineering systems perspective on system of systems methodology, *Proc. 1st Annual Systems Conference*, April 9-12, 2007, Honolulu, pp. 1–7, ISBN 1-4244-1041-X.

Blum, C.; Roli, A.: Metaheuristics in combinatorial optimization: overview and conceptual comparison, *ACM Computing Surveys* **35** (2003) pp. 268–308.

Blickle, T.; Thiele, L.: A mathematical analysis of tournament selection, *Proc. 6th International Conference on Genetic Algorithm (ICGA95)*, San Francisco 1995, pp. 9–16.

Blume, C.; Jakob, W.: *GLEAM – General Learning Evolutionary Algorithm and Method: Ein Evolutionärer Algorithmus und seine Anwendungen*, KIT Scientific Publishing, Karlsruhe 2009, ISBN 978-3-86644-436-2.

Bocklisch, S.F.: *Prozeßanalyse mit unscharfen Verfahren*, VEB-Verlag Technik, Berlin 1987, ISBN 3-341-00211-1.

Böhme, G.: *Fuzzy-Logik: Einführung in die algebraischen und logischen Grundlagen*, Springer, Berlin 1993, ISBN 3-540-56658-9.

Boersch, I.; Heinsohn, J.; Socher, R.: *Wissensverarbeitung: Eine Einführung in die künstliche Intelligenz für Informatiker und Ingenieure*, 2. Auflage, Elsevier, München 2007, ISBN 978-3-8274-1844-9.

Bolton, W.: Bausteine mechatronischer Systeme, Pearson, München 2004, ISBN 978-3-8273-7262-8.

Borgelt, C.; Klawonn, F.; Kruse, R.; Nauck, D.: *Neuronale Netze und Fuzzy-Systeme*, 3. Auflage, Vieweg, Wiesbaden 2003, ISBN 3-528-25265-0.

Bothe, H.H.: *Fuzzy Logic: Einführung in Theorie und Anwendungen*, Springer, Berlin 1995, ISBN 3-540-56967-7.

Box, G.E.P.; Jenkins, G.M.; Reinsel, G.C.: *Time series analysis: forecasting and control*, 4. Auflage, Wiley, Oxford 2008, ISBN 978-0-470-27284-8.

Brizzotti, M.M.; Carvalho, A.C.P.L.F.: The influence of clustering techniques in the RBF networks generalization, *Proc. 7th Int. Conf. on Image Processing and its Applications*, Manchester, 13.–15.7.1999, pp. 87–92.

Bronstein, I.N.; Semendjajew, K.A.; Musiol, G.; Mühlig, H.: *Taschenbuch der Mathematik*, 7. Auflage, Harri Deutsch, Frankfurt 2008, ISBN 978-3817-1-2007-9.

Broomhead, D.S.; Lowe, D.: Multivariable functional interpolation and adaptive networks, *Complex Systems* **2** (1988) pp. 321–355.

Buchholz, M.; Pecheur, G.; Niemeyer, J.; Krebs, V.: Fault detection and isolation for PEM fuel cell stacks using fuzzy clusters, *Proc. ECC 2007*, Kos, 2.–5.7.2007, pp. 971–977.

Buchtala, O.; Neumann, P.; Sick, B.: A strategy for an efficient training of radial basis function networks for classification applications, *Proc. Int. Joint Conf. Neural Networks (IJCNN) 20.–24.7.2003*, Portland 2003, pp. 1025–1030.

Burke, E.K.; Kendall, G. (eds.): *Search methodologies: Introductory tutorials in optimization and decision support techniques*, Springer, New York 2005, ISBN 978-0387-23460-1.

Cabecinhas, D.; Silvestre, C.; Rosa, P.; Cunha, R.: Path-following control for coordinated turn aircraft maneuvers, *AIAA Guidance, Navigation and Control Conference and Exhibit*, 20–23.8.2007, Hilton Head, South Carolina.

Carrano, E. G.; Takahashi, R.H.C; Wanner, E.F.: An enhanced statistical approach for evolutionary algorithm comparison, *Proc. GECCO '08*, Atlanta 2008, pp. 897–903.

Castro, L.N. de; Timmis, J.: *Artificial Immune systems: a new computational intelligence approach*, Springer, London 2002, ISBN 1-85233-594-7.

Castro, L.N. de; Zuben, F.J. von: Learning and optimization using the clonal selection principle, *IEEE Transactions on Evolutionary Computation* **6** (2002) pp. 239–251.

Cawsey, A.: *The essence of artificial intelligence*, Prentice Hall, Harlow 1998, ISBN 0-13-571779-5.

Chen, S.; Cowan, C.F.N.; Grant, P.M.: Orthogonal least squares learning algorithm for radial basis function networks, *IEEE Transactions on Neural Networks* **2** (1991) pp. 302–309.

Coello Coello C.A.; Lamont, G.B. (eds): *Applications Of Multi-Objective Evolutionary Algorithms*, World Scientific, Singapore 2004, ISBN 978-981-256-106-0.

Coello Coello, C.A.; Lamont, G.B.; Veldhuizen, D.A.V.: *Evolutionary algorithms for solving multi-objective problems*, Springer, New York 2007, 2. Auflage, ISBN 978-0-387-33254-3.

Collette, Y.; Siarry, P.: *Multiobjective optimization: principles and case studies*, Springer, Berlin 2004, ISBN 3-540-40182-2.

Conrad: Bedienungsanleitung Kombi-Wetterstation WS888, Ausgabe 11/2006, Conrad Electronic, Hirschau 2006.

Cordón, O.; Gomide, F.; Herrera, F.; Hoffmann, F.; Magdalena, L.: Ten years of genetic fuzzy systems: current framework and new trends, *Fuzzy Sets and Systems* **141** (2004) pp. 5–31.

Corne, D.W.; Reynolds, A.; Bonabeau, E.: Swarm intelligence, in: *Handbook of Natural Computing, Vol. 4, Kap. 48*, Springer, Berlin 2012, pp. 1599–1622.

Cortes, C.; Vapnik, V.: Support-vector networks, *Machine Learning* **20** (1995) pp. 273–297.

Craenen, B.G.W. et al.: Comparing Evolutionary Algorithms on Binary Constraint Satisfaction Problems, *IEEE Transactions on Evolutionary Computation* **7** (2003) pp. 424–444.

DAISY 2013: http://homes.esat.kuleuven.be/ smc/daisy/ [letzter Abruf 18.2.2013].

Dasgupta, D. (ed.): *Artificial immune systems and their applications*, Springer, Berlin 1999, ISBN 3-540-64390-7.

Dasgupta, D.; Michalewicz, Z. (eds.): *Evolutionary Algorithms in Engineering Applications*, Springer, Berlin 1997, reprint 2010, ISBN 3-540-62021-4.

Dave, R.N.: Characterization and detection of noise in clustering, *Pattern Recognition Letters* **12** (1991) pp. 657–664.

Deb, K.: *Multi-objective optimization using evolutionary algorithms*, Wiley, Chichester 2001, ISBN 0-471-87339-X.

Dennis, J.E.; Schnabel, R.B.: *Numerical methods for unconstrained optimization and nonlinear equations*, SIAM, Philadelphia 1996, ISBN 0-89871-364-1.

DIN 19227: Graphische Symbole und Kennbuchstaben für die Prozeßleittechnik, Beuth, Berlin 1990.

DIN EN 61131-7: Speicherprogrammierbare Steuerungen - Teil 7: Fuzzy-Control-Programmierung, Beuth, Berlin 2001.

DIN EN 62424: Darstellung von Aufgaben der Prozessleittechnik – Fließbilder und Datenaustausch zwischen EDV-Werkzeugen zur Fließbilderstellung und CAE-Systemen, Beuth, Berlin 2010.

DIN EN ISO 10628: Fließschemata für verfahrenstechnische Anlagen, Beuth, Berlin 2001.

DIN IEC 60050-351: Internationales Elektrotechnisches Wörterbuch - Teil 351: Leittechnik (IEC 60050-351:2006), Beuth, Berlin 2009.

Dittmar, R.; Pfeiffer, B.-M.: *Modellbasierte prädiktive Regelung*, Oldenbourg, München 2004, ISBN 3-486-27523-2.

Dittmar, R.; Timm, H.; Rößler, K.: Entwicklung von Softsensoren mit Hilfe Künstlicher Neuronaler Netze, *Automatisierungstechnische Praxis atp* **47** (2005) pp. 65–74.

Domschke, W.; Drexl, A.: *Einführung in Operations Research*, Springer, Berlin 2007, ISBN 978-3-540-70948-0.

Dorigo, M.; Stützle, T.: *Ant colony optimization*, MIT, Cambridge 2004, ISBN 0-262-04219-3.

Driankov, D.; Hellendorn, H.; Reinfrank, M.: *An introduction to fuzzy control*, Springer, Berlin 1993, ISBN 0-387-56362-8.

Dubois, D.; Nguyen, H.T.; Prade, H.; Sugeno, M.: Introduction: the real contribution of fuzzy systems, in Nguyen et al. (eds.): *Fuzzy systems: modeling and control*, Kluwer, Dordrecht 1998, pp. 1–17, ISBN 978-079-238064-1.

Dubois, D.; Prade, H.: *Fuzzy sets and systems: theory and applications*, Academic, New York 1980, ISBN 978-0-12-222750-9.

Duda, R.O.; Hart, P.E.; Stork, D.G.: *Pattern classification*, Wiley, New York 2001, ISBN 0-471-05669-3.

Dunn, J.C.: Well-separated clusters and optimal fuzzy partitions, *Journal of Cybernetics* **5** (1974) pp. 95–104.

Ehrgott, M.: *Multicriteria Optimization*, Springer, Berlin 2005, ISBN 3-540-21398-8.

Eiben, A.E.; Smith, J.E.: *Introduction to Evolutionary Computing*, Springer, Berlin 2003, ISBN 3-540-40184-9.

Emmerich, M.; Grötzner, M.; Groß, B.; Henrich, F.; Roosen, P.; Schütz, M.: Strukturoptimierung verfahrenstechnischer Anlagen mit Evolutionären Algorithmen, *VDI-Berichte Nr. 1526: Computational Intelligence im industriellen Einsatz*, VDI, Düsseldorf 2000, pp. 277–281, ISBN 3-18-091526-9 (a).

Emmerich, M.; Grötzner, M.; Groß, B.; Schütz, M.: Mixed-integer evolution strategy for chemical plant optimization with simulators, in Parmee (ed.): *Evolutionary design and manufacture*, Springer, London 2000, pp. 55–67, ISBN 1-85233-300-6 (b).

Emmerich, M.; Groß, B.; Henrich, F.; Roosen, P.; Schütz, M.: Global Optimization of chemical engineering plants by means of evolutionary algorithms, *Proc. ASPEN World 2000*, ASPEN-Tech, Orlando 2000 (c).

Engelbrecht, A.P.: *Computational intelligence – an introduction*, 2. Auflage, Wiley, Chichester 2007, ISBN 0-470-84870-7.

Engelbrecht, A.P.: *Fundamentals of computational swarm intelligence*, Wiley, Chichester 2006, ISBN 13-978-0-470-09191-3.

Floudas, C.A.: *Deterministic global optimization: theory, methods and applications*, Kluwer, Dordrecht 2000, ISBN 0-7923-6014-1.

Fogel, D.B.: An introduction to simulated evolutionary optimization, *IEEE Transactions on Neural Networks* **5** (1994) pp. 3–14.

Fogel, L.J.: Autonomous Automata, *Industrial Research* **4** (1962) pp. 14–19.

Fogel, L.J.; Owens, A.J.; Walsh, M.J.: Artificial intelligence through simulated evolution, in Maxfield et al. (eds.): *Biophysics and Cybernetic systems, Proc. of the 2nd Cybernetic Science Symposium*, Spartan Books, Washington DC 1966, pp. 131–155.

Fogel, L.J.; Owens, A.J.; Walsh, M.J.: *Artificial intelligence through simulated evolution*, Wiley, New York 1966, ISBN 978-047-126516-0.

Freschi, F.; Repetto, M.: Comparison of artificial immune systems and genetic algorithms in electrical engineering optimization, *Int. J. for Computation and Mathematics in Electrical and Electronic Engineering* **25** (2006) pp. 792–811.

Frey, C.; Kuntze, H.-B.: Neuro-Fuzzy-basiertes multisensorielles Diagnosekonzept zur qualifizierten Schadensdiagnose an Abwasserkanälen, *Automatisierungstechnik at* **53** (2005) pp. 332–341.

Frey, C.; Kuntze, H.-B.; Munser, R.: Anwendung von Neuro-Fuzzy-Methoden zur multisensoriellen Schadensdiagnose in Abwasserkanälen, *Proc. 12. Workshop Fuzzy-Control*, GMA FA 5.22, 13.–15.11.2002, Dortmund, pp. 81–89, ISSN 0947-8620.

Friedman, J. H.: On Bias, Variance, 0/1-Loss, and the Curse-of-Dimensionality, *Data Mining and Knowledge Discovery* **1** (1997) pp. 55–77.

Fu, K.S.: *Syntactic methods in pattern recognition*, Academic, New York 1974, ISBN 0-12-269560-7.

Gardner, M.: Mathematical games: *The fantastic combinations of John Conways's new solitaire game „life"*, *Scientific American* **223** (1970) pp. 120–123.

Gath, I.; Geva, A.B.: Unsupervised optimal fuzzy clustering, *IEEE Transactions on Pattern Analysis and Machine Intelligence* **11** (1989) pp. 773–778.

Gendreau, M.; Potvin, J.-Y. (eds.): *Handbook of Metaheuristics*, 2. Auflage, Springer, New York 2010, ISBN 978-1-4419-1663-1.

Gerdes, I.; Klawonn, F.; Kruse, R.: *Evolutionäre Algorithmen*, 1. Auflage, Vieweg, Wiesbaden 2004, ISBN 3-528-05570-7.

Gerland, P.; Schulte, H.; Kroll, A.: Probability-based global state detection of complex technical systems and application to mobile working machines, *Proc. European Control Conference (ECC)*, 23.-26.8.2009, Budapest, pp. 1269–1274.

Geyer-Schulz, A.: *Fuzzy rule-based expert systems and genetic machine learning*, 2. Auflage, Physica, Heidelberg 1997, ISBN 978-379-080964-0.

Gill, P.E.; Murray, W.; Wright, M.H.: *Practical optimization*, Academic, London 1981, ISBN 0-12-283952-8.

Ginsberg, M.: *Essentials of artificial intelligence*, Morgan Kaufmann, San Francisco 1993, ISBN 1-55860-221-6.

Glover, F.: Future paths for integer programming and links to artificial intelligence, *Comput. Oper. Res.* **13** (1986) pp. 533–549.

Glover, F.; Laguna, M.: *Tabu search*, 5. Auflage, Kluwer, Norwell 2002, ISBN 0-7923-8187-4.

Glover, F.; Kochenberger, G.A. (eds.): *Handbook of Metaheuristics*, Kluwer, Boston 2003, ISBN 1-4020-7263-5.

GMA 2012: Homepage GMA-Fachausschuss 5.14 Computational Intelligence. www.rst.e-technik.tu-dortmund.de/cms/de/Veranstaltungen/GMA-Fachausschuss/ index.html [letzter Abruf 28.12.2012].

Goldberg, D.E.: *Genetic algorithms in search, optimization and machine learning*, Addison-Wesley, Reading 1989, ISBN 0-201-15767-5.

Goldberg, D.E.; Deb, K.: A comparative analysis of selection schemes used in genetic algorithms, *Proc. Foundations Genetic Algorithms* **1** (1991) pp. 69–93.

Gonzáles, J.; Rojas, I.; Ortega, J.; Pomares, H.; Fernández, F.J.; Díaz, A.F.: Multi-objective evolutionary optimization of the size, shape, and position parameters of radial basis function networks for function approximation, *IEEE Transactions on Neural Networks* **14** (2003) pp. 1478–1495.

Goodwin, G.C.; Payne, R.L.: *Dynamic system identification: experiment design and data analysis*, Academic, New York 1977, ISBN 0-12-289750-1.

Groß, B.: *Gesamtoptimierung verfahrenstechnischer Systeme mit Evolutionären Algorithmen*, VDI-Fortschritt-Berichte, Reihe 3, Nr. 608, VDI, Düsseldorf 1999.

Haberäcker, P.: *Praxis der digitalen Bildverarbeitung und Mustererkennung*, Carl Hanser, München 1995, ISBN 3-446-15517-1.

Hafner, S. (ed.): *Industrielle Anwendungen Evolutionärer Algorithmen*, Oldenbourg, München 1998, ISBN 3-486-24534-1.

Hagen, M.T.; Demuth, H.B.; Beale, M.: *Neural network design*, PWS Publishing, Boston 1996, ISBN 0-534-94332-2.

Hagen, M.T.; Menhaj, M.B.: Training feedforward networks with the Marquardt algorithm, *IEEE Transactions on Neural Networks* **5** (1994) pp. 989–993.

Hagenmeyer, V.; Zeitz, M.: Flachheitsbasierter Entwurf von linearen und nichtlinearen Vorsteuerungen, *Automatisierungstechnik at* **52** (2004) pp. 3–12.

Hambrecht, A.; Klawonn, T.; Prüfer, N.; Dlabka, M.: Anwendung eines Neuronalen Netzes zur Fließkurvenbestimmung für das Setup von Walzwerken, *Proc. 13. Workshop Fuzzy-Control*, GMA FA 5.22, 19.-21.11.2003, Dortmund, pp. 31–40, ISSN 0947-8620.

Hammel, U.; Naujoks, B.; Schwefel, H.-P.: Introduction, in Schwefel et al. (eds.): *Advances in Computational Intelligence*, Springer, Berlin 2003, ISBN 3-540-43269-8.

Hansen, N.; Ostermeier, A.: Adapting Arbitrary Normal Mutation Distributions in Evolution Strategies: the Covariance Matrix Adaptation, in: *Proceedings of the 1996 IEEE International Conference on Evolutionary Computation (ICEC '96)*, IEEE Press, Piscataway 1996, pp. 312–317.

Hansen, N.; Ostermeier, A.: Completely derandomized self-adaptation in evolution strategies, *Evolutionary Computation* **9** (2001) pp. 159–195.

Hansen, N.: *The CMA Evolution Strategy: A Tutorial*, June 28, 2011, https://www.lri.fr/~hansen/cmatutorial110628.pdf.

Harp, S.A.; Samad, T.; Guha, S.: Towards the genetic synthesis of neural networks, in Schaffer (ed): *Proc. 3rd Int. Conf. on Genetic Algorithms*, Hillsdale (1989) pp. 360–369.

Harpham, C.; Dawson, C.W.; Brown, M.R.: A review of genetic algorithms applied to training radial basis function networks, *Neural Computing & Applications* **13** (2004) pp. 193–201.

Harris, C.J.; Moore, C.G.: Intelligent identification and control for autonomous guided vehicles using adaptive fuzzy-based algorithms, *Engineering Applications of AI* **2** (1989) pp. 267–285.

Hartung, J.: *Statistik*, 8. Auflage, Oldenbourg, München 1991, ISBN 3-486-22055-1.

Hartung, J.; Elpelt, B.: *Multivariate Statistik*, Oldenbourg, München 2007, ISBN 978-3-486-68234-5.

Haykin, S.: *Neural networks and learning machines*, 3. Auflage, Pearson, Upper Saddle River 2009, ISBN 978-0-13-129376-2.

Hebb, D.O.: *The organisation of behaviour*, Wiley, New York 1949, ISBN 978-0-8058-4300-2.

Heimann, B.; Gerth, W.; Popp, K.: *Mechatronik: Komponenten – Methoden – Beispiele*, Fachbuchverlag Leipzig im Carl-Hanser-Verlag, München 2007, ISBN 978-3-446-40599-8.

Hellendoorn, H.: After the fuzzy wave reached Europe, *European Journal of Operational Research* **99** (1997) pp. 58–71.

Hengen, H.; Feid, M.; Pandit, M.: Überwacht lernende Klassifikationsverfahren im Überblick, Teil 1–4, *Automatisierungstechnik at* **52** (2004) pp. A1–A8.

Herrera, F.: Genetic fuzzy systems: taxonomy, current research trends and prospects, *Evolutionary Intelligence* **1** (2008) pp. 27–46.

Heuser, H.: *Lehrbuch der Analysis - Teil 1*, 17. Auflage, Teubner, Stuttgart 2009, ISBN 978-3-8348-0777-9.

Hillier, F.S.; Liebermann, G.J.: *Introduction to operations research*, McGrawHill, Boston 2005, ISBN 007-123828-X.

Hirota, K.: *Industrial Applications of Fuzzy Technology*, Springer, Tokio 1993, ISBN 3-540-70109-5.

Hirvensalo, M.: *Quantum Computing*, 2. Auflage, Springer, Berlin 2004, ISBN 3-540-40704-9.

Höhfeld, M.; Gramckow, O.: Parameterschätzung in der Stahlindustrie, in S. Hafner (ed.): *Industrielle Anwendungen Evolutionärer Algorithmen*, Oldenbourg, München 1998, ISBN 3-486-24534-1.

Hoffmann, F.; Mikut, R.; Kroll, A.; Reischl, M.; Nelles, O.; Schulte, H.; Bertram, T.: Computational Intelligence: State-of-the-Art-Methoden und Benchmarkprobleme, in Hoffmann, Hüllermeier (eds.): *Proc. 22. Workshop Computational Intelligence*, Dortmund, 6.–7. Dezember 2012, ISBN 978-3-86644-917-6, pp. 1–42.

Hoffmann, F.; Schauten, D.: Strukturelle Evolution von Fuzzy-Reglern am Beispiel des inversen Rotationspendels, *Proc. 15. Workshop Computational Intelligence*, GMA FA 5.14, Dortmund, 16.–18.11.2005, pp. 197–211, ISBN 3-937300-77-5.

Hoffmann, F.; Schauten, D.; Hölemann, S.: Incremental evolutionary design of TSK fuzzy controllers, *IEEE Transactions on Fuzzy Systems* **15** (2007) pp. 563–577.

Holland, J.: Outline for a logical theory of adaptive systems, *JACM* **9** (1962) pp. 297–314.

Holland, J.: Genetic algorithms and the optimal allocation of trails, *SIAM Journal on Computing* **2** (1973) pp. 88–105.

Holland, J.: *Adaptation in natural and artificial systems*, The University of Michigan, Ann Arbor 1975, ISBN 978-0-2625-8111-0.

Holmblad, L.P.; Østergaard, J.J.: Übertragung von Betriebserfahrungen mit Fuzzy-Regelung auf die automatische Prozessführung, *Zement-Kalk-Gips* **34** (1981) pp. 127–133.

Holmblad, L.P.; Østergaard, J.J.: Control of a cement kiln by fuzzy logic, in Gupta et al. (eds.): *Fuzzy Information and Decision Processes*, North-Holland, Amsterdam 1982, pp. 389–399, ISBN 978-0-4448-6491-8.

Holmblad, L.P.; Østergaard, J.J.: The FLS application of fuzzy logic, *Fuzzy Sets and Systems* **70** (1995) pp. 135–146.

Homaifar, A. et al.: Schema analysis of the traveling salesman problem using genetic algorithms, *Complex Systems* **6** (1992) pp. 53–552.

Hopfield, J.J.: Neural networks and physical systems with emergent collective computational abilities, *Proc. of the National Academy of Sciences of the USA* **79** (1982) pp. 2554–2558.

Höppner, F.; Klawonn, F.: A contribution to convergence theory of fuzzy c-means and derivatives, *IEEE Transactions on Fuzzy Systems* **11** (2003) pp. 682–694.

Höppner, F.; Klawonn, F.; Kruse, R.; Runkler, T.A.: *Fuzzy cluster analysis: methods for classification, data analysis and image recognition*, Wiley, Weinheim 1999, ISBN 0-471-98864-2.

Horst, R.; Pardalos, P.M. (eds.): *Handbook of global optimization*, Kluwer, Dordrecht 1995, ISBN 0-7923-3120-6.

Horst, R.; Pardalos, P.M.; Nguyen, V.M.: *Introduction to global optimization*, 2. Auflage, Kluwer, Dordrecht 2000, ISBN 0-7923-6756-1.

Horst, R.; Tuy, H.: *Global optimization: deterministic approaches*, Springer, Berlin 1996, ISBN 3-540-61038-3.

Hoyningen-Huene, P.: Zu Emergenz, Mikro- und Makrodetermination, in Lübbe (ed.): *Kausalität und Zurechnung*, de Gruyter, Berlin 1994, pp. 165–195.

Hummel, D.; Beukenberg, M.: Aerodynamische Interferenzeffekte beim Formationsflug von Vögeln, *J. Orn.* **130** (1989) pp. 15–24.

IEEE 2012: Homepage IEEE Computational Intelligence Society, www.ieee-cis.org [letzter Abruf 14.02.2013].

Isermann, R.: *Identifikation dynamischer Systeme, Band 1 und 2*, Springer, Berlin 1992, ISBN 3-540-54924-2 und 3-540-55468-8.

Isermann, R.: *Mechatronische Systeme - Grundlagen*, Springer, Berlin 1999, ISBN 3-540-64725-2.

Ishibuchi, H.: Multiobjective genetic fuzzy systems: review and future research directions, *Proc. Fuzzy Systems Conference*, London, 23-26.7.2007, pp. 1–6.

Ishida, Y.: *Immunity-based systems*, Springer, Berlin 2004, ISBN 3-540-00896-9.

Isidori, A.: *Nonlinear control systems*, Springer, London 1995, ISBN 3-540-19916-0.

Jähne, B.: *Digitale Bildverarbeitung*, Springer, Berlin 2005, ISBN 978-3-540-24999-3.

Jain, A.K.; Dubes, R.C.: *Algorithms for clustering data*, Prentice-Hall advanced reference series, Prentice-Hall, Englewood Cliffs 1988, ISBN 0-13-022278-X.

Jain, A.K.; Duin, R.P.W.; Mao, J.: Statistical pattern recognition: a review, *IEEE Transactions on Pattern Analysis and Machine Intelligence* **22** (2000) pp. 4–37.

Jain, L.C.; Martin, N.M. (eds.): *Fusion of neural networks, fuzzy sets, and genetic algorithms: industrial applications*, CRC, Boca Raton 1999, ISBN 0-8493-9804-5.

Jang, R.: Self-learning fuzzy controllers based on temporal back propagation, *IEEE Transactions on Neural Networks* **3** (1992) pp. 714–723.

Jang, R.: ANFIS: Adaptive-network-based fuzzy inference system, *IEEE Transactions on Systems, Man, and Cybernetics* **23** (1993) pp. 665–685.

Jang, J.-S.R.; Sun, C.-T.; Mizutani, E.: *Neuro-fuzzy and soft computing: a computational approach to learning and machine intelligence*, Prentice Hall, Upper Saddle River 1997, ISBN 978-0-1326-1066-7.

Janschek, K.: *Systementwurf mechatronischer Systeme: Methoden – Modelle – Konzepte*, Springer, Berlin 2010, ISBN 978-3-540-78876-8.

Jaschek, H.; Voos, H.: *Grundkurs der Regelungstechnik*, 15. Auflage, Oldenbourg, München 2010, ISBN 978-3-486-58609-1.

Jantzen, J.C: *Foundations of Fuzzy Control*, Wiley, Chichester 2007, ISBN 978-0-470-02963-3.

Jelali, M.; Kroll, A.: *Hydraulic servo-systems: modelling, identification and control*, Springer, London 2003, ISBN 1-85233-692-7.

Jong, K. de: *Evolutionary Computation*, MIT, Cambridge 2006, ISBN 0-262-04194-4.

Kahlert, J.; Frank, H.: *Fuzzy-Logik und Fuzzy-Control*, 2. Auflage, Vieweg, Wiesbaden 1994, ISBN 3-528-15304-0.

Kailah, T.: *Linear Systems*, Prentice-Hall, Englewood Cliffs 1980, ISBN 0-13-536961-4.

Kallrath, J.: *Gemischt-ganzzahlige Optimierung: Modellierung in der Praxis*, Vieweg, Braunschweig 2002, ISBN 3-528-03141-7.

Kam, K.M.; Saha, P.; Tadé, M.O.; Rangaiah, G.P.: Models of an industrial evaporator for education and research, *Developments in Chemical Engineering and Mineral Processing* **10** (2002) pp. 105–127.

Kari, J.: Theory of cellular automata: a survey, *Theoretical Computer Science* **334** (2005) pp. 3–33.

Kari, L.; Rozenberg, G.: The many facets of natural computing, *Communications of the ACM* **51** (2008) pp. 72–83.

Karr, C.: Genetic algorithms for fuzzy controllers, *AI Expert* **6** (1991) pp. 26-33.

Karr, C.; Gentry, E.J.: Fuzzy control of pH using genetic algorithms, *IEEE Transactions on Fuzzy Systems* **1** (1993) pp. 46–53.

Kawamoto, S.; Tada, K.; Ishigame, A., Taniguchi, T.: An approach to stability analysis of second order fuzzy systems, *Proc. IEEE Conf. on Fuzzy Systems*, 8.-12.3.1992, San Diego, pp. 1427–1434.

Keesman, K.J.: *System identification: an introduction*, Springer, London 2011, ISBN 0-857-29521-7.

Keller, H.B.: *Maschinelle Intelligenz – Grundlagen, Lernverfahren, Bausteine intelligenter Systeme*, Vieweg, Braunschweig 2000, ISBN 3-528-05489-1.

Kesel, A.B.: *Bionik*, Fischer, Frankfurt a. M. 2005, ISBN 978-3-596-16123-2.

Kesel, A.B; Zehren, D. (eds.): Bionik: Patente aus der Natur, *Proc. Bionik-Kongress 2006/2008/2010/ 2012*, Bionik-Innovations-Centrum, Hochschule Bremen, ISBN 978-3-00-022050-0/978-3-00-027193-9/978-3-00-033467-2/978-3-00-040885-4.

Khalil, H.K.: *Nonlinear systems*, Prentice Hall, Upper Saddle River 2002, ISBN 0-13-067389-7.

Kiendl, H., Fuzzy Control, *Automatisierungstechnik at* **41** (1993) A1–A4.

Kiendl, H.: *Fuzzy Control – methodenorientiert*, Oldenbourg, München 1997, ISBN 3-486-23554-0.

Kienke, U.: *Ereignisdiskrete Systeme*, Oldenbourg, München 2006, ISBN 978-3-486-58011-2.

King, R.E.: *Computational Intelligence in Control Engineering*, Marcel Dekker, New York 1999, ISBN 0-8247-1993-X.

Kinsner, W.: System complexity and its measures: how complex is complex, in Wang et al. (eds.): *Advances in Cognitive Informatics and Cognitive Computing*, Springer, Berlin 2010, pp. 265–295, ISBN 978-3-642-16082-0.

Kitano, H.: Empirical studies of the speed of convergence of neural networks, training using genetic algorithms, *Proc. 8th Nat. Conf. on Artificial Intelligence*, Boston, 29.7.–3.8.1990, pp. 789–796.

Kohavi, R.; Provost, F.: Glossary of terms, *Machine Learning* **30** (1998) pp. 271–274.

Kohonen, T.: Self-organized formation of topology correct feature maps, *Biological Cybernetics* **43** (1982) pp. 59–69.

Konar, A.: *Computational Intelligence: Principles, Techniques and Applications*, Springer, Berlin 2005, ISBN 3-540-20898-4.

Korba, P.; Babuska, R.; Verbruggen, H.B; Frank, P.M.: Fuzzy gain scheduling: controller and observer design based on Lyapunov method and convex optimization, *IEEE Transactions on Fuzzy-Systems* **11** (2003) pp. 285–298.

Kordon, A.K.: *Applying Computational Intelligence: How to create value*, Springer, Berlin 2010, ISBN 978-3-540-69910-1.

Korte, B.; Vygen, J.: *Combinatorial optimization: Theory and algorithms*, Springer, Berlin 2008, ISBN 978-3-540-71843-7.

Kosko, B.: *Neural networks and fuzzy systems – a dynamical systems approach to machine intelligence*, Prentice-Hall, Englewood Cliffs 1992, ISBN 0-13-612334-1.

Koza, J.R.: Hierarchical genetic algorithms operating on populations of computer programs, in Sridharan et al. (eds.): *Proc. 11th Joint Conf. on Genetic Algorithms*, Morgan Kaufmann, San Mateo 1989, pp. 786–774.

Koza, J.R.: *Genetic programming: on the programming of computers by means of natural selection*, MIT, Cambridge, 1992, ISBN 0-262-11170-5.

Koza, J.R.; Poli, R: Genetic programming, in Burke et al. (eds.): *Search methodologies: Introductory tutorials in optimization and decision support techniques*, Springer, New York 2005, ISBN 978-0387-23460-1.

Kramar, O.: *Computational Intelligence – Eine Einführung*, Springer, Dordrecht 2009, ISBN 978-3-540-79738-8.

Krämer, S.; Dünnebier, G.; Hagenmeyer, V.; Schmitz, S.: Prozessführung: Beispiele, Erfahrung und Entwicklung, *Automatisierungstechnische Praxis atp* **50** (2008) pp. 68–80.

Krishnapuram, R.; Freg, C.-P.: Fitting an unknown number of lines and planes to image data through compatible cluster merging, *Pattern Recognition* **25** (1992) pp. 385–400.

Krishnapuram, R.; Keller, J.: A possibilistic approach to clustering, *IEEE Transactions on Fuzzy-Systems* **1** (1993) pp. 98–110.

Kroll, A.: Hybride Regelungskonzepte mit Fuzzy-Modulen für ein pneumatisches Feststofffördersystem, *Proc. 5. Workshop Fuzzy Control*, GMA-Fachausschuss 1.4.2, Dortmund, 16.–17.11.1995, pp. 225–238.

Kroll, A.: Identification of functional fuzzy models using multidimensional reference fuzzy sets, *Fuzzy Sets and Systems* **80** (1996) pp. 149–158.

Kroll, A.: Grey-box models and their application to a steel mill, CIMCA '99, Wien, 17.–19.02.1999, in Mohammadian (ed.): *Concurrent Systems Engineering Series* 55, pp. 340–345, IOS, Amsterdam 1999, ISBN 9-05199474-5.

Kroll, A.: A survey on mobile robots for industrial inspection, *Proc. Int. Conf. on Intelligent Autonomous Systems IAS10*, Baden-Baden, 23.–25.7.2008, pp. 406–414.

Kroll, A.: On choosing the fuzziness parameter for identifying TS models with multidimensional membership functions, *J. of Artificial Intelligence and Soft Computing Research* **1** (2011) pp. 283–300.

Kroll, A.; Abel, D.: Modellbasierte Prädiktive Regelung, *Automatisierungstechnik at* **54** (2006) pp. 587–589.

Kroll, A.; Agte, A.: Structure identification of fuzzy models, *Proc. 2nd International ICSC Symposium on Softcomputing, Fuzzy Logic, Artificial Neural Networks and Genetic Algorithms SOCO'97*, Nîmes, 17.–19.1997, pp. 185–191.

Kroll, A.; Bernd, T.; Trott, S.: Fuzzy network model-based fuzzy state controller design, *IEEE Transactions on Fuzzy Systems* **8** (2000) pp. 632–644.

Kroll, A.; Gerke, W.; Jordan, B.: Fuzzy-Modellierung und -Regelung eines Wirbelschichtofens zur Klärschlammverbrennung, *Automatisierungstechnische Praxis atp* **39** (1997) pp. 49–55.

Kroll, A.; Harjunkoski, I.: Produktionsoptimierung, *Automatisierungstechnik at* **56** (2008) pp. 61–63.

Kroll, A.; Dürrbaum, A.: Zur regelungsspezifischen Ableitung dynamischer Takagi-Sugeno-Modelle aus rigorosen Modellen, *Proc. 20. Workshop Computational Intelligence*, GMA FA 5.14, 1–3.12.2010, Dortmund, pp. 161–174, ISBN 978-3-86644-580-2.

Kroll, A.: Zur Modellierung unstetiger sowie heterogener nichtlinearer Systeme mittels Takagi-Sugeno-Fuzzy-Systemen, *Proc. 20. Workshop Computational Intelligence*, GMA FA 5.14, 1–3.12.2010, Dortmund, pp. 64–79, ISBN 978-3-86644-580-2.

Kroll, A.; Schulte, H.: Benchmark problems for nonlinear system identification and control using Soft Computing methods: Need and overview, *Applied Soft Computing* **25** (2014) pp. 496–513.

Kruse, R.; Borgelt, C.; Klawonn, F.; Moewes, C.; Ruß, G.; Steinbrecher, M.: *Computational Intelligence: Eine methodische Einführung in Künstliche Neuronale Netze, Evolutionäre Algorithmen, Fuzzy-Systems und Bayes-Netze*, Vieweg+Teubner, Wiesbaden 2011, ISBN 978-3-8348-1275-9.

Küppers, U.: Der Natur abgeschaut, *Chemie Technik* **26** (1997) pp. 85–87.

Küppers, U.: Kleine Biegung, große Wirkung, *Chemie Technik*, Sept. 2007, pp. 24–26.

Laarhoven, P.J.M. van; Aarts, E.H.L.: *Simulated annealing: theory and applications*, Reprint, D. Reinel Publishing Company, Dordrecht 1992, ISBN 90-277-2513-6.

Ladyman, J.; Lambert, J.; Wiesner, K.: What is a complex system?, *European Journal for Philosophy of Science*, June 2012, Online Publication, DOI 10.1007/s13194-012-0056-8.

Larsen, P.M.: Industrial applications of fuzzy logic control, *Int. J. Man-Machine Studies* **12** (1980) pp. 3–10.

Leder, C.: *Visualisierungskonzepte für die Prozesslenkung elektrischer Energieübertragungssysteme*, Dissertation, Universität Dortmund, Fachbereich Elektrotechnik, 2002.

Lee, S.C.; Lee, E.T.: Fuzzy neurons and automata, Proc. *4th Princeton Conf. on Information Science and Systems*, Princeton March 1970, pp. 381–385.

Lee, S.C.; Lee, E.T.: Fuzzy sets and neural networks, *Journal of Cybernetics* **4** (1974) pp. 83–103.

Lee, S.C.; Lee, E.T.: Fuzzy neural networks, *Mathematical Biosciences* **23** (1975) pp. 151–177.

Lee, M.A.; Takagi, H.: Integrating design stages of fuzzy systems using genetic algorithms, *Proc. 2nd IEEE Int. Conf. on Fuzzy Systems (FUZZ-IEEE '93)*, San Francisco 1993, pp. 613–617.

Lienig, J.: Physical Design of VLSI Circuits and the application of Genetic Algorithms, in Dasgupta, Michalewicz (eds.): *Evolutionary Algorithms in Engineering Applications*, Springer, Berlin, Heidelberg 1997, ISBN 3-540-62021-4.

Lin, C.-T.; Lee, C.S.G.: *Neural fuzzy systems: a neuro-fuzzy synergism to intelligent systems*, Prentice Hall PTS, Upper Saddle River 1996, ISBN 978-0-1323-5169-0.

Linstrom, P.J.; Mallard, W.G. (eds.): NIST Chemistry WebBook, NIST Standard Reference Database Number 69, National Institute of Standards and Technology, Gaithersburg MD, 20899, http://webbook.nist.gov (letzte Abfrage 7.1.2013).

Liu, C.; Kroll, A.: On designing genetic algorithms for solving small and medium scale traveling salesman problems, *Proc. International Symposium on Swarm Intelligence and Differential Evolution (SIDE 2012), 29.4.-3.5.2012*, Zakopane, pp. 283-291.

Ljung, L.: *System identification – theory for the user*, 2. Auflage, Prentice-Hall, Englewood Cliffs 1999, ISBN 0-13-656695-2.

Loose, T.; Mikut, R.; Bretthauer, G.: Fuzzy-Clustering über simultan aufgezeichnete Ganganalyse-Zeitreihen, *Proc. 13. Workshop Fuzzy Systeme*, GMA-FA 5.22, Dortmund, 19.–21.11.2003, pp. 5–22.

Luger, G.F.: *Künstliche Intelligenz: Strategien zur Lösung komplexer Probleme*, 4. Auflage, Pearson Studium, München 2001, ISBN 3-8273-7002-7.

Luger, G.F.: *Artificial intelligence: structures and strategies for complex problem solving*, 5. Auflage, Addison-Wesley, Harrow 2005, ISBN 0-321-26318-9.

Lunze, J.: *Automatisierungstechnik*, Oldenbourg, München 2008, ISBN 978-3-486-58061-7.

Lunze, J.: *Künstliche Intelligenz für Ingenieure*, 2. Auflage, Oldenbourg, München 2010, ISBN 978-3-486-70222-4 (a).

Lunze, J.: *Regelungstechnik 1 und 2*, Springer, 8./6. Auflage, Berlin 2010, ISBN 978-3-642-13807-2/978-3-642-10197-7 (b).

Lutz, H.; Wendt, W.: *Taschenbuch der Regelungstechnik*, Harri-Deutsch, Frankfurt 2007, ISBN 978-3-8171-1807-6.

Luyben, W.L.; Tyréus, B.D.; Luyben, M.L.: *Plantwide process control*, McGraw-Hill, New York 1998, ISBN 0-07-006-779-1.

Maciejowski, J.M.: *Predictive control with constraints*, Pearson, Harlow 2002, ISBN 0-201-39823-0.

Magee, C.L.; de Weck, O.L.: Complex system classification, *Proc. 14th Int. Symp. of the Int. Council on Systems Engineering (INCOSE 2004), Toulouse, 20.–24.6.2004*, EIS Digital, Evanston 2004, ISBN 0-9720-5622-X.

Mamdani, E.H.: Application of fuzzy algorithms for control of simple dynamic plant, *Proc. IEE* **121** (1974) pp. 1585–1588.

Mandal, T.; Gorai, A.K.; Pathak, G.: Development of fuzzy air quality index using soft computing approach, *Environmental Monitoring and Assessment* **184** (2012) pp. 6187–6196.

Marenbach, P.; Freyer, S.: Generierung von Modellen biotechnologischer Prozesse, in Hafner (ed.): *Industrielle Anwendungen Evolutionärer Algorithmen*, Oldenbourg, München 1998, ISBN 3-486-24534-1.

Margolus, N.; Toffoli, T.; Vichniac, G.: Cellular-automata supercomputers for fluid-dynamics modeling, *Physical Review Letters* **56** (1986) pp. 1694–1697.

Marks II, R.J.: Intelligence: Computational vs. Artificial, *IEEE Transactions on Neural Networks* **4** (1993) pp. 737–739.

Marlin, T.E.: *Process control – designing processes and control systems for dynamic performance*, McGraw-Hill, Boston 2000, ISBN 0-07-039362-1.

Marquardt, D. W.: An algorithm for least-squares estimation of nonlinear parameters, *Journal of the Society for Industrial and Applied Mathematics* **11** (1963) pp. 431–441.

Martí, R.; Gallego, M.; Duarte, A.; Pardo, E.G.: Heuristics and metaheuristics for the maximum diversity problem, *Journal of Heuristics*, published on-line 3.6.2011, DOI 10.1007/s10732-011-9172-4.

Mathworks: Matlab Fuzzy Logic Toolbox: User's Guide, Ausgabe R2012b, The MathWorks, Natick 2012 (a).

Mathworks: Matlab Neural Network Toolbox: User's Guide, Ausgabe R2012b, The MathWorks, Natick 2012 (b).

Mathworks: Matlab Global Optimization Toolbox: User's Guide, Ausgabe R2012b, The MathWorks, Natick 2012 (c).

Matlab: Traveling Salesman Problem - Genetic Algorithm, [Online; Stand January 16, 2007]. Available: http://www.mathworks.com/matlabcentral/fileexchange/13680.

Mátyáš, I.: Random Optimization, Avtomat. I Telemekh. **26** (1965) pp. 246–253.

McCulloch, W.S.; Pitts, W.: A logical calculus of the ideas immanent in nervous activity, *Bulletin of Mathematical Biophysics* **5** (1943) pp. 115–133.

Merkle, D.; Middendorf, M.: Swarm intelligence, in Burke, E.K., Kendall, G. (eds.): *Search Methodologies: Introductory tutorials in optimization and decision support techniques*, Kapitel 14, Springer, New York 2005, pp. 401–435, ISBN 978-0387-23460-1.

Meyer-Gramann, K. D.; Jüngst, E.-W.: Fuzzy control – schnell und kostengünstig implementiert mit Standard-Hardware, *Automatisierungstechnik at* **41** (1995) pp. 166–172.

Michalewicz, Z.: *Genetic Algorithms + Data Structures = Evolution Programs*, 3. Auflage, Springer, Berlin 1996, ISBN 3-540-58090-5.

Michels, K.; Klawonn, F.; Kruse, R.; Nürnberger, A.: *Fuzzy Control*, Springer, Berlin 2006, ISBN 978-3-540-31765-4.

Mikut, R.: *Data Mining in der Medizin und Medizintechnik*, Habilitationsschrift, Schriftenreihe des Institutes für Angewandte Informatik/Automatisierungstechnik an der Univ. Karlsruhe 22 (2008) ISBN 978-3-86644-253-5.

Mikut, R.; Hendrich, F.: Produktionsreihenfolgeplanung in Ringwalzwerken mit wissensbasierten und evolutionären Methoden, *Automatisierungstechnik* **46** (1998) pp. 15–21.

Mikut, R.; Malberg, H.; Peter, N.; Jäkel, J.; Gröll, L.; Bretthauer, G.; Abel, R.; Döderlein, L.; Rupp, R.; Schablowski, M.; Siebel, A.; Gerner, H.-J.: Diagnoseunterstützung für die Instrumentelle Ganganalyse (Projekt GANDI), Wiss. Berichte FZKA 6613, Forschungszentrum Karlsruhe, Karlsruhe 2001.

Minsky, M.; Papert, S.: *Perceptrons: an introduction to computational geometry*, MIT, Cambridge 1969, ISBN 0-2621-3043-2.

Mizutani, E.; Takagi, H.; Auslander, D.M.; Jang, J.-S.R.: Evolving color recipes, *IEEE Transactions on Systems, Man, and Cybernetics – Part C: Applications and Reviews* **30** (2000) pp. 537–550.

Montana, D.J.; Davis, L.: Training feedforward neural networks using genetic algorithms, in *Proc. 11th Int. Joint Conf. on Artificial Intelligence*, Detroit, August 1989, pp. 762–767.

Moody, J.; Darken, C.J.: Fast learning in networks of locally-tuned processing units, *Neural Computation* **1** (1989) pp. 281–294.

Moore, C.G.; Harris, C.J.: Indirect adaptive fuzzy control, *International Journal of Control* **56** (1992) pp. 441–468.

Moscato, P.: *On Evolution, Search, Optimization, Genetic Algorithms and Martial Arts - Towards Memetic Algorithms*, Tech. Rep. Caltech Concurrent Computation Program, Rep. 826, California Institute of Technology, Pasadena 1989.

Mühlenbein, H.; Schomisch, D.; Born, J.: The parallel genetic algorithm as function optimizer, *Parallel Computing* **17** (1991) pp. 619–632.

Nachtigall, W.: *Vorbild Natur: Bionik-Design für funktionelles Gestalten*, Springer, Berlin 1997, ISBN 3-540-63245-X.

Nachtigall, W.: *Bionik: Grundlagen und Beispiele für Ingenieure und Naturwissenschaftler*, 2. Auflage, Springer, Berlin 2002, ISBN 3-540-43660-X.

Nachtigall, W.; Blüchel, K.G.: *Das große Buch der Bionik*, DVA, Stuttgart 2000, ISBN 3-421-05801-6.

Nanas, N.; Roeck, A. de: A review of evolutionary and immune-inspired information processing, *Nat. Computing* **9** (2010) pp. 545–573.

Nauck, D.; Klawonn, F.; Kruse, R.: *Neuronale Netze und Fuzzy-Systeme*, 1. Auflage, Vieweg, Wiesbaden 1994, ISBN 3-528-05265-1.

Nauck, D.; Kruse, R.: NEFCLASS - A Neuro-fuzzy approach for the classification of data, in: George, K.M. et al. (eds.): *Applied Computing 1995, Proc. of the 1995 ACM Symposium on Applied Computing*, Nashville 1995, pp. 461–465.

Negnevitsky, M.: *Artificial Intelligence: A guide to intelligent systems*, Addison-Wesley, London 2004, ISBN 0-321-20466-2.

Negnevitsky, M.: *Artificial intelligence – a guide to intelligent systems*, 3rd ed., Addison-Wesley, Harlow 2011, ISBN 978-1-4082-2574-5.

Nelles, O.: *Nonlinear System Identification*, Springer, Berlin 2001, ISBN 3-540-67369-5.

Nischwitz, A.; Fischer, M.; Haberäcker, P.; Socher, G.: *Computergrafik und Bildverarbeitung Band I und II*, Vieweg+Teubner, Wiesbaden 2011, ISBN 978-3-8348-1304-6 (1712-9).

Nissen, V.: *Einführung in Evolutionäre Algorithmen*, Vieweg, Wiesbaden 1997, ISBN 3-528-05499-9.

Nissen, V.: Management applications and other classical optimization problems, in Bäck et al. (eds.): *Handbook of evolutionary computation*, Kap. F1.2, Oxford University, New York 1997, ISBN 0-7503-0392-1.

Nørgaard, M.; Ravn, O.; Poulsen, N.K.; Hansen, L.K.: *Neural networks for modelling and control of dynamic systems*, 3. Auflage, Springer, London 2003, ISBN 1-85233-227-1.

Nunes de Castro, L.: Fundamentals of natural computing: an overview, *Physics of Life Reviews* **4** (2007) pp. 1–16.

Nyström, R.; Franke, R.; Harjunkoski, I.; Kroll, A.: Production campaign planning including grade transition sequencing and dynamic optimization, *Computers & Chemical Engineering* **29** (2005) pp. 2163–2179.

Nyström, R.; Harjunkoski, I.; Kroll, A.: Production optimization for continuously operated processes with optimal operation and scheduling of multiple units, *Computers & Chemical Engineering* **30** (2006) pp. 392–406.

Oertel, D.; Grunwald, A.: Potentiale und Anwendungsperspektiven der Bionik, Arbeitsbericht Nr. 108, Büro für Technikfolgenabschätzung, Berlin 2006.

Onoyama, T. et al.: GA applied method for interactively optimizing a large-scale distribution network, *Proc. TENCON 24.–27.9.2000*, Kuala Lumpur 2000, pp. 253–258.

Otto, C.: Modellierung eines virtuellen Kraftsensors mit neuronalen Netzen; *Proc. 10. Workshop Fuzzy-Control*, GMA FA 5.22, Dortmund, 18.–20.10.2000, pp. 57–69.

Papageorgiou, M.: *Optimierung*, 2. Auflage, Oldenbourg, München 1996, ISBN 3-486-23776-6.

Parmee, I.C.: *Evolutionary and Adaptive Computing in Engineering Design*, Springer, London 2012, ISBN 978-1-144-711-061-3.

Parmee, I.C.; Hajela, P. (eds.): *Optimization in Industry*, Springer, London 2002, ISBN 1-85233-534-3.

Parragh, S.N.; Doerner, K.F.; Hartl, R.F.: A survey on pickup and delivery problems, Part II: Transportation between pickup and delivery locations, *Journal für Betriebswirtschaft* **58** (2008), pp. 81–117.

Pedrycz, W.: *Computational Intelligence: An introduction*, CRC, Boca Raton 1998, ISBN 0-8493-2643-5.

Pedrycz, W.; Gomide, F.: *An introduction to fuzzy sets: analysis and design*, MIT, Cambridge 1998, ISBN 0-262-16171-0.

Pfeiffer, B.-M.: Selbsteinstellende klassische Regler mit Fuzzy-Logik, *Proc. 2. Workshop Fuzzy Control*, GMA FA 1.4.2, Dortmund, 19.–20.11.1992, pp. 285–298.

Pfeiffer, B.M.: Selbsteinstellende klassische Regler mit Fuzzy-Logik, *Automatisierungstechnik at* **42** (1994) pp. 69–73.

Pfeiffer, B.-M.; Jäckel, J.; Kroll, A.; Kuhn, C.; Kunze, H.-B.; Lehmann, U.; Slawinski, T.; Tews, V.: Erfolgreiche Anwendungen von Fuzzy Logik und Fuzzy Control (Teil 1 und 2), *Automatisierungstechnik at* **50** (2002) pp. 461–471 und pp. 511–521.

Pham, D.T.; Karaboga, D.: Optimum design of fuzzy logic controllers using genetic algorithms, *Journal Systems Engineering* **1** (1991) pp. 114–118.

Piche, S.; Sayyar-Rodsari, B.; Johnson, D.; Gerles, M.: Nonlinear model predictive control using neural networks, *IEEE Control Systems Magazine* **20** (2000) pp. 53–62.

Pinedo, M.L.: *Scheduling: Theory, algorithms, and systems*, Springer, New York 2008, ISBN 978-0-387-78934-7.

Pinkus, A.: Approximation theory of the MLP model in neural networks, *Acta Numerica* **9** (1999) pp. 143–195.

Pintelon, R.; Schoukens, J.: *System Identification: A Frequency Domain Approach*, IEEE, New York 2001, ISBN 0-780-36000-1.

Poggio, T.; Girosi, F.: Regularization algorithms for learning that are equivalent to multilayer networks, *Science* **24** (1989) pp. 978–982.

Poole, D.; Mackworth, A.; Goebel, R.: *Computational intelligence: a logical approach*, Oxford University, New York 1998, ISBN 0-19-510270-3.

Powell, M.J.D.: Radial basis function approximation to polynomials, in *Proc. of the 12th Biennial Conf. on Numerical Analysis*, Dundee 23.–26.6.1987, pp. 223–241 (a).

Powell, M.J.D.: Radial basis functions for multivariable interpolation: A review, in Mason et al. (eds.): *Algorithms for Approximation, IMA Conf. Series 10*, Clarendon, Oxford 1987, pp. 143–167 (b).

Prata, A.; Oldenburg, J.; Kroll, A.; Marquardt, W.: Integrated scheduling and dynamic optimization of grade transitions for a continuous polymerization reactor, *Computers & Chemical Engineering* **32** (2008) pp. 463–476.

Preuß, H.P.: Fuzzy Control – heuristische Regelung mittels unscharfer Logik, *Automatisierungstechnische Praxis atp* **34** (1992) pp. 176–184.

Preuß, H.P.; Tresp, V.: Neuro-Fuzzy, *Automatisierungstechnische Praxis atp* **36** (1994) pp. 10–24.

Preuß, H.P.: Fuzzy Control – heuristische Regelung mittels unscharfer Logik, *Automatisierungstechnische Praxis* **34** (1992) pp. 176–184.

Profos, P.: *Einführung in die Systemdynamik*, Teubner, Stuttgart 1982, ISBN 3-519-06306-9.

Puppe, F.: *Einführung in Expertensysteme*, Springer, Berlin 1991, ISBN 3-540-54023-7.

Quin, S.J.; Badgewell, T.A.: An overview of nonlinear model predictive control applications, in Allgöwer, F.; Zheng, A. (eds.): *Nonlinear model predictive control*, Birkhäuser, Basel 2000, ISBN 3-7643-6297-9.

Quin, S.J.; Badgewell, T.A.: A survey of industrial model predictive control technology, *Control Engineering Practice* **11** (2003) pp. 733–764.

Rao, S.S.: *Engineering optimization: theory and practice*, Wiley, Hoboken 2009, ISBN 978-0-470-183452-6.

Rayward-Smith, V.J.; Osman, I.H.; Reeves, C.R.; Smith, G.D.: *Modern heuristic search methods*, Wiley, Chichester 1996, ISBN 0-471-96280-5.

Rechenberg, I.: Kybernetische Lösungsansteuerung einer experimentellen Forschungsaufgabe, *Annual Conf. of the WGLR*, Berlin, Sept. 1964.

Rechenberg, I.: Cybernetic solution path of an experimental problem, Royal Aircraft Establishment, Farnborough p. Library Translation 1122, 1965.

Rechenberg, I.: *Evolutionsstrategie: Optimierung technischer Systeme nach Prinzipien der biologischen Evolution*, Frommann-Holzboog, Stuttgart 1973, ISBN 3-7728-0373-3.

Rechenberg, I.: *Evolutionsstrategie '94*, Frommann-Holzboog, Stuttgart 1994, ISBN 3-7728-1642-8.

Rechenberg, I.: Evolutionsstrategie I, Folien zur Vorlesung, TU Berlin, 2007.

Ren, Z.; Kroll, A.; Sofsky, M.; Laubenstein, F.: On identification of piecewise-affine models for systems with friction and its application to electro-mechanical throttles, *Proc. 16th IFAC Symposium on System Identification (SysID 2012), 11.–13.7.2012*, Brüssel 2012, pp. 1395-1400.

Ren, Z.; Kroll, A.; Sofsky, M.; Laubenstein, F.: Zur physikalischen und datengetriebenen Modellbildung von Systemen mit Reibung: Methoden und Anwendung auf Kfz-Drosselklappen, *Automatisierungstechnik at* **61** (2013) pp. 155–171.

Rieth, P.: Das mechatronische Fahrwerk der Zukunft, in Winner, Hakuli, Wolf (eds.): *Handbuch Fahrerassistenzsysteme*, Vieweg+Teubner, Wiesbaden 2009, ISBN 978-3-8348-0287-3.

Ritter, H.; Martinetz, T.; Schulten, K.: Neuronale Netze: *Eine Einführung in die Neuroinformatik selbstorganisierender Netzwerke*, 1. Nachdruck, Addison-Wesley, Bonn 1992, ISBN 3-89319-131-3.

Röbenack, K.; Reinschke, K.J.: Reglerentwurf mit Hilfe des Automatischen Differenzierens, *Automatisierungstechnik at* **48** (2000) pp. 60–66.

Rojas, R.: *Theorie der neuronalen Netze – Eine systematische Einführung*, 4. Nachdruck, Springer, Berlin 1996, ISBN 3-540-56353-9.

Rosenblatt, F.: The perceptron: a probabilistic model for information storage and organization in the brain, *Psychological Review* **65** (1958) pp. 386–408.

Rothfuß, R.; Rudolph, J.; Zeitz, M.: Flachheit: Ein neuer Zugang zur Steuerung und Regelung nichtlinearer Systeme, *Automatisierungstechnik at* **45** (1997) pp. 517–525.

Rozenberg, G.; Bäck, T.; Kok, J. N. (eds.): *Handbook of Natural Computing*, Springer, Wiesbaden (2012) ISBN 978-3-540-92909-3.

Rumelhart, D.; McClelland, J.: *Parallel distributed processing*, MIT, Cambridge 1986, ISBN 0-2621-8120-7.

Runkler, T.A.: *Data Mining: Methoden und Algorithmen intelligenter Datenanalyse*, Vieweg+Teubner, Wiesbaden 2010, ISBN 978-3-8348-0858-5.

Russel, S.; Norvig, P.: *Künstliche Intelligenz: Ein moderner Ansatz*, 2. Auflage, Pearson Studium, München 2004, ISBN 978-3-8273-7089-1.

Russel, S.; Norvig, P.: *Artificial Intelligence: A modern approach*, 3. Auflage, Pearson, Boston 2010, ISBN 978-0-13-207148-2.

Russo, M.: FuGeNeSys – A fuzzy genetic neural system for fuzzy modeling, *IEEE Transactions on Fuzzy Systems* **6** (1999) pp. 373-388.

Rutkowski, L.: *Computational Intelligence: Methods and Techniques*, Springer, Berlin 2008, ISBN 978-3-540-76287-4.

Schmidt, G.: Was sind und wie entstehen komplexe Systeme, und welche spezifischen Aufgaben stellen sie für die Regelungstechnik? *Regelungstechnik* **30** (1982) pp. 331–339.

Schrodt, A.; Kroll, A.: Zur Fuzzy-Clusterungsbasierten Identifikation eines Verbrennungsmotorkennfelds: Methodenvergleich und Parametrierungsstrategie, *Proc. 21. Workshop Computational Intelligence*, GMA FA 5.14, Dortmund 1.–2.12.2011, pp. 47–60, ISBN 978-3-86644-743-1.

Schulze, R.; Dietel, F.; Jäkel, J.; Richter, H.: Using an artificial immune system for classifying aerodynamic instabilities of centrifugal compressors, *Proc. 2nd World Congress on Nature and Biologically Inspired Computing, NaBIC2010*, Kitakyushu, 15.–17.12.2010, pp. 31–36.

Schulze, R.; Dietel, F.; Jäkel, J.; Richter, H.: An artificial immune system for classifying aerodynamic instabilities of centrifugal compressors, *Int. Journal of Computational Intelligence and Applications* **11** (2012) pp. 1250002-1–1250002-15.

Schwarz, H.: *Nichtlineare Regelungssysteme: Systemtheoretische Grundlagen*, Oldenbourg, München 1991, ISBN 3-486-21833-6.

Schwefel, H.-P.: *Numerische Optimierung von Computer-Modellen mittels der Evolutionsstrategie*, Interdisciplinary systems research, Birkhäuser, Basel-Stuttgart 1977, ISBN 3-7643-0876-1.

Schwefel, H.-P.: *Evolution and optimum seeking*, Wiley, Chichester 1995, ISBN 0-471-57148-2.

Scuricini, G.B.: Complexity in large technological systems, Lecture notes in physics 314, in Peliti et al. (eds.): *Proc. Conf. on Measures of Complexity*, Rome 30.9.–2.10.1987, Springer, Berlin 1987, pp. 83–101.

Seborg, D.E.; Edgar, T.F.; Mellichamp, D.A.; Doyle, F.J.: *Process dynamics and control,* Wiley, Hoboken 2011, ISBN 978-0-470-12867-1.

Self, K.: Designing with fuzzy logic, *IEEE Spectrum* **27** (1990) pp. 42–44, 105.

Serapiao, A.B.S.; Mendes, J. R.P.; Miura, K.: Artificial immune systems for classification of petroleum well drilling operations, in de Castro et al. (eds.): *ICARIS 2007, LNCS 4628*, Springer, Berlin 2007, pp. 47–58.

Setnes, S.; Roubos, H.: GA-fuzzy modeling and classification: complexity and performance, *IEEE Transactions on Fuzzy Systems* **8** (2000) pp. 509–522.

Shi, Y.; Eberhart, R.; Chen, Y.: Implementation of evolutionary fuzzy systems, *IEEE Transactions on Fuzzy Systems* **7** (1999) pp. 109–119.

Silagadze, Z.K.: Finding two-dimensional peaks, *Physics of Elementary Particles and Atomic Nuclear Experiment* **4** (2007) pp. 73–80.

Skogestadt, S.; Postlethwaite, I.: *Multivariate feedback control: analysis and design*, Wiley, Chichester 1998, ISBN 0-471-94277-4.

Sloot, P.M.A.; Hoekstra, A.G.: Modeling dynamic systems with cellular automata, in Fishwick (ed.): *Handbook of dynamic system modeling*, Chapman & Hall/CRC, Boca Raton 2007, pp. 21.1–21.9, ISBN 978-1-58488-565-8.

Slotine, J.-J.E.; Li, W.: *Applied nonlinear control*, Wiley, New York 1991, ISBN 0-13-040890-5.

Söderström, T.; Stoica, P.: *System identification*, Prentice Hall, New York 1989, ISBN 0-13-881236.

Soldan, S.; Welle, J.; Barz, T.; Kroll, A.; Schulz, D.: Towards autonomous robotic systems for remote gas leak detection and localization in industrial environments, *Proc. 8th International Conference on Field and Service Robotics* (*FSR*), Matsushima, 16.–19.7.2012, Vol. 8.

Sowlat, M.H.; Gharibi, H.; Yunesian, M.; Mahmoudi, M.T.; Lotfi, S.: A novel, fuzzy-based air quality index ((FAQI) for air quality assessment, *Atmospheric Environment* **45** (2011) pp. 2050–2059.

Spellucci, P.: *Numerische Verfahren der nichtlinearen Optimierung*, Birkhäuser, Basel 1993, ISBN 3-7643-2854-1.

Sto AG: Lotusan-Produktportal, www.lotusan.de [Letzter Abruf 26.2.2013].

Su, H. T.; Mc Avoy T. J.: Artificial Neural Networks for Nonlinear Process Identification and Control, in Henson, Seborg (eds.): *Nonlinear Process Control*, Chap. 7, Prentice Hall, Upper Saddle River, USA (1997) ISBN 0-13-625179-X.

Sugeno, M. (ed.): *Industrial Applications of fuzzy control*, North Holland, Amsterdam 1985, ISBN 0-444-87829-7.

Sugeno, M.; Yasukawa, T.: A fuzzy-logic-based approach to qualitative modelling, *IEEE Transactions on Fuzzy Systems* **1** (1993) pp. 7–31.

Takagi, H.: Fusion technology of neural networks and fuzzy systems: A chronicled progression from the laboratory to our daily lives, *Int. J. Appl. Math. Comput. Sci.* **10** (2000) pp. 647–673.

Takagi, T.; Sugeno, M.: Derivation of fuzzy control rules from human operator's control actions, *Proc. IFAC Symp. on Fuzzy Information, Knowledge Representation and Decision Analysis*, Marseille, 19.–21.8.1983, pp. 55–60.

Takagi, T.; Sugeno, M.: Fuzzy identification of systems and its applications to modelling and control, *IEEE Transactions on Systems, Man, and Cybernetics* **15** (1985) pp. 116-132.

Tanaka, K.; Sugeno, M.: Stability analysis and design of fuzzy control systems, *Fuzzy Sets and Systems* **45** (1992) pp. 135-156.

Tanaka, K.; Wang, H.O.: *Fuzzy Control Systems design and analysis: a linear matrix inequality approach*, Wiley, New York 2001, ISBN 0-471-32324-1.

Tang, W.J.; Wu, Q.H.: Biologically inspired optimization: a review, *Transactions of the Institute of Measurement and Control* **31** (2009) pp. 495–515.

Thomas, P.: *Simulation of industrial processes – for control engineers*, Butterworth-Heinemann, Oxford 1999, ISBN 0-7506-4161-4.

Thrift, P.: Fuzzy logic synthesis with genetic algorithms, *Proc. 4th Int. Conf. on Genetic Algorithms (ICGA)*, San Diego, USA August 1991, Morgan Kaufmann, ISBN 1-55860-208-9, pp. 509–513.

Timmis, J.: Artificial immune systems – today and tomorrow, *Nat. Computing* **6** (2007) pp. 1–18.

Togai, M.; Watanabe, H.: Expert system on a chip: an engine for real-time approximate reasoning, *IEEE Expert Syst. Mag.* **1** (1986) pp. 55–62.

Trächtler, A.: Integrierte Fahrdynamikregelung mit ESP, aktiver Lenkung und aktivem Fahrwerk, *Automatisierungstechnik at* **53** (2005) pp. 11–19.

Trenn, S.: Multilayer perceptrons: approximation order and necessary number of hidden units, *IEEE Transactions On Neural Networks* **19** (2008) pp. 836–844.

UCI 2013 : http://archive.ics.uci.edu/ml/index.html [letzter Abruf 18.2.2013].

Unbehauen, U.: *Regelungstechnik 1*, Vieweg+Teubner, Wiesbaden 2008, ISBN 978-3-8348-0497-6.

Unbehauen, U.: *Regelungstechnik 2*, Vieweg+Teubner, Wiesbaden 2009, ISBN 978-3-528-83348-0.

Rooij, A.J.F. van; Jain, L.C.; Johnson, R.P.: *Neural network training using genetic algorithms*, World Scientific, Singapore 1996, ISBN 981-02-2919-4.

Altrock, C. von: *Fuzzy logic and Neuro-Fuzzy applications explained*, Prentice Hall PTR, Upper Saddle River 1995, ISBN 978-0-1336-8465-0.

VDI/VDE-Gesellschaft Mess- und Automatisierungstechnik: Neuronale Netze – Anwendungen in der Automatisierungstechnik, VDI-Berichte 1184, VDI, Düsseldorf 1995, ISBN 3-18-091184-0.

VDI/VDE-Gesellschaft Mess- und Automatisierungstechnik: Computational Intelligence im industriellen Einsatz, VDI Berichte 1526, VDI, Düsseldorf 2000, ISBN 3-18-091526-9.

VDI/VDE-Gesellschaft Mess- und Automatisierungstechnik: Computational Intelligence – Künstliche Neuronale Netze in der Automatisierungstechnik, VDI/VDE-Richtlinie 3550 Blatt 1, Beuth, Berlin 2001.

VDI/VDE-Gesellschaft Mess- und Automatisierungstechnik: Computational Intelligence – Fuzzy-Logik und Fuzzy Control, VDI/VDE-Richtlinie 3550, Blatt 2, Beuth, Berlin 2002.

VDI/VDE-Gesellschaft Mess- und Automatisierungstechnik: Computational Intelligence – Evolutionäre Algorithmen – Begriffe und Definitionen, VDI/VDE-Richtlinie 3550, Blatt 3, Beuth, Berlin 2003.

VDI/VDE-Gesellschaft Technologies of Life Sciences: Bionik – Konzeption und Strategie – Abgrenzung zwischen bionischen und konventionellen Verfahren/Produkten, VDI-Richtlinie 6220, Blatt 1, Beuth, Berlin 2012.

Verbruggen, H.B.; Babuska, R.: *Fuzzy Logic Control: Advances in Applications*, World Scientific, Singapore 2001, ISBN 981-02-3825-8.

Walkenhorst, J.; Bertram, T.: Multikriterielle Optimierungsverfahren für Pickup-and-Delivery-Probleme, *Proc. 21. Workshop Computational Intelligence*, GMA FA. 5.14, Dortmund, 30.11.–2.12.2011, pp. 61–75, ISBN 978-3-86644-743-1.

Wang, L-X.; Mendel, J.M.: Fuzzy basis functions, universal approximation, and orthogonal least-squares learning, *IEEE Transactions Neural Networks* **3** (1992) pp. 807–814.

Watkins, A.; Timmis, J.; Boggess, L.: Artificial immune recognition system (ARIS): An immune-inspired supervised learning algorithm, *Genetic Programming and Evolvable Machines* **5** (2004) pp. 291–317.

Weihrich, G.: Automatisierungstechnik mit 'Fuzzy Logic' in Japan zunehmend erfolgreich, *Automatisierungstechnische Praxis at* **32** (1990) pp. 526–527.

Widrow, B.; Hoff, M.: *Adaptive switching circuits*, IRE WESCON Convention Record, IRE, New York 1960, pp. 96–104.

Woolfolk, A.: *Pädagogische Psychologie*, 10. Auflage, Pearson, München 2008, ISBN 978-3-8273-7279-6.

Xie, X.L.; Beni, G.A.: Validity measure for fuzzy clustering, *IEEE Transactions PAMI* **3** (1991) pp. 841–846.

Xu, R.; Wunsch II, D.: Survey of clustering algorithms, *IEEE Transactions on Neural Networks* **16** (2005) pp. 645–678.

Yamakawa, T.: High-speed fuzzy controller hardware system, *Proc. 2nd Fuzzy Systems Symposium*, Tokyo, 16.–18.6.1986, pp. 122–130.

Yamakawa, T.: Intrinsic fuzzy electronic circuits for sixth generation computer, in Gupta et al. (eds.): *Fuzzy Computing*, North-Holland, Amsterdam 1988, pp. 157–171, ISBN 0-444-70449-3.

Yao, X.: Evolving artificial neural networks, *Proc. IEEE* **87** (1999) pp. 1423–1447.

Yasunobu, S.; Miyamoto, S.: Automatic train operation by predictive fuzzy control, in Sugeno (ed.): *Industrial applications of fuzzy control*, North-Holland, Amsterdam (1985) pp. 1–18.

Zadeh, L.A.: Fuzzy sets, *Information and Control* **8** (1965) pp. 338–353.

Zadeh, L.A.: Fuzzy logic, neural networks, and soft computing, *Communications of the ACM* **37** (1994) pp. 77–84.

Zadeh, L.A.: Fuzzy logic = computing with words, *IEEE Transactions on Fuzzy Systems* **4** (1996) pp. 103–111.

Zadeh, L.A.: A new direction in AI: Towards a computational theory of perceptions, *AI Magazine* **22** (2001) pp. 73–84.

Zadeh, L.A.: From computing with numbers to computing with words – from manipulation of measurements to manipulation of perceptions, *Int. J. Appl. Math. Comput. Sci.* **12** (2002) pp. 307–324.

Zell, A.: *Simulation Neuronaler Netze*, Addison-Wesley, Bonn 1994, ISBN 3-89319-554-8.

Zeng, G.; Liu, F.: Study of genetic algorithm with reinforcement learning to solve the TSP, *Expert Systems with Applications* **36** (2009) pp. 6995–7001.

Zhang, G.-L.; Liu, X-X.; Zhang, T.: The impact of population size on the performance of GA, *Proc. 8th Int. Conf. on Machine Learning and Cybernetics*, Baoding, 2009, pp. 1866–1870.

Zimmermann, H.J.: *Fuzzy set theory and its applications*, 2. Auflage, Kluwer, Dordrecht 1991, ISBN 0-7923-9075-X.

Zimmermann, H.J. (ed.): Special issue on industrial applications, *Fuzzy Sets and Systems* **63** (1994) pp. 243–400.

Zimmermann, H.J.; Altrock, C. von: *Fuzzy Logic 2 – Anwendungen*, Oldenbourg, München 1994, ISBN 3-486-2277-0.

Zimmerschied, R.; Isermann, R.: Regularisierungsverfahren für die Identifikation mittels lokal-affiner Modelle, *Automatisierungstechnik at* **56** (2008) pp. 339–349.

Zurada, M.; Marks II, R.J.; Robinson, C.J. (eds.): *Computational Intelligence – Imitating Life*, IEEE, Piscataway 1994, ISBN 0-7803-1104-3.

Verzeichnis der Anwendungsbeispiele

Index

Verzeichnis der wichtigsten Textstellen zum entsprechenden Thema.

www.ingramcontent.com/pod-product-compliance
Lightning Source LLC
LaVergne TN
LVHW080110070326
832902LV00015B/2509